科学简史

从文艺复兴到星际探索

[英] 约翰·格里宾（John Gribbin）著

陈志辉 吴燕 译

上海科技教育出版社

对本书的评价

格里宾擅长用寥寥数笔捕捉其主角们的个性。他是如此热爱科学和科学家，甚至他的文字间也渗透着这种热情……西方科学在过去500年间的故事是人类的成功之作之一。对于这一绝佳的主题，他给出了一个精彩的导论式框架。

——基利（Terence Kealey），

《星期日电讯报》（*Sunday Telegraph*）

一部精彩又极具可读性的科学史。

——贝里（Adrian Berry），

《文学评论》（*Literary Review*）

科学巨擘们在这里各得其所，而名气较小的英雄们也不例外……大量的科学史内容读来就像侦探小说，通过格里宾这样技巧娴熟的叙事者之手，对每一次新进展的描绘都颇有启发意义。书中所涉内容中，我最喜欢的是格里宾对牛顿的与人争吵与乖僻性格的记述，他对量子理论的发展所作的浅显易懂的全面检视，以及他对宇宙学现状的同样浅显易懂而提纲挈领的记述。

——格雷林（A. C. Grayling），

《星期日独立报》（*Independent on Sunday*）

一部难以仿效之作。

——《新科学家》（*New Scientist*）

格里宾因其成就而备受赞誉。此书是深含积淀之作，其作者毕生致力于以通俗易懂的方式谈论科学与科学家。

——麦克法兰（Robert Macfarlane），

《旁观者》（*Spectator*）

内容提要

　　从文艺复兴至20世纪末,科学从自然哲学中蜕变,发展成为一幅由多个学科分支绘就的壮丽画卷。其中包括:牛顿经典力学,近代早期的博物学,启蒙时代的化学和经典热力学,19世纪的地质学、进化论、原子理论和经典电磁学,现代量子理论、遗传学,以及现代宇宙理论等多个领域。对于这些现在已成为中学和大学基本学习内容的科学知识,本书并未机械地堆砌起它们各自的历史,而是把握住技术与科学理论相互促进这一脉络,将其如何环环相扣、渐进发展的历史娓娓道来。对于那些大科学家,本书也多有信而有征又色彩斑斓的深入细致描写。这是一部西方科学的历史,也是写就这一历史的科学家们的个人史。

作者简介

約翰·格里宾(John Gribbin),英国著名科学读物专业作家,英国科学作家协会"终身成就奖"得主,毕业于剑桥大学,获天体物理学博士学位,曾先后任职于《自然》(*Nature*)杂志和《新科学家》(*New Scientist*)周刊。他著有百余部科普和科幻作品,内容涉及物理学、宇宙起源、人类起源、气候变化、科学家传记,并获得诸多奖项。《旁观者》(*Spectator*)杂志称他为"最优秀、最多产的科普作家之一"。他的科学三部曲《薛定谔猫探秘——量子物理学与实在》(*In Search of Schrödinger's Cat: Quantum Physics and Reality*)、《双螺旋探秘——量子物理学与生命》(*In Search of the Double Helix: Quantum Physics and Life*)和《大爆炸探秘——量子物理学与宇宙学》(*In Search of the Big Bang: Quantum Physics and Cosmology*)尤为脍炙人口,其余作品如《大众科学指南——宇宙、生命与万物》(*Almost Everyone's Guide to Science: The Universe, Life and Everything*)、《创世138亿年——宇宙的年龄与万物之理》(*13.8: The Quest to Find the True Age of the Universe and the Theory of Everything*)、《迷人的科学风采——费恩曼传》(*Richard Feynman: A Life in Science*)、《量子、猫与罗曼史——薛定谔传》(*Erwin Schrödinger and the Quantum Revolution*)也广受好评。

CONTENTS 目录

目 录

致 谢

　　我要感谢下列机构让我得以使用其图书馆及资料:巴黎的法国科学院与植物园;牛津大学图书馆;伦敦的大英博物馆与自然历史博物馆;剑桥的卡文迪什实验室;伦敦的地质学会;肯特郡的达尔文故居;伦敦的林奈学会;皇家天文学会;皇家地理学会;皇家科学研究所;都柏林圣三一大学;剑桥大学图书馆。一如既往地,萨塞克斯大学为我提供了工作之所与支持,包括互联网接入。在与我讨论过此书各个方面的诸多人士中,无论单独提到谁都是不公正的,但他们都各自心中有数,而且所有人都应得到我的感谢。

　　人称代词的单复数形式都在本书中出现。"我",当然用在表达我本人对所呈现的科学问题的见解;"我们"则用在我的写作搭档玛丽·格里宾(Mary Gribbin)也参与撰写的时候。她在确保让本书文字令非专业读者读来也明白易懂方面给予的帮助对本书来说是不可缺少的,正像在我所有的书里一样。

导　言

关于我们在宇宙中的位置,科学教会我们的最重要的一点是——我们并没有什么特别之处。这一过程伴随着哥白尼(Nicolaus Copernicus)的工作而开始,并因伽利略(Galileo Galilei)而势头大增:16世纪,哥白尼的工作暗示了地球并不位于宇宙的中心,而伽利略在17世纪初利用一架望远镜获得的至关重要的证据表明,地球实际上是绕日运行的一颗行星。在随后几个世纪连续不断的天文发现热潮中,天文学家们发现,正如地球是一颗普通的行星一样,太阳只是一颗普通的恒星(银河系中数千亿计恒星中的一员),而银河系本身也不过是一个普通的星系(可见宇宙中的无数星系之一)。20世纪末,他们甚至认为,宇宙可能也不是唯一的。

与此同时,生物学家试图找到将生命物质与非生命物质区分开来的特殊"生命力"存在的某种证据,但是失败了,从而推断出生命不过是一种相当复杂的化学形式。一种历史学家乐见的巧合是,人体的生物学研究开创之初的里程碑事件之一是维萨里(Andreas Vesalius)的《人体的构造》(*De Humani Corporis Fabrica*)于1543年出版,那正是哥白尼最终出版《天体运行论》(*De Revolutionibus Orbium Coelestium*)的同一年。这个巧合使1543年成为一个信手可得的标志性年份,标示出科学革命的开端,这一革命此后将首先改变欧洲,随后则改变了世界。

当然,无论选择哪一天作为科学之历史的开创之日都是随意的,而我自己的考虑则受制于地域因素以及它的时间跨度。我的目标是勾勒出**西方**科学从文艺复兴至(大约)20世纪末的发展。这意味着要把古希腊、中国以及伊斯兰科学家与哲学家的成就暂且放在一边,在欧洲被称为黑暗时期和中世纪的年代,他们仍孜孜不倦、始终如一地探索着有关我们宇宙的知识。这还意味着讲述一个条理分明的故事,它关乎我们看待世界的眼光——这是我们对于宇宙以及我们如今在其中所处位置的理解的核心,而这个故事在地点与时间上都有着明确的起点。因为人类生命被证实与地球上其他任何生命并无二致。正如达尔文(Charles Darwin)和华莱士(Alfred Wallace)在19世纪所建立的学说,人类与变形虫之间的区别仅在于经由自然选择的进化历程以及大量的时间。

我在这里提到的所有例子还突出了另一个叙事特点。根据在科学上占有一席之地的个人,如哥白尼、维萨里、达尔文、华莱士及其他人物的工作来记述关键性事件,这是很自然的做法,但这并不意味着科学是作为一系列无法替代的天才人物的工作成果而发展进步的,这些天才对宇宙的运行方式拥有一种特殊的洞察力。这些人物也许是天才(尽管并不总是),但肯定不是无法替代的。科学的进展是一步步推进的,而且正如达尔文和华莱士的事例所显示的,当时机成熟之际,两个或更多人可能会各自独立地向前推进。谁会作为一种新现象的发现者而名留青史,这是中彩票般的运气或历史的偶然。远比人类天赋重要得多的是技术的发展,所以并不令人惊讶的是,科学革命的开始是与望远镜和显微镜的发展同时发生的。

我只能想到一部分例外的情况,即便如此我还是会比大多数科学史家描述更多的例外情况。艾萨克·牛顿(Isaac Newton)显然是某种特殊的情况,这不仅因为他的科学成就的范围之广,还因为他以一种清晰的方式确立了科学活动所应遵守的基本规则。但是即使牛顿也有赖于他的前辈,尤其是伽利略和笛卡儿(René Descartes),在这种意义上,他的贡献自然也是在前人的基础上发展而来的。假如牛顿从未来到过这个世界,科学的进展可能会滞后几十年。但也**只是**几十年而已。哈雷(Edmond Halley)或罗伯特·胡克(Robert Hooke)也许会完美地提出著名的引力平方反比定律;就实际情况而言,莱布尼茨(Gottfried Leibniz)的确与牛顿各自独立地发明了微积分(而且做得更好);而惠更斯(Christiaan Huygens)颇具优势的光的波动说则因为牛顿对作为竞争理论的粒子说的支持而被阻碍了发展。

这都不能阻止我根据包括牛顿在内的这些人物,以我的叙事方式讲述科学史。为了突出这一思路,我在人物的选择上不求广泛全面,而我对他们的个人生活与工作的讨论也不求完整。我选择了代表其所处背景中的科学进展的历史事件。其中一些历史事件以及所涉及的人物可能人们耳熟能详,其他(我希望讲到)的人和事大家则不太熟悉。但是这些人物及其生活的重要性在于,他们反映了其所生活的社会,并且通过讨论——比方说——特定科学家的工作方式与其他科学家之间的渊源,我意在说明**一代**科学家对**下一代**科学家产生影响的方式。这看起来可能像是以未经证明的假定作为论据,来回避球在最初时是如何滚动起来的问题,即原动力问题。但在这一个案中,很容易找到原动力——西方科学得以创立,是因为文艺复兴的发生。一旦科学得以创立,通过赋予技术以推进力,它确保了自己能一直保持平衡前行。在这一过程中,新的科学理论构想导致了技术的改进,而改进的技术则为科学家们提供了以越来越高的精确性来检验新理论构想的手段。技术先行一步,因为在未能充分理解机器借以运行的原理时,通过试错来制造它是行得通的。但是,一旦科学与技术双剑合璧,发展就会突飞猛进。

我将把文艺复兴为何在彼时彼地发生的争论留给历史学家去解决。如果你想要一个确切的年代作为西欧复苏的开端的标志,一个信手可得的年份是1453年,也就是土耳其人攻陷君士坦丁堡(5月29日)之年。到那时为止,很多讲希腊语的学者在察觉到风向后都已经向西(最初是意大利)逃去,并将他们的文献档案带在身边。对这些文献的研究由意大利的人文主义者运动接了过去继续开展,后者乐于利用古典著作中找到的教义,沿着黑暗时代之前已存在的路线重建文明。这的确将近代欧洲的崛起与古老的罗马帝国最后那点文明遗迹的毁灭相当巧妙地衔接到了一起。但是正像很多人曾提出过的,一个同样重要的因素是,14世纪因黑死病导致的欧洲人口减少使得劳动力变得非常昂贵,并激励了科技装置的发明以取代人力,而黑死病的发生也促使幸存者们对社会的整个基础产生了质疑。甚至这也并非故事的全部。谷登堡(Johann Gutenberg)在15世纪中叶发展的活字印刷术对将会成为科学的那些东西产生了明显的影响,而由另一项技术进展——远洋船只——带回给欧洲的发现则改变了社会。

划定文艺复兴结束的年代并不比划定它开始的年代更容易——你可以说它仍在继续。一个信手可用的约略整数年是1700年,但是从目前的观点来看,一个更为合适的选择可能是1687年,也就是牛顿出版他的伟大著作《自然哲学的数学原理》(*Philosophiae Naturalis Principia Mathematica*)的这一年,用蒲柏(Alexander Pope)*的话来说,这是"一切尽皆光明"的年份。

我想要说的是,科学革命并不是孤立发生的,也肯定不是作为变革的主要动力而启动的,尽管科学在很多方面(通过它对技术以及对我们的世界观的影响)成为西方文明的驱动力。我希望表明科学是如何发展的,但与大多数充分呈现科学历程的历史书相比,我并没有花更多篇幅来将完整的历史背景充分展现出来。我甚至没有花篇幅把这里讲述的所有的科学充分展开,因此如果你想要的是诸如量子理论、自然选择进化论或板块构造论这样的关键概念的深入故事,你就得去看其他的图书(包括我自己的)。我对要突出强调的事件的选择必定是不完整

---

* 蒲柏(1688—1744),英国诗人。这句话来自蒲柏为牛顿撰写的墓志铭:Nature and nature's laws hid in night. God said, let Newton be! And all was light(自然和自然律隐匿在黑暗中。上帝说,让牛顿出世! 于是一切尽皆光明)。——译者

的,而且因此在某种程度上带有主观色彩,但我的目标是对约450年间的科学做出一个完整的快速扫视,这会带着我们从我们认识到地球并不是宇宙中心而人类"仅是"动物,一直走到大爆炸理论以及完整的人类基因组图谱。

在《最新科学指南》(*New Guide to Science*,它和我可能曾希望写出的任何东西都截然不同)中,阿西莫夫(Isaac Asimov)说,向非科学家试图解释科学之历程的原因在于:

> 身处现代世界,除非对科学的历程有所了解,否则没有人能够真正感觉轻松自如并对问题的性质以及可能的解决方法做出判断。而且,对宏伟的科学世界有初步的了解会带来巨大的审美上的满足感,使年轻人受到鼓舞,满足求知的欲望,并对人类心智的惊人潜力与成就有更深的理解与欣赏。*

我自己不可能说得比这更好了。科学是人类心智最伟大的成就之一(是否是"最"伟大的成就则尚存争议),而且,科学的进展很大部分实际上是由智力平平的人基于其前辈们的工作一步步推进的,这一事实让科学的故事更加不同寻常,而非相反。几乎任何一位本书的读者,如果在合适的时间身处合适的地点,都可能做出书中记述的伟大发现。既然科学的发展决不会停步,那么你们中的一些人也可能会参与到这个故事的下一个阶段。

约翰·格里宾

2001年6月

---

* 本书提到的图书的详情都可以在参考文献中找到。

第一篇

走出
黑暗时期

◇ 第一章

文艺复兴时期的人们

在黑暗中隐现

文艺复兴是这样一个时代：西欧人对古代文明失去了敬畏，并且意识到他们必须像古代希腊人和罗马人一样极大地贡献于文明与社会。以现代眼光看来，让人费解的并不在于这原本就应当发生，而在于人们会花如此之久的时间才失却他们的自卑感。这一时间断层的详细原因不在本书范围。但是，关于黑暗时期（约公元400—900年）甚至中世纪（约公元900—1400年）的人们的感受何以如此，任何探访过地中海沿岸古典文明遗址的人都可以略见其中的原因。时至今日，像罗马万神殿和大角斗场这样的建筑仍令人生出敬畏之心，而当所有关于如何建造这些建筑物的知识丧失殆尽后，它们看起来必然像是完全异于凡品的另类，即诸神之作。表明古代人的技艺看起来有如神启的实物证据有这么多，再加上当时新近发现的文献又显示了出现在拜占庭的古代人的才智，人们很自然会接受的观点是，这些古代人在智力上远比随后那些平庸之士出众得多，并将诸如亚里士多德（Aristotle）、欧几里得（Euclid）这样的古代哲学家的教义视若某种无可置疑的圣经。这实际上就是文艺复兴初起时的情形。由于罗马人对于如今可被称作科学世界观的论述并无多少贡献,这也就意味着,直到文艺复兴时期,自伟大的古希腊时代到哥白尼(Nicolaus Copernicus)登上舞台之前的大约1500年间,被普遍接受的关于宇宙性质的知识基本上没有什么变化。但是,一旦那些观念受到挑战,进展就会惊人地迅速——在15个世纪的停滞不前之后,从哥白尼时代到今天还不到5个世纪。有一句话虽有几分老生常谈却颠扑不破:一个来自10世纪的典型的意大利人可能在15世纪会感到非常舒适自如,但是一个来自15世纪的意大利人会发现,21世纪对他们来说,还不如恺撒(Caesar)时期的意大利来得那么熟悉。

哥白尼的简洁性

哥白尼本人在科学革命中是一个介于两个时期之间的人物,而且很重要的是,他更像是古希腊的哲学家而非现代科学家。他不进行实验,甚至不亲自进行天空观测(至少没到视之为特别重要的程度),而且也并不指望其他任何人来设法检验他的想法。他的伟大的想法纯粹只是——想法,或是今天有时被称为"思想实验"的东西,它提供了一个新的而且更简单的有关天体运动模式的解释方式,而托勒玫(Ptolemy)设计(或宣扬)的用以解释同一模式的体系则更为复杂。如果一位现代科学家对宇宙运行方式有了一个绝妙的想法,他或她的头等任务就是找到一种方法以实验或观察去检验这个想法,以弄清楚它作为一种对宇宙的描述是多么令人满意。但是这一在科学方法逐渐形成过程中的关键步骤在15世纪尚未被人采用,而且哥白尼也从未亲自或是鼓励其他人进行新的观测,以检验他的想法——他的关于宇宙运行方式的思想模型(mental model)。对于哥白尼来说,他的模型比托勒玫的模型更好,因为——用现代的说法——它更为简洁。对于一个模型的有效性来说,简洁性通常是一种可靠的指导准则,但并非绝对有效。不过在这一个案中,它最终证实了哥白尼的直觉是正确的。

　　毫无疑问,托勒玫体系缺乏简洁性。托勒玫(有时被称作亚历山大里亚的托勒玫)生活在公元2世纪,并在曾长期受到希腊文化影响(正如记载中他所生活过的城市的名字一样)的埃及长大成人。关于他的生活,人们所知甚少,但在他流传于世的著作中,有一部伟大的天文学概要,它以希腊500年间的天文学与宇宙论思想为基础。该书为人所知通常是由于它的阿拉伯书名 *Almagest*(《至大论》),意思是"最伟大的"。这名字也能给你一些概念,让你对随后几个世纪的人们如何看待它有所了解,而它最初的希腊原名只是将其描述为"数学汇编"。但它所描述的天文学体系与托勒玫本人的思想相去甚远,尽管他似乎是要调整并发展古希腊的思想。不过,与哥白尼不同,托勒玫看来的确对行星运动亲自进行了大量观测,并且利用了前人的观测(他还汇编了重要的星图)。

　　托勒玫体系的基础是天体必须沿正圆轨道运动,而这仅仅是因为圆形是完美的(简洁并不必然通向真理,这就是一个例证!)。在当时,有5颗已知的行星(水星、金星、火星、土星和木星)要在这种运动的考虑之内,再加上太阳和月球等天体。为了让这些可观察到的天体运动都符合沿正圆轨道运行的要求,托勒玫不得不对地球居于宇宙中心以及其他所有天体均绕地运行的基本概念做出两个重要修正。第一项(之前被考虑已久的)修正是对某一特定行星的运动做这样的描述:它沿一个小的正圆轨道运行,而小圆中心沿一个大的正圆轨道绕地球运行。小圆(在某种意义上来说是"在轮子中运转的轮子")被称作本轮。第二项修正(看起来经过托勒玫亲自凝练)是:人们所知的带着天体做正圆运动的大水晶球体(在这里,"水晶"仅意味着"透明而看不见的"),实际上并不是绕地球中心运行,而是绕一组稍稍偏离地球中心的点运行,这些点被称作"对点"(不同水晶球环绕不同的对点运行,以解释每个单独天体的运动细节）。地球依然被看作宇宙中心天体，但其他所有天体是环绕对点而非地球本身运行。以对点为中心的大正圆轨道被称为均轮。

这个模型是有效的，就是说你可以用它来描述太阳、月球以及大行星看上去相对于恒星背景的运动。恒星本身则被认为是附着在这组带着其他天体绕相应的对点运动的嵌套式水晶球之外的一个水晶球层上，当一起绕地运动时，它们都保持着相同的模式。恒星的"恒"就是在这种意义上而言的。但是对于使所有天体以此种方式运动的物理过程以及水晶球的性质，它并没有作出任何尝试来加以解释。此外，这个体系常常被批评为过于复杂，而且它需要用到对点，这让很多思想者感觉不舒服——它也对地球是否的确应当被视为宇宙中心提出了怀疑。甚至有推测认为，太阳可能是宇宙中心，而地球则绕其运动——这可以回溯至公元前3世纪的阿利斯塔克（Aristarchus），且在托勒玫之后的几个世纪中偶或复活。但是这样的想法未能获得支持，主要是因为它们公然违反了"常识"。很显然，实心的地球不可能运动！这是一个极好的例子，它说明了，如果你想知道宇宙如何运行，那就有必要避免以常识为依据行事。

有两个特定的动因促使哥白尼提出比托勒玫模型更好的体系。首先，由于每颗行星以及太阳和月球都有各自的对点以及本轮，因此它们在托勒玫的模型中不得不被分别处理。并没有对事物一致全面的描述来解释宇宙如何运行。其次，有一个显著的问题是人们长久以来便意识到却总是避而不谈的。月球轨道与地球距离的变化值——它是解释月球穿过天空时的速度变化所需要的，这个值太大，以至于月球与地球的距离在每个月中的某些时候应该比其他时候要近得多，这样一来，月球的视大小应当变化显著（而且是一个可以计算出的量），而事实上显然并非如此。从某种意义上来说，托勒玫体系**的确**做出了一项可以通过观测来检验的预言。但它没能通过检验，因此它不是一个令人满意的对宇宙的描述。哥白尼的想法并非完全如此，但月球问题肯定令他对托勒玫的模型感到不舒服。

哥白尼于 15 世纪末登上了舞台。他于 1473 年 2 月 19 日出生在维斯瓦河边的一个波兰小镇托伦。他最初以 Mikolaj Kopernik 的名字为人所知，但后来将他的名字拉丁化了（这在当时是一种很普遍的做法，尤其是在文艺复兴时期的人文主义者中）。他的父亲是一位富有的商人，去世于 1483 年或 1484 年，而哥白尼是在他舅舅卢卡斯·瓦茨恩罗德（Lucas Waczenrode）家中长大的——他的舅舅后来做了瓦尔米亚的主教。1491 年［就在哥伦布（Christopher Columbus）动身进行首次美洲航行的前一年］，哥白尼在克拉科夫大学开始他的求学生涯，在那里，他似乎是先对天文学产生了浓厚的兴趣。1496 年，他前往意大利学习法律与医学，在他于 1503 年从费拉拉大学接受教会法博士学位之前，还在博洛尼亚大学和帕多瓦大学学习了古典文学和数学。和他那个时代的许多人一样，哥白尼深受意大利的人文主义运动影响，并研究了与这一运动有关的经典文献。事实上，他将 7 世纪拜占庭作家西莫卡塔（Theophylus Simokatta）的一部诗歌书信集从最初的希腊语译成了拉丁语，并于 1519 年出版。

到他完成博士学位之时，哥白尼已经被他的舅舅卢卡斯任命为波兰弗龙堡大教堂教士——这是个不折不扣的裙带关系的例子，这一关系给了他一个相当于闲职的位置，而他终其一生都在这个位置上。但是，直到 1506 年，他才永久地回到波兰（由此你可以明白这个职位是多么容易做），在那里，他担任舅舅的医生和秘书，直到他舅舅于 1512 年去世。在舅舅去世后，哥白尼在他作为大教堂教士的职责上投入了更多的注意力，而且行医并主持过不止一个小型民法事务所，所有这些都给了他大量时间维持他对天文学的兴趣。但他有关地球在宇宙中位置的革命性思想在 16 世纪头 10 年末时就已被构想出来了。

地球在动！

这些想法并不是凭空冒出来的，而且甚至在他对科学思想的主要贡献（有时也被看作对科学思想的**最主要**贡献）中，哥白尼也仍然是他那个时代的一分子。下面这一事实无疑使得科学的连续性（以及历史起始时间的随意性）得到突出强调：强烈影响了哥白尼的一本书出版于1496年，这也正是这名23岁的学生开始对天文学发生兴趣的时候。这本书是德国人约翰内斯·米勒［Johannes Mueller，1436年生于柯尼斯堡，他更广为人知的称呼是雷格蒙塔努斯（Regiomontanus），这是他的出生地的拉丁名字］撰写的，它发展了他的年长的同事与老师乔治·波伊尔巴赫（Georg Peuerbach）以及久远年代中的其他人的观点，而波伊尔巴赫（当然）受到过其他人的影响。波伊尔巴赫已开始着手做托勒玫《至大论》的一个现代（即15世纪）的删节本。当时所能得到的最新版本是12世纪由克雷莫纳的杰拉尔德（Gerard of Cremona）所作的拉丁文译本，它是从一个阿拉伯文版本翻译过来的，而该阿拉伯文本则译自很久以前的希腊文版本。波伊尔巴赫的梦想是，通过找出可以得到的最早版本的希腊语文献（在君士坦丁堡陷落之后，其中一些希腊语文献此时在意大利），以校勘这一著作。不幸的是，尽管他已经开始了初步的准备工作，对所能得到的《至大论》版本进行了概述，却在1461年去世了，未能完成这一任务。尽管托勒玫的新译本尚未完成，但在他临终时分，波伊尔巴赫要雷格蒙塔努斯保证完成他所做的这一工作。雷格蒙塔努斯做了某些工作，在很大程度上甚至做得更好，他完成了他的著作《概要》（Epitome），该书不仅概述了《至大论》的内容，还补充了后来对星空观测的详细内容，修订了托勒玫曾做的一些计算，而且在文本中加入了一些重要的注释（这本质上是文艺复兴时期的人们将自己放在与古代人同等位置上的自信的一个标志)。该注释中有一条内容是要读者注意我们前面提到的一个关键要点,即月球在天空中的视大小并未按照托勒玫体系所要求的方式变化这一事实。尽管雷格蒙塔努斯于1476年去世,但他的《概要》直到20年后方才出版,并在彼时让年轻的哥白尼思考。如果它在雷格蒙塔努斯去世前即已出版,那么极有可能会是其他什么人——而非哥白尼(1476年他年方3岁)——接过这根接力棒。

哥白尼本人也并未仓促发表他的观点。我们知道哥白尼的宇宙模型到1510年的时候就在一部名叫《短论》(Commentariolus)的手稿中基本上完成了,因为在那之后不久他就在几个亲密的朋友中间传阅一份有关这些观点的摘要。并没有证据显示出哥白尼极为担心如果更正式地发表其观点则有遭教会迫害之虞——的确,《短论》在由教皇秘书威德曼施塔特(Johan Widmanstadt)于梵蒂冈所作的一个演讲中得到描述,教皇克雷芒七世(Clement VII)以及几位红衣主教都出席了这次演讲。其中一位红衣主教勋伯格(Nicholas von Schönberg)致信哥白尼力劝他出版,而且当哥白尼最终于1543年发表其观点时,这封信也被放进了他的名著《天体运行论》(De Revolutionibus Orbium Coelestium)的第一部分中。

那么他为什么延迟出版呢?有两个因素。首先,哥白尼相当地忙。说他作为大教堂教士的职位是闲职可能与事实完全相符,但这并不意味着他乐得尸位素餐,也不意味着他可以醉心于天文学而不理身外的世界。作为一名医生,他不但要为弗龙堡大教堂周围的教区服务,还要为穷人服务(当然,这是不支薪的)。作为一名数学家,他还为一项货币改革计划而工作(一位著名科学家来承担这一角色,这在历史上不是最后一次),而他在法律方面所受到的训练也被主教教区充分利用了起来。当条顿骑士团(类似于十字军战士的一个宗教军事教团,控制了波罗的海东部国家以及普鲁士)于1520年入侵这一地区时,哥白尼还被意外征召入伍。哥白尼被授予了奥尔什丁一座城堡的指挥权,并带领小镇抵抗入侵者达数月之久。他的确是个大忙人。

但他不愿出版著作还有第二个原因。哥白尼知道他的宇宙模型提出了新的问题,尽管它的确回答了从前的难题——他知道它并未回答所有从前的难题。正如我们已经说过的,哥白尼并未做太多观测(尽管他监督建造了一座没有屋顶的塔楼,用来作为观象台)。他是一个更多以古希腊风格行事的思想者与哲学家,而非现代科学家。托勒玫体系——以月球难题为典型特征——最让他烦恼的是对点问题。他不可能接受这个想法,相当重要的原因是它需要给不同的行星以不同的对点。在这种情况下,哪里是宇宙真正的中心呢?他想要一个模型,所有天体都在这个模型中围绕唯一的中心以不变的速度运行,而他之所以做如此之想,审美的原因与其他任何原因同样重要。他的模型就是作为达成这一目标的途径而设计的,但就这一目的而言,它未能达成目标。将太阳放在宇宙中心是很重要的一大步。但你还是不得不让月球绕地球运行,而且你还是需要本轮,以解释为什么行星看起来似乎在它们的轨道上忽快忽慢。

本轮是一个可以让行星与正圆运动有所偏离而假称并未偏离正圆运动的方法。但是哥白尼宇宙观的最大难题是恒星。如果地球绕日运行,而恒星被固定在最遥远行星所在的天球之外的水晶天球层上的话,那么地球的运动就应当引起恒星本身明显可见的运动,这一现象也就是人们所知的视差。如果你坐在一辆沿道路行驶的汽车里,你就会感觉好像外面的世界向你后面移动了。如果你待在一个运动的地球上,为什么你没有看到恒星移动呢?唯一的解释看来是恒星必定比行星远得多,至少远几百倍,以至于视差效应太小而无法看到。但是为什么上帝要在最远的行星与恒星之间留出一个巨大的空间,至少比行星之间的间隔大几百倍呢?

　　地球是运动着的还会带来其他一些令人困扰的问题。假如地球是运动的，那么为什么没有一股持续不变的风向后吹送，就好像你坐在一辆行驶在高速公路上的敞篷车里，风就会将你的头发向后吹送？为什么该运动并未导致海洋溢出，从而产生巨大的潮汐？从实际情况来说，为什么该运动并未将地球摇晃成碎片？记住，16世纪时，运动意味着骑在一匹疾驰的马上或是坐在一辆在车辙纵横的路上被拖曳行走的马车上。平滑运动（smooth motion）——即使是像一辆行驶在高速公路上的汽车那样的平滑运动——的概念如果没有任何直接体验的话必定很难理解。迟至19世纪，还有人为以火车的速度——可能高达每小时25千米——行进可能会对人体健康有害而忧心忡忡。哥白尼不是物理学家，甚至并未尝试回答这些问题，但他知道（以16世纪的眼光来看）它们会使人们对他的观点产生怀疑。

　　还有另一个问题，它完全超出了16世纪的知识范围：假如太阳位于宇宙中心，那么为什么所有的物体并没有向它那里掉落呢？哥白尼所能设想的全部就是"土的"（Earthy）物体趋向于落向地球，太阳的物体趋向于落入太阳，与火星具有亲密关系的物体则趋向于落向火星，等等。他真正的意思是"我们不得而知"。自哥白尼以来的数个世纪中，人们所学到的最重要经验之一是：一个科学模型不必解释一切，不必成为一个面面俱佳的模型。

　　冯·劳辛［Georg Joachim von Lauchen，也被称为雷蒂库斯（Rheticus）］于1539年春来到弗龙堡之后，哥白尼尽管疑虑重重且生活忙碌，但却被说服将自己的思想写成可以出版的形式。雷蒂库斯，这位维滕堡大学的数学教授知道哥白尼的工作，而且他特地来到弗龙堡就是为了了解更多有关其工作的事。他认识到这工作的重要性，并且决定促使它的作者将之付梓。他们相处得不错，1540年，雷蒂库斯出版了一个小册子《哥白尼的革命性著作的概说》（*Narratio Prima de Libtus Revolu-*

tionum Copernici，通常被简称为《概说》），概述了哥白尼模型的关键特征——地球的绕日运动。最终，哥白尼同意出版他的伟大著作，虽然（或者也可能是因为）他如今已是一位老人。雷蒂库斯负责监督该书在纽伦堡印刷，这是他的根据地，但（正像常常被提到的）事情并未完全像计划的那样一路推进。在这本书完全准备好付印之前，雷蒂库斯不得不离开此地去到莱比锡担任一个新的职位，并将这项任务委托给了奥塞安德尔（Andreas Osiander），这位路德教牧师自作主张加上了一个未署名的序言，解释说书中所描绘的模型并非意在描述宇宙实际的样子，而是一个数学方案，用以简化行星运动所涉及的计算。作为一个路德派教徒，奥塞安德尔有各种可能的理由担心该书可能不会顺利地被接受，因为甚至在它出版前，马丁·路德（Martin Luther）本人（他于1483—1546年在世，几乎与哥白尼完全处在同一时代）就曾反对过哥白尼的模型，他咆哮说，《圣经》告诉我们，约书亚（Joshua）令之停住不动的是太阳而不是地球。

哥白尼没有机会去抱怨这篇序言了，因为他去世于1543年，也就是他的伟大著作出版之年。有一个很动人但也许是杜撰的故事说，他临终之时收到了这册书。但无论是否如此，这本书被丢在了一边，而没有支持者——除了不知疲倦的雷蒂库斯（他于1576年去世）。

具有讽刺意味的是，奥塞安德尔的观点与现代的科学宇宙观极其相符。我们有关宇宙运行方式的所有观念如今都仅只被理解为某些模型，它们被提出来用以对观测与实验结果做出尽可能最好的解释。从某种意义上来说，将地球描述为宇宙中心并且让所有测量都以地球为参照是可接受的做法。比方说，在设计去往月球的火箭的飞行时，这种做法就相当有效。但是，当我们试图描绘整个太阳系中的天体运行时，随着这些天体与地球的距离越来越远，这样一个模型就变得越来越复杂。当计算一次飞行（比方说去往土星）时，美国宇航局（NASA）的科学家实际上是将太阳作为宇宙的中心来处理,尽管他们知道太阳本身是围绕着我们的银河系的中心运行的。总的说来,科学家使用的是他们所能得到的、与整个特定环境相关且与所有事实相符的最简单的模型,而且他们并不是在所有情况下都使用相同的模型。将太阳在宇宙中心的观点假定为只是一个帮助计算行星轨道的模型,这是当今任何一位行星科学家都会同意的说法。不同之处在于,奥塞安德尔并不指望他的读者(或更确切地说,哥白尼的读者)接受这个同等有效的观点,即地球处于宇宙中心的说法只是一个模型,它在计算月球视运动时是有用的。

要明确说明奥塞安德尔的序言是否平息了梵蒂冈的怒火是不可能的,但有证据显示,梵蒂冈并没有什么怒火要去平息。《天体运行论》的出版基本上被天主教会毫无怨言地接受了,而且在16世纪余下的时间里,该书在很大程度上被罗马置若罔闻。的确,它在一开始的时候基本上被大多数人所忽视——初版400册甚至都没卖完。奥塞安德尔的序言肯定没让路德教派成员平静下来,而且该书受到了欧洲新教运动的声讨。但有一个地方,《天体运行论》被顺利接受,而它的全部推论则受到赏识,至少受到了知识渊博的学问家们的赏识,这就是英格兰,亨利八世(Herry Ⅷ)于该书出版之年在这里娶了他的最后一位妻子帕尔(Catherine Parr)。

行星轨道

哥白尼的整个宇宙模型给人尤其印象深刻之处是,通过将地球放入绕日轨道,它也就自动将行星放入了一个合理的次序。自远古以来就令人感到困扰的是,在地球上,水星和金星只能在黎明和黄昏前后被看到,而其他3颗已知的行星可以在夜晚的任何时候被看到。托勒玫的解释(更确切地说是在《至大论》中得到概要总结的解释)是,当太阳绕地球做周年运动时,水星和金星与太阳"相偕"而动。但在哥白尼体系中,是地球绕太阳做周年运动,因此对上述这两种行星运动的解释只能是水星和金星的轨道位于地球轨道之内(比我们距离太阳更近),而火星、木星以及土星的轨道位于地球轨道之外(比我们距离太阳更远)。通过修正地球的运动,哥白尼可以计算出每一颗行星绕日运行一年的时间,这些周期形成了一个简洁有序的次序,水星的"年"最短,然后依次是金星、地球、火星、木星,直到"年"最长的土星。

但这并不是全部。在哥白尼的模型中,被观察到的行星运行模式也与它们和地球同太阳的距离之比有关。即使并不知道绝对距离,他还是可以按照与太阳的距离由近及远地排列行星。次序是相同的——水星、金星、地球、火星、木星、土星。这无疑显示出了关于宇宙性质的一个深远的真相。对于明眼人来说,哥白尼天文学并不只是要求地球绕日运行。

伦纳德·迪格斯与望远镜

在哥白尼的《天体运行论》出版后不久即清楚看到哥白尼模型含义的为数不多的几个人之一,是英国天文学家托马斯·迪格斯(Thomas Digges)。托马斯·迪格斯不仅是一位科学家,还是最早的科学普及者之一——不能说是第一位,因为他在某种程度上是追随着他父亲伦纳德·迪格斯(Leonard Digges)的足迹。伦纳德·迪格斯出生于1520年前后,但关于他的早期岁月几乎鲜为人知。他在牛津大学接受了教育,并且以数学家和测量员而闻名。他还是好几本书的作者,这些书以英语写成——这在当时是件很罕见的事儿。他的第一本书《普遍预言》(General Prognostication)出版于1553年,也就是《天体运行论》出版10年后,该书很畅销,这部分地要归功于它使用方言而通俗易读,但是在一个关键的方面来看它已经过时了。伦纳德·迪格斯在他的书里给出了一个万年历,并收集了气象知识与大量的天文学材料,包括对托勒玫宇宙模型的描述。在某些方面,该书与稍后几个世纪中非常流行的农家历书并没有什么不同。

就测量工作而言,伦纳德·迪格斯在1551年前后发明了经纬仪。大约就在同时,他对于精确望远的兴趣促使他发明了反射式望远镜(几乎肯定还有折射式望远镜),不过在当时对这些发明并无任何宣传。这些想法并未进一步推进的一个原因是老迪格斯的职业生涯于1554年意外终结,他在当时参加了一次不成功的造反行动,这是由新教教徒托马斯·怀亚特爵士(Sir Thomas Wyatt)所领导的,意在反对英格兰新女王玛丽(Mary,天主教徒),后者是1553年在其父亨利八世去世后登上王位的。由于参加造反,伦纳德·迪格斯最初被判死刑,尽管后来获得了减刑,但被没收所有财产,他终其余生(他于1559年去世)都在申诉索回,却徒劳无功。

伦纳德·迪格斯去世时,他的儿子托马斯·迪格斯大约13岁(我们并不知道他的确切出生日期),并由他的监护人迪伊(John Dee)照顾。迪伊是一位典型的文艺复兴时期"自然哲学家";他是一位杰出的数学家、炼金术士、哲学家,以及女王伊丽莎白一世(Elizabeth Ⅰ,1558年登上王位)的占星术士(尽管不是太典型)。像马洛(Christopher Marlowe)一样,他可能曾是英王的秘密特务。据说他还是哥白尼模型的一位早期支持者,虽然他本人在这方面没有发表过什么。托马斯·迪格斯在迪伊的家中长大成人,因此得以进入一间包含有千余份手稿的藏书室,在他于1571年出版第一部数学著作之前,他曾如饥似渴地阅读了这些手稿。也是在1571年,他开始着手出版他父亲的一部遗作《几何学练习》(Pantometria),该书引起了对伦纳德·迪格斯发明望远镜的第一次公众讨论。在该书前言中,托马斯·迪格斯记述了乃父如何为之:

通过持续不断的勤勉工作,在数学论证的帮助下,在不同的时候将镜片以合适的角度按比例排列,我的父亲不仅能够观察到距离很远的物体、阅读信件、计数硬币,而且在11千米开外处即可清楚说出私人场所发生了什么。

托马斯还亲自研究了天空,并对1572年超新星进行了观测,其中一些在第谷(Tycho Brahe)有关该事件的分析中被用到。

托马斯·迪格斯与无限宇宙

不过,托马斯·迪格斯最重要的出版物发表于1576年。这是对他父亲第一本书所作的最新也是修改最大的一个版本,现在的标题是《永恒的预言》(*Prognostication Everlasting*),它包括对于哥白尼宇宙模型的一个详细的讨论,这是此类叙述文本中的第一个英语版本。但托马斯·迪格斯比哥白尼走得更远。他在该书中指出宇宙是无限的,书中还包含一个图表,显示太阳位于中心,行星处于绕日轨道中,而大量的恒星则分布在不同方向的无限空间中。这是进入未知世界的惊人一跃。托马斯·迪格斯对这一断言并未给出任何理由,但看来极有可能的是,他曾用望远镜观察过银河,而他在那里看到的大量恒星使他确信恒星是大量散布在无限宇宙中的其他太阳。

但是托马斯·迪格斯并未像哥白尼那样将他的一生投入到科学中,而且他也并未将这些观点穷追到底。他的父亲是一位著名的新教教徒,曾在玛丽女王手里受尽折磨,有了这一背景以及他与迪伊一家(在伊丽莎白保护之下)的关系,托马斯·迪格斯成了国会议员(不连续地任职两届)以及政府顾问。1586—1593年,他还担任了英国军队在荷兰的总检阅官,在那里,他们帮助荷兰新教教徒摆脱了西班牙天主教的统治。托马斯·迪格斯于1595年去世。那时,伽利略(Galileo Galilei)已经是帕多瓦大学的数学教授,而天主教会正转而变得与哥白尼的宇宙模型敌对起来,因为它被异教徒布鲁诺(Giordano Bruno)接受了,布鲁诺后来陷入了一场漫长的审判,并以他于1600年被烧死在火刑柱上而告终。

布鲁诺:科学的殉难者?

在我们回过头来继续讲述有关第谷、开普勒(Johannes Kepler)以及伽利略这些将哥白尼的工作继续向前推进的后继者之前,值得在此提及的是布鲁诺,因为布鲁诺经常被认为是因为支持哥白尼的宇宙模型而被烧死的。事实真相是,他的确是一个异教徒,而且是因其宗教信仰而被烧死的;只可惜哥白尼的宇宙模型在整件事里被搅得一团糟。

布鲁诺生于1548年,他与教会产生冲突的首要原因是,他是一场被称为赫尔墨斯主义的运动的追随者。该异教将其信仰建立在他们谓之神圣经文的基础之上,这些文献在15、16世纪时被认为产生于摩西时代的埃及,并与埃及智识之神透特(Thoth)的教义联系在了一起。赫尔墨斯(Hermes)相当于希腊的透特(赫尔墨斯主义亦然),而对于异教的追随者们来说,他就是赫尔墨斯·特里斯美吉斯托斯(Hermes Trismegistus)或非常伟大的赫尔墨斯(Hermes the Thrice Great)。当然,太阳对于埃及人来说也是一位神,而且曾有观点认为哥白尼本人将太阳置于宇宙中心也可能是受到了赫尔墨斯主义的影响,虽然并没有强有力的证据。

这里不准备对赫尔墨斯主义做更为详细的讨论(尤其是后来证明了,其所依据的文献并非形成于古埃及),但是对15世纪的信奉者们来说,这些文献被特别地阐释为预言了耶稣基督的降生。15世纪60年代,数份赫尔墨斯主义者所依据的文献材料被人从马其顿王国带到了意大利,并激起人们极大的兴趣,时间长达一个世纪,直到(1614年)人们确认这些材料是在基督纪元之后很久才写就的,因此他们的"预言"实在是事后诸葛亮。

16世纪晚期的天主教会能够容忍预言耶稣降生的古代文献,而且像西班牙腓力二世(Philip Ⅱ)这样令人尊敬的天主教徒(他于1556—1598年在位,娶了英格兰玛丽女王,而他本人是新教的坚定反对者),也对这些内容深信不疑(顺便提一下,就像托马斯·迪格斯的监护人迪伊那样)。但是布鲁诺采取了一种极端的观点,认为古代埃及的宗教信仰是真正的信仰,而且天主教会应当找到一种方式重新回到那些古老的传统中。不必说,这在罗马并未被顺利接受,在经历过游荡欧洲(包括1583—1585年在英格兰的一段时期)这段变幻无常的生涯并惹出麻烦(他于1565年加入了多明我会,但于1576年被逐出修道会,而在英格兰,他树敌甚多,迫使他不得不到法国大使馆去寻求庇护)之后,他于1591年造访了威尼斯,这是一趟错误的行程,在那里,他被逮捕并被移交至宗教裁判所。在经过漫长的关押与审讯之后,布鲁诺看来最终因阿里乌斯教(相信基督由上帝创造,而不是上帝的化身)以及从事超自然活动而获罪。因为审判记录已丢失,我们不可能绝对确定;但是布鲁诺其实是巫术的殉道者,而不像时不时就被提及的那样,是一个科学的殉道者。

被天主教会禁止的哥白尼模型

尽管以现代标准而论,布鲁诺的命运可能看起来是严苛的,但就像其他很多殉道者一样,他在某种程度上是自愿,因为他有各种机会来放弃他的信仰(这也是他在宣判之前被拘押了如此之久的一个原因)。根本没有迹象表明他对哥白尼体系的支持在对他的审判中扮演了重要角色,但很清楚的是,布鲁诺是日心说的热切支持者(因为它符合埃及的宇宙观），而且他还热情拥护托马斯·迪格斯的观点，即宇宙中充满了无限多的恒星，每一个都像太阳一样，并认为宇宙其他地方必定有生命存在。当时，因为布鲁诺的观点一石激起千层浪，而且又由于他受到教会谴责，所以所有这些观点都遭受了同样毁灭性的命运。教会的行动一贯节奏缓慢，还是要等到1616年才把《天体运行论》列入禁书目录（而且直到1835年才将其剔除出禁书名单！）。但在1600年之后，哥白尼体系显然就没获得教会支持，而布鲁诺是一个哥白尼学说的追随者，并且其作为一个殉道者被烧死的事实，对任何人来说都几乎算不上是激励人心的事，例如，对17世纪初生活在意大利并对宇宙运行方式深感兴趣的伽利略而言便是如此。如果不是因为布鲁诺，哥白尼学说可能根本不会受到来自权威的如此敌意的关注，伽利略可能不会受到迫害，而意大利的科学进展也可能会发展得更顺利些。

但是我们不得不把伽利略的故事暂时撇开，转过来追述文艺复兴时期另一个伟大的科学进展——关于人体的研究。

维萨里：外科医生、解剖学家与盗尸者

正如哥白尼的工作建立在西方人对托勒玫著作的再发现基础上一样，布鲁塞尔的维萨里的工作也建立在对盖仑（Galen）著作的再发现的基础上。当然，这些来自古代的伟大作品都并未真正散失，而且在西欧那段黑暗时期，它们也为拜占庭和阿拉伯所知；但正是对所有这些作品的兴趣的复苏（以意大利的人文主义运动为代表，与之相关的事件是君士坦丁堡的陷落、原始文献及其译本西传到意大利和其他与文艺复兴相关的地方），促使了科学革命的开始。对于那些在科学革命早期阶段即成为其中一分子的人来说，这似乎并不是一场革命——哥白尼本人以及维萨里认为自己是重拾古代知识并在此基础上添砖加瓦，而不是

把古代的学问推翻重来。整个过程更多是一种演化而非革命的过程，尤其是在16世纪。正如我已经提到过的，真正的革命在于智力上的变革，该变革意识到文艺复兴时期的学者（他们将自己视作与古代人同等的人）有能力把像托勒玫与盖仑这样的人的学问向前推进，即认识到像托勒玫与盖仑这样的人本身也只是人类一分子。正如我们将要看到的，只是由于伽利略，尤其是牛顿的工作，宇宙探索的整个过程才发生了革命意义上的真正改变，即从古代哲学家的方式转变为现代科学的研究方式。

盖仑是一位希腊医生，公元130年前后出生在小亚细亚的帕加马（现为土耳其贝尔加马）。他一直活到公元2世纪末，也可能活到了公元3世纪初。作为一位富有的建筑师与农场主之子，盖仑生活在罗马帝国讲希腊语地区中最富裕的城市之一，生活优渥，接受了最好的教育。当这个小男孩16岁时，他父亲做的一个梦预示了他在医学领域的成功前景，而他所受的良好教育也正是遵照着父亲的梦而将他一路推向了医学。他在包括科林斯和亚历山大里亚在内的多个知识中心学习了医学，自公元157年起在帕加马的角斗士学校做了5年的首席医生，后来迁居到了罗马，在这里最后成为奥勒留（Marcus Aurelius）皇帝的私人医生和朋友。他还曾服务于康茂德（Commodus），此人是奥勒留的儿子，在其父于公元180年去世后成为皇帝。那是罗马的动荡年代，帝国边境战火几乎不断（哈德良长城建于盖仑出生前几年），但是距离帝国陷入衰落还有很长一段时间（帝国直到公元286年才被划分为东、西两部分，而君士坦丁堡则直到公元330年才建立）。无论边境有多少麻烦，居住在帝国中心的盖仑都安然无忧。他是一位高产的作家，而且像托勒玫一样，他对他所钦佩的早期人物的教义进行了概括总结，特别是希波克拉底（Hippocrates，实际上，将希波克拉底视为医学之父的现代观点几乎完全是来源于盖仑的著作）。他还是一个惹人厌的自我吹嘘者和文抄公——关于他在罗马的医生同事,他说过的最温和的话是将他们称为"厚颜无耻者"*。但他令人不快的人格并不应当掩盖他真正的成就。盖仑最重要的成就在于他的解剖技艺以及他撰写的有关人体结构的书。遗憾的是,人体解剖在当时是遭到反对的(考虑到对奴隶与角斗士竞赛的态度,此事也颇为古怪),而盖仑的大多数工作都是在狗、猪以及猴子身上完成的(尽管有证据表明他的确解剖了为数不多的人类尸体)。因此他有关人体的结论大部分都基于对其他动物的研究,而且在很多方面都是不正确的。由于在接下来的十二三个世纪里,似乎并没有人进行过严肃认真的解剖学研究,盖仑的工作直到16世纪都被当作人体解剖方面的最终结论。

盖仑的复兴是人文主义者言必称希腊一类执迷中的一部分。在宗教信仰上,不仅16世纪的新教运动,一些天主教徒也认为,由于自耶稣时代以来数世纪对《圣经》作品所作的阐释与修正,上帝的教义变得讹误重重,而且有一位原教旨主义者转而回到《圣经》本身并将之作为最高权威。这包括对《圣经》最早的希腊版本而非拉丁语译本的研究。尽管认为自古代以来并无任何有价值的进展发生这一主张有一点极端,但下述观点中肯定有一些是符合事实的,即:一份经过多次翻译(其中一些是根据从希腊文译成的阿拉伯语版再翻译而来)以及抄写员多次誊写而讹误百出的医学文献,可能远不如我们所希望的那样准确,因而盖仑的著作于1525年以最初的希腊文出版是医学上的一个里程碑。具有讽刺意味的是,由于几乎没有任何一位医学人士能阅读希腊文,他们实际上研究的是1525年版的拉丁文新译本。但是所幸有这些译本和印刷机,盖仑的著作在接下来的几年中所传播的范围要比此前都更为广泛。恰恰在此时,年轻的维萨里即将完成他的医学教育并开始小

---

* 引自诺顿(Vivian Nutton),见康拉德(Conrad)等。见参考文献。

有名气。

维萨里于1514年12月31日出生于布鲁塞尔一个有着医学传统的家庭,他的父亲是人称神圣罗马帝国皇帝(实际上是德国亲王)的查理五世(Charles Ⅴ)的皇家药剂师。依循家庭的传统,维萨里先是读了鲁汶大学,然后在1533年在巴黎注册学习医学。巴黎处于盖仑学说复兴的中心,维萨里不仅学习了名家大师的著作,他的解剖技艺也是当时在那里学会的。由于法国与神圣罗马帝国(正像历史学家们喜欢指出的,它不神圣,又不在罗马,也不是一个帝国;但是这个名字却载入了史册)之间的战争,他在巴黎的时光于1536年突然结束了,他返回了鲁汶,并于1537年从这里获得了医学学位。他对解剖的热情以及对人体的兴趣被发生在1536年秋的一个证据确凿的事件所证实,当时,维萨里从鲁汶附近的一个绞刑架上偷了一具尸体(或者是尸体上残存的部分),并带回家做研究之用。

以那时的标准来看,鲁汶大学医学院是保守且倒退的(当然是与巴黎相比),但是由于战争仍在继续,维萨里不可能回到法国。相反,毕业后没多久,维萨里就来到了意大利,1537年,他在这里注册成为帕多瓦大学的研究生。不过,这看来只是一种仪式,因为在通过最初的考试并大获全胜之后,维萨里几乎立即就被授予了医学博士学位,并被任命为帕多瓦大学的教师。维萨里是一位受欢迎且成功的教师,与当时仍然流行的盖仑"传统"一脉相随。但与盖仑不同的是,他还是一位能干且充满热情的人体解剖学者,而且与他在鲁汶的盗尸行为形成强烈对照的是,这些研究得到了帕多瓦的权威人士的帮助,特别是法官孔塔里尼(Marcantonio Contarini),他不仅提供给维萨里行刑犯人的尸体,有时还会延迟行刑时间,以适应维萨里的日程计划以及对新鲜尸体的需要。正是这一工作使维萨里很快便确信,盖仑只做了极少的或根本未做任何人体解剖实验,也激励他着手准备自己有关人体解剖学的著作。

维萨里处理这一课题的整套方法,即便不全是革命性的,也是在此前的基础上向前迈进的意义深远的一步。中世纪时,实际的解剖无论怎样做,都是出于示范目的,因而是由被看作执业医生中地位较低的外科医生来操刀的,而博学的教授则站在一个安全距离(即不会弄脏手的地方)来讲解这个问题。维萨里亲自进行解剖示范,同时还向他的学生们解释即将揭开的事物的重要性,由此他也提高了手术的地位,先是在帕多瓦大学,随着这一过程的推进又逐渐扩展到其他各处。他还雇用了优秀的艺术家来绘制大幅的图示,以做讲课之用。在其中一幅演示图解失窃并被盗用之后,这些画作中的6幅于1538年以《六幅解剖图》(*Tabulae Anatomica Sex*)之名出版。6幅画中的3幅是维萨里亲手绘制的;其他3幅是卡尔卡(Jan Steven van Calcar)所作,这位深受尊敬的画家是提香(Titian)的学生,这多少能让你对画作品质有所了解。我们并不确切知道,但卡尔卡可能还是出版于1543年的杰作《人体的构造》(*De Humani Corporis Fabrica*)中所使用的插图的主要作者。

除了人体描绘的精确性之外,《人体的构造》的重要性在于,它强调了教授有必要亲自来做这些脏兮兮的活儿,而不是将本质的问题委派给下属来做。依循同样的风格,它还着重强调了眼见为实的重要性,而不是毫不怀疑地相信前辈们一代代流传下来的那些话——古代人并非一贯正确。人体解剖研究经过了很长的时间才得到充分尊重——把人切成一块块这种事情总是令人忧虑的,而且这种忧虑迟迟挥之不去。但是在更广泛的意义上来说,使得人是研究人类的合适对象这一观点得到接受,其过程是从维萨里的工作及其《人体的构造》的出版开始的。《人体的构造》是一本写给已然在医学上有所建树的专家的书,但维萨里还希望对更广泛的读者产生影响。他还同时为学生们写了一本概述——《概要》(*Epitome*),它也出版于1543年。但是在医学上获此名望并为一般意义上的科学方法确定了这一里程碑之后,维萨里突然放弃了他的学术生涯,尽管此时他还不到30岁。

1542年和1543年的时候,维萨里已经离开帕多瓦相当长的时间了(大部分时间在巴塞尔),并着手准备将他的两本书交付出版,虽然这似乎是正式批准的休假,但他从未回到他的职位。人们并不完全清楚,他是否只是厌烦于顽固的盖仑学说支持者们对他工作的批评,或者是他想要实践而不是讲授医学(或是这些因素兼而有之),但是凭着他的两本书,维萨里得以觐见查理五世并被委任为宫廷医生——一个受人尊敬的职位,它的一个不利之处是,医生在皇帝有生之年是没有辞职一说的。但维萨里几乎不可能会为他的决定而后悔,因为当查理五世在1556年(查理退位前不久)允许他离职并给予他一笔退休金时,维萨里迅速地在查理五世之子、西班牙的腓力二世(也正是这位腓力二世后来派舰队进攻了英格兰)那里取得了相似的职位。事实证明这并不是个多么好的主意。西班牙医生缺少维萨里所拥有的能力,而对他这个外国人的最初敌意也随着荷兰(后来被西班牙统治)独立运动的发展而加剧。1564年,维萨里得到腓力二世允许赴耶路撒冷朝圣,但这似乎是一个借口,以在意大利中途逗留并与帕多瓦大学商谈,从而再次回到他从前的职位。但是在他从圣地返回的途中,维萨里所乘坐的船遭遇了强风暴,船耽搁了很久以补充快要用完的给养,而乘客们也饱受晕船之苦。维萨里生了病(究竟是什么病,我们并不是很了解),并且死在了希腊的赞特岛,1564年10月,他们的船在此搁浅,而当时维萨里50岁。尽管维萨里本人对于1543年以后的科学并没有太多直接贡献,但他还是通过他在帕多瓦的后继者产生了深远的影响,这直接导致了17世纪一个最伟大的深刻见解,即哈维(William Harvey)对血液循环的发现。

从某种意义上来说,哈维的故事是下一章的内容。但是从维萨里到哈维的线索是如此清楚,因此在回过头来讲述16世纪天文学发展之前,更加有意义的是根据合乎逻辑的推论对此做出追溯。由于这并不是一本关于技术的书,我并不打算详细阐述人体研究严格的医学上的意义。但是哈维的特殊贡献并不是他发现了什么(虽然它给人以相当深刻的印象),而是他以之证明其发现为真的方法。

法洛皮奥与法布里齐奥

从维萨里到哈维只牵扯到另外两个人。第一个是法洛皮奥(Gabriele Fallopio,也称 Gabriel Fallopius),他是维萨里在帕多瓦的学生,1548年成为比萨大学的解剖学教授,1551年回到帕多瓦担任教授,也就是维萨里从前的职位。虽然他在1562年去世时才39岁,但他以两种方式在人体生物学上获得了名望。首先,他亲自对人体系统进行了研究,这在很大程度上是本着维萨里的精神,而该研究最重要的意义是导致他发现了以他名字命名的输卵管(Fallopian tube)。法洛皮奥描述这些连接在子宫与卵巢之间的管路就像“铜号”——一种大号——一样在末端逐渐展开。这一精确描述不知何故被误译为“管子”(tube),但现代医学似乎愿意坚持这个并不准确的叫法*。其次,法洛皮奥对于解剖学最重要的贡献可能是他作为法布里齐奥(Girolamo Fabrizio)的老师这一角色。在法洛皮奥去世后,法布里齐奥接替了他在帕多瓦大学的职位。

法布里齐奥1537年5月20日出生在阿夸彭登莱小城,1559年毕业于帕多瓦大学。他做了一名外科医生并私下教授解剖学,直到1565年被任命为帕多瓦大学的教授,该职位自法洛皮奥去世后空缺了3年之久。因此,虽然有所中断,但法布里齐奥仍是法洛皮奥的直接继承者。正是在此中断期间,维萨里为得到这个职位而进行了商谈,如果不是因

---

* 附带一提,人体中的另一条管子——连接中耳到咽的耳咽管(Eustachian tube)也大致在这一时期由欧斯塔基奥(Bartolomeo Eustachio)加以描述。这与其说是巧合,不如说它预示了新一代的解剖学家们热切地想要采用的工作方式。

为那次注定没有好结果的耶路撒冷之行,他可能就会先法布里齐奥一步得到这个工作。法布里齐奥的大量工作都与胚胎学以及胎儿的发育有关,他在鸡蛋上进行了研究,但以事后诸葛亮的眼光来看,我们可以看到他对科学最重要的贡献是最早精确而详尽地描绘了静脉瓣。静脉瓣是已知的,但法布里齐奥对之进行了彻底研究,并详细加以描述,在1579年首次公开演示,后来又发表在了1603年出版的一本有插图的著作中。但是,作为一名解剖学家,他描述瓣膜之技艺无论如何都与他对其用处的著名见解并不相称——他认为它们在那儿是为了减缓来自肝脏的血流以使之被人体组织吸收。法布里齐奥于1613年退休,由于健康状况很糟,他于1619年去世。不过在那个时候,哈维正顺利走向他对血液循环系统真正作用做出解释的路上——他于大约16世纪90年代末至1602年在帕多瓦大学的法布里齐奥指导下学习。

哈维与血液循环

在哈维之前,普遍被接受的知识(这得回溯至盖伦乃至更早的时期)是:血液在肝脏里被制造出来,并由静脉运送到全身各处从而为组织提供营养,血液在这一过程中被用完,因此新鲜血液要持续不断地被制造出来。动脉系统的作用被视为运送来自肺部的"生命灵气"(vital spirit),并将其散播到人体各处(实际上,鉴于氧气直至1774年才被发现,这一观点与事实相距并不那么远)。1553年,西班牙神学家与医生塞尔韦图斯(Michael Servetus,生于1511年,受洗时取名 Miguel Serveto)在其著作《基督教的复兴》(*Christianismi Restitutio*)一书中提到了血液"小"循环(正如后来人们所知的):血液从右心室经由肺流至左心房,而不是像盖伦曾讲授的那样通过心脏壁上的小孔流通。塞尔韦图斯很大程度上是在神学的基础上而非通过解剖得出结论的,而且差不多是在一篇神学专题论文中顺便提到了这些。不幸的是,塞尔韦图斯在这里(以及更早的作品中)表达的观点是反三位一体的。像布鲁诺一样,他并不相信耶稣基督是上帝的化身,由于信仰,他也遭遇了和布鲁诺相同的命运,不过是死在不同教派手上。当时,加尔文(John Calvin)的改革运动正值高潮,塞尔韦图斯写信给他(在日内瓦)说了自己的想法。当加尔文不再回复他的信件之后,身在维也纳的塞尔韦图斯却继续寄出了一连串越来越尖刻的信件。这是一个大错。当该书出版时,加尔文与维也纳当局取得了联系并将这位异教徒关押了起来。塞尔韦图斯逃了出来并前往意大利,但却犯下了更大的错误——直接取道日内瓦(你可能会觉得他不至于这么傻),他在日内瓦被认出来而再次被捕,并于1553年10月27日被加尔文教徒烧死在火刑柱上。他的书也被烧掉了,只有3册《基督教的复兴》幸免。塞尔韦图斯对他所处时代的科学并无影响,而哈维对他的工作一无所知,但他最终的遭遇还是让人得以洞悉了16世纪的世界。

自盖仑以来,人们认为静脉和动脉输送的是不同的物质——两种血液。现代观点是,人的心脏(像其他哺乳动物和鸟类一样)其实分作两半,右侧将去氧血液泵入肺部,血液在肺里获得氧气再回到左侧,后者将注入了氧气的血液送往全身。哈维的老师法布里齐奥非常精确地描述了静脉中的瓣膜,而哈维的重要发现之一是:静脉中的瓣膜是一个单向系统,这使得血液只能朝着一个方向流动,而且血液必定是作为动脉血而被制造出来的,它从心脏被泵出来并通过静脉与动脉系统之间的毛细血管进入静脉。但是在哈维开始他的医学生涯之时,这一切都还在遥远的未来。

哈维于1578年4月1日出生在英国肯特郡的福克斯通。作为一名自耕农7个儿子中最年长的一个,哈维在坎特伯雷国王学校以及剑桥大学凯厄斯学院接受了教育,1597年在凯厄斯学院获得了学士学位,并很可能开始学习医学。但他不久之后就去了帕多瓦,他在那里受教于法布里齐奥,并于1602年以医学博士学位毕业。作为帕多瓦大学的学生,哈维必定知道伽利略,后者当时在那里教书,但就我们所知,这两个人并未相遇。1602年返回英格兰以后,哈维于1604年与伊丽莎白·布朗(Elizabeth Browne)结了婚,她是伊丽莎白一世的医生朗瑟洛·布朗(Lancelot Browne)的女儿。在进入了皇家圈子的同时,哈维也拥有了一个声名卓著的医生生涯:他于1609年被任命为伦敦圣巴塞洛缪医院的医生,而在1607年他已被选为医学院校务委员会的一员;1618年[莎士比亚(William Shakespeare)去世两年后],他成为詹姆斯一世(James Ⅰ,1603年继承了伊丽莎白的王位)的医生之一。1630年,哈维接受了一项声望更高的任命,担任詹姆斯之子查理一世(Charles Ⅰ,1625年登上王位)的私人医生。他为此得到的酬劳是于1645年67岁时被任命为牛津大学默顿学院的院长。但是由于席卷英格兰的内战,牛津于1646年也被议会派控制了,哈维便从这个职位上退休(虽然按正式的说法,他一直留在御医这个职位上,直到查理一世1649年被处死),并过上了平静的生活,一直到1657年6月3日去世。尽管他于1654年当选医学院院长,但由于年纪和健康原因,他不得不拒绝了这一荣誉。

因此,让哈维青史留名的伟大工作其实是在他的闲暇时间完成的,这也是他何以直到1628年才在他里程碑式的著作《心血运行论》(*De Motu Cordis et Sanguinis in Animalibus*)中发表其结果的原因之一。另一个原因是,甚至在《人体的构造》出版50年后,在某些地区仍然极力反对对盖仑的教义做出修改的企图。哈维知道,他必须得提供一个一目了然的论据以使血液循环的事实被人接受,而他在这个使他成为科学史上关键人物的论据中所给出的方法,为各个学科——而不仅仅是医学——领域的科学家们指出了前进的道路。

甚至就连哈维对这一问题发生兴趣的方式也表明了,自哲学家们依据完美原则而非观察与实验凭空想出自然界运行的抽象理论假设以来,情况是如何发生变化的。实际上,哈维测定了心脏的容量——他将心脏描述为好像一个充足了气的手套,并计算出它每分钟将多少血液泵入动脉。他的估算不怎么精确,但要得出他的结论已经足够了。以现代单位计,他计算出了人类心脏平均每一搏泵出的血液为60立方厘米,1小时合计差不多达260升,这个血液量的分量是普通人体重的3倍。无疑,人体不可能制造出那么多的血液,而且真正通过静脉和动脉连续不断地在体内循环的血液必定要少得多。哈维随后利用实验与观察相结合的方法给出了他的论据。即使他不可能看到静脉与动脉之间微小的连接,但通过拉紧手臂上的绳索(或绷带),他还是证明了它们肯定存在。手臂上的动脉位于手臂表皮以下比静脉更深的位置,因此他通过稍稍放松绷带,让血液通过动脉流下来,而同时绳子还系得很紧使血液无法通过静脉流回手臂,这样,绷带下面的静脉就变得肿胀。他指出毒药可以迅速传遍整个人体正是与血液是连续不断循环的这一观点相符的。他还注意到这个事实,即心脏附近的动脉比距离心脏较远的动脉更粗,这正是因为心脏搏动而使血液强有力地射出,心脏附近的动脉需要经受更大的压力。

但是不要轻易就接受这一观点,即哈维发明了科学的方法。事实上,他更像是一个文艺复兴时期的人物而不是一个现代科学家,他仍然是以"生命活力"(vital force)这一强调抽象的完美信念以及"保持人体活力的灵气"这样的话语来思考的。用他自己的话来说(取自其著作1653年的英译本):

> 完全有可能的是,它*也发生在身体上,身体各部分都因血液而得到滋养、抚育并被赋予活力,而这血液则是温热的、

---

*上文是在谈论亚里士多德有关宇宙中空气与雨水形成的循环运动,因此,此处的"它"所指的也是循环运动。——译者

完美的、如蒸汽般的、充满活力的，而且可以说是富含营养的；在身体的这些部分，血液被冷却、凝结并且变得没有生气。由此，血液又返回到心脏，如同回到它的源泉，或者说血液在身体中的住所，以恢复它的完美状态。在心脏里，借助大自然强有力而热烈的热量，血液再次被融化为液体，充满活力，由此血液再次被散布到身体各处，而所有一切都依赖于心脏的搏动；因此，心脏是生命的起点，是小宇宙的太阳，相应地，太阳也可以被称为宇宙的心脏，正是由于它的搏动，血液运动起来、得到完善、变得适于营养机体，而且可以防止腐蚀和化脓。而这个体内的神灵行使其对整个身体的职能，是通过滋养、抚育并供给其食物而实现的，它是生命的基础，是一切的创造者。*

上述这段话与人们通常所持的误解相去甚远，该误解认为，哈维是第一个将心脏描述为一个**仅仅**是保持全身血液循环的泵的人［迈出这一步的实际上是笛卡儿（René Descartes），他在1637年出版的《方法论》（*Discourse on Method*）一书中认为，心脏纯粹是一个机械泵］，而像很多书中所说，哈维将心脏看作血液热量之源，也并非事实之全部。他的观点要比这更为神秘。但哈维的工作仍然是向前迈进了意义深远的一步，而且他的幸存下来的作品（不幸的是，当他位于伦敦的住处于1642年被议会军队洗劫后，他的很多论文都遗失了），通篇都反复强调了从亲自观察与实验中获得的知识的重要性。他明确指出，我们不应该仅仅因为不知道导致某些现象的原因何在而否认这些现象的存在，因此适当的做法是：温和地看待他对血液循环的不正确"解释"，更多关注他

---

*哈维在这里是将心脏之于人体（小宇宙）的作用与亚里士多德有关太阳之于宇宙（大宇宙）的作用之论述相对照，也正因此，哈维更多是被看作在亚里士多德框架下开展其研究的（文艺复兴时期的）生理学家和医学家，而非现代科学家。——译者

在发现血液的确循环这一现象时的真正成就。尽管哈维的观点绝非一开始就被普遍接受，但在他去世后几年内，得益于显微镜在17世纪50年代的发展，他的论证中的一处空白便被静脉与动脉之间微小连接通道的发现所弥合——这也是科学进展与技术进展之间关系的一个强有力的例证。

但是就科学的历史而言，如果说哈维是文艺复兴时期的最后一拨人中的一个，这并不意味着我们可以在他的工作之后清楚明确地划出一条时间线，并且宣称正确的科学就开始于彼时，而不顾他的去世与显微镜的崛起在时机上的巧合。正像他的书与笛卡儿所强调的东西有相同之处一样，历史并非分作整整齐齐的几个部分，而最当得起第一位科学家之描述的那个人，在哈维于帕多瓦完成其研究之前已经开始了工作。现在是时候回到16世纪，并继续讲述紧随哥白尼之后的天文学以及机械论科学的发展脉络了。

◇ 第二章

最后的神秘主义者

行星运动

最当得起"第一位科学家"这个名头的人是伽利略,他不但将本质上是现代科学方法的路数应用到他的工作中,而且充分理解他的所作所为,并为紧随其后的其他人定下了基本的规则。此外,他依据这些基本规则所做的工作极其重要。在16世纪晚期,还有其他一些人满足这些标准——但是将他们一生投入我们称之为科学事业的那些人,其全部或部分工作都继续保持着中世纪的思维模式;而那些最清楚地理解了——还没有更好的词——观察世界的新方法在哲学上的重要性的人,则通常只是业余科学家,而且对其他人的研究方法几乎未产生影响。第一个两者兼有的人物是伽利略。不过,正像所有的科学家一样,伽利略的工作也是建立在前人工作基础之上的,具体到这一事例上,这个直接的联系就是从作为文艺复兴时期天文学转变之开端的哥白尼(他本人利用了像波伊尔巴赫、雷格蒙塔努斯这样的前辈的工作),中间经过第谷与开普勒,再到伽利略(而且正如我们将看到的,从开普勒、伽利略再到牛顿)。正如通常所知,第谷也提供了一个特别简洁的示例,以此种方式,意义深远的重要的科学工作在当时仍然可能与对这些工作的显然是旧式且神秘的阐释混杂在一起。严格来说，第谷与开普勒并不完全是最后的神秘主义者——但至少在天文学上，他们肯定是处于远古神秘主义与伽利略及其后继者们的科学之间过渡时期的人物。

第谷

第谷于1546年12月14日出生在位于斯堪的纳维亚半岛南端的克努兹特鲁普。这里目前地处瑞典境内，但在当时是丹麦的一部分。这个小孩受洗时的教名是Tyge(他后来将名字而非姓拉丁化，在这种意义上来说，他恰恰是一个过渡时期的人物)。第谷来自一个贵族家庭——父亲奥托(Otto)曾担任国王枢密院顾问官，先后在几个国家任海军上尉，而他职业生涯的最后一个职位是赫尔辛堡地方长官，此地位于后来因莎士比亚的《哈姆雷特》(Hamlet, 1600年首演)而闻名的赫尔辛格对岸。作为奥托的第二个孩子，也是最大的儿子，第谷可以说是含着金汤匙出生的，但他的人生几乎立刻便出现了可能极富戏剧性的转折。奥托有一个兄弟约恩(Joergen)是丹麦海军上将，他结了婚但没有小孩。兄弟俩商定，假如且当奥托有一个儿子时，他会将婴儿交给约恩抚养，有如己出。当第谷出生时，约恩提醒奥托有此许诺，但得到的反应却是冷冰冰的。这可能与这一事实不无关联：第谷有一个孪生兄弟出生时便夭折了，而他的父母很担心也许他们不能再生小孩了。约恩耐心等待，一直等到第谷的第一个弟弟出生(只是一年多以后)，然后拐走了小第谷，并把他带到了位于日德兰的家中。

由于还有另一个健康的小男孩要抚养(奥托与贝亚特最终生了5个健康的男孩和5个健康的女孩)，这件事被这个家庭当作既成事实而接受了，所以第谷其实是由他的叔父养大的。当第谷还是一个孩子时，他接受了全面的拉丁语基础教育，随后在1559年4月，他被送到了哥本哈根大学,而当时他才不过13岁——对于一个贵族之子来说,如此年幼之时便开始接受教育,以准备进入政府或教会担任高层职位,这在那个年代并不稀奇。

因为1560年8月21日发生的一次日食,约恩想要第谷进入政治领域为国王服务的计划几乎很快就落空了。虽然全食发生在葡萄牙,在哥本哈根仅有偏食发生,但是让13岁的第谷充满想象的并不是日食壮观的景象,而是这一事实,即该事件很久之前便被预言到了,其所依据的是看起来似乎运行在恒星之间的月球的运行路径观测表——它们可以追溯至远古的观测而又经后来的观测(尤其是阿拉伯天文学家们的观测)得到修正。对他来说,那似乎是"某种神启般的事,人们可以如此精确地了解恒星的运行,因此可以早早地便预知它们的位置与相对位置"*。

在哥本哈根的余下时间中(只有大约18个月),第谷把大部分精力都用来研究天文学和数学,很显然,随着他的长大,他的叔父顺从了他的愿望。其中尤其是他买了一本拉丁语版的托勒玫著作,并在书中做了大量注释(包括他写在标题页的一段注释,记录了他是在1560年11月的最后一天花两元钱买的这本书)。

1562年2月,第谷离开丹麦去国外完成他的学业,这是意在将他转变成为与其社会地位相称的成年人的惯常做法的一部分。他去了莱比锡大学。他在一个值得尊敬的年轻人安德斯·韦泽尔(Anders Vedel)陪同下于3月24日抵达这里,韦泽尔只比第谷年长4岁,但被约恩指定为第谷的家庭老师,作为同伴出行并(很容易理解的是)管着这个年轻人不要胡闹。韦泽尔部分地成功了。第谷被认为是在莱比锡学习法律,并且很勤奋。但是他最喜欢的学问还是天文学。他把所有的闲钱都花

---

* 来自伽桑狄(Gassendi)的第谷传,首版于1654年,该书依据第谷本人的论文写成。转引自德雷尔(Dreyer)。

在了天文仪器和图书上,并且晚上很晚不睡,亲自观测天空(方便的条件是,此时韦泽尔已然睡着)。即使韦泽尔掌握着财权,而且第谷不得不向韦泽尔解释他的开销的原因,但这位年长者并没有什么可做以抑制这一热情,第谷作为一个观测者的技艺与天文学知识迅速增长,远胜过他的法律知识。

测量恒星位置

不过,随着第谷有关天文学的知识越来越渊博,他认识到人们似乎以某种精度"获知恒星位置",而这一精度远没有他最初所认为的那么非同凡响。例如1563年8月发生了一次土星与木星相合——在这一罕见的天文学事件中,这两颗行星在天上相距如此之近,以至于它们看上去好像合并在一起了。这对于占星家来说具有重要意义*,它被广泛预言,并受到热切的期盼。但是当该事件于8月24日真的发生之时,一些星表所预言的时间整整迟了一个月,甚至连最好的表也有几天的误差。正是在他的天文学生涯开始之时,第谷弄明白了他的前辈以及同时代人看来似乎不太情愿接受的观点(如果不是由于懒惰,那就是出于对古代人的极大敬重):如果没有以比以往研究更为优良的精度对行星相对于恒星的运动做一系列长期艰苦观测,那么要正确理解行星运动及其性质就是不可能的。16岁时,他便已清楚了他的天职。要制出正确的行星运行表,唯一的办法就是通过旷日持久的一系列观测,而不是(像哥白尼所做的那样)偶或为之,或者几乎是不由分说地把这些偶尔的观测补充到古代人的观测中。

不要忘了,在天文望远镜研发之前的那些岁月,用来进行观测的仪

---

* 一些天文学家目前认为在耶稣诞生之时出现的一系列相似的相合现象,可能就是众所周知的"伯利恒之星"现象。

器对建造技艺的要求很高,而在使用中的要求则更高(使用现代望远镜与计算机,事情就刚好相反了)。第谷在1563年所使用的最简单的技巧是:将一个两脚圆规拿在眼前,圆规的一个脚指向一颗恒星,而另一个脚指向要观测的行星——比如木星。利用如此张开的圆规测出理论上的距离,他就可以估算出两个天体当时在天上张开的角度*。但是他需要的是比这所能提供的更高的精度。尽管他使用的仪器的细节对我的故事来说并不是至关重要的,但有必要提一下一种被称作直角仪(或称半径仪)的仪器,它是第谷在1564年年初自行制作的。这是那个年代航海与天文学中所使用的一种标准设备,它主要由呈十字的两根杆组成,两根杆相互以直角滑动,标出刻度并细分为更小的刻度,这样,通过将恒星或行星排列在横杆的两个末端,就可以从刻度盘上读取它们的角距。第谷的直角仪被证明并未正确标记,而且他也没钱把它重新校准(韦泽尔仍试图行使约恩给他的职权,并阻止第谷把所有的时间和金钱都花在天文学上)。因此,第谷设计出一个仪器改正量表,对他所进行的任意观测,他都能从这个表中读取用直角仪获得的不正确读数所对应的正确量。这将成为一个样板,数世纪以来为试图成功处理不完美仪器的天文学家们所仿效,包括对哈勃太空望远镜所做的著名的"修补"——用额外的一组反射镜来修正望远镜主镜中的缺陷。

作为一名(就我们所知)前途无忧的贵族,第谷并无必要完成他获得学位的仪式。而且,由于瑞典与丹麦已经开战,而他叔父认为他应该回家,第谷于1565年5月离开了莱比锡(仍然是在韦泽尔的陪伴下)。他们的团聚十分短暂。第谷在月末时回到哥本哈根,在这里,他发现约恩也刚刚从波罗的海的一场海战中返家。但是几周后,当国王腓特烈二世(Frederick Ⅱ)以及包括海军上将在内的一众随行人员横穿一座从

---

*精确报时当然是16世纪60年代的另一个大问题,此时距离精密计时器的发展尚早——这也是科学与技术相互依赖的众多事例之一。

哥本哈根城堡通往城里的桥时,国王跌落水中。很多人跳下去救他,而约恩也是其中之一,尽管国王的健康并未受到长远的危害,但约恩却因为浸泡在水中而患了感冒,并由此引发了并发症,于6月21日去世。第谷从叔父那里继承了一笔遗产,虽然家中其他成员并不赞成第谷对星星的兴趣,而且更愿意他去找一份与他的社会地位相称的职业,但是他们并没有什么办法来约束他(除非再来一次绑架)。1566年年初,也就是他19岁生日之后不久,第谷动身开始了他的旅行——造访维滕堡大学,随后在那定居了一段时间,后来在罗斯托克大学学习,并最终在这里毕业。

学习的科目包括占星术、化学(确切地说是炼金术)以及医学,有一段时间,第谷还进行了少量的星体观测。他的兴趣范围并不令人吃惊,因为这些学科中的任何一门所包含的知识都太少,因此试图成为当中的一名专家并没有多大意义,比如,所谓占星的力量是指,人们认为天上发生的事与人体的运行之间有着强烈的关联。

像他的同辈人一样,第谷是一个占星术的信奉者,并且在占星预言方面越来越娴熟。1566年10月28日,就在他抵达罗斯托克后不久,发生了一次月食。根据他推算出的天宫图,第谷声称该事件预言了奥斯曼帝国苏丹苏莱曼(Sulaiman,人称苏莱曼大帝)之死。事实上,这并不是一个非常了不得的预言,因为苏莱曼已然80岁了。这个预言在基督教欧洲也深得人心,因为苏莱曼之所以赢得苏莱曼大帝这个绰号,部分是因为他对贝尔格莱德、布达佩斯、罗得斯、特萨比兹、巴格达、亚丁以及阿尔及尔的征服,并且对1565年一次大规模进攻马耳他负有责任,而圣约翰骑士团成功地抵御了那次进攻。奥斯曼帝国在苏莱曼统治下达到顶峰,并成为基督教欧洲东部国家的严重威胁。当苏丹的确去世的消息传到罗斯托克时,第谷的声望迅速飙升——但是当苏丹之死被证明发生在月食几周前时,他的成就减色了不少。

同年晚些时候,第谷人生中最著名的事件之一发生了。在12月10日举行的一次舞会上,第谷与另一位丹麦贵族帕斯杰格(Manderup Parsbjerg)发生了争吵。两个人在12月27日的一次圣诞晚会上再次撞到了一起。他们吵得很凶,以至于只能以决斗来解决问题(我们并不确切知道究竟所为何来,但关于此事的其中一种说法是,帕斯杰格嘲笑第谷有关一位已故苏丹之死的预言)。12月29日晚上7点,他们在黑漆漆的夜里再次相遇(这个时间选得如此古怪,因此很可能是一次意外相遇),并且以剑相互搏击。这场决斗并无最终结果,但第谷遭到了重击,他的鼻子被削去了一块,在他人生余下的时光,他用一个以金银特制的鼻子隐藏了这一缺陷。与大多数流行的记述相反,第谷失去的并不是鼻子尖,而是鼻子上部的一大块;他还常常随身带着一盒药膏之类的东西,人们经常看到他将药膏涂在受伤的部位以缓解疼痛。

除了它的猎奇价值之外,这个故事的重要性在于,它恰当地描绘了第谷的形象,此时距离他的20岁生日没过去几天,作为一个开启新时代的人,他骄傲地意识到自己的能力,而且并不总是情愿循规蹈矩地走一条小心为上的道路。这些特点在他后来的人生中显露出来,给他带来的麻烦远甚于一个残缺的鼻子。

在罗斯托克期间,第谷几次造访了他的祖国。尽管他未能使他的家庭确信他遵从自己对像天文学之类事情的兴趣是在做一件正确的事情,但在另一方面,他作为一名饱学之士的声望日益增长,这也是有目共睹的。1568年5月14日,第谷收到来自国王——仍然是腓特烈二世——的正式承诺,他会成为下一任教士去补西兰岛罗斯基勒大教堂的空缺。尽管宗教改革已于30多年前的1536年发生,而丹麦坚定地支持新教,但从前付给大教堂教士的收入所得,如今则用来为饱学之士提供支持。他们仍被称作教士,而且仍住在与大教堂关系密切的社区,但他们并无宗教义务,而他们的职位则完全由国王授予。腓特烈二世提供的职位当然反映了第谷作为一名"饱学之士"的潜力,但同样值得记住的是,如果说这一许诺对于如此年轻的一个人来说非常之慷慨的话,那么从严格意义上来说,第谷的叔父则是为国王尽忠而去世的。

在罗斯托克完成了他的学业之后,由于有了这一担任教士的许诺而未来前景已有保障,第谷于1568年年中再次启程旅行。他再次造访了维滕堡,然后是巴塞尔,随后于1569年年初在奥格斯堡定居了一段时间,并在那里着手进行了一系列的观测。为了有助于这一工作,他让人为他制作了一个名叫"象限仪"的大型仪器。它的半径约6米,如此之大,所以它的圆形外框可以角分级精度进行校准以进行精确观测。它矗立在一位朋友的花园中的小丘上达5年之久,后于1574年12月因一次风暴而被损毁。但当他父亲病重的消息传来时,第谷于1570年离开奥格斯堡返回了丹麦。尽管如此,第谷并未从他毕生的事业上分神,而且直到这年12月底,他一直都在赫尔辛堡进行观测。

奥托于1571年5月9日去世,年仅58岁,死前将他位于克努兹特鲁普的主要财产留给他的两个最大的儿子第谷和斯蒂恩(Steen)共同所有。第谷随后与他的舅舅——名字也叫斯蒂恩——一起生活,这位舅舅是这个家中唯一曾鼓励过他对天文学的兴趣的人,而且据第谷自己说,舅舅也是最早将造纸与玻璃制造大规模引进丹麦的人。直到1572年年底,也许是在老斯蒂恩的影响下,第谷将主要精力投入到了化学实验中,然而他从未放弃过对天文学的兴趣。但是在1572年11月11日晚上,由于宇宙所能带来的最富戏剧性的一个事件,第谷的人生再度发生了改变。

第谷超新星

那天晚上,第谷正从实验室回家,沿途将整个的星空尽收眼底,这时他意识到仙后座——这个 W 形的星座是北天最与众不同的一个——
有一些古怪。在这个星座里多了一颗星星。不仅如此,它还特别地亮。
要充分了解这一事件对第谷及其同代人的影响,你必须得记住,当时,
恒星被视为附着在水晶天球上固定的、永恒不朽的、不变的发光体。星
座始终都是不变的,这是天界完美概念的一部分。如果这真是一颗新
的恒星,它就破坏了这一完美概念——而且一旦你认可了天界并不完
美,谁又能知道随后可能会发生什么呢?

　　不过,一次观测并未证明第谷看到的就是一颗新的恒星。它可能
是一个较小的天体,比如彗星。在当时,彗星被认为是大气现象,发生
在离地球表面不远的地方,甚至未及月球那么远(尽管当时众所周知的
常识是,大气本身至少延伸到月球那么远了)。辨别的方法是测定这个
天体相对于仙后座邻近恒星的位置,看它的位置是像一颗彗星或小行
星一样发生了变化,还是像一颗恒星一样一直保持在相同的位置上。
幸运的是,第谷刚刚建造完成另一架巨大的六分仪,在随后的日子里,
每当夜晚晴朗无云之时,他就集中精力观测这颗新的星星。它一直都
很显眼,长达 18 个月,而且在那段时间里,它从未发生相对于其他恒星
的位移。它的确是一颗新的恒星,尽管从 1572 年 12 月起它逐渐变得黯
淡,但是在最初的时候是如此明亮(像金星一样明亮),甚至在白天也能
看到。当然,其他很多人也看到了这颗星星,而有关它的意义,很多充
满幻想的记述也在 1573 年被传播开来。第谷撰写了他对这一现象的
记述。尽管他起初并不情愿将它发表出来(可能是因为他担心其他人
对于天界完美概念被打破而作出的反应;也因为这颗星星尚可见,所以
他的记述必然是不完整的;还有相当重要的原因则在于,对一名贵族来
说,被人发现在从事这样的研究可能会被看作不体面),但他在哥本哈
根的朋友们说服他应当原封不动地将这份记录付印出版。结果就诞生
了一本名叫《论新星》(De Nova Stella)的小册子,它出版于 1573 年,并给

了我们一个天文学的新名词：新星（nova）*。第谷在这本书里表明，这个天体不是彗星或小行星，它必定属于恒星天球，他（以含糊不清和概略的词汇）讨论了新星在占星术上的意义，并与喜帕恰斯（Hipparchus）在公元前125年前后在夜空中看到的一个天体进行了对比。

在那个时代，要从天上任何可见物中读出占星术意义是相当容易的事，因为欧洲的许多地区都处于骚乱中。伴随着宗教改革取得的最初胜利，天主教会正在进行反击，这尤其是通过耶稣会士在奥地利以及德国南部的活动实现的。在法国，胡格诺派新教徒在后来被称为法国宗教之战的战争中期受到重创，而在荷兰，独立战士与西班牙之间展开了血腥的战斗。第谷要撰写一本关于一颗出现在混乱期间的新的恒星的书，而对占星术连个起码的了解也没有，这几乎是不可能的。但《论新星》中的关键事实是确定无疑的，即这个天体在恒星中固定不动，而且满足每一条标准，从而可以被看作一颗真正的新星。其他很多天文学家研究了这个天体（包括态度与第谷本人极为相似的托马斯·迪格斯），但第谷的测定显然是最精确可靠的。

这里有一件事颇有讽刺意味。第谷特别注意这颗星，进行了集中的研究，他要看看，假如地球的确绕太阳转动的话，那么是否存在任何可以预期到的视差运动。因为第谷是一位十分优秀的观测者，又制造了十分精确的仪器，他的观测是当时所进行的对视差的搜索中灵敏度最高的。他没能找到任何视差的证据，这是一个重要因素，使他确信地球是固定不动的，而恒星在它们所处的水晶球层上绕地球转动。

第谷的人生并未因他在新星（现在被称为第谷星或第谷超新星）的

---

*我们现在知道有两种"新星"，一种明亮且相对普遍，还有一种亮得多但更为罕见。超级明亮的新星顺理成章地被称作超新星。1572年新星实际上是超级明亮的天体之一，如今被认为是一颗超新星。但在第谷的年代，最要紧的问题不是它的亮度，而是它的新奇。

工作而立即发生改变,但在1573年,由于个人原因,的确发生了显著的变化。他与一个名叫克里斯蒂娜(Christine或Kirstine)的女孩一直保持着暧昧关系,并过上了安定的生活。关于克里斯蒂娜,人们几乎一无所知,只知道她是一个没有贵族头衔的平民——有些记述称她是一个农夫的女儿,有些则说她是牧师的女儿,还有一些说她在克努兹特鲁普做用人。可能因为身份地位的差异,这对夫妇从未举行正式的婚礼。不过,在16世纪的丹麦,这样一个婚礼被看作可有可无之事,那里的法律规定,如果一个女人与一个男人公开同居,拿着他的钥匙,并且在他的桌上吃饭,那么三年后,她就是他的妻子。只是为了防止可能出现的任何疑虑,在第谷去世后不久,他的几个亲戚签署了一份法律声明,其内容包括他的小孩是合法的,而孩子们的母亲已经是他的妻子了。无论正式的身份如何,这场婚姻是成功的,而且看起来是幸福的。他们的孩子中,四个女儿和两个儿子都活到了成年,其余两个则在婴儿时就夭折了。

1574年,第谷花了部分时间在观测上,但在哥本哈根这一年的大部分时间里,在国王的要求下,他在大学里做了一系列演讲。不过正如这个要求所显示的,尽管他的声誉正值上升期,但他在丹麦过得并不快乐,并认为如果去国外的话,他的工作可能会得到更多支持。在1575年的大范围旅行之后,他看来已决定在巴塞尔定居下来,并于年底返回丹麦收拾东西准备搬家。不过到这个时候,宫廷也知道第谷的存在给整个丹麦增加了威望,而国王也对此表示赞同,他被敦促去做点什么以将这位如今已很有名的天文学家留在国内。第谷拒绝了将皇家城堡作为他的研究之所的提议,考虑到将会伴随而来的行政管理职责与义务,这可能是明智之举,但并不是大多数人会拒绝的提议。国王腓特烈二世并不气馁,他想到了一个主意,即为第谷提供一座小岛——位于哥本哈根与赫尔辛格之间海湾中的汶岛。这个提议包括由王室掏钱在岛上建造一座适用的房子,外加一笔收入。这的确是第谷不可能拒绝的机会,1576年2月22日,他第一次造访这座小岛——他大部分的观测都将在此进行,而在那天晚上,他在这座岛上对火星与月球相合进行了适时的观测*。将该岛转让给第谷的正式文件由国王于5月23日签署。29岁那年,第谷的未来似乎是安心无忧了。

只要腓特烈二世在位,第谷就能够尽享空前的自由,并以他喜欢的方式来运作他的天文台。这座岛很小——约呈椭圆形,沿它最长的对角线从一侧海岸到另一侧海岸仅约4.8千米——岛上最高点被选作第谷新住所与天文台的位置,这里仅高出海平面约48米。起初,钱并不成问题,因为除了其他收入,第谷还被赠予了大陆上的更多土地。糟糕的是,他忽视了作为这些土地领主的职责,这最终导致了问题,但一开始,他似乎颇为受益而无须承担什么责任。甚至许诺了很久的大教堂教士职位最后也于1579年落到了他身上。天文台以天文女神乌拉妮娅(Urania)的名字被命名为天堡(Uraniborg),并且经过数年时间逐渐发展成为一个有着观测台、藏书室以及书房的重要科学机构。仪器是用钱所能买到的最好的,而且随着观测工作逐步展开,更多的助手来到岛上与第谷一起工作,第二座天文台也在附近被建造起来。第谷在天堡成立了一个出版社以确保他的书与天文数据(以及他相当不错的诗集)的出版,由于很难弄到纸张,他又造了一个造纸厂。但不要以为天堡就是现代天文台与技术建筑群的先驱。即使在这里,第谷的神秘主义也反映在建筑设计中——这座建筑本身就是为表现天空的结构而设计的。

第谷观测彗星

第谷随后20年在岛上的大部分工作可能都被掩盖了,因为其工作

---

* 合就是一个天体运动到另一个天体前面(或后面);日食就是合——月球从太阳前面经过。

内容是沉闷但却极其重要的——夜复一夜地测定行星相对于恒星的位置,并分析结果。更确切地说,精确观察太阳"穿过"星座的运动轨迹用了4年时间,观测火星和木星的运动轨迹各花了12年时间,还有13年时间用于确定土星轨道。尽管第谷从16岁起就开始了他的观察活动,但他较早时期的测量并不完善,而且也不如他此时所能做到的那样精确;即使向前推进20年,汶岛对于他正在进行的工作也是刚好够用。直到第谷死后,开普勒利用第谷的星表来解释行星的运行轨道,第谷的上述工作才算瓜熟蒂落。不过在1577年,就在他的日常观测工作进行当中,第谷观察到一颗明亮的彗星,而他对于彗星运动的仔细分析决定性地表明它不可能是发生在月下区的一种局部现象,而必定是从行星中间穿行——实际上是横穿行星轨道。与1572年的超新星观测一样,这对关于天界的陈旧观念是一次极大的打击,而这一次摧毁了水晶天球的概念,因为彗星正是从原先认为的这些天球所在位置穿行而过。

尽管这颗彗星早前已在巴黎和伦敦被人们注意到,但第谷第一次看到它是在1577年11月13日。其他的欧洲观测者也计算出彗星肯定是从行星当中穿行而过的,但普遍认同第谷的观测比其他任何人的观测都更为精确,而且正是他的工作使他所在时代大多数人头脑中的问题得到了最终解决。随后几年中,其他某些更暗弱的彗星也以同样的方式得到研究,这也进一步证实了他的结论。

他的宇宙模型

对彗星的研究以及稍早时候对超新星的研究,激励第谷撰写了一部重要的著作——《新天文学导论》(*Astronomiae Instauratae Progymnas-*

mata），它分为两卷，分别于1587年和1588年出版*。正是在这部著作中，他清楚阐明了自己的宇宙模型，以现代眼光看来它似乎有所倒退，因为它是介乎托勒玫体系与哥白尼体系之间的某种过渡模型。但是第谷模型中某些内容有新见解，而且它理应得到比通常所认为的更多的赞赏。

第谷的观点是，地球位于宇宙中心固定不动，太阳、月球以及恒星绕地球沿轨道运行。太阳本身被视为位于5颗行星的轨道中心，水星和金星运行轨道比太阳绕地球运行轨道稍小，而火星、木星以及土星则在以太阳为中心但将太阳与地球均包含在内的轨道中运行。该体系去掉了本轮和均轮，而且它解释了太阳运动何以与行星的运动混在一起。此外，通过将行星轨道中心从地球移出，第谷将假定为恒星所在位置之外的大部分空间填补上了——在第谷模型中，这一空间距离我们只有14 000个地球半径远（当然没有视差问题，因为在这个模型中，地球是静止不动的）。其中意义深远且与现代观念颇为相似的观点是：第谷并不认为轨道与像水晶天球这样的物质实体有什么关联，而仅仅将它们看作描述行星运动的一种几何学关系。尽管他并未以此方式做出阐述，但他是第一位设想行星并无实体支撑地悬浮在虚空的空间中的天文学家。

但就另一方面而言，第谷并不怎么现代。他无法接受让地球动起来这个被他称为“物理学上荒谬可笑的想法”，而且他确信，如果地球绕地轴转动，那么一块从高塔上落下的石头就会落到塔的一侧很远的地方，因为当石头下落时，塔下面的地球在转动。还要指出的关系密切的一点是，对哥白尼体系最激烈的反对此时仍然来自北欧的新教徒，而天主教会则很大程度上对之置若罔闻（布鲁诺尚未激起他们反对这些观

---

* 至少全书大部分内容以印刷形式“出版”是在汶岛，但当时只有不多的几册被分发给了第谷的熟人和朋友。完全版直到1603年才在开普勒的编辑下出版。

点）。宗教的宽容并不是16世纪晚期丹麦的特点，任何一个地位完全依靠国王资助的人去支持哥白尼学说都是不理智的，即使他的确相信（很显然的是，第谷并不相信）。

就在日常观测（它对科学非常重要，但要做出描述却绝对是枯燥无味的）继续进行之时，由于腓特烈二世于1588年去世，第谷在汶岛的职位开始受到威胁，此时正是他的书即将付印之际。国王腓特烈二世去世时，他的继任者也就是他的儿子克里斯蒂安（Christian）只有11岁，丹麦贵族选出了4名贵族作为监护人，直到克里斯蒂安年满20岁。最初，内阁对第谷的态度几乎没什么变化——甚至在那年的早些时候，有更多的资金被提供给他用以支付他在建造天文台时所欠下的债务。在汶岛的最后那几年，第谷的天文台显然被看作一个重要的国立机构，他接待了很多著名的来访者，其中包括苏格兰的詹姆斯六世（James VI，后来在伊丽莎白去世后成为英格兰的詹姆斯一世），后者曾赴斯堪的纳维亚迎娶国王克里斯蒂安的一个妹妹安妮（Anne）。他们俩一见如故，而詹姆斯则授权给第谷一项在苏格兰出版其全部作品的为期30年的版权。其他的来访者没有这么志趣相投，而第谷显然也并不总是乐享其作为某种宠物的角色。由于他对他不喜欢的来访者态度傲慢，而且他还允许出身低微且未结婚的同居妻子坐在餐桌上的主位从而在礼节上带有轻侮色彩，因此冒犯了某些贵族。尽管我们并不知道全部的原因，但很清楚的是，第谷早在1591年就对他在汶岛上的工作安排感到不满了，当时他在一封致朋友的信中写到对他的工作来说有某种令人不快的阻碍，他希望加以解决，他还评论说："任何一片土地都是勇敢者之国，头顶处处皆天国。"* 由于疏于维护其财产名下的一个小教堂，第谷还与他在本土的一些佃户闹出不和，并陷入了与主事者的纠纷。但是这些令人分神的事儿似乎并没有影响到他的观测，后者包括一个重要的恒

---

* 转引自德雷尔。除特别说明，本章其他引述内容出处相同。

星位置星表——他在1595年时说恒星数目已逾千,不过在开普勒编辑的第谷《新编天文学初阶》(*Progymnasmata*)第1卷中仅有777颗恒星的最精确位置被最终发表。

一年后,国王克里斯蒂安四世(Christian Ⅳ)登基,并很快就开始让人们注意到他的存在。克里斯蒂安意识到有必要在国家事务的几乎所有领域中采取节约措施,其中包括立即收回由腓特烈二世授权给第谷的本土地产。第谷在宫廷的大部分朋友这时都已去世(第谷本人也年近五旬)。国王的想法也许是对的,他认为有了早就建造并且运行平稳的天堡,那么用已经大幅削减的预算来维持其低速运转应该是有可能的。但是第谷习惯了过度放纵,并且将任何收入的削减都视为一种侮辱和对他工作的威胁。如果他不能将天堡维持在他想要的水准,且有众多助手、印刷工人、造纸工以及其他种种,他就根本无法维持其运行。

1597年3月,国王砍掉了第谷的年恤金,事情到了非解决不可的地步。虽然凭着自己的能力,他仍然是一个富有的人,但第谷觉得这是他最后的救命稻草,并且准备即刻采取行动。他于1597年4月离开了小岛,在哥本哈根度过了几个月后便动身踏上旅程,在大约20名随行人员(学生、助手等)陪同下去了罗斯托克,还带着他最重要的便携式仪器和他的印刷机。

在那里,第谷看来似乎已重新考虑过,并且给国王克里斯蒂安写了一封他自以为的和解信,他在信中(除了其他很多内容之外)说,如果有机会继续他在丹麦的工作,他"不会拒绝这么做"。但这只是使事态变得更糟。克里斯蒂安被第谷高调的语气以及视国王如地位同等之人的行事方式冒犯了,尤其是被这种傲慢的措辞弄得很不愉快,这一措辞暗示着第谷可能会拒绝王室的请求。国王在回信中说:"得知你从其他君主那里寻求帮助,这令我们很不高兴,就好像我们或是我们的王国如此贫穷,以至于除非你带着你的女人和孩子去向人乞讨便无法买单一样。

然而现在事已至此，我们不得不任其如此，而且无论你离开这个国家还是留在这里，都不会令我们感到焦虑不安。"我必须得承认我对克里斯蒂安的同情多过他在通常情况下所得到的，一个没第谷那么傲慢自大的人或许能够与国王达成和解，而不离开汶岛。但另一方面，一个没第谷那么傲慢自大的人可能仍然会让他的鼻子完整无损，而且最重要的是可能绝不会成为一位这么伟大的天文学家。

第谷彻底绝了自己的后路。他继续前往汉堡附近的万茨贝克，在那里，他在物色一个新的永久性观测基地的同时，也重新开始了他的观测计划（确实，头顶处处是天国）。这给他带来了来自神圣罗马帝国皇帝鲁道夫二世（Rudolph II）的邀请，此人对科学与艺术的兴趣远甚于对政治活动的兴趣。这对第谷有利，但对欧洲中部大部分地区则不利，因为鲁道夫的统治导致了"三十年战争"，而这部分是由于他作为政治家实在拙劣（一些历史学家认为他是个十足的疯子）。1599年6月，第谷（已经离开他在德累斯顿的家）来到了帝国首都布拉格。正式谒见皇帝之后，第谷被任命为帝国数学家，被提供了一笔可观的收入，并可以在3座城堡中选择其一来建立他的观象台。第谷选中了布拉格东北35千米处的贝纳特基，并且带着某种解脱的心情独自离开了城市——当时的一个报道如此描绘它的城墙：

> 不那么牢固，而且如果不是那街道的恶臭击退了土耳其人……存在于其防御工事中的希望甚微。街道肮脏不堪，有各种各样的大型市场，一些房屋的建筑是用乱石建造的，但大部分都是木料与黏土，而且饰以绘画作品，墙全部是由整棵树制成的，这些树仍然保持着它们从树林里出来时的原样，树皮完全未经过加工，甚至从两侧都可以看出来。

这与天堡的宁静与舒适相去甚远。毫不令人奇怪的是，1599年接近年底时,为了躲避鼠疫的暴发,第谷在乡下一个与世隔绝的皇家住宅度过了几周时间。但是随着威胁过去,他的家庭从德累斯顿抵达,第谷在城堡也开始安顿下来,并派他最大的儿子去丹麦取汶岛上的4件大型观测仪器。把这些仪器弄到贝纳特基城堡花了很长时间,而城堡也不得不进行了改造以建成一个适用的观象台。此时的第谷年已五旬,一点儿也不令人惊讶的是,在其留居此地直到去世之前的这段短暂时光里,第谷在这里没有进行任何重要的观测。但即使在抵达布拉格之前,他就已经建立起了某种关联,而这保证了他一生的事业将会在下一代天文学家中最有能力的一位,即开普勒手中得到可能实现的最好的使用。

开普勒:第谷的助手与后继者

第谷的家世曾使他从一出生便先声夺人,而约翰内斯·开普勒在家世方面并没有什么优势。尽管来自一个曾一度位列贵族阶层并拥有自己的纹章的家庭,但开普勒的祖父泽巴尔德·开普勒(Sebald Kepler)是一个皮货商,约于1520年从他的家乡纽伦堡迁到距离德国南部斯图加特不远的魏尔德尔施塔特。泽巴尔德是一个成功的手艺人,他在社区威信很高,曾经一度担任过市长。这是个了不起的成就,因为这座城市是由天主教徒统治的,而他是一名路德派教徒;泽巴尔德显然是一个工作勤奋的人,也是社区的台柱子。但他最大的儿子几乎与他不可同日而语——海因里希·开普勒(Heinrich Kepler)是一个败家子和酒鬼,他唯一的稳定职业就是一名雇佣军,服务于任何一位需要招募帮手的君主。他结婚很早,娶了一个名叫凯瑟琳(Katherine)的女人,夫妻二人与海因里希的几个弟弟共居一个屋檐下。这场婚姻并不成功。除了海因里希的过错之外,凯瑟琳本人也是个爱吵架且很难共同生活的主儿,她特别相信包括草药以及诸如此类的民间疗法的疗效,这在当时并不鲜见,但却最终导致她被疑为女巫而遭监禁,也给约翰内斯·开普勒带来巨大的悲痛。

约翰内斯·开普勒的童年显然是动荡不安的,而且很有些孤独[他唯一的弟弟克里斯托弗(Christoph)比他年幼太多]。他出生在1571年12月27日,但在他只有两岁的时候,他的父亲离家赴荷兰打仗,凯瑟琳也跟着一起去了,而把小婴儿留给他的祖父照料。海因里希和凯瑟琳于1576年返回,并把家搬到了符腾堡公国的莱昂贝格。但在1577年,海因里希再度离开去参战。回来后,他尝试了各种不同的生意,其中包括1580年在埃尔蒙西根小镇经营一家酒吧——这是醉汉的心头所好。并不让人感到惊讶的是,他损失了所有的钱。最后,海因里希再一次动身去充当雇佣兵,想要碰碰运气,并彻底从他的家庭消失了。他的命运并不确切为人所知,但他可能参加了意大利海军的军事行动;无论如何,他的家人再也没有见到他。

就是在这一混乱情况下,开普勒被从一个家庭抛到另一个家庭,从一个学校被踢到另一个学校(但至少他的家族在社会上还是爬到很高的位置,从而足以让他在由符腾堡公爵设立的一项基金提供的奖学金帮助下去学校读书)。似乎这还不够糟糕,在与祖父一起生活的那段时间里,他还患上了天花,这使他此后视力都非常糟糕,以致他绝无可能成为一个像第谷一样的天空观察者。但他的大脑并未受到影响,尽管他因搬家不得不换学校而一再延迟学业,7岁的时候他还是获准进入莱昂贝格一所新开办的拉丁语学校。这类学校在宗教改革之后即被引入,主要是为教会或国家管理部门准备工作人员;学校里只说拉丁语,以便向学生们反复灌输这种当时所有受过教育的人所使用的语言。由于学业多次中断,开普勒花了5年时间才完成本该3年完成的课程——但作为一名拉丁语学校的毕业生,他有权参加神学院的入学考试,并接受成为教士的教育,对于一个才智聪颖的年轻人来说,这是摆脱贫穷与苦力生活的明显而传统的出路。虽然开普勒对天文学的兴趣在他孩提时代就因(在两次不同场合)看到一颗明亮的彗星(即第谷在1577年研究过的那一颗)以及一次月食而被激发出来,但当他于1584年通过考试而在12岁被接收进入爱德堡的一所学校时,他在教会中的前途看来已清楚规划好了。和上次一样,学校的语言是拉丁语,开普勒已逐渐说得很流利了。

虽然学校的纪律十分严苛,而开普勒是一个经常生病的孱弱的年轻人,但他显示出了学术上可能的潜质,因此很快就转入毛尔布龙一所更高级的学校,并在导师指导下准备进入蒂宾根大学,以完成他的神学学习。他于1588年通过了大学的入学考试,随后,在他17岁可以入读大学之前,他还不得不先完成他在毛尔布龙的最后一年课程。虽然是接受培养以成为一名教士,但开普勒在最初两年中被要求修读的课程包括数学、物理学和天文学,在所有这些课程中,开普勒都很出众。他于1591年结束课程部分的学习,在14个人的班里名列第二,并继续他的神学学习,而在这方面,他被导师认为是一个才华出众的学生。

在这个过程中,他还学习了一些并未列入正式课程的东西。大学里的数学教授是麦斯特林(Michael Maestlin),在公开场合,他尽职尽责地向学生讲授经由新教教会批准的托勒玫体系。但在私下里,麦斯特林也向一群被他认为有前途而选出来的学生讲解哥白尼体系,这些学生中也包括开普勒。这给这个年轻人留下了深刻的印象,他很快就看到日心宇宙模型的威力与简洁。但是开普勒对他所处时代的严格的路德派教义的偏离并非仅仅在于他乐意接受哥白尼模型。他严重怀疑某些礼拜仪式在宗教上的意义,而且尽管他坚信上帝的存在,但他从未找到一个在他看来教义与仪式都能讲得通的正式建立的教派,他坚持以自己的方式崇拜上帝——这在那个动乱的年代确实是一种危险的态度。

开普勒是如何使自己的信念与他作为路德派牧师的角色达成和解的,这一点我们永远无从知晓,因为在他本应完成神学学习的1594年,他的人生因为奥地利一个名为格拉茨的遥远城市中一个人的故去而被改变了。不管距离有多遥远,但格拉茨的一所神学院一直与蒂宾根大学保持着密切的学术联系,当该神学院数学教授去世时,校方很自然地请蒂宾根大学来建议可接替的人选。蒂宾根校方推荐了开普勒,而开普勒恰在此时正考虑开始其作为牧师的一生,因此在得到这个邀请时相当惊讶。虽然最初时并不情愿,但他还是让自己相信他的确就是担任这个工作的最佳人选,并且在离开之时提出了条件:如果他想,他可以在两年内回到大学来,完成他的学习并成为一名路德派牧师。

这位22岁的数学教授于1594年4月11日抵达格拉茨。虽然还是在神圣罗马帝国治下,但他已然穿过了一道意味深长的、隐匿的边界,从新教教派统治的北部来到天主教影响居强势的南部地区。但是,这一隐匿的边界总是处于不断的变化之中,因为自《奥格斯堡和约》(Peace of Augsburg)于1555年签订以来,每位君主(或公爵,或是其他无论什么人)都有权决定其势力范围内适合的宗教。几十位君主统治着"帝国"治下各自的独立小国,而当某位君主去世或被推翻,或是被不同宗教信仰的其他人所取代时,其治下小国的宗教有时可以说是一夜之间即发生了变化。某些君主很宽容,允许信仰的自由;另一些则坚持要其所有的臣民皈依新的正在实行的宗教,否则就马上没收他们的财产。格拉茨是一个名叫施蒂里亚的独立小国的首都,它由查理大公(Archduke Charles)统治,此人决意对新教运动进行镇压,尽管在开普勒抵达时,像格拉茨的路德派神学院这样的例外仍然受到容忍。

由于没有来自家中的经济来源,开普勒很穷——他的大学学习已由奖学金支付,而他不得不借钱赴格拉茨。因为神学院决定在他证明自己的价值之前只支付给他3/4的薪酬,所以他的境况并未得到改善。

但是有一个办法让他可以既挣到钱又能受到格拉茨上层人士的喜爱：用占星术算命。终其一生，开普勒都用占星术来作为对其总是不足的收入的一种补充。但他清楚地认识到这件事完全就是胡扯，他在讲一些模棱两可的套话以及告诉人们他们想听的话方面益发技巧娴熟，而在私人信件中，他则将他的客户称为"傻瓜"，并将占星生意描述为"愚蠢且空虚的"。有一个例子可以证明开普勒在这一可鄙的技艺方面的技巧：他被委任来编订一份1595年的年历，提前对这一年的重要事件做出预测。他成功的预测包括：施蒂里亚农民的反抗运动，东部土耳其人对奥地利的入侵以及一个酷寒的冬天。他在将这些常识性预言改头换面成占星术莫名其妙之辞方面的技艺不仅为他在格拉茨建立了声誉，而且将他的薪酬提高到了足以与他的职位相称的水平。

尽管开普勒可能并没有他大多数同行那么迷信，但他还是太倾向于神秘主义而无法被称为第一位科学家。这无疑在他对宇宙学争论所作的最早的重要贡献中得到凸显，这一贡献也将他的声名远播至施蒂里亚之外。

开普勒的宇宙几何模型

因为糟糕的视力，开普勒永远无法成为一个有效的天空观察者，而且在格拉茨，他也无法得到观测数据。因此，他转而追随古代先贤的智慧足迹，运用纯粹理性与想象以尝试提出一个关于宇宙性质的解释。当时尤其让他着迷的问题是：如果接受哥白尼体系是正确的，认为地球本身也是一颗行星的话，宇宙中为什么应当有且仅有6颗大行星？在为此伤了一阵子脑筋之后，开普勒忽然想到，行星的数目可能与用欧几里得几何学所能做出的正多面体形状的数目有关。我们都很熟悉立方体，它的6个面均为完全相同的正方形。其他四个正多面体是：由4个完全相同的三角形的面组成的四面体;由12个完全相同的五边形组成的十二面体;二十面体(由完全相同的三角形的面组成的更为复杂的二十面体形状);八面体(由八个三角形的面组成)。

开普勒想出的这个聪明的主意是将这些(想象出来的)正多面体一个套一个地嵌在一起,以使每个在内部的正多面体正好与包在其外部的球体相接,而这个球体也正好与外部相邻的正多面体的面内侧相切。利用5个欧几里得正多面体,一个球位于最里面的正多面体内部,而一个球位于最外面的正多面体外部,这样就定义了6个球体——每个球体就是一个行星的轨道。将八面体放在最中心的位置,围绕着太阳并正好以水星轨道形成一个球体,随后是二十面体、十二面体、四面体和正方体,通过这样一种结构,他得到的球体间距与围绕太阳运行的行星轨道间距大致相等。

这种一致只不过是个大概,而且它建立在相信天空必定由几何学所支配的神秘信仰基础之上,而不是我们今天谓之科学的基础上。一旦开普勒本人表明行星的轨道是椭圆形(就像拉长了的圆形),而非圆形,这个模型就会崩溃;而且无论如何,我们现在知道有超过6颗行星,因此几何学即使就其本身的意思来说也是不管用的。但是当开普勒于1595年年末提出这一见解时,这对他来说就像是一个神启——这可是件颇具讽刺意味的事,因为通过支持太阳位于宇宙中心的哥白尼模型,开普勒的见解公然违抗了路德派的教义,但开普勒仍是一个路德派教徒,虽然有些勉强。

开普勒在1595—1596年的这个冬天对他的想法做出细致的思考,并与他昔日的老师麦斯特林通信进行了讨论。1596年年初,他获准从他的教职上休假去看望他生病的祖父母,并利用这个机会去蒂宾根拜访了麦斯特林。麦斯特林鼓励开普勒写一本书来详细阐述他的观点,并监督了该书的印刷——它出版于1597年,即开普勒返回格拉茨后不久(时间上相当地晚,但随之而来的是他如今广受讨论的宇宙模型给他带来的荣耀)。该书通常叫作《宇宙奥秘》(*Mysterium Cosmographicum*),以事后之见来看,它所包含的观点比它所描述的正多面体嵌套模型更为重要。开普勒留心到了哥白尼的观测中的这一现象,即行星在它们的轨道中运动得越慢,它们距离太阳就越远,并认为它们是通过一种从太阳发出并推动它们的力[他称之为"活力"(vigour)]而被维持在它们的轨道上运行。他论证说,(可以说)距离太阳越远,活力就会越弱,因此只能以更慢的速度推动更远的行星。这一想法部分地受到吉伯(William Gilbert)在磁学方面的工作激励(有关这一点会在下一章更详细地论述),它是向前推进的重要一步,因为它提出了行星运动的物理学原因,而之前所有人提出的最好观点都是行星是由天使推动而行。开普勒明确说道:"我的目的……是表明,宇宙这台机器并不像由神推动的存在,而与一只钟表相似。"*

开普勒寄送了几册他的书给他那个时代最著名的思想家,包括伽利略(伽利略并未费心去回信,但在其演讲中提到了这个新模型),而且最重要的是,他寄给了当时在德国的第谷。第谷给开普勒回了信,对他的工作进行了详细的评论,并对作者在书中表现出的数学才能印象深刻,尽管日心宇宙的观点仍然是他所讨厌的。第谷的确对之印象深刻,以至于他建议开普勒也许应该加入他身边的助手团队。这个提议不久就被证明在时机上恰到好处。

1597年4月,开普勒娶了芭芭拉·米勒(Barbara Müller),她是一个年轻的寡妇,也是一个富商的女儿。尽管他需要在经济上有保障可能是婚姻的一个因素,但由于开普勒如今有全薪工作,而且很享受幸福的家庭生活,因此在一开始所有的事都很美满。但是两个孩子幼年便夭折(虽然另外三个孩子后来幸存下来),芭芭拉家族认为芭芭拉屈尊下

---

*转引自夏平(Shapin)。

嫁也收回了她原本有权得到的钱财,可见与开普勒在一起仅靠教师收入(即使是全职薪酬)维持的生活远比作为成功商人之女的生活艰辛得多。由于开普勒热衷于通过与其他数学家联系并与他们讨论他的想法来巩固其新的声名,另一件麻烦事也因此骤起。他给当时的帝国数学家俄尔苏斯(Reimarus Ursus)写了一封信,征求此人对其工作的建议,并且谄媚地赞美俄尔苏斯是史上最伟大的数学家。俄尔苏斯并未费心回复,但他将开普勒的赞美从信中摘了出来,并将它作为对其工作的某种支持刊印出来——他的工作正好就是对第谷持批评态度的。开普勒写了很多圆滑的信才平复了第谷深受冒犯之感,并与这位伟大的天文学家重归于好。开普勒日益渴望有机会弄到第谷在当时已名声在外的丰富的观测数据,并利用这些行星运动的精确数字来检验他关于行星轨道的观点。

在此期间,施蒂里亚的政治形势恶化了。1596年12月,一位虔诚的天主教徒费迪南大公(Archduke Ferdinand)成为施蒂里亚的统治者。起初,他更多是按照合他心意的方式缓慢进行改革(或者说反对改革),但几个月后,由于对有利于天主教徒的税务改革以及其他"改革"感到失望,这个新教社区提交了一份正式的抗议书,抗议他们在新政府下所遭遇的对待。这是个大错误——很可能这就是费迪南大公一直试图要激起的反应,这样他就可以把新教徒说成是不守规矩的闹事者。1598年春出访意大利时,费迪南大公拜会了教皇并访问了宗教圣地,回来以后他决定彻底清除新教在施蒂里亚的影响。9月,一项敕令发布出来,命令所有的新教教师与神学家在两周内离开该国或者皈依天主教。除了遵从之外别无选择,开普勒也在众多被驱逐而到邻国避难的路德派教徒之列——但是大多数人都心存希望认为他们会被准许回来,因此而将妻子和家人留了下来。不过,在来自格拉茨的所有避难人员中,只有开普勒一人在一个月内被准许返回,其原因并不完全清楚,但可能很大程度上要归因于他作为数学家的日益上升的地位。毕竟,除了他的教职之外,他是该区数学家,这个职位要求其担任者居住在格拉茨(虽然费迪南大公也可以简单地开除他而委任其他人来担任地区数学家)。但开普勒此时不得不生活于其中的环境之严苛已由这一事实凸显出来:由于他年幼的女儿去世,而他回避参加临终圣礼仪式,他未被允许将婴儿下葬,除非他为这一缺席支付罚款。

1599年,当格拉茨的形势开始变得让开普勒不能容忍之时,第谷正在距离布拉格320千米的地方确立了他的地位,在这里,人们能够以自己的方式自由选择信仰。1600年1月,一个将改变开普勒一生的机会出现了。一个施蒂里亚贵族,即霍夫曼男爵(Baron Hoffman),对开普勒的工作印象深刻,并且很喜欢这位数学家,此人还是鲁道夫二世皇帝的顾问,曾见过第谷。他因宫廷事务而不得不去布拉格,他提议带上开普勒并将其引荐给第谷。结果,这两个共同奠定了科学的天文学基础的人于1600年2月4日在贝纳特基城堡首次会面。第谷此时53岁,开普勒28岁。第谷拥有最丰富的精确天文数据有待处理,但他很疲惫,很需要有人来帮他分析这些资料。开普勒则是除了他的数学才能以及想要解开宇宙之谜的一腔热情之外一无所有。这似乎是一场天作之合,但在开普勒取得那个使他成为科学史上关键人物的突破之前,仍然有障碍要去克服。

虽然开普勒这次本打算只是相当简短地拜访第谷(他将妻子和继女留在格拉茨,而且并未辞掉他在格拉茨的职位),结果却变成了长期逗留。穷困的开普勒非常需要一个正式的职位,有一份收入,这样他就可以同第谷一起工作;同样地,他还拼命想要将第谷的数据搞到手,因为第谷对于让相对陌生的人自由插手其一生的事业保持着戒心,所以只出示过很少一部分数据。第谷的众多随从人员以及将城堡改造成一座观象台而一直在进行的施工,使开普勒无论如何都难以安顿下来工作,同时,第谷的一名主要助手一直在努力求解火星轨道计算的问题,而开普勒由于提议接管这项任务(一个态度傲慢的提议,开普勒俨然是以资深数学家自居),在无意中冒犯了这名助手。开普勒意识到,第谷绝不会交给他一份数据让他能够带走并在家中进行计算,要解决这个难题的唯一办法,就是在这里待上一年或更长的时间。开普勒清楚地认识到自己的数学才能无可匹敌,于是开列了一份他如果留在城堡所要求的条件清单。开普勒把这份清单给了一位朋友,并请他与第谷周旋——但第谷拿到了这份清单,对这些在他看来是开普勒的霸王条款的条件不以为然,虽然他其实已经在与鲁道夫协商以为开普勒谋得一个正式职位。最终,第谷提出支付开普勒从格拉茨迁至此地的搬迁费用,并向他保证皇帝会很快提供一个支薪职位给他,事情至此终获圆满解决。

1600年6月,开普勒回到格拉茨去处理他在那里的私事,却没想到会面临来自城市官员的最后通牒,官员们厌烦了他长期不在此地,想要他去意大利学习以成为一名医生,从而可以成为对社区更有用的人。在开普勒有时间做出任何决定之前,宗教形势的恶化为他做出了决定。1600年夏,已经不是天主教徒的全体格拉茨市民被要求立即改变他们的信仰。61位名人拒绝此举,开普勒也在其中。8月2日,他被解除了职位,并且像其他60个人一样被要求在6周半时间内离开该国,从而几乎完全失去了他所拥有的为数不多的财产。开普勒写信向他仅有的两个可靠的熟人,即麦斯特林和第谷请求帮助。第谷的回复几乎是即刻就到了,他向开普勒保证说与皇帝的协商进展顺利,并催促他应当带上家人以及他被准许携带的物品立即动身前往布拉格。

开普勒一家于10月中旬抵达这座散发着恶臭且有害健康的城市,在霍夫曼男爵提供的住所度过了冬天。就在这个冬天,开普勒和芭芭拉都发了烧,身患重病,而他们有限的钱财则迅速减少。由于仍然没有来自皇帝的任命,1601年2月,开普勒与第谷两家人搬进一个由鲁道夫为天文学家提供的新住所。他们的关系并不那么自在——开普勒不满事事依赖第谷,第谷对开普勒的不满则是因为那些在他看来是开普勒忘恩负义的行为。但最后开普勒被正式引荐给了皇帝,后者任命他为第谷的正式(且支薪的!)助手,负责编制一套新的行星位置星表,即以皇帝名字命名的鲁道夫星表。

第谷一直都不肯将他丰富的数据拿出来让开普勒自由取阅,而是在他认为开普勒需要的时候,按照他所认为的开普勒的需要,一点点地把数据拿出来,但尽管如此,开普勒的地位最后还是合法化了。这几乎不是一种亲密而友好的关系。但是,10月13日,第谷生病了。10天后,他不时地胡言乱语而且濒于死亡,有人听到他不止一次地喊着他希望他不该好像白白度过了一生。10月24日早上,他的神志清楚了。当他的小儿子、学生们以及一位来访的侍奉于波兰国王的瑞典贵族围在显然将成为他临终病榻的床前时,第谷把完成鲁道夫星表的任务,以及丰富的行星数据的负责权交给了开普勒——但是他强烈要求开普勒利用这些数据来证明第谷宇宙模型而非哥白尼模型之真实性。

第谷当时的神志的确是清楚的,因为他意识到尽管所有人都持异议,但开普勒是他的随从人员中最有能力的数学家,是最有可能让第谷的数据得到最好利用并确证他并未虚度一生的人。在将一生工作作为遗产交托给这个被惊得目瞪口呆的年轻人——几个月前还只是个一贫如洗的流亡者——之后不久,第谷就去世了。数周后,当开普勒被任命为鲁道夫二世的宫廷数学家而成为第谷的继任者、负责第谷的所有仪器以及未刊印的工作时,他必定更加目瞪口呆。这与他在德国的早期生涯大不相同。尽管他的人生仍然不会变得轻松,而且他还是会时常为从皇帝陛下那里拿到全薪而大伤脑筋,但至少开普勒终于能够去破解行星运动的难题了。

开普勒在布拉格期间的工作受到很多因素的阻碍。有持续不断的财政困难；有来自第谷继承人的干预，他们既急切想要看到鲁道夫星表以及第谷身后著作的出版（尤其是指望从书上赚到钱），又担心开普勒可能会（在他们看来）曲解第谷的数据，用来证实哥白尼体系的可靠性；还有他作为帝国数学家（即御用占星家）的职责，这要求他花很多时间来完成这个他明知愚昧的任务，对于与土耳其交战的前景、歉收、宗教骚乱的演变等问题，天上的星象是否呈现出某种征兆，他要给鲁道夫二世提供建议。此外，计算本身也很辛苦，而且还不得不反复验算以免算错——保存下来的开普勒冗长计算的残页显示了一页又一页写满了行星轨道的算术计算，这是在我们这个便携式计算器与手提电脑的时代所无法想象的工作。

行星运动的新观念：开普勒第一定律与第二定律

毫不令人奇怪的是，由于开普勒是从日心正圆体系的概念出发并逐步背离这一概念的，因此解开火星轨道之谜花了数年时间。最初，他尝试使用一个偏心轨道（但仍是正圆轨道），这样火星就在其中一半的圆形轨道上比在另一半轨道时离太阳更近，这在某种程度上与这一发现相符，即火星在其中一半轨道（距离太阳更近的那一半轨道）上运行时速度比较快。照此思路，开普勒走出在今天看来似乎显而易见但在当时却意义极其深远的一步，即从一个位于火星上的观察者观察地球轨道的角度来进行他的某些计算——这是概念上的巨大飞跃，它预示了所有运动都是相对的这一观点。事实上，就在开普勒于1602年仍在处理他的"偏心"圆形轨道之时，他提出了后来被称为开普勒第二定律的原理——在相等时间内，太阳和运动着的行星之间假想的连线所扫过的面积是相等的。这是一种确切的表达方式，阐明了由于较短的半径必须扫过较大的角度,以使其覆盖的面积与较长的半径扫过较小角度时所覆盖的面积相同,因此当行星距离太阳较近时,其运行就得更快。只有在发现这个之后,开普勒才意识到(在试过其他可能性之后),轨道实际上是椭圆形的。由于其他工作使他分了心,开普勒于1605年才提出了现在被称为开普勒第一定律的原理,即所有行星绕日运动的轨道都呈椭圆形,而太阳位于椭圆的两个焦点中的一个焦点上(对于所有行星来说焦点都是相同的)。有了这两个定律,开普勒废除了对本轮、对点以及所有早期宇宙模型中的复杂系统的需要,其中包括他自己的正多面体相嵌的神秘思想(尽管他从不承认这一点)。

尽管有关开普勒的发现的消息散播开来,但对其观点的完整的讨论直到他的《新天文学》(*Astronomia Nova*)一书于1609年出版后才见诸报端——该书的出版因印刷问题以及资金短缺而延迟。但即使是该书的出版,也并未给他带来你也许预期会有的来自同行的某种即刻而至的好评。人们并不喜欢椭圆轨道的概念(很多人仍未接受地球不在宇宙中心的观点),只有一位精熟的数学家才可能了解,开普勒的模型并不只是另一种神秘主义的思想(就像他的正多面体或第谷的模型一样),而是稳固建立在观测事实基础之上。实际上,并不令人奇怪的是,只有当牛顿这样一位数学家运用开普勒的定律与他自己的万有引力定律一起来解释行星**如何**在椭圆轨道运行之后,开普勒才获得了在历史学家看来他所应得到的地位。确实,在他所处的时代,开普勒作为占星家的声名远甚于他作为天文学家的声名,虽然此两者之间的区别非常模糊。这在1604年发生的一件事上显得尤其突出——另一颗像木星一样明亮的"新"星在这年夏天出现,直到1606年之后仍然裸眼可见,这一事件让他从有关行星轨道的工作中分散了精力。对大多数人来说,这是一个富有戏剧性的占星术意义的事件,而身为御用数学家的开普勒也不得不去解释它的意义,此乃其职责之一。尽管开普勒在呈送给皇帝的报告中明智地对该事件的意义含糊其词,但他还是冒着很大的风险在报告中暗示说,不管亮度如何,这颗星星必定与其他星星的距离一样,而且也不是发生在行星所在天层的现象。就像在他之前的第谷一样,他认为超新星削弱了亚里士多德认为恒星固定不变且永恒不朽的概念。

并不是所有令开普勒从行星研究上分神的事都缺少科学意义。也是在1604年,他出版了一本有关光学的书,分析了眼睛的工作方式,即通过折射进入瞳孔的光线被聚焦在视网膜上,这样,来自一个发光物体上某一点的所有光线都会被聚焦在位于视网膜的一个点上。他随后运用这一观点解释说,某些人的视力很糟糕(显然是一个他最关心的问题),是因为眼睛中的缺陷导致光线要么被聚焦在位于视网膜之前的某个点上,要么这个点就位于视网膜之后——他随后还描述了眼镜是如何矫正这一缺陷的,这是此前没有人了解的事,尽管眼镜已经基于经验而被使用了超过300年之久。在伽利略将望远镜应用到天文学上以及他的新发现散播开来以后,开普勒也将其光学思想用于解释望远镜的工作原理。他的科学兴趣可能是非常务实的,而非仅仅关心天球。

在超新星出现之后的几年中,由于敌对的宗教团体组成了政治同盟——该同盟后来卷入了"三十年战争",欧洲中部经历了政治与宗教形势的恶化。除了对开普勒余生的影响之外,这一权力之争在科学史上意义深远,因为欧洲中部的动荡,连同天主教会对伽利略学说的压制,至少是促使科学观念的发展在这一地区受到阻碍,同时也确保开普勒撒下的种子在英格兰全面开花。英格兰尽管有内战发生,但却有着更为稳定的学术环境,像牛顿这样的人可以在此工作。

1608年,几个新教国家联合起来组成了新教同盟,而他们的反对者则于次年组成了天主教同盟。鲁道夫如今过着半隐居生活,着迷于他的艺术珍品,而且行为显然非常古怪——假如他并未完全疯掉的话。

甚至在和平时期,他(在到彼时为止实际统治过这个由众多公国组成的联合体的所有皇帝中)也并不适合有效地统治神圣罗马帝国,他曾经花光了所有的钱财,而权力也逐渐旁落到他的弟弟马蒂亚斯(Matthias)手中,后者于1612年鲁道夫死后成为皇帝。开普勒很长时间以来都在观察着事态走向,并在他昔日的大学,即蒂宾根大学寻觅一个职位,但因为他异端的宗教信仰,他被拒之一旁。与此同时,他的家里也出了麻烦。1611年,芭芭拉患了癫痫,而他们3个孩子中的一个死于天花。因为急于在政治全面崩溃之前从布拉格脱身,开普勒来到了林茨,他在这里申请了一个地区数学家的工作并于6月被接受。但是在匆忙赶回布拉格以安排搬家事宜时,他发现妻子再次患了重病。在他返回几天后,她死于斑疹伤寒。由于情绪消沉而又对未来全无把握,开普勒在布拉格一直逗留到鲁道夫去世,其时出乎他意料的是,马蒂亚斯批准任命他为宫廷数学家,并提供给他一份年薪(这可不是开普勒常常能碰到的事儿),但准许他前往林茨并同时担任那里的职位。在将他幸存于世的几个孩子暂时交给朋友之后,年仅40岁的开普勒再次踏上了旅程。

不过即使在林茨,他的麻烦也还是接连不断。此地处于施蒂里亚辖下,被牢牢控制在极端正统路德派教会手中;大主教是蒂宾根人,他听说过开普勒的非主流观点并拒绝允许他领受圣餐,这对于极其虔诚(尽管是以他自己的方式)的开普勒来说是其深深的苦恼之源。向教会当局再三申诉无济于事,却占用了开普勒本来可以花在行星研究上的时间。他还有地区数学家的职责,而且他不久又再次结婚,娶了一个24岁的女子,后者给他生了6个孩子,其中3个还在婴儿期便夭折了。开普勒还被卷入了另类的宗教工作,利用希律王时代记录的一次月食来证明耶稣实际上生于公元前5年。他还参与了历法改革[教皇格里高利十三世(Gregory XIII)直到1582年才引入了现代历法,而新教统治下的欧洲国家很多都并不愿意做此改变]。不过最让他分心的事发生在

1615年之后的几年,其时,开普勒的母亲被指控行巫术。从当时的背景可以看出此事的严重程度,是年,在她所居住的城市莱昂贝格,6名所谓女巫被烧死。这一形势是开普勒无法置若罔闻的*,在随后几年中,他一再造访莱昂贝格,并在审判的威胁笼罩着她时,代表她向当局进行了旷日持久的申诉。到了1620年8月,这位老妇人才最终被逮捕并受到监禁。尽管她在那年的晚些时候受审,但法官发现要给她定罪的话证据并不充分,却足够使人对她产生怀疑。她一直被关到1621年10月,彼时人们认为她已经吃足了苦头可以被释放了。6个月后,她去世了。

开普勒第三定律

从这些特别的麻烦事儿以及终其一生纷扰不断的个人生活来说,开普勒最后的伟大著作之一取名《宇宙谐和论》(Harmonice Mundi)真是一件讽刺的事,不过,它当然指的是行星的世界,而不是纷扰不堪的地球。正是在这本书(主要是一部没有科学意义的神秘之作)中,他记述了他在1618年3月8日是如何想到那个后来被称为开普勒第三定律的思想,而这个思想又是如何在那年晚些时候完成的。该定律将某一行星绕日运行一周的时间(也就是行星的周期或周年)与它同太阳的距离以一种非常精确的方式建立了关系,从而将哥白尼已经发现了的普遍模式予以量化。该定律称,任意两颗行星周期的平方与它们同太阳的距离的3次方成比例。例如(使用现代的测量结果),火星到太阳的距离是地日距离的1.52倍,而1.52的3次方是3.51。但火星"年"的时间长度是地球一年时间长度的1.88倍,而1.88的平方是3.53(由于我将两个数字四舍五入保留两位小数,它们并不非常符合)。

---

*除了与生俱来的对他母亲的感情之外,如果她被宣判为女巫,他也就不太可能保住他的宫廷职位了。

鲁道夫星表的发表

《宇宙谐和论》于1619年出版,此时,"三十年战争"正值高潮。由于战争以及他的母亲因行巫术而受到审判所带来的麻烦,开普勒在这一时期前后出版的另一部重要著作,即《哥白尼天文学概要》(*Epitome of Copernican Astronomy*)以3卷本分别于1618年、1620年和1621年出版。这本更为通俗易懂的书既为哥白尼的日心宇宙大胆地提供了事实依据,也将开普勒的思想带给了更广泛的读者,从某种意义上来说,这本书也代表了他对于天文学的伟大贡献的终结。但还有一件未完成的托付有待解决。很大程度上是由于英国的纳皮尔(John Napier,1550—1617)发明的对数——它于当时出版并且为开普勒大大减轻了算术运算的负担,《鲁道夫星表》最终于1627年发表(由于战争、暴乱以及林茨遭到的一次围攻而延迟发表),开普勒对神圣罗马帝国的义务至此完成。该星表使得行星位置的计算有可能做到比哥白尼编订的星表精确30倍,并且一直是连续几代使用的标准。它们的价值在1631年得到凸显,其时,法国天文学家伽桑狄观测了一次水星凌日(水星从太阳前经过),它已由开普勒运用这个新的星表做出了预测。这是首次被观测到的水星凌日。

出版并不是开普勒唯一因战争而中断的事业。1619年,费迪南二世(Ferdinand Ⅱ)在马蒂亚斯去世后成为皇帝,这位热诚的天主教徒正是那个曾给开普勒在施蒂里亚的早期岁月带来了许多麻烦的人。在林茨,开普勒曾由于不够正统而受到其所在的路德教派迫害,而在1625年之后,在费迪南治下的变化了的政治形势让天主教在整个奥地利占据了统治地位,此时,他又由于是路德派教徒而受到迫害。他不再有任何希望能保留他在宫廷的职位,除非他皈依天主教,而这更是他不会考虑的(虽然就个人而言,费迪南似乎对开普勒很有好感,而且,即便开普勒只是嘴上说说会皈依,他也将会很乐于让开普勒回到布拉格)。1628年,开普勒设法得到了华伦斯坦公爵(Duke of Wallenstein)身边的一个职位,这位公爵对各种形式的宗教崇拜都很宽容(倘若他们是基督教徒的话),而且如果没有咨询过他的占星家,他就决不会有任何行动。从他在布拉格的时候,他就知道开普勒,那时开普勒曾占过一个星相命盘,在这位公爵看来那个星相命盘预言得非常精准。华伦斯坦看来是一个理想的赞助人和保护人,也是一个很有权势的人,他的身份包括费迪南军队的指挥官。

开普勒之死

开普勒一家于1628年7月抵达萨冈地区的西里西亚,开始了他们的新生活。这个新工作最好的地方就是开普勒得到了定期支薪。最不寻常的是他有时间去完成最早的科幻作品之一《月亮之梦》(*Dream of the Moon*)。最不幸的是,在他抵达后不久,华伦斯坦公爵决定支持反宗教改革运动,以讨好皇帝,尽管作为公爵雇员的开普勒被免除了新颁布的法律所规定的义务,但他又一次看到他的新教邻居破产并在恐惧中生活。不管怎样努力取悦皇帝,华伦斯坦还是在1630年夏失宠,其军队指挥官的重要职位也被解除。再一次地,开普勒的未来显得未知不定,而且预料到要再次搬家并需要动用他所有的资源。有一段时间,他一直试图拿到在林茨时就属于他的钱财,他还被叫去与那里的权威人士们开会以解决此事。10月,他从萨冈动身以如期赴会(11月11日),花了很长时间并经过莱比锡、纽伦堡,他于11月2日抵达雷根斯堡。在那里,他患了感冒并因此卧床。1630年11月15日,距离其59岁生日还有几周之时,开普勒去世了。他是属于他那个时代的人,在过去时代的神秘主义（这甚至为他本人有关宇宙的思考增添了色彩）与未来的逻辑科学之间保持着平衡，但他作为理性代言人的声望在他所处时代中显得最为异乎寻常，就在那个世界里，国王与皇帝仍然要依赖于占星家的预言，而他自己的母亲则因巫术而受审。也就在开普勒进行他的伟大工作的同一时期，一个更加强有力的科学理性的声音从意大利南部响起，尽管那里的迷信与宗教迫害并不比欧洲中部少，但至少在某种程度上是稳定的，且迫害一直都来自同一个教会。

◇ 第三章

最早一批科学家

吉伯与磁学

历史上尽管并没有这样一个瞬间,科学取代神秘主义成为解释宇宙运行的方式,但是发生在16世纪到17世纪的两个人的人生却(至少对他们来说)巧妙地勾勒出了这一转变。当然,后来还有一些具有神秘主义倾向的科学家,包括(我们已看到的)像开普勒一样的杰出科学人物以及(我们很快将会看到的)炼金术士。在17世纪第一个10年之后,将假说与实验和观察相比较以去芜存菁的科学方法已然在英格兰的威廉·吉伯(William Gilbert)与意大利的伽利略的工作中明显地表现出来,并且成为那些明眼人所仿效的样本。

伽利略是科学上的杰出人物之一,今天每个受过教育的人都知道他的名字;而吉伯被人知晓的程度则不及他本应得到的声望,但他的生辰日期更早些,至少从年代角度而言,他都应该得到"第一位科学家"的名头。威廉·吉伯是他变得有名以后在历史书中的名字,而他的同时代人更愿意用他本人的家族姓氏拼写作吉尔伯德(Gilberd)。他于1544年5月24日出生在埃塞克斯郡的科尔切斯特,是当地一个显赫家族的一员——他的父亲杰尔姆·吉伯(Jerome Gilberd)是区记录员,这是当地政府的重要官员。威廉在一个固定的社团里有一个安逸的职位,开普勒遭过的罪他是一点儿也没受过;他在当地的文法学校学习,后来于1558年前往剑桥。关于他的早年生活,人们所知甚少,但有一些记录显示,他还在牛津学习过,尽管并无关于此事的正式记录。他于1560年完成了他的文学士学位,并成为他所在学院(圣约翰学院)的一名研究人员,继续于1564年获得文学硕士学位,1569年获得医学博士学位。他随后在欧洲大陆旅行数年,之后在伦敦定居,在那里,他于1573年成为皇家医学院的一名研究人员。

　　吉伯是一名极其成功而杰出的医生,他依次执掌了皇家医学院的每一个部门,其如日中天之时便是在1599年当选为院长。次年,他被任命为女王伊丽莎白一世的私人医生,后被她封为爵士。当女王于1603年5月去世时,他被任命为她的继任者詹姆斯一世的医生。詹姆斯一世也就是苏格兰的詹姆斯六世(James VI),曾出游丹麦并找到了他的新娘,还在逗留期间遇到了第谷。吉伯于1603年12月10日去世,只不过比伊丽莎白多活了几个月而已。不管他作为一名医学人士名望如何,吉伯在科学上留名都是因其在物理学上通过对磁性的全面研究而实现的。

　　严格说来,这些研究是一个业余爱好者的成果,而这位业余爱好此道的绅士也是一个足够富有的人,根据当时的记录,他在定居伦敦后的30年中在科学工作上自己掏了约5000英镑*。起初,他对化学感兴趣,但不久(在他确信炼金术的信条,即能将贱金属转变为贵金属是一个幻想之后)便转到了对电学和磁学的研究,这是自希腊哲学家大约2000年前的研究(或者不如说是沉思)以来基本上被忽视的一个地球的特征。在经过18年左右的研究之后,一部重要的著作《论磁性、磁体以及

————————————

　　*这相当于现代的数百万英镑,很难想象他把钱花在什么项目上,因此,这个数字可能夸大其词了!

地球大磁石》(*De Magnete Magneticisque Corporibus, et de Magno Magnete Tellure*,通常简称为《磁石论》)出版,这个工作于1600年达到顶点。这是英格兰的第一个物理科学领域的重要工作。

吉伯的工作是广泛而全面的。他通过实验反驳了许多旧有的关于磁学的神秘主义的信仰,比如认为天然磁石——一种在自然状态下显示有磁性的矿石——可以治愈头痛的观念,还有认为磁体与大蒜摩擦就会失效的观点;他还发明了用天然磁石使金属片生磁的技巧。他发现了对于今天上过学的我们来说是如此耳熟能详的磁体的吸引与排斥法则,还表明地球本身也像一块巨大的条形磁铁,并将条形磁铁的两极命名为"北磁极"和"南磁极"。他的研究是如此全面而彻底,以至于在吉伯之后的长达两个世纪期间都没有新的东西被添加到关于磁学的科学知识中,直到19世纪20年代电磁学的发现以及法拉第(Michael Faraday)后来的工作。吉伯的兴趣还——必然地以一种更为深思熟虑的方式——延伸到了天空。他是哥白尼宇宙模型的支持者,这部分是因为他认为行星可能因磁力而被保持在它们的轨道上(一个使开普勒深受影响的观点)。但是吉伯的独创性还通过他对哥白尼天文学的讨论而得到彰显,他指出根据旋转的地球所造成的摇摆(就像一个旋转的陀螺的摇摆)来解释二分点进动(太阳在春天和秋天与天赤道相交的点看来似乎随着数世纪时间流逝而向西缓慢移动,二分点进动就是这种移动所造成的一种现象)是多么容易,而在以地球为中心的水晶球体系(它复杂得实在可怕,我们不会在这里谈论它)框架下来解释该现象又是多么困难。他还提出恒星位于与地球距离不同的位置(而不是全部附着在单独一个水晶天球上),而且可能是像太阳一样被它们各自的适于居住的行星绕行着的天体。他的静电——通过用诸如琥珀或玻璃制成的物品与丝绸摩擦而产生——研究并没有他的磁学研究那么全面,但吉伯认识到电与磁之间是有区别的[在这一背景下,他新创了"电的"

(electric)一词]，尽管直到18世纪30年代法国物理学家迪费（Charles Du Fay, 1698—1739）才发现存在两种电荷，被称作"正电荷"和"负电荷"，它们在某种程度上像磁极一样行事，同种电荷相互排斥，异种电荷相互吸引。

不过，《磁石论》最重要的特征并不是吉伯发现了**什么**，而是他**如何**发现了它，以及他所确立的为他人仿效样本的科学方法。《磁石论》对伽利略产生了直接影响，后者在该书激励下完成了他自己的磁学研究。也是伽利略，将吉伯称为实验科学方法的创始人。就在他的书中序言的开始部分，吉伯明确阐述了他的科学立场："在隐匿事件的发现以及对隐藏的原因的调查中，有说服力的理由是从无可置疑的实验与经过证实的论证中得到的，而不是来自哲学思辨者大概的推测与信念。"*作为对其所宣扬的主张的实践，吉伯进而极其细致地描述了他的实验，从而在讲清楚这一方法的效力的同时，也让任何一个足够小心细致的人都可以亲自重复这些实验：

> 正如几何学是从某些微不足道而又易于理解的基础出发，凭借升华至以太之上的天才的头脑，进而成为最高级、最艰深的证明，我们的磁性学说也是如此。并且科学以适当的顺序以司空见惯的确定事实首先呈现；随后，一种颇为奇特的事实继而出现；最终，地球上最隐秘的东西以一种连贯的方式被揭示出来，而古往今来未受注意的、因被忽视而置之不讲的事物的成因则可被确认。

吉伯大力批评那些哲学家"在不清不楚且不能令人信服的实验基础上进行讨论"，又大声疾呼"在可靠的实验缺失的情况下是多么容易出错"，并力劝"任何一个要做同样实验"的读者，"小心、巧妙而熟练地

---

*此处与其他引文来自莫特利（P. Fleury Mottelay）的译文。

处理实验对象,切勿掉以轻心,把事情搞糟;当实验失败的时候,别因为无知而批判我们的发现,因为这些书中没有一个实验没被研究过,并反复做过,而且是在我们眼皮底下做重复实验"。

当伽利略读到吉伯的文字时,这对他的灵魂而言必定有如音乐一般美妙。因为如果完全抛开他所做出的发现的重要性,伽利略对科学诞生的至关重要的贡献恰恰在于强调了精确、重复的实验对检验假说的必要性,不要依赖于以纯粹逻辑与理性来试图理解世界运行的旧有的"哲学"方法——该方法曾导致人们相信一块较重的石头将会比稍轻的石头落得更快,而没有任何人真正地通过动手投下一对石头,看看发生了什么以检验假说。这个古老的"科学"哲学学派被称为逍遥学派(peripatetic school),因为他们习惯游走在大学校园或城市街道时讨论这样的问题*。像吉伯一样,伽利略对他所宣扬的东西身体力行,亚里士多德的方法也因为伽利略16世纪晚期与17世纪初在意大利的工作而分崩离析。

摆、重力与加速度

伽利略·伽利雷(Galileo Galilei)1564年2月15日生于比萨,莎士比亚也在同一年出生,而米开朗琪罗(Michelangelo)则在同月去世。这个重复的姓和名来自伽利略的一位15世纪的先祖,此人名叫伽利略·博纳尤蒂(Galileo Bonaiuti),他以一名杰出物理学家与地方行政官的身份而成为社会中举足轻重的人物,于是这个家族为了纪念他而改其姓为伽利雷(Galilei)。"我们的"伽利略也被授予了这位先祖的教名,而且被提到时几乎总是单独以这个教名唤之,而稍有点儿讽刺意味的是,这位

---

*最初的逍遥学派弟子是亚里士多德追随者(字面上的!),但这个名字也被16世纪晚期的意大利哲学家所使用。

一度知名的伽利略·博纳尤蒂如今被记住的身份只是伽利略·伽利雷的先祖。在伽利略出生的年代,他的家族在社会中有着良好的社会关系与受人尊敬的地位,但是要赚钱来维持这个地位一直都是个问题。伽利略的父亲温琴佐(Vincenzio)于1520年出生在佛罗伦萨,是一位很有造诣的职业音乐家,对数学与音乐理论有着浓厚的兴趣。他在1562年娶了一位名叫朱莉娅(Giulia)的年轻姑娘,他们的7个孩子中好像有3个早夭,而伽利略是7个孩子中最大的一个。他幸存的兄弟姐妹是维尔吉尼娅(Virginia,生于1573年)、米凯兰杰洛(Michelangelo,生于1575年)和利维娅(Livia,生于1587年),伽利略作为幸存者中最年长的,在他父亲去世后成为这个家庭的家长,而这给他带来了相当大的烦恼。

但是所有这些都发生在1572年温琴佐决定返回佛罗伦萨之前很久,当温琴佐在故乡重整旗鼓的时候,他带上了朱莉娅而把伽利略留在比萨的亲戚家达两年。在文艺复兴时期,整个托斯卡纳,特别是佛罗伦萨和比萨一度非常繁荣。这一地区由佛罗伦萨大公科西莫·德·美第奇(Cosimo de' Medici)管辖,他还曾因在对摩尔人的一次成功的军事行动而被教皇授予托斯卡纳大公的头衔。在托斯卡纳大区的首府佛罗伦萨,温琴佐成了一名宫廷乐师,而他的家庭则在这一复兴的欧洲艺术与智力中心周旋于君主和贵族们中间。

直到11岁时,伽利略都是在家中接受教育,主要是由他父亲,但有临时家庭教师相助。伽利略凭他自己的能力成了一名出色的乐手,但他从未子承父业,并且终其一生都只是为了娱乐才演奏(主要是鲁特琴)。以那时的标准来看,温琴佐在某种程度上有点像一个自由思想家,而且对教堂的宗教仪式没有什么兴趣。但到了1575年要把伽利略送走以接受更为正规的学校教育之时,纯粹出于教育方面的考虑,显然合适的地方就是修道院(温琴佐在瓦隆布罗萨选了一座,位于佛罗伦萨以东约30千米)。就像在他之前(以及之后)的许多年轻人一样,伽利略爱上了修道院式的生活方式,并且在15岁的时候以新信徒的身份加入了兄弟会。他的父亲惊骇不已,而当这个男孩罹患一种眼疾之时,父亲将他带离修道院送到佛罗伦萨看医生。眼睛康复了,但伽利略没再返回修道院,而且不再说要成为一个修道士。尽管他在佛罗伦萨的教育在与瓦隆布罗萨一样的兄弟会的修道士们监督下又继续了数年,但是他住在家里,受到父亲的仔细看护。在瓦隆布罗萨修道院的记录中,伽利略被正式列为免去圣职的神父。

尽管温琴佐曾设法以一名乐师的身份勉强度日,但他也意识到这一行不太保险的前景,并且打算为他最大的儿子谋划一个受人尊敬且薪水不错的职业生涯。有什么能比将他培养成为一名医生——就像他那位杰出的同名前辈一样——更好呢?1581年,伽利略在17岁的时候被招收成为比萨大学的一名学医的学生,在那里,他与母亲的亲戚住在一起,他们曾在16世纪70年代早期照顾过他。作为一个学生,伽利略很喜欢争论,而且不惧怕质疑当时被多数人接受的(主要是亚里士多德的)古训。由于酷爱争论,他成了其他学生所共知的"争论者"。当他晚年回顾这段岁月时,他详细讲述了他是如何马上想到方法驳倒在逍遥学派教义中被奉为圭臬的亚里士多德学派的观点,即不同重量的物体以不同速度下落。冰雹大小不一,但它们都一起落到地上。如果亚里士多德是对的,重的冰雹在云中生成的位置就得比稍轻的冰雹生成的位置更高,高出来的距离正好可以使较重的冰雹以较大的速度下落,而与在海拔较低处形成的较轻的冰雹一起到达地面。这在伽利略看来似乎相当不可能,而他乐于向他在大学里的同学和老师指出一种更为简单的解释:所有的冰雹都在一片云中相同的位置生成,这样它们都以相同的速度一起落下,无论重量如何。

这种争论的确使伽利略从他的医学学习中分了心,尽管无论如何他都并未以多大的热情去追求这些学业。不过在1583年年初,医学职业的所有前景都消失不见了。当时,每到冬天的那几个月份,托斯卡纳大公宫廷成员都会住到比萨,从圣诞节住到复活节。通过他父亲在宫廷的关系,伽利略在社交场合结识了宫廷数学家里奇(Ostilio Ricci)。1583年年初,就在里奇为某些学生进行一个数学讲演之时,伽利略去拜访了他的这位新朋友。伽利略不是先走开稍后再回来,而是去旁听了讲演并且被这个题目迷住了——他第一次与严格意义上的数学,而不是算术不期而遇了。他成了里奇非正式的学生,并且开始学习欧几里得而不再读他的医学教科书。里奇意识到伽利略在这方面很有天分,而且在伽利略向温琴佐询问是否可以从医学转向数学的学习时对他给予了支持。温琴佐拒绝了,其所依据的看似合理的理由是医生职位非常多,而数学家的职位则少之又少。无论如何,伽利略坚持学习数学,而很大程度上忽略了他的医学课程,结果他在1585年没有拿到任何学位就离开了比萨,回到佛罗伦萨试图以担任数学和自然哲学的家庭教师来勉强维持生计。

　　另一个值得注意的事件发生在伽利略还是比萨大学的一名学医的学生时,不过这个故事几个世纪以来曾被极大地误传和渲染。几乎确定无疑的是,就是在这个时候,伽利略在一次相当枯燥乏味的布道期间被大教堂里的枝形吊灯缓慢而有规律的摆动吸引住了,因为没有什么更好的事可做,他就用自己的脉搏来记录了钟摆的摆动随枝形吊灯移动的弧度逐渐减小的时间。这促使他发现了摆总是用相同的时间完成一次摆动,无论它摆动的弧度是大还是小。据说伽利略急忙跑回家,用不同长度的摆进行了一些实验,并且立刻发明了有摆的落地座钟。[像其他有关伽利略的传说一样,这个故事很大程度上归功于维维亚尼(Vincenzo Viviani)的著作。这个年轻人在伽利略眼盲以后成为这位老人的抄写员,后来更成为他的信徒,而他常常被他所记述的其主人一生中那些重要时刻深深吸引。]事实上,这个想法在伽利略的头脑中一直保持到1602年,当时他小心地完成了实验,证据表明摆的周期仅仅取决于它的长度,而与摆的重量无关,跟它摆动的弧长也没有关系。但这个想法的种子的确是1584年或1585年在比萨的那个大教堂里播下的。

尽管伽利略开始建立了他作为一名自然哲学家的声誉,完成了一些实验并且开始做笔记,这些笔记后来成为他关于科学的重要著作的一部分,但接下来的4年时间里,他在佛罗伦萨几乎无力维持生计。由于没有独立财产,他能够保障其科学工作的唯一方法就是去找到一位有影响力的资助人,伽利略的救星就是加里波第·德蒙特侯爵(Marquis Guidobaldo del Monte),一位曾撰写过一部重要的力学著作,并且对科学有着浓厚兴趣的贵族。部分归功于德蒙特的影响,1589年,就在没有获得学位而离开比萨大学4年后,伽利略带着一纸为期3年的合约,回到同一所大学任数学教授。

尽管名头很大,但这在学术阶梯上只是非常谨慎的第一步。正像温琴佐很可能向他的儿子指出的那样,比萨大学的医学教授当时能领一年2000克朗的薪水,而数学教授则不得不用60克朗的薪水勉强度日。伽利略不得不自己带教住宿生以补贴收入,这些学生受益于他那几乎是全职的教学与影响,而不只是家庭教师的那几个小时。这在当时是很正常的出路,但只有有钱有势人家的子弟才能付得起这种学费,结果是当这些年轻人结束课程回家以后,伽利略的声名也就在这些可能对他最有益的圈子里传开了。

对这些被招收到伽利略家中的私塾弟子的教学常常与大学里要求伽利略讲授的正式课程大不相同。尽管是一位时髦的数学教授,但他的课程大纲包括了我们称之为物理学以及后来被称作自然哲学的内容。正式的课程提纲仍然主要以亚里士多德学说为基础,伽利略忠诚但并不狂热地在他的讲演中教授这一学说。在私人场合,他讨论关于宇宙的新的非传统思想,甚至还写了一部讲解这些思想的著作初稿,但决定不出版此书——对于一个还未出名的年轻人来说,这确实是一个明智的决定*。

维维亚尼言之凿凿的另一个传奇说的是伽利略在比萨大学任数学教授时期发生的故事,但再一次地,它几乎肯定不是真事儿。这个著名的故事说的是伽利略如何让不同重量的物体从斜塔上落下,以展示它们会一起下落至地面。并没有证据表明他曾做过任何这样的事,尽管在 1586 年一个佛兰芒工程师斯泰芬(Simon Stevin, 1548—1620,也称 Stevinus)的确进行了这一实验,让铅球从一个约 10 米高的塔上落下。这些实验的结果已被发表,并可能被伽利略知晓。伽利略与从斜塔上落下重物之间的关系,维维亚尼误以为是伽利略在比萨任数学教授时期,其实可以追溯到 1612 年,当时一位亚里士多德学派的教授试图以这个著名实验来驳倒伽利略有关不同重量的物体以相同速度下落的言论。重物几乎同时,但并不是在完全相同的瞬间落到地面,这被逍遥学派抓住作为证据表明伽利略是错误的。他将会在他的反应中偃旗息鼓:

> 亚里士多德说,一个从 100 肘尺(1 肘尺为 0.45—0.55 米)高处下落的 45 千克的球,在一个 0.45 千克的球下落 1 肘尺之前即落到地面。我说它们同时到达地面。在进行这项测试时,你会发现大球领先小球 5 厘米。现在,在那 5 厘米的背后,你想要隐藏亚里士多德的 99 肘尺,而且对他的巨大错误保持沉默,而只说我的细小失误。

故事的真实版本告诉我们两件事。首先,它显著强调了实验方法的力量——虽然逍遥学派学者想要重物以不同速度下落,并且证明亚里士多德是对的,但他们所完成的实验证明亚里士多德是错的。诚实

---

*这部著作草稿题为《论运动》(*On Motion*),但这部草稿与伽利略几年后出版的同名著作并无多少相似之处。

可靠的实验总是实话实说。其次,上述引文给出了伽利略风格与个性的真正意味。他的著作中完全没有提及这一胜利,因此不可能相信他真的亲自进行了这个著名实验。毫无疑问,他从未做过这个实验。

伽利略在比萨大学从未真正适应,而且不久就开始寻找其他职位。他拒绝穿学术长袍——那是他职位的标志,并且嘲笑他的教授同事们陷于职位虚名更甚于对研究宇宙如何运行的兴趣。他还与学生们在镇上肮脏的小酒馆里结成兄弟般友好的忘年之交,引人侧目(在当时,他是满头红发并留着红色的大胡子)。除了他的反权威观点(这使他越来越不可能在1592年获得续聘),对一份更优厚的薪水的需求也在1591年温琴佐去世时变得更为紧迫。温琴佐非但没有给他的孩子们留下什么物质遗产,而且在他去世前不久,温琴佐还许诺给他的女儿维尔吉尼娅一笔丰厚的嫁妆,从法律上来说,伽利略和他的小弟弟米凯兰杰洛对这笔债务负有责任。实际上这意味着,作为一家之主的伽利略不得不承担起这笔债务。由于米凯兰杰洛不但未能支付他那一部分,而且还成为一个身无分文的巡回乐师,他总是回家向伽利略借钱却从未归还过。所有这些都在很大程度上使伽利略负担沉重,因为他喜欢自己花钱去享受美酒和美食,还喜欢大方招待他的朋友,无论他手上有没有钱。

伽利略着手去获取的职位是帕多瓦大学的数学讲席。这是一个声望更高且收入更丰厚的职位,除此之外,帕多瓦是威尼斯共和国的一部分,威尼斯富足而强大,足以与罗马匹敌,在这里,新的思想会得到积极的鼓励,而不是反对。伽利略为争取这个职位亲自拜访了威尼斯宫廷,在那里,他得到了托斯卡纳大使的帮助。当他想要这么做时,伽利略可能是迷人且社交能力很强的,而且他在威尼斯有着很大影响,在那里,他与皮内利(Gianvincenzio Pinelli)、弗朗切斯科·德蒙特(Francesco del Monte)尤其亲密。皮内利是一位富有的知识分子,拥有一个巨大的收藏图书和手稿的藏书室,而弗朗切斯科·德蒙特是加里波第·德蒙特的弟弟。伽利略得到了这个工作,最初是4年,每年薪水180克朗,还包括一个条款,即威尼斯共和国首脑(即总督)如果希望则可以再延长任命两年。有了托斯卡纳大公的批准,伽利略于1592年10月,也就是28岁的时候得到了这个新职位。[现在的大公是费迪南多(Ferdinando);科西莫已于1574年去世,并由费迪南多的兄长弗朗切斯科(Francesco)继任,但弗朗切斯科在1587年去世而没有男性继承人,尽管他的女儿玛丽(Marie)成了法兰西皇后。]最初的4年任命最终延长为在帕多瓦的8年逗留,伽利略后来回忆这是他一生中最快乐的几年。

伽利略以非常务实的方式在帕多瓦留下了他的声名,先是用一篇有关军事防御工事(一项对威尼斯共和国相当重要的事务)的论文,然后是以一本以他在大学里的演讲为基础撰写的力学方面的书。除此之外,他还清楚地阐明了滑轮系统的运作方式:尽管乍看起来,一个(比方说)1千克的重物可以被用来举起10千克的重物似乎是不可思议的——一个不劳而获的例子,为了做到这一点,这个1千克的重物就得移动10倍于这个10千克重物的距离,就好像分别举10次来举起10个1千克的重物。因为他的新朋友,比如皮内利,所以伽利略的社会与智力生活也在帕多瓦达到了旺盛时期。在这个新的圈子里,尤其有两个人在伽利略后来的人生中扮演了重要角色,他们是萨尔皮(Friar Paolo Sarpi)和枢机主教贝拉尔米内(Cardinal Roberto Bellarmine)。尽管萨尔皮成了伽利略亲密的朋友,而贝拉尔米内也与伽利略友好地相处(就算不比熟人关系更密切),但他们表现出了大不相同的宗教立场。萨尔皮是一位如此异端的天主教徒,以至于他的一些反对者后来怀疑他是秘密的新教教徒,而贝拉尔米内则是一位重要的权威人物、神学家和知识分子,在对布鲁诺的异端起诉中扮演了重要角色*。

---

　　* 1605年,贝拉尔米内几乎肯定会被选为教皇,但他拒绝自荐成为候选人,而更愿意成为幕后操纵者。

不过尽管伽利略如今受到同行的高度尊敬,并且周旋于有影响的人的圈子,但他还是经常为钱而担心。他试图通过发明某些能使他富有的东西来解决财政问题。他早期的一个设想是最早的温度计,从现代眼光看来,它上下颠倒了。一个玻璃管,一头开口,另一头鼓起成球形,先加热(以排出空气),然后将开口的一端垂直向下放入一碗水中。当管中的空气冷却并收缩时,它就会将水吸上来。一旦温度计装配好,如果受热,球状物里残存的空气就会膨胀,使液体水位下降,而当受冷时,气体就会收缩,将水吸得更高。这项发明并不算成功,因为管中液体的高度还取决于外部气压的变化。但它的确显示了伽利略是多么具有创造性,以及他在实用工作上的才能。

发明"比例规"

另一个在16世纪90年代中期发展起来的想法,在一定程度上是成功的,但并未让伽利略富有。这是一个被称作"比例规"的装置——一种标有刻度的金属仪器,可以用来做计算器。它最初是一种帮助猎手计算射击不同距离所需高度的装置,但几年后发展成为一种多功能计算工具,它相当于16世纪晚期的便携式计算器,用来处理诸如货币汇率计算、复利计算这样的实用事务。到16世纪90年代末,这种工具卖得如此之好,使得在短时间内,伽利略不得不雇用了一个熟练工来为他制造这种工具。他以相对便宜的价格出售,并且要求所有想要知道如何使用的人支付一笔不菲的学费,这显示了他在生意上的敏锐洞察力。但这未能持久——没有办法阻止其他人复制这种工具,也没有办法防止那些知道使用方法的人传授给别人。

尽管这项发明给伽利略带来的收入增加为时很短暂,但它来得正是时候。16世纪90年代后半期,在他与当地一名来自社会等级较低的帕多瓦女子玛丽娜·甘巴（Marina Gamba）建立起稳定关系之时，他的个人义务也随之增加了。他们俩从未结婚（实际上，他们从未共居一室），但他们的关系人尽皆知，且玛丽娜还给伽利略生了3个孩子——两个女儿（分别生于1600年和1601年）和一个儿子（生于1606年）。儿子以他祖父的名字起名叫作温琴佐，后来被正式确认为伽利略的继承人，并且承袭了他的名字。女儿们命里注定要成为修女，这可能是一种必然的命运，挣钱来为妹妹们支付嫁妆给伽利略带来了持续的麻烦，因此他决定不再为女儿而陷入相同的处境。他的妹妹利维娅于1601年，也就是伽利略第二个女儿出生的同一年结婚，而伽利略和米凯兰杰洛（他到彼时为止都住在德国）许诺给她像维尔吉尼娅一样的一大笔嫁妆。再一次，米凯兰杰洛从未支付他的那一部分。

1603年，伽利略患上一种将会影响他余生的疾病。在与朋友去帕多瓦附近山间别墅期间，他在山中散步（像他经常做的那样），然后吃了一顿大餐，随后和他的两个同伴一起去一个装有冷气装置的房间睡觉，冷气通过一个管道系统从附近的洞穴进入房间。这种早期形式的空调在三个人准备睡觉时被堵住了，但后来被一个仆人打开，从而使得来自洞穴的寒凉潮湿的空气进入了房间。这三名住客都生了大病，其中一个死了。看来似乎远远不止寒气，很可能来自洞穴的某种有毒气体进入了房间。无论确切的原因是什么，伽利略在其余生中都因反复发作的关节炎而遭受痛苦，不时地就会使他不得不卧床数周。他一直认为这种慢性病来自他在1603年这场与死神擦肩而过的经历。

到1604年他40岁的时候，伽利略已经建立起他作为一位自然哲学家和数学家的声望，他为威尼斯提供了实际的好处，并且在帕多瓦过着充实而快乐的生活。正是在那里，他完成了著名的摆实验和斜面滚球实验，他用之研究加速度并且证实（他并没有让什么物体垂直下落）不同重量的物体在重力作用下的确以相同的速率加速。伽利略总是进行实验以检验假设,如果实验结果并不符合预言,便修正或抛弃那些假设,这正是伽利略工作的关键特征。伽利略还研究了流体静力学;追随着吉伯的工作,研究了磁现象;他还与其他自然哲学家通信,其中包括开普勒(在1597年5月写给开普勒的一封信中,伽利略第一次明确阐述了他对哥白尼宇宙模型的热情)。

与此同时,伽利略的私人生活也很充实。他学习了文学和诗歌,定期去剧院,并且一直弹奏鲁特琴,达到了很高的水平。他的演讲很受欢迎(尽管他发现这是一件让他从实验工作与社会生活中分心的令人生厌的事),而他作为反亚里士多德者的日渐增长的声誉仅仅提高了他在自由思考的威尼斯共和国的威望。每当他在大学的职位合约到期,毫无疑问地会得到续约,而且他的薪水已涨到足以让他过得舒舒服服,根本不必未雨绸缪任何事,更何况考虑从职位上退休。

超新星研究

1604年,当开普勒研究过的那颗超新星出现在10月的天空时,伽利略的声望进一步地提高了。运用他借由军事方面的工作而发展起来的细致测量方法,伽利略第一次将自己变身为一名天文学家,并且证实这颗新星在天上并未显示出相对于其他恒星的任何运动。他做了一系列深受欢迎的公众演讲,证明这颗超新星和地球的距离必定与其他恒星和地球的距离相同,反驳了亚里士多德的不变天球的概念,并在一首小诗中概括了他的结论:

> 其位不比其他恒星更低,
>
> 又不以其他方式游来荡去,
>
> 大小不变、位置不移。
>
> 所有这些都在最纯粹理性基础上证明,

> 对地球上的我们来说，它没有任何视差，
>
> 因为天空的尺度巨大。*

但是在伽利略的公众声望日益增长之时，他的私人生活开始出现问题。1605年，他（在佛罗伦萨）的两个妻舅都因为他未支付分期付款的嫁妆而起诉他。伽利略的朋友萨格雷多（Gianfrancesco Sagredo），一位比伽利略年轻7岁的威尼斯贵族，支付了诉讼费并竭尽全力推迟法律程序，但到1605年夏，伽利略不得不造访佛罗伦萨就他的讼案进行辩论。很合时宜的是，恰在此时，托斯卡纳大公夫人克里斯蒂娜（Christina）邀请伽利略去指导她十来岁的儿子科西莫（Cosimo）使用伽利略的军用比例规并辅导他学习数学。这明显标志着伽利略在宫廷的特权地位，而这（可能还要加上来自克里斯蒂娜对法官的某种直接的压力）导致针对伽利略的索赔风波终于平静，至少暂时如此。但这次访问也唤起了伽利略返回托斯卡纳以度余生的愿望，更适宜的做法则是通过宫廷的任命，这会使他免除任何演讲的义务**。这是一件很有可能的事，因为佛罗伦萨的宫廷数学家（里奇，最早向伽利略介绍数学的人）已于1603年去世，这个职位仍然空缺。他开始为这一回归而奔走，并且于1606年在一部题献给科西莫·德·美第奇的限量版图书中发表了他的比例规使用手册。尽管伽利略再度得到了他在帕多瓦的那个职位（薪水也再次增加），但他与托斯卡纳保持着非常畅通的沟通。

正当伽利略思考着他私人生活的重大变化，并且为一本计划中的著作而从数年以来实验工作中收集材料时，意大利的政治形势发生了急剧变化。1605年，保罗五世（Paul V）已被选为教皇，并尽其全力扩大教会的权威，加强教皇对天主教国家的控制。不利条件——按照教皇

---

　*来自赖斯顿（Reston）的英译。

　**伽利略可能还曾试图暂时保留选择权以避免受到攻击，因为他有关新星的讨论已在帕多瓦引起某些反对意见，他还请求美第奇家族支持他在那里的职位的续聘。

所担心的——是他没有任何自己的强有力的军队,而扩大他的影响意味着既要依靠其他的世俗权力,也要(借助于宗教裁判所来)实现他在精神上的权威。威尼斯尤其是他的眼中钉肉中刺,特别是因为萨尔皮,那时他是总督的神学顾问,公开主张通往天国之路仅仅经由精神活动即可,否认国王与教皇以上帝名义行使政治权力时所谓的"君权神授"。在争论的另一方,这一君权神授观念的主要智力支持来自贝拉尔米内,他如今是罗马教皇的主要幕后力量,这尤其是因为保罗五世知道他的教皇地位要多亏贝拉尔米内决定不将自己的名字列入决议。争论还有其他一些方面,我们在此将不会涉及,因为它们与伽利略的人生没什么直接关系。结果,1606年,教皇将威尼斯总督及其所有官员逐出了教会,包括萨尔皮。尽管在威尼斯的神父们中有一些真挚的自我反省,但总体而言,威尼斯共和国对被驱逐忽视不顾,并且像平常一样处理它的事务(包括宗教事务)。作为报复,所有耶稣会士都被驱逐出了威尼斯共和国。在这种情况下,宗教势力,甚至地狱之火的威胁,明显都未能扩大教皇的权威。由于天主教西班牙组织起来支持教皇,而法国(此时主要是新教教徒)则为威尼斯提供援助,因此唯一的选择,即战争一度显得极有可能。

不过,这场危机在几个月后过去。随着紧张形势得到缓解,萨尔皮便受到邀请赴罗马与贝拉尔米内讨论他的神学观点,并被告知在那里"他将受到亲切友好的接待"。在告知其朋友他很清楚地知道这场争论很可能被梵蒂冈利用,而后者会将他抓捕并烧死后,萨尔皮拒绝了邀请,说他正忙于威尼斯的国家事务。为了支持他,威尼斯参议院正式禁止他离开共和国。梵蒂冈无法烧死萨尔皮,便烧了他的书;威尼斯参议院迅速将他的薪水涨了一倍。威尼斯赢得了这场与罗马的政治斗争,而萨尔皮在共和国的影响达到了前所未有的程度。但在1607年10月7日夜晚,萨尔皮在街上遭到5个人的野蛮袭击,他们刺了他15刀,并且将头部被刺入一柄小匕首的萨尔皮弃之不顾,这柄小匕首从他的右太阳穴刺入,从右脸颊穿出。令人惊异的是,萨尔皮幸免一死(自称刺客的人逃去了罗马,与他一样幸免一死)。

对萨尔皮的袭击给伽利略留下了深刻的印象。他意识到,即使威尼斯共和国能与罗马对抗,但未能与天主教站在一条阵线上的个人在意大利任何地方都会处于危险之中。除此之外,1607年到1608年的冬天天气恶劣得不同寻常,帕多瓦下了很大的雪,而在1608年3月至4月,伽利略因为他的关节炎而饱受痛苦。不管这些困难如何,他都坚持为他有关力学、惯性以及运动的巨著而做着准备。就在这一时期,伽利略意识到并证明了当一颗子弹被枪射出或是一个物体被抛出,其所依循的路线是抛物线,这是一种一端开口的椭圆曲线。甚至在17世纪初,很多人仍然认为如果炮弹被从大炮水平射出,它会以直线飞出一定距离,然后垂直落向地面;更为敏锐的人已经注意到(或是猜测)炮弹实际的射程呈弯曲轨道,但直到伽利略的工作之前,还没有人知道曲线的形状,甚或它是否总是相同一种曲线,无论炮弹的速度和重量如何。他还证明,如果炮弹击中与炮处于相同海拔高度的目标,那么(如果空气阻力忽略不计)它击中目标时的速度与离开大炮时的速度相同。

1608年夏,伽利略对金钱以及他糟糕的健康状况感到担心,这使他从工作中分了心。此时他被克里斯蒂娜召到佛罗伦萨,去监督阿尔诺河上的一座木制大舞台的建造,它将用来给她的儿子——1609年在费迪南多去世后成为科西莫大公二世——举行订婚仪式。无论他正在进行的研究计划如何重要,伽利略都无法拒绝克里斯蒂娜的召唤*,这是

---

* 克里斯蒂娜的重要地位可以从这一事实看到:克里斯蒂娜甚至在科西莫二世[他的妻子只是成为大公夫人(Archduchess)]结婚后仍然保留了大公夫人(Grand Duchess)的头衔,而且当科西莫于1621年去世、他的儿子费迪南多二世未成年期间,她和他的遗孀被加入摄政班底。

一个令人愉快的迹象,表明他在佛罗伦萨仍然受到支持,此地宫廷数学家的职位仍然空缺。但当他在1609年年初回到帕多瓦时,45岁的伽利略仍然受到那些财政问题的困扰,担心他作为一个知名的哥白尼主义者以及萨尔皮的朋友而可能成为梵蒂冈的靶子,而且仍然渴望他能够求助于他在实用方面的优势来保障他余生的财政状况。正是在这一时期,关于伽利略科学贡献的大部分故事开始了。

利伯希对望远镜再发明

1609年7月,伽利略在一次造访威尼斯时最早听到了望远镜之发明的传闻[严格来说这其实是一个再发明,但伦纳德·迪格斯发明望远镜的消息在16世纪从未传播开来]。自从一位来自荷兰的眼镜制造商利伯希(Hans Lippershey)于上一年秋天偶然想出这项发明,1609年春,拥有3倍放大率的望远镜在巴黎作为玩具出售。在这种情形下,消息相当缓慢地传到了意大利。当伽利略听到关于这种令人震惊的仪器的传闻时,他向他的老朋友萨尔皮征求意见,并且很吃惊地得知萨尔皮已在数月前听说此事并与巴多维尔(Jacques Badovere)通信讨论过。巴多维尔是一位来自巴黎的法国贵族,曾是伽利略的学生。但萨尔皮并未将这个消息告知伽利略——他们的通信已然终止,这部分要归因于萨尔皮作为参议院顾问的职责要花费大量时间,还有一部分则是由于他从遇刺事件复原后感到疲倦。萨尔皮可能过了很长时间才意识到它的重要性,但伽利略马上就认识到一个能够让遥远物体明显可见的仪器可能对威尼斯的军事和贸易意义极其重大,在这里,成功常常依赖于第一个确定哪艘船即将抵达口岸。当他思考如何最大限度地利用这个消息转化成利益时,他必定想象到自己的小船终于来了。

伽利略随后的进展

但他几乎还是太迟了。8月初,伽利略还在威尼斯时,他听说一个荷兰人带着一种新仪器已抵达帕多瓦。伽利略迅速赶回了帕多瓦,却很遗憾地发现他还是错过了这个异乡人,后者此时正在威尼斯准备向总督出售这种仪器。想到他可能输掉了这场赛跑,伽利略心烦意乱,他发疯一样地着手制造一架自己的望远镜,他只知道这种仪器包括装在一个管里的两个镜片,除此之外便一无所知。伽利略一生中给人印象最为深刻的事件之一便是在24小时之内制作了一架当时所知最好的望远镜。荷兰望远镜使用了两个凹透镜,只显示出一个上下颠倒的图像,而伽利略使用了一个凸透镜和一个凹透镜,从而得到了正的图像。8月4日,他发送了一个加密的消息给威尼斯的萨尔皮,告知他这个成功。作为参议院顾问的萨尔皮推迟了所有跟荷兰来访者有关的决定,从而给了伽利略时间来制造一架拥有10倍放大率的望远镜,并放置在一个皮革封套里。他在8月底之前回到威尼斯,他向参议院所做的望远镜演示在那里引起了轰动。作为一个精明的政治家,伽利略随后将望远镜作为礼物送给了总督。开心的总督和参议院提议给伽利略提供在比萨大学的终身职位,而薪水则加到了每年1000克朗。

伽利略接受了,尽管薪水的增长只能从次年开始生效,尽管他还得承担繁重的教学任务。但他随后便离开前往佛罗伦萨,向科西莫二世演示了另一架望远镜。到1609年12月时,他已经制作了一架放大率为20倍的望远镜(而且到1610年3月时制作了至少9架类似的望远镜;他将其中一架呈送科隆选帝侯,而开普勒是唯一享此殊荣使用这架望远镜检验伽利略之发现的天文学家)。利用他最好的望远镜,伽利略于1610年早期发现了木星的4颗最亮(且最大)的卫星。这些卫星被他命名为"美第奇星",以向科西莫表达敬意,但它们被今天的天文学家称作木星的伽利略卫星。利用同一架仪器,伽利略发现银河是由无数单个的恒星组成,月球表面并不是完美平滑的(亚里士多德主义者是这样认为的),而是布满了坑,并有数千米高的山脉(他根据山脉在月球表面的阴影长度估计出了山的高度)。所有这些发现都在1610年3月的一本小书《星际信使》(The Starry Messenger,拉丁文译名为 Siderius Nuncius)中得到呈现。该书是题献给一个人的——还能有谁呢?——大公科西莫二世·德·美第奇。

《星际信使》的作者伽利略在整个知识界出了名(该书在出版5年内即被译为中文*),而且无疑给他所供职的国家,尤其是他出生的国家带来了荣耀。1610年5月,伽利略被提名并接受了比萨大学首席数学家和托斯卡纳大公的哲学家与数学家的终身职位,薪水为每年1000克朗。终于,他没有了教学职责。还有一个甜头是,他被免除了将弟弟米凯兰杰洛所要为那两份嫁妆承担的部分扛上身的义务,因为他已经支付了比他所要承担的部分更多的款额。

伽利略并不认为他对威尼斯共和国有任何义务,他认为,既然他尚未开始拿到许诺的上涨的薪水,那么新的待遇也就还没实现。他在10月间返回佛罗伦萨就任新职,恰在此时,开普勒观测到4颗木星卫星的消息也传到了他这里。这一变动给伽利略的个人生活带来了很大的改变。玛丽娜·甘巴决定留在她一直生活的帕多瓦,这一对儿看来是友好地分了手。伽利略的两个女儿去佛罗伦萨与伽利略的母亲一起生活,

---

*原文如此。作者称《星际信使》很快就被译成中文,应指当时来华的耶稣会传教士、葡萄牙人阳玛诺(Emanuel Diaz, 1574—1644)于1615年编写出版的中文著作《天问略》。但《天问略》并不是《星际信使》的中文译本,只是当中介绍了"近世西洋精于历法一名士"创了一件"巧器"观测星空并有新发现,其描述与《星际信使》中有关内容相吻合。因此研究认为,这里的"名士"就是伽利略。——译者

而他的儿子则暂时留在玛丽娜身边,直到他年纪大到足以同他的父亲一起生活。但这些私人生活上的巨变,与不久之后伽利略在科学上的新发现所引起的纷乱相比,只是小巫见大巫。

天文观测是证实哥白尼模型正确的直接证据。比如说,逍遥学派此前用过的一个反驳是,既然月球绕地球转动,那么地球就不可能同时绕太阳运行,因为地球和月球会相互分离。伽利略发现了木星轨道的4颗卫星,而木星本身无疑也在围绕某物的轨道上运行(无论其所绕之运行的是地球还是太阳,都不影响此论证),通过这一发现,伽利略表明,即使地球在运动,地球的卫星月球停留在地球轨道也是可能的。在伽利略离开帕多瓦之前不久,他还注意到土星的外形有些古怪,尽管得等到惠更斯(Christiaan Huygens)才对此做出了解释,但这一古怪无疑表明土星并不是完美的球体。抵达佛罗伦萨不久后,伽利略发现了金星的相位变化,也就是它形状上的变化与月球的相位变化相似,这些变化只有在金星绕太阳运行的情况下才能得到解释。但这个故事远未结束,因为伽利略收到以前的一名学生卡斯泰利(Benedetto Castelli)的信,信中指出,如果哥白尼模型是正确的,那么金星必定会表现出相位变化!尽管伽利略在收到此信时已经开始观察金星,而且不久便回信给卡斯泰利说他的预言是正确的,但这是一个关于科学假说的真正实例,即科学假说被用来做出一个预言,而这个预言被观测所检验并被发现能够支持该假说——这是真正的科学方法最有效的应用。

这些都并不能说服最顽固的亚里士多德学派的追随者,后者只是简单地拒绝接受通过望远镜所看到的东西是真实的,而将它想象为某种由透镜本身制造出来的人为幻觉。伽利略本人用望远镜对数百个物体进行观察,然后再关掉望远镜来看看是否该仪器除了放大之外还做了什么,以此检验这一可能性,他得出结论称他通过望远镜看到的东西真实不虚。但是尽管亚里士多德学派的追随者不情愿相信该证据的做法在今天看来似乎很可笑,但他们的确有点道理,这与现代科学大有关系。现代天文学家探查宇宙深处,粒子物理学家深入研究原子以及更小物质实体的内部结构,而我们完全依赖于仪器所告诉我们的结果,依赖于我们解释其结果时所使用的方式。不过,就伽利略而言,他所看到的东西在日常意义上来说是真实的,这是确定无疑的。伽利略在这一时期用望远镜观察到的还有太阳表面的黑色区域——太阳黑子。这些已经被其他天文学家看到过,但伽利略并不知道。太阳表面肉眼可见的瑕疵,似乎为亚里士多德学派追随者的天界完美主张敲上了棺木上的又一枚钉子。

尽管所有的证据都肯定是反对亚里士多德学派主张的,而且可以被用来支持哥白尼的模型,但由于深谙布鲁诺的下场,伽利略还是小心翼翼地不去公开支持哥白尼的模型。他宁愿提出他的证据,并让这些观测自己说话,他确信甚至罗马教会早晚也会接受这一暗示。作为这一进程的第一步,1611年3月,伽利略作为托斯卡纳大公国官方科学大使启程造访罗马。这次一直持续到6月的访问从表面来看是成功的。伽利略不仅被教皇(仍然是保罗五世)接见,而且还被准许站着而非跪着与教皇陛下交谈。枢机主教贝拉尔米内亲自使用伽利略的望远镜观看,并且委派一个由饱学的神父组成的小组——我们现在谓之科学委员会——来调查伽利略有关该仪器的说明。该小组委员会中的耶稣会士成员得出的结论包括:

(1)银河的确是由无数恒星组成的;

(2)土星呈现出奇怪的椭圆形状,它的两边各有一个凸起;

(3)月球表面并不规则;

(4)金星表现出相位变化;

(5)木星有4颗卫星。

这是正式的结论。但对这些观测的意义却只字未提。

在罗马期间,伽利略还成为一个名叫猞猁学会(Lyncean Academy)的组织的成员,该学会被认为是世界上第一个科学团体,由4位年轻贵族创立于1603年。正是在由猞猁学会为祝贺伽利略而举行的宴会上,"望远镜"这个名字被首次提出用来命名他的具有放大功能的装置。在罗马期间,伽利略还用望远镜将太阳图像投影到一个白色屏幕上展示了太阳黑子。但是他似乎并不认为这些瑕疵的发现在当时有特别重要的意义。他于6月胜利返回佛罗伦萨,他在罗马所受到的接待给托斯卡纳大公国带来了荣耀,而且正如他所认为的,他的工作得到了某种官方认可。

有关伽利略余下人生的所有简要记述,都必然会有主要的篇幅谈及他随后与罗马的权威人士的冲突。但是这与他一生的完整故事相去甚远,而他在1611年夏天完成的一件工作值得详尽阐述,它凸显了伽利略的兴趣之广以及他应用科学方法的方式。在比萨大学教授们中间进行的一次关于冷凝的讨论中,伽利略的一位同事认为,冰应当被看作是水的一种凝结形式,因为它是固体而水是液体。另一方面,伽利略认为既然冰漂浮在水上,它必定比水更轻(密度更小),并且因此是水的一种稀薄形式*。并非如此,另一位教授如是说。冰漂浮在水上,这是因为它的底部既宽且平,无法被推到水下。伽利略做出了反驳,他指出如果冰被按到水下然后松开,它的宽大平坦的形状并不会阻止它向上浮出水面。紧随其后的是一场辩论:由相同物质构成(并因此具有相同的密度)的固体是否可以仅仅通过被制成不同的形状,就能使得它在水中沉下去或浮上来。结果是,伽利略在辩论(当时,这场辩论已在比萨引起了广泛的兴趣)中向他的对手挑战,要其以实验表明有着相同成分但形状不同的物体(最初浸在水中),会浮上来还是保持浸没状态取决于

---

　*冰比水轻的原因本身就是一个迷人的故事,我们后面将会讲到。

它们的形状。在公开实验进行之日,伽利略的对手并未现身。

问题并不在于伽利略的论证是正确的(尽管它是)。问题在于他愿意通过显然经过深思熟虑的实验去公开检验论断,并且坚持实验结果——而在1611年,实验还是一件新奇的事。正是这一点使他——在许多人看来——成为第一位科学家,而这也是使他最终与教会发生冲突的原因,尽管他在那年早些时候在罗马受到了看似热情的接待。

伽利略的哥白尼学说被判为异端

尽管对付诸出版的东西仍然非常小心,但伽利略在他于罗马获得成功之后开始更为公开地谈论哥白尼学说。但是无论他在这一主题上的公开表达的言论如何,伽利略在此时对于哥白尼学说的内心感受都清楚无疑地记录在他写给克里斯蒂娜大公夫人的信中(它实际上写于1614年):"我坚持认为,太阳处于转动的天球的中心,并且是固定不动的。地球本身也在转动,并且绕太阳运行。"真是再简洁不过。但克里斯蒂娜对这会公然违背《圣经》教义的担心何来呢?"在关于自然现象的争论中,"伽利略写道,"我们不必从《圣经》条文的引证开始,而应开始于感官经验以及必要的证明。"

1613年,当他撰写一部关于太阳黑子的小书(该书实际上是由猞狲学会出版的)时,他在公共场合的小心谨慎仅此一次失控了。这在两方面是不幸的。首先,在一篇序言中,猞狲学会因太阳黑子的发现而对伽利略不吝笔墨地大加赞扬。这导致了一场与耶稣会士、天文学家沙伊纳(Christopher Scheiner)的激烈争执,后者声称在伽利略之前就看到了黑子[可能的确如此。事实上,英国人哈里奥特(Thomas Harriott)和荷兰人法布里修斯(Johann Fabricius)都先于他们取得这项发现]。其次,在这本关于黑子的书的一篇附录中,伽利略为哥白尼学说提供了他唯一的清晰而毫不含糊的支持论证,他运用木星卫星的例子来支持哥白尼的个案。这一篇以及他未发表的支持哥白尼学说的评论开始为伽利略引来了批评之词。由于对他的状况很自信,并且确信他在罗马有朋友,1615年,已经52岁的伽利略在遭受了一场病痛折磨之后,获准于年底造访罗马,以消除误解,以正视听。这与托斯卡纳驻罗马大使的建议背道而驰,后者认为自从1611年那次看似成功(在其对手看来也是成功的)的访问以来,罗马对伽利略在某些方面有一些不满,并且认为再一次访问会使事情变得更糟。伽利略不顾这些警告,1615年12月11日,他作为托斯卡纳常驻罗马大使的正式客人访问罗马。

伽利略在罗马的出现以一种他未曾预料到的方式将事态引向了严重关头。按照贝拉尔米内(此人如今已经73岁,但仍是圣彼得的幕后力量)的建议,保罗五世组建了一个教皇调查团以决定哥白尼学说是否为异端,他们的正式结论是,太阳位于宇宙中心的观点是"愚蠢且荒谬的……从官方立场而言,是异端邪说"。他们还说,认为地球在空间中运行的观点"至少的确是错的"。

此后发生在伽利略身上的事,在历史学家中已成为一段公案,因为在保存下来的记录中有一些含糊其词的文字。但多伦多大学的德雷克(Stillman Drake)根据后来发生的事,已经提出有关1616年2月底的事件看来是最有可能的记述。2月24日,保罗五世命令贝拉尔米内作为教皇的私人代表去告知伽利略,不许"坚持或捍卫"调查团已做出裁决的两项主张中的任何一项。换言之,对于伽利略来说,**相信**哥白尼学说是一件错误的事情,他不可以支持它,甚至从故意唱反调的角度也不行。但教皇的指令更严厉。如果(仅仅是如果)伽利略违反这一不得"坚持、捍卫或讲授"哥白尼学说的指令,那他就会在公证人和目击证人在场的情况下正式受到宗教裁判所(教皇辖下负责打击异端的臭名昭著的司法机构)的警告。至关重要的差别是,如果没有正式警告,伽利略还是会被准许向其学生讲授哥白尼学说,甚至写作,只要他小心谨慎地解释这是异端邪说,而他伽利略本人并不同意此学说。

2月26日,贝拉尔米内接见伽利略以传达教皇的决定。不幸的是,宗教裁判所的代表、证人以及所有人也出现在同一个房间,准备在伽利略表现出任何不情愿赞同贝拉尔米内所言的迹象时介入此事。贝拉尔米内在门口遇到伽利略,并对他咕哝说无论接下来发生什么,他都必须赞同而不提出任何反对意见。伽利略很清楚房间里还有些什么人,他认真聆听教皇的警告,并且明显未予反对。正在此时,宗教裁判所介入,决定抓住这个人并发布至关重要的、用于指导其教学的第二次警告。贝拉尔米内异常暴怒(或者至少是给人一种愤怒的印象以掩饰他的行为),在没有签署任何要签名做实的文件之前,就将伽利略从房间里带走。但这并未阻止宗教裁判所将一组未签署、未经鉴证也无证人签字的会议"记录"放入官方卷宗。流言四起,说伽利略以某种方式受到宗教裁判所的惩罚,并且(至少是)因为某种形式行为不端而获罪,流言还说伽利略被迫发誓放弃他从前的信仰,并在宗教裁判所面前忏悔。

显然,贝拉尔米内向保罗五世说明了自伽利略于3月11日与教皇进行了长时间的友好接见以来的真实情况,当时教皇明确说只要保罗五世活着,伽利略就无须担心其处境。仍然担心的伽利略再次向贝拉尔米内请教咨询,后者写了一份公开宣誓书,说明伽利略既未宣誓放弃其观点,也未因其观点而忏悔或受到惩罚,而只是被告知一项适用于所有天主教徒的新的通令。由于确信自己是安全的,至少暂时如此,伽利略返回了托斯卡纳。

尽管伽利略后来的生活因疾病而备受折磨(除了他的关节炎之外,他还患有严重的疝气,这经常使他丧失行为能力),而且他的鸿篇伟著的写作进展缓慢,但他在五六十岁时仍然继续进行他的科学工作,包括尝试利用有规律且可预言的木卫运动作为一种宇宙时钟,航海者在海上时可借以得出真实的时间并因此确定他们所在的经度(从原理上来说这是一个不错的主意,但其所要求的精确观测在航行于海中的起伏的船舶甲板上是做不到的),还有他有关磁学的重要工作。但是这与伽利略个人生活的变化这一背景相冲突了。在某种程度上是因为意识到了岁月的流逝,伽利略于1617年迁入了一座名叫贝罗斯伽多的精致别墅——几乎是一座宫殿,它位于佛罗伦萨以西的一座小山上。这次搬家与他的女儿进入修道院有关:16岁的维尔吉尼娅和15岁的利维娅进入阿切特里附近的女修道院,成为贫穷修女会的修女。这并不是因为某种特别深厚的宗教情结,而是伽利略将搬家作为让他的非婚生女儿拥有一个有保障的未来的唯一方式,因为如果没有一笔丰厚的嫁妆就没有一个体面的男人会娶她们,而他并不打算再次陷入嫁妆的麻烦事务中。在加入修女会时,维尔吉尼娅取了新的名字切莱斯特(Maria Celeste),利维娅则改名为阿尔坎杰拉(Arcangela)。伽利略无论是在地理距离还是情感上都与女儿们保持着密切的联系,并且经常造访修道院。伽利略与切莱斯特之间的书信被保存了下来,让人们对他的晚年生活有了深入的了解。

在科学方面,伽利略几乎还未在贝罗斯伽多安顿好,便又卷入一场新的争论。3颗彗星在1618年被观察到,而且当一群耶稣会士(包括沙伊纳)发表了一篇有关它们的重要意义的奇谈怪论时,伽利略以一种毁灭性的方式做出回应,他讽刺说他们似乎认为"哲学是由某些作家虚构的书,就像《伊利亚特》(*The Iliad*)一样",他接下来写到,宇宙这本书:

> 不可能被理解,除非我们首先学习领会其借以写成的语言,理解其符号系统。它是用数学的语言写就的,它的文字是三角形、圆形以及其他几何形状。没有它们,人们就不可能理解它任何一个字;没有它们,我们就会在黑暗的迷宫中迷失方向。

他所言有理,这的确是真正的科学得以被辨识出来的特征。不幸的是,这一次,伽利略对彗星的解释是错误的,而且在这里叙述争论的细节毫无意义。但是由于声称耶稣会士讲的是神话而他所讲的则是事实,伽利略为他自己在罗马惹来了更多的麻烦。

17世纪20年代初,正值"三十年战争"对天主教一方暂时有利,意大利的政治形势以一种将会对伽利略产生急剧影响的方式发生了变化。1621年,曾深度卷入他与罗马之间冲突的3个人去世了——他在托斯卡纳的保护人科西莫二世(30岁出头)、教皇保罗五世本人以及伽利略在罗马最重要的熟人枢机主教贝拉尔米内(79岁生日几周前)。科西莫二世的去世令托斯卡纳的事务交到了他的妻子和母亲手中,由她们充当11岁的费迪南多二世的摄政者。尽管伽利略在宫廷中仍然得宠,但年少的继承人坐上宝座削弱了托斯卡纳在意大利政治中的影响,也减弱了托斯卡纳大公国保护任何失宠于罗马的人的能力。贝拉尔米内的去世使得伽利略在1616年的重大事件中没有一个友好的见证人,尽管他还有贝拉尔米内所写的声明。但保罗五世的去世乍看起来对于科学像是一个好消息。格里高利十五世(Gregory XV)继任,这位年长的临时替代者于1623年去世,彼时事情看来似乎终于对伽利略有了转机。

就在格里高利十五世去世前夕,伽利略收到了来自罗马的正式许可证,准予出版一部新书《试金者》(*The Assayer*),该书是根据他对彗星的研究而写出的,但最终却涵盖了更广泛的内容,并清楚地指出了科学的事实——前述引用的那段关于宇宙是"用数学的语言写就的"著名引文就出自这本书。伽利略还在高层结交了新的朋友——其中一位名叫弗朗切斯科·巴贝里尼(Francesco Barberini),此人是罗马最有权势的家族之一的成员*,于1623年从比萨大学获得了博士学位。那年6月,伽

---

* 很有权势,但最终并未广受爱戴。随后几代罗马人嘲讽说,野蛮人破坏不了的东西,巴贝里尼一家就会将之窃为己有。

利略收到一封来自弗朗切斯科的叔父(或伯父)、枢机主教马费奥·巴贝里尼(Cardinal Maffeo Barberini)的信,感谢他给予其侄子的帮助。这位枢机主教此前曾因伽利略的科学成就而在发表的作品中对他大加赞赏。该信的措辞极为友好。这位枢机主教说,巴贝里尼家族"在任何情况下都准备为您效劳"。写下此信的两周后,格里高利十五世去世了。被选中成为他的继任者的是枢机主教马费奥·巴贝里尼,他被称作乌尔班八世(Urban Ⅷ),并且除此之外,他不久还任命他的侄子弗朗切斯科为枢机主教。凭着迅疾的速度与政治的敏锐,猞猁学会赶在《试金者》付印之前将其题献给教皇乌尔班八世,并用巴贝里尼家族的纹章,即3只蜜蜂来装饰该书标题。教皇很高兴,并且要人将书朗读给他听,在该书挖苦耶稣会士时放声大笑。

1624年春,伽利略来到罗马拜访这两位巴贝里尼。他被获准6次拜访教皇,并获颁一枚金质奖章以及其他荣誉(包括给他儿子的一份终身养老金),教皇还致信费迪南多二世对伽利略表示赞赏。但最大的奖赏是教皇准许他撰写一本有关两种宇宙模型(或者按当时的说法叫作世界体系)——托勒玫模型与哥白尼模型——的书。唯一的要求是他必须不偏不倚地描述两种模型,而不能做出有利于哥白尼体系的论证,而且仅限于对两种模型做出天文学和数学的论证。他被准许**讲授**哥白尼学说,但不准为之**辩护**。

尽管伽利略很长时间以来一直梦想写这样一本书(而且已经偷偷草拟了一部分),但他写作的时间几乎和他梦想的时间一样长。除了伽利略一直不佳的健康状况与日益虚弱的身体之外,他未能集中精力的重要原因是:在这段时期,他是第一批研制出有效复合显微镜的人之一,这台显微镜由两个双面凸起的透镜组成(现代意义上的真正的"透镜形状"是一面平,而另一面凸起)。磨制透镜之难延迟了显微镜的发明,没有什么比他在显微镜方面的领先工作能更好表明伽利略在这项工艺上的技能了(出于同样的原因,尽管他经常为很难得到足够好的玻璃来制作透镜而遗憾,但终其一生,伽利略的望远镜一直都在世界最好之列)。伽利略用显微镜观察而绘制出的最早的详细昆虫图于1625年在罗马出版,不过新装置的全部影响用了一些时间才显现出来,而且伽利略在显微镜发明中的作用常常失落于他所有其他成就的光芒里。

出版《关于两大世界体系的对话》

伽利略的《关于两大世界体系的对话》(*Dialogue on the Two Chief World Systems*,通常被称为《对话》)一书完成于1629年11月。正如标题所示,它采用了一种讨论的形式,这场想象出来的讨论发生在萨尔维亚蒂(Salviati,主张哥白尼学说者)和辛普利西奥(Simplicio,主张托勒玫学说者)二人之间。这一对话设计是一种古老的方式,可以追溯到古希腊,大体而言,它提供了一种讲授非传统的(或在此事中是异端的)观点而不完全赞同它们的极好方式。但伽利略并未完全依循这个传统。有过一位真实的萨尔维亚蒂(Filippo Salviati),他是伽利略的亲密好友,去世于1614年,伽利略为他的哥白尼主义者选了这个名字是一个危险之举,即表明了自己与哥白尼主义者的世界观相一致。辛普利西奥也真有其人,这是一个古希腊人,曾为亚里士多德的著作撰写过注释,因此可能被认为对于《对话》中的托勒玫(以及亚里士多德)支持者来说是一个合适的名字。人们可能还会认为这个名字意味着只有傻子才会相信托勒玫体系是正确的。书中的第三种"声音"来自萨格雷多,这个名字取自伽利略的另一位老友萨格雷多,此人已于1620年辞世。他被假定为一个公正的评论者,在萨尔维亚蒂与辛普利西奥之间的辩论中倾听,并且为讨论提出问题——但这个角色越来越倾向于支持萨尔维亚蒂而反对辛普利西奥。

尽管如此,但此书初看起来似乎保持着一种公平的立场。为了得到官方正式的出版许可,它必须通过罗马的一项出版审查,被选中来完成这一审查任务的是里卡尔迪(Niccoló Riccardi),一位多明我会神父,他正好就是批准《试金者》一书出版而未要求做任何改动的那位审查官。伽利略于1630年5月在罗马将手稿递交给了里卡尔迪,但是6月的时候,他不得不返回家中,因为一场从南方蔓延至意大利的突如其来的鼠疫威胁到了佛罗伦萨,通信系统因此中断。此书获得了有条件的出版许可,里卡尔迪想要给该书加上一个新的序言与结论,讲清楚哥白尼的立场只是作为一种假设呈现在书中,但他对手稿的主体部分很满意,而且正是在这种情况下允许伽利略返回家中。里卡尔迪和他的同僚会进行这些改动,并将它们送给伽利略以插入到该书中。当这些需要插入的内容送抵佛罗伦萨之时,里卡尔迪随文寄送的信中还有一句话:"只要保持基本内容,作者可以对措辞进行更改或润饰。"伽利略只看到了这句话的表面意思,而这被证明是一个大错误。

除了鼠疫,还有其他困难影响了此书的出版。它本应由猞猁学会在罗马主持出版。但猞猁学会会长切西亲王(Prince Frederico Cesi)于1630年8月去世,令学会所有的事务陷入混乱(非常重要的是,学会活动经费本由切西提供),因而教会另外允许该书在佛罗伦萨印刷。很大程度上因为鼠疫——它蔓延开来并使所有正常活动中断——所导致的困难,《对话》的印刷直到1631年6月才开始,而印刷完成的副本直到1632年3月才开始在佛罗伦萨销售。几册书立即被送到罗马——第一个收到书的人是枢机主教弗朗切斯科·巴贝里尼,也就是教皇的侄子,他致信伽利略说他有多么喜欢这本书。但其他人就没这么满意了。

再一次地,在《对话》中,伽利略提出了对太阳黑子的讨论,而且他再次忍不住地嘲讽了沙伊纳几句,此举让这位年老的耶稣会士及其同僚大为光火。当时还有一些由审查官提供的附加材料。伽利略将序言设成一种与该书其他部分不同的字体，以清楚表明它并不代表自己的观点，而将哥白尼体系仅仅作为一种假设而不加考虑（实际上是教皇的话，经由里卡尔迪神父传达）的结束语，则借辛普利西奥之口说了出来。公道地说，书中没有能说这番话的其他角色了，因为在全书最后萨格雷多站到了萨尔维亚蒂一边。坊间向教皇陛下暗示，伽利略是故意为之，意指乌尔班八世本人是一个傻子，而这激怒了教皇，教皇后来提到伽利略时说"他并不惧怕拿我取笑"＊。结果是，一个教皇委员会被组建起来以调查此事。遍查他们所能找到的与伽利略有关的文件，耶稣会士们提出了似乎是确凿的证据——1616年会议的未签名的会议记录，该记录说伽利略被要求不得"坚持、辩护或**讲授**"哥白尼的宇宙观。这是起决定性作用的论据，它导致乌尔班八世传唤伽利略到罗马为其异端邪说而受审——因为他出版了一部已通过官方审查并得到出版许可的书！他还试图停止该书的发行，但是由于该书是在佛罗伦萨印刷，明显为时晚矣。

受到酷刑的威胁，他放弃了

伽利略像他的老友萨尔皮（去世于1623年）一样深知罗马的邀请意味着什么，因此，他以年事已高以及疾病缠身（他的确再次生病了）为由推迟罗马之行。他还试图取得托斯卡纳大公国的政治援助以躲避审讯，但尽管费迪南多二世已于1629年正式就任，但这位19岁的大公年轻且经验未深，这意味着托斯卡纳不可能像威尼斯一度给予萨尔皮的支持一样给予伽利略支持。

事实上，当伽利略最终于1633年2月13日抵达罗马之时，相比于

＊转引自赖斯顿。

大多数到宗教裁判所接受审判的人来说,他受到了不错的款待。尽管他在托斯卡纳边境检疫隔离期(这一迹象表明了鼠疫是多么严重地扰乱了往来交流)那累人的3个星期里大部分时间都被扣押,但是当他抵达罗马时,他在最初的时候获准停留在托斯卡纳使馆。甚至在审讯于4月开始之后,他也是被安置在一个舒适的套房(至少,除了关节炎会令他一宿一宿地在睡着时大呼疼痛外,还是很舒适的),而并未被投入阴湿的土牢。审讯本身曾多次被详细描述过,我们没有必要在这里对此加以详述。不过,这些事实表明公诉人进展是多么缓慢:在伽利略所谓的"罪过"中还包括他是用意大利语而非拉丁语撰写此书,这样普通人能够理解他的语言,而且他赞赏了威廉·吉伯,"一个任性的异端,一个好辩而精明的哥白尼体系辩护者"。但是,关键问题是伽利略是否未服从教皇不准以任何方式讲授哥白尼体系的禁制令,在这一问题上,当伽利略拿出枢机主教贝拉尔米内亲笔签名的文件时,耶稣会士未签名的1616年会议记录被当作一张王牌打了出来。那份签名文件清楚说明伽利略不得"坚持或维护"这些观点,除此之外,并无比其他天主教徒更多的限制。尽管如此,但没有人能逃脱宗教裁判所的审讯,而一场完整公开呈现的审判一旦开始,唯一可能的裁决就是找到伽利略的任何有罪之处,并且对他做出惩罚,以作为对其他人的警告。从宗教裁判所的观点来看,问题是进行虚假的异端指控是和异端一样的重罪。假如伽利略无罪,他的控告人就会有罪——而他的控告人都是天主教会的最高权威。伽利略不得不承认些什么。

巴贝里尼自始至终为伽利略的最大利益考虑,他进行了大量劝说,以让这位老人了解,即使他无罪,也不得不承认有罪,否则就会对他用酷刑。最后,伽利略明白了他的真实处境,并且在他的著名的声明中声言他不相信哥白尼体系,承认自己在书中介绍哥白尼主义是大错特错了:"我郑重声明放弃,诅咒并且憎恶我的错误。"他69岁了,深受慢性关节炎之苦而且害怕酷刑。根本没有证据表明他低声说了那句著名的话——"但是,它仍在转动啊"。如果他说了,而且如果他被无意中听到,他肯定会被送到拉肢刑架上或是火刑处死(可能两者兼有)。耶稣会士们获得了公开的胜利,剩下的就是宣布判决——终身监禁。事实上,审讯委员会10名枢机主教中只有7人签署了该判决,而巴贝里尼是3个拒绝签字的人之一。

尽管这项判决被执行,但由于巴贝里尼,它的执行力度逐渐减轻。伽利略先是被软禁在罗马的托斯卡纳使馆,后来是在谢纳(Siena)大主教(伽利略的一位支持者)的监护之下。最后,自1634年年初起他被监禁在阿切特里附近伽利略自己的家中。在伽利略最后一次返回家中后不久(即使是在佛罗伦萨看医生,他也不会被允许离开阿切特里,不过他被准许造访女修道院),他的女儿切莱斯特于1634年4月2日去世(她的妹妹阿尔坎杰拉比伽利略去世得晚,于1659年6月14日去世)。

出版《两种新科学》

在贝洛斯瓜尔多与世隔绝*的日子里,伽利略完成了他最伟大的著作《关于两种新科学的对话与数学论证》(*Discourses and Mathematical Demonstrations Concerning Two New Sciences*,通常被称为《两种新科学》),该书总结了他一生在力学、惯性和摆(运动物体的科学)以及物体的力(非运动物体的科学)方面的工作,而且详细解释了科学方法。由于用了数学方法来分析此前乃哲学家特权的题目,因此《两种新科学》是第一部现代科学教科书,详细解释了宇宙是由可以被人类心智理解的法则所支配,并且是由力所推动,而力的作用可以用数学方法计算出

---

*并不完全与世隔绝;在伽利略晚年,曾来拜访过他的客人有霍布斯(Thomas Hobbes)和弥尔顿(John Milton)。

来。该书被埃尔策菲尔(Louis Elzevir)偷偷带出意大利并于1638年在莱顿出版,它对随后数十年中欧洲的科学发展产生了巨大的影响,甚至超过了被广泛翻译的《对话》。除了意大利之外,该书在各地影响巨大;作为罗马教会对伽利略工作定罪的一个直接后果,自17世纪30年代以后,曾经是文艺复兴最早发生地的意大利在对宇宙运行方式的研究中陷入了停滞状态。

伽利略辞世

到《两种新科学》出版之时,伽利略已经失明了。即便如此,他还是有了一个摆钟擒纵装置的想法。他向儿子温琴佐详述了这个见解,后者在伽利略去世后真的建造了一个这样的钟。相似的钟后来在17世纪随着惠更斯的独立研究而传遍了欧洲。自1638年年末以后,伽利略让维维亚尼做了他的助手——此人成了伽利略的抄写员,后来写了伽利略的第一部传记,将有关伽利略的很多传说散播开去,也影响了如今公众对这位大人物的看法。伽利略于1642年1月8—9日的这个夜间于睡梦中平静地去世,此时距离他的78岁生日只差几周。仅仅在两年前的1640年,法国人伽桑狄(1592—1655)完成了一个决定性的实验以检验惯性这一性质。当时,他从法国海军借来了一只大木船(这是当时最快的运输方式),并且让它平直地划过地中海,此时一连串的球被从桅杆顶部丢向甲板。每个球都落在桅杆脚下;没有一个因为船的运动而掉到后面。

伽桑狄曾经深受伽利略著作的影响,而这个例子突出显示了伽利略——而非别人——通过建立一整套利用实验而非单纯以哲学的观点检验假说,从而在世界体系的研究中所引起的革命。从这个角度来看,值得注意的是伽利略没按这种方法做的一种情况——正是因为在这情况下,由于当时没有可行的途径以通过实验检验他的基本假说,他不得不通过"哲学化方式"来从已知的实验推知。通过将球从斜面滚下来并让它们得以滚上另一个平面,伽利略认识到在摩擦力不存在的情况下,球总是会滚上与它开始滚动时相同的高度,无论斜面是陡还是缓。就其本身来说,这是一个关键性的发现,尤其是因为伽利略是第一位认识并且充分领会到这一观点的科学家,即我们的实验总是某种纯科学的理想世界的不完美呈现——摩擦在真实世界中一直存在,但这并未阻止科学家弄明白摩擦力不存在时物体运动的方式,而且,随着他们的模型变得越来越复杂,后来也将摩擦力考虑在内。在伽利略之后的几个世纪中,这成为科学方法的一个标准特征——将复杂系统分解为遵循理想化法则的简单组分,并且在必要的时候承认这些简单模型的预言中会存在由模型之外的复杂情况而导致的误差。正如伽利略也认识到的,正是这样的复杂情况(比如空气阻力),解释了斜塔实验如果真的进行则两个球在落地时间上的微小差异。

但伽利略在斜面实验中看到了更深一层的事实。他进一步考虑了如果斜面越来越缓时会发生什么。斜面越缓,球就必定会滚得越远以回到它原初的高度。而且,如果斜面变成了水平面且摩擦力可以忽略不计,球就会沿水平面一直滚下去。

伽利略已经认识到运动物体具有一种保持运动的自然倾向,除非它们受到摩擦力或其他外力的影响。在随着牛顿的工作而充分发展至顶峰的力学中,这将成为一个关键性的组成部分。但伽利略的工作中有一个缺陷。他知道地球是球形的,因此水平运动(沿水平方向的运动)实际上意味着沿围绕地球弯曲表面划过的曲线路径运动。伽利略认为,这意味着在没有任何外力作用的情况下,惯性运动从根本上说必定涉及圆周运动,而这在他看来似乎可以解释行星何以能保持在绕日轨道上。笛卡儿是伽利略与牛顿之间数十年中的一位关键性人物,他最早认识到作为惯性的一个结果，任何运动物体都倾向于保持直线运动，除非受到外力的影响。伽利略奠定了科学的基础，并为其他人指明了道路；但对于其他人来说，在以此为基础的工作中还有大量的事要做。是时候来更近距离地看一看在伽利略奠定的基础上继续推进的笛卡儿以及其他科学家的工作了。

第二篇

科学的
奠基人

第四章

科学立住脚跟

科学以数学的语言写就,正如伽利略所认识到的一样。但是在伽利略的时代,这门语言距离充分发展成形还差得很远,而我们今天下意识看作数学的语言符号——像 $E = mc^2$ 这样的公式语言,以及用公式描述几何曲线的方法——必须得在物理学家们可以充分运用数学来描述我们寓于其中的世界之前被发明出来。1540 年,在由数学家雷科德(Robert Recorde)所写的《艺术基础》(*The Grounde of Artes*)一书中,加号(＋)和减号(－)被引入到数学中。雷科德大约于 1510 年出生在彭布罗克郡的滕比,曾在牛津大学和剑桥大学学习,获得了数学与医学资格证书。他可谓一个博学的人,他是牛津大学万灵学院的成员,爱德华六世(Edward VI)与玛丽女王(Queen Mary)的医生,而且曾在某个时期担任过皇家矿产与货币总检视员。在另一部出版于 1557 年的书《砺智石》(*Whetstone of Witte*)中他引入了等号(＝),正如他所说,"因为没有哪样东西能"比两条等长的平行线"更相等"。所有这些成就并不能让他从不幸的结局中幸免于难——雷科德于 1558 年(伊丽莎白一世成为女王的这一年)因债务坐牢并死于狱中。但他的数学著作在百余年中,甚至在伽利略去世之后,仍被当作标准教科书而被使用＊。正像奥布里

＊作为一套完整的系统,这里值得提及的是,乘号(×)于 1631 年被引入,除号(÷)于 1659 年才被引入。发明了乘号的奥特雷德(William Oughtred)在此前几十年还发明了计算尺。

（John Aubrey）在一个多世纪之后所说，雷科德"是第一个用英文撰写了优秀的算术专著的人"和"第一个用英文记述天文学的人"。

正如我已经提到的，对数在17世纪早期的发明（或发现）简化并加快了天文学家与其他科学家完成算术计算这件苦差事的速度——它包括处理"10次幂"而不是普通数字，因而（举个简单的例子）100×1000 就成了 $10^2 \times 10^3$，因为 $2 + 3 = 5$，它就变成了 10^5 或 100 000。所有的普通数字都可以用这种方式来表示（例如，2345可以写作 $10^{3.37}$，因此2345的对数等于3.37），这意味着（一旦有人不辞劳苦地编制出了对数表）所有的乘法和除法都可以分解为加法和减法。在便携式计算器发明之前的时代（一直到20世纪70年代），对大多数人来说，对数以及运用对数的组合工具（即计算尺）是唯一使得复杂计算简便易行的东西。

我不打算在本书中对数学史的细节展开太多，除了那些直接影响对宇宙运行方式以及我们在其中所处位置的理解发展史之处。但还有一个突破是在伽利略尚在服刑——由宗教裁判所强加于他的刑罚——期间发表的，不仅它本身实在太重要而不能不提及，而且还适当地让我们认识了当时的另一位关键性人物——笛卡儿，今天广为人知的一位哲学家，但他有着全面的科学兴趣。

笛卡儿与笛卡儿坐标系

笛卡儿1596年3月31日出生于布列塔尼的拉艾镇。他出身于当地一个著名且相当富有的家庭——他的父亲若阿基姆（Joachim）是一位律师以及布列塔尼议会的顾问，尽管笛卡儿的母亲在他出生不久后就去世了，但她留给他的遗产足以保证他就算不富裕也绝不会挨饿，而且他可以选择任何他喜欢的事业（或无事业）而无须过分为钱操心。不过，真正将要发生的是，他未能活得足够长久以拥有任何一份职业——

笛卡儿是一个被认为可能活不到成年的体弱多病的孩子,而且在他生命最后几年中他饱受疾病之苦。在他大约10岁的时候(可能更年幼一点时),笛卡儿被他的父亲送到位于安茹的拉弗莱什的新成立的一所耶稣会大学(父亲希望这个男孩像他一样成为一名律师,或者可能成为一名医生)。这是亨利四世(Henry IV,也被称为纳瓦尔的亨利)——法国波旁王朝的第一位国王——在这一时期前后准许耶稣会士开办的几所新学校之一。

亨利本人的经历(如果用词正确的话)代表了当时欧洲所经历的那种动荡。在成为国王之前,他曾是法国宗教战争——1562—1598年一直持续的一系列冲突——中新教(胡根诺教派)运动的领袖。在1572年的一场重大失败,即众所周知的圣巴塞洛缪之夜(St Bartholomew's Day)大屠杀之后,他为了保全性命而皈依了天主教;但他遭到怀疑其转变之真诚度的国王,即查理九世(Charles IX)及其继任者亨利三世(Henry III)的监禁。1576年,他逃了出来并且声明否认这一信仰的改变。在国内战争期间,他带领一支军队参与了数场血腥战役。亨利最初在法国王室的顺位继承序列中排在相当后的位置,在亨利三世的兄弟,即安茹公爵于1584年去世后才成为第一顺位继承人(亨利三世和公爵都没有孩子)。这促使法国的天主教同盟承认了西班牙——在战争中主要站在天主教一方——的腓力二世的女儿为王位继承人。但是当两位亨利联合军事力量,希图彻底击败同盟并有效防止西班牙接手法国时,这一行动却产生了事与愿违的结果。当1589年8月1日两位亨利围攻巴黎之时,亨利三世被一名刺客刺杀,但他活到足够长来确定亨利四世作为他的继承人。由于战争的拖延,亨利四世直到1594年,在他再次宣布自己是一名天主教徒的次年,才登上王位,而到彼时,与西班牙的冲突仍在继续。战争最终于1598年结束,亨利四世于是年与西班牙讲和,并签署了《南特敕令》,该敕令赋予了新教教徒如其所愿信仰的自由——这些成就加起来真是相当了得。亨利本人在 1610 年也死于一名刺客手中，当时笛卡儿 14 岁。亨利四世最好的墓志铭出自他本人之口："我所崇拜的是那些追随自己良心的人，而那些勇敢而优秀的人则崇拜我。"

亨利四世去世两年后（或可能是 1613 年，该记录并不清楚），笛卡儿离开耶稣会大学，在巴黎生活了很短一段时间，之后进入普瓦捷大学学习，他于 1616 年在那里毕业并获得法律专业证书（他可能还学习过医学，但从未取得医生资格）。20 岁的时候，笛卡儿考虑了他的人生并确定他对职业生涯不感兴趣。童年时代的体弱多病使他变得既独立而又有点像一个梦想者，钟爱物质上的享受。甚至耶稣会士们也在很大程度上纵容了他，例如准许他早上晚起，这对笛卡儿来说与其说成为一种习惯，不如说已成为一种生活方式了。他受教育的岁月使他确信自己的无知与他的老师的无知，他决定不理教科书而要通过自己研究来弄明白自己的哲学与科学，以看清身边的世界。

为此，他做出了一个乍看起来相当怪异的决定——迁居别处并去往荷兰，他在那里应征入伍，供职于奥兰治亲王（Prince of Orange）的军队。但是热爱安逸生活的笛卡儿不是一名好战的士兵；他在军队里找到了合适的位置，做一名工程师，运用他在数学上的技艺而不是他不够发达的体能。正是在布雷达军事学校期间，笛卡儿遇到了多德雷赫特市的数学家贝克曼（Isaac Beeckman），他向笛卡儿介绍了更高层面的数学，并且成了笛卡儿长久的朋友。关于笛卡儿随后几年的军旅生涯，人们所知并不多，在此期间，笛卡儿在各种不同的欧洲军队中供职，包括巴伐利亚公爵（Duke of Bavaria），不过我们的确知道他于 1619 年在法兰克福出席了费迪南多二世皇帝的加冕典礼。不过，在这一年的年底，笛卡儿一生中最重要的事件发生了，而我们确切知道它在何时何地发生是因为他在其著作《方法论》（The Method）中告诉了我们。这本书的全名叫作《科学中正确运用理性和追求真理的方法论》(*Discours de la Méthode pour bien conduire la raison et chercher la Vérité dans les sciences*)，出版于1637年。这是1619年11月10日，巴伐利亚公爵的军队（集结起来去同新教教徒作战）在多瑙河岸边度过冬季。笛卡儿整天把自己裹在暖烘烘的被子里，胡思乱想着（或者是在做白日梦）世界的本质、生命的意义等问题。他所在的房间有时被称作"烤炉"，这是对笛卡儿所用说法的一种字面上的理解，但这并不必然意味着从字面上来说他爬进了某些通常用来——比方说——烤面包用的热烘烘的房间，因为这个说法可能是隐喻性的。不管怎样，正是在这一天，笛卡儿第一次看到了通往自己的哲学的道路（这些哲学内容大部分都在目前这本书讨论的范围之外），并且还有了所有时代最重要的关于数学的某个深刻见解。

悠闲地看着一只苍蝇嗡嗡地在房间角落里飞，笛卡儿忽然意识到苍蝇在任何时刻的位置都可以用三个数字来描述，从而给出它与构成房间一角的三面墙壁中每一面的距离。尽管他在那一刻是从三维的角度来看到这一点，但其见解的本质今天对于曾画过函数曲线图的学童来说是尽人皆知。函数曲线图的任意点均由两个数字表示，这两个数字分别对应于沿 X 轴和沿 Y 轴的距离。对于三维来说，还有一个 Z 轴。在这种方式中用来表示空间（或是一张纸）上的点所用的数字，现在用笛卡儿的名字命名，被称为笛卡儿坐标（Cartesian coordinate）。如果你告诉某人"向东走三个街区并向北走两个街区"，以此指示其如何找到城市中的一个位置，那么你就使用了笛卡儿坐标，如果你继续说明建筑中的某一楼层，你就在以三维的方式为之。笛卡儿的发现意味着任何几何图形都可以简单地用一组数字来表示——仅就一个画在坐标纸上的三角形来说，就有三对数字，每对数字指定了三角形的一个角。画在纸上的任意曲线（或者比如说行星绕日运行的轨道）在理论上也可以用一系列数字来表示，这些数字通过数学公式而彼此相关。这一发现被完整得出并最终发表,它运用代数方法使几何学变得易于分析,并因此使数学发生了转变,其影响一直波及20世纪的相对论与量子理论的发展。在此过程中,笛卡儿引入了用字母表开头的字母($a,b,c...$)来表示已知量(或给定值),用字母表末尾的字母(特别是x,y,z)来表示未知量的习惯用法。而且也是他引入了如今人们所熟悉的幂的概念,x^2表示$x×x,x^3$表示$x×x×x$,等等。即使他别的什么也没做,由于为分析数学打下所有这些基础,笛卡儿也会成为17世纪科学上的关键人物。但这还不是他所做的全部。

在"烤炉"中获得了他的深刻见解之后,笛卡儿于1620年,即他在巴伐利亚公爵军队服役的最后一年放弃了他的军旅生涯,并途经德国与荷兰,于1622年来到法国,他在这里卖掉了他从母亲那里继承来的普瓦捷的全部遗产,以便有资金能够继续他的独立研究。由于生活有了保障,他花了几年时间在欧洲旅行并进行了一些思考,包括在意大利逗留了很长一段时间(奇怪的是,在这里他似乎并未尝试去拜会伽利略),随后在32岁时他决定安定下来,并将他的思考形成一种条理分明的体系流传下去。1628年秋,他再度造访了荷兰,1628—1629年的那个冬天则是在巴黎度过的,随后他返回荷兰并定居于此。在这里,他度过了接下来的20年。安居于此是一个正确的选择。"三十年战争"仍让欧洲中部处于一片动荡之中,在法国,宗教战争的迹象仍时时出现,但荷兰维持着稳固的独立状态;尽管从正式意义上来说,它是一个新教国家,但天主教徒占人口大多数,而且在宗教上很宽容。

笛卡儿在荷兰有一个很广泛的朋友与通信者的圈子,包括:贝克曼及其他学者;康斯坦丁·惠更斯(Constantijn Huygens),他是一位荷兰诗人与政治家[克里斯蒂安·惠更斯(Christiaan Huygens)的父亲],奥兰治亲王的秘书;莱茵的普拉蒂诺选帝侯腓特烈五世(Frederick Ⅴ)一家。

最后一种关系给笛卡儿带来与第谷之间勉强能搭得上的关联,因为腓特烈五世的妻子伊丽莎白公主是英格兰的詹姆斯一世的女儿*。和伽利略一样,笛卡儿一生未婚,但正如奥布里所说:“因为他是个男人,他有着男人的渴望和欲望;因此他身边也一直有一个他所喜欢的漂亮女人。”她的名字叫让(Hélène Jans),他们有一个女儿弗朗辛(Francine,生于1635年),是他很宠爱的孩子,但1640年就夭折了。

笛卡儿最伟大的著作

1629—1633年,笛卡儿花了4年来着手准备他的巨著,他想在此书中提出他关于物理学的全部观点,与此同时,他作为思想者以及与朋友们交谈和通信中的博学者的名望也得到了巩固。这部著作的名字叫作《论世界》(*Le Monde, ou Traité de la Lumière*),它即将付印之时,伽利略受审并被判异端的消息传到了荷兰。尽管受审的完整细节直到后来才变得清晰,但当时似乎很清楚的是,伽利略是因为信奉哥白尼学说而获判有罪的,而笛卡儿的手稿恰恰是支持哥白尼学说的。他立刻中止了该书的出版,并且后来从未被出版,但当中的大部分内容都成为笛卡儿后来某些著作的基础。即使知道笛卡儿是一名天主教徒,但这似乎的确是一种仓促做出的过度反应,因为罗马的耶稣会士不可能做什么伤害到远在荷兰的笛卡儿,而且也无须他的朋友和熟人来劝说笛卡儿赶早不赶晚地发表东西,这些人中大部分都曾看到过笛卡儿工作的部分内容,或是在信中描述过的内容。最早的结果是出版于1637年的《方法论》以及有关气象学、光学和几何学的3篇论文。尽管他所提出的观

---

* 这不算是什么巧合,因为当时欧洲皇室大部分因一个政治联姻网而相互关联。但这一婚姻被证明是尤其重要的:腓特烈的妹妹索菲亚(Sophia)嫁给了汉诺威的选帝侯,并且是英格兰的乔治一世的母亲。

点并不全都正确,但有关气象学的论文之重要意义在于它试图在理性
科学的意义上去解释所有的天气活动,而不是求助于超自然力量或神
的意志。关于光学的论文描述了眼睛的活动,并对改进望远镜提出建
议。关于几何学的论文思考出了革命性的见解,这个见解可以追溯到
他在多瑙河岸边卧床的那段日子。

笛卡儿的第二部伟大著作《第一哲学沉思录》(*Meditationnes de Prima Philosophia*)出版于1641年,详细阐述了基于笛卡儿最著名的一句
话(虽然并不总是得到正确阐释)"我思,故我在"而建立起来的哲学。
1644年,他完成了他的第三部杰出著作《哲学原理》(*Principia Philosophiae*),该书本质上是一本关于物理学的书,笛卡儿在书中研究了物理
世界的本质,并正确阐释了惯性——运动物体倾向于保持直线运动,而
不是(像伽利略曾认为的那样)做圆周运动。随着这本不同寻常的书的
出版,笛卡儿做了似乎是他自1629年以来的首次法国之行,并且于
1647年再次去到那里——这是一次重要的访问,因为就在那次他认识
了物理学家、数学家帕斯卡(Blaise Pascal,1623—1662),并向这位年轻
人建议,如果将气压计带到山上看看压力如何随海拔高度变化,会很有
趣*。当试验由帕斯卡的内弟于1648年进行时,它们显示大气压随海
拔高度上升而下降,这暗示着地球周围仅有很薄一层大气,而大气层并
未一直延伸。1648年的另一次法国之行因为内战而受阻,但现在看来
很清楚的是,17世纪40年代末,无论是出于什么原因,笛卡儿(1648年
已52岁)变得焦躁不安,而且看来似乎不想在荷兰度过余生。因此在
1649年,当瑞典女王克里斯蒂娜(Christina)邀请他进入她在斯德哥尔摩
召集起来的知识圈时,笛卡儿迅速抓住了这个机会。他于那年10月抵
达斯德哥尔摩,但很惊恐地发现,他所得到的不是优待以及把大部分时

---

*气压计直到没多久之前才发明,而笛卡儿是最早提出者之一,认为所测量的
是空气施于地球表面的重量。

间花在自己喜欢的工作上的自由,而是被要求每天早上5点去觐见女王,在她处理国务之前为她私人授课。北方的冬天以及早起授课证明对笛卡儿孱弱的身体影响很大。他受了凉,并很快发展成肺炎,这在1650年2月11日要了他的命,而此时只差几天就是他54岁生日。

笛卡儿的影响是深远的,最为重要的是他将神秘力量的残余从他的思想中扫清的方式(虽然信仰上帝和精神),他主张,无论是我们生活的世界,还是寓于这个世界的物质生命(包括我们自己),都是可以从基本物理实在的角度被理解的,而这些基本物理实在都遵守我们通过实验与观测而确定的法则。这并不是说笛卡儿对所有事都理解正确,无论如何,他最主要的观点之一错得如此离谱但同时也是如此有影响,以至于它让欧洲部分地区(特别是法国)的科学倒退了数十年,直到18世纪才得以改变。在讨论笛卡儿在那些正确多于谬误的领域中的影响之前,得先来看看这些错误之处。

伽桑狄:原子与分子

笛卡儿搞错的一个重要问题是他对真空或"虚空"概念的摒弃。这也导致他摒弃原子的概念,这一概念直到伽桑狄时代前后才重新复活,原子模型将万物视为由在真空中不停运动且相互作用的小物体(原子)构成。尽管原子思想可以追溯到公元前5世纪德谟克利特(Democritus)的著作,并因生活于公元前342—前271年的伊壁鸠鲁(Epicurus)而复兴,但它在古希腊从来只是少数几个人的观点,而且亚里士多德——就其思想在科学革命前对西方思想的影响而言,他是最有影响的希腊哲学家——尤其拒绝原子论,原因是它与真空概念的关联。伽桑狄于1592年1月22日出生在普罗旺斯的尚泰西耶,他于1616年成为阿维尼翁的一名神学博士,次年成为牧师。当他于1624年出版了一部批判亚里士多德世界观的著作之时,他正任教于艾克斯大学。1633年,他成为迪涅大教堂的教士长,1645年成为巴黎皇家学院的数学教授。但是糟糕的健康状况迫使他于1648年放弃教学,从那时起直到1650年,他都住在土伦,之后返回巴黎,1655年10月24日在巴黎去世。

尽管他进行了大量天文观测,并且用大木船进行了著名的惯性实验,但伽桑狄对于科学最重要的贡献是原子论的复兴,这在他于1649年出版的一本书里得到了最为明确的陈述。伽桑狄认为原子的性质(如它们的味道)取决于它们的形状(尖的还是圆的,细长的还是矮胖的,等等),而且他还认为原子会以某种钩孔相扣的机制结合到一起,从而形成他谓之分子的东西。他还坚定地为这一观点辩护,即原子在真空中四处运动,而在原子之间的空隙处确实空无一物。但似乎是要证明人无完人的古老格言,且不说别的,伽桑狄就曾反对哈维(Harvey)有关血液循环的观点。

伽桑狄以及许多他的同时代人在17世纪40年代乐意接受真空概念的原因是有实验证据表明"虚空"存在。托里拆利(Evangelista Torricelli,1608—1647)是一位意大利科学家,他在其生命最后几个月中认识了伽利略,并于1642年成为佛罗伦萨大学数学教授。伽利略给托里拆利提出了这样一个问题,即井中的水不可能被唧筒抽上一个长过9米的竖直水管。托里拆利对它的推断是:大气压力施加于井中(或其他任何地方)的水的表面,这产生了一种压力能够支撑起管中的水,而这只有当管中的水所产生的压力小于由大气施加的压力时才可能发生。他于1643年检验了这一观点:用一根装有水银的管子,顶部封住,然后倒置在一个盛有这种液体金属的浅盘中,管子开口的末端低于液体表面。由于水银重量大约是相同体积的水的14倍,他预言管中的水银柱会在约0.6米处定住,的确如此——在水银柱顶部与管子封闭末端之间留出了一段空隙。当托里拆利发现水银柱高度逐日有轻微变化后,他推断这是由大气压力的变化所引起的——他发明了气压计,并且设计了真空吸尘器。

笛卡儿对真空概念的拒绝

笛卡儿了解这个工作的全部细节——正如我们所提到的,他建议将气压计带到山上,看看气压如何随海拔高度而变化。但他并不接受水银(或水)之上的空隙是真空的观点。他认为像空气、水或水银这样的平常物质与一种更精细的物质相混合,这种物质是一种将所有空隙填满的液体,从而阻止真空的存在。气压计中的水银就好比某种物质柱,这种物质就好像用来擦洗平底锅的柔性球状钢绒,金属丝与柱顶部之上的所有其他空间,被某种看不见的液体(像优质橄榄油那样)填满了*。

尽管由帕斯卡的内弟为他完成的这个实验(帕斯卡身体孱弱而不能亲自去做)在我们看来似乎意味着,随着我们越走越高,大气就越来越稀薄,因此空气必定有一个限度,在那个限度以上就是真空了。但笛卡儿说他的万能液体延伸至大气之外并且遍布宇宙,因此无论什么地方都没有虚空。他形成了一种在现代观点看来很奇怪的模型,在这个模型中,行星被流体旋涡裹挟着旋转,就好像木片被河水的漩涡带着旋转一样。从这种观点出发,他能够论证由于地球相对于它所嵌入其中的流体来说是静止的,因此它并不是真的在运动——只是这一流体周围形成的旋涡处于绕日运动的旋涡之中。它看起来几乎像是一个一箭双雕的计谋,为了提供一个口子以便既支持哥白尼主义又使耶稣会士

---

*17世纪50年代,德国人冯·居里克(Otto von Guericke)发明了一种空气泵(常常被叫作真空泵),它能够极大减小封闭容器内部的空气压力,随着空气从容器中被抽出,蜡烛熄灭,铃也安静无声。

满意——但是所有迹象表明，笛卡儿并非因为害怕宗教审判而被迫采用这一模型，而是因为他本身对真空的厌恶。整个故事在科学史中几乎不值得写进一个脚注，除了一件事之外。笛卡儿的影响在他去世数十年后是如此之大，以至于在法国以及欧洲其他地方对牛顿关于引力与行星运动的思想的接受被大大延迟，因为它们与笛卡儿的观点不相符。这里有盲目爱国主义的因素——法国人支持他们自己的冠军，拒绝不值得信任的英国人的观点，而牛顿在他自己的国家里当然被赞誉为先知。

尽管笛卡儿无虚空的宇宙观，可以说引领他在试图解释行星运动时走入了一条穷巷，但是当事关笛卡儿有关光的研究时，这一观点还是富有成果的，即使它最终被证明是错误的。根据像伽桑狄这样的原子论者的观点，光是由来自明亮物体（比如太阳）的一束微粒所引起，并进入观察者眼中的。按照笛卡儿的观点，视觉是由普通流体中的压力所引起的现象，比如太阳作用在流体上，这一推力（就像用一个棍子捅在某物上）即刻被转换为施加在看着太阳的某人眼睛上的压力*。尽管这一观点的原始版本所设想的是施于眼睛的恒定不变的压力，但这只是由此到从一个明亮物体发出的可能是一连串持续压力这一观点的一小步——不像是池塘表面扩散开来的涟漪，更像是当你用力拍打池塘表面而在池塘水体间回荡的压力波。将这一观点在 17 世纪下半叶发展得最为充分的人是克里斯蒂安·惠更斯，他是笛卡儿的老朋友康斯坦丁的儿子，如果不是因为不走运地活跃在与牛顿几乎同一时代，惠更斯会是他那个时代最伟大的科学家。

---

* 牛顿后来以其特有的尖刻方式指出这一观点中的缺陷。如果视觉是由这一无形流体对眼睛的压力所引起的，那么如果跑得足够快的话，就有可能在黑暗中看到东西！如果笛卡儿仍然活着能做出回应的话，他肯定会回应牛顿说，问题是没有人能跑得足够快而实现这一把戏。

惠更斯的光学研究以及光的波动理论

　　克里斯蒂安·惠更斯的父亲并不是这个家族里供职于奥兰治王室的第一位成员,而克里斯蒂安则被认为应当沿袭这个家族的传统。克里斯蒂安于1629年4月14日出生在海牙。作为一个显赫而富有家庭的一员,克里斯蒂安在家中接受了他那个时代最高水平的教育直到16岁,这让他有充分的机会与经常造访他家的那些重要人物会面,其中就包括笛卡儿。很可能正是与笛卡儿的这一接触唤起了惠更斯对科学的兴趣,但是在1645年,当他被送到莱顿大学学习数学和法律时,他看起来仍然走在通往外交官生涯的路上。1647—1649年,他又花了两年时间在布雷达学习法律,但在20岁的时候,他放弃了家族传统而决定投身科学研究。他的父亲(不但是一位外交家,而且是一位极有才华的诗人,同时用荷兰语和拉丁语写作,甚至会作曲)并未反对此事,他相当开明地准许克里斯蒂安自由地去学习任何他喜欢的东西。在随后的17年里,他都在海牙的家里,并且全心投入到对自然的科学研究中。这是一段平静的生活,它给了惠更斯充分的机会去做他的工作,但只有很少的轶事留下来,而且因为他直到完全计算出所有细节之前一直很不愿意发表任何东西,所以他作为一位科学家的声望也花了一些时间才传播开来。不过,他游历甚广,包括在1661年访问伦敦,并且于1655年在巴黎待了5个月,其间他会见了包括伽桑狄在内的很多最重要的科学家。

　　惠更斯的早期工作主要是在数学领域,在这方面,他对当时已有的技艺进行了改进,并且提出了他自己的技巧,而没有做出任何重要的新突破。这使他转向了力学研究,在这一领域,他在冲量方面做了重要的工作,并且研究了离心力的性质,证明了它与引力的相似性,还改进了伽利略的抛射物体飞行方式的理论。这一工作如此明确地指出了前进的道路，以至于即使当时没有像牛顿这样少有的天才出现，引力的平方反比定律毫无疑问地也会被下一代科学家中的什么人所发现*。不过（甚至在科学界之外），惠更斯逐渐广为人知是因为他发明的摆钟（显然完全是与伽利略的摆钟相独立的发明），他在 1657 年取得了专利权。他做这一工作的动力来自他对天文学的兴趣，而天文学对精确守时的需要长久以来是显而易见的，且随着更为精确的观测仪器被设计出来，这一需要也更为紧迫。与伽利略的设计不同，惠更斯的摆钟被证明是一种很耐用且实用的守时装置（并未耐用到足以在海上也能精确计时，这是当时主要的未解难题之一），1658 年，按照惠更斯的设计建造的钟开始出现在荷兰各地教堂的塔楼中，不久便传遍了欧洲。由于惠更斯的发明，从 1658 年开始，普通人开始能很容易地精确计时，而不再根据太阳的位置来估计一天的时间。正是由于这种在完成其全部工作时特有的周密性，对摆钟的研究不仅导致他设计了实用的钟表，而且充分研究了普遍意义上的摆动系统的运动原理，而不仅仅是摆钟。所有这些都因为他的天文学工作需要一个精确的计时员。

今天，有关惠更斯在钟表方面的工作鲜有人知，尽管有相当多的人知道他与光的波动理论有关。与惠更斯的摆动系统理论一样，这一理论不再是与天文学相关的一项实用性工作。1655 年，惠更斯开始与他的兄弟康斯坦丁（与他们的父亲同名）一起工作，设计和制造一系列望远镜，它们成为他那个时代最精良的天文仪器。当时所有的折射式望远镜都受到色差问题的困扰，这是因为望远镜中的透镜对不同颜色的光的折射值稍有不同，从而在通过望远镜看到的物体图像边缘周围形

---

*惠更斯本人有一个关键的盲点使他未能迈出这一步——像笛卡儿一样，他不相信力能穿过空虚的空间，而认为它们只能通过直接接触被传递，若有力穿过介于中间的液体的话。

成彩色的镶边。如果你是用望远镜去辨认海上的一艘船,这个问题就无关紧要,但它对于天文学所要求的精确工作来说是最让人头痛的问题。惠更斯兄弟找到了一种极大降低色差的方法,他们在望远镜目镜处使用两个薄透镜组合以取代一个厚的透镜。它并不完美,但是比之前任何方法都更好。兄弟俩还非常擅长磨制透镜,制造大型、精确成形的透镜,仅此一项就可以使他们的望远镜比当时全世界其他任何望远镜都更精良。利用按照新的设计制造的第一架望远镜,惠更斯于1655年发现了土星最大的卫星"泰坦",这一发现所引起的轰动仅稍逊于伽利略关于木星卫星的发现。到这个10年结束时,利用他们兄弟制造的第二架更大的望远镜,惠更斯解决了土星本身的古怪外观之谜,他发现土星被一个薄薄的、扁平的物质环围绕,从地球上看,它有时被看到的是边缘(因而似乎消失了),有时被看到的是正面(因而用伽利略用过的那种小望远镜来看,土星似乎长了一对耳朵)。所有这些都确立了惠更斯的声誉。17世纪60年代早期,他在巴黎度过了很多时光,不过他仍然以海牙为根据地。1666年,当法国王家科学院建立时,他受邀作为科学院7名创建成员之一,赴巴黎在科学院资助下长期工作。

当时的第一个王室的科学学会(或科学院)之建立,本身就是科学史上的一个重要里程碑,标志着17世纪中期是科学研究开始成为建制的一部分的时代。第一个获得官方许可的此种科学学会是实验学会,由伽利略以前的两名学生托里拆利和维维亚尼在费尔南多大公二世及其兄弟利奥波德资助下于1657年在佛罗伦萨创立。这是失败了的猞狸学会的精神后继者,而猞狸学会在切西去世后未能恢复。但是实验学会本身仅持续了10年,并于1667年解散,这个日子再好不过地标志着,由文艺复兴所激励的意大利人在物理学上的领导地位,已走向了终结。

截至彼时,将会成为世界上持续最长久的科学学会已经开始在伦敦聚会。自1645年起,一群对科学有兴趣的人开始定期在伦敦聚会,讨论新观点,互相交流新发现,并且通过书信与全欧洲志趣相投的思想者们讨论交流。1662年,根据查理二世的一项章程,这个团体成为皇家学会(作为第一个此种学会,毋庸多言;这就是皇家学会,有时被简称为"皇家")。尽管名字中有"皇家"二字,但这个以伦敦为中心的学会是一个靠私人捐赠而无官方资金来源,且对政府无义务的机构。惠更斯成为1663年短暂造访伦敦的皇家学会最早的外国成员之一。法国的同类机构,即法国科学院在王室接受其章程4年后成立,它有作为政府机构的有利条件,它在路易十四(Louis XIV,亨利四世的孙子)的资助下成立,这使它能够向像惠更斯这样的杰出科学家提供资金支持与实验设备,但这也给了它某些(有时是很繁重的)义务。两个学会以不同方式获得的成功引发了许多效仿行为(通常是模仿一种或另一种模式),这以德国科学院1700年在柏林的建立作为开端。

惠更斯一直受病体所累,而且尽管他在随后15年里以巴黎为中心,但他不得不两度回到荷兰很长时间以从疾病中康复。这并未妨碍他在巴黎期间最重要的工作,而且1678年他正是在那儿完成了他在光学方面(除很少一部分细节之外)的工作(按照惠更斯一向的作风,该工作直到1690年才全部发表)。尽管它在某种程度上来说是以笛卡儿的工作为基础,但与那些思想不同,惠更斯的光学原理稳固地建立在他的实践经历基础上,这些实践经历包括他在透镜以及镜子方面的工作,以及他对建造望远镜时所遇到的问题(如色差)的解决。他的理论能够解释光如何被一面镜子反射,它从空气进入玻璃或水里如何被折射,所有这些都根据发生在一种流体,也就是后来所称的以太中的压力波而做出解释。这一理论做出了一个特别重要的预言——光在更稠密的介质(如玻璃)中要比在不那么稠密的介质(如空气)中行进得慢些。就长远来看,这很重要,因为在19世纪,它将会为光是以波的形式还是粒子流的形式行进提供决定性的检验。就短期来看,它也是极其重要的,因为笛卡儿以及之前的重要人物都曾猜想光必定以无限速度行进,因而在笛卡儿的模型中,(比方说)太阳中的一个扰动会即时影响到眼睛。当惠更斯于17世纪70年代末在其模型中使用有限光速这一概念时,他在其研究的关键之处是正确的,而他之所以能如此是因为做出这一关键发现时他就在现场,在巴黎。

这个重大的概念飞跃需要了解,光速尽管很大,但并不是无限的,这来自罗默(Ole Rφmer),这个丹麦人完成了这项工作,而他是惠更斯在法国科学院的同时代人。罗默于1644年9月25日出生于奥胡斯,在哥本哈根大学学习之后,他继续留在那里担任物理学家和天文学家巴托兰(Erasmus Bartholin)的助手。1671年,皮卡尔(Jean Picard,1620—1682)被法国科学院送到丹麦去确定第谷天文台的确切位置(这对于对第谷的观测进行精确的天文学分析很重要),罗默协助他非常有效地完成了这项工作,因此他被请回巴黎在科学院工作,并成为王子的家庭教师。罗默最重要的一项工作是他与卡西尼(Giovanni Cassini,1625—1712,他最为人知的是发现土星光环的裂缝——它也被称作卡西尼缝)共同进行的木星卫星的观测。当每一颗卫星在固定轨道上围绕母行星运行,就好像地球沿一个固定的周年轨道绕日运行,每颗卫星每隔一定时间绕在木星背后时就会发生掩食。不过,罗默注意到,这些掩食之间的间隔并不总是相同的,并且随地球在其绕日轨道中运行的位置相对于木星位置的关系而变化。他将此解释为有限光速的一个结果——当地球离开木星时,我们看到木卫掩食的时刻会稍迟,因为携带着掩食信息的光要经过更长时间从木星到达我们的望远镜。罗默以他所发现的掩食时刻变化模式为基础预言说,木星的伽利略卫星中最里面的一颗(Io)预期在1679年11月9日发生掩食,其发生时刻会比所有根据稍早时计算所预期的时间晚10分钟,而且他非常精彩地证实它是正确的。利用当时知道的地球轨道直径的最确切

估算 *，罗默从这一时间延迟计算出光速必定为（按现代单位计）225 000千米每秒。利用相同的计算但使用现代最确切的地球轨道大小估算值，加上罗默本人的观测，给出的光速为 298 000 千米每秒。考虑到它是最早的有关光速的测量，它与光速的现代值 299 792 千米每秒接近得令人惊讶。随着他在历史中的地位的确立（尽管当时并不是每个人都像惠更斯一样迅速被相信），罗默来到英国，他在这里会晤了牛顿、哈雷、弗拉姆斯蒂德（John Flamsteed）以及其他天文学家。他于 1681 年返回丹麦，成为哥本哈根皇家天文台的皇家天文学家与台长，1710 年 9 月23 日于此去世。

惠更斯有关光的研究——与罗默一同在巴黎完成——是其生涯中的最高成就，它于 1690 年以《论光学》（*Traité de la Lumière*）之名出版。该书在惠更斯于 1691 年返回荷兰后完成，部分地是因为他恶化的健康状况，还因为法国的政治气候再一次发生了变化。耐心听我说，因为政治稍有些复杂。尽管尼德兰北部（当时这一地区叫作荷兰，现在"荷兰"一词被用来表示整个国家的名字）的荷兰人的独立于 1648 年得到西班牙承认，西班牙人仍然掌握着尼德兰南部。1660 年，路易十四娶了特蕾西亚（Maria Theresa），她是西班牙的腓力四世的长女，腓力四世于 1665年去世时留下他年幼的儿子查理二世作为他的继承人，路易十四利用这个机会声称西班牙在尼德兰（包括今比利时的大部分地区）仍保持占领权，并向荷兰投去觊觎的眼光。他的野心最初遭到荷兰、英国以及瑞

---

* 这一距离得自火星视差的测量结果，该测量结果是 1671 年由一个法国团队通过里歇尔（Jean Richer）在法属圭亚那的卡宴以及卡西尼在巴黎同时进行的观测得出的。从这一基准线的两个末端看到的火星相对于恒星背景的微小位置差异，使得计算出火星距离成为可能，而这与开普勒定律一起给出了所有行星的轨道直径。当然，所有这些也是哥白尼宇宙模型正确性的显著证明（比如罗默的工作），如果罗马之外的任何人仍然需要证明的话。

典的同盟的反对。但路易十四说服了英国转向,提出一旦尼德兰被征服就给予巨大的资金奖励,并许诺给予欧洲大陆领地。

这一被英国人痛恨的反常联手之所以发生,部分地是因为英格兰的查理二世与路易十四是表兄弟——查理一世娶了路易十三的姐姐玛丽亚(Henrietta Maria)。查理二世在英国内战与议会过渡期之后新近才恢复王位,也急切地想有一个强大的盟友,而且在他与路易十四之间有一个秘密条款,承诺查理本人会成为天主教徒,也使得事情更加复杂化。事实上,查理直到临终才皈依天主教。几乎不令人感到奇怪的是,这一盟友关系并不持久,而随着英国海军被荷兰人打败,1672年之后,法国独自入侵了尼德兰。在奥兰治的威廉(William of Orange,他本人是英格兰的查理一世的外孙以及查理二世的外甥,因为他的母亲是查理二世的姐姐)指挥下,并得到来自几个地区的帮助(包括西班牙,虽然这意味着要帮助荷兰,但它乐于有机会组成一个联盟来对付法国),荷兰不仅抵抗住了入侵,而且促成了一个令人尊敬的和约的签署,这也就是1678年在奈梅亨签署的和约。紧随着法国的野心的失败——这部分是由于荷兰新教徒,荷兰新教徒在巴黎的处境变得令人担忧(当然,要是法国赢了,他们会得到更多容忍!),这促使惠更斯返回了他的祖国*。尽管他的健康状况一直不佳,但惠更斯还是进行了几次国外旅行,包括于1689年又一次造访伦敦,此次他会晤了牛顿。他最后一次遭到疾病重创是在1694年,他忍受病痛数月后最终于1695年7月8日在海牙病逝。

---

*《奈梅亨和约》并不是故事的结束。路易十四于1685年废除了《南特敕令》,战争于1688年再度爆发,这次持续了9年之久,英格兰此次则站到了荷兰一边(查理二世的王位于1685年由他的兄弟詹姆斯二世接任,后者是一位天主教徒。奥兰治的威廉的妻子玛丽是詹姆斯二世的女儿,1689年詹姆斯二世被迫退位后,奥兰治的威廉成为英格兰的威廉三世,并与妻子玛丽共同统治国家)。

玻意耳对气体压力的研究

虽然有法国与尼德兰之间的战争,但惠更斯一生大部分时间除了科学工作之外都过得非常平静。与他同时代的罗伯特·玻意耳(Robert Boyle)则完全不同。玻意耳几乎以一人之力使化学成为一个体面的学科,并在此过程中研究了气体的反应,推进了原子学说,而他在科学之外的人生就像是小说中的章节了。

如果说惠更斯是含着银汤匙出生的话,那么玻意耳则是含着整个餐厅的银餐具出生的。大部分关于罗伯特·玻意耳的记述都提到他是当时不列颠岛首富,即科克伯爵(Earl of Cork)的第14个孩子(第7个儿子,其中一个儿子在出生时就死了)。不过,那些记述中很少明确说明这位伯爵并非出身贵族之家,而是白手起家,他热烈渴望发财并在社会中获得受人尊敬的地位,他是伊丽莎白时代的冒险家,用运气与才能书写了这个大时代。他于1566年10月13日出生在一个有教养但并不显赫的家庭,那时他是平凡的理查德·玻意耳(Richard Boyle)。他于16世纪80年代早期入读坎特伯雷的国王学校,与比他年长两岁的马洛(Christopher Marlowe)在同一个时期,之后入读剑桥大学。他最初在中殿律师学院学习法律,但是钱花光了,就在伦敦做了律师楼的办事员,此后于1588年赴爱尔兰(彼时是英格兰的殖民地)并发了财。那是西班牙无敌舰队的年代,当时他刚过22岁。由于他的父亲在此之前很久便去世了,而他的母亲则于1586年去世,他不得不独自谋生了。

按照其自述,理查德·玻意耳带着27英镑3先令现金以及他母亲给的一枚钻戒和一个金手镯来到都柏林,除了他身上穿着的塔夫绸紧身上衣、黑丝绒裤子、斗篷以及佩剑之外,他的包里还多带了一套套装和斗篷以及一些内衣。他可能还有一顶帽子,虽然他并未提及。作为一个聪颖、受过教育而且坚定向上的年轻人，理查德·玻意耳在政府部门找到了工作，该部门负责处理在当时已基本完成的二次征服爱尔兰期间被国王查封的地产。一方面，该国的大片地区曾被查封并被赐予（或出售给）地位显赫的英国人，而另一方面，爱尔兰的地产所有者则不得不拿出证明来证实对其地产的所有权。向理查德这样的官员行贿以及送礼是平常事，同时，这项工作的性质能给他提供内部信息，知悉哪里有连他也可以买到的廉价的土地。但即使是廉价的地产也得付钱啊！在想要发财却不得其门而入的7年后，1595年，理查德娶了一位富有的寡妇——她拥有的地产每年可以带来500英镑的租金，而他开始用这些钱进行更多投资，最终发了大财，富到他怎么做梦也想不到的程度，而他的妻子于1599年在生下一个死胎之后去世。

在最终取得稳固地位之前，理查德·玻意耳遭遇了一次挫折，他在1598年的芒斯特省叛乱中失去了大部分的地产，不得不逃到了英格兰。大约就是在那时，他还以挪用款项罪被逮捕，但在伊丽莎白女王及其私人委员会主持的审判中被宣判无罪（他可能是有罪的，但聪明到足以掩盖他的行迹）。理查德·玻意耳为自己的案件成功的辩护给女王留下深刻印象，并且当一个新的行政部门在爱尔兰成立时，他被任命为该委员会的书记员，这是该国日常行政部门中的关键职位。改变他一生的关键交易发生在1602年，当时他以极低的价格从沃尔特·雷利爵士(Sir Walter Raleigh)手中买下了位于沃特福德、蒂帕雷里以及科克的大片弃置土地，雷利曾对这些土地疏于料理以至于亏了本。玻意耳通过精心管理使这些土地起死回生，从而获得了丰厚的利润。在此过程中，他建立了学校和救济院，新修了道路与桥梁，甚至还建立了全新的小镇，确立了他作为当时爱尔兰最开明的英国地主之一的声望。

到1603年时，理查德·玻意耳的地位已如此之高，甚至娶到了爱尔兰国务秘书17岁的女儿凯瑟琳·芬顿(Catherine Fenton)，并且在同一天获得了爵士身份。凯瑟琳生了至少15个孩子,他们在成年以后都结了婚,从而为这个由理查德爵士和他的钱财打理的家庭带来了最有利的亲戚关系(理查德爵士于1620年成为第一位科克伯爵,这在很大程度上得益于一份适时的4000英镑的"礼物")。这些婚姻中给人印象最深刻的是15岁的弗朗西斯·玻意耳(Francis Boyle)迎娶托马斯·斯塔福德爵士(Sir Thomas Stafford)的女儿伊丽莎白,而斯塔福德是王后玛丽亚(路易十三的妹妹)的传令官。国王查理一世在婚礼上把新娘交给新郎,王后帮助新娘准备床铺,国王和王后都留了下来看着小两口入洞房。

尽管在让玻意耳家族这些暴发户(这在当时倒不是什么耻辱)跻身当时的上流社会方面,这些婚姻都达到了目标,但就个人而言,它们并不都是成功的婚姻。逃开这一命运的仅有的两个孩子是罗伯特(Robert)和玛格丽特(Margaret)。罗伯特是伯爵最年幼的儿子,出生于1627年1月25日,当时他的母亲40岁,父亲61岁;玛格丽特是罗伯特的妹妹。他们之所以逃开这一命运,是因为伯爵在他们达到适婚年龄之前就过世了(对罗伯特,伯爵已经为其选择了一位新娘,但他在能够安排婚礼之前就去世了)。他们都没有结婚,这尤其是因为他们切近地看到了他们兄弟姐妹们的婚姻的下场。

作为理查德·玻意耳之子的人生确实并不容易,即使这确保了财政上完全有保障。这位父亲坚决认为,不管他们的财富如何,他的儿子们尤其不应当被温柔地带大。为了这一目的,当孩子们一到足以离开母亲的年纪,他就将儿子们依次送走,去与精心选择的乡村家庭一起生活,以使他们变得坚强。就罗伯特来说,这意味着在婴儿时期离开家之后,他再也没见到母亲,因为他的母亲在40来岁时就去世了,而那时他4岁,一年后才回到家里。从5岁到8岁,罗伯特与父亲以及他那些尚未结婚的兄弟姐妹们(这个数目不断减少)一起生活,学习阅读、书写、拉丁语以及法语基础。随后他被认为已为下一阶段粗糙的生活做好了准备,并(与比他稍年长的哥哥弗朗西斯一起)被送到了英格兰入读伊顿公学,这里的校长是亨利·沃顿爵士(Sir Henry Wotton),前驻威尼斯大使,是伯爵的一位好朋友。罗伯特非常喜欢他的学术生活,以至于他常常被迫离开他的研究而去参加娱乐活动,尽管那时这是伊顿经历中很大一部分内容,但对他来说则是勉强为之。他的研究还因为疾病不断而被打断,而这烦扰了他一生。

罗伯特12岁时,他的父亲买下了位于多塞特的施塔尔布里奇的庄园作为在英国的落脚之地,并且带着弗朗西斯和罗伯特跟自己一起住在那儿——弗朗西斯实际上是独自住在庄园,而罗伯特——尽管被认为是他父亲最喜欢的儿子(或者也许就是因为这个?)——则被送去与教区牧师同住以激励他学习而不是虚度时光。他似乎注定是要继续读大学的,但是当弗朗西斯结了婚娶了伊丽莎白·斯塔福德[因其美貌而被称为"黑美人",并且在宫廷里赢得声名(或恶名),她在那儿成了查理二世的情妇并与他有一个女儿],罗伯特的人生发生了急剧变化。依然如故地,因为不愿意让他的儿子沉浸在任何会被认为玩物丧志的事情中,婚礼4天后,伯爵就将15岁的新郎送到了法国,随同前往的还有一位家庭教师和新郎的弟弟罗伯特。我们获悉"新郎因为这么快就被剥夺了他浅尝辄止而只留遗憾的快乐而饱受折磨,他是被知识逼迫离开的"*。但是,面对第一代科克伯爵这样一位父亲,他并没有机会争论。

在经鲁昂、巴黎和里昂而行遍法国之后,这一小群人在日内瓦落下脚来,在这里,罗伯特最终找到了他所喜欢的运动(网球),但无论周遭环境如何,他仍以旧有的热情继续他的学业。1641年,弗朗西斯、罗伯特和他们的家庭教师动身赴意大利访问(受到伯爵的资助而有一年1000英镑的令人难以置信的款项),实际上,当伽利略去世时,他们正在

---

* 转引自皮尔金顿(Pilkington)。

佛罗伦萨*。此事在佛罗伦萨引起的骚动唤起了青年玻意耳的求知欲，他开始广泛阅读有关伽利略及其工作的书。这似乎是一个关键性的事件，使这位年轻人决定发展在科学方面的兴趣。

但是返回家中后，环境正在发生急剧变化。尽管科克伯爵几乎是一位模范地主，但他的大部分英国同行都对待爱尔兰人很苛刻，因此某种叛乱是无可避免的，而且碰巧爆发于1641年**。无论是否是模范地主，伯爵都不可能摆脱爱尔兰人对所有与英国人有关的事物的敌意，当战争打响（实际上是一次内战），伯爵所有来自其在爱尔兰的大片地产的收入都在一次突发事件中损失殆尽。当玻意耳兄弟结束他们在意大利的冒险并抵达马赛时，他们收到了第一个叛乱的消息，信中告诉他们每年1000英镑的津贴告吹，同时答应仅付250英镑（实际上仍然是一大笔钱）给他们以即刻返回家中。但是，即使是这250英镑也从未到过他们手中，它看来是被受伯爵委托将之送交给他的儿子们的人偷了。在这种环境下，年长的男孩弗朗西斯又重新回到了尽其所能帮助其父与其兄的生活（比如说在战斗中从旁协助），而年轻的罗伯特则与他们的家庭教师留在日内瓦。到1643年战争结束时，科克伯爵，这位一度是英格兰王国首富的人破产了，而他的两个儿子死于战争（弗朗西斯在战斗中大出风头并幸免于难）。伯爵本人不久也随他们而去，而此时离他的77岁生日只差一个月。次年，17岁的罗伯特返回英格兰，他不但一

---

* 正是在佛罗伦萨，15岁的罗伯特·玻意耳经由他的教师而初次感受了妓院的快乐（作为一名旁观者），作为他多方面教育的一部分。这段经历以及当他成为"两个在性欲上不分性别的男修道士荒谬求婚"的对象时的经历，看来使他一生都失去了性欲。玻意耳的独身生活带来了不可避免的问题，事关他本人的性取向，但他将那两个修道士描述为"欲火中烧"的"着长袍的鸡奸者"，这一描述暗示了他肯定并无此种性倾向。

** 据说正是奥利弗·克伦威尔（Oliver Cromwell）这位权威人士曾经评论说，"假如每省都有一位科克伯爵的话"，那就不会有爱尔兰人叛乱了。

贫如洗,而且还因声誉所限要偿还他的家庭教师在日内瓦为他承担的费用以及返家旅程中提供的资助。似乎这还不够,尽管爱尔兰战争结束了,但英国内战爆发了。

英国内战的原因很多也很复杂,历史学家仍在争论不休。但当时引发冲突的一个最重要因素是令玻意耳家族付出昂贵代价的爱尔兰叛乱。查理一世(1625年继承了他父亲詹姆斯一世的王位)同他的议会争执已久,当不得不组成一支军队来平息爱尔兰叛乱时,他们在应该由谁来组成这支军队以及由谁来统领它的问题上意见不一致。结果是议会组建了一支民兵,由议会指定的地主而非国王统领。既然国王不会赞同此事,所以强制性的法规,即1642年民兵法令通过时就并未费心要得到国王的签署。那一年的8月22日,国王在诺丁汉打起大旗,召集了追随者以对抗议会。在随后的战斗中,奥利弗·克伦威尔作为议会武装的领导者而声名鹊起。国王的武装在1645年6月的内斯比战役以及1646年6月在牛津败给议会武装之后,战争的第一阶段结束了。国王本人也在1647年1月落到议会手里。

和平是短暂的,因为查理于11月从怀特岛的羁押中逃脱,召集他的武装,并与苏格兰达成了一项秘密协定,答应如果重登王位则提供给他的长老会追随者以特许权,之后查理再次被俘获。苏格兰试图实施这项协议中其所承担的部分,但1648年8月,其军队在普雷斯顿战败,次年1月30日,查理一世被处死。从1649年至1660年,英格兰没有国王,而由议会执政到1653年,此后则由克伦威尔任护国公直至他于1658年去世。事情随后尘埃落定,就像一部以高速回放的有关此前20年的整个局势的电影。在费尽周折摆脱世袭君主制后,英格兰找到了奥利弗·克伦威尔的儿子理查德·克伦威尔(Richard Cromwell)接任护国公,但理查德被支撑由1653年议会成员残部重新执政的军队罢黜,由于似乎没有其他人统治国家是令人满意的,被流放法国的查理二世于

1660年复辟。尽管英国内战后权力的天平明显更向议会而非国王倾斜，但在将近350年之后来看，这似乎是费了很大功夫，而得到的一个适度的结果。

在罗伯特·玻意耳返回之时，英格兰差不多是分裂的，一部分由保皇党人（总部位于牛津）掌控，一部分（包括伦敦和东南部）由议会掌控。但对很多人来说，生活仍在继续而未受到太多破坏，除了发生激战的地区。不过第一代科克伯爵最年幼的儿子并不属于大多数人中的一员。这个家庭显然被视为国王的朋友，若不是由他父亲安排的婚姻中有一桩是成功的话，那么对于罗伯特来说可能很困难的是听从他的天性本能，保持低调并避免卷入冲突。罗伯特的一个姐姐凯瑟琳（正好是他最喜欢的姐姐，尽管她比他大13岁）曾经嫁给一位已然继承了拉内拉赫子爵头衔的年轻人，尽管这桩婚姻对个人来说彻底失败而且夫妻俩不再共同生活，但子爵的姐姐（与凯瑟琳保持着良好的交往）嫁给了支持议会一方的一位著名议员，而凯瑟琳本人则是议会的支持者，她经常在位于伦敦的家中款待议员。当罗伯特返回英格兰的时候，那个家庭为他提供了最初的庇护所（他在这里见到了弥尔顿等人），在很大程度上多亏了凯瑟琳的关系，他才得以在国王的武装于内战中失败后继续拥有父亲留给他的位于施塔尔布里奇的庄园。

1645年，玻意耳回到了他在英格兰的家中，他在政治上保持低调，尽管有战争，但他从地产中可以得到一份中等收入（就这个家庭的标准来看），因此他能广泛阅读（包括对《圣经》的全面研究）、写作（主题多样，包括哲学、人生意义与宗教），并且进行他自己的实验——当时主要是炼金术实验。写给凯瑟琳的很多信提供了一个了解他在多塞特的生活的窗口，而在给另一位朋友的信中，他提到他见过的一种气枪，它可以利用压缩空气的力射出一枚足以杀死30步之遥的人的铅弹——这一次观测促使他一路思考，并导致他对玻意耳定律的发现。凯瑟琳本人是一个独立而聪明的女人，她在伦敦的住宅也成为当时很多知识分子聚会之所，包括一些对科学感兴趣的人，他们开始称自己为"无形学院"。这是皇家学会的前身，而且正是通过凯瑟琳，罗伯特在造访伦敦时开始与这些人相熟。在其早期岁月（大约17世纪40年代中期），这个团体常常在位于伦敦的不那么无形的格雷沙姆学院聚会。该学院由伊丽莎白女王的财政顾问托马斯·格雷沙姆爵士（Sir Thomas Gresham）创建于1596年，它是英国在牛津与剑桥之外的第一个高等知识中心。它根本不能与那两个机构相匹敌，但这在英国的知识传播中仍然是重要的一步。不过，当无形学院的几位著名成员于1648年内战趋近结束时接受了牛津的职位后，它的活动中心也转移到了牛津。

1652年，随着政治形势看似稳定了，玻意耳在医生佩蒂（William Petty）的陪同下访问了爱尔兰，去察看他的家族地产的产权状况。这个家族的前景因政治形势而得到改善，因为罗伯特的哥哥（如今的布罗格希尔勋爵）在镇压爱尔兰叛乱中扮演了重要角色，而这在当时必定会赢得将要统治英国的任何人的好感——克伦威尔最怕的就是爱尔兰的那些麻烦事。但是在17世纪40年代的剧变中，并没有机会去重获适宜的地产收入。玻意耳在爱尔兰度过了两年中最好的时光，与佩蒂的亲密关系使他在智力上受益（佩蒂教他解剖学和生理学，以及如何解剖，并与玻意耳讨论科学方法），而在经济上，在返回英国途中他即得以保证他父亲过去的地产收入中的一份，这使他终其一生能获得每年3000多英镑的收入，足够让他去做任何他喜欢的事*。1654年，在他年仅27岁时，他很高兴地迁到了当时英国（可能是全世界）科学活动的中心牛津，随后的14年里，他在那里完成了使他声名卓著的科学工作。施塔尔布

---

*这里有某种讽刺之意，因为玻意耳变成一名在外地主，这正是英格兰对爱尔兰压迫的一种遭到憎恨的象征。但以当时的标准来看，他是一个自由主义者，曾经写信给一位朋友抱怨贵族的葬礼的开销，认为这些钱花在穷人身上应该会更好些。

里奇的庄园传给了他的哥哥弗朗西斯一家。

不过,并不是说玻意耳有什么需要得亲自完成所有的实验。他的巨额收入使他能够雇用助手[包括一个叫作胡克(Robert Hooke)的人,雇用的时间很短],并且运作一个令今天很多科学家羡慕的相当于私立研究所的机构。这些钱的意义还在于,与他的很多同时代人不同,玻意耳可以自费出版他自己的书,确保它们可以迅速以优良的印本面世。因为他支付账单很及时,出版商都喜欢他而且对他的书给予了特别关照。

由于他在科学上的工作,玻意耳成为继诸如伽利略、吉伯这样亲自做实验的实践者之后应用科学方法的先驱之一,并且还从弗朗西斯·培根(Francis Bacon, 1561—1626)更具哲学性的工作中汲取灵感,后者实际上并未亲自进行大部分实验*,但其关于科学方法的著作对其后几代英国科学家产生了重要影响。培根清楚阐明了通过收集尽可能多的数据以开始调查研究的必要,以及通过试图对观测做出解释以继续推进的必要——不是通过凭空设想出某些奇妙的点子,然后寻找事实来支持它。如果将培根体系归结为一句话,那就是科学必须建立在事实所提供的基础之上——这是玻意耳非常在意的一个教诲。写到伽利略有关落体的研究及其不同重量的物体以相同速度落地的发现,玻意耳后来将这作为一个例子来证明作为一名科学家,何以"我们赞同实验,即使它带来的信息看似与理性相悖"**。

在玻意耳发表关于科学的作品之前经过了6年时间,但这一等待是值得的。他对科学的第一个重要贡献关乎空气的弹性或者说可压缩性,并且与他的显赫生涯中最著名的实验直接相关。在这个实验中,他(或他的助手)拿一根形似字母 J 的玻璃管,顶部开口,而较短的尾端封

---

*他最著名的实验害死了他。在他 65 岁时,他跑到冰天雪地里把雪塞入一只小鸡体内以查看这办法是否能用来保藏它,结果患上肺炎。

**玻意耳《基督徒的品德》(Christian Virtuoso),转引自亨特(Hunter)。

闭。将水银倒入管子,以充满呈U形弯曲的底部,将较短一边的空气封闭在内。当水银在管子的两边处于相同的水平高度时,封闭一端的空气是大气压力。但将更多水银倒入玻璃管较长的一侧,压力就会增加,迫使较短一端管内的空气收缩。玻意耳发现,如果压力加倍,被封闭的空气体积就会减半;如果压力增至3倍,空气体积就会缩减成1/3;依此类推。同样重要的是,他发现这个过程是可逆的。被压缩之后,一旦有机会,空气就会反弹。所有这些都可以在宇宙的原子模型之内得到解释,但使用笛卡儿的旋涡理论则只会遭遇更多困难。

　　这一工作(乃至其他有关空气泵以及因抽水泵而导致的水往上走的问题)的大部分内容于1660年在他的著作《关于空气弹性及其效应的物理力学新实验》(*New Experiments Physico-Mechanicall, Touching the Spring of the Air and its Effects*)中发表。此书通常被简称为《空气弹性》(*The Spring of the Air*),它的初版并未明确陈述我们今天称之为玻意耳定律的原理,也就是说(在其他条件都相同的情况下)空气所占的体积与所受到的压力成反比,这在1662年出版的第二版中得到清楚的说明。玻意耳在真空(严格地说是压力很低的空气)方面所做的工作是使用了一台改良的空气泵,其所依据的是冯·居里克的构思;该改良泵由玻意耳设计,而与胡克一同制造。但是冯·居里克的泵需要两个身强力壮的人来操作,而他们设计的则可以由一个人很轻松地完成。玻意耳重复了冯·居里克的全部实验,并进而表明,当气压降低时,水的沸点温度也会降低(很好的功绩,因为它需要在一个封闭玻璃管中设置一个水银气压计,这样当空气被抽出时,气压的下降可以被监测)。玻意耳还表明生命像火焰那样要依赖于空气的存在而得以维持,这使他几乎接近发现氧气,他还明确指出呼吸和燃烧过程之间有着本质上的相似性。这些实验中的某些并不适合神经脆弱的人,但它们的确会让人大吃一惊并引起注意。玻意耳在无形学院的一位同僚(我们并不确知是谁)创

作了一首关于这个小组的科学工作的一次演示的"打油诗",其中包括这么几行:

> 丹麦人后来看到,
>
> 没有空气,就没有呼吸。
>
> 当一只放入玻璃瓶的猫咪死翘翘,
>
> 谜底就此揭晓。
>
> 抽出了瓶中的空气,
>
> 猫咪死掉,
>
> 不再喵喵叫。
>
> 还是这个玻璃瓶,
>
> 揭开了另一个更大的秘密:
>
> 只有耳边空气流经,
>
> 才能把声音传递。
>
> 空气若不在瓶子里面,
>
> 表走得再响,你也不可能听得见。

它可能不是一首伟大的诗歌,但它能让你感觉到玻意耳的发现给科学世界带来了多么强烈的印象*。但该书以英语出版并以明白易懂的散文体写作这一事实几乎与该书内容一样重要。正如伽利略一样,玻意耳将科学带给了大众[或至少是中产阶级;在其著名的日记中,佩皮斯(Samuel Pepys)热情洋溢地书写了研读玻意耳其中一本新书所带来的快乐]。不过与伽利略不同的是,他不必担心这可能会触怒宗教裁判所。

------

*如果说小猫咪的命运似乎有点残酷的话,记住那仍然是一个人会被以火刑处死的时代。但我认为诗人可能会将小猫的死视作一件比消除手表报时的声音更为意义深远的事。

玻意耳以科学方法研究炼金术

1661年,在《空气弹性》最初的两版之间,玻意耳出版了他最重要的著作《怀疑的化学家》(*The Sceptical Chymist*)。玻意耳在离开多塞特之后对炼金术介入的程度仍然是一个有争议的问题,约翰斯·霍普金斯大学的普林西佩(Lawrence Principe)给出一个具有说服力的例子,表明玻意耳并未怎么试图丢弃炼金术而支持我们今天谓之化学的学科,但他试图将培根的方法引入炼金术中——使炼金术在某种程度上变得科学。这当然符合他17世纪科学人的身份(正如我们将看到的,甚至牛顿也在17世纪末一本正经地涉入炼金术事业),而认为玻意耳的这本书在一夜之间将炼金术变成了化学的主张则与事实不符。的确,它在最初时的影响远不如《空气弹性》一书。但随着化学在18世纪和19世纪的发展,人们开始将玻意耳的书作为一个转折点来加以回顾。事实是,将科学方法应用于炼金术的确最终将炼金术转变为化学,而且将对诸如点金石——它被认为能将贱金属变成金子——这样的事物的信念之理性基础移除掉,而玻意耳是在英国建立科学方法的重要人物。

作为玻意耳如何以科学方法处理炼金术问题的一个例子,他不同意黄金可以通过移除其他金属中的杂质而被制造出来的观点。他论证道:既然黄金比其他金属密度更大,它怎么可能通过从其他金属中去除某些东西而得到呢?你要注意,他并没有说转变是不可能的;但他以科学的方式来处理这个问题。不过,他的确说要接受世界由亚里士多德主义的四"元素"——气、土、火、水——按不同比例组成这一旧观点是不可能的,他完成了一些能反驳这一观点的实验。相反,他赞成一种原子假说,即认为所有物质都是由某种以不同方式聚集在一起的微粒组成——这是原子论(在现代意义上而言)的一个早期版本——并化合而成。"现在，我从元素的角度来看，"他写道，"某些原始而简单的物体——并非由其他任何物体构成或是混合而成的物体，所有那些所谓的完美的混合体就是由它们合成，并且最终还会分解成这些原始而简单的物体。"这是他在其《形式与性质的起源》(*Origin of Forms and Qualities*)一书中阐述的一个主题，该书出版于1666年，它提出这些原子在液体中可以自由运动，但在固体中则是静止的，而且它们的形状是决定它们所组成的物体之性质的重要因素。他看到了化学在发现事物何以构成中的重要作用，并且新造了一个词"化学分析"以描述这一过程。

所有这些仅仅呈现了玻意耳工作的一小部分，不过它是与科学在17世纪发展的历程最密切相关的部分。举几个多少有些随机的例子：他发明了火柴；他利用冷冻来贮藏肉，从而无须受冻就得到了一个比培根更好的方法；他还通过实验证明了水在结冰状态下会膨胀。他还是复辟时代的重要文学人物，写作主题甚广，包括小说作品。尽管已成为他那个时代最受人尊敬的科学家，但是玻意耳仍然保持了羞怯谦逊的性格，并且拒绝了很多荣誉。像他的3位幸存的哥哥一样，罗伯特·玻意耳在查理二世（记住，他的情人里也包括弗朗西斯·玻意耳的妻子）复辟后被授予贵族头衔*。但与他们不同的是，他拒绝了。作为神学家受到如此的尊敬，他因而被英格兰的大法官邀请担任圣职，并承诺会很快成为主教，但他说：不，谢谢。他得到了伊顿公学教务长的职位，但拒绝了。当他于1680年被选为皇家学会会长时，他遗憾地表示，因为他的宗教信仰使他不能进行必要的宣誓，所以他不可能担任此职。终其一生，他都保持着尊敬的罗伯特·玻意耳先生这个头衔；而他的大笔收入则广泛用于慈善捐赠（当他去世时，他还将他的财产的大部分留给了慈善机构）。

---

*甚至连第二代科克伯爵也接受了一个英格兰爵位——伯灵顿伯爵(Earl of Burlington)，增添了他的头衔；他在伦敦的住所伯灵顿宅现在是皇家学会以及几个科学学会的总部。

当皇家学会于 1662 年得到特许证时，玻意耳不仅是最早的成员（或者会员，正如他们被称作的那样）之一，而且是学会委员会的最早成员之一。部分是因为英国的科学活动中心在 17 世纪 60 年代开始与伦敦的皇家学会变得关系密切，还因为他姐姐的关系，玻意耳于 1668 年搬到了伦敦，并和凯瑟琳一起住。他的科学研究最重要的时期已经过去（虽然他还继续做实验），但他依然处于科学舞台的中心位置，而凯瑟琳的住所则一直是知识分子们聚会的地方。他的一位同时代人奥布里曾描述了当时的玻意耳：

> 个子很高（大约 1.8 米）且挺拔，非常温和，善良而简朴；一个单身汉；驾一辆四轮马车；跟他姐姐住在一起。他最大的快乐是化学。他在姐姐家里拥有一间壮观的实验室，并且有几名仆人（他的学徒）来照看它。他对那些聪颖而有需要的人很慷慨仁慈。

但玻意耳的健康从未好过，正像负责记日记的、玻意耳的一位老友伊夫林（John Evelyn）曾描述过的他在最后岁月中的样子：

> 在他健康最好的时候，他的体格在我看来是如此孱弱，以至于我常常把他和水晶或是威尼斯玻璃相提并论；尽管做工并不会如此纤细，但由于制作精细，所以比日常所用的硬金属更持久。而且他还像玻璃一样透明率真，没有瑕疵或污点使他的名声受损。

这块威尼斯玻璃只存在到其同伴离去的时刻。就在 1691 年圣诞节之前，凯瑟琳去世了；一周之后的 12 月 30 日，距离他 65 岁生日只差一个月时，玻意耳也随她而去了。在 1691 年 1 月 6 日举行的葬礼之后，伊夫林在日记中写道："毫无疑问，不仅在英格兰，而且整个知识界都因失去这样伟大而优秀的人物以及我可敬的朋友而遭受了损失。"

玻意耳的实验显示了火和生命都要依赖于空气中的某种物质,这将他的工作与17世纪下半叶科学发展的另一个主要线索联系在了一起,也就是紧随哈维和笛卡儿之后有关人类及其他生命体的生物学研究。像科学中经常出现的情况一样,科学上的新进展与技术上的新进展相伴相随。正如望远镜从根本上改变了人们思考宇宙的方式一样,显微镜则从根本上改变了人类思考自身的方式;第一位伟大的显微镜学先驱是意大利医生马尔皮基(Marcello Malpighi),1628年3月10日(他受洗的日子)出生在博洛尼亚附近的克雷瓦科雷。

马尔皮基与血液循环

马尔皮基曾在博洛尼亚大学学习哲学和医学,1653年毕业,并成为博洛尼亚大学的逻辑学讲师,后于1656年去了比萨大学担任理论医学教授。但比萨的气候并不适合他,因此在1659年他又回到博洛尼亚讲授医学。1662年,他再度离开,来到墨西拿大学,但在1666年,他成为博洛尼亚大学医学教授,在随后的25年中,他都待在那里。1691年,马尔皮基搬到了罗马,他在那里从教学职位上退休,但成为教皇英诺森十二世(Innocent XII)的私人医生(他显然并不情愿,但教皇一再坚持);他于1694年11月30日在那儿去世。

自1667年以后,马尔皮基的大量工作由皇家学会在伦敦发表,这也正是皇家学会已变得多么重要的一个标志(1669年,马尔皮基成为第一个当选学会会员的意大利人)。该工作几乎完全是关于显微镜学的,并涉及多种问题,包括一只蝙蝠通过翼膜进行的血液循环、昆虫的结构、小鸡胚胎的发育以及植物叶子气孔的结构。但马尔皮基对科学最伟大的贡献是他于1660年和1661年在博洛尼亚所完成的一项工作的结果,这在1661年的两封书信中被发表出来。

　　此前,在血液循环的发现之后,人们曾广泛认为从心脏流向肺部的血液实际上是从血管中的小孔进入到肺内充满空气的空间,并以某种方式与空气混合(因为某种尚不清楚的原因),然后以某种方式找到回路,通过小孔进入其他血管返回心脏。通过对青蛙肺部进行的显微研究,马尔皮基发现肺的内壁实际上覆盖着毛细血管,与皮肤表面非常之近,通过这些毛细血管,一侧的动脉与另一侧的静脉直接相连。马尔皮基已发现了哈维对血液循环的描述中那条看不见的连接,哈维本人曾猜测该通道肯定在那儿,但以他所能使用的仪器设备未能找到。"我可以清晰地看到,"马尔皮基写道,"血液被分流并流经弯弯曲曲的血管,它并不是涌入空间,而一直都是因血管不同的弯曲度而被驱使通过毛细血管并被分发开来。"几年后,荷兰显微学家列文虎克(Antoni van Leeuwenhoek)在不知晓马尔皮基工作的情况下独立获得了相同的发现(关于他,会在第五章详述)。

　　就在马尔皮基的发现之后不久,即将成为皇家学会核心人物的牛津小组成员洛厄(Richard Lower,1631—1691)进行了一系列实验,其中一个实验非常简单,晃动一个装有静脉血的玻璃容器,并且观察到深紫色的血液由于混入了空气而变成了鲜红色。洛厄在这一系列实验中证明了,离开肺部与心脏、流遍全身的血液的红色是由空气中的某种物质制造出来的:

　　　　这一红色完全要归因于空气中的微粒渗入了血液中,这一点从下述事实中可以看得清清楚楚:血液全都在肺部时会变成红色(因为空气通过各种微粒散布于其中,并因此与血液完全混合在了一起),而当静脉血被收集到一个容器中时,它的表面由于暴露于空气中而呈现出这种鲜红色。*

---

*洛厄,引自康拉德等。

通过诸如此类的研究(玻意耳和胡克等人也进行过类似的实验),牛津小组开始将血液视作一种机械流体,它可以携带着来自食物与空气的基本微粒流遍全身。这与笛卡儿将人体视为一台机器的图景非常一致。

博雷利与泰森:将动物(与人)视为机器的观念日渐高涨

"人体如同一台机器"这个主题是由另一个意大利人博雷利(Giovanni Borelli)于17世纪发展出来的,此人与马尔皮基是同时代的人,但比马尔皮基年长,与马尔皮基是朋友。马尔皮基看来曾激发了博雷利对生物体的兴趣,而博雷利则似乎曾激励了马尔皮基去调查生命系统的运作方式,并鼓励他在解剖方面的努力。倘若他们未曾相遇,他们所达到的成就也许不会这么高。

博雷利于1608年1月28日出生于那不勒斯附近的新城堡,1640年之前,他曾在罗马学习数学并在一段时期成为墨西拿的数学教授,不过确切的日期并不知道。17世纪40年代初,他在佛罗伦萨之外的家中遇到伽利略,并于1656年成为比萨大学的数学教授(伽利略从前的职位),他在那里邂逅了马尔皮基。两个人都是次年成立于佛罗伦萨的猞猁学会的创始成员——该学会维持的时间并不长久,博雷利大约在这一时期学习了解剖。博雷利于1668年回到墨西拿,但在1674年,他卷入(或被认为卷入)了一场政治阴谋,这导致他被放逐到罗马,他在那里成为与前瑞典女王克里斯蒂娜交往甚密的一个圈子中的一员,这位女王就是曾让笛卡儿在如此荒谬的钟点起床的那位。由于已成为一名天主教徒,克里斯蒂娜于1654年被迫退位,并同样在罗马过着流亡生活。博雷利于1679年12月31日在罗马去世。

博雷利是一位著名数学家,他是提出经过太阳的彗星轨道呈抛物线状的第一人,他还试图通过假定木星对其卫星施加了与太阳施加于其行星相似的影响,以此来解释木星卫星的运动。尽管如此,但他最重要的科学工作还是生物解剖领域。这一工作大部分是他在比萨时完成的,在博雷利去世时,该工作还只是以手稿形式存在;最终形成的著作《论动物运动》(*De Motu Animalium*)在他去世后于1680年和1681年分两卷出版。博雷利将人体看作一个通过肌肉施加的力来运作的杠杆系统,并且用几何学的方法来分析人体肌肉在行走与奔跑时的运作方式。他还以数学术语来描述"鳞潜羽翔"等运动。但至关重要之处在于,他并未为人类寻找一个有别于其他动物的位置。人体被比作一台由一系列杠杆组成的机器。博雷利最初还为上帝在建立这个系统时设定了一个角色——作为机器的设计者,如果你喜欢的话。但是,这与那种认为人体是由某种超自然存在所操控,而这种存在从早到晚都在控制着其活动的观点截然不同。

人(正如他们当时所认为的那样)与动物之间的关系由泰森(Edward Tyson)所完成的一例引人注意(即使有一点偶然性在其中)的解剖而得到清楚的解释,这次解剖是在伦敦完成的,正值17世纪末。泰森于1650年(确切的日期不得而知)出生在萨默塞特的克利夫登。他在牛津大学和剑桥大学都上过学,在牛津大学,他于1670年获得文学士学位,1673年获文学硕士学位,而在剑桥大学,他于1677年获得了医学学位。随后他来到了伦敦,他在那里从事医生职业,但进行了解剖学观察与解剖实践,并在皇家学会的《哲学汇刊》(*Philosophical Transactions*)上发表了他的大量工作,1679年当选皇家学会会员。作为他所在时代最重要的医生之一(他是皇家医师学会会员),1684年,泰森被任命为伦敦伯利恒医院的医生与管理者。这是一家精神收容所,我们所说的"疯人院"就是这个名称的一般说法,而这个词准确用于指称此类场所正是开始于泰森担此任命之时。尽管是英国最早的(继西班牙格拉纳达之后的欧洲第二座)精神病院,但它算不上一个疗养之所。精神病患者以各种可能的方式被虐待,并且这被当成一种娱乐节目,而"疯人院"更像是一个动物园,是供时髦人士前往猎奇的地方。泰森正是对此做出改变之人,他引入了女护士来照顾患者,取代了实际上是狱卒的男护士,还设立了基金来为那些更加贫困的患者提供衣物,并进行了其他改革。就人性角度来说,这是泰森最伟大的成就。他于1708年8月1日在伦敦去世。

不过,从科学意义上而言,泰森被认为是比较解剖学的创立者,比较解剖学所研究的是不同物种之间在身体上的关系。泰森最值得注意的解剖之一是在1680年进行的,当时,一只倒霉的海豚游到了泰晤士河中,并被一名鱼贩捕到,这名鱼贩以7先令6便士将海豚卖给了泰森(这笔钱他从皇家学会得到了补偿)。泰森在格雷沙姆学院解剖了这只被认为是"鱼"的海豚,胡克当时在场,以在解剖进行过程中绘图。泰森惊讶地发现这个动物实际上是一只哺乳动物,其体内结构与生活在陆地上的四足动物非常相似。在他于同年稍晚时候出版的著作《解剖海豚》(*Anatomy of a Porpess*)中,他向惊讶的公众介绍了这一发现:

> 其**内脏**以及体内结构与四足动物是如此相似,以至于我们在这里找到了几乎相同的结构。它与四足动物最重要的差异似乎是外形,以及没有脚。但是,在这里我们也观察到当皮与肉被剥下时,前部的鳍简直相当于前臂,它有**肩胛骨**、**肱骨**、**尺骨**以及**桡骨**,还有**腕骨**、**掌骨**以及古怪地与之相连的5根**指骨**……

这暗示了——又不只是暗示——动物之间的关系比它们的外形可能表现出的更近。泰森完成了其他很多解剖,其中包括一条响尾蛇和一只鸵鸟。但他最出名的是对一只年幼的黑猩猩(它被错写为Orang-

Outang,即猩猩）所做的解剖,这只黑猩猩是由一名水手于1698年当作宠物带到伦敦的。这只黑猩猩从非洲运来途中受了伤,并显然正在生病;消息很快就传到这位著名解剖学家耳中,他抓住机会在黑猩猩还活着时研究了它的外表与行为,并在它刚一死去时便做了解剖[这次是由考珀(William Cowper)* 从旁相助进行绘图]。他们的工作成果以著作形式出版,它有一个华丽的标题《猩猩或丛林人:俾格米人与猴、猿和人的比较解剖学》(*Orang-Outang, sive Homo Sylvestris : or, the Anatomy of a Pygmie Compared with that of a Monkey, an Ape, and a Man*)。这部有大量插图的著作仅有165页,提供了无可争议的证据,表明人类与黑猩猩是按照相同的身体设计图构造的。在该书最后,泰森列出了黑猩猩最重要的解剖学特征,指出其中48个与人类身上相对应的特征要比与猴子的更为相似,27个则与猴子更为相似而不与人类相似。换言之,黑猩猩与人类的相似度要比它与猴子的相似度更甚。他尤其印象深刻的是黑猩猩的大脑(大小除外)与人类大脑的相似程度。

　　泰森分析中的幸运成分在于这一事实:他研究的样本是一只年幼的黑猩猩,而人类与幼年黑猩猩的相似度远甚于与成年黑猩猩的相似度。对此有一个合理的原因——尽管直到最近这一原因才得到理解,即进化可以产生以往所谓变异的其中一种方式就是放缓发育过程,即所谓的幼态持续(这意味着会保持在年幼状态)。人类的发育比黑猩猩以及其他类人猿的发育慢得多,因此我们在出生的时候就是一种相对不成熟的状态——这也是人类的婴儿何以如此不能自立的一个原因,但也是他们何以有能力学习如此之多不同事物的原因——而非预先为某种特定的角色(比如在树间闪转腾挪)规划好才来到这个世界。但这已超出我要讲的故事的范围。非常重要的是,1699年,随着泰森的书的

---

* 考珀(1666—1709),外科医生,皇家学会会员。

出版,人类作为动物界一部分的地位清楚地确立起来,为数个世纪设置了研究议程,而这将导致对我们如何精准适合这个动物王国的方式的理解。这当然将是本书随后部分的一个重要主题。不过,现在是时候来讲述那个早就为几个世纪的科学设置了议程的人,即牛顿以及与他同时代的人们的工作了。

◇ 第五章

"牛顿革命"

　　各自建立了科学方法且让英国科学在 17 世纪末处于领先地位的 3 个人是胡克、哈雷和牛顿。哈雷从其对科学的直接贡献来说位列三人组第三位,这在某种程度上来说是其他两位的成就过于杰出了。不过,虽然牛顿的风头出尽,至今已 300 余年(而且是在胡克去世后牛顿本人最先造的势),但对一个无偏见的历史学家来说,要说清牛顿和胡克谁的贡献更大却是不可能的。牛顿是一个喜欢离群索居的人,他独自一人工作,并确立了宇宙基于数学原理运行这一意义深远的真理;胡克则是一个爱扎堆儿、交友广泛的科学家,他提出了各种令人眼花缭乱的新观点,但也付出比别人更多的心力将皇家学会从一个绅士们的闲聊之所变成了典型的科学团体。胡克的不幸在于招惹了牛顿的敌意,并且比牛顿先行去世,这给了他的老冤家一个改写历史的机会——牛顿在这件事上做得如此成效显著,以至于胡克直到过去的几十年才真正恢复了名誉。部分地是为了将牛顿放到他应有的位置,同时也因为胡克是这个三人组中最早出生的一位,所以我将首先讲述胡克的生活与工作,并且在与胡克的关系的背景下介绍另外两个人。

胡克的显微镜学研究与《显微图》的出版

罗伯特·胡克是在伽利略去世7年前的1635年7月18日的正午出生的。他的父亲约翰·胡克(John Hooke)是怀特岛的弗雷什沃特万圣教堂的助理牧师,生活还过得去,不过首席受俸牧师是教区长沃伯顿(George Warburton)。作为一名小小的助理牧师,约翰·胡克远远算不上一个有钱人,而且他已经有了两个孩子——出生于1628年的凯瑟琳(Katherine)和出生于1630年的约翰(John)。罗伯特·胡克的长兄后来成为纽波特的杂货商,有一段时间他在那里担任过市长,但这位小约翰在46岁的时候上吊自杀——我们并不知道确切的原因。小约翰的女儿格雷丝(Grace),也就是罗伯特的侄女,在罗伯特的晚年生活中扮演了重要角色。

罗伯特·胡克是一个体弱多病的孩子,没人指望他能活下来。我们听说在他生命的最初7年,他几乎完全靠牛奶和牛奶制品再加上水果维生,而"根本没有肉类适合他虚弱的体质"*。但是,尽管又弱又小而且缺乏身体活力,他却是一个爱跑爱跳的活泼男孩。只是到了后来,大约16岁的时候,他才出现明显的身体畸形——某种程度的驼背,他后来将之归因于长时间在车床边以及使用工具工作的原因。他在制作模型方面的技巧变得非常娴熟,包括制作一个大约1米长的模型船,装上活动索具即告完成并在水上航行;在看到一只被拆成零件的黄铜老钟后,他用木头制作了一个能运转的钟。

首先是因为他糟糕的健康状况,胡克的正规教育可以忽略不计。当他看上去似乎终究能活下来时,他的父亲开始教给他一些基础知识,

---

* 引自沃勒(Richard Waller)为出版于1705年的《胡克遗作》(*The Posthumous Works of Robert Hooke*)所撰写的序言。

想要让他从事教会事业。但他持续不佳的身体状况以及他父亲本身日渐衰老使得学习进展缓慢,而胡克继续着听其自然的生活。当一名职业艺术家来到弗雷什沃特承担一项委托绘画任务之时,胡克看了一眼此人是如何着手其工作的,并且确定自己也能做这件事儿,因此在第一次绘制自己的图画作品之后,他开始着手模仿他所能找到的所有画作并充分运用各种技巧,他被认为可能会通过自学成为一名职业画家。当胡克的父亲在长期患病之后于 1648 年去世时,胡克 13 岁。带着 100 英镑的遗产,他被送到伦敦跟随艺术家彼得·莱利爵士(Sir Peter Lely)做学徒。胡克先是认定把钱花在学徒期并无多大意义,因为他估计他能自己学习绘画,后来发现颜料的气味让他非常头痛。他没有成为艺术家,而是把钱用来支付他在威斯敏斯特学院的教育费用,他在那里除了学术研究之外,还学习了演奏管风琴。

虽然因为年纪太小而并未直接卷入内战,但战争的影响的确波及了胡克。1653 年,他得到了牛津基督教会学院的一个职位,任唱诗班歌手——但既然清教徒主导的议会已经废除了像教堂唱诗班这样浮夸的东西,这也就意味着他其实平白得到了一笔不多不少的遣散收入,即奖学金。与他同一时期在牛津的人物里有一位对科学有着强烈的兴趣,这就是雷恩(Christopher Wren),他比胡克年长 3 岁,也来自威斯敏斯特学院。像当时其他很多穷学生一样,胡克也通过给更有钱的大学生做用人来达到收支平衡。当时,格雷沙姆学院团体的很多人都被克伦威尔迁到了牛津,以取代牛津在战时因支持保皇党人一派而被扫地出门的教师,胡克在做事与实验方面的技能使他对这个科学家团体来说是个很重要的助手。他不久就成为玻意耳的首席(领薪的)助手,同时也是其一生的朋友。胡克对玻意耳的空气泵的制造以及成功使用空气泵进行实验起到了很大的作用,而且还深入参与了玻意耳在牛津所做的化学方面的工作。胡克还为当时的萨维利安天文学教授沃德(Seth

Ward,他所发明的东西中包括对望远镜视界的改善)做天文学方面的工作,并且在17世纪50年代中期设计出改进天文钟精确度的方法。

通过这一工作,胡克提出了一种利用一个平衡弹簧来校准袖珍表的新想法。这可能是某种能精确且可靠地在海上确定经度的精密计时仪的雏形,胡克声称他已经得到了实现这一点的方法。但是当他(在未透露个中奥秘的情况下)来讨论为这一装置申请专利时,谈判破裂了,原因是胡克反对专利权中允许其他人从对他的设计所做的任何改进中获取经济利益的条款。他的确直到去世从未透露其想法的奥秘所在。袖珍表本身尽管并不是适于航海的精密计时仪,却是对已有设计的重大改进。(胡克送了一只给查理二世,后者非常开心。)仅此一项已确保了他在史书中的地位。

皇家学会于17世纪60年代早期在伦敦建立之时,需要两位永久会员,一位是秘书,来照管行政方面的工作;一位是实验主管,照管实践方面的工作。经玻意耳的推荐,出生于德国的奥尔登贝格(Henry Oldenburg)得到了秘书工作,而胡克担任实验主管。奥尔登贝格来自不来梅,他于1617年出生在那里,曾于1653年和1654年任不来梅驻伦敦代表,并在此见到了玻意耳及其圈子里的其他成员。有一段时间,他还做了玻意耳的一个侄子邓加文勋爵(Lord Dungarvan)的家庭教师。奥尔登贝格对科学的兴趣被激发起来,并于1656年成为牛津大学的一名指导教师,且成为这群科学家中的一员,而皇家学会最早的会员正是出自这个圈子。奥尔登贝格能流利地说欧洲几个国家的语言,并且通过与全欧洲科学家的书信联系而扮演着某种科学信息整理与交换者的角色。他与玻意耳交情甚好,做了他的作品经纪人,并翻译了玻意耳的书。但不幸的是他开始讨厌胡克。奥尔登贝格于1677年去世。

胡克于1662年离开牛津大学来担任皇家学会的职务。由于他忙于做玻意耳等人的助手,因此从未完成他的学位,但是在1663年,无论如何他还是被授予文学硕士,还被选为皇家学会会员。两年后,他在实验主管这个职位上的身份发生了变化,从皇家学会的雇员转变成为学会委员会成员,这是一个重要的分别,标志着他被认可为能与其他会员基本上平起平坐的绅士,但(正如我们将看到的)这一职责更给了他一份很重的负担。荣誉虽好,但对穷困的胡克来说,薪水也很重要。不幸的是,皇家学会在其早期岁月既缺乏组织也缺少资金,有一段时间,胡克只能靠玻意耳的慷慨解囊才得以维持生计。1664年5月,胡克成为格雷沙姆学院几何学教授的候选人,但在市长大人的决定票上一票失利。经过反复争论,市长大人被证明并未获得授权为此任命投票,1665年,胡克得到了这个职位,并一直在这个位子上直到去世。是年初,他最终获得了任命。29岁时,胡克出版了他最伟大的著作《显微图》(*Micrographia*)。在当时来说不同寻常的是,它是用英文以一种清晰易读的风格写成,这确保了该书有着广泛的读者,但这也可能让某些读者因此而对胡克科学才能的评价失当,因为他介绍其工作的方式使这些工作看似很容易。

正像它的标题所说,《显微图》一书所关心的主要是显微镜学(对任何一位重要的科学家来说,都是有关显微镜学的第一部重要著作),而且毫不夸张地说,它使人们睁眼观察小尺度世界的重要意义,堪比伽利略的《星际信使》让人们放眼观察大尺度宇宙性质之意义。用凯恩斯(Geoffrey Keynes)的话来说,该书位列"科学史上迄今出版的最重要著作之中"。佩皮斯记下了他如何站着阅读该书直至凌晨两点,称它为"我一生读过的最有创造性的书"。*

---

* 1665年1月21日。是年2月15日,佩皮斯在日记中记录了在格雷沙姆学院举行的一个由"贡献最卓著的"科学人士参加的会议。"最重要的是,玻意耳先生今天到会,比他地位更高的是胡克先生,他是我迄今所见的世界上最杰出的人。"这准确地显示了胡克在当时知识界的地位以及他让人感觉到其貌不扬的形象。佩皮斯是皇家学会会员,而且喜欢参加会议,虽然他在科学上的贡献很小。

胡克并不是第一位显微镜学者。到17世纪60年代时,有几个人都曾追随伽利略,将研究向前推进,正如我们已经看到的,尤其是马尔皮基已经用新的设备做出重要的发现,特别是有关血液循环的发现。但马尔皮基的观察差不多在进行的同时也一点点地被报告给科学共同体。同样地,正是与胡克同时代的荷兰布商列文虎克(1632—1723),从未受过正规的学术训练,但却用他自己制作的显微镜做出了一系列惊人的发现(主要通过皇家学会传播)。这些设备由非常小的凸透镜(某些只有针头大小)组成,它们被安装在金属条上并置于贴近眼睛处。它们的确只是放大能力强大得令人难以置信的眼镜,但某些可以放大200倍或300倍。列文虎克最重要的发现是看到水滴中的微小活动生物的存在(他将它们认作是生命形式)——包括现在所称的原生动物、轮虫与细菌等各种微生物。他还发现了精细胞(他称之为"微小生物体"),这为研究受精如何进行提供了最初的线索,并且独立重复了马尔皮基在红细胞以及毛细血管方面的某些工作(而他并不知道)。这些都是重要的研究,而列文虎克作为一位主流科学界之外的天才业余爱好者的传奇故事,则确保了他在有关17世纪科学的流行报道中的显著地位(其中一些甚至将显微镜的发明归于他的名下)。但是列文虎克只是使用不寻常的方法与设备来做出一次性的发现,而胡克则呈现了继他本人发明的改良的复合显微镜——使用两个或更多透镜来放大研究目标——之后,显微学进展的主流路线。他还将他的发现集于一册,通俗易读,并将他通过显微镜观察到的事物绘制成精美且具科学精确性的图画(很多图是由他的朋友雷恩绘制的)。《显微图》的确标志了显微学作为一门科学学科的时代的到来。

胡克在其名著中报告的最重要的显微镜发现,是在显微镜下看到的软木薄片的"细胞"结构。胡克把他所看到的小孔称作细胞,尽管这些小孔并非现代生物学意义上的细胞,不过,当我们现在所称的细胞于

19世纪被验明正身时,生物学家们从胡克那里继承了这个名字。在对生物界的大量观察中,胡克还描述了羽毛的结构、蝴蝶翅膀以及苍蝇复眼的性质。在书中很有远见的一段中,他正确地确认了化石是曾经生存过的动物与植物的遗迹。当时有一种流传甚广的信念认为:这些看起来像生物的石头只是岩石而已,通过某种神秘的过程模仿成生命的样子。但胡克决定性地反驳了化石是"由潜藏于地球本身中某种特别的可塑性所形成的石头"这一概念,并且(在说到我们现在称之为菊石的东西时)具有说服力地指出,它们是"某种甲壳动物的壳,由于暴雨、洪水、地震或其他此类方式而被抛到某个地方,被某种软泥或黏土,或是**石化**的水,或是某种其他物质填满,经过一段时间之后沉淀在一起并硬化"。大约就在这一时期在格雷沙姆学院所作的演讲中,胡克还清楚地认识到,这意味着地球表面的重大变迁。"曾经是大海的地方现在变成了陆地,"他说,而且"山川已变为平原,而平原则变成了山川,如此种种"。不过,这些演讲直到他去世后才发表。

胡克关于光的波动理论研究

这些发现中的任何一个都足以让胡克扬名立万,令像佩皮斯这样的读者欣悦。但是《显微图》远甚于显微学本身。胡克研究了物质薄层所产生的彩色图案(比如昆虫翅膀的颜色,或是溅落在水上的油所形成的像彩虹一样的图案),他认为,这是由从薄层两面所反射的光之间的相互干涉所造成的。胡克以此种方式研究的其中一种现象关乎由两块以一个微小夹角相交的玻璃所产生的彩色光环。实验的标准做法是,一块凸透镜放在一块平面的玻璃上,这样,在两块玻璃相接触的点附近,两块玻璃的表面会形成一个微小的 V 形气隙。从上往下看透镜时就会看到光环,这一现象与因水上薄薄一层油而形成旋涡形彩色图案的产生方式被联系在了一起。这一现象后来被称为"牛顿环",这也表明牛顿在改写历史方面是多么成功。胡克有关光的观点建立在波动说基础之上,该理论后来经由他发展,其内容包括认为光波可能是一种横向的(从一边到另一边)振动,而非惠更斯所设想的那种推拉作用下的压缩波。他描述了包括燃烧在内的实验,通过实验他得出结论认为,燃烧和呼吸都伴随着空气中的某种物质被吸收,而这个结论很接近氧气的发现(在氧气被确实发现的一个世纪之前),而且他在热与燃烧之间做出了清楚的区分,他认为热产生在物体内部,是由"其各部分的运动或搅动"形成的(几乎领先他所在时代两个世纪!);而燃烧则与两个事物的混合直接相关。胡克在自己身上做实验,他坐在一个封闭的空间里,抽出空气,直到他感觉到耳痛,他还参与了一种早期形式的潜水钟的设计与测试。他发明了与现在很相似的"钟面"气压计、一种风力计、一种改进的温度计以及一种用于测量空气湿度的湿度计,从而成为第一位气象科学家,并且他还注意到大气压力的变化与天气变化之间的关系。作为一个附赠的好处,胡克将基于他的天文观测所绘制的图画附在全书最后。他还清楚明白地详细解释了他全部工作背后的哲学,阐明了"真诚的态度,忠实可靠的眼睛,研究与记录事物本身所展现出的样子",而不是依赖于没有任何实验与观测基础的"大脑与想象来起作用"的价值。"事实是,"胡克写道,"自然界的科学太久以来一直仅依靠大脑与想象来进行:现在是时候了,应当重新回到对物质与可见事物进行清楚与可靠的观测上来了。"

奥布里对胡克很了解,他在1680年这样描述胡克:

> 中等身材,略有驼背,面色苍白,他的脸有一点点小,但头很大。他的眼睛大而突出,并不灵活,眼睛是灰色的。他有一头细软的棕色头发,微湿而鬈曲,可称完美。他是并且一直是一个温和的人,饮食很有节制,等等。

他有一个令人不可思议的有创造力的脑袋,也是一个非常正直善良的人。

有几个因素共同阻碍了他在《显微图》中所描述的成就基础上继续推进,而在某种程度上,这一推进本来是有可能做到的。首先是他在皇家学会的职位,他要维持皇家学会的整体运行,这包括在每周例会上进行(许多)实验,其中一些是在其他会员的要求之下进行的,还有一些则是他自己设计的。他还要宣读缺席的会员提交的论文,并且要对新的发明做出描述。在皇家学会早年的会议记录中,一页接一页,题目变来变去都是"胡克先生提出了……""胡克先生被要求……""胡克先生评论……""胡克先生进行了一些实验……"如此等等。就好像他的事情还不够多一样(不要忘了胡克还要在格雷沙姆学院讲授完整的课程),在奥尔登贝格于1677年去世后,胡克取代了他的位置成为皇家学会秘书之一(尽管在当时有不止一位秘书共同分担行政工作),但在1683年卸任。

就当时的情况而言,在《显微图》出版后不久,一场瘟疫打断了皇家学会的活动,并且像其他很多人一样,胡克从伦敦躲到了乡下,寄居在埃普瑟姆的伯克利伯爵(Earl of Berkeley)宅邸,以躲避这场灾难。从一个较长时段来说,1666年伦敦大火之后的几年时间里,胡克成为城市重建的重要人物之一(仅次于雷恩),而从他的科学工作上分了心;很多被认为是雷恩设计的建筑至少部分是出自胡克的设计,而在大多数情况下,要分清楚这些究竟出自谁的贡献是不可能的。

大火发生于1666年9月。是年5月,胡克向皇家学会宣读了一篇论文,他在其中讨论了行星在太阳的引力作用下沿轨道围绕太阳的运动(而不是笛卡儿的以太中的旋涡),其运行方式与系在一根细绳上的球相似,如果你挥舞它绕着脑袋一圈圈转的话,它就会在线绳所施加的力作用下维持"在轨道中"。这是胡克在伦敦重建的建筑与测量工作之后回归科学工作的一个题目,在1674年发表的一次演讲中,他将"宇宙的体系"描述如下：

> 首先，所有天体都具有一种朝向它们各自中心的引力或
> 重力，它们由此不仅吸引本身的各部分以防止它们分崩离析，
> 而且还与在它们活动范围内的其他所有天体相互吸引……第
> 二个假设是所有做简单直线运动的天体都将一直沿直线运
> 动，直到它们在某种有效的力影响下偏转并且弯曲成为被描
> 述为圆形、椭圆形或某种其他的复合曲线运动。第三个假设
> 是，被施加引力的天体同引力中心的距离有多近，它们所受到
> 的引力就有多大。*

胡克的第二条"假设"基本上就是现在几乎人人都知道的牛顿第一
运动定律；第三条假设错误地认为引力随物体距离的增加而减小，而不
是随距离平方减小，但胡克本人很快就纠正了这个错误的观点。

差不多是时候来介绍哈雷和牛顿，以及他们对有关万有引力争论
的贡献了。不过，首先要对胡克的余生做一个快速的浏览。

胡克的弹性定律

我们从胡克一直写至1672年的日记中对他晚年生活有很多了解。
它并不是佩皮斯的日记那样的文学著作，而更像是日复一日的生活细
节的简短记录。但它几乎描述了胡克在格雷沙姆学院的住所中私人生
活的方方面面，它是如此直率，以至于直到20世纪它仍然被认为并不
适合出版（这也是胡克的性格与成就直到最近仍未得到完全认可的原
因之一）。虽然胡克从未结婚，但他与他的若干位女佣曾有性关系。他
的侄女格雷丝自孩提时代就与他生活在一起，到1676年，当时15岁的

---

* 转引自埃斯皮纳斯（'Espinasse）。

格雷丝已成为他的情人。当她于1687年去世时,胡克垮掉了,而在他一生余下的时间里,他明显患上了忧郁症。1687年也是他与牛顿之争至关重要的一年,而这几乎是于事无补。在科学方面,除了在引力方面的工作之外,1678年,胡克提出了他最为人知的杰出成就——以他名字命名的弹性定律。这个相当一般的成就(一个拉长的弹簧所受的力与它拉长的长度成正比)被称为胡克定律,而他许多更加辉煌的成就(并非我所提到过的所有成就)不是被遗忘,就是被归功于他人,而这正是历史对待胡克的一种典型方式。胡克本人于1703年3月3日去世,当时所有在伦敦的皇家学会会员都参加了他的葬礼。次年,牛顿出版了他关于光与颜色的史诗般的著作《光学》(*Opticks*),他谨慎地把此书按下不表长达30年,等着胡克的去世。

牛顿对胡克的敌意(我原本想说独有而偏执的敌意,但他对其他人也是如此)可以回溯到17世纪70年代早期,当时牛顿是剑桥的一名年轻教授,并且开始受到皇家学会的注意。17世纪60年代,比胡克年轻7岁的牛顿完成了他在剑桥的大学学习,随后成为三一学院的研究员,接着又在1669年成为卢卡斯数学教授。这一席位的前任是巴罗(Isaac Barrow),首任卢卡斯教授,他辞掉这个职位据称是为了有更多时间从事宗教研究,但他不久就成为皇家随军牧师,后成为三一学院的院长,因此可能有某个秘而不宣的动机。这段时间里,牛顿一直在进行实验,并差不多是独立思考宇宙,几乎根本不和其他任何人讨论。例如,他用棱镜和透镜研究了光的性质。在他最重要的光学方面的工作中,他用一个棱镜将白光(其实是阳光)分解为彩虹般颜色的光谱,然后将这些彩色光合并而重新成为白光,从而证明了白光只是彩虹的各种颜色的混合。

在此之前,其他人(包括胡克)也曾让白光通过一个棱镜并将光束投射到数厘米外的一个屏幕上,从而形成一个带彩色边缘的白色光斑。牛顿能够向前推进是因为他使用了百叶窗上的一个小孔作为他的光源,并且将来自棱镜的光投射到一个大房间的几米外的另一面墙上,从而使颜色散播开更长的距离。从这一工作开始,他对颜色的兴趣引领他思考通过用透镜制成的望远镜看到的图像边缘产生的色差问题,他设计并制造了一架反射式望远镜(在不知道伦纳德·迪格斯的工作的情况下),它并不存在色差问题。

牛顿作为卢卡斯教授,在几次演讲中描述了他在光学方面的某些工作;当时,从造访剑桥的那些要么看到要么听说了该望远镜的来访者那里,有关所有这些工作的消息传开了。皇家学会于是要求看看这架仪器,而在1671年年底,巴罗携带了一架(牛顿可能制造了至少两架)到伦敦,并且在格雷沙姆学院进行了演示。牛顿即刻当选为皇家学会会员(实际的仪式是在1672年1月11日举行的),并且被要求将他还没公开出来的想法都拿出来。牛顿的回应是提交给皇家学会一篇有关光与颜色的综合性论文。正巧牛顿赞成把光视作一束微粒的微粒说,但不管是用微粒说模型还是用波动理论模型(诸如惠更斯和胡克等人偏爱此理论)来进行解释,牛顿此次清楚解释的发现都被认为是真实的。

从论文中延伸出的若干值得注意的地方,相当重要的是牛顿于1666年开始光学实验的一个说法,看起来很清楚的是,引发他对光的兴趣的原因是阅读了胡克的《显微图》,但他有意将这一点轻描淡写:他只是提到"在其《显微图》里的某个地方,胡克先生所叙述的用两个楔形的透明容器做的出人意料的实验",而未细述胡克的工作(在这个例子里是有关被称为牛顿环的工作)。

当胡克从这个自以为了不起的年轻人那里受到的赞誉比他认为应得的要少时,这位年长且已有建树的科学家明显很恼火,并且一有机会就会跟他的朋友们说起。胡克对其工作所受到的恰当承认总是很敏感,而考虑到他本人低下的出身以及他不久之前给创立了皇家学会的那位博学的绅士做用人的往事,这也就是可以理解的了*。但是牛顿即使在早年也对自己的能力给予了最高的评价(大部分是合理的,但这仍然不是一种受人欢迎的个性),而且将其他科学家——无论多么有声望,多么有建树——视作只够向他臣服的份儿。在随后数年中,当一系列在聪明才智上明显不如牛顿的批评者对其工作提出一大堆责难,而这些责难更多地表现出他们自己的无知时,牛顿的这种态度又进一步变本加厉了。最初,牛顿试图去回答其中一些较为合理的问题,但最终他对此浪费时间之举变得很恼火,并且写信给奥尔登贝格说:"我发现我已经把自己变得完全被哲学所控制……我将坚决跟它永远告别,除了那些为了让我自己满意或是留给我的后来者的东西;因为我发现,一个人必定是要么就决定不再发表任何新东西,要么就成为奴隶为之辩护。"

当奥尔登贝格恶作剧地向牛顿报告了有关胡克的观点的一个夸张说法,故意想要煽起麻烦时,他比他所预期的更为成功。牛顿回了信,感谢奥尔登贝格"告知胡克先生影射行为时的直率",并且要求有一个机会来澄清此事。克劳瑟(J. G. Crowther)干净利落地概括了奥尔登贝格火上浇油的这个问题的真正根源:"胡克不会理解处理科学事务所需要的机敏老练……牛顿将发现看作私人财产。"**至少,当它们是他的发现时,他是这样做的。4年后,这场由个人冲突引发的家丑外传必须得结束了,否则皇家学会就会成为一个笑柄。于是几位会员一起开会,并由奥尔登贝格(他肯定很不满对胡克的嘲弄就此告终)出面,坚决要求两人当众和解(无论两个主角私下怎么想),而这通过书信往来得以实现。

---

* 不过值得注意的是,恰恰是因为他如此清楚实至名归的重要性,所以当胡克对诸如玻意耳这样的同事在他自己的作品中的工作表示感谢时,总是谨慎(甚至是慷慨)处之。他期待应有的荣誉,但没有迹象表明他要的比他应得的多。

** 《英国科学奠基者》(*Founders of British Science*),第248页。

胡克给牛顿的信看来带有他真正的人格特征,他总是准备好以友好的方式去讨论科学(更适合在一间时髦的咖啡馆里在一众同事中间),但实际上仅只对真相感兴趣:

> 我想你在此事(有关光的研究)上比我所做的多得多……我相信这个题目不可能遇到比你本人更合适、更有能力去探究它的人,无论从哪方面来说你都很适合去完成、纠正以及改进我的相对比较不成熟的研究,我对这项研究的设想是,假如我其他更麻烦的工作容许的话,我就已经自己做到一定程度了,虽然我完全明白我的能力可能远不如你。我认为,你和我想做的都是同样的事,就是对真相的发现,而且我认为我们都能容忍听到反对意见,只要它们不会变成一种公开的敌意,我们都愿意向从实验中得到的最清楚明白的理性演绎屈服。

这展现了一个真正的科学家。牛顿的回复尽管可以被解释为和解方式,但完全与他的性格不相符,而且包含着值得突出强调的潜台词。在说了"你过于推崇我的能力了"(一个牛顿除非在威胁之下否则决不会对任何人做出的评论)之后,他写下了科学上最著名(可能也是最被误解)的一段话,它常常被解释为是他谦逊地承认他本人在科学史上的卑微地位:

> 笛卡儿所做的是出色的一步。你在几个方面都向前推进了很多,特别是对薄板颜色进行了哲学思考。如果我看得更远一点的话,那是因为我站在巨人的肩膀上。

加利福尼亚州利克天文台的福克纳(John Faulkner)曾提出过对这些评论的一个解释,它与牛顿神话截然相悖,但非常符合牛顿那众所周知的性格。这里提及笛卡儿只是暗示胡克所声称的优先权实际上属于笛卡儿,以让他安守本分。第二句则俨然以高人一等的态度给胡克一点点赞许(不要忘了,胡克比牛顿年长,而且是更受到认可的科学家)。但关键的语句是有关"站在巨人的肩膀上"(standing on the shoulders of Giants)这一句。注意这个大写字母。尽管我们知道17世纪的拼写是有一些古怪,但牛顿为什么要选择强调这个词呢?确定无疑的是,这是因为胡克是一个身形矮小的人,而且还是个驼背。牛顿意欲传递的信息是,尽管他可能借自古代先贤,但他没必要从一个像胡克这样的小矮子那里窃取思想,而弦外之音则是,胡克不但身形矮小,而且是个智力上的侏儒。这一表述方式的源起先于牛顿,并且被牛顿出于自己的原因而拿来用,这一事实只是加强了福克纳富有说服力的论证。牛顿是个卑鄙的家伙(原因我们将会简短提及),而且总是心怀妒忌。诚如他对奥尔登贝格所言,他的确开始不与人交往,而且在1676年的这一次口角之后,他基本上不再报告他的科学观点。只是在当时变革科学三巨头的第三位成员,即哈雷百般劝诱之后,他才适时地再次出现在科学的舞台上,拿出了科学史上最有影响的那部著作。

弗拉姆斯蒂德与埃德蒙·哈雷:用望远镜编订星表

埃德蒙·哈雷是三个人中最年轻的一个,他出生于1656年10月29日(这是按当时仍在英格兰使用的旧的儒略历算的,换算为现代公历就是11月8日),时值议会的过渡期。他的父亲也叫埃德蒙,是一个成功的商人和地主,直到哈雷出生7周前,他才以宗教仪式迎娶了哈雷的妈妈安妮·鲁宾逊(Anne Robinson)。对此事最合理的解释是,有过一次非宗教仪式——关于这次仪式的记录未能保存下来,而他们第一个小孩的出生迫在眉睫也促使这对夫妇必须尽快交换他们的宗教誓约。先有一个非宗教仪式,随后再举行一次宗教仪式(如果还有的话),这在当时是相当普遍的做法。埃德蒙有一个妹妹凯瑟琳(Katherine),出生于

1658年,幼年夭折;还有一个弟弟,出生日期不详,但死于1684年。关于哈雷的早期生活,人们几乎一无所知,只知道尽管由于1666年伦敦大火导致的经济衰退,但他的父亲还是过得很宽裕,能够提供给年轻的埃德蒙最好的教育,初时是在伦敦的圣保罗男子学校(这个家庭住在伦敦城外的一个宁静乡村,地处如今的哈克尼区),然后是牛津大学。当他于1673年7月抵达女王学院时,哈雷已然是一名热心的天文学家,利用他父亲买的仪器提高了他的观测技巧;他抵达牛津时带了一套仪器,其中包括一架约7.3米长的望远镜和一架直径60厘米的六分仪,与同时代很多专业天文学家所使用的设备一样精良。

大约就在那个时候发生了几件事,将对哈雷未来的人生产生巨大的影响。首先是哈雷的母亲于1672年去世。细节不得而知,但她于是年10月24日下葬。作为他父亲第二次婚姻的一个结果,此事对哈雷的影响将会随后而至。然后在1674年,皇家学会决定应当成立一个天文台以与刚刚由法国科学院创立的巴黎天文台一决高下。这一提议的紧迫性由于法国的一项声明而得到凸显,该声明说,利用月球相对于恒星背景的位置作为在海上测量时间的一种钟表,在海上寻找经度的问题已经得到了解决。这一声明被证明是笑得太早了——尽管这一方案基本上是可行的,但月球轨道是如此复杂,因此当必备的月球运行表有可能被编制出来之时,精密时计已经为经度问题提供了解决方案。天文学家弗拉姆斯蒂德(1646—1719)被要求去调查这个问题,并且正确地得到结论称,这个方法并不起效,因为无论是月球的位置还是参照星的位置,都不能足够精确地获知。当查理二世听说了此事时,他决定,作为一个航海国度,英国必须有必要的信息为航海提供帮助,而计划中的天文台便成了国王的一项规划。弗拉姆斯蒂德被1675年3月4日签发的王室委任状任命为"天文观测者"(首任皇家天文学家),而皇家天文台也被建造起来以让他在其中工作,地点位于格林尼治山(地址由雷恩择定)。弗拉姆斯蒂德于1676年7月在那儿住了下来,并于同年当选皇家学会会员。

1675年,大学尚未毕业的哈雷开始与弗拉姆斯蒂德通信联系,最初写信是描述他自己的某些观测——其结果与一些已出版的天文数据表不一致,提出那些星表并不精确,并且询问弗拉姆斯蒂德是否可以证实他的结果。这对弗拉姆斯蒂德来说可谓佳音,因为它证实了现代观测技巧可以改进现有的恒星星表。两个人成了朋友,哈雷在一段时间里很像是弗拉姆斯蒂德的宠儿——尽管他们后来闹翻了,正如我们将看到的那样。那年的夏天,哈雷在伦敦拜访了弗拉姆斯蒂德,并且协助他观测,其中包括6月27日和12月21日的两次月食。在第一次观测之后,弗拉姆斯蒂德在皇家学会的《哲学汇刊》上写道:"哈雷,牛津一个很有天分的年轻人参加了这些观测,并且小心细致地协助进行了很多观测。"哈雷于1676年发表了3篇科学论文,一篇论述行星轨道,一篇论述那年8月21日被观测到的月掩火星,还有一篇论及1676年夏天被观测到的一个巨大的太阳黑子*。他无疑是天文学上一颗正在升起的星。但他对这一学科最大的贡献何在呢?

弗拉姆斯蒂德在新建的皇家天文台最主要的任务是对南方天空进行精确的观测,利用现代望远镜瞄准器去改进旧有星表的精确度,而这些旧星表所使用的是所谓的肉眼瞄准(第谷所使用的系统),观测者是沿一根指向目标恒星的杆来进行观测。有了望远镜的定位,望远镜焦

---

* 这是一个值得记上一笔的事件,因为在17世纪下半叶被观测到的太阳黑子少之又少。此事与后来被称为小冰期的欧洲寒冷时期发生在同一时期。它是如此严重,以至于在几个冬天,尤其是1683年与1684年之交的那个冬天(正如伊夫林在图表中所描述的那样),泰晤士河冻得如此坚硬,连帐篷城市(即著名的严冬市集)也可在冰面上搭建起来。几乎可以肯定的是,在此时太阳平静期与地球的严寒之间有着某种关联。

平面中的精细准星叉丝提供了一个精确得多的导向装置,以精确校准恒星的方向。因为急切想要出名并为自己谋得一份职业,哈雷想出一个主意,去做与弗拉姆斯蒂德的南天观测相似的研究,但仅仅集中于最亮的几百颗恒星,以相当迅速地取得结果。他的父亲支持这个主意,给了哈雷一笔每年300英镑的补助(这是弗拉姆斯蒂德担任皇家天文学家的薪酬的3倍),并且许诺支付考察所需的大部分费用。弗拉姆斯蒂德和军械署总调查员乔纳斯·穆尔爵士(Sir Jonas Moore)向国王提出建议,而国王则安排哈雷带着他的设备和一个朋友克拉克(James Clerke)免费搭乘东印度公司的船去到圣赫勒拿岛,那里当时是英国属地的最南端,而此时是库克(James Cook)船长于1770年到达植物学湾的差不多100年前。他们于1676年11月带上了哈雷一起去航行,此时的哈雷刚刚度过他的20岁生日,并且放弃了攻读学位。

考察取得了科学上的巨大成功(尽管哈雷和克拉克在圣赫勒拿岛遭遇了恶劣的天气),而且看来似乎给了哈雷一个参与社会生活的机会。性格风流的迹象在他成年后的早期岁月一直存在。在《名人小传》(Brief Lives)中,奥布里(1626—1697,他不仅认识牛顿,而且认识那些曾见过莎士比亚的人,但被公认为不太可信)提到了一对结婚很久但没有小孩的夫妇,他们与哈雷乘坐同一班船去圣赫勒拿岛旅行。"在他从岛上返家之前,"奥布里写道,"她诞下了一个小孩。"哈雷似乎曾提到过这件事,将它描述为航海旅行或圣赫勒拿岛的新鲜空气带给这对无儿女的夫妇的不寻常的好处。奥布里暗示哈雷是小孩的父亲。这种传闻与这个年轻人如影随形达数年时间。

哈雷于1678年春天回到家中,而他的南天星表于同年11月发表,这为他赢得了"我们的南天第谷"的绰号,它出自弗拉姆斯蒂德本人之口。他于11月30日当选皇家学会会员。除了编制他的恒星星表,哈雷在圣赫勒拿岛的时候还观测了一次水星凌日。理论上而言,这提供了一种通过视差变化来计算与太阳距离的方法,但这些早期的观测并未精确到足以得出确定的结果。不过,哈雷播下了一粒种子,会很快结出果实。12月3日,在国王的"推荐"下,哈雷(在成为皇家学会会员之后)被授予了文学硕士学位,尽管他未能完成他的学位所要求的正式条件。他如今是包括玻意耳、胡克、弗拉姆斯蒂德、雷恩以及佩皮斯等人(牛顿在此时重新退守到他在剑桥的小窝里)在内的团体一分子,并可平起平坐。他们正合哈雷心意。

由于对航海的潜在重要性,获取精确恒星位置的全部工作在17世纪末有着至关重要的意义,这同时体现在商业和军事的意味中。但是17世纪70年代的主要观测计划,作为改进第谷星表的一次尝试,是由一位德国天文学家在但泽(今格但斯克)进行的,虽然花费了巨资更新了设备,但在他的这项令时人(尤其是胡克和弗拉姆斯蒂德)黯然失色的研究中,这位天文学家坚持使用第谷本人的传统肉眼瞄准。这位保守的天文学家出生于1611年——这也许能解释他的守旧态度,他受洗时的名字是约翰·赫韦尔克(Johann Höwelcke),但将他的名字拉丁化为约翰内斯·赫维留斯(Johannes Hevelius)。在开始于1668年的一轮通信中,胡克恳求他换成望远镜瞄准,但赫维留斯顽固地拒绝了,断言他用肉眼瞄准也可以做到同样的事。事实是,赫维留斯只是太过固守旧习而不想改变,而且信不过新式方法。他就像是某些尽管有现代文字处理计算机可用,但却坚持使用旧式打字机的人一样。

哈雷南天星表(当然是用望远镜获得的)的一个重要特征是,它与第谷观测的部分天区有重合,因此,通过观测某些与第谷观测过的相同的恒星,哈雷就能够将他的测量插入到北天的测量,而在北天,赫维留斯正在(照他自己的判断)忙碌地改进第谷的数据。当赫维留斯在1678年年末写信给弗拉姆斯蒂德请求查看哈雷的数据时,皇家学会明白这是一个检验赫维留斯之断言的机会。哈雷寄送给赫维留斯一份南天星表,并且说他会很高兴使用赫维留斯的新数据来替代第谷的恒星位置数据,以在北天和南天之间建立关联。不过,他当然想要造访但泽以确认新的观测的精确度。

因此在1679年的春天,哈雷着手检验那时已68岁的赫维留斯所断言的令人难以置信的精确度是否真的无法改易。最初,哈雷支持赫维留斯的断言,报告说赫维留斯用肉眼瞄准获取的位置的确与其所声称的一样精确。但在他返回英格兰途中,他最终改变了态度,他说望远镜观测要精确得多。哈雷后来声称,他只是圆通得体地给赫维留斯留了面子,而不想加速"一位坏脾气的老绅士"之死。事实上,赫维留斯又继续活了9年,因此当哈雷去看他的时候,他不可能那么虚弱。不过,当时的流言蜚语暗示了这个故事还有更多内容。

赫维留斯的第一任妻子于1662年去世,1663年他就娶了一个16岁的美人儿伊丽莎白(Elisabetha)。当哈雷造访但泽之时,赫维留斯68岁,而伊丽莎白32岁。哈雷是一个有过风流行为的22岁帅小伙。跟随哈雷一起回到英国的,还有一些不可避免的传闻,当中可能并无不妥。当误传赫维留斯已经过世的消息于这一年晚些时候传到伦敦时,哈雷即刻的反应便是寄送给那位可能的寡妇一份礼物——一件昂贵的丝绸礼服(礼服的价格6英镑8先令4便士,相当于皇家天文学家3周的薪酬,不过只相当于哈雷一周的补贴)。对于这一事实或许也有一个非常体面的解释,但是哈雷的那种风流行径让这类传闻显得可信,也促使弗拉姆斯蒂德(他是一个非常认真的人)与哈雷之间产生了嫌隙,而哈雷最初对赫维留斯不切实际断言所给予的支持肯定没有得到他这位良师的认可。

此时的哈雷看来似乎不怎么在意他在天文学领域的职业前景。这般迅速地获得如此成功,哈雷也像获得第一波成功之后的流行音乐巨星一样,似乎很满足于躺在荣誉上休息,充分享受他的钱财(或者不如说是他父亲的钱财)带给他的奢侈生活。从但泽回来之后,他有一年多时间基本上都只是在开心生活,参加皇家学会的集会但不递交任何论文,访问牛津并在时髦咖啡馆(他尤其喜欢零钱胡同的乔纳森咖啡馆)里流连不去,这些咖啡馆相当于今天的时尚酒吧。不过,在这一时期即将结束之际,彗星第一次进入了哈雷的生活,尽管在最初的时候是以一种不那么重要的方式。

1680年与1681年之交的那个冬天,一颗明亮的彗星变得明显可见。它最初于1680年11月被看到,它一直向着太阳运动,直到消失在太阳的光芒之中。它不久之后再次出现,远离太阳而行,最初被当成是两颗不同的彗星。弗拉姆斯蒂德是最早提出以下观点的其中一人,这一观点认为该现象中的彗星实为同一天体,并且假定其受到某种磁力作用而被从太阳方向排斥开。它在夜空中是一个非常显眼的天体,从伦敦和巴黎的街道上都清楚可见,是当时在世的所有人所曾看到的最亮的彗星。它刚开始出现时,哈雷正准备在一位旧日校友纳尔逊(Robert Nelson)的陪伴下,踏上一次具有代表性的富有青年绅士的环欧洲大陆旅行。他们于12月来到了巴黎(圣诞前夜抵达),并且从欧洲大陆看到了再次出现的彗星。在他横穿法国和意大利的行程中,哈雷得到了与包括卡西尼在内的其他科学家讨论这颗彗星(以及其他天文学事件)的机会。纳尔逊留在了罗马,在这里,他与伯克利伯爵的二女儿坠入爱河(后来结了婚),这位伯克利伯爵就是曾为胡克提供过躲避瘟疫之所的那一位。哈雷途经荷兰和巴黎一路回到英格兰,而这可能偏离一般附庸风雅的泛欧旅行路线,因为到他于1682年1月24日返回伦敦之时,用奥布里的话来说,他已经"与法国和意大利所有杰出的数学家都相识并结下了友谊"。

哈雷只在国外度过了一年多一点,这对于那个年代的泛欧旅行来说实在是太过短暂,而他急着赶回家可能是因为他的父亲在这一时期前后再娶,尽管我们并不知道婚礼的确切日期。这件事表明了我们对于哈雷的私生活所知甚少:他本人的婚礼于1682年4月20日举行,从任何有关的历史记录来看,这都来得十分突然。我们知道哈雷的妻子是图克(Mary Tooke),婚礼在伦敦市内公爵之地的圣詹姆斯教堂举行。这对夫妇在一起(看来似乎是很幸福地)生活了50年,并且育有3个孩子。小埃德蒙出生于1698年,后来成为海军的外科医生,早于其父亲两年去世。两个女儿玛格丽特(Margaret)和凯瑟琳(Catherine)出生在同一年,即1688年,但并不是双胞胎。玛格丽特一生未婚,而凯瑟琳结了两次婚。可能还有其他小孩幼年夭折。这基本上就是我们所知有关哈雷家庭的全部。

哈雷婚后住在伊斯灵顿,在随后的两年中,他对月球进行了详细观测,意在(最终)为寻找经度的月相法提供基本的参考数据。这需要大约18年时间的精确观测,这是月球相对于背景恒星走完一周所需要的时间。但是在1684年,哈雷的个人生活因为父亲的去世而陷入混乱,由于其他事务得优先处理,这个研究计划被放弃了数年之久。

哈雷的父亲于1684年3月5日周三走出家门,再也没回来。5天后,他在罗切斯特附近的一条河里被找到,身体赤裸。正式结论是谋杀,但并没有找到凶手,而证据也与自杀相符。老哈雷去世时没有留下遗嘱,而他的财富则因第二任妻子的挥霍无度而大幅缩水。哈雷和他的继母因为遗产而对簿公堂,这场官司开销不菲。可以肯定的是,哈雷并未因为这些事儿而陷入赤贫——他有他自己的财产,而他的妻子曾带来了一份丰厚的嫁妆。但是他的境遇发生了完全改变,1686年1月,他放弃了他的皇家学会会员身份,以成为学会支薪的书记员——章程规定,皇家学会的支薪雇员不可以成为会员。只有对钱财的需要——虽然是一时之需——才有可能促使他这么做。

像哈雷的私生活一样,欧洲世界在17世纪80年代中期也陷入一片混乱。在法国,《南特敕令》于1685年被废除,而更远的土耳其武装则在此前后兵临维也纳、布达以及贝尔格莱德城下。在英格兰,查理二世驾崩,他的弟弟、天主教徒詹姆斯二世随后继位,而在所有这一切发生的时候,哈雷参与了如今被认为是科学史上最重要著作的出版,这就是牛顿的《自然哲学的数学原理》(*Philosophiae Naturalis Principia Mathematica*)。

回溯至1684年1月。在皇家学会的一次集会之后,哈雷开始了与雷恩以及胡克的关于行星轨道的对话。行星轨道背后的引力的平方反比这一想法即使在当时也并不新鲜——它至少可以回溯至1673年,当时惠更斯已经计算了一个沿圆形轨道运行物体的离心力,而正如我们将看到的,沿这一思路所做的思考由胡克在1674年之后与牛顿的通信中得到进一步的讨论。雷恩在1677年也与牛顿讨论过这些想法。3位会员都同意开普勒的运动定律意味着:"推动"行星向离开太阳的方向运动的离心力必定与它们同太阳距离的平方成反比,因此,为了让行星保持在它们的轨道中,它们必定通过一种与离心力同等的力而受到太阳的吸引,这种力与离心力相互抵消。

但这是平方反比定律的必然结果吗?这一定律是否仅仅要求行星**必须**沿椭圆轨道运行?运用当时能用到的传统方法在数学上证明这一点非常之难,哈雷和雷恩都心甘情愿地承认这份差事超出他们的能力范围。但胡克告诉其他两个人说,他可以从平方反比定律的假设出发,推出全部的行星运动定律。其他人都表示怀疑,而雷恩则提出,如果胡克能在两个月内给出证明,他就送给他一本价值40先令的书。

胡克未能给出他的证明,而当哈雷在父亲被谋杀(或自杀)后专注于去弄明白这一复杂事务之时,这场争论也失效了。哈雷于1684年夏天拜访彼得伯勒的亲戚可能与此有关,而这反过来也可能是他为什么在这年8月去剑桥拜访牛顿的原因——因为不管怎么说他都在这一地区。没有证据表明这是某种代表皇家学会的官方拜访(虽然流传的说法给人留下这种印象),只有间接证据显示哈雷做此拜访是因为他正在这个地区处理家庭事务。但是他肯定曾与牛顿就彗星有过通信,而且可能在1682年就会见过他,因此很自然地,当彗星出现时,他自然该找个机会造访剑桥。无论如何,当哈雷的确拜访牛顿之时,他们毫无疑问讨论了行星轨道以及平方反比定律。牛顿后来告诉他的数学家朋友棣美弗(Abraham De Moivre,一名雨格诺教法国难民)确切发生的事情经过:

> 1684年,哈雷博士来到剑桥拜访他,在他们相聚了一阵子之后,博士问他假设朝向太阳的引力与它们与太阳距离的平方成倒数,那么他认为行星画出的**曲线**会是怎样的。艾萨克·牛顿爵士立刻回答说会是一个**椭圆**,博士显得高兴而又吃惊,问他何以得知。牛顿说,为什么?我计算过。于是哈雷博士毫不犹豫地向他要这个计算,牛顿在他的论文中翻看了一下但未能找到,但是他向哈雷许诺说会再写出证明然后寄给哈雷。*

正是这次相遇导致牛顿开始撰写《原理》一书,确立了他作为有史以来最伟大科学家的形象。但他在这本书里所描述的几乎所有内容都在几年前已经做过,并且直到1684年剑桥那次令人愉快的相遇之前都一直隐匿在公众视野之外。在科学家们几乎都急着要将他们的观点付诸出版且确立优先权的今天,这似乎是很难理解的,但是如果你了解了牛顿所处的背景和所受的教养,那么他守口如瓶的行为就不那么令人奇怪。

---

* 来自沙夫纳(Joseph Halle Schaffner)收藏的一份手稿(Joseph Halle Schaffner Collection,芝加哥大学图书馆)。

牛顿的早年生活

从牛顿父亲一方来说,牛顿来自一个务农的家庭,在物质方面刚刚开始可以把自己的日子过得很好,但缺少某种可供炫耀的智力成就。他的祖父罗伯特·牛顿(Robert Newton)大约出生于1570年,并且继承了位于林肯郡伍尔斯索普的农田。他在农事上是如此成功,因此在1623年的时候他能够买下伍尔斯索普的庄园,也得到了庄园领主的头衔。尽管并不像现代眼光看来那么令人印象深刻,但这对于牛顿的家庭来说明显是通往社会上层的阶梯,可能也是使罗伯特的儿子艾萨克(Isaac,出生于1606年)能够迎娶汉娜·艾斯库(Hannah Ayscough)——在当时的记载中被描述为"一位绅士"的詹姆斯·艾斯库(James Ayscough)的女儿——的一个重要因素。他们于1639年订婚。罗伯特让艾萨克成为他所有财产的继承人,这些财产包括庄园领主的贵族身份,而汉娜则在结婚时带来了她的嫁妆——每年50英镑的财产。无论是罗伯特·牛顿还是他的儿子艾萨克都不曾学习过阅读和书写,但汉娜的哥哥威廉(William)是一名剑桥毕业生,也是一位牧师,愉快地生活在伯顿·考格利斯小镇附近。艾萨克与汉娜于1642年结婚,在罗伯特·牛顿去世6个月后。在婚礼6个月后,艾萨克也去世了,抛下了已有身孕的汉娜。孩子于圣诞节出生,受洗时随他已故的父亲的名字而被取名为艾萨克·牛顿。

很多通俗读物都注意到这样一个时间上的巧合,即此艾萨克·牛顿出生的年份1642年也正是伽利略的去世之年。但这个时间上的巧合所基于的是一个骗局,即使用了两个不同历法系统的日期。伽利略去世的日期1642年1月8日是按照格里历计算的,格里历已然被引入意大利以及其他天主教国家;而在英国以及其他新教国家仍在使用儒略历,牛顿就出生于儒略历的1642年12月25日。我们今天所使用的就是格里历,按照格里历,牛顿出生于1643年1月4日;而按照儒略历,伽利略去世的时候正好是1641年年底。无论是何种计算方法,两件事都并非发生在同一年。但是有一个同样值得注意的真正的时间上的巧合,来自与现代历法相符的牛顿生日1643年1月4日。在这一情况下,他正好出生在《天体运行论》出版100年后,这突出显示了科学一旦成为文艺复兴的一部分,它的地位确立起来是多么迅速。

尽管正如我们已经看到的,英格兰内战打乱了很多人的生活,但在随后的几年中,林肯郡的日子仍是有如死水般宁静,有3年时间,牛顿很享受他的寡居母亲对他无微不至的照料。但在1645年,他的母亲再嫁,而他被送去与他的外祖父母一起生活,此时的牛顿刚刚到足以明白一切的年纪。毫不夸张地说,牛顿在如此幼小的年纪便被从母亲身边拉走并被丢进了更为严峻的环境,这一境遇给他的人生留下了心灵上的创伤,但这种不近人情并非有意为之,汉娜只是出于实际的考虑。

正像那个时代"绅士"家庭的大多数婚姻(包括汉娜的第一段婚姻)一样,第二次婚姻是一种无感情因素的务实关系,而非因爱成婚。汉娜的新任丈夫巴纳巴斯·史密斯(Barnabas Smith)是一个63岁的鳏夫,后者需要一个新的配偶,而且实际上是从可能的候选人中选择了汉娜(他是北威特姆教区的教区长,此地距离伍尔斯索普不到3千米)。结婚协议中像交易一般的条款包括由这位教区长给年轻的牛顿授予一块地,条件是他居住在远离这个新家的地方。因此,当汉娜离开这里到北威特姆生活之时——在巴纳巴斯于1653年去世之前,她在那儿生了两个女儿和一个儿子,牛顿则在年迈的外祖父母(他们于1609年结婚,年纪肯定几乎像汉娜的新任丈夫一样老)照料下度过了孤独的成长岁月。牛顿的外祖父母看来似乎对牛顿尽责与严厉多过疼爱。

此事的不利一面显而易见,并且显然对牛顿产生了影响,从而使他成长为一个非常孤独的人,不与人交往,也没什么亲密的朋友。但积极的一面是他接受了教育*。如果他父亲在世,牛顿肯定会步他的后尘而成为一名农夫;但是对艾斯库老夫妇来说,送这个男孩去学校读书是自然而然的事(有人猜想这尤其是因为要把他放到不碍事的地方去)。1653年,在母亲第二次孀居后,10岁的牛顿回到了母亲身边,尽管如此,但种子已经播下。当他12岁时,他被送到了格兰瑟姆的语法学校,此地距离伍尔斯索普约8千米。在那儿的那段时期,他租住在一位药剂师克拉克(Clark)先生家中,克拉克的妻子有一个兄弟巴宾顿(Humphrey Babington),是剑桥三一学院的校董,但大部分时间都待在格兰瑟姆附近的布斯比帕格内尔,在这里担任教区长。

尽管牛顿在学校里看来似乎很孤独,但他是个好学生,还显示出作为一名模型制造者(就像胡克的技能一样)的不一般的能力。他制造的装置(远不止是玩具)有一个能用的风车模型,还有在夜里放飞一只缚着纸灯笼的风筝,从而导致了有记录的最早的UFO恐慌之一。虽然他受过作为体面人的教育(主要是古典文学、拉丁语和希腊语),但牛顿的母亲还是希望他能在年纪足够大时把家庭农场接过去。1659年,他从学校被叫回家去(通过实践经验)学习如何管理地产。这证明真是糟糕透顶。他对书本的兴趣甚于对牲畜的兴趣,他在田间也会掏出书来读。有好几次,牛顿因为放任他的牲畜去祸害其他农夫的作物而被罚了款,而他对他的农事职责心不在焉的很多故事则流传下来,经年累月之间无疑也增加了很多渲染的成分。当牛顿在这个领域表现出并不胜任之时(这也许在某种程度上是故意为之),汉娜的哥哥、剑桥毕业生威廉也

---

* 而且从长远来看,牛顿在经济方面获得了保障,不但(通过他母亲)继承了他父亲的财产,而且继承了巴纳巴斯·史密斯的一份不菲的财产以及汉娜从她父母那里继承的部分财产。牛顿一到21岁就再也没为钱发过愁,而且他还从巴纳巴斯·史密斯授予他的那块地上得到收入,而这块地也是巴纳巴斯·史密斯与汉娜的婚姻协议的一部分。

正在力劝她让这个年轻人听从天生的爱好,前往大学去读书。哥哥的劝说加上牛顿在她田里搞出的一团糟,让她勉强接受了现实,1660年(复辟之年),牛顿回到了学校准备剑桥的入学考试。在巴宾顿的建议下(而且无疑也得益于巴宾顿的影响),他于1661年7月8日得到了三一学院的入学资格。彼时他已18岁——差不多是今天人们上大学的年纪,但在17世纪60年代,要比进入剑桥大学的大多数年轻绅士都要年长,当时他们通常是在十四五岁的年纪在仆人陪伴下去大学读书。

不过,牛顿不但没有自己的仆人,他自己还要充当仆人。他的母亲不能容忍在这个她仍然认为是浪费钱的嗜好上花太多钱,虽然她当时每年的收入超过700英镑,但她一年只给牛顿10英镑。当时,做学生们的仆人(称为减费生)可能会非常令人不快,其职责包括诸如为主人倒夜壶这样的事。这也有着明显的负面的社会意味。但牛顿在这里还算幸运(或者说狡猾),正式来说,他是巴宾顿的学生,但巴宾顿不常在学院,而且他是牛顿的朋友而并不强调他们的主仆关系。即便如此,也许因为地位低微抑或他内向的性格,牛顿在剑桥的日子似乎过得很惨,直到1663年年初他遇到威金斯(Nicholas Wickins)并与之结下了友谊。他们都和室友闹得很不开心,并且决定共居一室,而在随后20年中这也是他们最友好的相处方式。牛顿相当有可能是一名同性恋者。他只同男人有着亲密关系,尽管并没有证据表明他们发生过性关系(同样地,也没有证据表明他们没发生过性关系)。这对他的科学工作并不重要,但在他不为人知的性格方面也许可以提供另一个线索。

当牛顿决定对剑桥那些一般的课程不管不顾,而去读那些他想读的书(包括伽利略和笛卡儿的著作)之时,他的科学工作也开始了。17世纪60年代,剑桥远未成为顶尖学术中心。与牛津相比,剑桥是个落后地方,而且与牛津不同,剑桥并未从与学术精英们的亲密关系中获得什么好处,仍然以机械刻板的方式在讲授亚里士多德,而剑桥的教育培养出的人唯一适合做的事就是一个胜任的牧师或是一个糟糕的医生。但第一次转机于1663年来到了。卢卡斯（Henry Lucas）在剑桥捐赠资助了一个数学教授职位，这是第一个在大学里设立的科学教授职位（也是自1540年以来各种新式讲席中的第一个）。第一任卢卡斯数学教授是巴罗，先前是一名希腊语教授（这可以给你一些关于科学当时在剑桥所处地位的印象）。这项任命具有双重的重要意义——首先因为巴罗的确讲授了一些数学（他在1664年的第一门课程可能对激发牛顿在科学方面的兴趣产生了非常重要的影响），其次，正如我们已经看到的，则是因为当他在5年后辞去这一职位时所发生的事。

根据牛顿本人后来的记述，正是在1663—1668年的5年之间，他完成了让他如今闻名于世的大部分工作。我已经讨论过他有关光与颜色的工作，这方面的工作导致了他与胡克之间著名的口水战。但还有另外两项至关重要的工作有必要被放入当时的背景中——牛顿对现在称之为微积分[牛顿称之为流数（fluxions）]的数学方法的发明以及他有关引力的工作，这些最终形成了《原理》一书。

无论确切是什么激励了牛顿，到1664年的时候，他已是一名热心（如果是不落俗套的）学者，并且渴望延长他在剑桥的时光。实现这一点的方式首先就是去赢得一份提供给大学生的为数不多的奖学金，然后在几年后赢得选举成为学院研究员。1664年4月，牛顿实现了必不可少的第一步，虽然他未能听完规定的课程，但还是赢得了一笔奖学金，而且几乎肯定是因为巴宾顿的影响，巴宾顿那时已是学院的资深成员了。奖学金为他挣得了一小笔收入，提供了生计所需，也帮他摆脱掉了减费生的耻辱。它还意味着在1665年1月自动获得文学士学位之后（在那个年代，一旦你在剑桥，那么除非你像很多学生那样选择提早离开，否则不可能拿不到学位），他可以在此定居，研究他喜欢的东西，直到他在1668年成为文学硕士。

微积分的发展

牛顿是一个做事着迷的人,无论正在做什么,他都会将自己全身心投入其中。当进行研究或是做实验的时候,他会废寝忘食,而在他的光学研究期间,他在自己身上进行了一些实在很吓人的实验——长时间盯着太阳而几乎失明,用一根大粗针(很粗而不尖的有大眼的针)在他的眼睛里翻来弄去,以研究如此粗暴对待眼睛而产生的有色图像。同样的痴迷在他后来的人生中也为人所共知,无论是他在皇家铸币厂的职责,还是他与诸如胡克以及微积分的另一位发明者莱布尼茨(Gottfried Leibnitz,1646—1716)等人的争论中都是如此。尽管并无疑问的是牛顿在17世纪60年代中期先有此想法,但同样并无疑问的是莱布尼茨在稍后不久独立发现了这一思想(牛顿在当时不屑于告知任何人他的工作),而且莱布尼茨还提出了一种更容易理解的形式。我并无意于去探究数学的细节。微积分最关键之处在于,它使得根据已知初始状态对随时间发生变化的事进行精确计算成为可能,比如计算行星在其轨道上的位置。要深入探究牛顿与莱布尼茨之争的所有细节将是沉闷乏味的,重点是他们的确在17世纪下半叶逐渐阐明了微积分,从而给18世纪乃至后来几个世纪的科学家提供了在研究有变化发生的过程时所需的数学工具。如果没有微积分,现代物理科学简直就不会存在。

牛顿对这些数学方法的深刻洞察以及他对引力研究的开始,都发生在同一个时期,即剑桥的日常生活因为瘟疫的威胁而中断之时。在他毕业后不久,大学临时关闭,大学的学者们也被疏散以躲避瘟疫。1665年夏,牛顿回到了林肯郡,在这里一直住到1666年3月。随后似乎安全而可以返回剑桥了,但随着天气变暖,瘟疫再次暴发,他于6月再度离开来到乡村,在林肯郡一直待到1667年4月瘟疫过去。在林肯郡的时候,牛顿的时间是在伍尔斯索普和巴宾顿位于布斯比帕格内尔的教区度过的,因此,著名的苹果事件发生在什么地方并不确定(假如它真的像牛顿所宣称的发生在这一时期)。但可以确定的是,按牛顿本人在半个世纪之后所写的:"在那些日子里,我正处于发现和思考数学及哲学的全盛时期,远甚于后来任何时期。"1666年年底,就在这段充满灵感的时期,牛顿开心地度过了他24岁的生日。

根据牛顿后来讲述的故事,在发生瘟疫的那些年,有一次,他看到一只苹果从树上掉落并且很想知道,如果地球引力的影响可以延伸到树顶,那么它是否可以一路延伸到月球。他随后通过计算推测,将月球维持在其轨道上所需要的力以及使苹果从树上掉下来所需要的力都可以用地球的引力来解释——如果这个力随物体与地心距离的平方反比而减少。经过牛顿小心表述,此中意味便是他在1666年的时候就有了平方反比定律的思想,早在哈雷、胡克与雷恩之间的讨论之前。但牛顿在重写有利于自己的历史方面也是个伟大的人物,平方反比定律是逐渐形成的,远非像这个故事中所说的那样。从年代可以确定的牛顿本人的论文中写下的证据来看,在他完成于瘟疫发生年代的有关引力的工作中,并无有关月球的内容。促使他开始思考引力的是,反对地球可能在绕自身的轴旋转者所使用的古老论据,大意是,如果它在旋转,那么因为离心力,它就会分崩离析。牛顿计算了这一向外的力作用于地球表面的强度,并且将它与引力的测量值相比较,显示出地球表面所受到的引力是向外的力的数百倍,因此这个论据是站不住脚的。随后,在他于返回剑桥之后的某一时间(但肯定是在1670年之前)所写的文档中,他将这些力与"月球从地心退行所需要的力"相比较,发现**地球表面所受到的**引力强于维持月球在其轨道上运行的向外的(离心)力约4000倍。如果引力的减少符合平方反比定律,那么这个向外的力就会与地球引力保持平衡,但是牛顿在当时并未明确指出这一点。不过,他还注意到根据开普勒定律,维持行星在其轨道上"从日心退行所需要的力"与它们同太阳之间的距离平方成反比。

假如事情并不像牛顿费心表述的那个神话那么令人印象深刻,那么到1670年的时候得到这些也仍然是不平凡的了。而且不要忘了,到这时为止,还不到30岁的牛顿已经基本完成了他在光学和微积分方面的工作。但引力研究此时只是他的一件次要的工作,因为牛顿的热情又转向了一个新领域——炼金术。在接下来的20年间,牛顿对炼金术投入的时间和精力远甚于他全部的科学工作——这些我们今天如此崇敬的科学工作,不过这完全是一条死胡同,因此这里就不再花篇幅来对他在炼金术方面的工作进行详细讨论了*。他还有其他一些分散注意力的事,与他在三一学院的职位以及他本人的非正统宗教信仰有关。

1667年,牛顿当选为三一学院的副研究员,1668年在他成为一名文学硕士之时又自动成为研究员。这又给了他7年时间去做他喜欢的事,但也包括向正统宗教做出一项承诺——具体来说就是在获得研究员职位时,所有新当选的研究员都得宣誓"我将把神学作为我的研究目标,并且当教义所规定的时刻到来时,我将担任圣职,否则我将从学院辞职而去"。问题是牛顿是个阿里乌斯派信徒**。与布鲁诺不一样的是,牛顿并不打算为他的信仰而走向火刑柱,但他也不准备通过宣誓对三位一体的信仰做出妥协,那样他就会被要求去担任圣职。在17世纪后期的英格兰做一名阿里乌斯派信徒实际上并不是一个严重的罪过,但如果此事被人知晓,牛顿就会被开除公职,而且肯定会被一所名为

---

*主要讲述牛顿人生中的这一方面的一部通俗著作,可见怀特(Michael White)所著《艾萨克·牛顿:最后的炼金术士》(*Isaac Newton:the last sorcerer*)。

**牛顿遵从的是4世纪亚历山大里亚的阿里乌斯派教义。阿里乌斯教强调上帝是唯一的存在,因此耶稣并不是真正的神。这些思想在建立于三位一体概念基础上的教派看来是异端思想。

"三一"的学院拒之门外。还有另一原因让他变得守口如瓶、性格内向；17世纪70年代早期，也许是找到了一个漏洞，牛顿逐渐形成了另一个让他长期着迷的爱好：对神学进行细致的研究（堪比他对炼金术的研究，并且有助于解释为什么他在30岁之后没有做什么新的科学研究）。不过，使得牛顿获救的不是这些成就，而是因为一个由卢卡斯为与他同名的讲席订立的一个古怪的规定。

牛顿于1669年继巴罗之后成为卢卡斯教授，时年26岁。这条古怪的规定与所有的大学传统背道而驰，它要求任何一位讲席拥有者都不得接受需要住在剑桥之外或是"治愈灵魂"的教会中的职位。1675年，牛顿用这一规定为借口，得到巴罗（当时是三一学院院长）的许可，向国王请求特许所有卢卡斯教授免除承担圣职的要求。查理二世是皇家学会的赞助人（别忘了牛顿此时在学会里因其反射式望远镜和光学方面的工作而闻名）和科学的热情支持者，他批准了这项永久特许状，"以给予那些当选以及即将当选为上述教授职位的饱学之士应有的鼓励"。牛顿安全了——根据国王的特许状，他将不会担任圣职，而学院会撤回他在成为研究员的第一个7年结束后必须离开的规定。

胡克与牛顿之争

就在牛顿对在剑桥的前途焦虑万分的当口，他还卷入了与胡克有关光学原理的优先权之争，这在1675年那封"巨人肩膀上"的信中达到了高潮。现在我们可以理解牛顿何以在整件事上如此愤怒了——他更感到不安的是他在剑桥的前途地位，远甚于对胡克保持礼貌。不过颇具讽刺意味的是，当牛顿从他对引力思想的探究中分心而去时，1674年，胡克已经触及了轨道运动问题的核心。在这一年发表的一篇论文中，他丢弃了力的平衡的观点，即某种内推的力和某种外推的力相互平衡,以维持一个像月球这样的天体在其轨道上。他认识到轨道运动是由月球沿直线运动的趋向加上一个将它拉向地球的**单一的**力所导致的。牛顿、惠更斯以及其他所有人仍然在谈论"从中心后退的趋向"或者某些类似的表达,甚至在牛顿当时的工作中所体现出的意味都是,不管天体向外运动的趋向,某种类似笛卡儿的旋涡将天体向后推入它们的轨道。胡克还取消了旋涡,引入了我们现在称之为"超距作用"的概念——引力向外穿过**虚空**拖住月球或行星。

1679年,在最初面临的问题解决之后,胡克写信给牛顿请他对这些(已经发表的)观点提出建议。正是胡克向牛顿介绍了超距作用的概念(它很快就出现在牛顿后来关于引力的所有文章中而没有注释)以及直线轨道因引力作用而弯曲的观点。但牛顿并不情愿深陷其中,他在给胡克的信中写道:

> 几年前我就已经尝试从哲学转向其他研究,多年来我花了大量的时间在这些研究上,以致我对在哲学研究上花时间而颇有怨言……我希望这不会被理解为对你或皇家学会的不近人情,以为我不情愿从事这些事务。

尽管如此,牛顿的确建议了一种检验地球旋转的方法。在过去曾有提议说,如果一个物体被从一个足够高的塔上丢下来,地球的旋转应该可以显露出来,因为物体会由于地球旋转而落在后面,从而掉落在塔的后面。牛顿指出,塔顶必定比塔基运动得更快,因为它距离地心更远,相应地,在24小时中走过的圆周更长。因此下落物体应当落在塔的前面。相当疏忽大意的一点是,在一幅展示他的意思的图画中,牛顿画出的落体轨道好像地球并不在那儿,在引力作用下呈螺旋形进入地心。但他在信的最后写道:

但是我对哲学的喜爱正在被消磨殆尽,因此我对它的关注甚少,就好像一个零售商对他人的生意或是一个乡下人对学习的态度一样。我必须得承认我不愿意花时间来写这些东西,我觉得让我感到满足的是,我可以把时间更多地花在其他方面。

但是画那个螺旋将牛顿卷入更多的"哲学"通信,无论他是否愿意。胡克指出了这个错误,并且提出落体所依循的正确的轨道——假定它可以毫无阻力地通过固态地球——会是某种缩扁的椭圆形。牛顿反过来纠正了胡克的推测,表明在地球轨道之内的物体逐渐落向地心时并不是沿着某种任意线,而是某种不确定的轨道运动,依循一条像椭圆一样的路线,但其整个轨道会随时间流逝而发生变化。胡克反过来回复,大意是说,牛顿的计算其实是基于引力,它"对与中心不同距离的所有物体都具有相等的力……但我的推测是,这个引力总是与物体到其中心距离的倒数自成比例",换句话来说就是平方反比定律。

牛顿并未费心回复这封信,但证据显示,尽管他对哲学的喜爱正在消磨殆尽,但正是这件事在1680年激励他去**证明**引力的平方反比定律要求行星处于椭圆轨道或圆形轨道,而该定律意味着,彗星要么沿椭圆轨道要么沿抛物线轨道绕太阳运行*,在这方面,胡克和其他人只能做出推测。这就是为什么当哈雷于1684年来访时他已经准备好了答案。

---

*事实上,所有这些工作中最难的数学部分是证明下述这一点是正确的:当运用平方反比定律时,从地心或太阳中心计算引力的作用,相当于视所有的质量都浓缩为一个点。微积分使得这一计算相对简单直接,但牛顿意识到除非他的同行们用相似的语言来表达,否则是不会接受微积分的,因此便有意在他发表的证明中避免使用微积分。没有人知道他是不是先用微积分做出所有的计算,然后再转换为旧式的数学。假如他的确如此做了,则这种做法其实和他从旧式数学方法开始一样令人印象深刻。

牛顿的《数学原理》：平方反比定律与三大运动定律

在那之后并不都是一帆风顺，但紧随那次剑桥邂逅之后，哈雷的诸般甜言蜜语与鼓励先是引出了一篇有 9 页的论文的发表（1684 年 11 月），该文清楚说明了平方反比定律是有效的，然后便是牛顿史诗般的 3 卷本巨著《自然哲学的数学原理》于 1687 年的出版，他的这部著作作为整个物理学奠定了基础，不仅清楚说明了引力的平方反比定律的含义和描绘宇宙万物之运动的运动三定律，而且明确了物理学定律无疑是影响万物的**普遍**规律。这里还有时间可以对牛顿的个性稍做打量——当胡克抱怨这部手稿并没有给他以充分的赞许时，牛顿先是威胁要撤回第三卷不出版，之后又在付梓之前将全文仔细检查了一遍，野蛮地删除掉了对胡克的全部引用。以胡克在皇家学会中的身份是可以看到这份手稿的，而他的抱怨也是有理有据的，因为他已经觉察到这一重要洞见并将之告诉了牛顿，尽管他并没有才能像牛顿那样去完成这一数学工作。

除了将万物整合为一体的卓越的数学才华，《原理》之所以产生如此巨大的影响，是因为它实现了科学家们自哥白尼时代便一直在摸索的认识（而并不必然认识到），即世界本质上是以人类所能理解的机械原理为基础来运行的，而不是遵从某种魔法或是反复无常的神的一时兴起。

对于牛顿以及他同时代的很多（但绝非所有）人来说，上帝仍然是万物设计者的角色，甚至是一个"亲自动手"的设计者，有时可能会加以干涉以保证他创造的宇宙万物平稳运行。但对于很多牛顿之后的追随者们来说日益清楚的是，无论宇宙最初是怎样创生的，一旦它运行起来，也就不再需要任何外力的介入了。经常被用到的一个类比就是钟表的机械装置。想象一下牛顿时代教堂里巨大的时钟,不只是标记时间的指针,还有在整点时从内部钻出来的木制人像,做成小人造型,还会用一个小锤在钟上敲一下。表面上看来是一个很复杂的设计,但所有这些都来自一个非常简单的钟摆的动力。牛顿以科学家的眼光面对这一事实,即宇宙的基本原理可能很简单而且是可以理解的,不管它表面看来有多么复杂。他还对科学方法有着非常清楚的领会,他[在给法国耶稣会士帕迪斯(Gaston Pardies)的信中]曾写道:

> 进行哲学探讨的最好与最安全的方法看来是,首先坚持不懈地探究事物的性质,并以知识经验证实这些性质,然后用更多时间进一步提出假说以对这些性质做出解释。假说应当只被用于解释事物的性质,而不是假设确证它们;除非可以给出实验。

换言之,科学关乎事实,而非想象。

《原理》的出版标志着科学已经成为一门成熟的知识学科,将它年轻时代的那些荒唐行为抛诸身后,而专注于以成熟的眼光研究这个世界。但这并不只是因为牛顿。牛顿是他所处时代的人,将身边四处冒出的想法清晰地表达出来(特别是用方程表述),将其他科学家所努力表达的东西比他们本人表达得更为清楚。他的书引起如此巨大反响的另一个原因是,它扣动了时代的心弦,因为做此综合并奠定基础的时机已经成熟了。对于几乎每一位读过《原理》的科学家来说,这一时刻必定正像斯诺(C. P. Snow)在《研究》(The Search)一书中所说:"我看到一堆杂乱无章的事实开始排列成行并变得有序……'但它是真实的,'我对自己说,'它非常美丽。而且它是真实的。'"

《原理》的出版所带来的一个结果是,牛顿本人成了一位知名科学家,影响远远超出皇家学会这个圈子。牛顿的一个朋友、哲学家洛克

(John Locke)提及这本书时写道:

> 无与伦比的牛顿先生已经展示了,应用于自然某些方面
> 的数学可以在多大程度上对由事实证明的原理产生多么大的
> 影响,他将我们带入了关于——也许我可以称它们为——高
> 深莫测之宇宙的某些独特领域。

但是在1687年,牛顿已经不再是一位科学家了(他在这年的年底
就45岁了,而且早就对哲学失去了热情)。不错,他的《光学》将会在18
世纪初出版——但这是一项很多年前做的工作,一直放到胡克去世,并
且可以出版而不会让胡克得到机会对之做出评论或是对其在光学方面
的工作要求记上任何功劳。但由《原理》所带来的身份地位可能是其中
一个因素,激励牛顿成为另一种意义上的公众人物,而且尽管他的人生
故事的其余部分很少与科学有关,但仍值得概述一下他在科学工作之
外所达到的成就。

牛顿的晚年生活

牛顿早在1687年年初便成了政界的明星,彼时正是《原理》脱稿并
经由哈雷出版面世之后。詹姆斯二世于1685年继承了其兄的王位,在
位初期一度小心翼翼,而到1687年时他便开始四处横行起来。除了其
他一些事之外,詹姆斯二世试图将天主教的影响扩展到剑桥大学。牛
顿到此时已经是三一学院的资深研究员(而且也许因为担心作为一名
阿里乌斯派教徒而身处天主教徒统治之下的可能遭遇深受影响),他是
剑桥大学里抵制这一运动的人群的领袖之一,也是不得不出庭在声名
狼藉的法官杰弗里斯(Jeffreys)面前为其立场辩护的9名研究员之一。
当詹姆斯于1688年年底被从王位上赶走,并于1689年年初在所谓"光

荣革命"中被奥兰治的威廉(查理一世的一个孙子)及其妻子玛丽(詹姆斯二世的女儿)所取代 * 之时,牛顿成为剑桥大学派到伦敦的两名议员之一。尽管他在议会中根本就不怎么活跃,而且当议会(完成了其使威廉与玛丽的继位合法化的任务之后)于1690年年初解散之时也并未自荐以再次当选,但伦敦的生活经历以及对重大事件的参与使得牛顿对剑桥日益增长的不满情绪愈发加剧。尽管他在17世纪90年代早期专心致志于他的炼金术工作,但在1693年,他似乎患上了严重的神经衰弱,原因是经年累月的过度操劳,隐藏其非正统宗教观点的压力,可能还有他与一名来自瑞士的年轻数学家尼古拉斯·法蒂奥·德杜伊利尔(Nicholas Fatio de Duillier,通常被称为法蒂奥)在过去3年间的亲密关系之破裂。当牛顿痊愈时,他差不多是绝望地寻求某种离开剑桥的途径。当他于1696年得到皇家铸币厂总监的任职机会时,他便急不可待地接受了。这一提议来自蒙塔古(Charles Montague),他生于1661年,以前是剑桥的学生。蒙塔古知道牛顿,此时是财政大臣,但也抓住时机于1695—1698年担任了皇家学会的会长。

总监之职实际上是铸币厂的第二把交椅,而且可以被看作一份报酬丰厚的闲职。但是由于当时的铸币厂厂长实际上把自己的职位看作一份闲职,牛顿便也因此有机会而大权在握。他很着迷地接过了这一职位,帮助铸币厂渡过了重铸货币的重大难关,并且冷酷无情地打击造假币者(处罚通常是施以绞刑,牛顿成了一名地方行政官,以确保法律是站在他这一边的)。当厂长于1699年去世之时,牛顿接任了厂长之

---

* 威廉和玛丽取得王位实际上是全面入侵英格兰并以武力攫取伦敦的结果,尽管这场入侵在很大程度上是以不流血的方式而且受到很多人的欢迎。但历史是由胜利者书写的,如果你想让大众高兴的话,那么光荣革命听起来远比入侵好听得多。这场"革命"最重要的特征是,它使得英国政治权力的天平离开国王一边而倒向议会,如果没有议会,威廉和玛丽不可能成功。

职——在铸币厂漫长的历史中,总监以此种方式升任是唯一的一次。牛顿在铸币厂的巨大成功激励着他再次站出来参选议员[可能是在蒙塔古的强烈要求下,蒙塔古此时是哈利法克斯勋爵(Lord Halifax),后来则成为哈利法克斯伯爵(Earl Halifax)],他于1701年成功当选,一直任职到1702年5月威廉二世去世(玛丽已先他一步于1694年去世)而议会解散之时。詹姆斯二世的二女儿安妮(Anne)继承了威廉的王位,在安妮继位前以及在位的12年间,她深受哈利法克斯的影响。在1705年的选举运动中,她封受哈利法克斯保护的牛顿以及哈利法克斯的兄弟为爵士,以期这一荣耀会促使选民支持他们。

这并没给他们带来什么好处——哈利法克斯作为一个整体的派别落选,而作为个人的牛顿也一样,此时的牛顿已经六十几岁了,再也没有参选。但这个故事还是值得一提,因为很多人认为牛顿是因为科学而被授予爵位的,还有一些人则认为这是对他在铸币厂工作的嘉许,但真相是,这更是一场肮脏的政治投机,是哈利法克斯为赢得1705年选举而做出的不成功的尝试的一部分。

胡克之死与牛顿《光学》之出版

不过到此时,牛顿很高兴能脱离政治,因为他已经找到了他最后的巨大舞台。胡克已于1703年3月去世,牛顿则在这年11月当选为皇家学会会长,而在此之前,只要胡克这位皇家学会的实际创建者还在,牛顿便在很大程度上与学会保持着距离。《光学》于1704年出版,在随后的20年里,牛顿以他惯常的细致入微的风格主持皇家学会。1710年,他的一项监督职责是,将皇家学会从格雷沙姆学院逼仄的空间移至格莱恩大院的大宅中去。毫无疑问的是,这次搬家拖延了很长时间——一名格雷沙姆学院的来访者就在这次搬家之前写道:"最后,我们看到了学会通常用来开会的房间。它小得可怜,房间里最好的东西就是其会员的肖像,其中最引人注目的就是玻意耳和胡克的肖像。"*有很多肖像不得不从格雷沙姆学院搬到格莱恩大院,这是由执迷于细节的牛顿来监督完成的。唯一丢失而再也看不到的肖像是胡克的一幅,他的肖像一幅也没保存下来。假如牛顿如此费尽心力要从历史上淡化胡克的角色,那么胡克必定是一位真正令人印象深刻的科学家。

最初使得皇家学会得以运行的是胡克,牛顿则塑造了它的组织形式,而皇家学会以此形式运行并在两个世纪乃至更长时间里一直是世界顶尖的科学学会。但牛顿并未随着年纪和声望的增长而变得平和。作为皇家学会会长,他还卷入到另一场令人讨厌的争论,这一次是同首任皇家天文学家弗拉姆斯蒂德,后者在所有内容都经过核查并复核之前并不愿意发表他的新星表,但其他所有人都想不顾一切地弄到这些数据。尽管牛顿好争论的性格令人很不舒服,但他在铸币厂或是在皇家学会的成就已足够使他成为一个重要的历史人物,即使他本人只是一位科学家。

在伦敦,牛顿的房子由他的外甥女凯瑟琳·巴顿(Catherine Barton)照管(也就是告诉用人们要做些什么,此时的牛顿是个非常有钱的人了)。巴顿出生于1679年,她是牛顿同母异父的妹妹汉娜·史密斯(Hannah Smith)的女儿,汉娜·史密斯曾嫁给罗伯特·巴顿(Robert Barton),后者于1693年去世,给家庭留下个贫穷的烂摊子。牛顿对他的家庭一直都很慷慨大方,而凯瑟琳是个大美人,也是个出色的管家。没有迹象表明牛顿曾与他自己的外甥女有染,而凯瑟琳赢得了哈利法克斯的爱情,后者似乎是在1703年前后第一次邂逅凯瑟琳,当时他40出头,太太刚刚去世。1706年,哈利法克斯起草了一份遗嘱,除了其他遗产之

---

* 冯·乌芬巴赫(Conrad von Uffenbach),伦敦,1710年。

外,他将3000英镑以及他所有的珠宝作为遗产的一部分都留给了凯瑟琳,"作为我长久以来对她的伟大爱情的小小象征"。那年的晚些时候,他为她买了价值每年300英镑的年金保险(3倍于皇家天文学家的薪酬)。1713年,也就是他成为乔治一世(George Ⅰ)*的首相一年之前,他改动了遗嘱,给她留下5000英镑(弗拉姆斯蒂德年收入的50倍)以及一座房子(他并不真的拥有这个房子,但是这并不要紧),"象征着我对她长久以来的诚挚的爱情与崇敬,也是对我在与她的对话中得到的愉悦与幸福的小小报偿"。

这份遗嘱在1715年哈利法克斯去世时公之于众,这种措辞上的审慎带来了很多欢乐,尤其是对于牛顿的大敌弗拉姆斯蒂德。如果在对话之外还有什么的话,我们将永不会知晓。但很显然这份遗产是多么丰厚——牛顿本人于1727年3月28日以85岁高龄去世的时候,他留下了3万多英镑,平均分给了他母亲第二次婚姻带来的8个外甥和外甥女。因此,凯瑟琳因其口才而从哈利法克斯那里得到的遗产远比从他富有的舅舅那里得到的要可观得多。

当其他科学家在18世纪早期尚在专心研读《原理》的意味之时(在某种意义上来说,物理科学在整个世纪都一直处于牛顿的影响之下),第一个接受牛顿工作所提出的挑战与机遇的人,恰当而言,是哈雷。他不仅是《原理》一书的促成者,从科学意义上来说,也是第一位后牛顿时代的科学家。从与之相关的科学而言,胡克和牛顿都是完全意义上的17世纪的人物,不过他们的确都一直活到了新的世纪。但是,更为年轻

* 英国不得不转而求助汉诺威的乔治(Hanovarian George)来做国王,因为斯图亚特王朝已经完蛋了;尽管安妮有17个孩子,但只有一个活过了婴儿期,而他于1700年去世。乔治是詹姆斯一世的曾孙,几乎不会说一句英文,并且在位(1714—1727)的大部分时间都住在汉诺威。不过在这个时候,谁是国王并没什么要紧,因为国家是由议会管理的。

的哈雷横跨17、18两个世纪,并且在新的世纪中,在牛顿革命之后做出了他的某些最好的研究。不过,正如我们将要看到的,沿着这条路,哈雷设法在其人生中填充了更多内容,远比胡克和牛顿加在一起都更为丰富。

◇ 第六章

拓展中的视野

在牛顿之后的那个世纪,在理解人类在宇宙中的位置方面,最意义深远的变化是人们越来越认识到空间的广阔与过往时间之跨度的巨大。随着科学普遍接受了牛顿对物理学加以系统化并论证受自然规律支配的有序的宇宙(universe)[或是像当时所用的词:世界(world)]性质的方式,从某种意义上来说,这个世纪所上演的就是一场你追我赶的场面。科学的思想从物理学——科学的核心——延伸到明显相关的领域,如天文学与地质学,也(缓慢地)扩展到生物学领域,生命形式与亲缘关系被确立起来,成为发现生命世界运行方式,尤其是进化规律与自然选择原理的一个重要的先兆。随着18世纪慢慢过去,化学也越来越科学化而渐少神秘色彩。而这一切都是因为科学尝试去解释的领域得到极大扩展。

哈雷

关于牛顿的(或胡克的、哈雷的、雷恩的)在普遍意义上的引力的平方反比定律,最重要之处并非它是一个平方反比定律(虽然这很有趣而且重要),也肯定不是谁第一个想到它,而是它是普适的(universal)。它适用于宇宙万物,而且在宇宙历史上任何时期都适用。使科学界清楚领会到这一点的人是哈雷,他也是最早拓展时间边界的人之一,我们上一次提到他时,他是作为《自然哲学的数学原理》一书出版的促成者出现的。这是一项艰巨的任务。当牛顿因为诸如胡克这样的人而发火时,哈雷从旁安慰,除此之外,他所做的还有与印刷商打交道、阅读校样等,并且最后支付了该书的出版费用,尽管当时他自己的经济境况很困难。1686年5月,皇家学会(当时是在佩皮斯的任期之内)同意以学会的名义出版,并且支付费用。但是它无力实现这一承诺。据认为,资金匮乏的托词是一个政治策略,导致这一结果的原因是牛顿与胡克之间爆发了优先权之争,而皇家学会并不希望被人看到拉偏手。但似乎更有可能的是该学会在财政上确实无能力去实现它对牛顿的承诺。皇家学会在建立之后数十年间资金一直是捉襟见肘(实际上,直到牛顿本人任会长期间才将学会打理得井井有条),而它可用的可怜资金近来被用于支付威洛比(Francis Willughby)的《鱼类志》(*History of Fishes*)一书的出版。该书几乎卖不出去(1743年,学会的存货清单里还有数册副本),这让学会财政艰难,以至于在1686年哈雷收到的是50册《鱼类志》而不是50英镑的薪水。对哈雷来说很幸运的是,与《鱼类志》不同,《原理》销售情况尚好(虽然是用拉丁语写成,而且专业性很强),而且他还从中得到了不多的利润。

与牛顿不同,哈雷在与17世纪末王室继承权问题有关的政治活动中没有扮演任何角色。看来他似乎完全不关心政治,而且曾评论说:

> 就我来看,我为国王所有。如果我受到庇护,我就很满足。我确信我们为我们受到的庇护支付了昂贵代价,那我们为什么不应当从中获得恩泽呢?

置身政治之外并且一直勤于他的科学工作与履行皇家学会的行政职责,哈雷在随后的几年中提出了可与胡克在其独创性巅峰时期的成就相匹敌的种种观点。其中包括一项对《圣经》大洪水的可能原因的探究，这促使他对公元前4004年这个公认的创世年份提出疑问［这个年份是由厄谢尔大主教（Archbishop Ussher）于1620年通过回推《圣经》中的每个世代计算出来的］。哈雷认可曾有一次像《圣经》中所描述那样的灾难性事件，但他通过比较今天地表地貌因腐蚀而改变的方式，认为此事必定发生在至少6000年前。他还假定海水一度是淡水，随着河水携带陆地上的矿物流入大海，其盐分持续不断地增高，从而试图通过分析海洋盐分来推测地球的年龄，并提出一个相应的较长的时段。这些见解导致他在教会当局看来多少有点异端，尽管到这个时候，这一点只意味着他会发现自己要获得一个学术职位很有难度，而不是会被烧死在火刑柱上。哈雷对地磁很有兴趣，并且认为如果地球上各地的磁力首先被精确制图的话，那么它就可以被用来作为一种导航方式。他还研究了大气压力与风的变化，并且于1686年发表了一篇有关信风和季风的论文，其中包含有第一张气象图表。他还是一个实干家，为海军部进行了实验，使用的是他改良的潜水钟，它使人们能够在海底约18米深处每次工作长达两小时。其间，他还计算并发表了首个人类死亡率表，成为据以估算人寿保险费的科学基础。

金星凌日

哈雷把地球年龄拓展了以后，其对于理解宇宙大小的第一个贡献出现于1691年，其时他发表了一篇论文，说明了从地球上不同地点进行的金星凌日的观测，如何能够通过三角测量法和视差法的变化，用以测量地球到太阳的距离。金星凌日是很罕见但可预测的事件，哈雷于1716年回到这个研究题目。当时他预言了随后的两次金星凌日会发生在1761年和1769年，并且留下了如何进行这一必要观测的详细说明。

但在1691—1716年,哈雷的生活经历了剧变。

就在哈雷发表他的第一篇有关金星凌日的论文同一年,牛津大学的天文学萨维尔讲席教授的职位空了出来,哈雷热切地(几乎是不顾一切地)想要得到一个学术职位,要不是教会当局反对他有关地球年龄的见解,他原本会是一个理想的候选人。哈雷申请了这个职位,但并不乐观,他给朋友写信说,"在我证明世界永恒的断言并无过错之前",始终有一个"针对我的警告"。他确实被拒,而被支持者是格雷戈里(David Gregory),一位牛顿的门人。不过说实话,格雷戈里是一位杰出的候选人,因此这项任命看起来主要是根据候选人本身才能所做出的,而不仅仅因为哈雷异于他人的宗教见解。

计算原子大小的努力

只要从哈雷在此期间所从事的大量工作中拣出一件,就可以看出牛津大学正在错过什么。哈雷在冥思苦想一件事:相同大小但不同材质的物体有着不同的重量,例如一块黄金的重量是同样大小的玻璃重量的7倍。牛顿的工作,其中一个推论就是,一个物体的重量取决于它包含有多少物质(它的质量),这就是何以所有物体都以相同的加速度下落的原因——在方程中质量被抵消了。于是哈雷推论说,黄金所包含的物质是同样大小的玻璃所包含的7倍,因此玻璃必定至少还有6/7的空的空间。这导致了他对原子论的思考,并试图找到量度原子大小的方法。他通过搞清楚需要给银丝包上多少金以得到镀金的银而做到了这一点。用于此道的方法需要从一个银锭中抽出银丝,周围包上黄金。根据所用的那块黄金的已知大小以及最终得到的丝的直径与长度,证明包在银外面的黄金外皮正好是1英寸(约2.54厘米)的1/134 500。假定这相当于单独一层原子,哈雷计算出边长为1英寸的1/100的黄金立

方体将包含有超过 2.433×10^9 个原子。尽管镀金银丝的黄金表面是如此完美，以至于看不到银，但他知道，这个数字即便如此巨大，肯定也比原子的实际数目少得多。这项工作于1691年全部发表（发表在皇家学会的《哲学汇刊》上）。

哈雷去海上研究地磁

由于学术抱负受挫，在随后的两年里，哈雷有一段时间与他的朋友米德尔顿（Benjamin Middleton）构思了一个新的计划。米德尔顿是皇家学会的一位富有的会员，他似乎是这个计划的策划者。1693年，他们向海军部建议进行一次考察，以改进海上导航的方法，尤其是通过研究地球不同地点的地磁。在胡克写于这一年的1月11日的日记中，他写到哈雷曾对他提起过"乘米德尔顿的船去发现"。从现代眼光来看，这回避了问题的实质："去发现什么呢？"但是，胡克所用的表达当然是与我们说的"去探索"相同。无论这个建议确切地说的是什么，它都得到了来自海军部的热烈反应，而且在女王[玛丽二世（Mary Ⅱ）]的直接要求下，一条被称为尖尾帆船的小船被专门设计建造出来，并于1694年4月1日首次下水。（当奥兰治的威廉于1688年入侵英格兰时，他的舰队曾包括60条尖尾帆船。）这条船被称为"帕拉莫尔"号，仅有15.8米长，最宽处5.5米，吃水2.9米，排水量为89吨，用于远赴南大西洋之旅（最初的想法是环球旅行！）。

在所有现存的文献中，在此后的两年多时间里都没有关于这个计划的更多记载，那时这条船装备得相当缓慢。这可能对科学来说是格外幸运的事，因为正是在那段时间，哈雷对彗星发生了兴趣。他与牛顿就这个问题交换了一连串的信件，并且证明很多彗星都按照平方反比定律沿椭圆轨道绕太阳运行。通过研究历史记录，他开始猜想1682年看到的彗星就是沿着这样一条轨道运行的彗星,而且之前至少被看到过3次,时间间隔是75年或76年。这在当时没有发表任何文章,主要是因为弗拉姆斯蒂德拥有对1682年彗星最为精确的观测,却不给任何人看(尤其不给哈雷看,他与哈雷已经不说话了)。当时与弗拉姆斯蒂德关系和睦的牛顿,试图说服他把这些数据拿出来,但辛苦了半天只收到弗拉姆斯蒂德的一封信,信中说哈雷"因为他的轻率行为而几乎毁掉了自己",并且隐隐提到这些行为"太恶劣太严重,无法在一纸书信中说起"。没有证据表明哈雷比他同时代的人(比如佩皮斯和胡克)更轻率或是"恶劣",但所有迹象都显示,弗拉姆斯提德相比于他的年纪来说显得相当谨小慎微。

1696年,"帕拉莫尔"号的考察旅行似乎准备就绪,但在最后时刻却遭遇了一场莫名其妙的挫折。6月19日,海军部收到一封来自哈雷的信,列出全体船员的名单,包括15个成年男子、两个男孩、他本人、米德尔顿以及一名仆役,这无疑表明他们差不多准备好航行了。但米德尔顿没什么音讯。8月,船泊置在了湿船坞。最合理的推测是,航行被耽搁的原因是米德尔顿退出了这项计划(就我们所知可能是他去世了),或是因为与法国的多起战争的最新进展,但这让哈雷变得无事可做,而给了牛顿可利用的机会。作为皇家铸币厂的执行官,牛顿当时正在监督货币改革,他任命哈雷担任切斯特铸币厂的代理审计官。这显然有关照之意,但哈雷发现这个工作很乏味,尽管他一直坚持到1698年货币改革完成之时。

在此期间,尽管玛丽女王已去世,但当局对远行去"发现"的热情如果说有什么不同的话,那就是热情比以前增加了。在威廉三世的委派下,该船此时将作为皇家海军舰船出航,携带枪支以及海军船员。但哈雷仍然负责考察探险,而且为此目的,他被委任为皇家海军中尉与指挥官(衔级比船长低一级),并被授予船的指挥权(以船长这一礼节性的头衔）。他是唯一获得皇家海军舰队实际的舰长之职却没怎么出过海的人。虽然在海军的漫长历史中也有其他少数人（包括科学家）曾得到过临时任命，无论是出于行政目的，还是作为荣誉衔级，但没有人真的指挥过一艘船*。10月15日，哈雷接到了关于这场长达一年的航行的详细指示（这对他来说全无出人意料之感，因为正是他本人写下这些内容呈送海军部的），但在他动身之前，他有一个机会见到沙皇彼得大帝（Tsar Peter，当时是他一生最后的20年），后者当时正在英格兰访问以学习造船技术。

彼得是一个"实习"学生，他在德特福德的军港一边工作一边学习如何造船。他暂住于伊夫林的房子里，这里或多或少被他的"派对"毁坏了。哈雷不止一次在那儿跟他一起吃饭，而且可能还参加了彼得最喜欢的游戏——用独轮车推着人以很高的速度从装饰性的树篱穿过。当彼得离开的时候，英国财政部不得不支付给伊夫林超过300英镑作为住宅受损的赔偿，这是花费在派遣"帕拉莫尔"号进行为期一年的南大西洋航行费用的一半。

这次航行开始于1698年10月20日，有关它的故事本身就可以写成一本书了。哈雷的第一副手哈里森（Edward Harrison）** 是一位职业海军军官，不难理解的（假如是不可原谅的）是，他对在一位就快42岁且没怎么出过海的指挥官手下做事提出了异议，而且在1699年春，当船航行到西印度群岛时，麻烦到了不得不解决的程度：哈里森回到他的船舱，留下哈雷独自操纵船只，显然是想要这位船长出丑。哈雷并未如其所愿，而是非常沉着地驾船回国，于6月28日抵达。在处理了一些生

---

*哈雷先前的确有在海上（或至少是在小艇上）的经历。此外，他曾于17世纪80年代末参与调查泰晤士河的通路，因此他并非完全没出过海。但有关他早年岁月的这方面细节的记录是令人泄气的一片空白。

**与钟表制造师哈里森无关。

意上的事务并辞去皇家学会书记的职务之后，9月16日，他在没有哈里森陪伴的情况下回到了海上，并一路进行了磁力观测直到南纬52°（差不多与南非的最南端在相同的纬度），于1700年8月27日胜利返回普利茅斯。

尽管现在哈雷重新恢复了皇家学会会员的身份，但他与海军或政府事务的关系并未结束。1701年，他乘"帕拉莫尔"号去研究了英吉利海峡的潮汐，但还有一项隐秘的议程——现在看来——就是秘密调查去往法国港口的通路，并秘密查明海港的防务部署。1702年，安妮女王在位期间，哈雷作为特使被派往奥地利，表面上是去商谈亚得里亚海的海港防御工事（奥地利皇帝将它向南伸展到很远的地方）。在这次以及随后的旅行中，哈雷看来似乎在沿途进行了一些小的间谍活动（1704年1月，他收到了不多的一笔钱，让他为某些出于谨慎而未被明确说明的官方机构工作，这笔钱出自某秘密部门的基金），而在第二次旅行中，他在汉诺威与未来的乔治一世及其继承人一起进餐。

预言彗星回归

就在哈雷从第二次外交使团返回之前，牛津大学的几何学萨维尔讲席教授去世了。这一次，由于有了身居高位的朋友以及服务君王的记录，毫无疑问，哈雷将会取代他的职位——即使弗拉姆斯蒂德反对说，哈雷"现在像一个船长一样说话、骂人、喝白兰地"。毕竟，他**当过**船长，而且在牛津大学他很喜欢被称为"哈雷船长"，至少直至1710年，他才迟迟地成为"哈雷博士"。他于1704年被指派担任萨维尔讲席一职，一年后，已对从弗拉姆斯蒂德那里得到更为精确的数据不抱指望的哈雷出版了他的著作《彗星天文学纲要》(*A Synopsis of the Astronomy of Comets*)，他正是因为这部著作而被人们深深记住。在此书中，他预言1682年彗星服从牛顿定律，"大约会在1758年"回归。虽然哈雷在1705

年之后仍在科学活动中非常活跃,但有一件工作在他晚年成就中最为引人注目,它开始于他重新回到有关恒星位置研究这一令他声名鹊起的课题。

证明恒星各自独立地运动

自哈雷首赴圣赫勒拿岛远征以来,他的事业随后发生了诸多曲折,这我们已经叙述过了,而在此期间,弗拉姆斯蒂德则为格林尼治皇家天文台所提出的任务而努力工作着——编订更为精确的恒星星表以为航海提供帮助。但实际上什么也没有发表,弗拉姆斯蒂德声称因为他只得到王室象征性地支付的一笔钱,并且还得搭上他自己的全部仪器,所以他拥有这些数据,而且可以喜欢压在手里要多久就多久*。1704年,牛顿作为皇家学会会长劝弗拉姆斯蒂德拿出他的一些观测结果,而新的恒星星表的出版也开始进行。但由于弗拉姆斯蒂德反对以及他声称拥有这些数据,这项工作停了下来。这一状况只能由王室来解决。1710年,安妮女王发出一张委任状,任命牛顿以及他所选中的其他皇家学会会员组成一个天文台访问者理事会,理事会有权力要求获得弗拉姆斯蒂德到当时为止的全部数据,并在每年年末的6个月内得到年度观测结果**。即使是弗拉姆斯蒂德也不可能反对女王的命令。哈雷被委派将所有的材料整理好,其结果便是弗拉姆斯蒂德星表的第一版于1712年出版。争论并未到此结束。一个或多或少得到弗拉姆斯蒂德认可的权威版本最终于1725年,即他去世6年后,由他的遗孀出版。星表给出

---

*这令人想到个人研究者所声称的"拥有"人类基因的专利权,就像声称你可以得到树或是太阳的专利权一样可笑。

**天文台由查理二世建立,后由詹姆斯二世继任,之后是威廉和玛丽,在安妮打破僵局之前,弗拉姆斯蒂德曾有多么不合作,这是一个表现。

了大约3000颗恒星的位置,精度达到10角秒。它确实是到当时为止所发表的此类星表中最精确的,大概任何一个正常人都会为活着看到它出版而感到骄傲。

不过在那很久之前,哈雷就能利用弗拉姆斯蒂德较早时的材料来进行研究,他将弗拉姆斯蒂德的恒星位置与喜帕恰斯在公元前2世纪编订的一份更为有限的星表进行了比较。他发现,尽管希腊人所得到的大部分恒星位置与弗拉姆斯蒂德得到的更为精确的位置非常相符,但在有些情况下,弗拉姆斯蒂德观测到的位置与近2000年前所观测到的位置是如此不同,以至于不可能被解释为古希腊人出了错(特别是,以古希腊人所用观测方法的误差来看,其他恒星的位置显然都是正确的)。例如,大角星(一颗明亮且易于观测的恒星)在18世纪被观察到的位置与古希腊人所记录的位置相距两倍于满月的宽度(大于1°)之遥。唯一的结论是,这些恒星自喜帕恰斯时代以来确实在天上发生了物理位移。这是推翻水晶球理论的最后一击——第一个直接的观测证据,表明把恒星看作附着在一个只比土星轨道(记住,天王星和海王星当时尚未被发现)稍大一点的天球之上的小小的发光体,这一看法是错的。表明恒星之间相对发生位移的证据也是恒星与我们的距离不同、并在3个维度上四散开来的证据。它使得这一观点更为可信,即恒星是另一些太阳,它们距离我们是如此遥远,以至于它们只显露出小小的光点——不过最近的恒星距离被首次直接测到是在100多年之后。

哈雷之死

当弗拉姆斯蒂德于1719年去世时,63岁的哈雷接替他成为皇家天文学家(他于1720年2月9日得到正式任命)。在更换了弗拉姆斯蒂德购买并被他的遗孀搬走的设备(这次得到了官方资助)之后,晚年的哈雷实施了一项完整的观测方案,包括一个为期18年的完整周期的月球运动观测(但由于便携式精密时计的出现,这对于解决航海问题还是太晚了)。他的晚年生活很安逸,因为作为一名前海军军官,曾服务海军3年多时间,他拿到了一笔相当于他的海军薪金一半的退休金。虽然他的妻子于1736年去世,哈雷本人在那段时间略受打击,但他直到去世前不久仍在继续观测。1742年1月14日,哈雷在他85岁生日后不久去世。但即使在他去世之后,他最重要的两项观测仍由其他人继续进行。

如今被称为哈雷彗星的天体像预言的一样按时回归,并于1758年圣诞节第一次被再次观测到,尽管现在的天文学家确定了彗星经过近日点的日期是在1759年4月13日。这是对《原理》中清楚阐述的牛顿万有引力定律与力学原理的成功辩护,确立了牛顿的成就,就像160年后对一次日全食的观测确立了爱因斯坦广义相对论原理一样。1761年,哈雷预言的金星凌日被位于世界各地的6个天文台观测到,1769年再次被观测到,而他在半个世纪之前就曾清楚说明的方法的确被用于计算地日之间的距离,并得出一个非常接近现代最精确测量值149 600 000千米的数字——153 000 000千米。至此,哈雷作出了他对科学最后的重要贡献,而此时是他去世27年后,是他以《南天星表》(*Catalogue of the Southern Stars*)在天文学舞台上崭露头角91年后,也是他出生113年后——这肯定是迄今有记录的最长时期的"活"成就之一。他将世界置于理解时空广阔无边之前夜,这已为关于物理宇宙的研究推知,但它不久将会成为(特别是在时间方面)理解生命世界各物种起源的关键。

伊拉斯谟·达尔文(Erasmus Darwin),无论是凭其自身的身份还是作为查尔斯·达尔文(Charles Darwin)的祖父,都在进化论的故事中扮演了重要角色。他出生于1731年,当时哈雷还是一位非常活跃的皇家天文学家,牛顿则去世不过4年。但是为了给有关进化论的讨论提供一个适当的背景,我们有必要回到17世纪。威洛比是一个适宜开始讲述这个故事的起点,这位博物学家关于鱼的著作在无意中让皇家学会陷入如此绝望的财政处境,以至于哈雷不得不为《原理》的出版而掏腰包。

雷与威洛比:对植物与动物的第一手研究

威洛比的书有两个古怪之处。首先,他在该书于1686年出版时便已去世14年了;其次,他并没有撰写这本书。该书终究出版,更不用说还是以他的名义出版,其原因是他与17世纪最伟大的博物学家约翰·雷(John Ray)的合作关系,后者为自然界的科学研究奠定基础,其所做的工作远甚于他人。约翰·雷有时被描述为生物学界的牛顿,他将自然界整理有序,如同牛顿让物理世界处于有序状态一样。但是他的地位其实更像第谷,他所做的观察日后将被其他人用于建立理论,以及成为生物世界运作方式模型的基础*。威洛比在这个故事中的名正言顺的角色是约翰·雷的朋友、赞助人以及工作伙伴。故事要从约翰·雷本人讲起。他于1627年11月29日出生在埃塞克斯郡名叫布莱克·诺特利的乡村。他是村里铁匠罗杰·雷(Roger Ray)的3个儿子之一。约翰·雷的父亲是当地社区的重要成员,但肯定并不富有;他们的母亲伊丽莎白(Elizabeth)是一位草药种植者和民间治病术士,曾经用植物为生病的村民治病。他们的家族姓氏在教区记录中有各种不同的拼法——Ray、Raye以及Wray,而约翰本人自从进入剑桥大学起为人所知的姓氏都是Wray,直到1670年改回Ray——"W"有可能是他在大学注册时误加上去的,而他在当时太过羞怯而未指出这个错误。

---

*更适于被称为"生物学界的牛顿"的人当然是达尔文。达尔文的伟大著作差不多发表于牛顿去世近150年之后,这一事实准确反映出17世纪末生物学落在物理学后面有多远(部分是由于心理上的原因,人们并不情愿把它们当作有价值的科学考察课题)。

在某种意义上,他进入剑桥这一事实就像是牛顿早期岁月经历的影子,尽管他并没有经历与母亲分离或是父亲去世之痛。他显然是一个聪明的男孩,其能力远远超出乡村学校所能教给他的。他看来似乎从他能力所显示出的兴趣中受益,而这要归功于布莱克·诺特利的两位教区长——去世于1638年的戈德(Thomas Goad)以及他的继任者普卢姆(Joseph Plume),后者是一名剑桥毕业生,雷被送到布雷因特里文法学院学习可能与此人有关。学校除文科课程之外几乎没有什么别的课程,雷接受了如此全面的拉丁文基础训练,以至于他几乎所有的科学工作都是以此种语言写就——在许多方面,他的拉丁文都比英文更为流利。但在布雷因特里,雷被另一位牧师,即布雷因特里教区牧师*注意到了,这位牧师是三一学院的毕业生。多亏有他,雷于1644年入读剑桥,当时他16岁半。

雷的家庭根本不可能支付学费,而这看来似乎曾引起了一些麻烦。雷于1644年5月12日被正式接收为减费生,这似乎是由于柯林斯许下的某种奖学金的承诺。但这肯定成了泡影,结果是通过私人关系,雷于6月28日转到了凯瑟琳学院。他能这样做,是因为布雷因特里教区牧师所能搭上的私人关系与该处拥有者的遗赠有关,维持"剑桥大学也就是凯瑟琳学院和伊曼纽尔学院有前途的穷学者和学生"之生计。在三一学院,雷曾被称为"雷(Ray),约翰,减费生";在凯瑟琳学院,他被称为"Wray,奖学金获得者"。他可能宽慰于得到资助了,而不在意自己姓氏的拼写错误。

在内战以及与之相关的麻烦正盛之时,在剑桥并不是安逸的时光。该地区稳固地掌握在议会(清教徒)派手中,而保皇党(甚或不是清教徒的反保皇派)则冒着从他们在大学的职位上被逐走的危险。这在1645

---

*这位教区牧师名叫柯林斯(Samuel Collins),但并不是一度担任剑桥大学国王学院教务长的那位柯林斯,后者名气更大。

年发生在凯瑟琳学院的院长身上。一定程度上,由于此事引起的剧变(但也因为凯瑟琳学院当时在学术上并不那么突出),雷于1646年转回到三一学院成为一个减费生——他在那时是众所周知的一名杰出学生,而三一学院欢迎他回去。在那里,他成为巴罗(未来的卢卡斯教授)的朋友;巴罗是三一学院的学生,此前在彼得学院,他也是在院长被驱逐后转到三一学院的。巴罗是一名保皇党人(这就是他为何直到王朝复辟之后才在剑桥大学声名显著起来),而雷是一名清教徒,但两个人成了好朋友,并且共用一套公寓。

但是尽管雷就其倾向来说是一名清教徒,他却并不盲从官方的政党路线,这将会对他后来的人生产生深远的影响。清教徒规范的一个外在的标志是认同《神圣盟约》的一套思想,作为长老会教义的一种象征。最初的《神圣盟约》由苏格兰牧师于1638年签署,它拒斥了查理一世以及彼时的坎特伯雷大主教劳德(William Laud)试图将英国国教教义——它被认为与天主教教义非常接近——强加给苏格兰的企图,并且确认(或者说是再次确认)了新教教会信仰以及苏格兰长老会教义的准则。对《神圣盟约》的接受是苏格兰在英国内战第一阶段支持议会的首要条件,同时议会还许诺会根据长老会的路线改革英国国教(依照《神圣盟约》),这意味着(除了其他事之外)废除主教*。很多人因为虔诚的宗教信仰而正式签字同意了《神圣盟约》;还有很多人这么做则是作为例行公事,以避免与当局的任何冲突。某些人,比如雷,根本未曾正式签字,即使同情清教徒。还有一些人,比如巴罗则依据自己的原则而拒绝签字,即使这毁掉了他们的事业前途。

对雷来说,这些变革给个人带来的第一个后果是,尽管他于1648年毕了业并于次年成为三一学院研究员(就在巴罗当选研究员的同一

---

*在内战演出的非常复杂的混乱局面中,因为查理一世和查理二世后来都接受了《神圣盟约》,所以苏格兰人转变了立场,但这对科学史并没有什么影响。

天),但他并未担任圣职。像其他机构一样,三一学院认为如果没有主教,那么任何人被授予圣职就没有合法的方式,因此这一要求也就被免除了——即使雷一直都追求被授予圣职而且想要将他的人生投入教会事业。在接下来的十来年间,他拥有一系列的教职,如希腊语讲师、数学讲师以及古典文学讲师,还历任学院的各种行政管理职务。现在他完全安心无忧了。在他父亲于1655年去世时,他已经能够为他的母亲在布莱克·诺特利建造一处不大的房子,并且在她孀居期间赡养她(他的兄弟姐妹似乎都在年纪轻轻时去世了)。正是在履行他在学院的职责同时,利用研究员可以研究他们所喜欢的方向这一自由,他开始将注意力转向了植物学。由于着迷于植物之间的差异,而且发现没有人能教给他如何识别不同的植物种类,他开始制订自己的分类学方案,并招募任何愿意加入此项工作的学生来帮忙。威洛比正是在这时出场的。

弗朗西斯·威洛比成长于与雷大不相同的背景下。他出生于1635年,是沃里克郡一位小贵族老弗朗西斯·威洛比爵士(Sir Francis Willughby)的儿子;他的母亲是第一代伦敦德里伯爵的女儿,而钱财对年轻的小弗朗西斯来说从来就不是问题。既无钱财之忧,又有一个敏锐的头脑和对自然界的兴趣,威洛比成了他那个时代典型的出身名门而又爱好科学的绅士——确实如此,他后来在25岁时成为皇家学会的创始会员之一。他于1652年来到剑桥,不久成为雷的博物学家圈子中的一员,而且是这位年长者的铁杆朋友。随着《剑桥植物名录》(*Cambridge Catalogue*)*的出版,雷对植物的兴趣于1660年取得了第一个众所周知的成果(威洛比成为文学硕士一年后),该书描述了大学周围地区的植物。他似乎开始了做一个声望卓著的剑桥学术界人士的生涯,但所有

---

　　*他的书在被提到时通常都是用其英文书名,尽管这些书中的大部分都是用拉丁文撰写的。

一切都因为复辟而改变了。

所有的事情于1658年开始发生变化,当时三一学院当局决定,研究员仍然应当是被授予圣职的。雷犹豫不决,即使是他于1659年得到奇德尔(Cheadle)邀约之时。他认为将必需的宣誓仅作为例行公事是不道德的,而且他需要时间去摸着自己的良心,以确定他是否真的想要以那些誓言中所暗示的方式将自己交托给上帝的事业。1660年夏,就在复辟之时,仍未做出决定的雷正同威洛比一起在英国北部和苏格兰旅行,研究植物群和动物群*。在他返回剑桥途中,他发现他的很多清教徒同事已经被驱逐,被保皇党人所取代,在他看来全是形式、毫无实质内容而被他轻视的旧有的礼拜仪式连同主教一起已然恢复了。由于预料会失去他在剑桥的位置,因此他没有回到剑桥,但他被学院催着返回,在那里他是一名很受重视的研究员——而且他毕竟从未在《盟约》上签字。在确信他的确是学院一员之后,他返回剑桥并履行了神职授任的要求,从而在年底前得到林肯市主教接纳成为神父。1661年,他拒绝了柯比朗斯代尔一个高薪厚禄的职位邀约,而更愿意在大学里从事他的事业。

随后的情况则变得很糟糕。尽管查理一世已向《盟约》宣誓效忠,以作为内战时期的政治权宜之计,但他的儿子并无支持这一誓词的打算,而他现在掌握了权力。他还认为其他任何人都应受到这一誓词之束缚是没有道理的。1662年,《统一法案》通过,要求所有的神职人员以及所有在大学就职的人都要声明该誓词——《盟约》正是通过它而被接受的——是非法的,而且曾照此宣誓的人不应受其约束。大多数人都做出赞同《统一法案》的姿态。但雷对誓词非常在意,并且不能接受国王(或是其他任何人)有权以这种方式废除誓词。尽管他本人并未签字

---

*这次考察以及与不同的同事在全英进行的类似考察的成果,最终汇集为《英国植物名录》(*English Catalogue*)一书于1670年出版。

赞成《盟约》,但他拒绝正式发表声明宣称这样做的那些人是错误的,而他们的誓词是非法和没有约束力的。他是三一学院唯一拒绝服从国王指令的研究员,也是整个大学仅有的12个拒绝者之一(但是别忘了顽固的盟约者已然于1660年被开除了)。8月24日,他辞去了他全部的职务,并成为一名没有工作的神父。作为一名神父,他不可能去从事非宗教的工作;但是因为不信奉国教,他也不可能作为神父去从事活动。他前景无望地回到了他的母亲位于布莱克·诺特利的房子,但他的朋友威洛比将他从暗淡的贫困境况中解救了出来。

1662年,雷、威洛比以及雷从前的一个学生斯基庞(Philip Skippon)曾进行过另一次长途的野外考察,这次去了英格兰西部,继续他们对于野生动植物的研究。他们首次提出了这一观点:有关环境与生物物种栖息地的第一手知识对于认识其物理形态与生命方式是基本要素,而任何分类方案必须考虑观察到的野外习性,而不是完全依赖于博物馆保存的标本。正是在这次旅行期间,既然雷如今并无其他职责,他们就决定将旅行延伸到整个欧洲大陆,威洛比可以研究鸟兽鱼虫(在那个年代,虫这个名词几乎包括除鸟、兽或鱼之外的所有动物),而雷则专注于植物。这支小队因又一名三一学院成员纳撒尼尔·培根(Nathaniel Bacon)的加入而扩大,他们于1663年4月从多佛启程,雷的费用当然是他的同伴支付的。在威洛比和培根于1664年扔下其他人回到家中之前,他们的旅行范围包括法国北部、比利时、荷兰、德国部分地区、瑞士、奥地利以及意大利。威洛比将此次考察的第一部分的报告于1665年呈送给了皇家学会。与此同时,雷和斯基庞探访了马耳他和西西里,游历了意大利中部,在罗马逗留了一段时间(在那里,雷还对一颗彗星进行了天文观测,后来由皇家学会出版),然后取道意大利北部、瑞士以及法国返回家中,于1666年春天回到英格兰。雷和斯基庞写出了有关他们的旅行以及所经过国家的详细报告,但他们的首要目的是研究生物界,这一旅行为雷最伟大的著作以及持久的声望提供了大量的原始材料。有一种说法认为这次欧洲之行对于雷的意义如同"贝格尔"号航行之于达尔文,而且同达尔文一样,雷花了许多年将他的数据与标本整理有序,并思考出其中意味。但等待是非常值得的。

当雷返回英格兰时,他在内心里对生物界有了一个全面的图景,而且能够使用大量由他本人以及他的同伴搜集的标本、素描以及其他观察资料。随着皇家学会第一次兴盛时期的到来,英格兰的科学正值成熟时期,而雷必须加紧补上(他也的确如饥似渴地弥补之)的东西中也包括胡克的《显微图》与玻意耳的早期作品。但他没有据以使自己被承认以及将他的材料与思想组织起来的基础。在随后的几个月里,他住在各色朋友家中,并在米德尔顿庄园和威洛比一起度过了1666—1667年之交的冬天(在那儿,老弗朗西斯爵士已经去世,威洛比如今是家族的一家之主),将他们搜集的材料以某种秩序加以整理。这逐渐发展成为一种持久不变的关系。雷和威洛比在1667年夏天再次在英格兰西部旅行,雷在接下来的几年中继续其他考察,但也成了威洛比在米德尔顿庄园的私人牧师,从而使他在这个家庭中的地位正式化了。1667年年末,他还当选皇家学会会员,但考虑到他不同寻常的生活境遇而被免除了他要支付的会费。

在40岁时,雷看来已经为一生找到了安心而适合的生境(毕竟威洛比比他年轻8岁),他有足够合适的环境将他搜集的大量材料整理好,并与威洛比一起出版一系列著作以给出一份生物界名录。1668年,威洛比娶了一名女继承人埃玛·巴纳德(Emma Barnard),而且就像那个年代众多夫妇一样,他们很快就生了一大堆孩子——弗朗西斯(Francis)、卡桑德拉(Cassandra)和托马斯[Thomas,在他的兄长19岁去世后,他继承了遗产,后来还被安妮女王封为米德尔顿勋爵(Lord Middleton)]。但在1669年,在与雷一起赴切斯特之行中,威洛比生病,烧得很厉害。他的健康状况一直很糟糕,直到1670年才好起来。1671年,他似乎完全恢复如初,但在1672年,他再次罹患重病并于7月3日去世,时年37岁。雷是威洛比的5位遗嘱执行人之一,遗嘱留给雷一笔每年60英镑的年金,并将威洛比两个儿子的教育之责交给了雷(女孩不需要教育被认为是理所当然的)。雷认真地承担了这一责任,他没有再进行考察,而是在米德尔顿庄园定居下来,并投入精力将他和威洛比过去的工作成果整理成文。

他的地位并不像表面看来的那么舒适,因为威洛比的遗孀并不喜欢雷,而更像是把他当成一个用人而不是她已故丈夫的朋友。最初,由此导致的紧张关系因为威洛比母亲的影响而得到缓解,她对雷的态度要好得多。但是当老夫人于1675年去世之时,埃玛·威洛比能自由处理事务,并且很快就嫁给了蔡尔德(Josiah Child),这是一个非常富有的男人,被雷描述为"贪得无厌"的人。他在米德尔顿的处境变得无可忍受,不得不迁离此地。他仍然有威洛比留给他的一年60英镑的收入,但就可预见的未来而言,他无法得到米德尔顿庄园里威洛比的采集品,并且不可能轻松完成他们的出版计划。

可能以事后的眼光来看,雷的个人境遇在1673年已经改变。那时他在米德尔顿家娶了玛格丽特·奥克利(Margaret Oakley),她不是一个伺候人的女孩,而是以某种方式——可能作为女家庭教师——对孩子们负责的"有教养的女性"。她比雷小24岁,他们的关系显然更像是一种务实的安排而不是因为爱情结成的婚姻(就像牛顿母亲的第二次婚姻那样),但是这场婚姻看来是幸福的,尽管直到雷55岁的时候他们才有了小孩,当时玛格丽特生了一对双胞胎姐妹。另两个女孩也很快紧随其后出生了。

在被赶出米德尔顿庄园之后,雷一家先是住在萨顿·科尔德菲尔德,随后住在布莱克·诺特利附近,直到雷的母亲于1679年去世,他们才住进了他之前给她置的房子,每年的收入除了那60英镑之外,还有出租附近地产的40英镑(我们并不确切知道这家人是如何得到这处地产的)。这正好足够一家人生活,并让雷能空闲下来(他在随后数年拒绝了几个工作机会),在随后的1/4个世纪中不受打扰地去做他喜欢的事,从而完成了一系列将生物界梳理得有序的伟大著作。我们将只提到最重要的书名,尽管雷还写了其他很多著作(包括关于英语和方言的著作)。

出于一种真诚的谦逊品质,雷一直觉得如果没有威洛比(在智力与资金两方面的)帮助,他就会一事无成,而他最优先要付梓的是有关鱼类和鸟类的书——按照他们对生命世界的最容易理解的分类法,如果威洛比还活着,这一部分本来是威洛比来负责的。有关鸟类的书在雷不得不离开米德尔顿庄园时已基本完成,并在1677年出版,即威洛比的《鸟类学》(Ornithology)。尽管雷在鱼类方面做了大量研究(包括他本人以及与威洛比合作的研究),但在1675年时在这方面仍留下了大量的工作要做,直到他于1679年在布莱克·诺特利安顿下来以后,他才得以重新回到这一研究计划上。不管得到米德尔顿庄园的材料有多难,他都完成了这项研究。实际上,《鸟类学》可能恰恰可以被视作雷与威洛比共同完成的著作;而《鱼类志》实际上则与威洛比关系不大(除了他搜集的材料),并应当被视作雷的著作。不过这都没关系。1686年,《鱼类志》的精美插图版正是以威洛比的名义出版的,花掉了皇家学会的400英镑。

在继续致力于威洛比有关生命世界的那部分工作间隙,雷还继续从事他最初所喜欢的植物学研究,而他的巨著《植物志》(History of Plants)第一卷也在1686年出版,它的第二卷和第三卷随后于1688年和1704年出版。该书涵盖18 000余种植物,根据它们的亲缘关系、形态学、地理分布以及产地进行分类,并列出它们的药理学用途,描述诸如种子萌芽过程这样的植物普遍特征。其中最重要的是,他确立了以"种"(species)作为分类的基本单元——正是雷确立了现代意义上的种的概念,因而,用雷自己的话来说,一个种的成员"决不会从另一个种的种子产生出来"。以一种更像《圣经》式的语言来说,狗生狗,猫生猫,如此等等;狗和猫因此是不同的种。

1705年1月17日,在《植物志》第三卷出版后,雷以77岁的年纪去世。他留下了一部未出版的草稿,这是他最后一部重要的著作《昆虫志》(History of Insects),该著作在他去世之后的1710年出版。尽管威洛比早早去世,加上雷本人在晚年岁月的经济困境以及严重的健康问题,还有大量其他工作,但雷还是独力完成了他与威洛比在多年之前为他们自己设定的任务,即把生物界梳理有序。

正是雷(而不是其他人),通过将秩序与逻辑引入对生命世界的探索——这个世界此前是一片混乱无序,使植物学与动物学研究成为一项科学的追求*。他发明了一种以生理学、形态学以及解剖学为基础的清晰有条理的分类系统,因此为名气更大的卡尔·林奈(Carl Linnaeus)的工作铺平了道路,后者很大程度上利用了雷所出版的著作(而一直都没有对此致谢),包括以雷本人名义以及威洛比的名义出版的。尽管有着非常虔诚的宗教信仰,但雷也发现了很难将《圣经》中关于创世的描述与他自己眼睛看到的证据调和起来,这些证据不仅是在生物界的多样性中(在这里,他已接近提出这一观点,即种并不是固定不变的,而是随着生物世代的传递而变化的),而且来自他对化石的研究——他是最早认识到化石是曾经生存在地球上的动物与植物的遗迹的人之一。早在1661年,他就记录了当时被称作"巨蟒石"的东西,并且沿着胡克与斯泰诺(Steno,很短暂地)在17世纪60年代的开创性工作,再次回到他

---

*在雷之前,植物和动物是按它们的名称字母顺序来"分类"的,而且还包括像独角兽这样虚构的野兽。严格来说,这可能并不意味着混乱,但几乎肯定不是科学的!

著作中的这一主题,苦苦思考这一观点,即变成化石的种的生命形式在今天的缺失,看来这似乎意味着整个种从地球表面上被消灭了,并且为这一观点——来自高山的岩石中有化石鱼的存在,意味着山脉在漫长的时间里被抬高了——费尽了脑筋(他抛弃了这一观点)*。早在1663年,在布鲁日他就描述了"在500年前曾是海洋的地方"发现的一个被埋葬的森林,他写道:

> 在有古代记录的许多年前,这些地方是坚实的陆地的一部分并被树木覆盖;后来被海洋的肆虐淹没了,它们在水下延伸到很远,直到河流带来足够的泥土和泥浆将树木覆盖住,在浅滩处淤积下来,并将它们再次恢复成为坚实的陆地……远古时代海底是如此之深而几百米厚的陆地从这些流入大海的巨大河流的沉积物中形成……是一件不同寻常的事,可以视为世界的诺维特炸药,根据通常的计算,其年龄迄今还不到5600年。**

雷的困惑准确反映了人们努力理解地质年代跨度之巨大的方式,他们用自己的眼睛看到了证据,但在最初时却无法让他们接受个中意味。在我们重拾地质学史的线索之前,我们应当看看雷的工作如何通过林奈导致了对生命世界的科学理解方式的进展,这种科学理解是令人满意的进化理论的不可缺少的先驱。

---

* 要知道在17世纪60年代人们对自然以及生命的起源是多么困惑不解,特别要提到的是,直到1668年,里德(Francesco Redi, 1626—1698)才用密封从而与产卵的苍蝇隔离开来的几片肉进行了细心的实验,以此证明了蛆不会从腐烂的肉本身自然地出现。

** 出自雷的《观测》(Observations),转引自雷文(Raven)。

林奈与物种命名

我们在此书中描述其工作的科学家中,卡尔·林奈是唯一将其名字从拉丁文改为母语的。但这只是因为他的家族姓氏最早被他的父亲拉丁化。他父亲是一位牧师,最初为人所知的名字是英厄马松(Nils Inge-marsson),但当一棵巨大的菩提树在他家的土地上生长起来时,他杜撰出了他的家族姓氏林奈(Linnaeus)。卡尔[有时也被称为卡罗勒斯(Carolus)]这个对自己的地位有着夸大看法的自负的人,改掉这个绝佳名字的唯一原因是,1761年,他被授予了一项贵族身份的特许权(这可以回溯到1757年),并成了冯·林奈(Carl von Linné)。但他的后代们所知的只是Linnaeus。*

林奈于1707年5月23日出生在瑞典南部的南罗斯胡尔特。他的家庭并不富有,并且打算让林奈步其父亲之后尘成为一名牧师。但他对此几乎并未表现出什么兴趣或天资,以至于他父亲准备让他去跟一个鞋匠当学徒,而这个年轻人的老师们则干预了此事,并建议他可以去从事医学生涯。在几位资助者的帮助下,林奈得以完成了他的医学学习,这一学习经历1727年开始于兰德大学,1728年至1733年在乌普萨拉继续进行。从孩提时代起,林奈就对开花植物感兴趣,在大学里,他对有关植物学的阅读远远超出了医学生的课程要求。他尤其受到法国植物学家瓦扬(Sébastian Vaillant,1669—1722)于1717年所提出的新观点的影响,该观点主张植物是有性繁殖,并且有与动物的生殖器官相应的雄性与雌性的外生殖器。这一认识在18世纪的新奇与大胆

---

*某种程度上来说,林奈对自己有着较高的评价。他写了至少4本自传性回忆录,它们在他去世后出版并且在他的直系子孙心中建立了他的形象。对于加于他某些工作上的华丽外表必有所保留,他的科学工作上的成就无疑并没有如此光鲜。

也许可以从林奈本人从未充分理解昆虫在授粉中的作用这一事实而被意识到,尽管他是最早接受它并在植物中运用有性繁殖这一观点的人之一。

在学习医学的同时,林奈逐步形成了利用开花植物生殖器官之差异作为植物分类与编目方法的观点。这对他来说是自然而然的一步,因为他是一个着迷于对所有事物进行分门别类的编目学者(典型的狂热集邮者)。在他成为教授之后,他与学生们的植物学旅行以军事化标准加以组织;学生们甚至得穿上特殊的轻便服装,它被称为"植物学制服"。他们总是精确地在早上7点出发,在下午2点吃饭,下午4点稍事休息,而教授则精确地每半小时进行演示。在一封给朋友的信中,林奈曾评论说,他不可能"理解任何未经系统整理的事物"*。在很多人看来,这会被视作一种心理失常,是让人担忧而非引以为豪的事,但林奈恰恰找到了为他异乎寻常的着迷行为指明方向的恰当途径。他的天分很快就得到了承认——在乌普萨拉,自1730年起,他就代替鲁德贝克(Olaf Rudbeck)教授在大学植物园进行演示。1732年,乌普萨拉科学学会派他赴拉普兰进行重大考察活动,去收集植物标本,并考察这个在当时仍是一片神秘的北方大陆的地方风俗。

1734年,林奈承担了另一项植物学考察,这次是去瑞典中部。嗣后,他于1735年完成了他在荷兰哈德韦克大学的医学学位。随后他转到了莱顿大学,并于1738年返回瑞典,1739年娶了一位医生的女儿莫拉瑞(Sara Moraea)。他在斯德哥尔摩行医直到1741年,然后被任命为乌普萨拉大学的医学教授。1742年,他转而担任了植物学教授,并担任此职直到去世。他于1778年1月10日在乌普萨拉去世。尽管林奈有缺点,但他是一个迷人的男人和受欢迎的教师,在他生前与身后,他的很多学生将他有关分类的观点广泛远播。但关于这些观点最引人注意

* 转引自林德罗特(Sten Lindroth),见弗兰斯米尔(Frängsmyr)。

的是,它们在他还是一个学生时就已经基本完成,并以一种成熟的形式出版——早在1735年便以《自然系统》(Systema Naturae)出版,那是林奈来到荷兰不久之后。这一著作经过多次修订,并有多个版本,而让林奈如今被人们铭记于心的创新,即每个种都以一个由两个词组成的名字来进行分类的双名法在第十版的第一卷中得到清楚的阐述,它出版于1758年(哈雷彗星回归之年),而在此前的1753年,他曾在《植物种志》(Species Plantarum)一书中对之加以介绍。包括哺乳动物(Mammalia)、灵长类(Primates)以及智人(Homo sapiens)在内的名词正是在第十版中被引入到生物学中并给出定义的。

种的双名法命名的想法本身并不新鲜,在远古时代的地方性描述中就已出现;但林奈所做的是将之转变为一种系统化的鉴别方法,有着精确的基本规则。但如果没有努力探究根据它们的特征进行鉴别与分类的所有那些工作,即由林奈本人、他的学生以及像雷这样的前辈所做的田野调查研究的话,这就不会有太大的意义。在他的各种出版物中,林奈给出了大约7700个植物种和4400个动物种(几乎是当时欧洲所知的全部)的描述,最终以双名法给出了全部名称。生命世界的所有事物都被林奈在科的关系这一层次进行了划分,从它们的界(Kingdom)、纲(Class)的明显分类,往下到亚门的目(Order)和属(Genus),直到种(Species)本身。尽管某些名字在后来已被改变,某些物种根据后来的证据被重新整理,但重点是,从林奈时代以来,当一位生物学家提到一个物种时(比如狼,Canis lupus),他的同行可以精确地知晓他所指的物种。如果他们不知道,他们也可以在标准教科书中查到该物种的所有细节,甚至可以在博物馆的穹顶上看到该物种保存完好的模式标本*。这一

---

*这些收集中最重要的一点是以林奈本人搜集的材料为主。在他去世后,标本被一名英国富有的植物学家史密斯(James Smith)买下,1788年,史密斯帮助建立了位于伦敦的林奈学会。当史密斯于1828年去世时,该学会以3150英镑买下了这批收集品,这在当时是很大一笔款项,因此而欠下的债务用了33年才还清。

体系的影响还以此种方式得到体现：它保存了拉丁语最后的遗迹，而拉丁语直到今天都还是科学工作中正式的科学通用语言。随着未来几代植物学家和动物学家在欧洲之外的世界进行探索，他们发现的新物种可以被分类并以同样方式归入命名体系，从而给出了原始材料，而从这些原始材料，物种之间的关系以及进化规律将会在19世纪开始变得清晰。

如果你苛刻待之，他的所有编目工作都可能会被当作纯粹的集邮活动而被拒绝接受。但林奈迈出了大胆的一步，它改变了人类对我们在自然中的位置的一向看法。他是将人类放入一个生物学分类系统中的第一人。他花了一些时间来确定人被放入生物学系统中的方式，而以与动物相同的方式来对人进行分类的整个想法在18世纪是具有争议性的。现代最终的分类观点（远远超出林奈系统）给出了我们在生命世界的精确位置：

界	动物界
门	脊索动物门
亚门	脊椎动物亚门
纲	哺乳纲
目	灵长目
科	人科
属	人属
种	智人

照今天的情况来说，智人，也就是我们自己所在的种是独一无二的，是人属中的唯一成员。不过，林奈看事物的方式与众不同，而且不应当因为将智人放在与其他动物太远的位置而受到指责——他根据有关有尾人、"类人猿"等的民间传说和神话，将几个其他"人"种也纳入人

属。他对是否应当给人类有一个单独的属而苦恼。在其出版于1746年的《动物志》(*Fauna Svecica*)一书的前言中,他说"事实是,作为一名博物学家,我还必须找到能将人按照科学原则与猿区分开的任何特征",作为针对这一见解的批评的回应,他在1747年给一名同事格梅林(Johann Gmelin)的信中写道:

> 我请你和所有人告诉我人与猿之间符合博物学原则的属间差异。我当然没有听说过……如果我要将人称为猿或是相反,我会受到所有神学家的攻击。但是也许我仍然要根据科学的法则这么做。*

换言之,认为人与猿属于同一个属正是林奈自己的信念,而这一信念完全被有关人、黑猩猩以及大猩猩的DNA之间的相似性的现代研究所证实。如果今天从一开始就利用DNA证据分类的话,人也许真的会被归入一种黑猩猩——*Pan sapiens*。只是因为一个历史的意外以及林奈害怕激起神学家的愤怒,智人才作为一个属的唯一成员占据了唯一且孤独的华丽地位。

林奈很虔诚,而且无疑是信奉上帝的。就像如此之多他的同时代人一样,他把自己看作在他对自然的分类中上帝的作品,而且他在不止一个场合说,他所在时代存在于地球上的物种的数量与上帝最初所创造的数量相同**。但这并未阻止他对标准的18世纪有关《圣经》的阐释产生疑惑,特别是在涉及地球年龄问题之时。

林奈被18世纪40年代风行于瑞典的一场争议卷入这一辩论,这场

---

　*转引自布罗贝格(Gunnar Broberg),见弗兰斯米尔。

　**尽管林奈不止一次写道:"存在有由相同物种的种子繁衍出的与植物一样多的品种。"这意味着没有两个个体是完全相同的,而且接近发现达尔文将会用来揭开进化秘密的关键之一。转引自布罗贝格,见弗兰斯米尔。

争议是随着波罗的海的海平面似乎正在下降的发现而发生的*。最早对这一现象进行恰当研究并且正式提出令人信服的证据表明海平面的确存在变化的其中一个人是摄尔修斯(Anders Celsius, 1701—1744),如今所知的摄氏温标就是以他名字命名的。摄尔修斯对"海平面下降"提出的可能解释之一以牛顿在《自然哲学的数学原理》第三卷中所讨论的一个观点为基础,大意是水通过植物的作用被转变为固体物质。该观点是,植物物质主要由从它们周围环境吸收的液体组成**,植物腐烂时会变成固态物质,这些固态物质被河流带入海里和湖里,沉积在水底并逐渐积聚成新的岩石。林奈用一个精巧的模型阐明了这一观点,在这个模型中,地表杂草在保持水源与促进沉积作用上起到了重要作用;但这个模型的细节没必要使我们感到困扰,因为它在几乎所有方面都是错误的。但重要的是,这些调查导致了林奈对地球年龄的思考。

到18世纪40年代时,远离当时海洋处的化石的存在广为人知,这些化石是一度存在过的生物的遗迹的观点被广泛接受了。这一观点在斯藤森(Dane Niels Steensen, 1638—1686)的工作之后广为流传,此人将他名字拉丁化为尼古劳斯·斯泰诺(Nicolaus Steno),并通常被简称为斯泰诺。17世纪60年代中期,他在鲨鱼牙齿与众不同的特点与化石遗存之间建立了关系,该化石遗存是在如今远在内陆的岩石层发现的,而斯泰诺认识到它是鲨鱼牙齿。斯泰诺认为,不同的岩石层在地球历史的不同时期沉积在水下,他的18世纪(甚至19世纪)的很多后继者还认为这一过程与《圣经》大洪水(或一系列洪水)有关。林奈接受《圣经》大洪水的记载,但他分析推断说,这一短期事件(一场持续不到200天的洪水)不可能将生命迁移到遥远的内陆并在合适的时机将它们覆盖在

---

* 我们现在知道事实上是那里的大陆在上升。在最近的冰期期间,冰的重量使得这一地区的坚固的地壳下沉至地表之下的流体层,并且在大约1万年前因重量的释放而仍在回弹。

** 实际上并非如此;植物主要是由来自空气的二氧化碳组成的。

沉积物中——"谁将所有这些都归结于来得突然消失得也突然的大洪水,谁就肯定是科学的门外汉,"他写道,"而且他本人没有判断力,只能通过别人的眼睛去看,他看任何问题都是如此。"* 与之相反,他认为整个地球最初为水所覆盖,水从那时起一直在后退,连续不断地被转变为干旱的陆地,并留下化石作为地球一度为水所覆盖的证据。所有这些无疑要求历史要比当时的《圣经》学者所承认的6000年长得多,但林奈似乎从未决意公开主张什么。

18世纪时,人们已有理由对厄谢尔主教于1620年计算出公元前4004年这一创世之年提出疑问,这些根据不仅来自科学,也来自历史学。在当时,有关中国的信息正开始流向欧洲,而开始被广为人知的是,有历史记录的最早皇帝在耶稣诞生前大约3000年即在中国登基,而这意味着中国的历史还可以追溯到更早的年代。尽管某些神学家只是简单地试图将厄谢尔的年表与中国记录相匹配,但林奈称,他"会很高兴地相信地球比中国人所声称的更为古老,如果《圣经》允许的话",而且"从前与现在一样,自然形成了陆地,摧毁它,并且再次形成陆地"**。林奈不太可能决意明确地说对《圣经》的神学解释是错误的。但是在法国,正好与他同时代的乔治-路易斯·勒克莱尔(Georges-Louis Leclerc)——后人所知的布丰伯爵(Comte de Buffon)——将做出关键性的推进,并针对地球年龄的确定完成了最早的真正意义上的科学实验。

布丰:《博物志》与对地球年龄的思考

布丰(出于行文连贯,我将这样称呼他)于1707年9月7日出生在蒙巴尔,位于勃艮第地区的第戎(当时和现在都是该地区的中心)西北

---

* 转引自弗兰斯米尔。

** 出处同上。

不远处。仅仅在两代以前,他的祖上曾是农夫,但布丰的父亲本杰明-弗朗索瓦·勒克莱尔(Benjamin-François Leclerc)是一名小文职公务员,其负责的工作涉及当时盐税的管理。随后的1714年,布丰的舅舅去世,给布丰的母亲留下了一笔巨大的财产。有了这笔钱,勒克莱尔买下了蒙巴尔附近的整个布丰村庄以及蒙巴尔和第戎的大片地产和田产,并且他本人还得到了任命成为第戎当地议会的议员。"暴发户"这个词可能就是为他发明的,而且布丰本人(可能对他卑微的出身很敏感)终其一生都是一个虚荣的追求更高社会地位的人。这个家族在第戎住了下来,而布丰则成为耶稣会书院的一名学生,他于1726年从这里毕业,获得了法律资格证书(尽管他还学习了数学和天文学)。

我们对于布丰随后几年的生活只有个大概了解。他似乎在翁热待过一段时间,他在那里学习医学,可能还学习了植物学,但没有得到正式的资格证书就离开了(他后来说这是因为一场决斗,但那几乎肯定是他编了来打动人们的)。某一天,他偶遇了两位来自英国的旅行者——第二任金斯顿公爵(Duke of Kingston,在他十八九岁的时候)和他的家庭教师兼游伴希克曼(Nathan Hickman)。布丰便加入了他们这场壮游当中。这次旅行的确很宏大——公爵此次旅行带了随行的用人和几辆马车的财产,并接连在一些华丽的住所住了数周或数月。这是年轻的布丰几乎晚上做梦都渴望的生活方式,而不久他便有了一个机会令愿望成真。1731年夏天,布丰离开了他的同伴回到第戎,他在第戎的母亲病得很重。她于8月1日去世,而他又重新加入了正在里昂的英国旅行团,他们从里昂一路旅行,穿过瑞士并进入意大利。到1732年8月,布丰回到巴黎,但随后他的生活就急剧地发生了变化。自那年年末之后,除了蒙巴尔与巴黎之间的定期短途旅行之外,他再也没进行过长途旅行。

布丰的父亲于1732年12月30日再婚,并试图将家中财产全部据为己有,其中包括布丰的母亲留给布丰的那部分财产,布丰一生的转折点就在此时发生了。尽管勒克莱尔第一次婚姻有5个儿女,但其中两个于1731年,即他们母亲去世的同一年(在他们20出头时)就去世了;一个活下来的儿子做了修道士,而唯一活下来的女儿则成了修女。此时,25岁的布丰和父亲为这笔遗产而斗智斗勇。结果是布丰全靠自己获得了一笔丰厚的财产,外加蒙巴尔和布丰村的房子与地产。后者尤其重要,因为他在遍游欧洲大陆期间便已签名为布丰的乔治-路易斯·勒克莱尔(Georges-Louis Leclerc de Buffon),也许他觉得身为金斯顿公爵的一个朋友,他的真实名字并不足以给人深刻印象。但他再也没有跟他的父亲说过话,1734年后,他删去了"勒克莱尔",只署名布丰。

他本该可以过上一种懒散安逸的生活。从他所拥有的财富的角度来看,布丰的收入最后加起来每年总计约8万里弗尔,而在当时,对于一个绅士来说,要维持一种与其地位相适合的生活方式(即便达不到金斯顿公爵的水平),所需要的最低标准是一年大约1万里弗尔。但是布丰并没有让继承所得的财富闲置。他成功地打理着他的遗产并从中获利。他建起了一个苗圃,以为勃艮第提供栽植在道路两旁的树苗,还在布丰村建了一个铸铁厂并开发了其他生意。与此同时,他还将他对博物学的兴趣发展成为一项对大多数人来说可能劳神费力的全职事业。为了完成所有这些工作并克服他认为是自己天生的懒散,布丰雇了一个农夫在每天早晨5点把他从床上拖起来并确定把他弄醒。在随后的50年间,他一穿好衣服就会开始工作。早上9点用毕早餐(一直都是两杯葡萄酒和一个面包圈)*,一直工作到下午2点,然后从容不迫地吃午

---

*其中一位来访者杰斐逊(Thomas Jefferson)回忆说:"布丰的习惯是埋头在他的研究中一直到正餐时间,而且不会以任何借口来接待访客;但他的住所是开放的,也是他的地盘,一位仆人表现得非常斯文,他还会邀请所有访客和朋友留下来用餐……我们与他一起用餐,他就像一直以来一样证明自己是一个在谈话中有着特别影响力的人。"[转引自费洛斯(Fellows)和米利肯(Milliken)。]

餐,并招待一些朋友或是偶然的访客,小睡片刻再去散散步,然后从下午5点到晚上7点再集中工作一段时间,晚上9点上床睡觉,不吃晚餐。

　　这种对艰苦工作的专注投入解释了布丰何以能够写出他的《博物志》(*Histoire Naturelle*,旧译《自然史》),这部科学史上最不朽且影响巨大的著作,以44卷本在1749—1804年出版(利用布丰的材料,最后8卷在他于1788年去世后出版)。这是第一部涵盖整个博物学的作品,它以一种清晰易读的风格写成,这使得该书极为畅销。它有很多版本以及译本,不但给他带来财富,而且在18世纪下半叶广泛传播了对科学的兴趣。布丰对有关自然界的理解并未做出任何具有独创性的重要贡献(在某种意义上,他可能阻碍了这一进程,特别是由于他反对林奈的物种观点),但他的确收集了大量材料,并将之整理有序,从而为其他研究者提供了研究的起点,也激励了人们去成为博物学家。但这并不是故事的终结,因为除了其他工作之外(或是在其他工作的同时),他还自1739年起成为国王在巴黎的植物园,即国王花园的主管(或负责人)。

　　布丰得到这一职位的方式是法国大革命之前旧王朝运作的典型方式。他与贵族颇有交往(很大程度上得益于他与金斯顿公爵一起待在巴黎的那段时期),他也算是一位有身份的绅士(而且还有着贵族的派头),他有足以养活自己的收入(这是一个关键因素,因为政府几近破产,而且由于领取到的薪水远远不足全额,他实际上不得不搭上自己的钱以平衡收支并维持花园的有效运作),(作为意外收获)他对自己的工作极为擅长。

　　18世纪30年代,通过其在[法国科学院《论文集》(*Mémoires*)中的]数学方面的论文以及造林学方面的实验——这些实验旨在促进重新造林并为法国海军的舰船提供更高品质的木材,布丰开始在科学界被注意到。他于1734年进入法国科学院,并通过它的等级体系于1739年6月晋升为准会员,当时他31岁。仅仅在一个月后,国王花园的主管意外身故,在该职位的另一位重要候选者远在英格兰的情况下,布丰的老友们迅速设法将他放到了这个他将在随后执掌41年的职位上。尽管作为管理者和科学普及者*,布丰有着重要的地位和影响力,但我们在这里所关心的是布丰对于科学领域的创造性观点的发展的贡献,而这些可以快速一带而过。

布丰的个人生活可以更迅速地一带而过。1752年,44岁的布丰娶了一个20岁的女孩玛丽-弗朗索瓦(Marie-Françoise),她在1764年5月22日给他生了一个女儿和一个儿子,女儿在婴儿期就早夭了。在第二个孩子出生后,玛丽-弗朗索瓦的健康状况持续不佳,忽好忽坏,直到1769年去世。他的儿子,人称小布丰(Buffonet),是一个令他的父亲极其失望的孩子,是个败家子,也是个行为莽撞的养马人,他所拥有的仅是在军队里当一名军官的知识才能(当然,在军队里的职衔是要花钱买的,而不是靠能力赢得)。虽然如此,布丰还是精心安排了他的孩子作为国王花园的继任人。然而当布丰陷于重疾之际,当局迅速采取行动改变了他指定继任人的安排。1772年7月,布丰获得伯爵头衔。小布丰继承了他的爵位,但他将会对此感到后悔——他最终成为法国大革命后恐怖统治时期的受害者,于1794年被送上断头台。

布丰对科学最具创新(虽然不是完全的原创)的贡献是提出以下猜想:地球的材料源于太阳抛出的物质——受到一颗彗星的撞击而形成(此构想建基于牛顿的一条注释"彗星偶尔坠落于太阳"**)。这一构想提出,地球形成于熔融状态,然后逐渐冷却至生命得以生存的程度。但有一点似乎是清楚的:这应当花上远多于6000年左右的时间——神学

---

*他作为普及者的才能在1747年得到充分表现,当时他当众用一系列镜子聚集太阳光,演示了在60米之外点燃木头是有可能的,正如传说阿基米德在叙拉古击败罗马舰队之时曾做过的一样。

**转引自费洛斯和米利肯。

家们所估计并规定的自上帝创世以来的时间。牛顿自己也多次提及，他在其《原理》中说：

> 一个直径与我们地球相当（约 12 000 000 米）的红热铁球，在一个与之数值相等的天数内，即 50 000 年以上，几乎还不可能冷却下来。

但他并没有尝试计算这样一个球体冷却下来需要多长时间，而是通过为后来者指出方法而感到满足：

> 我认为，在考虑了一些潜在原因的情况下，热量的持续时间，或许会因为一个比现在所用的直径速率更小的[冷却]速率而增长；而我应该对真实速率通过实验被研究出来而感到高兴。

布丰得到了这个提示。他设计的实验是，把大小不同的铁球加热至红热状态，然后冷却并计时，直至皮肤接触它们而刚好不会被灼伤为止。如此，布丰利用这样一种颇为粗糙而现成的技巧，推算出一个如地球大小的球体的冷却时间。虽然这个实验不太精确，但这是一次估算地球年龄的严肃而科学的尝试，无一处依赖《圣经》，而是依靠实际测量的推算。这使之成为科学史上里程碑式的事件。在其《博物志》中，布丰写道：

> 地球冷却至刚好不会灼伤生命的程度需要 42 964 年又 221 天，而不是其（牛顿）所指出的、地球冷却至现在温度所需的时间为 50 000 年。

请忽略所引述数字似是而非的精确性。布丰继而推算出（四舍五入取约数）地球应当至少有 75 000 岁。这个数字远小于现在的最佳估算——45 亿年，但不要被这一事实所迷惑。重点是，在当时的背景下，这个数字远多于《圣经》学者所称的10倍,由此引发科学与神学在18世纪下半叶的直接斗争*。然而,比起下一代法国科学家中的一员——傅立叶(Jean Fourier, 1768—1830),布丰对地球年龄的推算相形见绌。但不幸的是,傅立叶似乎被自己那从未发表的计算吓呆了。

有关地球年龄的更进一步思考:傅立叶与傅立叶分析

傅立叶最让今人铭记的是他的数学工作。在此,我们无法用很长的篇幅来详细描述他的生活和工作——除了提一下他在埃及充当拿破仑(Napoleon)的科学顾问:1798—1801年,他的足迹遍及半个埃及,并供职于法国拿破仑治下的民政部门,因其对帝国的贡献,先后获得男爵和伯爵头衔。在路易十七(Louis XVII)复辟的剧变时代,他逃过一劫,在法国科学界获得杰出地位,直到因为在埃及染病身亡。傅立叶工作的精华在于,他建立了数学技巧用以处理时变现象(time-varying phenomena),例如将声响中压力变化的复杂模式分解为一系列简单的正弦波的集合,这些正弦波经叠加后可重构出原声。他所创的傅立叶分析今天还在使用,例如天文学家在尝试测量恒星或类星体变化的时候。傅立叶发展那些技术,并不是因为他对数学的喜爱,而是因为他需要它们以数学语言来描述一种他相当感兴趣的现象——热从较热物体到较冷物体的传递过程。傅立叶随后做得比布丰好的一点是,他建立了数学方程组来描述热的流动(当然基于许多实验观察),并且运用这些方程来计算地球冷却的时间。他还考虑到了布丰所忽略的一点。固态地壳像一张隔热的毯子,包裹着地球熔融的内部,阻止热的流出,以致今天地

---

*布丰使用由来已久的套语,即表达他的思想仅仅是"哲学上的推论",以避免与教会当局的冲突。好吧,假如这种外交辞令对伽利略来说也足够有利的话,为什么不说呢?至少从外表上看,他终其一生仍为天主教徒,并进行临终圣礼。

核还是熔融的,尽管地表清凉*。尽管傅立叶应该是记下了他的计算结果,但他似乎毁掉了那张记录的纸片。他留给后人的,是一条计算地球年龄的公式(写于1820年)。运用这条公式,任何感兴趣的科学家代入适当的热流数据,就能算得地球的年龄。代入傅立叶的公式后算得地球年龄为1亿年——比布丰估计的长1000多倍,但只有现代最佳估计值的1/50。至1820年,科学势头良好,朝着测算真实的历史时间表的方向前进。

虽然如此,布丰的另一个贡献强调了,随着古生物遗骨化石证据力量的不断加强,科学在19世纪末是怎样在努力向前迈进。他认为热是制造生命的单一来源,还认为地球以前比较热,因此更容易产生生命,这也是古生物遗骨化石(现在我们知道是猛犸象或是恐龙的遗骨化石)如此之大的原因。在《博物志》中,布丰也提示了早期版本的生物进化观念——多年之后,达尔文详细讨论了这一观念,而他最主要的贡献是提出了进化的**机制**(自然选择)。但在布丰早至1753年的《博物志》第四卷中找到这样的话语,我们仍会感到吃惊(甚至要考虑到现在有人还持有某些生物比其他生物"更高等"或"更低等"的陈旧观念):

> 我们一旦承认植物之间和动物之间有亲缘关系,那么驴可能就是马的亲戚,它们可能由一个共同祖先,通过退化而形成其不同点。这也可能会让我们承认猿是人的亲戚,猿只是一种退化了的人,正如驴和马一样,有共同的祖先。随之出现的是,每一族的动物或植物都来源于单一物种,经历几个世代的交替以后,其后代有些变得较高级,其他变得较低级。

他还提出了其中一个最明晰的论据,以反驳生命单独地由智能的

---

* 尽管如此,地核至今还极热的原因是地球的能量以辐射形式释放;更多的内容见后。

造物主所设计(虽然他没有表达出这样的结论)。布丰指出,猪:

> 似乎并非由一原初的、特别的而且是完美的蓝图设计形
> 成,因为它是其他动物的结合体。它有明显无用的身体部分,
> 或者说有相当一些身体部分不起任何作用。它有长得极为完
> 美的脚趾和全身骨骼,然而它们却毫无用处。在这些生物的
> 构造上,大自然自身完全不受制于终极因(final causes)。

即使上述段落是翻译过来的,你也会感到布丰的作品为何如此流行。在法国,因为其完美的写作风格,布丰被视为一位重要的文学界人物,这与他写的是什么并无关系。

涉及当下的生活时,布丰仍然会参与有性繁殖如何运作的辩论。当时有3种观点分属3个学派。第一种认为下一代的种子藏于女性体内,男性的唯一贡献是触发它成为生命体。第二种认为种子来源于男性,女性的唯一作用是养育它。第三种则认为男女双方的贡献都是关键的,这能解释为什么一个婴儿可能同时具有其"父亲的眼睛"和"母亲的鼻子"。布丰赞成第三种观点,但其表达方式却运用了一个极端复杂的模型,这里无法详述。

布丰,一个他那个时代的人(和科学家),在经历了肾结石引起的长期病痛后,于1788年4月16日逝于巴黎。他熟知的社会将因革命而天翻地覆,但在科学方面,革命已经开始,其影响汇集成迈入19世纪的动力(以傅立叶的工作为典型代表),即便那是政治上剧变的年代。对地球生命认识的下一个跃进依然发生在巴黎这个布丰的逝去之地,由乔治·居维叶(Georges Cuvier)于18世纪90年代继续其未竟之业。

居维叶的《比较解剖学讲义》;对灭绝的猜想

乔治·居维叶于1769年8月23日出生于蒙贝利亚尔,此地毗邻瑞

士,后来是一个侯国的首都,现在是法国的一部分。虽然蒙贝利亚尔地区说的是法语,但居民大多是路德教会会员,与北部说德语的邦国有着许多文化上的关联,他们都对垂涎弱小近邻的法国人深感厌恶。居维叶出生时,蒙贝利亚尔政治上与符腾堡大公国有着几百年的联系,其大公家族中辈分较小的一支代表大公统治蒙贝利亚尔。这意味着蒙贝利亚尔不是一个视野狭窄的小地方,青年才俊有一条清晰而经常的、能从小小侯国走向广阔欧洲世界的青云之路。居维叶的父亲是一名军人,服役于法国军队中的一个团并担任雇佣兵军官,但当他孩子出生时,他以半薪退休了。尽管家境贫寒(居维叶的母亲不名一文,比丈夫小约20岁),但因为瓦尔德纳伯爵(Comte de Waldner)——居维叶父亲所在团的团长、居维叶的教父,这一与法国人之间的联系给居维叶以强有力的潜在帮助。居维叶在孩提时经常到瓦尔德纳的家,这超过了名义上的所谓远房亲戚的关系。

1769年年头的时候,这位前军官和他妻子的第一个孩子夭折,这个孩子名叫乔治(Georges),年仅4岁。几个月之后,他们的另一个新生命诞生了,在受洗时被命名为让-利奥波德-尼古拉斯-弗雷德里克(Jean-Leopold-Nicholas-Frédéric),随后达戈贝尔(Dagobert,他教父名字中的一个)被正式加到这一串名字的前面。但这个小男孩常以其夭折兄长的名字为人所知,而他成年后也以乔治作为签名。这就是他以乔治·居维叶为名并流传于史册的原因。这个男孩成为他父母的希望和雄心的寄托所在,他们尽可能提供他最好的教育。4年之后,他们生了另一个男孩弗雷德里克(Frédéric),他所能得到的照顾远远不及居维叶。

自打12岁左右后,居维叶经常到如慈父般的让-尼古拉斯(Jean-Nicholas)叔叔的家,他家藏有全套当时出版的足卷本布丰《博物志》。小乔治对这部书十分着迷,终日手不释卷,而且还到郊外采集他自己的标本;但当时没有谁建议他或许可以考虑以博物学家营生。他父母为他设计的受人尊敬而且稳当的职业道路,是成为一位传统的路德教会牧师,但他被蒂宾根大学拒绝收为免费生,而家里又太穷,付不起他的学费。然而,虽然家庭穷困,但通过瓦尔德纳可以打通各种关系。正在此时,符腾堡大公查理-欧仁(Charles-Eugène)拜访了蒙贝利亚尔总督弗雷德里克亲王(Prince Frédéric)。大公得知了青年居维叶的窘境,便安排他到斯图加特一所新成立的研究院免费学习。该研究院由大公亲自创办于1770年,并于1781年获皇帝约瑟夫二世(Joseph II)授予大学地位。1784年,居维叶进入这所新大学学习,时年15岁。

这所研究院是为训练市政公务员而创设。作为储才之地,它培养青年人成为彼时分裂中的德国各地的行政管理人员。研究院以军事建制运作,在这里的人员要穿着制服,遵守严格的行为规范,接受严厉而且是带强迫性的管理。但不管怎样,研究院在提供优质教育之余,一开始还会给完成学业者安排工作。然而并非每个人都会对此表示感激。席勒(Friedrich Schiller)于1782年从研究院毕业,很快就跟当局产生冲突,原因是他不想要一份仅为稻粱谋的工作——他想成为一位诗人和剧作家,却迫于压力担任一个团的外科医生 *,直到1784年逃离查理-欧仁大公的势力范围,这恰是居维叶开始不断认识他的新生活之时。但当居维叶1788年毕业之时,情况逆转。研究院(以及德国境内的类似机构)是如此成功,以至于它们培养出的准行政人员多于实际的职位空缺。和其他同龄人一样,居维叶没能得到分配的工作,他只能自己解决吃饭问题。不幸的是,居维叶囊中羞涩,他只有接替同样来自蒙贝利亚尔的青年帕罗(Georg-Friedrich Parrot),在诺曼底的卡昂当一名家庭教师,暂时得以糊口以观望情势。帕罗则获得了一个更好的职位,于是在离开时推荐了同乡继任。

---

* 这使人不得不联想起一幅荒谬绝伦的画像:一名外科医生在手术开始前拿着手术刀,俯下身子向病人倾诉:"你知道吗,我真的想做诗人。"

这真应了那句来历不明的中国古语"宁为太平犬,不做乱世人"*,居维叶在法国赶上了"好时候"。幸运的是,诺曼底一开始离巴黎的政治剧变还很远,居维叶能重拾他对植物学和动物学的兴趣(这些学问在斯图加特很盛行,而居维叶曾写信给大学期间结交的朋友提及此事),得到进入卡昂众多植物园和大学图书馆的许可。他为德尔西侯爵(Marquis d'Héricy)一家工作,担任他儿子阿希尔(Achille)的家庭教师。他们家在卡昂有一座宅子,在费坎维耶还有两座不大的城堡作为夏季居所——尽管他们主要住其中一座。

虽然7月14日为官方规定的法国大革命周年纪念日,以纪念1789年攻占巴士底狱,但之后国民议会在应对剧变方面仅做了有限的改革,只求多多少少能控制住局势、不出大乱子,直到1791年王室企图外逃、谋求复辟未遂。那一年,诺曼底地区被动乱波及,大学关闭,两餐不继者上街聚集,引发骚乱。德尔西侯爵夫人,狭义上还包括她丈夫,并非漠视改革者的一些要求,但作为贵族阶层,他们明显感到受威胁。为安全计,侯爵夫人、阿希尔和居维叶搬到费坎维耶的夏季居所定居。德尔西侯爵偶尔会来看看他们,但此时他和侯爵夫人正式分居(这或许是一个策略,以保全整个家庭的财产到她名下,而不管侯爵将来的命运如何)。法国已经成为共和国,居维叶有机会平静地生活在乡村,成为一个真正的田野博物学者。他决意踵武林奈,为数百种生物进行分类和描述。这促使他发展、完善自己的关于物种应如何分类以及不同种类动植物间亲缘关系的理论。他开始在法国顶级期刊上发表文章,并以通信方式与在巴黎的顶尖博物学家建立联系。正当居维叶开始为自己建立学术名望之时,法国步入大革命中最恶劣的时期,即人们所知的恐

---

* 此(诅咒般的)中国俗语是"May You Live in Interesting Times",直译为"愿你生活在太平盛世",但应该是作为反语使用,源于俗语"宁为太平犬,不做乱世人"或"生不逢时"。——译者

怖统治时期,始于1793年路易十六(Louis XVI)与妻子玛丽·安托瓦妮特(Marie Antoinette)被处决。恐怖统治持续了一年多,而且遍及整个法国。那时超过4万名雅各宾派的反对者(或者是疑似反对者)被处死。你要么是赞成雅各宾派,要么是反雅各宾派,在戈地三角洲社区,包括费坎维耶在内,居维叶识时务地选择了赞成一派。从1793年11月到1795年2月,他为这个社区担任秘书工作(年薪30里弗尔),这给他以相当重要的影响力,他可以运用这种影响力保护德尔西一家远离当时最糟糕的、肆无忌惮的骚扰。居维叶在巴黎的科学界已经打响名堂,如果仅从次要方面说,他也以有才能、政治资历毫无瑕疵而为人所知。1795年年初,恐怖统治有所松动*,居维叶带着阿希尔·德尔西(其时年近18岁,早已不需要家庭教师)前往巴黎。他们此行的目的尚不十分明确,因为他们好像要故意隐藏其意图,但最有可能的解释是,居维叶代表德尔西一家向政府游说,要求归还若干他们家在大革命期间被没收的财产。而且居维叶还有机会探探与他通信的科学家们的口风,看看是否有机会在自然历史博物馆(并入国家植物园,其前身是王家花园)谋得一职。谈判结果应当是得到了正面的承诺,因为居维叶回到诺曼底就辞去了戈地三角洲社区的秘书职务,然后返回巴黎,这时离他26岁生日只有数月而已。

居维叶成为自然历史博物馆的一名员工,作为一名比较解剖学教授的助手,且其后在他的一生中始终与博物馆有所联系(升为更高的职位并接受外聘)。激荡的青春岁月以后,居维叶扎根巴黎,拒绝了1798年随同拿破仑军远征埃及的邀约(这是众多邀请之一)。一年之后,他被任命为法兰西学院的博物学教授,再一年之后,他开始发表最终写了5卷的杰作《比较解剖学讲义》(Lectures in Comparative Anatomy)。他常

---

*1795年,雅各宾派被夺权,督政府上台执政至1799年,被拿破仑发动政变推翻;在此历史进程中,蒙贝利亚尔于1793年为革命浪潮中的法国所吞并。

常缺钱，所以他为政府和教育界同时或相继地做了各种工作，以获取生活保障。在这些工作中，居维叶在组织新索邦大学的过程中担任主要角色。从大约1810年开始直到1832年5月13日逝于巴黎（死于一场霍乱暴发），他可能是世界上最有影响力的生物学家，他的建树如此之大，以至于波旁王朝于1815年复辟也没有给他的职位带来严重威胁。在此过程中，他（于1804年）跟一个带有4个孩子的寡妇迪沃谢尔（Anne-Marie Duvaucel）结婚。有证据表明*，在此之前，居维叶与一名未详其名的姘妇至少生了两个孩子。1831年，他获封男爵；在当时的法国，一个新教徒能被提拔成为贵族是非常少见的。

　　居维叶在比较解剖学领域创设了新标准，对动物身体不同部位协同工作的方式有了深邃的理解，随后很快证明，这个方法在阐释和分类化石遗骨方面是无价的。他通过比较肉食动物和植食动物身体的生长策略，突出他的研究方法。肉食动物须有健足用以奔跑和捕猎，尖齿用以撕咬生肉，利爪用以抓牢猎物等。相反，植食动物有扁平的用于研磨的牙齿，用蹄而不是爪，以及其他相异的特点。在居维叶的《讲义》里，他甚至稍微有点夸张地宣称，专家只要看一看一块骨头就可以重构出一整头动物来。这当然是正确的，即使你远非专家。例如，当你判断出一颗单独的牙齿是门齿，那么它会毫不含糊地告诉你它属于一头有爪的动物，而不是有蹄的动物。**

　　当关注到整个生物界的时候，居维叶的比较研究使他意识到，以单一线性系统中的一员来描述地球上所有的动物形式是不可能的，这个线性系统把所谓生命的低等形式和所谓生命的高等形式联系起来（当

---

　　*见乌特勒姆（Outram）。

　　**居维叶所从事的伟大工作正好在伽利略伟大工作的200年之后，而把我们所提到的所有的这些工作都放到历史的语境中，或许是有意义的；从伽利略到居维叶，相隔的时间差不多就是居维叶到我们这个时代的时间。

然,人被认为是在被创造物的阶梯中位于最高的位置)。相反,他把所有动物按4大种类(脊椎动物、软体动物、关节动物、放射状动物)区分,每一种都有各自的解剖种类。居维叶提出的这种分类方式现已弃而不用,但事实是,比起前面所提到的那些过去的动物学思想,这样的分类确实是一个重要的突破。

居维叶将这些观念运用到遗骨化石的研究上,重构了灭绝的物种,几乎是孤身一人建立起古生物科学(在此期间,他第一个区分出翼龙并命名)。这类工作最重要的实际成果之一,就是人们开始能够按年代顺序排列已经找到化石的地层——不是测出它们的绝对年龄,而是分辨出哪些地层更古老、哪些地层更年轻。居维叶与自然历史博物馆的矿物学教授布龙尼亚(Alexandre Brongniart,1770—1847)合作,花费了4年时间探测巴黎盆地的岩石,分辨哪种化石出现在哪个地层,因此他一旦成功作出这些原始的比较,别处发现的已知类型的化石就可以用来正确标定其所在地层的地质学和年代学顺序。这甚至可以得知生命源自哪里。在其《论地学原理》(*Discours sur la Théorie de la Terre*,1825年出版,但基于1812年发表的材料)中,居维叶写道:

> 甚至更加令人吃惊的是,生命本身并非一直都存在于地球上,观察者会很容易地辨认出哪里是生命首先留下痕迹的确切位置。

从这些研究中,有清晰的证据表明,许多物种以前曾经存在于地球但现在灭绝了,居维叶将此归因于一个观念:地球上曾发生过一系列的大灾难,"《圣经》大洪水"只是这些大灾难中最近的一个,许多物种在那次灾难中灭绝。有人把居维叶的观点推得更远,认为每次大灾难以后上帝都会再来一次特殊的创世,使地球再现生气。居维叶对这些观点客套一番后,他赞成的是其同事都普遍认可的观点,即只有一次创世过程,万物在一开始的时候就根据上帝定下的计划蓝图(或律法)自动运作。对于每次大灾难都重造物种这种观点,居维叶认为没有问题,他认为当时已知化石中所谓的"新"物种大概实际上是从19世纪初尚未发现的地方输入的。由同一思路出发,居维叶还察觉到地球上生物的历史可以追溯到至少几十万年前,远远长于厄谢尔大主教的估计——但即使是几十万年的时间尺度,也意味着大灾难必然发生过,只有大洪水级别的大灾难才能解释已找到的化石所记录到的变化数量。然而,居维叶对物种理论的修正观点,使之与法国的同辈人发生冲突,法国对进化的研究陷入一个顿挫的关键时期。

拉马克对进化的思考

与居维叶观点对立的主要人物是拉马克(Jean-Baptiste Lamarck),他生于1744年,而且是第八章要重点谈及的主要人物。作为得到布丰赞助的博物学家,拉马克于居维叶来到自然历史博物馆前就在那里工作。1809年以后,他发展出一套进化如何运作的模式,这基于一种观念:生物个体在其生前获得的生物学特征,可传给它的后代。最典型的例子是,他(错误地)认为一头长颈鹿可通过伸长它的脖子取食最顶层的树叶,进而使它的脖子在其有生之年得到加长;如果它有了后代,那么这些小长颈鹿的脖子生来就会比那些永不尝试吃高层叶子的长颈鹿的后代要长。然而,拉马克与居维叶两人观点相异的关键点是,前者认为并没有物种灭绝,它们不过是发展成另一种形式,而后者则认为没有任何一个物种会改变,只是在大灾难后灭绝了。

若弗鲁瓦·圣伊莱尔(Geoffroy Saint-Hillaire,通常称为若弗鲁瓦)接受并推广了拉马克的观点,他基本上与居维叶同时代(生于1772年,卒于1844年),但在居维叶来到巴黎之前,他已经在国家植物园建立起名声(与居维叶不同,若弗鲁瓦跟随拿破仑远征埃及)。他开始建立一套比拉马克更好的、关于进化主题的不同观点,他认为环境可能在生命体进化过程中扮演了直接的角色。他指出环境可能会使生命体产生变化(或多或少是受到了拉马克的错误影响),于是他继而提出,这一变化过程或可称为自然选择。

> 如果这些(环境的)改变会导致伤害性后果,那些死亡的动物就会被外部形态有所不同的动物所取代,那是一种可以称之为适应环境变化的外部形态。*

在这里达尔文思想已呼之欲出,然而,很大程度上由于居维叶的原因,那时的进化论还在原地踏步。

尽管他们两人一开始是十分要好的朋友,但自18、19世纪之交以后,若弗鲁瓦和居维叶之间产生了专业上的敌意。1818年,若弗鲁瓦出版著述声称,证明了**所有**动物根据同一个蓝图构造,他不仅精心描述昆虫身体各部分分别与脊椎动物哪些不同部分相对应,还指出两者(脊椎动物与昆虫)的身体蓝图与软体动物的结构相联系,居维叶对此感到十分生气。1830年,拉马克死后一年,居维叶发起了对若弗鲁瓦的猛烈抨击,不仅批评他关于脊椎动物、昆虫和软体动物关系的空想概念,而且指摘他过分尊重(由于当时知识水平所限)拉马克的进化观点。居维叶对物种持有强固的观念,一旦物种被创造出来,它们就永远固定在相同的外形,或者至少是直到它们灭绝为止。他力劝年轻的博物学者集中精力去**描述**自然世界,而不是把时间浪费在标榜**解释**自然世界的理论方面。在其权威的重压之下,拉马克主义被扼杀(否则下一代学者可能发展出类似达尔文进化论的理论),其残存思想也基本上被遗忘,一直到达尔文发表物种因自然选择而进化的理论。

---

* 转引自戴维·扬(David Young),《发现进化》(*The Discovery of Evolution*)。

　　行文至此,我们对18世纪生命科学的发展及其追赶同期物理科学进展步伐的叙述,正好可以暂告一段落。18世纪以至19世纪初,人类的视野在时间和空间两方面不断地拓展,这很大程度上要归功于天文学家和生物学家。对物理世界的动手实践的研究(由物理学家和化学家完成,最终甩开了炼金术的死亡之手)也正大踏步向前迈进。这个时期,没有哪一个单项的突破能与牛顿及其同辈比肩,但现在看来,彼时(准确来说即通常所称的启蒙时代)知识的稳步增长,乃是19世纪科学展翅高飞重要的前驱。

第三篇

启蒙运动

第七章

理性启蒙的科学Ⅰ:化学迎头赶上

启蒙运动

历史学家将几乎紧随文艺复兴之后的这个时期称为启蒙运动(En-lightenment)时期,这个名字也被用来指称在18世纪下半叶达到顶峰的哲学运动。启蒙运动的基本特征是相信理性优于迷信。它是这一观点的具体体现:人类处于社会进步的进程中,因此未来会是对过去的改良;这些改良之一是对正统宗教所隐含的迷信意味的挑战。美国与法国的革命得到理性上的辩护,在某种程度上来说,这建立在人权的基础上——这是诸如伏尔泰(Voltaire)这样的启蒙运动哲学家,以及像佩因(Thomas Paine)这样的活动家的一条指导准则。尽管只是启蒙运动诸种因素之一,但启蒙运动在18世纪开花结果,牛顿物理学在对一个有秩序的世界提供一个数学描述上取得胜利,这显然在其中起到了重大作用,激励了抱持理性主义信念的哲学家,也促使化学家和生物学家思索:他们在自然界中的位置也许可以在简单法则的基础上得到解释。与其说比如林奈是有意识在方法上模仿牛顿,不如说秩序与理性作为研究宇宙的一种方式这一观点,在18世纪早期已经落地生根,而且似乎成为前进的光明道路。

工业革命首先发生于英国(大致的时期为1740—1780年),然后散播到欧洲其他地区。这也许并不完全是偶然。这一革命发生的时间与地点是由很多因素促成的,包括英国的地理学与地质学环境("煤炭之岛");可以被称为民主政治的早期繁荣(彼时法国仍然由保守的贵族政治的旧王朝所统治,而德国则是由一系列公国组成的,尚未统一);另外还可能有纯粹机遇的因素。但其中的一个因素是,牛顿机械论世界观在牛顿的祖国以最为迅速且相当自然的方式稳固地建立起来。工业革命甫一启动,它便通过刺激人们对于诸如热以及热力学这样的题目(在蒸汽时代,这有着重要的实际意义与商业价值),以及为科学家提供用来研究宇宙的新工具的兴趣,给予科学一个巨大的推动作用。

没有什么能比化学的情况让我们看得更为清楚了。18世纪之前,化学落后于其他科学,尤其是物理学,这并非因为化学家们特别愚蠢或是迷信。他们只是缺少研究需要的工具。在某种程度上来说,天文学根本不需要借助任何工具而仅靠人眼也可以进行。17世纪,物理学所要研究的是很容易操作的对象,比如从斜面上滚下的球或是摆的摆动;甚至植物学家和动物学家也可以借助最简单的放大镜和显微镜取得进展。但化学家所需要的,最重要的就是一个可靠且可控制的热源以促使化学反应的发生。如果你的热源主要是铁匠的锻铁炉,而且你不可能测量温度,那么任何化学实验必定是相当粗糙且快速。甚至在进入19世纪之后,要提供更为可控的热并进行更加精细的实验,化学家仍然不得不使用不同数量的蜡烛或是带有若干不同灯芯的酒精灯,以便可以个别地点燃或熄灭。为了获得局部加热的强烈热源,他们不得不使用凸透镜来聚集太阳光。至于对正在进行的实验进行精确测量,华伦海特(Gabriel Fahrenheit, 1686—1736)直到1709年才发明了酒精温度计,而直到1714年才发明了水银温度计,彼时他还改良了如今以他名字命名的温标*。这仅仅在纽科门(Thomas Newcomen, 1663—1729)完成了第一个用于将水从矿井中抽上来的实用蒸汽发动机两年之后。正如我们将看到的，在激励科学于随后时代的发展方面，纽科门设计中的错误之处远比其中的正确之处重要得多。

所有这些因素有助于解释为什么从玻意耳——他为化学建立了使其成为科学的基本规则——到那些在工业革命时期实际上使得化学具有科学性的人之间有那样的一道鸿沟。自18世纪40年代以来，进展是迅速的（即使有时是混乱的），而且可以根据一小部分人的职业活动来得到理解，而这一小部分人大多都同处一个时代，并且彼此了解。最重要的人物当数约瑟夫·布莱克(Joseph Black)，他率先将精确的定量方法应用到化学中，（尽可能地）测量了参与反应以及生成的所有东西。

布莱克与二氧化碳的发现

约瑟夫·布莱克于1728年4月16日出生在波尔多，此时是牛顿刚刚去世一年后。这个事实便为考察当时欧洲不同地区之间的文化关联提供了深刻见解——约瑟夫·布莱克的父亲约翰·布莱克(John Black)出生在贝尔法斯特，但他有苏格兰血统，并且作为一名红酒商定居在波尔多。鉴于17、18世纪苏格兰与英格兰南部之间道路情况，如从格拉斯哥或爱丁堡去往伦敦的最便捷的道路（以及从贝尔法斯特去往伦敦的唯一道路！）是海路，而且一旦你身在船上，那么去往波尔多几乎就是再容易不过的。当然，历史上苏格兰与法国之间最近一次的关联便是奥尔德同盟，这可以追溯到苏格兰还是一个独立国家因而视英格兰为天然的敌人之时。一位苏格兰绅士或像约翰·布莱克这样的商人，在法

---

*摄尔修斯直到1742年才提出以他名字命名的温标。

国就像在不列颠岛的家里一样。他在那里娶了另一位移居国外的苏格兰人的女儿戈登（Margaret Gordon），他们一起养育了13个孩子——8个儿子，5个女儿。从当时来说并不寻常的是，这些孩子都活到了成年。

除了在波尔多市郊夏尔桐有一处住宅之外，布莱克一家还有一个农场以及一处带葡萄园的乡村住宅。约瑟夫·布莱克在舒适的环境中长大，他的教育主要来自他的母亲，直到12岁时才被送到贝尔法斯特去与亲戚同住，并进入学校以准备格拉斯哥大学的入学考试。他于1746年进入该校。最初，布莱克学习的是语言和哲学，但由于他的父亲要求他从事某种职业，他便于1748年转为学习医学和解剖学——他在医学教授卡伦（William Cullen，1710—1790）指导下学习了3年。卡伦的课程包括化学，他不仅是一位出色的教师，了解当时最新的科学知识，还凭他自己的能力作出了一项重要贡献，证明了当水或其他液体蒸发时会达到极低的温度。利用一个气泵，通过促使液体在低压下蒸发以制冷，卡伦[在他的一名学生多布森（Dobson）博士协助下]发明了实际上可称为最早的冰箱的制冷装置。在通过他在格拉斯哥的医学考试后，布莱克（于1751年或1752年）前往爱丁堡去从事研究，该研究使他得到了博士学位奖学金。正是这项研究导致了他本人对科学的最著名的贡献。

当时，医学职业者大量关注民间验方的使用，其作用在于减轻泌尿系统中的"石子儿"（尿路结石）引起的症状，包括饮用在现代观点看来令人瞠目的猛药，比如腐蚀性的碳酸钾以及其他强碱，以消除令人讨厌的石子儿。但是紧随英国第一位"首相"沃波尔（Robert Walpole）确信此方治愈了他而在几年前即已认可了这样的疗法之后，它们就变得非常流行起来。当布莱克还是一个学医的学生时，一种更温和的碱，即人们所知的白色氧化镁刚刚在不久前被引入到药物中作为对"酸性"胃的治疗法。他决定，为了他的学位论文工作，他要研究白色氧化镁的性质，以期确定其对结石会是一种可以接受的治疗方法。这一期望终成泡影，但正是布莱克进行其调查的方式，指明了真正科学的化学研究方法，并且导致他发现了我们今天所知的二氧化碳，从而第一次证实了空气是多种气体的混合，而不是一种单一物质。

如果将所有这些考虑在内，布莱克时代的化学家认识到了碱性物质的两种形式，即弱碱和腐蚀性的苛性碱。弱碱可以通过用熟石灰煮沸而转化为苛性碱，而熟石灰本身可以通过用水将石灰熟化而产生出来。将石灰石（本质上是白垩）在炉中煅烧可以制造出生石灰——而且这是关键之处，因为物质的"腐蚀性"性质被认为是来自炉中的某种燃烧物进入石灰，并一路通过各种不同的过程从而制造出腐蚀性碱的结果。布莱克的第一个发现是，当白色氧化镁受热，它就会失去重量。既然并没有液体产生，那么这只可能意味着"空气"从材料中逃逸而去。他随后发现，所有的弱碱当用酸加以处理时都会冒出气泡，但苛性碱则不会。因此，导致两种碱之间差异的原因是弱碱包含有"固定空气"，可以通过热或酸的作用而被释出，而苛性碱并非如此。换言之，腐蚀性这一性质不是存在燃烧物的结果。

这引出了一系列实验，在这些实验中，天平是一种关键性的工具，所有物质在每一步骤都要用天平进行称量。例如，布莱克在将石灰石加热以制取生石灰之前就称量了大量的石灰石，而制取出来的生石灰也经过称量。经过称量的水被加到生石灰里以制取熟石灰，抽取出来的熟石灰也经过称量。随后，重量经过称量的弱碱被加入，将熟石灰转化成为最初分量的石灰石。根据实验不同阶段的重量变化，布莱克甚至可以计算出在不同的反应中获得或失去的"固定空气"的重量。

在对由弱碱释放出的"气体"所做的一系列更为深入的实验中——例如利用该气体去熄灭一根点燃的蜡烛，布莱克表明它与正常空气不同，但必定存在于大气之中，散布于其间。换言之，正如我们现在所说，空气是多种气体的混合。这在当时是一个引人注目的发现。所有这些工作构成了布莱克论文的基础，该论文于 1754 年提交，而它的扩充版于 1756 年出版。它不仅让布莱克取得了他的博士学位，而且令他作为一名卓越化学家一下子便在苏格兰声名大噪，很快在整个科学界为人所知。在完成他的医学研究之后，布莱克开始在爱丁堡行医，但次年，爱丁堡化学教授的职位有了空缺，布莱克从前的老师卡伦被任命担当此职。这在格拉斯哥留出了一个空缺的职位，而卡伦则推荐了他从前的学生，后者于 1756 年 28 岁之时成为格拉斯哥医学教授与化学讲师，另外还私人行医作为副业。布莱克是一位尽责的教授，他的演讲很吸引人，因此吸引着学生们从整个英国、欧洲大陆甚至美洲来到格拉斯哥（后来是爱丁堡）*，而且是对下一代科学家最重要的影响（他的其中一名学生对演讲做了详细的笔记，该笔记于 1803 年出版，在进入 19 世纪之后仍然一直影响着学生们）。尽管他继续进行研究，但几乎没有发表任何结果，而是在给大学生或学术团体的演讲中对之加以介绍。因此，年轻人的确被给予了有利位置，由此，他们可以看到新的科学正在逐渐发展。在随后数年中，布莱克推进了他的论文题目中的研究，除了其他观点之外，他揭示了那种"固定空气"是通过动物呼吸、发酵过程以及燃烧木炭生成。但在化学方面，他再没有其他重要的突破，而到了 18 世纪 60 年代，他的关注点大体上转到了物理学上。

布莱克关于温度的研究

布莱克在科学上其他重要的贡献与热的本性有关。热使得卡伦、布莱克和其他同时代人着迷，这不仅因为它本身在化学实验室中的内

---

　　* 布莱克的其中一名学生拉什（Benjamin Rush，1746—1813）于 1769 年在费城学院成为美国第一位化学教授。

在重要性,而且因为它在萌芽中的工业革命中所起到的作用。蒸汽机的(更快的)发展就是一个显而易见的例子。但还要考虑一下苏格兰繁荣的威士忌工业,它要使用大量燃料以将液体变成蒸气,然后在它们重新凝结为液体时还得从蒸气中排除掉同样大量的热。布莱克在18世纪60年代早期研究此种问题的原因非常实际,尽管同样有可能的是,他对液体蒸发时所发生的现象感兴趣是受到他与卡伦的密切关系的激励。布莱克研究了冰融化时发生的众所周知的现象,固态转变为液态时会保持在相同的温度。运用他惯常的谨慎小心的定量方法,他进行了测量,结果显示给定量的冰融化为相同温度的水所需要的热与将这么多的水从熔点升到60℃所需要的热是相同的。他将固体在化为相同温度的液体时所吸收的热称为潜热,并且意识到正是这种热的存在让水成为液体而不是固体——这也就在热与温度的概念之间作出了至关重要的区分。以相似的方式,还有一种与液态水转变为蒸汽有关的潜热,布莱克也对之进行了定量研究。他还给将某一数量的选定物质的温度升高至某一特定数值所需要的热量命名为"比热"(以现代的说法可表述为,将1克物质的温度提高1℃所需要的热量)。因为所有水的比热相同,如果在(比方说)0.45千克质量、温度为凝固温度(0℃)的水中加入了0.45千克质量而温度为沸点(100℃)的水,结果是得到0.9千克温度为50℃的水,这个温度是两个温度的折中。0.45千克水的温度升高了50℃,而另0.45千克水的温度降低了50℃。但是,因为(比方说)铁的比热比水小,如果0.45千克100℃的水被倒入0.45千克0℃的铁中,铁的温度升高就远不止50℃。1762年4月23日,布莱克将所有这些发现都向大学哲学俱乐部做了详细的描述,但它们从未以正式的书面方式发表。在其有关蒸汽的实验中,布莱克得到大学里一位名叫詹姆斯·瓦特(James Watt)的年轻设备制造者的帮助,瓦特为布莱克制造了仪器设备,而且他还进行了自己有关蒸汽的研究。两个人成了铁哥们儿,而且当瓦特在蒸汽机上的工作给他带来财富与声名之时,没有人比布莱克更开心满足。

布莱克本人于1766年离开了格拉斯哥,当时他被任命为爱丁堡的化学教授,接替卡伦。他既是亚当·斯密(Adam Smith)、休谟(David Hume)以及开创性的地质学家詹姆斯·赫顿(James Hutton)等人的医生,也是他们的朋友。他终身未婚,并且发明了分析化学方法,留待他人[尤其是拉瓦锡(Antoine Lavoisier)]对之加以发展,但他在苏格兰启蒙运动时期留下了声望很高的形象。尽管布莱克担任教授之职一直至他去世,但他在晚年身体越来越差,并且在1796—1797学术年度做了最后的一系列演讲。1799年11月10日,他平静地去世,享年71岁。

蒸汽机:纽科门、瓦特与工业革命

尽管本书不是一部技术史,也不是一部医学史,但对布莱克的朋友瓦特的成就加以观照是值得的,因为他的成就标志着向我们今天生活于其中的建基于科学之上的这个社会迈出的极其重要的一步。关于瓦特的成就,很不同寻常的一点是,从当时最新的科学研究之巨大进步中将一整套思想为己所用,并应用它们来实现技术的重大推进的,他是第一人;而且他就职于大学,并与取得科学突破的研究者有着直接的接触*,这一事实预示了现代高技术产业所具有的实验室与研究活动紧密关联的方式。18世纪下半叶,瓦特对蒸汽机进行了改进,其技术要求的确非常高;而且正是瓦特的工作风格为19世纪和20世纪的技术发展指明了道路。

詹姆斯·瓦特于1736年1月19日出生在格里诺克。他的父亲(也

---

*他的朋友除了布莱克还包括赫顿,他与赫顿一起进行过地质考察。

叫詹姆斯)是一名船匠,还曾是船只经销商、营造商、船主以及零售商(因此他可以制造船,为之提供设备,提供货物并且将货物运走以在国外港市出售),从而将自己的活动延伸到多个方面。小瓦特的母亲阿格尼丝(Agnes)在他出生前曾生过3个孩子,但全部在年幼时死去。第五个孩子约翰(John)在瓦特出生3年后出生并活过了婴儿期,但年轻时在航海中(从他父亲的一艘船上)失踪了。

年幼的瓦特在舒适宽裕的环境中被抚养长大,并且在当地一所语法学校受到良好的基础教育,尽管他深受偏头痛之苦并且被认为体弱多病。相比于学校,他对他父亲的工场更感兴趣,并且制造了不同机器及其他装置的活动模型,包括一个手摇风琴。因为父亲想要瓦特接过以船为主的家庭生意,所以他未被送进大学。但是由于一系列生意失败影响了老詹姆斯的利益关系,这一前景消失不见,而年轻的瓦特此时尚未满20岁,忽然之间便不得不面对要自谋生计的前景了。1754年,他前往格拉斯哥开始学习数学仪器制造者的手艺,然后在1755年来到伦敦,以20几尼的学费以及兼职工作,他进了全国最好的仪器制造商之一给予他的一个为期一年的速成班,也就是一种时间压缩了的学徒形式。他于1756年返回苏格兰,并且想要在格拉斯哥开业,但由于他没有经过传统的学徒期而被一个有势力的工匠公会阻止。不过在次年,他得到了大学管区内的一间工场,并可以住宿,在这里,他成为为大学制造数学仪器的制造商,而且还能干些私活。大学有权在它自己的地盘上去做它喜欢的事,而像亚当·斯密(当时是格拉斯哥的一位教授)这样的人肯定不喜欢的一件事就是同业公会行使其权力的方式。

瓦特在他的新职位上勉强维持生计,并有时间沉浸在某些蒸汽动力的实验中,瓦特的实验是在格拉斯哥一名学生罗比森(John Robison)的激励下进行的,罗比森于1759年向瓦特建议了蒸汽动力被用于驱动车厢的可能性。尽管这些实验并未得出什么结果,但在1763—1764年之交的那个冬天,当瓦特被要求去修理格拉斯哥大学拥有的一台纽科门蒸汽机的活动模型(问题就是它动不了)时,瓦特似乎已经对蒸汽机有了某种程度的理解。

纽科门(1664—1729)和他的助手卡利(John Calley)于1712年在英国中部达德利堡附近的一个煤矿制造了第一台成功的蒸汽机。尽管在此之前其他人曾用蒸汽机进行过实验,但这是第一台实用的蒸汽机,它做了一件实用的工作——将水从矿井里抽出来。纽科门设计中的关键性特征是用了一个带活塞的垂直圆筒形汽缸,以便使活塞通过一根传动杆与一平衡重物相连而装配起来。其他事情不变,平衡重物落下将活塞提升到汽缸顶部。要使这个发动机工作,活塞下面的圆筒里要充满蒸汽。然后,冷水被注入圆筒,这使得蒸汽冷凝,从而造成局部真空状态。尽管有平衡重物,但大气压力会驱动活塞下落进入真空。当活塞到达圆筒底部,蒸汽就会回到活塞下面,从而与大气压相平衡(甚或稍高于大气压,尽管并无必要如此),这样平衡重物就可以将活塞提升到圆筒顶部。如此往复。*

但是在瓦特修理了纽科门蒸汽机模型的机械结构之后,他发现当它点火启动、其小锅炉里充满蒸汽,到它在全部蒸汽被排尽之前只能运行几个回合,尽管它被认为完全是按照能运行更长时间的蒸汽机成比例复制的模型。瓦特认识到这是因为被称作比例效应(scale effect)的原因造成的——牛顿曾经在他的《光学》一书中指出,一个小的物体要比一个形状相同的大物体更为迅速地失去热量(原因是相比于其储存热量的体积而言,小物体有更大的表面积,热量正是通过表面积散逸的)。但瓦特并未对此一带而过并机械地接受按比例复制的模型绝对

---

* 因为驱使活塞下落的是大气压力,因此纽科门蒸汽机有时也被称作大气机。将蒸汽作为受压流体引入到设计中的是瓦特,这就是为什么尽管纽科门的机器的确使用了蒸汽,但瓦特经常被认为是蒸汽机的发明者的原因。

不可能像实物一样运行这一结论，而是详细思考了蒸汽机运行所依据的科学原理以了解它的效率是否能进一步提高——这也意味着同样的改进会使得原物大小的蒸汽机之效能远高于纽科门蒸汽机。

瓦特发现纽科门蒸汽机中热量散失的主要原因是需要在活塞每次起落时都冷却整个汽缸（它能获得大量的热，因而失掉的热量也变得非常大），然后在每次充满蒸汽的整个过程中又会将其加热到水的沸点之上。他认识到解决方法是使用两个汽缸，一个始终保持很热（活塞在其中运动），而另一个一直保持很冷（在早期的模型中是通过将其浸在一箱水中实现的）。当活塞在每一次动作的最高处时，一个阀门就会打开以让蒸汽从热缸流向冷缸，蒸汽在冷缸中冷凝，从而产生所需要的局部真空状态。当活塞运动到最低处时，这个阀门就会关闭而另一个打开，从而使得新的蒸汽进入运行中的、仍然很热的汽缸内。还有很多其他改进，包括在大气压下使用热的蒸汽以驱动活塞从上下落，从而有助于使运行中的汽缸保持很热的状态，但最关键的推进是分离式冷凝器。

在这些实验的过程中，瓦特晚于布莱克数年独立地发现了潜热现象。看起来他并不知道布莱克的工作（这并不令人奇怪，因为布莱克从未发表过任何东西），但与布莱克讨论了他的发现，后者提供给他最新的进展信息，从而帮助他对其蒸汽机做出更进一步的改进。瓦特注意到的是，如果一份沸水被加入30份的冷水中，冷水温度的升高几乎是觉察不到的；但如果同样少量的蒸汽（当然是与沸水的温度相同）在冷水中流过，它很快就会使水沸腾起来（我们现在知道，这是因为潜热会随着蒸汽*冷凝成水而释放出来）。

瓦特于1769年为他的蒸汽机取得了专利权，但它并未立刻带来商业上的成功，1767—1774年，他的主要工作是担任苏格兰运河，包括喀

---

*严格地说，是当水蒸气液化之时。"蒸汽"是水蒸气与非常热的小水滴的混合。

里多尼亚运河的勘测员。他于1763年结婚,但他的第一任妻子玛格丽特(Margaret)于1773年去世(留下了两个儿子)。1774年,他迁到了伯明翰,他在这里成为一个被称为月亮会(因为他们每月聚会一次)的具有科学倾向的团体的成员,社团成员包括约瑟夫·普里斯特利(Joseph Priestley)、韦奇伍德(Josiah Wedgwood)和伊拉斯谟·达尔文,后两位是查尔斯·达尔文的外祖父和祖父。正是在这里,瓦特成为博尔顿(Matthew Boulton,1728—1809)的合作伙伴,他通过伊拉斯谟·达尔文与之相识,而这导致了他的蒸汽机在商业上的成功。他还发明了这种机器的许多精细装置并为之申请了专利,其中包括自动调节阀(或调节器),如果机器运转太快,它就会关闭蒸汽。瓦特于1775年再婚,并与他的第二任妻子安(Ann)有了一个儿子和一个女儿。1800年,64岁的瓦特从他的蒸汽机生意中退休,但继续从事发明,直到1819年8月25日在伯明翰去世。

普里斯特利的电学实验

正像瓦特蒸汽机的发展依赖于科学原理一样,蒸汽在工业革命中如此巨大的重要性也会激励19世纪对于热与运动之关系(热力学)的研究进一步发展。作为科学与技术之间反馈的一个典型例子,这反过来导致了更为高效的机器的开发。但是,当博尔顿与瓦特正在18世纪最后1/4的时间扮演着他们在产业革命中的角色时,他们在月亮会的一位朋友约瑟夫·普里斯特利则向化学迈出了重要的一步——即使科学在他的一生中远远不是最重要的事。

约瑟夫·普里斯特利于1733年3月13日出生在利兹附近的菲尔德海德。他的父亲詹姆斯·普里斯特利(James Priestley)是一个织布工*和

---

*不久将会被蒸汽动力工厂所取代的典型的家庭作坊的工作。

服装员，在他住的小屋里的织布机上工作。他还是一名加尔文派教徒。詹姆斯·普里斯特利的妻子玛丽（Mary）在6年中生了6个孩子，后来在1739—1740年罕见的严冬去世。约瑟夫是这些孩子中的老大，随着他的弟弟妹妹们迅速接踵而至，他被送去外祖父身边生活，并且几乎没见过他的母亲。母亲去世时，约瑟夫·普里斯特利回到家，但詹姆斯·普里斯特利发现照看所有的孩子并且工作是不可能的，小约瑟夫随后（大约8岁的时候）去和一位自己没有小孩的姨妈一起生活。在约瑟夫·普里斯特利加入这个家庭后不久，这位姨妈的丈夫便去世了。姨妈也是一名虔诚的加尔文派教徒，她确保了这个男孩子在当地学校（仍然以拉丁文和希腊文为主）受到良好的教育，并且鼓励他去成为一名新教牧师。

尽管有很严重的口吃，但普里斯特利实现了这一目标。1752年，他去一个非国教徒的学校学习。此类学校并不一定像其名字在今天的意味那样显赫——其中某些只有一两位教师和几个学生而已，这些学校的创办所依据的是与导致雷离开剑桥相同的1662年《统一法案》。当大约2000名非国教徒因为这项法案而从他们的教区被驱逐出去之时，他们中的大多数人成了私人教师（其实就像雷的经历一样）——这是他们谋生的唯一真正的机会。1689年，在"光荣革命"之后，《宽容法案》使得非国教徒在社会中的角色得到更充分的体现，他们创立了大约40所培养非国教牧师的学校。显然出于宗教的原因，这些学校普遍与苏格兰的大学建立了很好的关系，学校的很多学生也到格拉斯哥或爱丁堡继续学习。它们在18世纪中叶很繁荣［包括笛福（Daniel Defoe）、马尔萨斯（Thomas Malthus，1766—1834）、黑兹利特（William Hazlitt）等人都上过这种学校］，但后来随着非国教徒逐渐与社会融为一体，并再次被准许进入主流学校和大学任教，此种学校也渐渐衰退了。

1755年，在完成学业后，普里斯特利成为萨福克的尼德姆·马基特的牧师，在那里，因为是阿里乌斯派信徒——可以说，他是一个特立独行的非国教徒,他被很多会众看作异己。他在最初时多少都抱持着正统的三位一体观点,但在尼德姆·马基特期间,他本人对《圣经》进行了细致研究之后,他开始确信圣三一的概念是荒谬的,并且成了一名阿里乌斯派信徒。普里斯特利从尼德姆·马基特去了柴郡的楠特威奇,后来又去利物浦与曼彻斯特之间的沃灵顿学院任教。正是在这里,普里斯特利于1762年娶了约翰·威尔金森(John Wilkinson)的妹妹玛丽·威尔金森(Mary Wilkinson)。约翰·威尔金森是一个铁工厂厂长,从军火中大赚了一笔。夫妇二人有3个儿子和1个女儿。主要得归功于普里斯特利,沃灵顿学院成为英格兰最早以历史、科学以及英国文学课程取代传统课程学习的教育机构。

普里斯特利在学术上的兴趣范围很广,而且在他的早期作品中有一部英文文法书与一份传记年代表,列出了从公元前1200年至18世纪历史上的重要人物在时间上的关系。这一工作是如此令人印象深刻,他因此于1765年被爱丁堡大学授予了法律博士学位。普里斯特利喜欢每年在伦敦待上一个月,而在这一年对伦敦的访问期间,普里斯特利遇到了富兰克林(Benjamin Franklin)以及其他对电感兴趣的科学家(后来被称为电气工程师),这促使他去做他自己的实验,而在其中一个实验中,他显示了在一个带电的空心球内部是没有电作用的。他提出(暂且不论其他),电遵循一个平方反比定律,这一工作使他于1766年被选为皇家学会会员。他撰写了一部关于电学史的书,于1767年出版,该书大约有25万字(他已经写过6本书,但所涉及的都不是科学主题),并建立了他作为教师和科学史家的声望。此时的他34岁,但对于他将要做的工作,到目前为止的所有成就都还只是浅尝辄止。

尽管科学相对来说只是普里斯特利全部活跃人生中的附属部分,但我们在这里并没有篇幅可以将它放进合适的背景中,而只能简要勾勒出他作为一名神学家以及18世纪末那动荡的数十年中一位激进的持异议者的角色。1767年，普里斯特利在利兹的一间小教堂重新做回牧师。在他对于化学的兴趣一路推进的同时，他还写了小册子来批评英国政府对美洲殖民地的处理方式*，并且继续他对宗教真理的探求，此时的他倾向于一神论（创立于1774年的一种明显的阿里乌斯派）观点。普里斯特利的声名传播开来。1773年，他的利兹时期结束时，他受到辉格党政治家谢尔本勋爵（Lord Shelburne）之邀成为其"图书馆馆长"，年薪250英镑，并在受雇期间可以免费住在谢尔本庄园的一处房子里，且在任期结束时可以得到一笔终身退休金。图书馆的工作只占用了普里斯特利很少时间，而他真正的角色是谢尔本的政治顾问并为其宣传出谋献策，并且兼任谢尔本两个儿子的家庭教师，这给了他大量时间放在他自己的科学工作（大部分都受到谢尔本的资助）以及其他兴趣上。1766年（谢尔本年仅29岁）至1768年，担任国务秘书的谢尔本曾试图使一项对美国的安抚政策获得通过，但尽管他费尽力气，却被国王乔治三世（George Ⅲ）解了职。1782年，在国王灾难性的政策导致了英国在美国独立战争中的失败之后，国王被迫召回了谢尔本，成为能够完成与前殖民地订立和约这一艰巨任务的唯一可信的政治家。但彼时普里斯特利已经离开。到1780年，他作为一名非国教者而坦率直言的举动甚至对谢尔本勋爵来说也成为一件令其在政治上感到难堪的事，谢尔本辞退了他的"图书馆馆长"，并支付给他许诺的退休金（每年150英镑）。普里斯特利搬到了伯明翰，住在他富有的连襟提供给他的一所房子里，从事牧师的工作，而且无论从哪个方面来说都算得上生活宽裕。他成为月亮会的一名活跃成员也正是在他人生中的这段时期。

在伯明翰，普里斯特利继续公开反对已确立的英国国教，而且正像他曾对美洲殖民地的理想给予同情一样，他在对法国大革命（它最初是

---

* 普里斯特利关于自由的作品中的一些警句被托马斯·杰斐逊拿去用了，并且写入了《美国独立宣言》。

一个广受欢迎的民主运动)的支持中也是坦率直言。情况在 1791 年 7 月 14 日达到高潮,当时,普里斯特利以及其他法国新政府的支持者在伯明翰组织了一次晚宴,以庆祝攻陷巴士底狱两周年。他们的反对者(一些是政治上的反对者,一些是生意上的对手,渴望有个机会来重创其对手)组织了一群乌合之众,先是来到举办晚宴的旅馆,但发现用餐的人们已然离开,便于随后狂暴地烧掉并抢劫了持异议者们的房屋和小教堂。虽然普里斯特利及时逃离,但他的房子被毁了,同时被毁的还有他的图书馆、手稿以及科学仪器。普里斯特利来到伦敦,他最初是打算留在那儿并且(口头上)抗议这一事件,但当法国大革命变成血腥的混乱局面而战争又激起了针对法国的敌意之时,他的处境变得难以维持(巴黎的革命者所提供的法国公民身份对他在英国的地位几乎没有任何帮助)。1794 年,61 岁的普里斯特利和他的妻子(紧随其早一年移民的儿子之后)移居北美,在宾夕法尼亚州诺森伯兰过着平静的生活(按照他的标准——不过他还是努力设法出版 1791 年之后的 30 部著作),直到他于 1804 年 2 月 6 日去世。

普里斯特利的气体实验

作为一名化学家,普里斯特利是一位伟大的实验者和糟糕的理论家。在他开始其工作时,只有两种气体(或"空气")为人所知——空气本身(尽管有布莱克的工作,但空气作为气体的混合物尚未被广泛地认识到)以及二氧化碳("固定空气")。氢("易燃气体")于 1776 年被亨利·卡文迪什(Henry Cavendish)发现。普里斯特利辨识出另外 10 种气体,包括(用现代名字来说)氨、氯化氢、一氧化二氮(笑气)以及二氧化硫。他最伟大的发现当然是氧气——但是尽管他完成的实验揭示了氧气作为一种单独气体之存在,他却在德国化学家施塔尔(George Stahl,

1660—1734)提出的燃素说模型下对那些实验加以解释。这一模型将燃烧"解释"为一种物质(燃素)离开被燃烧物的结果。例如，以现代术语表述，当一个金属燃烧时，它与氧气混合而形成一种金属的氧化物——它在普里斯特利的时代被称作金属灰。根据燃素说，其中发生的过程是燃素从金属中逃离而留下了金属灰。(此图景下)当这些金属灰被加热，燃素就与之重新混合在一起(或者更合适的说法是重新进入)从而形成金属。事物在缺乏空气时不会燃烧的原因，施塔尔说是因为空气对于吸收燃素是必需的。

只要化学是一门模糊的、定性的科学，燃素说就会在风行一时之后仍然有效。但是布莱克及其后继者们一开始对所发生的一切进行精确测量，燃素说便走到了尽头，因为在人们注意到东西燃烧时会变得更重而非更轻——这也就暗示着是有一些东西进入被燃烧的东西(与之混合在一起)而非逃离——之前，这可能只是一个时间问题。令人惊讶的是，普里斯特利并未看到这一点(但要记住的是，他只是一位脑子里装了其他很多事情的业余化学家)，因而在燃烧与氧气之间建立联系并且断了燃素说后路的任务便留给了法国人拉瓦锡。

普里斯特利在利兹期间开始了他有关"空气"的实验，当时他住的地方紧挨着一家酿酒厂。大桶中发酵的啤酒上方紧贴表面处的空气在不久之前刚被鉴别为布莱克固定空气，普里斯特利发现他有一个现成的实验室，在这里，他可以用大量此种气体来进行实验。他发现这种气体在发酵的酒上面形成了23—30厘米厚的一层，尽管放在这层的一支燃烧的蜡烛会熄灭，但烟会停留在那里。通过将烟添加到二氧化碳层，普里斯特利使其变得明显可见，因而它表面的波(二氧化碳与普通空气之间的界线)就可以被观察到，而且还可以看到它溢出容器边缘并落向地面。普里斯特利在实验时将大桶中的固定空气溶解在水中，并且发现，如果在固定空气中将水来回地从一个容器倒进另一个容器，几分钟后,他就可以得到一种让人愉悦的汽水。18世纪70年代早期,部分地是因为要找到一种预防维生素C缺乏病的便利方法而进行的一次(不成功的)尝试,普里斯特利完善了这一技术,他的做法是用硫酸从石灰石中得到二氧化碳*,然后在压力下将这一气体溶解在水中。这导致了一场席卷整个欧洲的"苏打水热"。尽管普里斯特利没有为他的新发明谋求什么金钱的报酬,但他得到了公正的待遇,因为正是通过他的苏打水的发明,谢尔本勋爵才在1772年在意大利旅行时第一次听说了普里斯特利。既然是谢尔本为普里斯特利提供了时间,从而在接下来的几年中把注意力更多地集中在化学方面,并且为实验提供了所需要的场所(在威尔特郡的卡恩)与金钱——而这些实验很快便导致了对氧气的发现,那么你也可以认为,这一发现极大地归功于酿造工业。

氧的发现

在利兹的时候,普里斯特利也开始怀疑空气并不是一种单质。通过对老鼠的实验,他发现空气维持生命的能力可能在呼吸时以某种方式被"用完",因而不再适合呼吸,但空气可供呼吸之用的性质会因为植物的存在而恢复——光合作用最初的线索,在光合作用过程中,二氧化碳被吸收,而氧气被释放出来。但是关于氧气,即在呼吸作用过程中被用掉的气体之发现是1774年8月1日在卡恩做出的,当时他通过一个直径约30厘米的透镜,将太阳光聚集到一个放在玻璃容器中的红色的汞金属灰(汞的氧化物)上对其进行加热。当金属灰重新回复为汞的金属形式,气体(普里斯特利及其同时代人称之为一种"空气")被释放出

---

*通过这一工作,普里斯特利曾被考虑担任库克船长第二次环球旅行中的博物学家一职,但因宗教原因而被拒绝,普里斯特利因此做出回应说:"我认为此事事关**哲学**而与**神学**无关。"

来。这距离普里斯特利发现他所制造出的这种新"空气"比普通空气更合适呼吸还有一段时间。在一系列漫长的实验过程中，他首先发现一支点燃的蜡烛伸到这种气体中会突然烧得更旺，变得非常非常明亮，最终，1775年3月8日，他将一只发育完全的老鼠放进一个密封的容器，容器中充满这种新空气。他从实验得知，一只这样大小的老鼠在等量的普通空气中可以存活大约15分钟，但这只老鼠存活了整整半小时，随后再从容器中拿出来时看起来已经死了，但在用火暖和起来后便苏醒了。普里斯特利十分慎重，他意识到可能他在实验中使用了一只健壮得不同寻常的老鼠，因此他在实验备忘录中仅仅这样写，这种新空气至少同普通空气一样。但更深入的实验表明，在维持呼吸方面，它的效用是普通空气的四五倍。这与这样一个事实是一致的，即我们呼吸的空气中实际上仅有大约20%是氧气。

普里斯特利的发现实际上已经由瑞典化学家舍勒(Carl Scheele，1742—1786)先行得到了，他的保存下来的实验室记录显示，到1772年时他已经认识到空气是两种物质的混合，一种阻止燃烧，而另一种有助燃的作用。他曾通过加热氧化汞以及其他办法制备出助燃气体的样本，但他并未试图即刻就把这些发现公布出去——他在一部1773年已写就的书中说到了这些发现，但该书直到1777年才出版。在普里斯特利于1774年8月进行他的实验前不久，有关这项工作的消息才开始在科学共同体中传播开来。当时普里斯特利看来似乎并不知道舍勒的工作，但在1774年9月，当普里斯特利尚在进行他的实验之时，舍勒在一封给拉瓦锡的信里写到了他自己的发现。舍勒做出了其他很多对化学具有重要意义的发现，但他是一名药剂师，只出版了一本书，并且拒绝了几个学术职位机会。他去世得也很早，年仅43岁。所有这些情况合在一处，便使得他在18世纪化学的历史记述中被忽略了。氧气几乎同时被舍勒和普里斯特利发现的真正意义并不在于是谁最早做出发现，而是它提醒我们,在大多数情况下,科学是在已经取得的发现基础上、利用当时的技术而逐步推进的,因此,谁第一个做出发现以及谁会在史册上留名,在很大程度上是运气问题。无论如何,尽管毫无疑问是舍勒第一个发现氧气,尽管普里斯特利继续试图在燃素说的框架下解释他的发现,但与氧气之发现联系在一起的名字是普里斯特利。

不过在有些时候,由于发现者从未费心去向任何人讲述他的工作,并且从满足自己好奇心的实验中便获得了他在科学方面的满足感,因此也就未能(如果这个词恰当的话)将其名字与历史书中某个特定的发现或定律联系在一起。这种罕有的科学家中一个典型的例子是亨利·卡文迪什,普里斯特利的同时代人,他发表的东西足以使他成为18世纪下半叶化学发展中一位重要人物,但他有大量结果都**未曾**发表(特别是物理学方面),而这些未发表结果在随后的世纪被其他人独立再次发现,在历史书中,这些发现以这些人的名字正式命名。但是亨利·卡文迪什何以能够坚持他的爱好(无论他的偏好是什么)并对之做出选择,决定何时出版什么,这里还有一些不同寻常的家庭原因(大致上是他家非常富有)。

亨利·卡文迪什出自两个而非一个当时英格兰最有钱有势的贵族家庭。他的祖父是第二任德文郡公爵威廉·卡文迪什(William Cavendish),他的母亲安妮·德·格雷(Anne de Grey)是肯特公爵亨利·德·格雷(Henry de Grey,他是第12任伯爵,于1710年升为公爵)的女儿。作为五兄弟中的老四(另外还有6个姐妹),亨利的父亲查尔斯·卡文迪什(Charles Cavendish,1704—1783)并没有属于自己的高贵头衔,但卡文迪什家族的地位如此显赫,因而终其一生,他都被称作查尔斯·卡文迪什勋爵。如果他真的是一位勋爵,那他的儿子亨利就本该会是尊贵的亨利·卡文迪什先生,就像玻意耳,后者是一位伯爵的儿子,曾带有"尊贵的"。父亲在世时,亨利·卡文迪什的确就是这样被称呼的,但他的父亲一去世,他便让大家明白他更喜欢被直截了当地称作亨利·卡文迪什先生。

　　两个家族都对科学很有兴趣。自1736年开始，有10年或更长时间，肯特公爵和他的家族鼓励物理学和天文学工作，这尤其体现在他雇用天文学家托马斯·赖特（Thomas Wright，1711—1786，他的工作会在第八章加以详述）担任公爵夫人以及公爵的两个女儿索菲娅（Sophia）和玛丽（Mary）的家庭教师［但没有安妮（Anne），她不仅离开了家，而且在1733年因肺结核而在年纪尚轻时去世了］。赖特还在这片土地上进行了测量工作，并在此地进行过天文观测，这些工作在18世纪30年代被报告给了皇家学会。教学工作甚至在公爵于1740年去世后仍然继续。通过家庭的关系，查尔斯"大人"和亨利·卡文迪什造访了肯特公爵的庄园，当时赖特也在此地（他肯定在那里一直待到亨利至少15岁的时候），他们肯定见到了他并与他讨论了天文学。

　　更加肯定的是，由于亨利·卡文迪什对当时的科学如此兴趣浓厚，因此在人生过半之时，为了科学而放弃了世袭的贵族也就是政治成员的角色。对于他所处地位的人来说或多或少都有严格的规定，查尔斯曾于1725年被选入国会下议院（在当时来说这是个误称，就算曾经有过一个这样的机构），在那里与他共事的还有他的一个兄弟、一个叔叔、两个姐夫以及一个堂表亲。查尔斯·卡文迪什是一位勤勉且有能力的下议院议员，被证明是一名能干的管理者，并且深入参与了与建造威斯敏斯特第一座桥有关的工作（这是自"伦敦桥要塌了"的童谣流行开之后，第一座位于伦敦的横跨泰晤士河的新桥）。但是16年后（沃波尔 *任首相期间），他确定他已经为他的国家尽过了义务，1741年，在他37

---

　　*沃波尔领导着一个辉格党政府，它当时是紧随着"光荣革命"的胜利而得以确立的；反对党托利党直到18世纪40年代仍然是詹姆斯二世的支持者，可以想象，那16年间政府的变革本可能导致斯图尔特王朝的复辟；这一可能性仅仅在"邦尼王子"查理（Bonnie Prince Charlie）在卡罗登失败以后才真正渐渐变小，随后是他在1745年的叛乱。

岁而年幼的亨利只有10岁的时候,他从政治活动中引退而追随自己对科学的兴趣。作为一名科学家,他是一个热心的爱好者,很大程度上承袭了皇家学会早期会员的风格,而且在实验工作方面技巧娴熟(他的实验才能得到本杰明·富兰克林的赞赏)。他最出色的工作之一是发明了一种温度计,该温度计显示了观察者不在场时所记录的最高与最低温度——我们现在称之为"极大极小值"温度计。但是,尽管不是位居最前列的科学家,但查尔斯·卡文迪什很快便将他的管理才能很好地应用到了皇家学会(他在牛顿去世仅3个月后当选为会员)和皇家格林尼治天文台以及给他的儿子亨利加油打气上。

查尔斯·卡文迪什于1729年曾娶了安妮·德·格雷,当时他还不到25岁,而她比他年轻两岁。他们的父亲曾是多年的朋友,而且无疑对这桩亲事很满意,但是关于这一关系的浪漫一面,我们一无所知(除了这一点:在当时,贵族的儿子通常是过了30岁才会结婚,因此看来爱情似乎是参与其中了)。我们的确知晓的是,这对年轻夫妇是多么富有,因为所有细节都在结婚协议中写得清清楚楚。查尔斯拥有他父亲授予他的土地和收入,安妮带来了她的收入、证券以及物质遗产的许诺。容尼克尔(Christa Jungnickel)和麦柯马科(Russell McCormmach)*曾计算过,在结婚之时,除了数目可观的财产之外,查尔斯·卡文迪什还有一笔至少2000英镑的年收入可自由支配,其数额随时间增长。当时,一年50英镑就足够维持生活,而一年500英镑则可以让一位绅士生活得很舒服了。

安妮·卡文迪什——这是她此时的角色(尽管她通常被称作安妮女士)——已出现了致命疾病的迹象,除了噩兆般的吐血之外,其他症状都很像是严重感冒。1730年与1731年之交的冬天极为寒冷,夫妇二人

---

* 《卡文迪什:实验人生》(*Cavendish: the experimental life*)。

在欧洲大陆旅行，先是访问了巴黎，随后又去了尼斯，这里有阳光和新鲜空气，被认为是对肺病患者的康复极为有利之所。正是在这里，安妮于1731年10月31日生下了他们的第一个儿子亨利，这个名字取自他的外祖父。在欧洲大陆上又旅行了一段时间（部分地是去寻找有关安妮病情的医学建议）之后，一家人回到了英格兰，而亨利的弟弟弗雷德里克（Frederick，名字取自当时的威尔士亲王）于1733年6月24日在此地出生*。不到3个月后，1733年9月20日，安妮去世了。查尔斯·卡文迪什没有再娶。就实际意义而言，亨利其实没有母亲，这也有助于说明他在成年后的某些怪癖。5年后的1738年，查尔斯·卡文迪什卖掉了他在乡下的地产，并和两个年幼的儿子在伦敦的大马尔堡街的一所房子安顿下来，从而方便他在政府和科学委员会的工作。

尽管查尔斯·卡文迪什曾在伊顿公学上过学，但他的两个儿子都被送进了海克尼的一所私立学校，随后又去了剑桥的彼得豪斯，而弗雷德里克则一直追随着他哥哥的道路。1749年11月，18岁的亨利前往剑桥，并在那儿待了3年又3个月。像很多贵族阶层的年轻绅士一样，他离开时并未获得学位，但并非没有充分利用剑桥的教育所能提供给他的机会（甚至在18世纪60年代，这种教育也未非常盛行）。就在亨利离开彼得豪斯之后，弗雷德里克在1754年夏天的某个时候从他的房间窗子跌下来，头部受了伤，这给他的大脑留下了永久的损伤。在某种程度上来说，多亏了他家中很富有——这意味着他身边总是有可靠的仆人或同伴照看他，此事并未妨碍他独立生活，但也意味着他在政治与科学舞台上都永远不可能子承父业。

亨利·卡文迪什对政治完全没有兴趣，但被科学迷住了。在兄弟俩一同完成泛游整个欧洲大陆的教育旅行之后，亨利在大马尔堡街的家

---

*弗雷德里克比亨利晚出生两年，也比亨利晚两年（即1812年）去世。查尔斯、亨利以及弗雷德里克分别都活到了79岁。

中落定,并将一生投入到科学中,最初是与他的父亲合作。某些家庭成员并不赞成如此,认为这是自我放纵,还觉得对于一名卡文迪什家族的成员来说,介入实验室工作是不太体面的事,但查尔斯·卡文迪什并不怎么反对他的儿子继承了他对科学的热情。关于称查尔斯对亨利在金钱方面很吝啬有一些传闻,不过就这些传闻中所包含的真实成分来说,它们不过表明了老卡文迪什对金钱出了名的小心谨慎而已。查尔斯·卡文迪什一直都留心着增加他的财富的机会,并且花钱很小心,不超出必需的消费——但他的"必需"概念是适合公爵之子身份的。某些记载说,父亲在世时,亨利拿到的零用钱只有一年120英镑(鉴于他住在家中并享有家中的一切,这笔钱足够开销了)。其他一些貌似真实的记载说他的零用钱是一年500英镑,这笔钱的数目和查尔斯·卡文迪什在结婚时从其父亲那里得到的数额是一样的。无疑,真实的情况是,亨利·卡文迪什对钱根本没兴趣(他对钱的漠不关心的方式是只有非常有钱的人才会如此)。比如说,他在当时只有一套衣服,每天穿着,直到穿坏为止,而这时他会再买一套跟旧款式一样的衣服。他在饮食方面的习惯也是一成不变,在家的时候,他几乎总是在吃饭的时候吃羊腿。有一次,几位科学家朋友要来吃饭,管家询问要准备什么。"一条羊腿。"亨利·卡文迪什说。当被告知这会不够吃的时候,他回答说,"那就做两条。"

在查尔斯·卡文迪什去世很久之后,一位银行家造访了亨利·卡文迪什,而亨利·卡文迪什对钱的态度则在有关这次造访的有证有据的记述中得到了最好的体现。这位银行家关心的是亨利的活期账户上已经存了大约80 000英镑,并且催着他用这笔钱去做点什么。亨利·卡文迪什为深受这一"令人讨厌的"询问烦扰而狂怒,他告诉这位银行家说,照看这笔钱是其工作,如果银行家拿这种琐事来烦他,他就会将他的账户转到别的银行去。这位银行家有点紧张地继续建议说,也许应该把一半的钱拿去投资。亨利·卡文迪什同意了,他让银行家用这些钱去做其认为最合适的事，但是不要再拿它来烦他，否则他真的会关闭账户。幸运的是，这位银行家很诚实，而亨利的钱得到了很安全牢靠的投资，其余的所有钱也是如此。到他去世的时候，亨利·卡文迪什的投资面值超过100万英镑，尽管它们在当时市场上的实际价值低于100万英镑。

这笔财产的主要部分有一些来自查尔斯·卡文迪什成功积累起的财富，还有一部分来自他去世前不久得到的遗产，而它成为亨利所继承的地产的一部分（弗雷德里克所得到的足够他过上作为一名绅士的舒适生活，但是除了年纪比较小之外，他的智力问题也使他没有能力来打理财产）。查尔斯·卡文迪什有一位堂姐伊丽莎白（Elizabeth），是他叔叔詹姆斯·卡文迪什（James Cavendish）的女儿。伊丽莎白嫁给了理查德·钱德勒（Richard Chandler），他是达拉谟主教的儿子，也是一位政治家；她的弟弟（她唯一的兄弟）威廉·卡文迪什（William Cavendish）娶了钱德勒家族的另一位成员芭芭拉（Barbara）。1751年，詹姆斯·卡文迪什和威廉·卡文迪什都去世了，而威廉没有留下子嗣，因此伊丽莎白和理查德（他现在也用卡文迪什这个名字）便受委托来延续这一家系，并相应地继承了财产。但理查德和伊丽莎白也没有子嗣，而且理查德先她一步去世，给伊丽莎白留下一大笔遗产，既有地产还有证券。她在1779年去世的时候将这笔财产留给了查尔斯，这是她唯一在世的卡文迪什家族的男性嫡亲，也是她在卡文迪什家族最亲密的亲戚。当1783年查尔斯·卡文迪什于79岁去世时，累积起来的财产留给了亨利，当时他52岁。也正是因此，他被称为"聪明人中最富有者，有钱人中最聪明者"。

依照家族传统，在亨利于1810年去世时，他将财产留给了他的近亲，主要受益人是乔治·卡文迪什（George Cavendish），第四代德文郡公爵（他本人是亨利·卡文迪什的堂兄弟）的儿子，也是第五代公爵的兄弟［乔治的母亲是夏洛特·玻意耳（Charlotte Boyle），第三代伯灵顿伯爵的女儿］。乔治的一名后代，即他的孙子威廉（William）在一生未婚的第六代公爵于1858年去世时成了第七代德文郡公爵。就是这位威廉·卡文迪什,通过他的钢铁公司使家族财富进一步增加,并在担任了剑桥大学校长9年后,为19世纪70年代在剑桥大学建立的卡文迪什实验室捐赠了一笔财产。威廉·卡文迪什从未正式记录他是否想要让这个实验室成为对其祖先的纪念,但正如我们将看到的,它保证了卡文迪什这个名字在19世纪末以及整个20世纪发生的革命性进展中处于物理学研究的最前沿。

亨利·卡文迪什本人可能怀疑过让一部分家产外流是否明智。但尽管不是一个挥霍者,如果花钱有合适的理由的话,他对花钱也并无疑虑。他当然雇了一名助手来协助他的科学工作;但也要确保有一个合适的场所去进行他的科学工作。因此完全可能的是,如果他活在19世纪70年代,他就会看到有必要建立一个像卡文迪什实验室这样的机构,并且同意这笔支出。在他父亲去世前夕,亨利将位于汉普斯特德的一处乡村住宅租了出去,他曾经在此住过3年。1784年之后,他将位于大马尔堡街的房子租了出去,买了位于附近的贝德福德广场的另一处市内住宅(这处房子至今仍在),离开汉普斯特德后,他买了泰晤士河以南克拉珀姆公地的另一处乡村住宅。在所有这些地点,他的生活都围着他的科学工作转,而且除了会见其他科学家之外根本没有社会生活。

亨利非常腼腆,他几乎不出门,除了参加科学集会——甚至是在这些场合,迟到的人有时会发现他站在门外努力想要鼓起勇气走进会场,而那时他凭自身能力成为受人尊敬的科学家已久。只要可能,他都通过写条子的方式与他的用人沟通。还有几个轶闻说的是,当他意外碰到他不认识的女性,他就会用手捂住眼睛,说是溜之大吉可谓毫不夸张。但在夏季的几个月中,他经常会带着一名助手乘四轮大马车环英国旅行,进行科学调查(他对地质学很感兴趣)并拜访其他科学家。

由于他与科学有关的社会生活,亨利于1758年作为他父亲的客人第一次被带到了皇家学会的一次会议。他于1760年凭自身实力当选皇家学会会员,同年成为皇家学会俱乐部的成员,这是一个由皇家学会成员组成的聚餐会,但却是一个独立的机构。在随后的50年中,他参加了几乎每一次俱乐部的聚餐会(一年大部分时间每隔一周举行一次)*。这可以让你对当时的钱的价值有个概念,有一阵子,3个先令(现在的15便士)可以支付的一餐饭可供选择的有:肉、家禽或鱼、两个水果派、葡萄干布丁、黄油和奶酪,以及红酒、黑啤或柠檬水。**

　　亨利·卡文迪什出版了的著作确立了他作为"有钱人中最聪明者"的声望,但那些只是他的研究活动的冰山一角,而他研究活动的大部分成果在其一生中都从未出版。他的全部工作范围非常之广,如果他的研究结果为他同时代人所知,那么他还将对物理学(尤其是电学研究)有深远的影响;但出版了的工作大部分是化学方面的,这是他最有影响的工作,而且稳居18世纪下半叶发展的主流。我们所知的亨利·卡文迪什化学研究中的最早的一项大约完成于1764年,是一项有关砷的研究。但这些结果并未发表,而且我们不知道为什么亨利·卡文迪什选择这一特殊物质进行研究。不过,正确合理地评价他的才能的话,他的笔记显示,在此期间,他发明了一种制取砷酸的方法(现在仍然在用)。1775年,舍勒也独立发明了这一方法,而且这一发明通常归功于他(恰恰就是因为亨利·卡文迪什的沉默寡言)。但是当亨利·卡文迪什于1766年首次在《哲学汇刊》上发表他的工作之时,他获得了极大的成功。

亨利·卡文迪什的化学研究:《哲学汇刊》上的论文

　　当时35岁的亨利·卡文迪什实际上写好了相互关联的一组4篇论

---

　　*有传闻说,在这些场合,查尔斯·卡文迪什会让包里仅有需要用来付饭钱的几个先令、多1便士都没有的亨利出去。但根本没有证据表明此事为真。

　　**皇家学会俱乐部的会议记录,转引自容尼克尔和麦柯马科。

文,记述了他用不同气体("空气")进行的实验。出于某些不为人知的原因,事实上只有其中的前3篇文章被提交和发表,但它们包含了可能是他最为重要的单独发现,即当金属与酸反应时释放出来的"空气"本身是一种不同的独立实体,与我们呼吸的空气中其他任何物质都截然不同。这种气体现在被称为"氢",亨利·卡文迪什称之为"可燃气体",其原因显而易见。紧随着布莱克的领先工作,亨利·卡文迪什完成了大量精细的定量实验,包括对将不同量的可燃气体与普通空气混合并点燃后发生的爆炸进行比较,并确定可燃气体的浓度。他认为这种气体是由参与这一反应的金属释放出来的(我们现在知道它来自酸),并且在燃素说的框架下将这种气体视为燃素——对亨利·卡文迪什来说如此,尽管并不是所有他的同时代人都这样认为,氢**就是**燃素。亨利·卡文迪什还研究了普里斯特利的"固定空气"(二氧化碳)的性质,每次都进行了精确测量,但从来没有声称,其结果有比其测量仪器所确认的更高的精确度。1767年,亨利·卡文迪什发表了一项有关矿泉水成分的研究,但当时[可能是被同年由普里斯特利出版的《电学的历史》(*History of Electricity*)所激励],他似乎已经将注意力转向了电学研究,并且于1771年在《哲学汇刊》上发表了一种理论模型,该模型的基础是将电视作一种流体的思想。

这篇论文看来完全被忽视了,而且,尽管亨利·卡文迪什继续他在电学方面的实验,但有关这一课题他没有再发表其他论文。这对于当时的科学来说是一个巨大损失,但亨利·卡文迪什的全部结果(例如欧姆定律)被后来几代科学家[在这个例子中就是欧姆(Ohm)]独立地再次得出,并且稍后在他们的框架下被讨论。不过,值得一提的是,在一组非常精确的实验中,一个导体球同心地安置在另一个(带电的)导体球壳,通过这个实验,亨利·卡文迪什证明了电力遵循平方反比规律(库仑定律),其精确性在±1%范围内。

18世纪80年代早期,亨利·卡文迪什重新回到对气体的研究。正如他在依据这一工作所撰写的重要论文*中所说,进行实验的"主要目的是找到普通空气以各种不同方式变成燃素时发生的众所周知的减少的原因,并且找到失去的空气会变成什么"。以现代术语来表述,当有东西在空气中燃烧时,空气"减少"的原因是空气中的氧气将与燃烧物质混合,因此多至20%的普通空气就会被固定进一种固态或液态混合物中。但是尽管普里斯特利已经发现了氧气,而且发现它约占普通空气的1/5,可到亨利·卡文迪什进行这些新的实验之时,燃烧过程远未得到正确理解,而且亨利·卡文迪什也像其他许多人一样认为燃烧是将燃素**添加**到了空气中,而不是从空气中**带走**了氧。

既然亨利·卡文迪什认为他的可燃烧空气**就是**燃素,则很自然的是,他会在实验中使用这种我们现在称之为氢气的气体。亨利·卡文迪什所使用的方法是由具有开创性的电学家伏打(Allessandro Volta, 1745—1827)所发明的,后来被普里斯特利的一个朋友瓦尔提尔(John Warltire)在实验中所使用,而普里斯特利后来也进行过相似的实验。在这一方法中,装在一个由铜或玻璃制成的密封容器中的氢氧混合气体被一个电火花引爆。因为容器是密封的,只有光和热从容器中逃逸出来,这使得称量爆炸前后的所有物质的质量成为可能,并且避免了因为其他物质带来的任何污染,而如果是由——比方说——一支蜡烛点燃的话,这就是不可能的。以现代标准来看,这一方法也许看起来并不复杂,但它是科学演化方式的又一个例证,即科学上的发展完全依赖于技术上的改进。

瓦尔提尔注意到,玻璃容器内部在爆炸后被露水般的东西所覆盖,但无论是他还是普里斯特利,尽管报告了这一结果,却都没有意识到其

---

*《哲学汇刊》,第74卷,第119页,1784年。

重要意义。他们更感兴趣的是热有重量的可能性,这一重量在爆炸时随着热的逃逸而从容器中失去了*。瓦尔提尔的实验看似显示了这一重量的损失,但就在1781年年初,由亨利·卡文迪什完成的更加精细的实验表明并非如此。顺便要提到的是,亨利·卡文迪什是这一概念——热与运动有关——的早期赞成者之一。他在1784年的论文中有关这些实验的论述值得在此引述一下:

> 普里斯特利博士最近的实验与瓦尔提尔先生的实验有关,后者的实验表明,当用电点燃一个容量约为0.17升的封闭铜制容器中由普通空气与可燃空气组成的混合气体时,重量的损失总能被察觉到,平均约为130毫克……它还记述说,当在玻璃容器中重复这一实验时,容器内部尽管在实验之前是干净且干燥的,也会马上变得潮湿;这也证实了他长久以来所抱持的一种观点,即普通空气通过变成燃素而将水分沉积下来。由于后一个实验看起来很可能为我所思考的课题提供重要的线索,我认为非常值得更仔细地观察。第一个实验,如果其中并无错误的话,也会是非常特别和不寻常的:但我做得并不成功;因为尽管我用的容器的容量比瓦尔提尔先生的大,也就是可容1.55千克的水,而且虽然实验用不同比例的普通空气与可燃空气重复进行了几次,但我都没能观察到多于1/5格令**的重量的损失,而在通常情况下则根本没有损失。

在一处脚注中,亨利·卡文迪什提到自他的实验完成以来,普里斯特利也发现,试图再次得到瓦尔提尔的结果的努力未能成功。以现代术语来说,亨利·卡文迪什表明了爆炸中形成的水的重量与爆炸中用完

---

* 爱因斯坦著名的公式 $E = mc^2$ 告诉我们,能量的损失与重量的损失相一致,但在这样的实验中,它当然太小而无法测到。

** 英美制最小重量单位,1格令约为0.065克。——译者

的氢与氧的混合重量是相等的。不过,他并未做出这样的表述。

　　亨利·卡文迪什花了如此长的时间才将这些结果发表出来,这是因为它们只是一系列细致实验的开始,通过这一系列实验,他研究了不同比例的氢与空气混合时爆炸的结果,并仔细分析了沉积在玻璃上的潮湿的液体。他尤其在这一点上小心谨慎是因为在他最初的一些实验中,这些液体被证明呈弱酸性——我们现在知道,如果封闭容器中的氢不足以用尽所有的氧,爆炸的热量就会使残存的氧气与空气中的氮混合成为氧化氮,这构成了硝酸的主要成分。但最后亨利·卡文迪什发现,如果有足够量的"可燃空气",就总是有相同比例的普通空气损失掉,而通过爆炸产生的液体是纯净的水。他发现"423份可燃空气几乎足够使1000份的普通空气变成燃素;而在爆炸后残留的空气仅稍多于所使用的普通空气的4/5"。在更早的实验中,他曾发现按照体积来看,20.8%的普通空气(用现代术语来说)是氧气。因此根据他的计算,要将所有混合气体转变为水所需要的氢气和氧气的体积比例是423:208,这与我们现在所知道的混合比例(2:1)相差不超过2%。

水不是一种元素

　　亨利·卡文迪什当然是按照燃素说模型描述了他的结果(他甚至以此方式解释了硝酸从"变成燃素的空气",即氮气中的产生,尽管这个解释非常复杂),而且他并不认为氢和氧是化合在一起而形成水的元素。但他的确表明了水本身并不是一种元素,并且是由两种其他物质混合以某种方式而形成的。这是炼金术向化学转变的最后阶段中至关重要的一步。不幸的是,因为亨利·卡文迪什在发表其结果之前是如此小心缜密以深入探究所有可能性,所以到他发表之时,其他人也在依循相似的思路进行研究,而这一度引起优先权问题上的混乱。在英格兰,部分地是在由伏打和瓦尔提尔开创的此类实验基础上,瓦特在1782年或1783年形成了关于水的化合物性质的观点,而且他的推论(远不及卡文迪什的工作那么完整和精确)也由皇家学会于1784年出版。在法国,当亨利·卡文迪什在科学上的一位合作者布莱格登(Charles Blagden,他也成了皇家学会秘书)于1783年访问巴黎时,拉瓦锡从他那里听说了亨利·卡文迪什的初步结果*。拉瓦锡迅速研究了这一现象(而且使用了比亨利·卡文迪什更随意的实验方法,尽管拉瓦锡一般情况下是一位小心仔细的实验者),并且将他的结果写成文章,但并未对亨利·卡文迪什在此之前的工作给予充分的承认。但那所有的一切都已时过境迁,而水被确认为化合物(现在没有人会怀疑亨利·卡文迪什在此过程中的作用),将在拉瓦锡推翻燃素说并对燃烧提出一种更优解释的过程中,成为一个至关重要的部分。

不过,在我们继续讲述拉瓦锡本人的工作之前,亨利·卡文迪什还有两个相当重要的成就是我们的故事绕不开的,即使它们并不是18世纪化学发展的组成部分。第一个成就可以证明亨利·卡文迪什作为一名实验者的精确性是多么令人难以置信,而他在很多方面又是多么领先于他所处的时代。在一篇发表于1785年的论文中,亨利·卡文迪什描述了关于空气的实验,延长火花放电时间,在碱上方引爆氮气(燃素空气)和氧气(去燃素空气)。这会消耗完所有的氮气,并产生出多种氮氧化合物。完全是这一工作的一个副产品,亨利·卡文迪什指出要从他的空气样本中移除所有气体被证明是不可能的,而且即使是在氧气和氮气全部被移除后,还是留下一个小气泡,"肯定不超过变成燃素的空气体积的1/120"。他将这归因于实验误差,但无论如何,他完整记录了它。一个多世纪之后,这一工作被伦敦大学学院的拉姆齐(William

---

*正是布莱格登在亨利·卡文迪什的建议下于18世纪70年代中期在一次赴美洲的航行中进行了海洋温度的测量,并且发现了墨西哥湾暖流。

Ramsay)和就职于剑桥卡文迪什实验室的瑞利勋爵(Lord Rayleigh)重新注意到(恰恰在它如何引起他们注意这一问题上,不同的记述有着很大出入)。他们决定对亨利·卡文迪什的神秘气泡穷追到底,并于1894年发现了一种此前不为人知的气体氩,其在大气中含量极微(0.93%或1/107)。这一工作于1904年获得了第一届诺贝尔奖(实际上是**两项诺贝尔奖**,因为瑞利获得的是物理学奖,而拉姆齐获得的是化学奖)。诺贝尔奖从不颁授给过世者,但如果颁给过世者的话,亨利·卡文迪什肯定会因为120年前完成的工作而被授予这一荣誉。

卡文迪什实验：称量地球

这里要提到的亨利·卡文迪什的最后一项贡献也是他所完成的最后一项重要工作,是他最著名的也是他最后一部重要著作,在1798年6月21日他67岁生日之前4个月向皇家学会宣读。当大多数科学家在这个年纪很久都没有对他们的事业作出任何重大贡献之时,亨利·卡文迪什刚刚在他位于克拉珀姆公地的住宅的一幢附属建筑物中称量了地球。

所谓的"卡文迪什实验"实际上是由卡文迪什多年的朋友约翰·米歇尔(John Michell, 1724—1793)设计的,此人会在下一章给予特别介绍。米歇尔想出这个实验,而且还建造了实验所需要的仪器设备,但在他可以亲自做这个实验之前便于1793年去世了。米歇尔的全部科学仪器都留给了剑桥女王学院,也就是他以前所在的学院,但由于那里没人有能力将米歇尔称量地球的想法进行下去,剑桥的一位教授沃拉斯顿(Francis Wollaston)便将它交给了亨利·卡文迪什(沃拉斯顿的一个儿子是亨利·卡文迪什在克拉珀姆公地的邻居,这可能是一个原因,不过无论如何亨利·卡文迪什都显然是能胜任此事的人,不论他的年纪如何)。这个实验从原理上来说很简单,但从实践来说,因为实验要测量的力非常微小,所以要求非常熟练的技巧。仪器大部分经由亨利·卡文迪什进行了改造,该仪器使用一根很坚固且很轻的杆(约1.8米长,由木材制成),两端各有一个直径约5厘米的小铅球。杆子从中间处由一根金属丝吊起来。两个更重的铅球,每个约重159千克,被悬挂起来,以使它们可以被移动到与小球距离精确的位置,整个仪器被放在一个木盒内以防止它受到气流的影响。由于大重量铅球与小球之间的引力作用,杆会在水平面上轻微扭转,直到被悬丝的扭力所阻止。为了测量与扭转值相对应的力,亨利·卡文迪什进行了没有使用重球时的实验,那时水平杆像水平摆那样做来回摆动。整个装置被称为扭秤。

从所有这些工作,卡文迪什确定了159千克重球与每个小球之间的引力。他已经知道地球施加在这个小球上的引力,也就是它的重量,因此他就可以从这两个力的比值计算出地球的质量。运用这类实验还有可能根据被称作引力常数的值(写作G)测量重力强度,这是如今仍然有用的实验。但亨利·卡文迪什并未考虑这些问题,也未亲自测定G值,尽管从他的数据可以推出这一常数的一个值。确实,对于地球质量本身,亨利·卡文迪什在其结果中并未得出一个数值,而是给出了一个地球密度值。他在1797年8月和9月完成了一组8个实验,并在1798年4月和5月又进行了9次实验。结果发表在《哲学汇刊》*上,考虑了误差的多种可能原因,并且利用了两种不同的悬丝,还对比了两组结果,从而给出了地球密度值为水密度的5.48倍的结论。

这比稍早由地质学家所得出的估算值略高,该估算值是通过测量一个摆朝向一座大山所发生的垂直偏转而得出的。但那些研究依赖于对组成大山的岩石密度的推测,参与这一工作的一位地质学家赫顿在1798年写给亨利·卡文迪什的信中说,他现在认为这个数字被低估了,

----

* 第88卷,第526页,1798年。

而用这一方法得出的地球密度真正值是"5—6"*。多年以后被注意到的是，尽管小心翼翼，但亨利·卡文迪什在计算中有一处很小的失误，而地球的密度值，如果用他自己的数字来计算，应为水密度的5.45倍。由多种方法得出的地球平均密度的现代值是水密度的5.52倍，仅比亨利·卡文迪什的修正值大1%。我们看到过的能让我们对这些实验的精确性有所感知的最好的类比来自英国物理学家坡印廷（John Poynting，1852—1914）的著作，他曾于19世纪末参与实验**。在写到使用普通直立秤来测量在秤盘下面放置一个大质量物体而产生的微小的力时，他写道：

> 想象一杆秤，它大到足够在一个秤盘里装下不列颠岛的全部人口，然后所有人口都被放置在那里，除了一个中等身量的男孩。随后要测量把这个男孩加上去后重量的增加。测量的精度相当于观察他在迈上秤盘之前是否脱掉了他的一只靴子。

几乎100年前，亨利·卡文迪什已经精确如斯。

在19世纪的第一个10年，亨利·卡文迪什已经70多岁，他的人生一如过往，继续进行实验（尽管没有什么值得在此提及），与皇家学会俱乐部共进晚餐，出席科学会议［他是英国皇家研究院的早期捐赠者之一，他在那里供职于管理团体，并且对汉弗莱·戴维（Humphry Davy）的工作保持着浓厚的兴趣］。1810年2月24日，在生病不久之后，他在家中安静地去世，并在位于德比圣教堂（现为德比大教堂）的家族墓地落葬。布莱克、普里斯特利、舍勒以及亨利·卡文迪什等科学家做出的发现为化学作为一门科学奠定了基础。亨利·卡文迪什活着看到了这些发现由一个被认为是最伟大的化学家的人完成了综合，从而使化学成

---

* 转引自容尼克尔和麦柯马科。

**《地球》（*The Earth*，剑桥大学出版社，剑桥，1913年）

为名副其实的科学。这个人就是拉瓦锡(被认为是这些人中最伟大的化学家)。实际上,亨利·卡文迪什比拉瓦锡活得长,正如我们将看到的,拉瓦锡在法国大革命时期成了恐怖行动的牺牲品。

拉瓦锡的空气研究和呼吸系统研究

安托万-劳伦特·拉瓦锡于1743年8月26日出生在巴黎一个天主教家庭,其所在的行政区被称作马雷。他的祖父(也叫安托万)和父亲[让-安托万(Jean-Antoine)]都是成功的律师,而小安托万是在中产阶级的舒适环境中成长起来的。他有一个妹妹,出生于1745年,受洗时的教名是玛丽-玛格丽特-埃米莉(Marie-Marguerite-Emilie),但他们的母亲老埃米莉于1748年去世,一家人便搬到现在叫作莱斯海勒的地方去和他鳏居的外祖父一起生活。在那里,老埃米莉未婚的妹妹——也叫玛丽——成了继母,全心照顾这些孩子。拉瓦锡进入马萨林学院上课,这所学校是按照枢机主教马萨林(Cardinal Mazarin,1602—1661)的意愿创建的,马萨林曾于路易十四未成年时期统治过法国。在马萨林学院,拉瓦锡在古典文学课程方面非常突出,但也开始学习科学课程。1760年,拉瓦锡的妹妹玛丽去世了,年仅15岁。一年后,他进入巴黎大学法学院,打算沿袭家庭传统事业,1763年,他在这里毕业并获得法律学士学位,1764获得执业律师资格。但他的法律学习还是给了他时间来发展他对科学的兴趣,他在正式工作的同时也去听了天文学、数学、植物学、地质学以及化学的课程。在完成他的教育之后,召唤他的是科学而不是法律,拉瓦锡花了3年时间,在一个研究计划中担任盖塔尔(Jean-Etienne Guettard,1715—1786)的助手,去完成一个法国地质图,并调查和收集标本。

在这项野外工作结束之时,拉瓦锡可以自由选择他所喜欢的事业。

他的祖母已于1766年去世，并将她的大部分财产留给了他，足够让他维持生活。同一年，当他因为一篇论述夜间大城市街道照明最佳方式的论文而被授予一枚由皇家科学院主席代表国王颁授的金质奖章时，拉瓦锡开始在科学界广为人知。1767年，由于盖塔尔的地质学调查得到了政府的正式资助，他与盖塔尔一同出发去考察阿尔萨斯-洛林地区，这次是作为盖塔尔平等的合作者，而不是助手。这一工作如此有效地建立起他的声望，以至于他在1678年以相当年轻的25岁年纪当选为皇家科学院院士。

法国科学院的运作与英国皇家学会大不相同。严格来说，皇家学会只是一个绅士们的俱乐部，并没有官方身份。但法国科学院是由法国政府资助的，其成员是支付薪水的，而且被指望为政府完成科学方面的工作，尽管他们都还有其他职位。拉瓦锡作为一位有能力的管理者充分参与了科学院的活动，并且在他任院士期间，他的多篇报告遍及多种不同的主题，比如苹果酒的调兑、热气球、陨星、甘蓝栽培、比利牛斯山矿物学以及污水池形成的气体的性质。但拉瓦锡毋庸置疑的能力并不包括预见力，1768年，他买下了"包税局"1/3的股份，此举后来被证明是他一生中最糟糕的决定。

当时的法国课税系统管理得并不公平，既不称职，也有贪污腐败。在17世纪和18世纪，大量问题起因于法国政治体系的稳定性，当时路易十四在位72年（最初是在马萨林辅佐之下执政），其时英国则**两度**杀掉了他们所反对的国王；随后路易十五（Louis XV）在位59年（1715—1774）。两位君主都没有太多注意到人民的意愿。结果是可能在17世纪早期被认为是"事情的天然秩序"的惯例（例如对贵族免除税务）在18世纪的最后25年中仍然有效，而它是过去时代的陈腐遗物。这是导致法国大革命中的不满情绪的一个主要因素。

当时，拉瓦锡实际上成了一名收税者，收税（比如盐税以及含酒精的饮料的关税)的权利被出租给被称为包税人的金融家团体,他们(通常用借入资本)为这项特权而向政府付款。国王的总包税人,正如其名,随后便从税金里收回他们的投资外加一笔合理收益以作补偿,而如果他们设法收到多过他们支付给国王的钱款,他们就能把多收的部分纳入囊中*。更为糟糕的是,即便诚实正直而又能干的包税人(确有一些)想要得到收税权,也只能通过为教士们及其家庭或是王室成员提供一份闲职肥缺,而这些人什么也不做便可以从"包税"过程中提取一笔收入(被称为年金)。要想知道这一制度是多么不受所有交税人(这意味着除了富人之外的任何人)的欢迎,不需要多少想象力;不过从21世纪早期的视角来看,需要更多想象力才能了解拉瓦锡并不是一个一心压榨穷人的坏人,而只是做了他认为是合理投资的事。他肯定代表他的"包税区"的利益而辛苦地干活,而且没有证据显示身为一个敛税者的拉瓦锡特别苛刻。但他的确是一个敛税者,而且这一制度本身很严苛,即使是在法律约束范围之内。但是假如这一关系不幸结束,那么毫无疑问会有一个好的开始,而不仅仅是财政上。1771年12月16日,拉瓦锡遵嘱与他的包税合伙人、律师雅克·波尔兹(Jacques Paulze)13岁的女儿玛丽-安妮-皮耶雷特·波尔兹(Marie-Anne-Pierette Paulze)结婚。为了纪念这一事情,拉瓦锡的父亲为他买了一个小头衔。尽管他不常使用这个头衔,但从此时起他正式成为"德·拉瓦锡"。尽管没有小孩,但这场婚姻看来很幸福,而玛丽也开始对科学发生了浓厚兴趣,并作为拉瓦锡的助手进行工作,帮助拉瓦锡记录他的实验。

18世纪60年代末,在布莱克对化学研究谨慎小心的方法的基础上,拉瓦锡进行一系列实验,它们最终证明了水不可能变成土。但是使他因此而知名的工作开始于18世纪70年代,也就是他结婚之后。通过

---

*像拉瓦锡这样的人实际上并不去**收**税。他们处于金字塔顶,包税人雇用管理人和打手来做此实际事务。

用一个巨大的透镜（直径1.2米，厚15厘米）聚集太阳光对钻石加热，他于1772年证明了钻石是可燃的。到这一年年底，他证实了硫黄燃烧时重量会增加而不是减少。从现代观点来看，燃烧被理解为空气中的氧气与被燃烧的物质相混合的过程，而拉瓦锡这一实验是他独立地迈向对燃烧的现代理解的第一步。这是为数众多的一系列实验的序幕，这些实验包括对布莱克的"固定空气"进行细致研究，以及通过用巨大的透镜加热红色铅灰（红铅）而产生我们现在称之为氧气的东西。1774年，在发现氧气之后不久，普里斯特利曾和谢尔本一起在欧洲大陆旅行，那年10月，普里斯特利曾在巴黎拜访了拉瓦锡，并将他的早期研究结果告知拉瓦锡。自1774年11月开始，拉瓦锡沿着这些线索进行了他自己的实验，1775年5月，他发表了一篇论文说，煅烧（形成金属灰）过程中与金属混合的"成分"来自空气，而且就是普里斯特利所发现的"纯净空气"。

大约正是在这一时期，拉瓦锡开始更多地涉入政府工作。当路易十六于1774年继承王位之时，他试图改革他所继承下来的一些腐败的管理行为。这包括火药被供应（或多半是不供应）给陆军和海军的方式。像税收制度一样，它也被私有化了，腐败而且效率低下。1775年，路易十六有效地将火药工业国有化，并任命了4名官员去管理它，其中一名官员是拉瓦锡。拉瓦锡搬进了巴黎兵工厂以方便工作（有了他所能接触的所有东西，他工作得勤勉而有效），并在那里建立了他的实验室。就是在那里，他证明了燃烧的现代模型相对于燃素说的优越性，并最终于1779年为氧气命名。*

像他那个时代的其他化学家一样，拉瓦锡对热的性质极其感兴趣，他将热称为"火的物质"。他的实验表明空气中的氧通过动物（包括人）

---

* 来自希腊语"产酸之物"。拉瓦锡错误地认为氧气存在于所有酸性物质中。

呼吸而被转变为固定空气。他根据实验推断说,动物通过将氧转变为固定空气来保持体温与木炭燃烧时释放出热是相同的方式(他在原理上是对的,尽管体温产生的过程当然比单纯燃烧要复杂一些)。但是他怎样检验他的假说呢? 为了验证这一点,18世纪80年代早期,他与同为科学院院士的皮埃尔·西蒙·拉普拉斯(Pierre Simon Laplace)合作,进行了一些巧妙的豚鼠实验。有关拉普拉斯的故事将在下一章讲到。

豚鼠被放在一个由冰包围的容器里,而所有这些全都放进一个更大的容器(整个装置被称为冰热测量器)内。在冰冷环境10小时后,动物的体温已融化掉369克的冰。通过在一个冰热测量器中燃烧小片木炭,拉瓦锡和拉普拉斯得出要融化掉同样多的冰所需要燃烧的木炭量。随后,在另一系列实验中,他们测量了豚鼠在静止的10小时中呼出的固定空气的量以及燃烧不同量的木炭所产生的固定空气的量。他们的结论是,豚鼠呼出的固定空气的量与燃烧木炭产生足够的热以融化掉298克冰时所产生的固定空气的量相同。两者并不精确地一致,但拉瓦锡和拉普拉斯都非常明白实验并不完美,并且他们都将实验视为这一观点的确认,即动物是通过将我们今天所称的碳(来自它们的食物)与(它们吸入的)空气中的氧混合转变为我们今天所称的二氧化碳,从而保持体温的。拉瓦锡和拉普拉斯说,呼吸"因而是一种燃烧,无可否认地非常不活跃,但从另一方面来说又与木炭的燃烧完全相似"。这是将人类置于其所处的系统全面考虑的关键性一步,而人类系统尽管很复杂,但与下落的石头或燃烧的蜡烛遵循同样规律。到了18世纪末,科学已然表明,没有必要求助于已知的科学世界之外的任何事物来产生关乎生命的人体热度——哈维的"自然热"并无必要。

在有关呼吸的工作同时,拉瓦锡进一步完善了燃烧理论,并于1786年在科学院的《论文集》上发表了对燃素说模型的最终致命一击,尽管燃素说模型的最后支持者的渐渐消失还是花了一些时间。值得提到的是拉瓦锡在论文中以他自己的语言做出的总结，记住他使用"空气"（air）一词之处，我们将称之为"气体"（gas）：

1. 只有当可燃物体被氧气包围或与氧气接触时，才有真正的燃烧，并且产生火焰和光亮；燃烧不可能发生在其他空气或真空里，当燃烧物体置于其他空气或真空里时就会熄灭，就好像它们被置于水中一样。

2. 在每一次燃烧中，都会吸收在其中发生燃烧的空气；如果该空气是纯氧，那么在事先做好适当的防备措施的情况下，它可以被完全吸收。

3. 在每一次燃烧中，燃烧物体的重量都会增加，其增加量与所吸收的空气的重量完全相等。

4. 在每一次燃烧中都会产生热和光。

我们已经提到过布莱格登如何将有关亨利·卡文迪什在水的组成方面的研究情况于1783年6月在巴黎告知拉瓦锡，现在我们可以看到它是多么自然地符合拉瓦锡的燃烧模型，即使他最初的氧气燃烧实验不如亨利·卡文迪什的实验精确。拉瓦锡第一次发表他自己的结果时并未给亨利·卡文迪什恰当的赞誉，这严重影响了拉瓦锡的形象，但重要的是，是拉瓦锡而不是亨利·卡文迪什第一个意识到水是一种由"可燃空气"与氧混合形成的化合物，其形成的方式与碳和氧气混合而形成"固定空气"的方式是一样的。

第一个元素表；拉瓦锡重新命名元素；《初等化学概论》的出版

在1789年出版的《初等化学概论》（*Traité Elementaire de Chimie*）一书中，拉瓦锡总结了他一生在化学方面的工作。此时正值攻陷巴士底狱之年。该书有很多译本和新版本，它为化学作为一门真正的科学学科奠定了基础，该书之于化学的影响有时被化学家们认为如同牛顿的《原理》之于物理学。拉瓦锡对化学方法做了全面描述，包括所使用的各种仪器以及所进行的各种实验；他还对用化学元素表示的意思给出了到当时为止最清楚的定义，终于将玻意耳自17世纪60年代开始的深刻见解付诸实践，最终将古希腊的"四元素说"丢进了历史的垃圾堆，并给出了最早的元素表。尽管这个元素表并不完善，但被公认为现代元素表由之发展成熟的基础*。他清楚阐明了质量守恒定律，将旧有名称（如变成燃素的空气、可燃空气以及硫酸油）清除出去，并用以合乎逻辑的命名系统为基础的名称（比如氧、氢以及硫酸）取而代之，引入一种合乎逻辑的方式来命名化合物，比如硝酸盐。他赋予化学一种合乎逻辑的语言，从而使化学家们试图相互交流其发现时不再那么大费周章。

事实上，拉瓦锡的名著尽管是已出版的最重要的科学著作之一，但完全不能与牛顿的名著等量齐观。没有什么能与牛顿的巨著等量齐观。但就它可能确定的东西来说，它的出版标志着一个时刻，即化学清除了炼金术的残迹并开创了被认为是我们今天所称的化学这一科学学科的初始形态。在其伟大著作出版这一年，拉瓦锡46岁，即使他生活在一个没那么动荡的年代，他在此之后也极有可能不会再为科学作出任何新的重要贡献了。但是到18世纪90年代初，法国的政治发展意味着拉瓦锡能投入到科学中的时间越来越少了。

拉瓦锡被处死

拉瓦锡早已积极地卷入政府事务，最初是因为他购买了位于奥尔

---

* 但拉瓦锡在这里有一个盲点，他将"热量""热元素"与诸如氧、氢、碳、硫黄、金以及铅等物质一并包括在他的表里。

良省弗雷希内的一处地产(包括一个乡间豪华别墅和一个农场,并用来以科学方法进行农业实验)。尽管从理论上来说,他只是贵族阶级中地位较低的一员,但是在1787年(就好像他操心的事儿还不够多似的),他被选进奥尔良省议会,任平民等级的代表(另两个等级是教士和贵族)。在政治上,如果是现在,他会被称作自由主义者和改革者,他试图在该省实现一种更为公平的税收制度,但没有成功。1789年5月,拉瓦锡给他在省议会的同僚写信说"税收的不平等不可能被容忍,除非是由富人来买单"。

法国大革命发展的最初阶段,民主决议方式似乎是掌握在国家议会手中,而国王被抛在一边,非常符合拉瓦锡的理念。但是事情很快就变得令人不快。尽管拉瓦锡继续服务于政府,担任火药委员会成员并从事其他事务,但他因公众对委员会的无端怀疑受到牵连,即怀疑委员会牺牲公众利益而中饱私囊——事实上,法国有充足的优质火药发动拿破仑战争在很大程度上得益于委员会进行的改革。更为严重(也更加情有可原)的是,他还因为公众对包税人的普遍敌意而受到影响。尽管有这些困难,拉瓦锡还是继续代表政府勤勉地工作,即使政府的性质正在变化;他在制订法国教育体系改革计划中扮演了重要角色,并且在1790年被任命为(最终)引入公制系统的委员会成员之一。但是当雅各宾政府分子决定严惩前包税人以儆效尤之时,什么都帮不到拉瓦锡,他成为28名"包税人"(一些是正直老实的人,一些是腐败分子)之一,1794年5月8日被砍头。他是当天执行名单上的第四个,而他的岳父雅克·波尔兹排在第三个。在行刑之时,普里斯特利正在流亡美国的船上。这是化学的一个时代的名副其实的终结。

◇ 第八章

理性启蒙的科学 II：各个领域的进展

　　许多科学史这样描述 18 世纪：除了在化学方面有着前面所提到的引人注目的巨大发展以外，就没有什么大事件发生。人们把 18 世纪看作一段空窗时期，多多少少笼罩在牛顿的阴影之下，在 19 世纪的大发展之前仍在原地踏步。这样的论述相当不靠谱。事实上，18 世纪的物理科学在广阔的各个领域均有所进展——当然，就单项而言，没有哪项伟大突破能与牛顿的成就比肩；但因为牛顿主义的经验（世界可以根据几条简单的物理法则被理解和解释）被人们吸收和应用，出现了大量稍逊一筹的成就。确实，牛顿主义经验是如此广泛地被人们所吸收，以至于自此以后，除了一些明显的例外*，我们将不再可能深入描述科学家本人的、传记式的大量细节。这并不是因为他们在牛顿以后的时代里变得无趣，而是因为有太多这样的科学家，有太多的东西要去叙述。牛顿去世以后，首先是物理科学，然后是其他学科，这些科学本身的故事而不是参与故事的科学家个体，成了科学史的中心主题，而人们对科学舞台之上舞者的认识，也变得越来越难。

　　牛顿去世后的 10 年间，人们开始使用"物理学"（physics）这个术语来代替"自然哲学"（natural philosophy），用以描述对世界的探究。严格

————————————

*参见第九章。

来讲,这是一个旧术语的重生,因为亚里士多德,可能甚至比他更早的人已用过这个词;但是,这标志着新词义的开始,这个新词义就是我们现在使用"物理学"时所表达的意思,而第一本以此术语的现代含义命名的书,是米森布鲁克(Pieter van Musschenbroek, 1692—1761)撰写并于1737年出版的《物理学实验》(*Essai de physique*)。同样是在18世纪30年代,物理学家开始逐步掌握神秘的电现象。稍后(18世纪40年代中期),在莱顿大学工作的米森布鲁克发明了一个可以储存大量电荷的装置。这是一个简单的玻璃容器(广口瓶),内壁和外壁包裹上金属箔——这是今天电容器的一种早期形式。这个装置被称为莱顿瓶,它能充电、储电并用于稍后的电学实验,如果用导线把几个这样的莱顿瓶串联起来,它们就会放电并产生强大的电流,足以杀死一只动物。

电的研究:格雷、迪费、富兰克林与库仑

但是,人们对静电的初步理解,并没有依靠莱顿瓶的帮助。实验物理学家格雷(Stephen Gray,约1670—1736)在《哲学汇刊》上发表了一系列论文,在这些论文里,他描述了擦拭一根玻璃管时,玻璃管一头的木塞如何获得电的特性(用我们今天的话说就是被充电了)*,如何能使戳在木塞中的松木棒整根都带上电流,以及电流如何沿着细线传递一定的距离。格雷及与他同时代的人都是在需要的时候才用摩擦的方法造电的,他们使用的是一种简单的机器,里面有个硫黄做的球用以旋转、摩擦(后来用玻璃球或玻璃圆筒代替了硫黄球)。法国人迪费受到了格雷工作的部分影响,他在18世纪30年代中期发现有两种电(我们现在所说的正负电荷),相同种类的电互相排斥,不同种类的电互相吸引。

---

　　* 这种通过摩擦"制造"静电的方法,正是小孩子的气球摩擦羊毛衫后能粘到天花板上的原因,也是梳头发时能够起电的原因。

在这些工作之中，格雷和迪费还论述了绝缘材料在阻止电荷从发电装置中流失的重要效应，并且展示了所有物体都能充上电，只要该物体跟外界绝缘——迪费甚至把一个人用绝缘丝绸绳索吊起来，然后充电，并将从研究对象身上迸发出来的火花画了出来。迪费工作的结果是，他提出了一个电学模型，用两种不同的流来描述。

对电学很感兴趣、并进行了著名而危险的风筝实验（顺带讲一下，这个实验于1752年进行，闪电能让莱顿瓶充上电，从而证明了闪电与摩擦电是同一样东西）的富兰克林发展了新的模型，从而推倒了迪费的模型。尽管富兰克林有其他的兴趣和活动，但从18世纪40年代中期到50年代早期，他还是抽出时间，进行了一些重要的实验（充分利用了新近发明的莱顿瓶），这些实验使他提出了一个单流体电学模型，这个模型基于这样一种构想：当一个物体充电后，单一流体的物理转移现象便会发生，在物体的一个表面留下"负"电荷而在另一个表面留下"正"电荷（这是由他引入的术语）。这使他自然地想到电荷守恒的观念——电的总量是恒定的，但它能四处移动，负电荷的总量与正电荷的总量必定相等。富兰克林还展示了，电力能让铁针磁化或去磁化，重复了由米歇尔在稍早时候完成的实验，后者是设计"卡文迪什实验"的那位亨利·卡文迪什的朋友。1750年，米歇尔还发现两相同磁极之间的斥力遵从平方反比定律，但是，虽然他把这些结果都发表在当年出版的《人造磁体专论》(A Treatise on Artificial Magnets)中，但没人太当回事儿，就像没人把富兰克林、普里斯特利和卡文迪什对确定电力遵从平方反比定律的不同贡献太当回事儿一样。直到1780年，库仑(Charles Coulomb, 1736—1806)在普里斯特利工作的基础上，完成了关于电力和磁力的确定性实验，最终说服了每一个人，上述两种力都遵从平方反比定律。于是，历史上也留下了库仑定律。

这些事例再一次显示了科学与技术之间的相互影响。对电的研究，只有在造电机器投入使用以后才开始积累前进动力，之后就是储电装置得到发展的时候了，而平方反比定律本身的发展也是靠扭秤技术的帮助。但在18世纪，对电学研究来说最重要的技术突破正好出现在世纪之末，它为19世纪法拉第和麦克斯韦（James Clerk Maxwell，1831—1879）的工作铺平了道路。这项突破便是电池的发明，它来源于一次意外的科学发现。

伽伐尼、伏打和电池的发明

伽伐尼（Luigi Galvani，1737—1798）是这一科学发现的发现者，他是博洛尼亚大学的解剖学讲师和产科学教授。伽伐尼进行了一系列关于动物电的长期实验，他在1791年发表的一篇论文中描述了这些发现。在论文中，伽伐尼回忆了自己是如何开始对这个题目产生兴趣的，那时他注意到，一只放在桌子上（桌子上配有发电装置）、正准备解剖的蛙发生了肌肉痉挛。伽伐尼指出，痉挛可以由两种方式引起：把死蛙的肌肉直接与发电装置相连接，或者在打雷的时候把蛙放到金属表面。但他关键的发现是，他注意到当挂着蛙腿的黄铜钩和一个铁圈弹簧连接时，干燥的蛙腿也能痉挛。他在没有电荷环境的室内重复了这个实验，然后得出结论：痉挛由储存的电所引起，此电可能由蛙的肌肉产生。

但并非所有人都同意他的观点。特别是在伦巴第帕维亚大学任教的实验物理学教授伏打，他在发表于1792年和1793年的论文中这样称：电力的刺激使肌肉收缩，但这个电力是外源引起的——在这个例子中，是来自两种金属（黄铜和铁）接触而引起的相互作用。但困难在于，如何才能证明这一点呢？然而，伏打是一名一流的实验师，他已经进行了一些重要的电学实验（包括设计一个更好的摩擦起电机和一台验电器）；他还研究气体，通过爆燃氢气测量空气中的氧气量。他有足够的能力去迎接这个新挑战。

伏打首先连接两块不同种类的金属，然后用舌头接触它们，他的舌头灵敏地感应到当时任何仪器都检测不出的细微电流，这个实验验证了他的猜想。当他正在进行这一系列的实验，并试图找到能更强烈地刺激他的舌头、放大他的感觉的途径时，他的工作为政治骚动所阻碍。法国大革命，以及随后法国和奥地利为争夺伦巴第地区的控制权而发生的冲突，影响了那一地区。但到了1799年，伏打设计出了一个装置，那是其成功的秘诀所在。他在一封给皇家学会主席班克斯（Joseph Banks）的信中描述了这个发明，这封信在1800年皇家学会开会时宣读。

他的这个关键发明，其实是由银、锌圆片叠加成的一个小柱体，银片和锌片相互交替，中间由经过盐水浸泡的纸片分隔开。这就是著名的伏打电堆，即现代电池的先驱，当电堆的顶部和底部用线连接起来时，就会产生电流。这种电池第一次提供了还算是稳定的电流，而不像莱顿瓶，要么不放，要么就把所储存的电全给放了。在伏打发明电池以前，电学研究基本上局限在静电研究上；1800年以后，物理学家就能随心所欲地开关电流并进行研究了。他们还能够通过增加圆片来增强电流，或者通过减少圆片来减弱电流。其他研究者几乎是紧随其后就发现，从这样一个柱体产生的电流可以用来分解水，产生氢气和氧气。这使人们第一次意识到，该发明将会成为科学研究的利器。尽管我们要等到第十一章才能看到随之而来的关联，但伏打所做工作的重要性几乎是即刻显现的，而随着法国人于1800年获得了对伦巴第的控制权，拿破仑给了伏打伯爵头衔。

物理学家们在对付电上花费了好些时光，但从18世纪以来，他们的很多思想看起来都具备着令人惊讶的现代气息，尽管他们并不是经常能完整地发展其思想，也很少广泛受到人们的赞誉。例如，早在1738年，荷兰出生的数学家伯努利（Daniel Bernoulli，1700—1782）出版了一部关于流体力学的著作，书中根据原子对容器壁撞击的计算，描述了液体和气体的性质——与19世纪发展得更为完整的气体动理论十分相似，当然，伯努利的工作对牛顿运动定律的相关理论有很大的发展。这样的理论还在世界范围内传播。1743年，伯努利的著作出版后仅5年，富兰克林在费城发起成立美国哲学学会——是美国（当时还没建国）第一个科学社团，作为一颗小种子，它将在20世纪后半叶开出伟大的科学之花。

德莫佩尔蒂：最小作用量原理

仅仅一年之后，1744年德莫佩尔蒂（Pierre-Louis de Maupertuis，1698—1759）对整个科学界一个极其重要的洞见作出了详细阐述，而其价值在20世纪才如开花结果般地真正显现。德莫佩尔蒂在投身科学之前是一名军人；他的伟大思想就是著名的最小作用量原理。作用量（action）一词由物理学家命名，表示物体的一种属性，由物体的位移及其动量的乘积来量度（亦即与质点的质量、速度和经过的距离相关）。最小作用量原理说明了自然界通常以一个最小的量去运动（简言之，自然是懒惰的）。这个原理对量子力学领域来说十分重要，但最小作用量原理的最简单的例子是光沿直线传播。

欧拉：光折射的数学描述

讲到光，就要讲到被誉为自古以来最高产的数学家、在近代数学的脉络下引入 e 和 i 这两个字母的瑞士人欧拉（Leonhard Euler，1707—1783），他以数学方式描述光的折射。欧拉假设光是一种波（支持惠更斯的观点），每一种颜色的光对应一种特定的波长；但这个反牛顿模型当时没有被人们所接受*。光的波动模型的衰颓是因为牛顿被视为一

———————

* 意外的是，欧拉真的因为观察太阳而失明，正如大众天文学书籍所警示的那样。这个警示是建基于现实的！

个令人敬畏的权威;而其他思想的衰颓是因为它们由来自偏远角落、给人印象并不深刻的科学家所提出。一个典型的例证是,发展了原子的牛顿式构想的俄国博学者罗蒙诺索夫(Lomonosov,1711—1765)提出了与伯努利相似的流体动力理论,并于约1748年阐述了质量和能量守恒定律。但直到他去世后很久,其工作仍然不为俄国以外的人所知。

赖特:关于银河的猜想;威廉·赫歇尔和卡罗琳·赫歇尔兄妹的发现;米歇尔

在天文学方面,同样存在着一些超越那个时代的思想。达勒姆的天文学家赖特出版了《宇宙的起源理论与新假设》(*An Original Theory and New Hypothesis of the Universe*,1750)。他在书中解释了银河的形成,认为太阳是银河星盘的一部分,还把银河星盘比作一个磨盘。赖特的正职是一位测量师,这使他能够接触查尔斯·卡文迪什和亨利·卡文迪什父子。1781年,威廉·赫歇尔(William Herschel,1738—1822)和卡罗琳·赫歇尔(Caroline Herschel,1750—1848)兄妹发现了天王星,这是第一颗自古代以来从未知晓的行星,在当时激动人心,然而这不过暗示了一系列超出旧有太阳系知识领域的发现即将开始。现在广为人知的是,亨利·卡文迪什的好朋友米歇尔第一次提出了现在所谓的黑洞思想,相关的论文由亨利·卡文迪什代表他于1783年在皇家学会宣读*。米歇尔的思想朴素地建基于(当时已较好地确定的)光速有限这一事实,以及他所认为的物体质量越大,脱离其引力束缚的移动速度要越

---

* 米歇尔算是个博学者,一开始是因调查里斯本1755年大地震而获得名声,他揭示了震动来源于大西洋深处的地壳以下,并确定了地震与空气扰动无关,而此前人们认为这两者之间存在关联。他本可能在科学上获得更多的成就,但他于1764年放弃了他在剑桥大学的地理学教授职位,并成为约克郡桑希尔教区的教区长。

快。我们仅仅是为了娱乐一番,想象一下原本很害羞的亨利·卡文迪什却在皇家学会聚会时大声宣读的那个场景,在这里引用一下这段文字也是非常值得的:

> 如果在自然界中存在一个密度不小于太阳,而其直径又比太阳大500倍以上的物体,因为光线不能脱离它而到达地球之故……我们不能从视觉上获得它的任何信息;然而,如果恰好有其他发光体围绕它旋转,那么我们或许还可能从旋转体的运动,来推断出它所围绕的中心物体的存在。

确实,这就是今天的天文学家推断黑洞存在与否的方法——研究发光体围绕黑洞运动的轨迹。

这样一个18世纪末以前的人提出了黑洞理论(我们习惯于想象这是20世纪的理论典范),着实令人惊奇——更令人惊奇的是,另一个人也在18世纪末以前独立地提出了相同的理论。那个人就是拉普拉斯,因此我们值得把故事说得慢一些,去观察18世纪末物理学家的定位,并以一种稍稍悠闲的心态,去看一位当时被誉为"法国的牛顿"的科学家的事业。

"法国的牛顿"拉普拉斯:《宇宙体系论》

1749年3月28日,皮埃尔·西蒙·拉普拉斯生于博蒙昂诺日,离卡昂不远,是诺曼底大区卡尔瓦多斯省所属地区。关于他的早年生活,我们所知甚少,而他的私人生活,我们知道的也不多。一些说法提到他出身于一个贫穷的农家,然而,尽管其父母并不富裕,但他们的生活肯定是相当安逸的。拉普拉斯的父亲老皮埃尔做的是苹果酒生意,规模不大,同时还担任地方的行政职务,能在社区中发号施令。拉普拉斯的母亲玛丽-安妮(Marie-Anne)来自图尔热维尔,出身于一个颇有资财的农场主家庭。正如拉普拉斯以其父之名为名一样,他的出生于1745年的姐姐名字也叫玛丽-安妮,和母亲一样。拉普拉斯在一个由本笃会运营的本地学院上学,是个走读生,当时他最可能的是遵从父亲的意愿,成为一名神职人员。1766—1768年,拉普拉斯在卡昂大学学习,而似乎就是在那个时候,他被发现具有非凡的数学天赋。拉普拉斯在学院里为一位私人导师工作,勤工助学,还有一些证据显示,他曾以其所能短暂地为德里西(Marquis d'Héricy)工作,而后者在居维叶的生命中扮演了一个非常重要的角色。拉普拉斯没有得到任何学位就离开卡昂前往巴黎,怀揣着一位教授的介绍信,投到达朗贝尔(Jean d'Alembert,1717—1783)门下,达朗贝尔那时是法国顶尖的数学家,也是法国科学院占据重要地位的院士。达朗贝尔对这个有才华的年轻人印象十分深刻,为他在军事学院谋得了一个荣誉性的数学教授职位,但实际上拉普拉斯在那儿一直只是填鸭式地教授军校学生基础的科目而已。1769—1776年,他一直待在那个位子上,通过撰写一系列的数学论文(仍然与数学相关,我们在此从略)建立起名声,并于1773年当选为法国科学院院士。

拉普拉斯对概率论尤感兴趣,而且这种数学上的兴趣,导致他探究太阳系的问题,如行星轨道和月球绕地球轨道的详情。这些轨道的出现是偶然的,还是基于某种物理原因,使它们具有这种运动性质?例如,拉普拉斯在1776年就谈到了彗星的性质及其轨道。所有行星以相同的方向和平面(黄道平面)绕日公转,这是一个强有力的提示(我们将看到如何强有力),表明它们均由一个相同的物理过程形成。然而,彗星会以各种方向、各种角度形成绕日的轨迹(至少是以当时所知的、几十上百个彗星绕日轨道作为证据,从中判断)。这表明行星与彗星有着不同的来源,而在拉普拉斯之前已有数学家触及这一结论。但作为数学家,拉普拉斯不太关注这个结论,而是注重论证过程;他建立了一套更为精致的解析方法,指出在概率上,推动彗星在黄道平面中运动的力几乎是不存在的。18世纪70年代中期,拉普拉斯还首次探求了木星和土星轨道的性质*。这些轨道显示出的微小、长期的变化,似乎与牛顿引力理论的计算预测并不太符合,而牛顿本人主张,在足够时间后(只要几百年)就会有神力介入,把行星推到合适的轨道上,以避免太阳系的湮灭。拉普拉斯的首次尝试并没有找到难题的答案,而是返回到问题本身,此时是18世纪80年代。他的结论是:这些长期的变化可在牛顿理论的框架中得到解释,而其又由两颗行星的互相干扰而产生。这些变化遵循一个长达929年的周期,这个周期使万物复归原点重新开始,因此太阳系归根结底(可以说几乎是最长的时间尺度)是稳定的。根据传说,当拿破仑问到为什么上帝没有出现在其关于长期变化的讨论当中时,拉普拉斯回答:"我不需要那个假设。"

拉普拉斯研究了潮汐理论,解释了为什么每天两次的大潮都能达到差不多的高度(而根据一种简单幼稚的计算方法来"估计",一个大潮应比另一个高);他还发展了概率论方法用以解决实际问题,例如从出生人口数据的样本中估算法国的总人口;而且正如前述,他与拉瓦锡(大约比拉普拉斯年长6岁,随后其声望达到顶峰)合作,对热进行研究。对18世纪80年代科学状态的一个有趣的认识是,尽管拉瓦锡和拉普拉斯两人无疑都是那时的大科学家,但他们既用旧的热质说模型(稍后会提到更多),又用新的动力学理论来讨论他们的实验结果,小心谨慎地避免选择其中之一,甚至主张两种理论或许同时有效。

到了1788年,我们能一窥拉普拉斯的私人生活。5月15日,已成为

---

　　* 在机缘巧合之下,拉普拉斯受到数学家拉格朗日(Joseph Lagrange,1736—1813)的影响讨论这一问题,后者从事群论的研究,发展了一个数学方程(拉格朗日方程),这个方程能描述一个质点的路径(或轨道)的性质,对20世纪物理学家来说有着巨大的价值。

法国科学院领军人物的拉普拉斯与德蒙吉斯（Marie-Charlotte de Courty de Romanges）结婚。他们育有两个孩子。一个是男孩，名叫夏尔-埃米尔（Charles-Emile），生于1789年，后来成了一位将军，卒于1874年（无嗣）；一个是女孩，名叫索菲-苏珊（Sophie-Suzanne），在1813年产女时死于难产（女婴存活）。在拉普拉斯结婚前后的这段时间，他决定要研究行星的运动。除了解释木星和土星的长期变化外，他还解决了一个与它们有类似变化、长期困扰人们的月球绕地球轨道问题，揭示了这些变化根源于太阳和地月系统之间复杂的相互作用，**以及**其他行星的引力对地球轨道的影响。1788年4月，他就可以这样作出结论（用"宇宙"指代我们所说的"太阳系"）：

> 这个宇宙体系只围绕一个平均状态振荡，当中不会有物质脱离，即使有也是一个很小的量。根据其组成以及万有引力定律，它处于一种稳定状态，只能由外部力量将它摧毁，而且我们确定，从最远古至今日，那些摧毁性的力量还没有被人们所发现。*

尽管我们对拉普拉斯的私生活只知道一点点，但他无疑是一个伟大的幸存者；而我们对他所知甚少的一个原因，是他从没有公开批评任何政权，或卷入任何政治纷争。他在法国大革命后的不同类型的政权中幸存了下来，而那些政治势力都想利用拉普拉斯在法国人中的威望，向他伸出了橄榄枝。雅各宾专政时期是拉普拉斯唯一可能陷入险境的时候，而他已经看到政治风向，并且十分谨慎，跟家人一同移居到巴黎东南约50千米以外的默伦。他在那儿隐姓埋名、不问政事，直至雅各宾派倒台，他才被召回巴黎，在督政府的领导下进行重组科学界的工作。

---

* 引自吉利斯皮（Gillispie）的英译本。

早在雅各宾派专政之前，拉普拉斯就致力于公制单位制的推广；此时，他从事法国教育体系的改革工作，将合适的科学教学纳入教育体系之中，这使他撰写了一本关于科学的极有影响力的书——1796年出版的两卷本《宇宙体系论》(*Exposition du système du monde*)。拉普拉斯的威望及其见风使舵的能力使他能为拿破仑执政府服务，拿破仑于1806年封他为伯爵，但他仍然支持法国国王复辟，因此路易十八(Louis XⅧ)于1817年封他为拉普拉斯侯爵。然而，尽管拉普拉斯堪称长寿(他于1827年3月5日逝于巴黎)，他不断地研究数学，且荣誉堆积如山，但从科学发展这方面来说，《宇宙体系论》仍是他最重要的成就，而作为18世纪末物理学所处地位的总结，这部著作在今天仍有价值。当时这部著作还获得了这样的赞赏——由捐赠者写在书的衬页上，并于1798年被赠送给新泽西学院(现在的普林斯顿大学)：

> 考虑到其研究对象及广度，这部专著集明晰、条理、准确于一身(比我们曾经看到的同类作品要高出很多)。这本书浅显而不含糊，准确而不故作高深；其素材源于作者深厚广阔的积淀；其内容灌注了真正的哲学精神。*

如果在今天我们能听到历史的回响，并且比以往200年的任何时候都来得更真切的话，那应该就是拉普拉斯在书中所清楚说明的该书的哲学基础：

> 大自然的简单性不由我们的观念所量度。大自然之简单只在其原因简单，而其结果千变万化；大自然的简单经济则存在于由少量的普遍定律产生无穷且常常十分复杂的现象当中。

这是经验的呼声，从一个利用牛顿之简单万有引力定律来解释太

---

* 引自吉利斯皮。

阳系之复杂性的人的口中发出。

从行星天文学、轨道运动和引力，到力学和流体静力学，拉普拉斯对物理学进行了总结，并且恰恰是在书的末尾引入了一些新的（或稍新的）思想。其中一个就是为说明太阳系起源而提出的所谓"星云假说"理论，康德（Immanuel Kant, 1724—1804）也于 1755 年构造了同样的假说，但没有迹象表明拉普拉斯知道康德稍后相当晦涩的工作。这个理论主张，行星起源于一块围绕太阳的由原始物质组成的云，因为云（或者说星云）的紧缩而收缩至一个平面上，进而成形。那时，人们知道有 7 颗行星和 14 颗卫星，全部以同一方向绕日旋转。当时人们还知道，这些系统中有 8 个成员，它们的绕自转轴旋转的方向是与其绕日方向一致的——例如，如果你从北极上空向下看，你会看到地球绕地轴逆时针转动，同时地球也是逆时针绕日转动。拉普拉斯作出如下计算：因为每一个公转轨道或自转方向是顺时针而不是逆时针的概率是 $1/2$，则它们不会同时做顺时针或逆时针运动的概率是 $(1-(1/2)^{29})$，与 1 非常接近。这样就能确定那些天体是一同形成的，而星云假说似乎是能解释这一点的最好的理论。的确，今天人们也更愿意相信这个假说。

当然，另一个新理论则是黑洞理论的拉普拉斯版本。有趣的是，对黑洞的讨论只出现在《宇宙体系论》第一版（与米歇尔的说法十分相似，但更加简短），但没有文献能解释为何拉普拉斯在后来的版本中把这段讨论删除了。他关于黑洞恒星的假说指出，一个直径是太阳 250 倍的物体，若密度与地球相同，则它具有的引力是如此之强，以至于光线也会被它吸引而不能逃逸*。事实上，这只是一桩历史上的奇事，对此事的猜测也不会对 19 世纪的科学发展有任何影响。但把《宇宙体系论》这本书作为一个整体来看，不仅其内容可观，而且其写作方式清晰易

---

*因为地球的密度比太阳更大，拉普拉斯得出太阳直径 250 倍这个数字，而米歇尔得出的数字是其两倍。

懂，正如拉普拉斯为吸引读者而写的开篇这一段：

> 在一个澄明的夜晚，在一处四面开阔、能一览天际的地方，你注视着空中的奇观，你会发现每时每刻都能看到星空的变化。星星有的东升初现，有的西落消失。有些星星，比如说北极星和大熊座，在我们这里看，它们从来不会落到地平线以下……

谁不想一睹为快！

通过《宇宙体系论》，拉普拉斯个性中的一些亮点似乎也能闪现在我们眼前，但他的故事几乎全部是关于科学的，而只有很少一些有关他的个性。但别忘了，到18世纪末，物理学（更别说其他科学）的思想已经沉淀，成了一些无趣的日常工作。18世纪物理学家中，仍有着大量"特点"、职业生涯也最具色彩的要数汤普森［Benjamin Thompson，即后来的伦福德伯爵（Count Rumford）］。汤普森对科学作出了重要贡献，特别是对热的研究；而作为一名社会改革家，他的贡献也颇为重要，尽管这些贡献不是由政治而是由实际推动的。确实，汤普森算是个机会主义者，做的事情很大程度上由其自身利益所驱动，而颇具讽刺意味的是，他找到了发财致富、提升地位的最佳方法，然后转变成一个做善事的人。然而，因为汤普森的工作能让我们看到美国革命和欧洲骚动的另一面（这也正是一个极富娱乐性的故事），对他的细节作一番深入描述也是值得的，这样总比以其纯粹的科学贡献而过分合理化他个人要好。

汤普森（伦福德伯爵）生平

汤普森生于1753年3月26日，是沃本（今属美国马萨诸塞州）一个农民的儿子。汤普森出生后不久父亲就去世了，母亲随后再嫁，又生育了几个孩子。尽管汤普森是个聪明而且好奇心重的小男孩,但因为家庭穷困和地位低下,他只能获得最粗浅的教育。从 13 岁开始,他就不得不工作以帮助贴补大家庭的开支,一开始是在塞勒姆港担任一个干货进口商的职员,之后(从 1769 年 10 月开始)在波士顿的一家商店做店员。一方面,波士顿给年轻人提供了上夜校的机会,而另一方面,它又是政治不稳定的温床,是一个令年轻人兴奋的地方。不过,由于汤普森工作不认真(这份工作使他无聊透顶),最终失业了——一个版本说他被炒了鱿鱼,另一个版本说他是自愿离职的。不管怎样,1770 年的大部分时间,他回到沃本,失业在家,把时间大致平均地花费在两个方面:年轻人的一些兴趣爱好,以及尝试在一位稍年长的朋友鲍德温(Loammi Baldwin)的帮助下自学。部分是由于汤普森令人喜爱,部分是由于他显然对当时(世界上的一部分地区)所称的自然哲学感兴趣,当地的一位生理学家海(John Hay)博士同意收汤普森为徒。汤普森便利用这个机会,把日常工作和个人的学习进程结合在一起——他似乎还参加过哈佛大学的一些讲座,尽管他与哈佛大学并没有正式的关联(然而,因为这仅仅是基于汤普森个人的自述,所以正如我们将要看到的,当中或多或少有些添油加醋的成分)。

当一名学徒是要花钱的,这对汤普森来说是件麻烦事,而为支付这些费用,他兼职多份教学工作——因为他所期望的全部教学内容就是读、写和少量的算术,所以并不需要正式的教学资质。直到 1792 年夏,要么是汤普森已经满师,要么就是海博士已经倾囊相授,汤普森决定尝试做他从来没做过的全职教师。他在新罕布什尔州的康科德镇谋得一职。该镇正好坐落在马萨诸塞州和新罕布什尔州的交界处,前身是马萨诸塞州的伦福德镇;因为一场该镇属于何州、该向何州交税的争论,作为一种调和折中的表示,镇名于 1762 年年末改换。汤普森在康科德的赞助人是沃克(Timothy Walker)牧师。沃克的女儿萨拉(Sarah)新近

（在30岁这个相当大的年龄）与镇里最富有的人本杰明·罗尔夫（Benjamin Rolfe）结婚，后者很快就去世了，享年60岁，留下了大量的遗产。汤普森的全职教师生涯，比他之前的所有工作持续的时间都要短，1772年11月，他迎娶了萨拉·沃克·罗尔夫，定居下来管理妻子的财产，并使他自己跻身于绅士阶层。他当时只有19岁，高个俊俏，而且常常说是萨拉追求他，才进而发展为恋爱关系的。他们有一个小孩，也叫萨拉，生于1774年10月18日。但当时，汤普森的人生已然开始向另一方向转折。

　　汤普森的问题是，他对已有的从未满足，而常常想要得到更多（至少到他人生的最后几个月还是如此）。他没把时间花在逢迎本地长官温特沃思（John Wentworth）上面。他规划了一个科学探险，考察附近的怀特山（尽管这些计划没出什么成果），并着手一个科学农业计划。但所有这些都发生在美国独立战争之前政治骚动的大背景下。尽管我们在这里无法深入具体细节，但有一件事情还是值得回顾的：早前，自认为效忠英国的两个派别之间有一场大争论。汤普森倾其全力支持英国统治当局，而与之相关联的是他还于1773年被任命为新罕布什尔民兵队少校，这令人大吃一惊，而此时距他婚后仅数月时间。为了准备大多数人都认为是不可避免的战争，殖民地民众（为了获取更好条件）怂恿（其实是贿赂）英国军队中的背叛者加入他们的行列，以训练他们准备战争；作为一名与该地区的农民交往甚密的地主，汤普森少校处于一个理想的位置，密切留意事态的发展。汤普森对其所信奉的颇直言不讳：真正的爱国主义意味着服从法治，并在法律的框架内力图作出某些改变。于是，那些密谋颠覆旧政权的人没过多久便意识到汤普森的所作所为。1774年圣诞节前不久，汤普森的女儿出生仅几个月，当他听闻一群民众正在聚集，意图对他进行批斗时，他单骑出走，从此再也没有回过康科德。尽管我们将会看到，女儿萨拉最终还是再次进入汤普森的生活，但他再也没有见到过妻子。

汤普森前往波士顿,意图在马萨诸塞州州长盖奇(Thomas Gage)将军手下供职。对外的官方说法是他遭到了拒绝并返回沃本,而实际上,他已经是一个为英国当局服务的间谍,为设在波士顿的总部传送关于反抗活动的情报。汤普森在沃本没待太久,间谍工作也没能持续,他于1775年10月重新加入波士顿的英方当局。波士顿英方当局于1776年3月被反抗者推翻,大部分卫戍队和对英国国王效忠者启航前往新斯科舍省的哈利法克斯。同时,波士顿的政府派遣军则带着英国军队的败讯,在布朗(William Brown)法官的保护下被调往伦敦。从某种意义上说,汤普森少校着实花费了一番功夫,谋得了布朗法官随行人员的身份。他于1776年夏抵达伦敦,其身份既是掌握美国反抗者战斗能力的第一手情报的专家,也是波士顿为美方攻陷的目击者。此外,他把自己展示为一位因为效忠英国而失去大量财产的绅士。因为有了这些政治资本,加上他出众的组织能力,汤普森很快就成为殖民地大臣乔治·杰曼勋爵(Lord George Germain)的得力助手。

汤普森十分胜任他的工作,做得很成功,到了1780年,他成为英国北部副大臣。在学术领域以外,他是一位政务公务员。然而,除了工作,汤普森还重拾了对科学的兴趣,18世纪70年代末,他进行了一系列实验,以测量火药爆炸的威力(明显与当时的背景及其日常工作相关),这使他于1779年当选为皇家学会会员。这些实验还为汤普森提供了理由,让他得以参与英国海军1779年夏天的一次作战行动,时间长达3个月;而尽管汤普森表面上是研究枪炮制造,但他实际上再一次充当间谍,这次他为杰曼带来了难以置信(但却真实)的关于海军效率低下和腐败的信息,杰曼能利用它让自己的政治生涯向前迈进。虽然如此,汤普森深深地意识到,在那样的赞助体制下,他的命运与杰曼紧密相连,如果他的赞助人失势了,那么他自然也会受到冷遇。于是,他着手为自己准备一个可以退守的位置。

这涉及一个标准策略,他所在阶层中的一些人常常使用——组织他自己的军团。为了能在需要时提升军力,英国国王可以颁发皇家特许,准许个人使用私人经费募集成立军团,并成为军团的一个高级军官。军团的组织过程虽然相当耗费金钱(尽管汤普森能够负担得起),但也能带来巨大利益——当敌对状态结束时,军团解散,其军官依然可以保持他们的军阶和头衔,收取半薪。因此,汤普森成为国王美国骑兵队的一名陆军中校,这支队伍实际上是由默里(David Murray)少校在纽约为汤普森招募的。尽管如此,到了1781年,汤普森本来是装装样子的队伍突然之间就成为真正的军队了。当时,一个被抓获的法国间谍得知了英国海军行动的详细情报,而他的情报明显是来自熟知海军舰队的某个高级军官。汤普森是嫌疑人,而且到处是流言蜚语,但他并未遭到指控。我们永远不会知道真相,但事实是,他突然放弃了他在伦敦的职位并动身前往纽约,积极主动地加入他的军团中。汤普森在战斗中并不耀眼,也不是很成功,于1783年英军战败后返回伦敦。他在伦敦的朋友依然有影响力,足以安排他晋升为陆军上校,因此他在半薪退休之前,薪水得以大幅提升。就在汤普森获得晋升之后,庚斯博罗(Thomas Gainsborough)*为他画了一幅身着全套制服的画像。

现在已是上校的汤普森,决定下一步要到欧洲大陆去碰碰运气。他先花了几个月的时间游历欧洲大陆,估计成功的机会。然后,汤普森凭着魅力、幸运以及他在军队服役时的夸张故事等一系列因素,在慕尼黑成为巴伐利亚选帝侯特奥多尔(Carl Theodor)的军事助理。至少,他几乎是以被邀请的方式获得这一职位的。这是要表明,为了避免冒犯巴伐利亚方面其他成员,如果让人们把汤普森视为英国国王乔治三世的友好大使,这才是有益无害的。但无论如何,汤普森是英军中的一个上校,若要向外国势力效力,他也得返回伦敦求得准许。汤普森在伦敦

---

* 庚斯博罗(1727—1788),英国画家。——译者

游说英国国王说,如果他能受封爵士,这将有利于英国,而国王也把这
个荣誉及时地授予他了。汤普森几乎是心想事成,但这些令人印象深
刻的成功大多归因于这一事实:在当时(1784年)法国不断发展的政治
形势下,英国热衷于增进与巴伐利亚之间的关系。根据汤普森的行踪
记录,明显而毫不令人惊讶的一点是,本杰明爵士(汤普森)主动提出要
为英国在巴伐利亚刺探情报;这是由英国驻维也纳大使罗伯特·基思爵
士(Sir Robert Keith)秘密报告的。

汤普森对热对流的思考

汤普森在巴伐利亚获得了显著的成功,他运用科学原理,把一支装
备差、士气低、近乎乌合之众的军队,转变为一支高效、快乐之师(虽然
不是一支作战之师)。既要达到这一目的,又要为选帝侯节省开支,这
样的任务看似不可能完成,但汤普森依靠对科学的运用做到了。士兵
们需要制服,因此汤普森研究不同材料的热传导方式,以此找出最高性
价比的布料制作士兵们的衣服。其间,汤普森偶然发现了对流*现象:
他在实验中用到一个装有液体(酒精)的大温度计,并注意到装液体的
管子中间温度上升,两头温度下降。士兵们还需要粮食,因此他研究营
养学,并计算出如何让他们进食才能既经济又健康。为了生产士兵制
服,汤普森清理了慕尼黑的街道、赶走乞丐,让工人在装备良好、环境干
净的场所(按当时的标准工时)工作,他们在那里也能得到初步的教育,
而且慕尼黑的儿童必须强制接受教育。为了使士兵们的营养最大化,
同时使开支最小化,除了其他一些食物,汤普森还为他们提供他配制的
营养汤——以马铃薯为主要成分,那是当时欧洲那个地区的人很少食

---

* 这个术语实际上由英国化学家蒲劳脱(William Prout,1785—1850)于1834年
引入。

用的蔬菜——这要求每个军营都要有一个菜园以种植供自己食用的蔬菜。这为士兵们提供了有用的工作技能训练，他们退伍后得以有一技之长谋生，这确实提高了士气。慕尼黑当局把军队的菜园合并成一个大公园，即著名的英国花园，由选帝侯的私家鹿园开放而来，这使汤普森在当地平民中非常受欢迎。

汤普森的众多发明包括：设计了第一个封闭式炉灶，以代替以往低效的开放式炉灶；制造了用于战地的便携炉；改进了灯泡；后来又发明了高效的咖啡壶（汤普森是个绝对禁酒主义者，而且又不喜欢喝茶，他热心推广咖啡，作为酒精的一种健康代替品）。他在巴伐利亚正式职务的地位权力仅在选帝侯之下，而且没多久他就同时兼任国防部部长、警察部部长、国务委员和王室总管，授陆军少将衔。1792年，选帝侯用另一种方法支持他最宠信的助手。当时，神圣罗马帝国是一个由欧洲中心国家组成的非常松散的联合体，其领导人头顶"皇帝"这个有名无实的称号，但其残余影响力依然存在。那一年，神圣罗马帝国皇帝利奥波德二世（Leopold Ⅱ）去世，各王室人员集会挑选继任人，在当时权力轮流执掌系统的操作之下，选帝侯特奥多尔成为神圣罗马帝国的临时管理人。他在位时间从1792年3月1日开始，到7月14日结束，有足够长的时间授予他的宠臣以贵族爵位，陆军少将汤普森就获封为伦福德伯爵（Count Rumford，德语是Graf von Rumford，这一头衔本来是不大可能授给一个美国或英国科学家的）。*

尽管如此，但这件事例表明，伦福德（我们现在能这样称呼他了）依然很受选帝侯的宠爱，而他作为外国人，一直步步高升，很快就在宫廷中树敌甚多。特奥多尔年老无子，而为了选帝侯之位，各派系之间各显

---

*作为拿破仑战争的其中一个后果，神圣罗马帝国最后在1806年8月走到它的尽头，弗兰茨二世（Francis Ⅱ，就是那位于1792年7月即位的皇帝）逊位并成为奥地利皇帝弗兰西斯一世（Francis Ⅰ）。伦福德也因为帝国宫廷不复存在而离开。

神通,以备选帝侯将来撒手尘寰的一天。伦福德已经得到很多了,而他在社会阶梯上更进一步的余地似乎也更小了。他现在39岁,而当突然收到他女儿萨拉(或另一个人们不常知道的名字萨莉)的信时,他倾向于考虑是否能重返美国。当时伦福德的妻子刚刚去世,萨莉从鲍德温处得知了他的地址。

当时法国入侵了莱茵兰,并于1792年11月占领比利时,巴伐利亚被卷入战争危机,备受威胁。伦福德真的受够了,他已精疲力竭,便以养病为名离开巴伐利亚前往意大利,尽管当中还有其政治私利的因素。在意大利逗留的那段时间是他的部分假期,他一方面能重拾对科学的兴趣(他观看伏打演示蛙腿在电流作用下痉挛,又与亨利·卡文迪什的朋友、皇家学会秘书长查尔斯·布莱格登会面),另一方面又有制造绯闻的机会(伦福德从来不缺女伴;他有好几个情妇,其中包括一对姐妹,她们均是伯爵夫人,其中之一与选帝侯"共享",而他至少有两个私生子)。

伦福德在意大利待了16个月,但到了1794年夏,他返回巴伐利亚,他现在抱有一颗要在科学界成名的雄心——他不同于亨利·卡文迪什,后者满足于发现本身,而不奢求公众的欢呼。政治形势依然糟糕,而无论如何,伦福德的工作要吸引眼球,就应该在英格兰发表,最好是由皇家学会发表。因此,1795年秋,选帝侯给了他6个月的假期前往伦敦。伦福德以科学家和政治家的身份而闻名于伦敦,还有一个贵族头衔以便开展工作。他左右逢源正得其所,又把6个月的假期延长到几乎一年。他一如以往,仍旧把商业活动、自我推销、科学和自己的乐趣结合在一起。他震惊于冬天笼罩了伦敦的烟尘,便利用他的对流知识,设计了一款更优越的壁炉,这款壁炉有一个架子在烟囱的背后,在烟囱中下沉的冷空气撞击架子并发生偏转,从而与由火焰产生的热空气混合,而不会把烟熏到室内(后来运用蒸汽,由中央加热系统完成)。1796年,部分是因为自我膨胀,伦福德为使其名不朽,捐助了两个奖章以表彰在热学和光学领域的杰出工作，美国和英国各一（但平心而论，他用的是他自己的钱）。同年，他把萨莉从美国接来团聚，尽管一开始她美洲殖民地式的、下里巴人的生活方式令人感到震惊，还让这位老于世故的伦福德伯爵在公众面前颇为丢脸，但在他的余生里，他们在一起生活了很长时间。

伦福德于1796年8月奉召回到慕尼黑，部分是由于政治形势已经变得对他有利（新近推测特奥多尔的继承人是伦福德的支持者），部分是由于巴伐利亚（实际上就是慕尼黑本身）受到军事威胁，似乎要成为两个敌对国家，即奥地利和法国之间争夺的一块肥肉*。其实，人们没有想到伦福德能成为一位伟大的军事统帅，而把他想成不过是一只撞到枪口上的替罪羊——因为慕尼黑的达官贵人都逃离了，只留下一个外国人作为城镇司令官，这意味着慕尼黑一旦被占领，他将代人受过。很快，奥地利军队到达，在慕尼黑城的一边安营扎寨。然后法军也兵临城下，在另一边驻扎。双方都想要独占慕尼黑而不想让对方染指，而伦福德折冲樽俎于两军之间，牵制拖延以等待有利时机，设法避免挑起任何事端，直至莱茵河下游的其他法军败北、包围慕尼黑的法军撤退增援为止。伦福德一如既往尽如人意，名声依旧。选帝侯返回慕尼黑后，任命伦福德为巴伐利亚警察司令，还封陪伴在伦福德左右的萨莉为女伯爵；不过这个头衔并没有额外的收入，伦福德伯爵头衔的补贴金是平分为二，一人一半的。此外，伦福德还被晋升为将军。

尽管如此，这个始料未及的成功，使得伦福德的反对派们对他更加忌恨，他萌生退意，转而投身他最重要的科学事业。甚至连选帝侯也意识到，他在不断地削弱自己的权力来提拔伦福德——但对于伦福德的不世之功，选帝侯还能做什么呢？1798年，似乎有一个能解决这个问题

＊当然，那时的奥地利是欧洲中心的一股主要势力。

而又体面的方法,特奥多尔任命伦福德为圣詹姆斯全权大使(即驻英大使)。伦福德收拾行李,前往英国,却发现英国国王乔治三世怎么都不接受他的证明文件,借口说他作为一个不列颠国民,不能代表一个外国政府。但事实上可能是因为乔治三世的大臣们不喜欢伦福德,认为他傲慢自负,并且不能忘记他之前作为双重间谍的行径。

无论真正的原因是什么,总之最后的结果转而有利于科学。伦福德再一次考虑返回美国。但他最后还是留在伦敦,并提出一个建立联合博物馆(当然是要展示他的杰出工作)的计划,博物馆集研究与教育于一身,其成果就是皇家研究院。从公众捐款中募集到足够的资金后(用他一贯的魅力,说服富人慷慨解囊),他亲自见证了皇家研究院在1800年对公众开放*。一位来自格拉斯哥的医生加尼特(Thomas Garnett)主讲了一系列的讲座,皇家研究院还给了他自然哲学教授的头衔。但加尼特并没有干很长时间,伦福德不认为他很有能力,并于1801年用一个前景颇被看好的年轻人汉弗莱·戴维取而代之,后者在促进公众理解科学上让皇家研究院获得巨大成功。

当伦福德任命了戴维以后,他回到慕尼黑,以表示对刚刚接替特奥多尔的新一任选帝侯马克西米利安·约瑟夫(Maximilian Joseph)的尊重。毕竟,他的薪水仍然由慕尼黑政府支付,而且马克西米利安已表达出有在慕尼黑设置与英国皇家研究院性质类似的机构的兴趣。数周以后,伦福德启程前往伦敦,途经巴黎时,他获得了他认为理所应得的所有喝彩,而因缘际会,他认识了拉瓦锡刚40岁出头的遗孀(当然,伦福德已快50岁)**。现在,伦敦对他没什么吸引力了。伦福德处理好他的

---

* 皇家研究院于1799年3月创建,1800年获皇家特许状。——译者

** 他还会见了断头台的发明者吉约坦(Joseph Guillotin, 1738—1814),但我们推测,他们聚会之时拉瓦锡夫人应该没有在场。伦福德形容吉约坦是个谦谦君子;请注意,他所发明的断头台是比绞绳更仁慈的替代品。

风流韵事，打包好行李，于1802年5月9日永远地离开伦敦前往欧洲大陆。他还去过几次慕尼黑，但1805年后就没法再去了，当时奥地利占领了慕尼黑，选帝侯逃亡。伦福德早已有先见之明，在剧变之前就已结束事业；他现在一心所系的是在巴黎的拉瓦锡夫人。拉瓦锡夫人跟着他作长途旅行，行经巴伐利亚和瑞士。1804年春，两人定居于巴黎的一个寓所。他们决定结婚，但立即就遇到麻烦，他要得到美国方面的书面证明，来证明他的第一任妻子已经去世。在惨烈的战争期间，法国又被英国封锁，这可不是件容易事儿。这事一直拖着，1805年10月24日他们终于结婚，而他们几乎是立刻（已经过大约4年如胶似漆的婚前同居生活！）就发觉彼此并不适合。伦福德向往的是科学，是平静的半退休生活；他妻子则向往饮宴和社会交往。数年之后，他们分居了，伦福德在巴黎西郊欧特伊街区的寓所里度过余生，由另一位情妇维克图瓦·勒菲弗（Victoire Lefèvre）陪伴床前。他们育有一子查尔斯·勒菲弗（Charles Lefèvre），生于1813年10月；之后不到一年，1814年8月21日，伦福德去世，享年61岁。萨莉于1852年逝世，但没有结婚，留下了一大笔遗产给查尔斯·勒菲弗的儿子阿梅德（Amédé），条件是他要把名字换作伦福德。他的后代依然保留着这个名号。

汤普森对热和功的猜想

虽然汤普森（即伦福德伯爵）的故事引人入胜（我在这儿也只是书其大略而已），但是假如他没有对热本质的理解作出真正重要的贡献，那他在科学史上也不会有一席之地。这要从他在1797年在慕尼黑所做的工作讲起，当时正是"保卫"城池的重要时刻，其众多任务之一是负责慕尼黑兵工厂，而金属圆筒大炮就在那儿钻膛出厂。伦福德终其一生，是个热情的实干者，是接近于瓦特的发明家和工程师而不是像牛顿一样的理论家,而他的主要科学兴趣与热的本质相关,这个问题在18世纪下半叶仍然是个未解之谜。很多人还持这样一种观念:热与一种被称为热质的流体相关。人们设想每个物体都拥有热质,而当热质从一个物体流出时,它将出现我们所知的升温现象。

18世纪70年代末,当伦福德进行一系列的黑火药实验之时,他开始对热质模型感兴趣。他注意到,即使使用相同分量的火药,没有装填炮弹而点火的大炮炮管比装填炮弹的大炮炮管要热。如果物体升温仅仅是简单地归因于热质的释放,那么若点燃的火药的分量相同,则温度升幅也应总是相同,因此热质模型肯定是有问题的*。当时还有其他与热质模型竞争的理论。伦福德年轻时已阅读过荷兰人布尔哈弗(Herman Boerhaave, 1668—1738)的著作,后者以其在化学上的工作为人所知,他认为热像声音一样,是一种波。伦福德发现这个理论模型更加令人信服,但直到他从事大炮钻膛工作之前,他在近20年的时间里都在找一种方式去说服热质模型的支持者。

当然,热质模型也能解释一些表面现象,如常见的摩擦生热——根据这个理论模型,两物体表面摩擦时的压力一同挤出它们的热质。在大炮钻膛的过程中,一个固定不转的钻头放置在大炮金属管的内壁。整个金属管旋转(准确来说是由马匹出力来带动),钻头则移动至炮管底部刻出膛线。伦福德观察了这一过程,当中有两个事实令他印象极为深刻。第一是产生的热的净量,第二是产生热的来源似乎是无穷的。只要马匹持续工作,使得钻头一直摩擦金属炮膛,热就会不断产生。如果热质模型是正确的,那么旋转炮膛到某一时刻,所有热质肯定会被全部挤出,而没有任何热质剩下使之进一步发热。

伦福德以一块吸满水、用一根线吊在房间中的海绵来作比喻。它

---

*现代的解释是,当炮弹发射时,爆炸所产生的能量转化为推动炮弹的动力,因此在大炮内剩下较少的可以转化为热的能量。

会逐渐释放出湿气到空气中，最终变干，不再潮湿。这就相当于热质模型。但热却更像教堂里的钟响。当人们敲钟时，钟声从来不会"枯竭"，只要你不断地敲，它就持续不断地发出它独有的声音。伦福德很节省，利用本来在钻腔前要切断以扩展炮管的剩余金属铸件做实验，测量到底有多少热被产生出来；还用了一个钝钻头，来使实验表现得更加深刻。他把金属炮筒浸在一个装满水的木箱里，这样通过观察水沸腾所用的时间，就能测量出热的释放。参观实验者看到如此大量的冷水瞬间沸腾而无需任何明火，表现得十分惊讶，伦福德为此感到高兴。然而他同时也指出，这并不是一种高效的烧水方式。他的马是要饲养的，如果你真的想更高效地烧水的话，就应该扔开这些马，直接用干草来烧。这是差不多让人遗忘的亮点，他距离总结能量以某种形式储存起来、能够以一种形式转化为另一种形式这个原理仅一步之遥。

伦福德不断重复这个实验（抽干热水而代之以冷水），他发现，以摩擦生热方式烧同样多的水，把水烧开所需时间总是相同。没有任何迹象表明，"热质"像海绵中的水一样会消耗殆尽。严格来说，这些实验并不能绝对证明用这种方式能源源不绝地提供热，因为这个过程实际上不能永远进行下去，但实验却是具启发性的，在当时，这被认为是打倒热质模型的一记重拳。伦福德还做了一连串实验，包括在不同温度下称量装有不同液体的密封瓶，并提出物体内的"热的量"与其质量无关，因此当物体冷却或加热时，并没有物质的进出。伦福德本人并没有主张说热**是什么**，尽管他确实说了热**不是什么**。不过，他也写道：

> 热在我看来是极端地难以理解，如果可能，我想形成一个它区别于其他事物的特有概念：热是可被激发和传播的，再进一步，除了热在这些实验中被激发和传播，它是一种**运动**。*

---

* 引自布朗（Brown）。

这句话正符合将热与物质中原子和分子的运动相联系的现代观点;当然,伦福德并不知道热是与哪一种运动相联系,因而这句陈述似乎不太有先见之明。当然,像这样的实验证据有助于建立起19世纪的原子论。科学在19世纪有如此快速进展的原因之一,是到18世纪90年代末,旧学派中眼界最为狭窄的燃素说和热质说均告寿终正寝。

赫顿:地质学上的均变论

然而在18世纪的最后几十年,对于理解人类在时空中处于什么位置这一问题,其最重要的进展是塑造地球的地质过程的相关知识在不断地增进。故事的第一幕大体上由一个人拼合而成,他叫詹姆斯·赫顿,其领导地位后来在19世纪由查尔斯·赖尔(Charles Lyell)所继承。詹姆斯·赫顿1726年6月3日生于爱丁堡。他父亲名叫威廉·赫顿(William Hutton),是爱丁堡市政府的司库,同时在贝里克郡拥有一个不大不小的农场。詹姆斯还很小的时候父亲就去世了,由母亲独自抚养。他在爱丁堡上了高中,又在爱丁堡大学学习了一些文科课程,之后在17岁时成为一名律师的学徒。但他对法律没表现出多大兴趣,而开始深深地迷上了化学,不到一年,他返回大学学习医学(这是那时实用而与化学最相近的科目,布莱克的工作就是个很好的例子)。在爱丁堡大学学习了3年之后,赫顿先移居巴黎,然后来到莱顿,并于1749年获得医学博士学位;但他从来没行过医(或许他从来没打算行医,学医只是他学习化学的一种手段而已)。

赫顿继承的遗产包括在贝里克郡的农场,因此他在18世纪50年代早期返回英国之时便决定应该学习现代农业实践技术。于是他先是到诺福克郡,后是到低地国家*更新他的知识。他学成后返回苏格兰,把

---

* 指以荷兰为主的荷兰、比利时、卢森堡三国,不是一个严格的地理概念。——译者

学到的技术应用于实际,将一个原来毫不起眼、到处是石头的农场变成一个高产高效的生产单位。这些户外的活动引发了赫顿对地质学的兴趣,而同时,他还保持着对化学的兴趣。他与朋友约翰·戴维(John Davie)合作,发明了一项技术;戴维又发展了这项技术,使之成为一个成功的工业生产项目——以普通的烟灰为原料制造出重要化学品铵盐(氯化铵,用以处理棉布以方便印染等)。这项技术发明以后,化学逐渐变为显学。赫顿从铵盐生产的收益中获得不少分红,但他终身未婚,于1768年42岁时出租了他的农场,移居到爱丁堡并献身科学。他是布莱克(仅比赫顿小两岁)的一个特殊的朋友,而且是创立于1783年的爱丁堡皇家学会的创会成员之一。但让赫顿能青史留名的,是他认为地球的年龄大约要比神学家们所主张的长得多——可能还是永恒的。

赫顿总结,根据对可视世界的研究,并不需要用极其强大的力量(如《圣经》中的"大洪水")去解释今天地球的表面现象;只要有足够的时间,我们今天所能看到的周边那些自然过程,就足以解释所有现象,如高山逐渐受到侵蚀、沉积物沉积到海底,随后通过我们今天所能看到的一次又一次的地震和火山运动,被抬升形成新的山脉,而**不是**由一次大地震在一夜之间塑就。这就是所谓均变论(uniformitarianism)原理——相同、均一的过程时时发生作用,并持续地塑造出地球的表面;而用偶然、巨大、剧烈的作用以解释地表形态,这种思想被称为灾变论(catastrophism)*。赫顿的观点公然违抗了当时公认的地质学观点——灾变论与水成论(Neptunism)的混合观点。该观点认为地球曾经被水完全覆盖,

---

　*试图驳斥对手的理论的人,依然在误用着这两个术语。令人混淆而最为重要的一点是,因为地球的历史是如此之长,以人类尺度来看,那些大事件罕见而剧烈(如大流星撞击地球),所以是灾难;从地质术语来说,以地球的演变史而言,又是很平常的、均变的。这全然是角度不同所致。对于一只朝生暮死的蝴蝶来说,夜幕降临是一场灾难;而我们则司空见惯。对于我们来说,一次新的冰期将是一场灾难,而地球则司空见惯。

并由普鲁士地质学家维尔纳(Abraham Werner, 1749—1817)积极提倡。赫顿仔细整合了他的论点,在两篇论文里分析了一个令人印象深刻的均变论案例。这两篇论文于1785年在爱丁堡皇家学会会议上宣读,1788年出版在《爱丁堡皇家学会会刊》上(第一篇论文由布莱克在1785年3月的学会聚会上发表;赫顿本人于5月宣读第二篇,离他59岁生日不到几个星期)。

18世纪90年代初,水成论者对赫顿的观点进行了严厉的(却是毫无实据的)批判。尽管赫顿已经六旬有余,身体也不太好,但他对这些批评都进行了回应,并把他的观点发展成了两卷本的《地球理论》(*Theory of the Earth*),于1795年出版。1797年3月26日逝世之时,他还在为这部著作的第三卷而工作,享年71岁。很不幸,虽然赫顿依据大量观察,细心答辩,其著作的确包含着大量显著的事实,但他的写作风格总体上令人难以理解。书中最好的一点是他提到,尽管侵蚀的自然过程时时作用,但罗马时代的道路在铺就2000年后,我们依然能在欧洲看到。很明显,赫顿要指出,自然过程侵蚀地球的表面到现在这个状态,其所需要的时间一定很长很长——肯定比当时《圣经》中确立的6000年左右要长得多。赫顿认为地球的年龄是不可掌握的,他生动地写道:"我们找不到地球开始时的遗迹——也没有一个尽头。"

尽管此书中如此明晰的闪光点甚少,而且随着赫顿的去世,其理论无法得到继续宣扬,水成论者和维尔纳主义者更发起新一轮的有力攻击,但是,要不是他的朋友、爱丁堡大学数学教授(后来成了该大学的自然哲学教授)普莱费尔(John Playfair, 1748—1819)的话,连这些闪光的理论也会被人们所忽略。普莱费尔继赫顿未竟之业,为其工作撰写了一份精巧、明晰的摘要,以《赫顿之地球理论导读》(*Illustrations of the Huttonian Theory of the Earth*)为名于1802年出版。通过这本书,均变论首次吸引了大量的读者,说服了所有以智慧看待证据的人。他们都持有这样一种观念：这些证据要受到严肃的看待。但是，确实也要用一代人的时间，赫顿和普莱费尔所播下的种子才能开花，接过普莱费尔均变论接力棒的那个人，在赫顿去世8个月之后才刚刚诞生。

第四篇

大图景

第九章

"达尔文革命"

19世纪,科学有很多戏剧性的进展。但对人类在宇宙中位置(这也是整个科学界中最富争议而最重要的概念)的理解方面,最重要的进展无疑是自然选择理论,这个理论最早为进化(evolution)* 事实提供一个科学解释。达尔文这个名字理所当然而且永远地与自然选择观联系在一起,但另外有两个人——查尔斯·赖尔和华莱士(Alfred Russel Wallace),均有资格在进化论的领奖台上与达尔文比肩。

查尔斯·赖尔生平

查尔斯·赖尔来自一个富裕家庭,但两代之间,财富已所余无几。赖尔家族由其祖父开始发迹,他也叫查尔斯·赖尔,1734年生于苏格兰福弗尔郡。这位老赖尔是农民的儿子,父亲去世后,他就去当学徒学簿记,然后于1756年参加皇家海军,成为一名一等水兵。他之前接受的

---

* evolution 一词,常常被译为"进化"。从字面上来说,它是由"e-"(向外)和"volve"(卷、旋转、展开)组合而成的名词形式;从科学史角度来说,它是与上帝造物且物种固定相对应的理论概念,均无"前进"或"倒退"的方向判断包含在内,因而译为"演化"更加合适。但考虑到与专业定名的一致性,本书中仍译为"进化"。
——译者

训练使他成功地成为船长的书记、炮手的好伙伴，然后成为海军候补少尉，这是通往军官之路的第一步。但他并没成为另一位纳尔逊(Nelson)*，而是在1766年任"罗姆尼"号战舰的军需官。霍恩布洛尔(Horatio Hornblower)**的爱好者，以及奥布莱恩(Patrick O'Brian)***的小说迷都知道海军军需官一职的重要，这可是一个能使最老实的人都发家致富的肥差——军需官负责为其舰船采购补给，然后转卖给皇家海军以获利。老赖尔甚至从事过供应驻扎在北美港口的皇家海军的生意，是合伙人之一，因此赚取了巨额金钱。1767年，他迎娶了康沃尔郡女孩玛丽·比尔(Mary Beale)，后者于1769年(在伦敦)诞下另一位查尔斯·赖尔，也就是那位地质学家的父亲。1778年，老赖尔成为海军上将拜伦(John Byron)的书记，以及其旗舰"皇家公主"号的军需官。因为他参加了拜伦舰队在美国独立战争中监视法国的任务(法国海军协助供给北美起义军军械，这是确保英国战败的重要原因)，老赖尔获得巨量的捕获赏金****，等于在其他地方所赚到的钱的总和。1782年，已从皇家海军退役3年的他在苏格兰购置、管理约2000公顷地产，包括在福弗尔郡金诺迪(今属安格斯)的一套豪华别墅。他的儿子于是能接受良好的

---

* 指霍拉肖·纳尔逊(Horatio Nelson, 1758—1805)，海军中将、第一代纳尔逊子爵，英国著名的海军将领和军事家。——译者

** 霍恩布洛尔是英国畅销书作家福雷斯特(Cecil Scott Forester, 1899—1966)创作的系列小说的主人公，该系列小说描绘了拿破仑战争期间，霍恩布洛尔在英国皇家海军的故事。——译者

*** 奥布莱恩(1914—2000)，英国作家、翻译家，以描写拿破仑时代海战和海军生活的系列小说而闻名。——译者

**** 当敌舰或战利品被捕获后，它们会被国王购买(或在公开市场售卖)，收益会根据严格制定的规则(当然大头归拜伦，小部分归其他人)，分给参与任务的所有人。因此，尽管工作艰苦、薪水又少，但这项制度是促使人们参加皇家海军的主要诱因。大多数人从未得到巨额的捕获奖赏，但无论如何，那些得中大奖的少数例子会成为他们的精神支柱。

教育,在某种意义上,这与老赖尔不断上升的社会地位相匹配:他先在圣安德鲁斯大学求学一年多,然后于1787年转到剑桥大学彼得豪斯学院。

查尔斯·赖尔第二既读万卷书(毕业于1791年,然后在伦敦学习法律),又行万里路,包括始于1792年的一次欧洲壮游,其间在大革命的骚动中造访巴黎。1794年,他成为彼得豪斯学院的研究人员,作为一名有抱负的律师,这一点成为他有用的关系。但他仍然植根于伦敦,直到父亲于1796年1月去世,享年62岁。那一年的稍后时间,赖尔第二与弗朗西丝·史密斯(Frances Smith)小姐结婚,因此时他已无须从事法律工作,便移居金诺迪。就在此地,地质学家查尔斯·赖尔于1797年11月14日出生。

然而,赖尔第二和弗朗西丝夫妇从未在苏格兰定居,在小赖尔1岁以前,他们就搬到英格兰的南部*,在离南安普敦不远的新福里斯特租了一大间别墅和一些土地。那儿就是年轻的赖尔和他的弟弟妹妹(最终他有两个弟弟,不少于7个妹妹)共同成长的地方。这个小男孩在地方学校学习的时候,以新福里斯特为背景,发展了他对植物和昆虫的兴趣;但他于1810年就跟弟弟汤姆(Tom)一起转到米德赫斯特的一个较小的公共学校学习。汤姆于1813年离开学校成为海军候补少尉,而赖尔作为长子,则准备继承父业。

1815年,赖尔随同父母和妹妹范妮(Fanny)到过苏格兰以后(这是一次长期的旅行,还去看了赖尔终有一日会继承的家族财产),以特别自费生的身份,于1816年2月升读牛津大学埃克塞特学院,这是在本科教育中声望"排名"最高(同时学费最贵)的学院。在传统的、以文科为主导的科目上,赖尔取得了优异的学术成绩和良好的声誉,但他所上的

---

*把苏格兰的财产交给代理人管理。

大学是一个旨在培养乡村牧师*的教育机构,才刚刚(只是刚刚)开始要摆脱这个当之无愧的名声。在1816年年末、1817年年初的时候,赖尔发现他自身的数学才能尚未可知,而当他在父亲的图书馆里找到贝克威尔(Robert Bakewell)的《地质学导论》(*Introduction to Geology*)之后,他开始对地质学感兴趣。贝克威尔是赫顿观点的支持者,因此通过他的书,赖尔得知赫顿的工作,并继续阅读普莱费尔的著作。他第一次知道还有地质学这样的学科存在,随后又于1817年的夏季学期参加了巴克兰(William Buckland,1784—1856)在牛津大学开设的一些矿物学讲座课程。巴克兰从威廉·史密斯(William Smith,1769—1839)的先驱工作那里获得灵感,后者是18世纪末、19世纪初的水道测量师,其工作使他熟知英格兰的岩层。即便当时还没有办法去认定地层的实际年龄,他也懂得用化石作为指示物,推断出不同地层的相对年龄(即分辨哪一层更老、哪一层更年轻,并成为这方面的专家)。史密斯今天被誉为"英国地质学之父",正是他制作了第一张英格兰地质地图,于1815年出版,但在此之前他的很多成果早已在同行——比如巴克兰——中流传。巴克兰在1816年曾对欧洲有一次长期的地质考察,因而应该有令人兴奋的第一手信息告知他的学生,有点儿像今天一个大学老师去国外用大型望远镜进行宇宙观测,然后再回到课堂的情形。

赖尔对地质学的兴趣不断增长,但他父亲对此并不十分满意,认为这可能会使他对经典的学习分心。但赖尔参加了巴克兰的课程,正涵泳在地质学的世界之中,壮游整个不列颠岛(包括到苏格兰和东英吉利的深度考察),而不仅仅是走马观花看看风景而已。1818年夏,老查尔斯·赖尔组织了一次家族旅行,包括小查尔斯·赖尔在内,游历了欧洲大部分地方。于是,小赖尔能在巴黎的植物园(现在仍然在巴黎)看到一

---

*读者能从简·奥斯汀(Jane Austen,1775—1817)的小说中看到这种乡村牧师**真实准确**的形象。她逝世的那一年,赖尔开始对地质学感兴趣。

些居维叶的标本,以及在植物园的图书馆阅读居维叶关于化石的一些
著作(同一时间居维叶在英格兰)。在瑞士和意大利北部,这个年轻人
有机会感受地质学带来的快乐,了解如佛罗伦萨和博洛尼亚等城市的
优秀文化。1819年,赖尔从牛津毕业,时年21岁,然后获选为伦敦地质
学会会员(并非很大的荣誉,因为在那个时候,只要对地质学有点业余
兴趣,任何一位绅士都可以成为会员,但要清楚说明其兴趣之所在)。
下一步,他本来应该是学习法律以子承父业。然而把这个计划打乱的
第一个关键点来临了,因为应付最终的考试,查尔斯过于用功,以致视
力出现问题,并受到严重头痛的困扰。

　　1820年2月,在另一次前往英格兰和苏格兰的旅程后[部分时间有
他父亲、妹妹玛丽安(Marianne)和卡罗琳(Caroline)陪同],赖尔在伦敦
开始了他的法律课程学习。但他立刻就因为眼疾问题而十分痛苦,他
开始怀疑自己并没有足够的能力展开其职业生涯,因为那个行当需要
细致地专注于手抄文件的细节(请记得那是一个没有电灯的年代)。为
了让儿子的眼睛有康复的机会,老赖尔带着儿子到了罗马,途经比利
时、德国和奥地利。他们8月离开,11月返回。经过一段时间的休息以
后,小赖尔似乎成功康复,但当他返回到法律课堂后,眼疾又继续发作。
于是到了1821年秋,他又休学了很长一段时间,住在新福里斯特巴特
利的家——那是他爷爷留下的家族产业。当年10月,他到南唐斯做一
休闲之旅,参观了当年在米德赫斯特的母校,并在萨塞克斯的刘易斯结
识了曼特尔(Gideon Mantell, 1790—1852)。曼特尔是一名外科医生兼
业余(但水平很高)地质学者,曾发现过几种恐龙化石。1821年10月底
到12月中旬,赖尔返回伦敦继续法学课程,然而仍受眼疾和他喜爱的
地质学两个方面的影响。这意味着,尽管赖尔没有正式宣布转变职业
生涯,但到了1822年,他实际上已不再从事律师工作,而开始对英格兰
西南部进行严肃的地质学研究——他和新朋友曼特尔谈话和通信后得

到激励,因而作出了这个决定。

由于威廉·史密斯等人的工作,那时英格兰和威尔士的地质结构才开始变得为世人所认识(法国的地质面貌地图也正在绘制,两者有一定程度的关联)。很明显,那里的岩石层在沉积后受到巨大的外力,因而扭曲、弯折。人们自然地认为,这些外力以及那种曾经使海床提升至高于海平面的力量均与地震有关。尽管赫顿那样洞察力非凡,但地质学家如科尼比尔(William Conybeare,1787—1857)等人广泛接受和拥护的意见是,那些变化是由一些猛烈而转瞬即逝的震动造成的,而现在看来,那种过程只在地球表面进行,不足以令沧海变桑田。19世纪20年代初,尽管赖尔对赫顿的思想印象更深,这些争论还是激起了他的兴趣,而且通过科尼比尔的著作,他获得了很多地质学的前沿知识。

实际上,赖尔还在继续学习法律,而且到了1822年5月,刚刚够格成为一名律师,随后以出庭律师的身份开展业务(短时间的并且是断断续续的)。然而到了1823年,他不仅再次访问巴黎(这次遇到了居维叶,他依然是个坚定的灾变论者),而且开始参与伦敦地质学会的运作,首先是担任普通秘书,随后是外事秘书,再后来还担任过两任学会的主席。除了科学方面的重要性外(赖尔在法国国家植物园参加了一些讲座,还与一些法国科学家会面),赖尔1823年法国之行还有其重要的历史意义,因为这是赖尔第一次乘坐蒸汽轮船横渡英吉利海峡。他所乘坐的邮轮"利物浦伯爵"号,从赖尔所在的伦敦驶到卡莱港只要11个小时,而无须等待顺风。诚然,这是技术上的一小步,但却是即将改变世界的全球化交流大提速的第一个标志。

赖尔的世界在1825年开始发生改变,那一年他作为出庭律师开业。《评论季刊》(*Quarterly Review*)找他约稿,这本杂志由约翰·默里出版社出版发行。赖尔便开始在杂志上发表关于科学论题和社会议题(如提议在伦敦兴办一所新大学)的论文和书评(其实也是论文,托名而已）。后来,赖尔发现自己有写作天分,而更好的是《评论季刊》付给他稿费。赖尔的法律工作收入微薄(我们并不清楚,他实际上能否赚到足够的钱,用以维持他在职业上的开销),而他可以凭写作生活,这使他开始在一定程度上能脱离父亲而实现经济独立——没有任何外部的压力要让他脱离父亲而独立,但对一个年轻人来说,这确实是重要的一步。通过《评论季刊》,更多接受过高深教育的人注意到赖尔这个名字,赖尔在这些人的圈子中崭露头角。1827年年初,在发现了自己当作家的才能以后,赖尔决定写一本关于地质学的书,并开始收集相关的材料。随着这本书的主题思想的确立,赖尔业已经证明了他作为一名作家的价值。随后,他于1828年开始了一次最重要并最著名的地质考察。

欧洲游历与地质学学习

这次考察是对前一个世纪约翰·雷那次伟大的植物学考察的回应。此次考察显示,尽管有蒸汽邮轮的出现,但只有很少一部分事物发生了变化。1828年5月,赖尔首先到达巴黎,安排了一次与地质学家麦奇生(Roderick Murchison,1792—1871)的会面,而且两人一同往南经过奥弗涅,沿着地中海沿岸游历至意大利北部。对沿途所见的地质学特点,赖尔都作了非常详细的记录。9月底,麦奇生开始从帕多瓦返回英格兰(与妻子同行),同时赖尔加紧行程,前往西西里岛,这是离他最近的欧洲大陆火山和地震频发的地方。他在西西里岛所见的这些火山和地震,尤其使他确信地球表面由同样的过程塑造成形,这种过程持续的时间极长,至今仍在起作用。赖尔的田野调查工作使赫顿纲领式的概念变得有血有肉。在埃特纳火山,他发现了一处上升至高于海平面"200米或以上"的海床,以熔岩流分隔,而有一处:

独特的、间或分离的熔岩流层是时间间隔长度的铁证。在玄武岩之中,可以看到有一层牡蛎[化石]——我们常吃到的普通品种——能很好地分辨出来,厚度不小于 **6 米**;牡蛎层之上又覆盖有另外的大量熔岩,加上凝灰岩或者是白榴拟灰岩。

……考虑到这座山[埃特纳火山]的底部周长大约是 145 千米,我们不难对这座山的那些位于高层的古迹作出理解;因此,需要有 90 个熔岩流,每条终点处的宽度达 1.6 千米,才能使整座火山抬升一个熔岩层的平均高度。*

这种写作方式十分清晰,加上赖尔收集到的证据支持其论点,颇具说服的威力,因此,无论是地质学家还是受过教育的一般公众,赖尔的著作都令他们眼界大开。赖尔还意识到埃特纳火山(当然还包括整个西西里岛)相对年轻,动植物必定均是从非洲或欧洲迁入并适应当地条件的物种。为了适应地球上环境的改变,生物本身必须通过地质的作用以某种方式铸造,尽管赖尔不能说出这是如何发生的。

《地质学原理》的发表

1829 年 2 月,赖尔回到伦敦,经历了远离法律文书的长期旅行以及大量的体力活动后,视力回复正常,于是赶紧投入到其专著的写作之中。除了自己领域的研究,赖尔大量引用了欧洲大陆地质学家的工作,提出了至当时为止该学科所有著作之中最为透彻的总体意见。《评论季刊》的出版商约翰·默里(John Murray)显然是把赖尔的著作公之于众的最佳人选。在付印后赖尔不断修订他的著作,而他的《地质学原理》

---

* 引自《地质学原理》,黑体字是赖尔强调的。

(*Principles of Geology*,其命名是有意与牛顿的《原理》相呼应)于1830年7月刚刚面世,就立刻获得成功。*

尽管赖尔经常在财务方面与默里有所争执,但实际上以当时的标准来说,默里待作者是相当不错的。尽管父亲还持续给他津贴,但赖尔从那部专著所得的收入最终使他实现财务独立。在做了更多的田野调查工作之后(这次主要在西班牙),赖尔于1832年1月出版了《地质学原理》第二卷。这次不仅是第二卷成功了,而且带动了第一卷销售的复苏。

第二卷的推出有所延迟,不仅仅是因为赖尔的田野调查。1831年,伦敦国王学院的一个地质学讲席设立,赖尔成功地获得任命(尽管教会代表忧虑于他关于地球年龄的观点,表示反对),开展了一系列异常成功的讲座(其中一个大胆的创新是妇女获得允许参加讲座)。但他于1833年辞职,以专注于写作,因为写作更有利可图,而且可以自我掌控,没有耗费时间的其他任务。他成为以科学写作为生的第一人(尽管我们也要承认他得到了家族财富的一些帮助)。

然而,还是有另一些事情使得赖尔分心。1831年,赖尔与玛丽·霍纳(Mary Horner)订婚,后者是地质学家伦纳德·霍纳(Leonard Horner,1786—1864)的女儿,她能分享赖尔对地质学的兴趣,这使得他们之间有着不一般的亲密与快乐。他们于1832年成婚,当时赖尔从他父亲那儿得到的津贴从每年400英镑增加到500英镑,玛丽则带来每年120英镑的投资收益。所有的这些,加上赖尔从事写作而不断增长的收入(他们实际上一直没有儿女),使得这对夫妇有着舒适自由的生活。因此,赖尔视国王学院的讲席为令人厌烦的分心活,而不是一个重要的收入来源。随之而来的是政治。1830年年末,托利党对英国长达半个世纪的统治结束,辉格党政府重新执掌权力,誓要改革议会。这时是整个欧

---

* 这一卷题名页上的副标题是"以至今仍在作用的原因解释地球表面前代变化的一个尝试"。对于赖尔的意图,在每一个潜在购买者的心里,当毫无怀疑的余地!

洲的动荡时代,而1830年年初,农业工人在英格兰发起骚乱,抗议因农场引进新机器而导致的失业。法国大革命让人记忆犹新,政治空气中明显地蕴含着革命的气息。辉格党所提出的改革,整个国家一开始基本上是欢迎的,包括废除腐败选区(rotten borough)*。在这些腐败选区,少数选举人就能选出一个下议院议员进入议会下院。然而,改革请求法案遭上议院否决。尽管这些选区腐朽不堪,但和现在一样,议员的补选被视为民众意愿的重要指标。1831年9月(其时赖尔正好在金诺迪度假),一次关键的补选在福弗尔郡举行。整个选民的组成中,只有不到90个选举人有投票权(都是地主,包括老查尔斯·赖尔和他的儿子),而且并不是无记名投票。每票记入,每个人都知道谁投了谁的票。老赖尔投了一个托利党候选人,后者最后以较小的差距获胜,而"我们的"这位赖尔则投了弃权票。这是议会改革延迟的一个关键因素,而且对汤姆的晋升前景有负面作用。汤姆当时是皇家海军的上尉,依赖辉格党的赞助而晋升(因为海军上将是由辉格党政府任命的),但他注定是在关键时刻投托利党一票的人的儿子。

赖尔对物种的思考

《地质学原理》第二卷最终面世,赖尔把注意力转到物种之谜上,他指出:

> 每个物种可能均源于各自的一对个体或一个个体,当一地的物种个体充足,物种于此时此地便可产生后代,使它们能够繁殖,并持续一个特定的时期,在地球上占据一个特定的位置。

---

*腐败选区指1832年英国《改革法案》通过前,选民很少而易被有权势或富有之人所操控的选区。——译者

根据此时赖尔的观点,这些结论恰恰就是在说上帝"亲手造物",而且与"诺亚方舟"故事无异。请注意,这个假说清楚地包含了这个观点:从19世纪30年代得到的化石记录可以明显看出,许多地球上曾经生存过的物种已经灭绝,而且被其他物种所替代。尽管赖尔还持有同时代人的一般想法,他还是为人类保留了一个特殊的地位,提出我们这个物种独一无二,与动物王国明显不同。但他**确实**指出了物种灭绝的原因:要与其他物种竞争资源,如食物等。

《地质学原理》第三卷于1833年4月出版。赖尔下半生的工作是围绕着更新这部厚重的著作而展开的。他不断修订,旧版上市不久紧接着又推出新版,其第十二版也是最后一版于1875年他去世后面世。当年的2月22日,赖尔逝于伦敦(他妻子比他早去世不足两年),其时他正着手修订其著作的最后版本。他的《地质学纲要》(*Elements of Geology*)于1838年出版,内容基于《原理》而经过精练,被视为第一部现代地质学教科书。赖尔对修订的热切之心,并不仅仅因为那时的地质学确实是一门日新月异的学科*,赖尔对持续更新著作的执迷还来自一个事实,即这是他收入的主要来源(当然直到他父亲于1849年去世,当年美国加州淘金热开始)。同时也由于书的畅销,以及维持科学作家、普受赞誉的执地质学界牛耳者等方面的形象。1848年,赖尔受封为爵士;1864年,他成为准男爵(可以世袭的爵位)。尽管到了1833年,赖尔已35岁有余,他的《原理》和《纲要》也足以使他在科学上青史留名,但他绝没有停下他作为一名活跃的田野地质学家的脚步。除了讲述他与查尔斯·达尔文之间关系的历史背景以外(也是我们将会看到的),在这儿并没有必要讲述他的后半生。但是,这里还是值得提一下赖尔稍后的地质田野调查,这可以显示19世纪的世界是如何变化的。1841年夏,赖

---

*尽管这是过去的事情,但做个最相近的类推,20世纪末在戏剧性和通俗趣味的程度上兼而有之的科学是宇宙学。

尔继而前往北美（当然也是乘坐轮船）。在那儿，他不仅找到关于地球古迹的新的地质证据，见识到自然力量（如尼亚加拉大瀑布）的作用，而且还对新式铁路运输的舒适感到高兴和惊奇，铁路运输使他能够快捷地进入最近才开辟的未知领地。在这个新世界，他还举行了大型的、受欢迎的公众演讲，为其著作进行促销。赖尔很享受这样的经历，随后还三度回访。因为他掌握了美国第一手的时政信息，以至于在南北战争中，他毫不讳言地支持北方（那时与他地位相近的大多数英国人支持南方）。赖尔后半生所做的事情为《原理》的光芒所掩盖；而在许多人眼中，他们往往认为，《原理》甚至又被另一部著作的光芒所掩盖——那是查尔斯·达尔文的《物种起源》。但《物种起源》的作者承认，他的思想受到赖尔原著极多的启发。达尔文是那个恰当的人，在恰当的地点、恰当的时间从《原理》那儿得到了最大的好处。然而，正如我们将看到的，这并非就代表着这完全是幸运。

查尔斯·达尔文出场之时，关于进化的观点并无新意。进化的一系列观念可以追溯到古希腊，即使是限定在本书的时间框架之内，讨论过物种变化方式的著名人物有弗朗西斯·培根（1620年），以及稍后的数学家莱布尼茨。18世纪，布丰同样思考过相似而微有不同的物种在地球不同地区出现的方式，他推测北美野牛可能源于欧洲公牛的一个远古品种，后者曾迁入北美，在那里"受到气候的影响并适时地变成美洲野牛"。查尔斯·达尔文（以及华莱士）不同的地方是，他提出了一个合理的科学理论来解释进化为什么会发生，而不是诉诸含糊的意见，比如进化可能是受到"气候的影响"之类的概念。在达尔文和华莱士之前，关于进化是如何进行的这一问题，最好的想法（尽管那些后见之明者视为荒谬，但考虑到当时的知识水平，这确实是个好的想法）由查尔斯·达尔文的祖父伊拉斯谟·达尔文于18世纪末提出，法国人拉马克也于19世纪初（独立地）提出了同样的观念。

进化论:伊拉斯谟·达尔文及其《动物学》

达尔文家族与地球生命的秘密结缘,其实还要追溯到再上一代,那是艾萨克·牛顿的时代。伊拉斯谟·达尔文的父亲罗伯特·达尔文(Robert Darwin,1682—1754)是一名出庭律师,42岁退休,定居于英国中部的埃尔斯顿。他于同年结婚,而伊拉斯谟于1731年12月12日降生,是他7个儿女中最小的一个。然而早在1718年,即罗伯特定居中部、喜得麟儿的几年之前,他已经察觉到一块不同寻常的化石,该化石嵌在埃尔斯顿村庄的一块石板上。现在我们知道,这块化石是来自一头侏罗纪蛇颈龙的一部分。我们得感谢罗伯特·达尔文,他把这块化石赠送给了皇家学会,作为回敬,罗伯特被邀请参加那一年12月18日皇家学会举行的聚会,在那儿,他遇见了后来的皇家学会主席牛顿。对于罗伯特·达尔文的生平,我们知道得很少,但他的儿女们(三女四子)明显成长在这样的一个家庭里:家庭成员对科学和自然界表现出不同一般的好奇心。

伊拉斯谟先是在切斯特菲尔德学校读书(在那儿他的一个朋友就是乔治·卡文迪什勋爵,是后来德文郡公爵的二子),随后于1750年进入剑桥大学圣约翰学院,他在那儿得到了每年16英镑的奖学金作为部分的生活补贴。尽管伊拉斯谟在大学的那段时间经济拮据,但他十分优秀,一开始是在古典课程方面很有成绩,后来还成为有名的诗人。但他的父亲并非富豪,伊拉斯谟不得不选择一份能维持生计的职业。进入剑桥一年之后,他开始学习医学,还与约翰·米歇尔成为朋友,米歇尔后来在女王学院任教。1753—1754年(当年伊拉斯谟父亲去世),伊拉斯谟在爱丁堡大学继续他的医学学习,后于1755年返回剑桥并获医学学士学位。他后来可能长期待在爱丁堡,而且履历表上显示有医学博士的头衔,但是,我们并没有他在爱丁堡获得医学博士学位的记录。

不管其履历如何，伊拉斯谟在伯明翰以北24千米的利奇菲尔德行医，事业兴旺，是一位成功的医生。他还开始发表科学论文（那时他对蒸汽动力、蒸汽机的可能性和云的形成方式十分感兴趣）。1757年12月30日，伊拉斯谟刚过27岁生日没几周，便和玛丽·霍华德［Mary Howard，也就是波莉（Polly）］结婚，后者差几星期才到18周岁。这些事情齐头并进，对伊拉斯谟·达尔文来说简直是典型的美满生活。这对夫妇有3个孩子活到成年（查尔斯、小伊拉斯谟和罗伯特），另外两个则夭折［伊丽莎白（Elizabeth）和威廉（William）］。3人当中唯一结过婚的只有罗伯特（1766—1848），就是以进化论而闻名的查尔斯·罗伯特·达尔文的父亲。上一代查尔斯·达尔文是伊拉斯谟的长子，才华横溢，被父亲视为宠儿骄子，而且，其医术胜于乃父，似乎将要大有作为。然而，在20岁时，成为爱丁堡大学的医学生的他，在一次解剖中因割伤手指感染（败血症）去世了。随后到了1778年，小伊拉斯谟已为成为一名律师而准备就绪，年轻的罗伯特则仍在念书，而且深受父亲影响想成为医生。尽管他没有哥哥那样才华横溢，而且讨厌血，但他还是做得很成功。小伊拉斯谟英年早逝，于40岁时溺亡，可能是意外，也可能是自杀。

在经受了长期的病痛后，波莉于1770年去世。尽管伊拉斯谟毫无疑问地深爱着他的第一任妻子，并深受她去世的影响，但当17岁的玛丽·帕克（Mary Parker）来到他们家帮助照顾罗伯特，他们不可避免地日久生情，并且生下了两个女儿。即使帕克离开嫁人，伊拉斯谟仍然公开地尽力抚养那两个女孩，并把她们留在达尔文家族，悉心照顾，而且他们各人都维持着友好的关系。伊拉斯谟后来爱上了一个有夫之妇波尔（Elizabeth Pole），而且在其新寡后成功抱得美人归。他们于1781年结婚，并一起生育了另外7名子女，其中只有一名夭折。

看到这些以及他的医学工作，你可能会倾向于认为伊拉斯谟·达尔文没花多少时间在科学上。但他于1761年就成为皇家学会会员，是成立月亮会的重要幕后推手,还联合了瓦特、富兰克林(通过约翰·米歇尔认识)和普里斯特利等科学家。伊拉斯谟发表科学论文,并持续关注科学各方面的新发展。他还是最早接受拉瓦锡氧气观念的英格兰人之一。他把林奈的著作翻译成英文[引入"雄蕊"(stamen)和"雌蕊"(pistil)等植物学术语]。其间,他还涉足投资运河和钢铁厂,与营运制陶厂而发财的乔赛亚·韦奇伍德成为亲密朋友,一同反对奴隶制。两人还结为儿女亲家,伊拉斯谟的儿子罗伯特·达尔文和乔赛亚的女儿苏珊娜(Susannah)展开一段浪漫的爱情故事,但乔赛亚于他们结婚的前一年(1795年)去世了。苏珊娜从父亲那里继承了25 000英镑,相当于现在的200万英镑。其中的意义在于,她的儿子查尔斯·罗伯特·达尔文将衣食无忧。

罗伯特和苏珊娜结婚之时,伊拉斯谟已经在科学工作上取得广泛的名声,足以奠定他在科学史上的地位。然而这是由一部诗作开始的,其思想基于林奈,用于引介新读者以提高他们对植物学的兴趣。这部诗作就是《植物之爱》(The Loves of the Plants),在他经过一段长时间的酝酿后不具名地初版于1789年(其时伊拉斯谟57岁)。伊拉斯谟确实把植物写得非常迷人,吸引了很多读者,而且似乎对雪莱(Shelley)、柯勒律治(Coleridge)、济慈(Keats)和华兹华斯(Wordsworth)等人的诗有所影响*。1792年,相继出版的《植物经济》[The Economy of Vegetation,通常与《植物园》(The Botanic Garden)一书并提,后者严格来讲是《植物经济》和《植物之爱》的合集]仍然很成功,此诗有2440行,(如果算上文字的话)还有约8万字的注解,体量相当于一本关于自然界的著作。随后,伊拉斯谟于1794年出版了散文著作《动物学》(Zoonomia)的第一卷,

---

* 支持这些令人惊讶的主张的证据,参见金-赫莱(Desmond King-Hele)关于伊拉斯谟·达尔文的传记。柯勒律治曾于1796年拜访伊拉斯谟。

字数超过20万,然后又于1796年出版比第一卷篇幅要长50%的第二卷。《动物学》第一卷大多数是关于医学和生物学的工作。尽管关于进化的内容只占40章中的一章,但正是在《动物学》第二卷中,伊拉斯谟最终完全地确立了其进化思想。这个想法在他之前的诗作里也曾经影影绰绰地提到过。

尽管伊拉斯谟·达尔文理所当然受到当时知识水平的限制,但他的进化思想大大超越了纯粹的猜想和粗枝大叶式的描述。他详述物种在过去变化的证据,并特别注意到在人类干预下植物和动物产生变化的方式,比如通过人工选择过程饲养跑得更快的赛马,或培育更高产的作物——这些都是关键的案例,他未来的孙子在以后发展其理论时都将用到。他还指出了子代继承亲代特征的方式,在这些例子中,他特别注意他看到过的"一种每条腿都有一只附爪的猫"。他精心阐述不同的适应使得不同物种获得食物的方式,还提及(查尔斯·达尔文的另一先声)"一些鸟拥有坚固的喙以啄开坚果,如鹦鹉。一些鸟的喙则适于啄开较硬的种子,如麻雀。还有一些鸟的喙适于较软的种子……"最具戏剧性的是,伊拉斯谟(明显的赫顿主义者!)得出了他所信的观点:地球上所有生物(暗示包括人类在内)或许是一个共同物种的后代:

> 可否这样大胆地假设,自地球诞生以来的漫长岁月中,人类的历史开始以前可能已有几百万代(millions of ages)*;可否还大胆地假设,所有的热血动物起源于一个有生命的丝状体,伟大的造物主赋予它生机,赋予它力量以获得新的身体部分,以及随之而来的新的生命取向……

---

* 伊拉斯谟·达尔文的一"代"(age)可能指的是100年,因此他对进化时间尺度的观念领先于同时代。

上帝在伊拉斯谟心中依然有一席之地,但仅仅是让地球上的生命过程得以运作的第一推动而已。在这里,并不存在那个时时刻刻都在干预新物种产生的上帝。而且有一点是相当清晰的,就是无论生物的起源是什么,一旦生命诞生以后,它就根据自然规律去进化和适应,而没有其他外力的干预*。但伊拉斯谟不知道主导进化的自然律是什么。他猜想物种的变化是在活着的动物和植物身体内部的变化,通过它们为其自身争取所需(即食物)或逃避猎食者而获得。这与举重运动员增强肌肉的方式十分相似。但伊拉斯谟认为,这些后天获得的特性会遗传给子嗣,后代个体获得这些特性,导致进化上的改变。例如,涉禽因为不想弄湿其羽毛,尽量伸展长高以避免与水面接触,因而它们的腿伸展变长了一点。它们长了些的腿会遗传给它们的后代,这一过程经过很多代的重复,就会使一只像天鹅般短腿的鸟拥有火烈鸟一样的长腿。

尽管这种观念是错误的,却并不是疯狂的,考虑到18世纪末的知识水平,伊拉斯谟为进化事实而提出一个科学解释的尝试,应当得到赞誉。他的后半生继续发展这个思想(还伴有许多其他的活动),又于1803年目睹《自然圣殿》(*The Temple of Nature*)的出版,这部著作以韵文的方式讲述了生命从一点微尘到现在多样生物的进化历程。再一次,伊拉斯谟凭一己之力,为这部诗作添加了丰富的注释。但这一次他并没有获得出版上的成功,他的近似无神论和进化思想遭到了谴责。而且,当时拿破仑主政法国,兵凶战危,在一个大众希望稳定而非革命和演变的社会,伊拉斯谟明显政治上不正确。除此以外,伊拉斯谟在1802年4月18日于70岁时去世,自己再也不能够为自己的观点辩护了。虽然如此,或许也是鉴于政治局势,拿破仑治下的法国倒也真有人提出与伊拉斯谟·达尔文相类似的进化观念,而且在某种程度上发展得更为充分。

───────────────

*请注意,那个时候教会仍然在说每一个物种是分别单独地由上帝创造而来,它一旦被创造就被定型,不可改变。

让-巴蒂斯特·拉马克:拉马克进化论

让-巴蒂斯特·皮埃尔·安东尼·德·莫奈·德·拉马克,与这一整串头衔名字相对应的是,他是一个法国小贵族(以下经验推论有一定道理:名字越长,越处于贵族中较旁支的地位),1744年8月1日生于皮卡第大区的巴藏丹。他从11岁到15岁在亚眠的耶稣会学院接受教育(我们对他早年生活的详细情形很不了解),并可能倾向于成为神职人员。但1760年父亲去世,他参军了,在"七年战争"中加入攻打低地国家的军队。1763年战争结束,随后拉马克被派驻到地中海和法国东部。他在派驻岗位上观察野生生物,似乎对植物学开始感兴趣。1768年,拉马克因为受伤,不得不放弃军人生涯并定居巴黎,在一家银行任职,参加医学和植物学的讲座。10年以后,他在植物学界建立起名声,成为一名植物学家,并出版了《法国植物志》(*Flore française*),这是一部法国植物分类的标准文献。凭借这部著作的分量(以及布丰的赞助,他帮助出版此书),拉马克当选为法国科学院院士,但很快又回到银行工作。

布丰的赞助也不是白给的。1781年,拉马克一项并非美差的工作,就是当布丰那个不成器儿子乔治(Georges)的老师和同伴,一起游历欧洲。但这至少给了拉马克一个机会,去看更多关于自然界的东西。尽管他的兴趣远超出植物学(甚至生物学),还包括了气象学、物理学和化学,但在游历之后,拉马克还是在一些与植物学相关的小岗位上任职,这些小岗位都跟皇家花园有关。法国大革命后,他投身到植物园的重组当中,并于1793年获聘为教授,负责在新的法国自然历史博物馆讲授后来被称为"昆虫与蠕虫"的教学课程。恰恰就是拉马克,将这些零零碎碎的物种统称为"无脊椎动物"。作为改革者,拉马克与包税制无明显关联,政治上身家清白,因而他似乎未曾受到个人的威胁,并在大革命中存活了下来。作为教授,拉马克必须在博物馆开设一个年度系列讲座,这些讲座显示了他的进化观点自身的逐渐演变。他第一次提及物种不可能突变的观点是在1800年。通过描述动物从最复杂的形态倒退到最简单的形态,拉马克以他所称(相当含混)的"退化"(degradation)进行分类,他说无脊椎动物:

> 比其他物种更好地为我们展示了它们令人震惊的身体构造的退化,动物能力的逐渐退化必定让聪慧的博物学家产生极大的兴趣。最终,它们会逐渐退化到动物化的最终形态,即结构最简单、最不完美的动物形态,其动物性无可置疑。当自然界刚开始诞生,在很长一段时间和合适环境下塑造其他物种时,存在于世上的可能就是这些最简单的生物。*

换言之,虽然其论述上是表达一种退化,但拉马克说的是最简单的动物进化到更复杂——注意,他提到这个过程需要"很长一段时间"。

拉马克的传记作者约尔丹诺娃(L. J. Jordanova)认为"没有证据"证明他知道伊拉斯谟·达尔文的思想,而达尔文的传记作者金-赫莱认为拉马克的思想"几乎能确定"是受《动物学》的影响。虽然我们永远都不会知道真相是什么,但是从另一个方面看,拉马克的行为与伊拉斯谟·达尔文十分相似。尽管他的私生活不太为人所知,但我们知道他和一个女人同居并有6个子女,而他直至她弥留之际才和她结婚。之后他还至少结过两次婚(一说他有4段婚姻),外加至少两个子女。但与伊拉斯谟·达尔文(或其实是查尔斯·达尔文)不同的是,他在写作中运用了一种深厚的文学形式(如上引所示,而且这段文字还远远不是最令人费解的),似乎不能很清晰地表达他的思想观点。

---

*译引自约尔丹诺娃。

他那些关于进化的观点在其史诗式巨著《无脊椎动物志》(*Histoire naturelle des animaux sans vertèbres*)里得到总结,这部著作于1815—1822年出版了7卷,完成出版时他已78岁,双目失明(他于1829年12月18日逝于巴黎)。为方便起见,我们可以把拉马克的进化思想总结为4条"法则",这也出现在那部巨著的第一卷(1815年出版)中:

第一律:所有生物体在量上有一种恒常的趋势,凭借它们自身的力量,增长其身体尺寸直到一个极限程度,该极限程度由生物体本身所决定。

(这或多或少是正确的;拥有更大的身躯似乎就意味着多一些进化的优势,而且大多数多细胞动物在进化过程中确实变得更大了。)

第二律:动物体内新器官的产生来源于动物新近体验到并要坚持下去的需要,以及该需要所带来并维持的新运动。

(这一点不是完全错误。如果环境情况改变,就会产生有一定偏向性的进化发展的压力。**但**拉马克错误地说"新的器官"是从**动物个体中**发展而来的,而不是通过一代接着一代的细微变化发展而来。)

第三律:器官的发展及其功能,与这些器官是否经常使用密切关联。

(这正是火烈鸟的腿变长是因为它经常伸展以避免身体沾水的观点。明显错误。)

第四律:经历过那些改变的单个个体,在其生存期内,其身体结构上获得的所有新增或者改变,在生殖过程中得以保持并传递给下一代。

(这是拉马克主义的核心——后天获得特性的遗传。明显错误。)

拉马克提出的大多数重要论点可能恰恰使得查尔斯·赖尔如鲠在

喉,这些论点导致赖尔在写作《原理》——他在写作过程中明确地算上了人类——时拒绝接受进化观点。

拉马克的观点遭到颇具影响力的居维叶的强烈反对(后者坚信物种的固定性),同时被其在巴黎的同事圣伊莱尔广为宣传。不幸的是,圣伊莱尔的支持工作对拉马克事业造成的伤害与好处至少是大致相等的。圣伊莱尔从拉马克的思想出发建立了一套观念,变得与自然选择的思想非常相近。他指出拉马克所描述的"新器官"可能并非经常对生物体有利,并且(于19世纪20年代)写道:

> 如果这些修饰导致的结果是有害的,那么那些走向灭亡的动物就会被形态多少有所不同的其他动物所取代,那种形态是一种要变得如此才得以适应新环境的形态。*

这里包含了拉马克主义的元素,但同样是适者生存的雏形。然而,对于物种之间的关系,他所信奉的是一些怪异的思想。而且,尽管他做了很多合理的比较解剖学研究,但当他声称能确定脊椎动物和软体动物共同的基础躯体模型时,他走得太远了,居维叶对他更感震惊愤怒,包括其进化思想在内的所有工作都遭到怀疑。19世纪20年代末,随着拉马克的逝去及其支持者遭到广泛质疑,对于达尔文来说,要重拾线索这一思路是清晰的。但他耗费了很长的时间去把这些线索组织起来,形成连贯一致的进化理论,这个过程甚至比他鼓起勇气发表其理论的时间都要长。

查尔斯·达尔文生平

关于查尔斯·达尔文有两种很流行的说法,讲得都像真的一样。第

---

* 引自奥斯本(Henry Osborn)的《从古希腊人到达尔文》(*From the Greeks to Darwin*)。

一种暗地里讽刺他,说他还是一个业余文艺青年时实在非常幸运,得以周游世界,目睹很多关于进化是如何作用的、十分明显的证据,然后总结形成一个解释。但在相同的环境下,任何一个有理性思维的同辈人大概也可以想到这个解释。第二种说法认为,他是难得一见的天才,其洞见的火花独一无二,领先于一代或数代人的科学事业。实际上,无论是达尔文还是自然选择理论,恰恰就是他们那个时代的产物,但他用力之勤确实非同一般,在跨学科的广阔范围内日复一日地辛勤搜集科学事实。

伊拉斯谟·达尔文去世之时,其子罗伯特在什鲁斯伯里一带行医,成功建起良好的声誉,然后又移居到新近建成于1800年的一所漂亮的别墅,名曰"山庄"(The Mount)。罗伯特体格与乃父相似,身高超过1.8米,而且随年龄增长而变胖。按照达尔文一家的传统,他生育了多个健康的子女(尽管没有达到他父亲的那个数量),但伊拉斯谟没能活着看到他的孙子查尔斯出生,查尔斯在罗伯特子女中年纪排倒数第二。他的姐姐玛丽安(Marianne)、卡罗琳(Caroline)和苏珊(Susan)分别生于1798年、1800年和1803年,大哥(也叫伊拉斯谟)生于1804年,查尔斯·罗伯特·达尔文生于1809年2月12日,最后是艾米丽·凯瑟琳[Emily Catherine,家里人称她凯蒂(Catty)]于1810年降临人间,那时她母亲苏珊娜44岁。查尔斯似乎有着田园诗般的童年,获许在屋子各处和附近村庄漫游,3个姐姐很溺爱他,卡罗琳在家教他基本的读写一直到他8岁,以后便由大哥照顾。1817年,情况发生了剧变。那年春天,查尔斯开始在一所本地的日校上学,随后于1818年成为什鲁斯伯里学校(他哥哥伊拉斯谟早已在那儿安顿下来)的寄宿生。在1817年7月,在经历了接二连三疾病的困扰后,他妈妈走完了人生的历程,被突如其来并且十分痛苦的肠道疾病夺去生命,享年52岁。罗伯特·达尔文不能接受爱妻的离去,更不像他父亲一样有第二段幸福的婚姻。他不准人谈论任何关于他亡妻的事,终其余生,经常沉沦在与沮丧失落的较量之中。他的禁令对孩子们肯定很有影响,因为查尔斯·达尔文在日后写道,他对母亲的回忆十分稀少。

至于整个家庭的运转,玛丽安和卡罗琳已有足够的年龄和经验去接管处理,而再年轻些的女儿后来也各尽本分。一些历史学家(和心理学家)认为,母亲的去世,以及尤其是父亲的反应肯定对小查尔斯有着深远的影响,并且塑造了他未来的性格;另一些人则认为,对一个8岁小孩来说,在一个有多位姐妹和用人的大家庭里,母亲是一个较外围人物的可能性要大于在其心中占有很高地位的可能性。但事实上,查尔斯在母亲逝去一年后就被送往寄宿学校,切断了作为支持的家庭环境(但使得他与哥哥伊拉斯谟走近了)。这显示1817—1818年所发生的种种事情结合起来,对他确实有深刻的影响。什鲁斯伯里学校离山庄很近,只要经过田地、走上15分钟就到了,这使得他完全可以经常回家探望,但对一个九龄童来说,第一次离家住在外面,还是有点儿不一样的感觉,与离家有15分钟还是15天的路程无关。

在什鲁斯伯里学校的那段时间,达尔文对博物学产生了很浓厚的兴趣,常常徒步走很远去观察自然环境*,收集标本并熟读父亲图书馆里的藏书。1822年,是伊拉斯谟在学校的最后一年,这时查尔斯13岁,前者对化学(一门当时非常时髦的学科)产生了短暂却充满热情的兴趣,而且很容易地说服查尔斯充当实验助手。他们还在山庄建立了一个实验室,由溺爱他们的父亲帮助兴建,资助总额达50英镑。之后一年,伊拉斯谟按时离开前往剑桥大学,查尔斯只要在家,就会亲自打理实验室。

伊拉斯谟依照家族传统,接受成为医生的训练,但他并未以此为职

---

*可能徒步远行是他对博物学产生兴趣的原因而不是结果。这也与达尔文确实深受1817—1818年一众事情影响这一看法相符合。

业,他发觉剑桥的学术如例行公事一样无趣,还不如其他选修课程的活动合他口味。查尔斯也发现没有伊拉斯谟的什鲁斯伯里学校生活同样无聊,但到了1823年,他被获准探访伊拉斯谟,可以弥补一下内心的寂寞,并拥有一段只能被描述为纵情欢乐的时光,而这对一个14岁的少年来说明显有着坏的影响。回到家后,他开始迷上了猎鸟,在学校里更喜欢体育运动而不是学业,显现出将要成为败家子的架势。父亲罗伯特于1825年就不让他上学了,让他做自己的助手数月,意图给他灌输一些达尔文家族的医学传统。随后他被打发前往爱丁堡学习医学。尽管当时查尔斯只有16岁,伊拉斯谟也只是刚刚完成在剑桥的三年学习,还要在爱丁堡大学花一年的时间来完成他的医学训练,但他们父亲的想法是,查尔斯可以有一整年由伊拉斯谟照顾并参加医学课程,之后他便足够安定,同时也到了足够的年龄(希望还足够成熟),去为自己的行医资格而作正式的努力。然而,事与愿违。

从许多方面来看,伊拉斯谟在爱丁堡大学的一年学习时间,恰恰相当于回到剑桥大学的欢乐时光,尽管他也设法勉强通过课程,且两兄弟也设法不把他们各自选修课程活动的具体情况详细地报告给罗伯特医生。查尔斯成为一名医生的可能性没有了,但不是因为他无心向学,而是因为他自己容易受惊。尽管解剖尸体使他在生理上感到恶心,但查尔斯还是在一些方面坚持学习。然而当他看到两个手术时,便是他人生的转折。一次是给一个孩子做手术,那时还没有麻醉药,只能直接进行。特别是那孩子尖叫的情景,他终生难忘,后来还在《自传》(*Autobiography*)里写道:

> 在他们完成手术之前,我就冲了出去。之后就再没参加过同类手术,因为没有任何足够强大的诱因使我去面对。那是有氯仿麻醉的幸福时光之前很久的事情。

　　　　这两次手术的场景萦绕在我脑海中许多年,造成相当大
的困扰。*

　　对于父亲来说,他不能承认儿子的这种失败,达尔文于是在1826
年10月重返爱丁堡,假托是继续医学学业的学习,但其实报读了博物
学课程和参加地质学讲座,而尤其受到苏格兰比较解剖学家、对海蛞蝓
极感兴趣的海洋生物专家格兰特(Robert Grant, 1793—1874)的影响。
格兰特是信奉拉马克主义的进化论者,而且分享了圣伊莱尔一些关于
生物机体基本构造的观念。他把这些观念都传授给了达尔文(为获得
医学上的洞见,后者已读过《动物学》,然而根据他的自传,书里的进化
论观点在当时并没有对他造成任何冲击),并鼓励达尔文独立研究他们
在海岸发现的生物。在地质学方面,达尔文获知水成论者与火成论者
之间的论争,前者认为地球表面形态由水塑造而成,后者视热量为驱动
力(达尔文偏向后者的解释)。到了1827年4月,尽管达尔文(依然只有
18岁)已经找到他的兴趣所在并准备在此方向上继续努力钻研,但明显
地,他的医学学习谎言难以为继,因而他没有任何资格证书,要离开爱
丁堡另谋出路。可能是为了拖延与父亲不可避免的正面冲突,他并没
有立刻回到山庄。在短暂游历苏格兰后,达尔文第一站去的是伦敦,在
那里他遇到了姐姐卡罗琳,由新近成为律师的表兄哈里·韦奇伍德
(Harry Wedgwood)带领游览了一圈。随后他又转到巴黎,偶遇乔赛亚·
韦奇伍德第二(Josiah Wedgwood Ⅱ,哈里的父亲,是他祖父伊拉斯谟那
位要好朋友的儿子,也就是他舅父),在从瑞士回英格兰的路上,他又遇
到舅父的两个女儿范妮(Fanny)和埃玛(Emma)。

　　然而那一年的8月,到了该面对的时候了,结局是,罗伯特·达尔文
坚持查尔斯的唯一前途就是升读剑桥大学并获得学位,那样他就可以

---

　　* 诺拉·巴罗(Nora Barlow)编辑的版本是洞悉达尔文早年生活的最佳材料。

安排儿子做个乡村牧师,这是当时安排不肖子弟职业的一种标准而又体面的方式。于是那个夏天,达尔文告别了乡村中花钱如流水的生活(打猎和举行聚会),恶补古典课程知识以达到剑桥的水平,然后终于在1827年秋天正式被剑桥大学基督学院接收。在经过1828年年初的刻苦学习应试后,他又待在家里。他再一次与刚完成医学学士学位的伊拉斯谟同行,展开作为奖励的"欧洲壮游"。反观查尔斯,他将面对4年的学习和作为一名乡村牧师的生涯,一定是难以接受。

达尔文在剑桥读本科的时候,一如其在爱丁堡最后数月之旧,把正式的专业学习扔到一边,而专注于学习他真正兴趣之所在——自然界。这一次,他跟从剑桥大学植物学教授亨斯洛(John Henslow, 1795—1861)学习,两人关系亦师亦友。他还跟随剑桥伍德沃迪安博物馆的地质学教授塞奇威克(Adam Sedgwick, 1785—1873)学习地质学,后者的田野调查工作相当出色,尽管他拒绝接受赫顿和赖尔的均变论思想。两人都视达尔文为出色的学生,而他的智力和勤奋工作的能力则体现在,当他刚刚离开采集植物和地质调查的课堂后,以最后一刻填鸭式的苦读绝地爆发,追赶他以往所忽视的所有课程,而连他自己都觉得惊讶的是,他以相当令人敬佩的成绩(178人中排名第10)通过1831年年初的考试,获得学位。然而,尽管达尔文的科学才能得到展示,但作为一名乡村牧师的道路似乎比以往要更清晰了。而且当查尔斯升读剑桥时,伊拉斯谟又设法说服父亲医生生涯并不适合他,并在他25岁时得到批准放弃其职业生涯,且获得父亲的津贴,定居伦敦。这可能是溺爱儿子的缘故,但父亲罗伯特可能自然而然地会想,自己至少还有一个儿子会选择那份受人尊敬的职业。

1831年8月29日回到山庄之前,达尔文花费了一整个夏天在做他认为将是人生最后一次的事情,当中包括远途地质考察、研究威尔士的岩石等。在那儿,他收到了一封他完全意想不到的来信,发自他剑桥的其中一位导师皮科克(George Peacock)。皮科克转交了他的朋友、隶属皇家海军的弗朗西斯·蒲福(Francis Beaufort, 1774—1857, 以其拟定的蒲福风级而知名)船长的一封邀请信,邀请达尔文参加一项测绘探险考察,此项考察由费茨罗伊(Robert Fitz Roy)船长驾驶"贝格尔"号领导实行,此人要寻找合适的人选,随同其作这一漫长的航行,同时借机会进行博物学和地质学的研究,尤其是在南美。亨斯洛早已推荐了达尔文,还写信给后者劝他抓住这个机会。实际上,达尔文并不是这个位置的第一人选——亨斯洛把这个机会的获取想得比较简单,他的另一位得意门生拒绝了这一位置,而更倾向于做剑桥外一个名叫博蒂舍姆的小村庄的牧师。但达尔文绝对是最佳人选——费茨罗伊罗要的是他那个阶层的一位绅士,这样在远行中可以平等视之,否则,以他神一般的绝对领导地位,其社会交往就会被隔绝。同行的绅士(当然)要自筹路费,海军方面则热切希望同行者是一位完完全全的博物学家,这样可以利用这次远至南美甚至(可能的话)全球的机会进行考察研究。尽管亨斯洛(通过皮科克)推荐了达尔文给蒲福,但是人选的确定还有一段插曲。查尔斯祖父伊拉斯谟·达尔文有一位好朋友埃奇沃斯(Richard Edgeworth),有4段幸福婚姻,生育了22名子女。他比伊拉斯谟小12岁,1798年结了第四次也是最后一次婚,新娘是弗朗西丝·蒲福(Frances Beaufort)小姐,也是弗朗西斯·蒲福29岁的姐姐,而弗朗西斯·蒲福直到1831年还是皇家海军的水道测量家。因此当蒲福写信给费茨罗伊推荐年轻的查尔斯做他远航中的同伴和博物学家时,尽管两人素未谋面,但蒲福还是高兴地写道,这位查尔斯是"以哲学家和诗人而闻名的达尔文先生的孙子,充满热情和进取心"。*

---

* 引自珍妮特·布朗(Janet Browne)。

"贝格尔"号航行

查尔斯·达尔文要最终成为"贝格尔"号上的博物学家,还得跨越几重障碍。首先,他父亲(要资助年轻的查尔斯的这次旅行)反对这种似乎是轻率的计划,但他争取了舅父乔赛亚·韦奇伍德第二的支持。其次,在事前没见面的情况下,费茨罗伊(性情喜怒无常)认为达尔文似乎是通过各种关系安插进来的,对此表示反感,并暗示或已经找到自己的同伴。但当达尔文和费茨罗伊相会后,歧见消除,彼此均认为对方合适。最终所有事情都确定了,而仅27米长的三桅船"贝格尔"号于1831年12月27日启航,其时达尔文还不到23岁。在这里,我们无须对这次长达5年的航行(这次确实是一次环球航行)作详细的叙述,但有几点还是值得提出的。首先,达尔文并非整天都困守在船上,而是穿越南美做持续的、长时间的探险,尤其是"贝格尔"号在做正式而繁忙的测绘工作的时候。其次,在航行过程中,他把采集到的化石和其他标本寄回英国,因此,他在科学界是以一名地质学家而非生物学家的身份建立起名声的。最后,有一个特别的细节值得提及——达尔文在智利经历了一场大地震,他看到贝壳类动物层在海岸线以上约1米高的地方搁浅风干,亲自验证了这种扰动可以把陆地抬升多少幅度。这是对赖尔《地质学原理》中所提出观点的第一手材料的确证。在航行开始时,达尔文就带着《原理》第一卷,第二卷则赶上了他在南美探险时出版,而到1836年10月他返回英格兰的时候,第三卷正在"等候"他的归来。通过赖尔的眼睛看整个世界,他变成一个坚定的地质均变论者,这对其进化论的发展有着深刻的影响。正如达尔文后来所说:

> 我经常觉得,似乎赖尔的工作对于我的书来说是思过半

矣,对于这点我还没予以充分的感谢……我一直认为《原理》的伟绩是:它把我思想中的所有方面都改变了。*

回到家后,达尔文获得了他做梦都想不到的反响,而这同时也使他父亲既困惑又欣喜。他很快就和赖尔见面,被看作国内知识渊博的地质学家而介绍到学界。1837年1月,他在伦敦地质学会宣读了一篇关于智利海岸提升的论文(他旅途中最激动人心的发现),尔后几乎立即就被选举为学会会员(重点是,他直到1839年还不是动物学会会员,而在同一年他当选为皇家学会会员)。除了他作为地质学家的名声,达尔文很快又以作家的身份获得赞赏,这是赖尔的翻版。他的第一个计划是撰写《研究日志》**,记述航行过程中发生在他身上的事情,而费茨罗伊则更多地写海军方面的事情。利用自己的日记,达尔文很快就完成了他分享经历的工作,但出版则延迟到1839年,因为费茨罗伊在海军方面事务繁忙,只有很少的时间进行写作——而且坦白说,费茨罗伊并不太擅长写作。令费茨罗伊懊恼的是,在《研究日志》中,达尔文写的那一部分明显比他写的部分更能得到人们的广泛关注,而且很快就以《"贝格尔"号航行记》(*Voyage of the Beagle*)的名义重新单独出版。

1839年是达尔文生命中的重要年份——那一年他30岁,目睹《研究日志》出版,成为皇家学会会员,还与表姐埃玛·韦奇伍德结婚了。这时的他也正好是处在他后来所说的智力创造的巅峰时期,即从1836年"贝格尔"号回归到1842年他离开伦敦、前往肯特郡定居这段时间。但也正是在这个时期,他开始被一系列的疾病折磨,身体虚弱,至今仍不

---

*达尔文的一封信,引自乔纳森·霍华德(Jonathan Howard)的《达尔文》(*Darwin*)。

**全称是《在费茨罗伊船长领导下的"贝格尔"号上对所观察到的各国地理与博物学的研究日志,1832—1836》(*Journal of Researches into the Geology and Natural History of the Various Countries Visited by HMS 'Beagle,' under the Command of Captain FitzRoy, R.N., from 1832 to 1836*)。

知道他得病的确切原因,但很可能是因为热带旅行而得的病。伦敦是达尔文回到英格兰后一开始定居的地方,他现在要离开这个地方,很大程度上是由于当时政治上的骚动,改革者(如宪章运动者)走上首都街头示威,而政府则出动军队弹压。达尔文搬到在肯特郡唐镇(Down)的"唐屋"(Down House)居住(镇名后来改成 Downe,但唐屋仍然使用旧式的拼写)。

查尔斯和埃玛有一段颇长时间而且幸福的婚姻,只是他常常复发的旧病以及几个孩子的早夭使他们受了不少的打击。但他们还是培育了不少子女长大成人,有一些还凭自身本领取得了优异的成就。长子威廉(William),生于 1839 年,卒于 1914 年;其后依次是安妮(Anne,1841—1851)、玛丽(Mary,1842 年生,只活了 3 个星期)、亨丽埃塔(Henrietta,1843—1930)、乔治(George,1845—1912)、伊丽莎白(Elizabeth,1847—1926)、弗朗西斯(Francis,1848—1925)、伦纳德(Leonard,1850—1943)、霍勒斯(Horace,1851—1928)和查尔斯(Charles,1856—1858)。考察一下伦纳德的生活年代是值得的:他出生在《物种起源》出版以前,活到原子裂变时代之后,这是 1850—1950 年、科学突飞猛进的 100 年。然而除了给查尔斯·达尔文提供了稳定后方外,他的家庭生活基本与本书主旨没多大关系。我们所感兴趣的是达尔文的工作,特别是他基于自然选择的进化论。

达尔文以自然选择发展其进化论

自打航行归来(如果不是在启程前),达尔文在脑海中认为进化是一个事实,这是没有问题的。问题是,他要找到一个自然机制去解释这个事实——一个进化如何运作的模型或理论。达尔文于 1837 年开始为《物种之变化》(*The Transformation of Species*)撰写笔记,并且在发表地质学论文的同时发展其进化理论,这些论文关键地论证了均变论者与灾变论者的是与非,达尔文倾向于前者。1838年秋,重要的一步来临,在结婚前没多久,达尔文读到了马尔萨斯的名著《人口论》(*Essay on the Principle of Population*)*。这篇文章开始是不具名地发表于1798年,达尔文读到的时候已经是第六版(从现在的观点看)。马尔萨斯本人曾求学于剑桥大学,1788年被任命为牧师,他第一版的《人口论》就是在牧师任上撰写的,但他后来成了知名的经济学家和英国第一位政治经济学教授。他在其论文中指出,一个物种的总数包括人类的人口数是呈几何级数增长的,每隔一段时间就增加一倍,再经过相同的时间段,又在此基础上再增加一倍,如此类推。在他写作之时,北美人口确实正是以每25年翻一番的速度增长,而要达到这个速度,平均来说,需要每一对夫妇在25岁时就已生育4个小孩且小孩都存活至25岁。达尔文家族的多生育传统,一定立即使达尔文认识到,这个"需要"是一个相当保守的估算。

事实上,即使是繁殖得最慢的哺乳类动物大象,如果一对象只留下4头可存活并具有同等生育能力的后代,那么在750年内,这对大象就有1900万头后代。然而,如马尔萨斯所明确指出的,18世纪末的大象数目与1050年几乎一样。他把原因归结为,物种数量受瘟疫、猎食者以及尤其是可获得的食物数量的限制(对人类来说还有战争),因此每一对只会留下两个存活下来的后代,除非是一些特殊的例子,比如北美新开发的殖民地。如果顺其自然,大多数后代会无后而终。

马尔萨斯的论点实际上被19世纪的政治家用来论证改善大量工人阶级的生活注定是失败的,因为对生活条件的任何改善都会导致更多的孩童存活并导致人口增长,从而耗尽那些用于改善生活的资源,使

---

* 这篇文章还能在一个由弗卢(Antony Flew)编辑的印本中找到。

更多的人陷于同样穷困的可怜境地*。但在1838年的秋天,达尔文在未有实证的情况下得出不同的结论。这是进化如何运作的主要理论组成部分——人口压力、**相同物种内部**的生存竞争(当然更准确地说是生育繁殖的竞争)和只有最适应的个体["适者"(fittest)的"适",指的是一把钥匙配一把锁,或者一块七巧板在整体之中的适合,而不是字面意义上的身体好]才能生存(繁殖)。

达尔文把他的思想草拟在一份据历史学家考证写于1839年的文件上,而更完整的一份35页提纲中则有他1842年的落款。甚至在搬往唐屋之前,达尔文基于自然选择的进化论已经基本完成了,并和包括赖尔在内的少数互相信任的同行进行相关讨论(使达尔文感到失望的是,赖尔并没有被说服)。达尔文害怕公众对那个理论的反应,也担心那位非常传统的基督徒妻子埃玛会感到不安,他把自己的理论按下不表长达20年,尽管他在1844年已经把要点扩充阐述,成为一份有5万字、189页的手稿。他让当地一位老师誊写好,而在这篇长文中附有一张他写给埃玛的便条,要求让文章在他死后出版。

或者毋宁说,他并非真的按下不表。在1845年继续出版的《"贝格尔"号航行记》第二版中,达尔文增加了大量的新材料,散入全书各处。格鲁伯(Howard Gruber)指出,通过对比两个版本,我们可以很容易地区别这些新增的段落,而如果把全部的新材料汇集起来,这就形成了"一篇几乎全是他所想"的基于自然选择原理的进化论论文**。唯一的解释是达尔文关心的是子孙后代和他的优先权。如果别人提出相同的理论,他会指出这个"幽灵"论文并提示这是他的首创。同时,当他最终要出版传播时,为了使其理论更有可能被大众接受,他决心成为一名生物学家,在生物学界建立起自己的名声。从1846年起("贝格尔"号航行

---

* 此论点之疏失可以总结为一个词,该词在维多利亚时代几乎是禁忌——避孕。

** 格鲁伯的《达尔文论人》(*Darwin on Man*)。

结束后 10 年),他开始深入研究甲壳动物,其中一部分材料来自他在南美时所绘、最终在 1854 年形成一部 3 卷的定本。对于达尔文这样一个之前在学界没有任何声望的人来说,这是一项令人震惊的成就,何况他还常常被疾病缠绕,而且在写作期间,分别在 1848 年和 1851 年,他经历了父亲和最疼爱的女儿安妮的去世。动物学成就使他赢得皇家学会的皇家奖章,这是给博物学家的最高奖励。他以其对亲缘相近物种之间细微差别的透彻理解,第一次跻身于第一流生物学家之列。但他对进化论的出版还是很犹豫,尽管如此,在一些经常跟他讨论相关问题的知心朋友的力劝之下,达尔文从 19 世纪 50 年代中期开始,陆续把材料收集整理好,放到他所计划的一部大而厚重的著作里去,他要让这部著作铁证如山,足以压倒所有反对意见。他在其《自传》中写道:"从 1854 年 9 月往后,我把我的全部时间都奉献在整理那些堆积如山的笔记上,以及关于物种变化关系的观察和实验上。"在达尔文有生之年,这样一本书能否面世是很成疑问的,但当另一位博物学家真的提出了相同的理论时,最终迫使他出版了这部著作。

华莱士

这"另一位"就是华莱士,是一位以远东为基地的博物学家。1858 年,35 岁的华莱士发展了其理论的详细纲要,而达尔文的 35 岁是在 1844 年。达尔文的富贵特权生活与华莱士常为稻粱谋之间形成了强烈的对照,这还是一个值得突出的例子,显示出当时科学作为富有阶层业余爱好者的特权这一现象如何逐渐迈向终结。华莱士 1823 年 1 月 8 日生于威尔士蒙茅斯郡的阿斯克(现属格温特郡)。他出自一个普通家庭,是 9 个孩子中的第 8 个;父亲是一个不太成功的初级律师,孩子们只由他在家亲自教授一些基本知识。1828 年,他们一家短暂搬到达利奇,随后在母亲的家乡赫特福德郡定居。在那儿，华莱士和他的哥哥约翰（John）到地方上的文法学校读书，但前者在14岁的时候不得不辍学去讨生活。在他的出版于1905年的自传《我的人生》（*My Life*）中，华莱士提到那所学校对他的影响很小，但他如饥似渴地阅读他父亲的大量藏书，而当他父亲在赫特福德运营一个小型图书馆时，他也可以利用里面的藏书。1837年（达尔文已从他的那次著名航行回归），华莱士与他的长兄威廉（William）一起从事土地测量员工作。他陶醉于这种户外的生活，着迷于因为运河和道路建设工程而被发掘出的各种岩层，而且被那些发掘出来的化石激起了兴趣。但是那时测量业的薪水和前景都很不好，华莱士还短暂地当过一个钟表匠的学徒，却因为钟表匠移居伦敦而他不愿跟随而放弃。因此他又跟威廉重操测量员的旧业，这一次他要参与到中威尔士的圈地项目中——华莱士那时并没有意识到其政治含义，但他后来控诉了这种"土地掠夺"*。即使他们没有受过建筑学培训，只能依赖从书中学到的知识，他们还是开始着手搞建筑、自己设计结构，而且看似挺成功。但自始至终，华莱士对自然界的研究兴趣越来越浓，阅读了相关的书籍并开始进行野花的科学采集。

这样一段好时光到1843年结束，其时华莱士的父亲去世，英国因为经济衰退而财政紧缩，测量行业不景气（此时的达尔文在唐屋定居，并已开始撰写至少两卷的自然选择进化论的大纲）。华莱士得到少量的遗产，和哥哥约翰（建筑人员）靠着少量遗产在伦敦生活了几个月。当他于1844年离开时，他在莱斯特的一所学校谋职，教授男童基本的读、写和算，也教年纪稍长的男孩土地测量（这或许是他获得这份工作的关键，因为任何人都能教授"3R"**）。他的年薪有30英镑，而小查尔

---

*《我的人生》。

** 3R，指上文提到的读（reading）、写（writing）和算（arithmetic），3个单词中均含有字母R。——译者

斯和伊拉斯谟·达尔文兄弟则曾为建立他们的家庭化学实验室而花费了父亲50英镑。华莱士当时21岁,从事着一份没有前景、没有出路的工作,比刚从剑桥毕业时的达尔文小1岁。但在莱斯特的那段时间,有两件重要的事情发生了。他读了马尔萨斯的《人口论》(尽管一开始没有对他的思想形成剧烈的冲击),又遇到了另一位热心的业余博物学家贝茨(Henry Bates,1825—1892),后者对昆虫学感兴趣,与华莱士感兴趣的花卉方面正好互补。

华莱士是由一场家庭悲剧,把他从一名二流教师(他自己承认了这一点)的人生中拯救出来的。1845年2月,他的哥哥威廉死于肺炎,办完哥哥的丧事之后,华莱士决定以南威尔士的尼思镇为基地,接管哥哥的测量工作。这时的他很幸运,那正是大量与铁路相关的工作兴起的时候,华莱士第一次得以迅速积累起一个小小的资本基金。他带着母亲和约翰一起住在尼思镇,约翰也成为帮手,使他的工作范围再次扩展到建筑工程等行业。他对博物学的兴趣依然浓厚,贝茨也写信鼓励他。但华莱士逐渐对测量和建筑的生意感到挫折和幻灭,因为他觉得很难应对欠钱和拖延付款的人,而且有时候,他面对真的付不起钱的小债务人时,渐渐地感到沮丧。1847年9月,华莱士到巴黎一游并参观了植物园以后,他谋求人生的第二次转型计划。于是他向贝茨提出这样一个建议,他们应该花掉他赚到的钱的一小部分,用以支持两个人的南美探险。到了那儿,他们可以向英国寄回标本,然后转卖给博物馆和富有的、彼时常常关注热带异物的私人收藏家(部分得感谢达尔文"贝格尔"号航行的报告),这样可以津贴其博物学工作。在成为一名坚定的进化论信仰者后,华莱士在其自传里说,即使是开始探险以前,"物种起源这一大问题已经明显地在我的脑海中形成了……我坚信,一项对自然界事实的完整细致的研究,终将使这一奥秘得到解答"。

他们在巴西的丛林里花了大约4年的时间,经常在极端艰苦的条件下从事探索和采集的工作,这使得华莱士得到了类似达尔文在"贝格尔"号航行中获得过的、动物界的第一手经历,而且通过采集标本和由田野调查而发表论文,他建立起了博物学家的名声。但这次探险还远未是华莱士的大成功。他的弟弟赫尔伯特(Herbert)于1849年游历巴西加入哥哥的探险,1851年死于黄热病,而华莱士常常为弟弟的死而自责,认为如果自己不在那儿,赫尔伯特也就不会到巴西。因为这次南美的冒险活动,华莱士自己也几乎丢了性命。在返程途中,他坐的那艘双桅船"海伦"号满载橡胶,发生火灾并带着他采集到的最好标本沉到海底。船员和乘客都在一艘救生小艇里,在海上漂了10天才获救,而当华莱士于1852年年末返回英格兰时,他几乎不名一文(尽管他已经很有远见,已为其收藏品投保150英镑),无物可卖,但他的笔记,成为他的一些科学论文和一本书《亚马孙与内格罗河游记》(*Narrative of Travels in the Amazon and Rio Negro*)的基础,后者出版后还卖得不错。贝茨那时仍然待在南美,于3年后带着完好无缺的标本返回,但那时华莱士已在地球的另一边。

接下来的16个月里,华莱士参加了一个科学会议,在大英博物馆研究昆虫,有空就去瑞士度假并准备下一次的探险。他还在1854年年初的一次科学聚会中遇见达尔文,但他们后来都没能记起那次偶遇的任何细节。更重要的是,两人开始互通信件,起因是达尔文对华莱士的一篇论文很感兴趣,论文讲的是亚马孙盆地蝴蝶种类的变异性,这使达尔文购买华莱士从远东寄回来的标本,成为他的一位顾客,而且有时会在其笔记中(轻微地)抱怨把标本寄回英格兰的船运费用之高昂。华莱士之所以去远东,是因为他认为,追寻物种问题答案的最好途径,是考察地球上未被其他博物学者探索过的地区,因而他寄回家乡的标本就更有价值(包括科学上和经济上),获得的收入也足够支持他的探险。他在大英博物馆做研究,与其他博物学家展开讨论,使他确信到马来群岛正合适,便凑足经费,于1854年春天出发 *(大约是在达尔文开始整理其"堆积如山的笔记"前6个月),这次他还带了一个16岁的助手艾伦(Charles Allen)。

华莱士的这一次探险可谓是绝对的大成功,尽管再一次经受了热带地区旅行的艰难,但那些地方都是少有西方人涉足的。他离开欧洲差不多有8年,其间在英格兰的期刊上发表了超过40篇科学论文,并带着他完好无缺的标本返回。除了进化论思想外,他的工作还对建立不同物种的地理分布极其重要,物种的地理分布显示出它们如何从一个岛屿扩散到另一个岛屿(随后,同类的工作与大陆漂移理论联系在一起)。当然,在这儿我们还是关心进化论。像达尔文一样,华莱士受到赖尔的影响,受到赖尔所创立的大尺度地球年龄(达尔文一度所称的"时间的礼物")及其微小变化积累引起巨变的论点的影响,他发展出的进化论思想是大树分枝式的,不同的树枝均从单独的树干生长出来,并继续分裂成小的嫩枝,它们不断生长,正如当今世界的生物多样性(全部来源于一个共有的祖先)一样。他在一篇发表于1855年的论文里表达了这个思想,但并没有解释物种形成(树枝分裂为两条或多条与嫩枝的成长是密切相关的)是如何产生或者为何会产生的。

达尔文和他的朋友们都很欣赏这篇论文,但包括赖尔在内一些学者很快就担心,达尔文如果还不赶紧出版他的著作的话,可能会被华莱士或者其他人捷足先登(赖尔仍然没有信服自然选择理论,但作为一位朋友和一名优秀的科学家,他希望达尔文的理论出版成书,以确立其优先权并引起更广泛的辩论)。比起20年前,当时的一般意见更倾向于公开讨论进化学说,但是达尔文仍然没看到有任何紧迫感,还在继续整理能支持自然选择观点的海量证据。他在给华莱士的信件中暗示,他

---

* 因为克里米亚战争的爆发而推迟。

正准备出版这样一部著作,但没有给出理论的具体细节。他意图用这些暗示来提醒华莱士,在这场特殊的竞赛中,达尔文是领先的。但其结果是鼓励了华莱士,并刺激他更进一步发展他的观点。

1858年2月,华莱士迎来一个突破,他当时在摩鹿加群岛中的特尔纳特岛,得病发烧。他终日卧床,思考着关于物种的问题,让他回想起马尔萨斯的工作。为了明白为什么每一代都有一些个体能存活而大部分死亡这个问题,他意识到这与机遇无关,那些能存活并繁殖的一定是最适应当时环境的,比如那些最能抵御疾病、经历疾病而能幸存的个体,那些跑得最快、能逃过猎食者捕食的个体,等等。"然后我忽然闪过这样的念头,这种自动的过程必然会**改善物种**,因为每一世代,那些适应较差的个体不可避免地被消灭,而那些适应得较好的就存活——亦即,**适者生存**(the fittest would survive)。"*

这就是自然选择进化论的要点。第一,后代与它们的双亲是相似的,但每一代的个体之间都有细微差异。只有那些最能适应环境的个体才能够幸存并繁殖,因此那些使它们成功存活的细微差异就有选择地传递到下一个世代并成为标准的配置。当环境改变或者物种拓展到新的领地去繁殖(正如达尔文在加拉帕戈斯群岛看到的鸟,以及华莱士在马来群岛所看到的生物一样),物种会改变以适应新的环境,结果新的物种出现。达尔文和华莱士所不知道的——并且直到进入20世纪还不是太清楚的——是遗传怎样发生或者说那些变异来自哪里(见第十四章)。然而,根据所观察到的遗传当中带有少量变异的事实,自然选择解释了只要有足够的时间,进化能产生适应于草食生活方式的羚羊、草本身、适应于捕食羚羊的狮子、以特定种类的种子为食的鸟,或者

---

*《我的人生》。这段话写于此事发生很久以后,解释了华莱士对"适者生存"(survival of the fittest)这一术语的运用,此术语并非达尔文或华莱士本人理论最原始的表述。

解释了当今地球上的其他一切物种,包括人类,均来源于一个单一的、简单的共同祖先。

1858年2月,卧在病榻的华莱士产生了一系列的洞见,促使他写了一篇论文《论变种无限地偏离原始类型的倾向》(On the Tendency of Varieties to Depart Indefinitely from the Original Type),他把论文附在信中寄给达尔文,请他提意见。这封信于1858年6月18日送达唐屋。达尔文震惊了,看到了他的思想被人捷足先登,正如赖尔和其他人曾经提醒的一样,而差不多同时发生了另外一件事,更私人的一件事——10天以后,他两岁的孩子查尔斯·韦林·达尔文死于猩红热。尽管有这样的家庭问题,但达尔文还是立刻尽力地、得体地为华莱士办事,他把论文寄给赖尔并附上评论:

> 您的话真的成为现实了——我被领先一步了……我从未看过如此令人惊讶的巧合;甚至如果华莱士有我写于1842年的手稿,他也不会写出比这更好的摘要! ……当然,我会立刻写信并推荐到任何一个期刊发表。*

然而赖尔与达尔文圈子内的另一位博物学家约瑟夫·胡克(Joseph Hooker, 1817—1911)通力合作,找到了一个替代方案。他们替达尔文做了出版这件事(达尔文乐于放手给他们做,其时他要从丧失幼子的失落中缓过来,安慰埃玛并办理丧事),提出了这样一个方案:把达尔文1844年进化论大纲和华莱士的论文加在一起,推荐到林奈学会联合发表。学会于7月1日审阅了这篇论文,并没有太多的阻碍**,论文适时地以一个冲击性的标题发表:"论物种形式多样性之趋向;兼论以自然

---

* 见《自传》,弗朗西斯·达尔文编。

** 在达尔文的自传中,他评论道:"我们联合发表的论文激起的关注非常小,我记得的只有都柏林的霍顿(Haughton)教授发表了一个意见,他断定里面所有新的观点都是错误的,凡是正确的都是老的观点。"

选择手段形成的物种和多样性之永恒(On the tendency of species to form varieties; and on the perpetuation of varieties and species by natural means of selection),查尔斯·达尔文先生,皇家学会会员、林奈学会会员及地质学会会员,及华莱士先生著。联络人:查尔斯·赖尔爵士,皇家学会会员、林奈学会会员;约瑟夫·胡克先生,医学博士、皇家学会副主席、林奈学会会员,等等。"这个"等等"表示这篇论文是不可抗拒的!

达尔文《物种起源》的出版

在华莱士没有同意的情况下,对他的论文作了一个绅士式的处理,你可能会认为他会有一点不快,但是实际上他挺高兴,之后还常常作为一个达尔文主义者提起自然选择理论,甚至以此为题写了一本书。再后来,他写道:"我为我1858年的论文索要一个伟大成果;迫使达尔文不再拖延撰写出版他的《物种起源》。"* 他做到了。《物种起源:以自然选择为手段,或在生存斗争中优势种的保存》(On the Origin of Species by Means of Natural Selection, or the Preservation of Favoured Races in the Struggle for Life)由约翰·默里出版社于1859年11月24日出版发行,其后不论在科学界还是世界范围内,都产生了极大的影响。之后,达尔文继续撰写其他重要的著作,积累了更多财富,在唐屋含饴弄孙、安享晚年,并于1882年4月19日在那儿去世。但大体而言,他置身于公众对进化论与自然选择的辩论之外。华莱士写了更多的书,小小地火了一把,但他后来成为唯灵论的狂热分子,这有损他的科学声誉。他的唯灵论思想还侵染了他关于人类的思想,他把人类看作与上帝有着特殊的联系,并不像其他物种一样要遵守相同的进化规律。他于1866年43岁

---

* 转引自乔治(Wilma George)。

时与当时只有18岁的米滕(Annie Mitten)结婚,育有一子一女。但他们受经济拮据所困扰,只是到了1880年才宽裕,那是当时一次请愿的结果,请愿主要由达尔文和赫胥黎(Thomas Henry Huxley,1825—1895)*构思发起,一些著名的科学家联署,经维多利亚女王(Queen Victoria)批准,华莱士获得每年200英镑的养老金。他于1893年当选为皇家学会会员,1910年获得功绩勋章,1913年11月7日逝于多塞特郡的布罗德斯通。在本书中,查尔斯·达尔文是我们看到的第一位1800年之后出生的科学家,华莱士是第一位1900年以后死去的科学家。尽管18世纪的科学还有其他方面的成就,但数他们两人的成就最为杰出。

----

*赫胥黎值得在此花更多的篇幅来谱写,无关他重要但无甚开拓性进展的科学著作,甚或无关他为推广自然选择理论而担当"达尔文斗犬"一角。他在科学史上真正的重要性在于,他凭借自身的能力和勤奋,从出身底层逐渐向上攀登,成为引领式的科学人物,为工人阶级争取更优质的教育,并在与新的、不专为绅士阶层而设的最高学府交流方面起了重要的作用,例如在伦敦、伯明翰和曼彻斯特开办的高等学府,同时还有巴尔的摩的约翰斯·霍普金斯大学。他帮助科学成为一种人们可以从中获得酬劳的职业,而不是富人沉溺其中的业余爱好。作为他人生当中的一个小讽刺,1858年,他实际上做了绅士和业余学者达尔文的斗士(除去作为一名卓越科学家的身份,达尔文代表了赫胥黎所憎恨的一切),而非属于工人阶级的华莱士。对于将赫胥黎放到脚注中作降格的处理,我只能说声抱歉,您可以在德斯蒙德(Adrian Desmond)的精彩传记中看到所有关于他的故事。

◆ 第十章

原子与分子

尽管达尔文所描述的世界图景是 19 世纪科学的主要话题,但他多多少少是一个另类。在整个 19 世纪——也正是达尔文生活的那段时间——科学从一项主要受个人能力和兴趣影响的、绅士式的业余爱好,转变为依靠诸多某种程度上具有可替换性的科学工作者的大众职业。甚至,正如在上一章我们所看到的例子,如果达尔文不曾提出自然选择理论,那么华莱士也会提出;而此后我们也会不断看到,科学发现差不多是由不同的人独立工作、在同一时间产生,他们大多互不相识。遗憾的是,这枚特殊硬币的另一面,是不断增长的科学家数目,同时也带来一种不断增长的惯性,导致对革新的拒斥。换言之,常常会有一些才华横溢的个人对探究自然的工作提出一个深刻的新洞见,此时这个洞见不会被立刻接受,而往往可能要一代人兢兢业业地工作,集合多数人的科学智慧去证实。

我们即将简要地看到,这种惯性对道尔顿(John Dalton)原子理论的反应(或者说是反应迟钝);而根据道尔顿的一生,我们还能很清晰地看到科学的成长之路。当 1766 年道尔顿出生之时,能称得上我们现在所说的科学家的,全世界可能不超过 300 人。到了 1800 年,当道尔顿要开始进行现在已举世闻名的工作时,科学家大约有 1000 人。1844 年道尔顿去世时,科学家大约有 1 万人;而到了 1900 年,则约为 10 万人。粗略来说,在19世纪,科学家的数目每15年翻一番。但是请注意,1750年到1850年,整个欧洲人口翻了一番,从约1亿升至约2亿;1800年到1850年,英国人口也翻了一番,从约900万升至约1800万。科学家作为人口比例的一部分,确实有长足的增长,只是不及把科学家的增长数字单独列出来那样吸引眼球罢了。*

戴维关于气体的工作和电化学研究

戴维的职业生涯,生动地说明了科学从业余行为向专业行为的转型。戴维虽然享寿不长,但实际上比道尔顿要年轻。他于1778年12月17日生于康沃尔郡的彭赞斯。当时的康沃尔几乎还是与英格兰隔绝的独立国家,康沃尔语还没完全消亡,而戴维从小就有"男儿誓要出乡关"的雄心。戴维的父亲罗伯特(Robert)是一个木雕手艺人,拥有一个小农场,但从来没有发过财。他的母亲格雷斯(Grace)后来与一位逃避大革命的法国妇女经营一家女帽店。尽管母亲为家庭的财政贡献甚多,但是戴维一家实在太拮据了,因此在戴维9岁时,他(5个孩子中的老大)跟从母亲的养父即外科医生汤金(John Tonkin)生活。1794年,戴维的父亲去世时,没留下遗产而只有债务,那时戴维正就读于特鲁罗文法学校,没有显露出任何高人一筹的才能。正是汤金医生建议他,要以到爱丁堡学习医学为最终目标,而首先要做的是当一名本地药剂师的学徒。这段时间里,戴维还跟随一名逃难的法国牧师学习法语,随后证明,这项技能对他来说是无价之宝。

戴维似乎是一名很有前途的学徒,并且开始自学课程,这让我们想起汤普森也在差不多的年龄做着相同的事。他很可能会成为一名成功

---

* 数据引自格里纳韦(Greenaway)。

的药剂师,甚至一名医生;但1797年至1798年的那个冬天,是这个年轻人一生的转折点。1797年年末,离他19岁生日还差几天,戴维读到拉瓦锡法文原版的《元素论》(Traité Elémentaire),便开始对化学着迷。就在几个星期前,他的孀居母亲仍然在勉力维持家庭的财政收支平衡;那时,她接待了一位前来过冬的投宿者。此人是一个患有肺结核的年轻男子,为其健康考虑,他被送到气候相对温和的康沃尔。他刚好就是詹姆斯·瓦特之子格雷戈里·瓦特(Gregory Watt),在格拉斯哥大学学习过化学。格雷戈里·瓦特与戴维建立起来的友谊,一直持续到1805年格雷戈里·瓦特27岁去世之时。格雷戈里·瓦特当年冬天在彭赞斯的出现,让戴维能够找到朋友来分享他对化学不断增长的兴趣。1798年,戴维通过一系列的实验,在一份长篇手稿中阐发了他对热和光(那时仍然属于化学领域)的观点。这些观点很多都很幼稚,经不起我们今天的仔细推敲(尽管戴维放弃热质说这一点还是值得注意的),但是对一个自学成才的19岁乡下青年来说,其依然是一项不寻常的成就。瓦特父子写信把戴维介绍给了布里斯托尔的贝多斯(Thomas Beddoes,1760—1808),还寄去了戴维关于热和光的论文,于是戴维就去了贝多斯那儿学习。

贝多斯曾在爱丁堡大学师从布莱克,随后移居伦敦,然后又到牛津,1789—1792年在牛津大学完成了他的医学课程并教授化学。他随后因为不同气体的发现而受到启发,决定开设一家诊所,用以研究这些气体的药用潜力。他已经(有相当惊人的现代眼光)注意到吸进氧气或许可以治愈肺病,于是移居布里斯托尔行医,同时获得基金资助,于1798年在当地创立气体学研究所。贝多斯需要一个助手帮他做化学工作,而年轻的戴维得到了这份工作。戴维于1798年10月2日离开彭赞斯,这时离他20岁生日没几个月。

在布里斯托尔,戴维做的气体实验是关于现在所称的一氧化二氮的研究,这让他有了点名气。戴维看到没有其他方法去解决气体如何影响人体这个问题,于是准备了一个容量为4.5升的丝绸袋,装入一氧化二氮,先将肺部空气尽量排空,再吸入这些气体。他立即发现这种气体的麻醉性质,很快就把它命名为"笑气",因为这种气体在那些寻欢作乐的阶层中引起了轰动。稍后,因为智齿疼痛问题,戴维还意外发现,这种气体能钝化痛感。1799年,他甚至还写道:"这种气体在外科中使用可能具有很大优势。"很遗憾,他当时的这个建议没有受到关注和进一步研究,结果让美国牙医韦尔斯(Horace Wells)成了先驱者,于1844年运用"笑气"拔牙。但正是一氧化二氮使戴维成名了。

戴维继续通过自己吸入不同气体的方式进行实验,有一次几乎送命。他当时用一种被称为水煤气(实际上是一氧化碳和氢气的混合物)的东西做实验,水煤气由水蒸气穿过焦炭生成。一氧化碳有剧毒,可使人在深睡状态下快速、无痛地死亡(这就是为何很多人自杀时选择吸入汽车引擎废气的原因)。戴维仅仅嘴唇沾了吸气袋口一下就倒下了,醒来后感觉到头部前所未有地、好像要裂开一样地痛。

在10个月内,戴维进行了关于气体化学和生理性质的集中研究,然后在不到3个月的时间内,把他的发现写成一本超过8万字的书,并于1800年出版。这时正是他职业生涯的最好时光。1800年,随着对一氧化二氮的研究工作接近尾声,戴维因为伏打发明(或发现)电池的消息,开始对电学感兴趣;他开始做把水电解成氢气和氧气的经典实验,于是,戴维很快就确信化学和电学之间有着重要的联系。当戴维开始这些研究时,伦福德伯爵(当时还是本杰明·汤普森)正在伦敦筹建皇家研究院。皇家研究院创建于1799年3月,但任命的第一位化学教授加尼特并不成功。加尼特最初的讲座反应还不错,但随后的系列讲座却因为缺乏准备和演说时缺少热情而备受争议。这里有几个方面的原因:加尼特的妻子新近去世,而他似乎对所有事情都失去了热情,随即于 1802 年也与世长辞,年仅 36 岁。不管加尼特失败的原因是什么,如果皇家研究院要实现其最初的远大前景的话,伦福德就得尽快行动,于是他请戴维这颗在英国化学界的天空冉冉升起的明星前来加盟,担任化学助理讲师兼皇家研究院实验室主任,开始是 100 几尼的年薪外包食宿,以准备接替加尼特担任的最高职位。戴维接受了邀请,并于 1801 年 2 月 16 日履新。他是一个杰出而成功的讲师,戏剧效果和激情时常贯穿于演讲准备或彩排阶段。他外形俊朗,极具个人魅力,使得聚集在他讲台前年轻时髦的女士们压根儿不在意他在说些什么。加尼特(在伦福德的压力下)很快就辞职了,戴维于 1802 年 5 月被任命为化学教授,成为皇家研究院的一把手。此后不久,伦福德就离开伦敦前往巴黎定居了。当时戴维只有 23 岁,除了上过特鲁罗文法学校外并没有受过正式教育。在这个意义上,他是最后一批伟大业余科学家中的一员(尽管说他是一位绅士其实并不确切);但作为皇家研究院的受薪雇员,他又是第一批职业科学家中的一员。

尽管人们对戴维的通常印象是一位"纯粹"科学家,但戴维对当代最伟大的贡献,是提倡科学,不管是就皇家研究院一般意义上的科学推广工作而言,还是在工业和(特别是)农业的应用方面。例如,他由农业委员会安排,举行了一系列关于农业相关化学的著名讲座。可以通过几个例子看到他演讲的主题以及表达技巧两方面受欢迎的程度:戴维后来(1810 年)应邀在都柏林再次演讲(外加一系列关于电化学的题目),演讲费是 500 几尼;一年后,他又做了另外的系列讲座,演讲费是 750 几尼——是他 1801 年在皇家研究院开始工作时年薪的 7倍多。他还获得都柏林三一学院荣誉法学博士学位,这是他获得的唯一学位。

从道尔顿记录的一份叙述中,我们能窥视出戴维准备演讲的方法:1803 年(当年戴维成为英国皇家学会会员)12 月,道尔顿在皇家研究院做了一系列讲座。道尔顿告诉了我们*，他是怎样写出了第一场演讲的全部讲稿：戴维在他开讲前一天晚上带他到演讲厅，并让他读出全文，而戴维则坐在最远的角落聆听；然后反过来，戴维读演讲稿，道尔顿听。"第二天我向150—200位听众宣读了那份讲稿……结束的时候，他们给予我慷慨的掌声。"然而戴维与许多同辈人一样（见后文），不太能接受道尔顿原子模型的全部推论。

　　戴维对电化学的研究使他得出一套精巧的分析，并于1806年在皇家学会的贝克莱讲座上形成了对这门年轻学科的一般看法；而确实令人瞩目的是，即使英、法两国还处于交战状态，他来年仍获得法国科学院颁发的奖章和奖金。之后不久，戴维让电流通过草木灰和苏打，电解出两种未知的金属，他把它们命名为钾和钠。1810年，戴维分离出并命名了氯。他为元素下了一个明确定义：元素是不能通过化学过程再分解的物质。由这一定义，戴维指出氯是一种元素，并且确定酸的关键成分是氢，而不是氧。这是戴维科学生涯中的最高峰，然而从许多方面来看，他从未完全发挥出其真正潜能，部分是由于他缺乏正规的训练，使他有时仓促投入工作而缺乏适当的定量分析；部分是由于他思想上转向名利，因而他开始喜欢他的职位以及由此带来的迈向上流社会的机遇，而不是科学工作。他于1812年受封为爵士，3天后娶了一位富有的寡妇，数月后又任命法拉第（他的最终继承人）为皇家研究院的助理。同年，他辞去皇家研究院化学教授一职，由布兰德（William Brande，1788—1866）继任，但仍保留实验室主任一职。一次与新娘（还有法拉第）一起的欧洲游随即展开，戴维能成行，还多亏法国人发给了这位著名科学家一本特殊护照（当然，英法间的战争一直持续到1815年）。正是在返回英格兰之后，戴维设计了著名的矿用安全灯，这项设计署的是

*　见哈特利（Hartley）。

他的名字,然而,引发这项发明的采矿工作是那么战战兢兢、艰苦绝伦(因此也不像戴维的一贯做法),因而一些评论认为,法拉第一定与此项发明有重大关系。1818年,戴维成为准男爵,并于1820年当选为皇家学会主席;在这个位置上,他乐于参加带有这个头衔的所有仪式,变得自命不凡,甚至在1824年法拉第参评皇家学会会员时,他是唯一反对的会员。不管怎样,1825年以后,戴维得了慢性疾病,以皇家研究院实验室主任的身份退休,对于英国的科学事务不再有影响。1827年以后,戴维在法国和意大利游历,因为那里的气候更有利于他的健康。1829年5月29日,或许是因为心脏病突然发作,戴维于日内瓦去世,享年51岁。

如果说戴维是得益于科学缓慢职业化的第一批人中的一员,那道尔顿的科学生涯(见后文)就显示了在19世纪第一个10年,这一职业化过程还有多少路要走。1766年,道尔顿出生于坎伯兰郡的伊格斯菲尔德,或许是当年9月的第一周。他生长于一个贵格教会家庭,但因为某些问题,他生日的准确日期在贵格教会登记册上并无记录。我们现在还知道,道尔顿有3个兄弟姐妹夭折了,两个[乔纳森(Jonathan)和玛丽(Mary)]存活到成年。其中乔纳森是老大,但没有证据能证实玛丽与道尔顿孰大孰小。他们的父亲是一名织布工,整个家庭住在一个两居室的村舍里,其中一个房间用来工作和处理其余日常生活事务,另一个房间用于休息。道尔顿上的是一所贵格教会学校,那儿不是填鸭式地灌输拉丁文,而是允许发展他所感兴趣的数学。他还受到当地一位富有的贵格教徒鲁宾逊(Elihu Robinson)的注意,能阅读到后者的藏书和杂志期刊。道尔顿在12岁的时候就开始要为家庭收入而贡献自己的力量,首先是尝试教导更小一点的、来自自家和其他贵格教徒家庭的小孩(其中一些比他的块头还要大),从中收取一点低廉的学费;但这并不是太成功,他就转而去做农活。然而到了1781年,道尔顿从农场里被解放了出来。兄长乔纳森正帮助他们的一位堂兄比利(George Bewley)管理肯德尔的一所贵格教会学校,道尔顿也加入进来,那时肯德尔是有大量贵格教徒的一个繁荣小镇。1785年,比利退休,道尔顿兄弟于是接管了学校,玛丽为他们打理家庭事务,而道尔顿则一直待到1793年。道尔顿逐渐发展了自己的科学兴趣,包括向当时流行的杂志提问或是解答问题,并开始作长期的气象观测,从1787年3月24日开始,一直记录到去世。

道尔顿的工作前途渺茫,不能给他很好的机会和优厚的薪酬,他对此感到灰心失望,开始萌生别的雄心壮志:他决定,要么成为律师,要么做一名医生,而且还算了算到爱丁堡学习医学的费用(当然,作为一个贵格教徒,就算抛开学费花销不谈,他在那个时候也不能到牛津或者剑桥去学习)。当然,他要靠智力去解决费用问题;但朋友们都劝他,依靠获得基金的赞助来实现这一企图并无希望。一方面因为要挣额外的钱,一方面又因为要满足其科学爱好,道尔顿开始举办公开讲座,从中收取一点点费用,逐渐把开讲的地理范围扩展到包括曼彻斯特在内的区域。部分是因为他的这项工作取得了一些名声,他于1793年成为曼彻斯特一个新学院的数学和自然哲学教师,该学院成立于1786年,毫无文采地就叫作"新学院"(New College)。在道尔顿移居曼彻斯特后不久,他的一本关于气象观测的著作在肯德尔出版。在该书的一个附录中,道尔顿论及蒸汽的性质及其与空气的关系,用存在于空气中的微粒来描述蒸汽,因此空间四周的空气微粒"大小相等而方向相反的压力"作用于一个蒸汽微粒时,"不能使它更靠近另一个蒸汽微粒,因而没有任何压缩过程发生"。事后来看,这可以看作他的原子理论*的先声。

道尔顿生活了50年的曼彻斯特是一座繁荣的城市,当时的棉花产

---

* 实际上是当时的一个模型,不过基于历史原因,我遵循习惯称之为一个理论。

业正从乡村转移到城市的工厂。尽管道尔顿并非直接参与工业生产，但他是工业繁荣的一部分，因为如新学院一类的教育机构得以存在的重要原因，就是要满足不断增长的人口学习新式生活所必要的技能的需要。道尔顿在新学院教书一直教到1799年，当时他已经获得足够的名声，能够担任私人教师，过上体面的生活，而他选择留在曼彻斯特度过余生。道尔顿几乎一到曼彻斯特就声名大噪，其中一个原因就是他是色盲。这种情况以前没有受人注意，但道尔顿开始意识到，他看不到大多数人能看到的颜色，并且发现他的哥哥也有类似问题。特别是蓝色和粉红色，道尔顿不能分清它们。1794年10月31日，道尔顿在曼彻斯特文学与哲学学会上宣读了一篇论文，描述了他对这种情况的详细分析，很快这就成了人所共知的道尔顿先天色盲症（Daltonism，这一名称在世界上的一些地方仍在使用）。

在接下来的10年左右，道尔顿对气象学的浓厚兴趣，促使他深刻地思考气体混合物的本质，而这建立在上述对蒸汽的构想的基础之上。道尔顿没有发展出涉及大数目气体微粒在连续运动状态下的气体理论——这要考虑微粒之间的碰撞以及微粒与容器壁之间的碰撞，而以静态的方式进行思考：好像气体是由相互分离而由弹簧联系在一起的微粒组成似的。即便存在这些缺陷，他仍被引向思考不同气体在不同温度条件下体积与气压之间的关系，思考气体溶解于水的方式，思考每一个气体微粒的质量对气体整体性质的影响。到了1801年，道尔顿已经提出了分压定律，指出混合气体对容器壁的总压力，等于各组分气体在相同条件（相同容器和相同温度）下单独对容器壁压力的总和。

道尔顿的原子模型；第一次讨论原子的质量

重构道尔顿思想链的准确顺序是不太可能了，因为他的记录并不完整。但在19世纪早期,他认为每一种元素是由一种独特的原子所组成,使之独一无二。一种元素区别于另一种元素的关键是原子本身的质量,而某一特定元素的原子则质量相同,相互之间不能分辨。至于元素的原子本身,它们既不能被产生也不能被毁灭。然而,这些元素原子能够根据一些特别的规则相互结合,形成"复合原子"(即我们现在所说的分子)。道尔顿甚至还提出了一套符号体系来代表这些不同的元素,尽管该思想从来没有被人们广泛接受,但很快就被现在人们所熟悉的、基于元素名称(一些情况下是拉丁文名称)的字母符号代替。道尔顿模型最大的缺点或许是他没有意识到像氢气是由分子(如现在我们所知道的那样)组成,而不是由单个原子组成(H_2而非H)。某种程度上也正因为如此,他提出的一些分子组合是错误的,用现代符号表达的话,他所构想的水分子是HO,而不是H_2O。

尽管道尔顿的原子模型散见于各篇论文和多个讲座,但是在1803年12月和1804年1月皇家研究院的讲座上,他第一次对这一理论作了完整的表述;这次讲座就是前文提到的戴维帮助他做演讲预练习的那一次。该理论体系出现在《化学体系》(*System of Chemistry*)第三版,由汤姆森(Thomas Thomson)于1807年出版。道尔顿自己的著作,即《化学哲学新体系》(*A New System of Chemical Philosophy*)中对该体系也有所描述,里面包含一个估算的原子质量表,于1808年问世(这正是第一张原子量表,道尔顿于1803年发表在一篇论文的末尾)。

尽管道尔顿模型看起来很有现代意味和以理服人的力量,但在19世纪头10年的末尾,它并没有引起科学界的轰动。许多人或是基于哲学的理由,难以接受原子这一概念(因为其推论是原子之间的空间没有任何东西)。在他们当中,有很多人甚至把原子概念视为一种探索装置,只是一件可以用于解决元素性质问题的工具,即只需要把元素**看成**是由微小粒子组成就可以了,而不必认为它们**真的是**由微小粒子所组成。道尔顿式原子经历了几乎半个世纪,才开始真正定型,成为化学的重要概念;而原子存在的确凿证据,直到20世纪初(几乎是道尔顿的深刻见解之后整整100年)才被发现。道尔顿本人对这些思想的发展并没有更进一步的贡献,但他享寿甚高,一生中获得过许多荣誉(包括1822年成为英国皇家学会会员,并于1830年接替戴维,成为法国科学院8位外籍院士之一)。当他于1844年7月27日在曼彻斯特逝世时,人们为他举行的完全是一个僭越式的葬礼,与他的贵格教徒身份毫不相称:葬礼上有成百辆马车的行进队伍。然而在他去世之时,原子论还远未被人们广泛接受。

贝采里乌斯与元素的研究

接下来,瑞典化学家贝采里乌斯(Jöns Berzelius)做出了关键的工作,进一步发展了道尔顿的思想。贝采里乌斯于1779年8月20日生于瓦维尔森达,父亲是一名教师,在他4岁时便去世了;母亲随后改嫁给一位名叫埃克马克(Anders Ekmarck)的牧师。1788年,母亲也死了,他便跟随舅舅一家生活,并于1796年开始在乌普萨拉大学攻读医学,中途一度辍学做工以支付学费,于1802年医学博士毕业。他毕业后移居斯德哥尔摩,一开始是做化学家希尔辛格(Wilhelm Hisinger, 1766—1852)的无薪助理。随后因为有相关经验,他成为斯德哥尔摩药学院一位医药学教授的助理。贝采里乌斯在那儿工作得很好,因而当那位教授于1807年去世时,他获得委任,接替了教授的位置。不久,他放弃医学,转攻化学。

贝采里乌斯早期的工作在电化学方面。跟戴维一样,也是受到伏打工作的启发,但贝采里乌斯有正式的学术训练,是比戴维更为谨慎的实验师。他是首批阐述化合物由正电荷部分和负电荷部分组成这一思想(在某种程度上是正确的,但并非全部化合物均是如此)的学者之一,他还是道尔顿原子论学说早期的热情支持者之一。1810年以后,贝采里乌斯进行了一系列实验,以测算不同元素组合时相互之间的比例(到1816年已研究了2000种不同的化合物),这对巩固道尔顿理论所需要的实验基础作出了巨大贡献,而且还让他制作出了一个精确合理的原子量表(相对于氧测算,而不是相对于氢),表中包括了那时候所知的40种元素。他还是现代元素字母体系命名法的创始人,尽管人们花了很长一段时间才广泛使用这套命名法。在此期间,贝采里乌斯还和同事们在斯德哥尔摩分离、鉴别了几种"新"元素,包括硒、钍、锂和钒。

差不多同一时候,化学家们开始察觉到,元素可以根据相似的化学性质以"族"来分组,而贝采里乌斯把氯、溴和碘归为一组,以"卤素"(halogens,意为形成盐的物质)命名;作为一名命名老手,他还创造了"有机化学""催化作用"和"蛋白质"等词。他的《化学教科书》(*Textbook of Chemistry*)出版于1803年,此后又多次再版,影响甚大。贝采里乌斯于1835年在瑞典举行婚礼的当日,被瑞典国王封为男爵,这可以看出他对化学的重要贡献以及人们对他的尊敬。1848年,贝采里乌斯于斯德哥尔摩去世。

阿伏伽德罗常量

但是,不论是贝采里乌斯还是道尔顿(在这个问题上,也几乎没有其他人),都没有立即把两个理论结合到一起,这两个理论能带领原子概念向前发展,而且都于1811年被确切地阐述。第一个理论是由法国化学家盖-吕萨克(Joseph Louis Gay-Lussac, 1778—1850)于1808年发现,于1809年发表。该理论提出,参加反应的混合气体体积有简单的整数比,而其反应产物(如果它们还是气体的话)的体积,跟反应气体的体积也有相应的简单整数比。例如,两份体积的氢气与一份体积氧气结合,生成两份体积的水蒸气。这一发现,与所有气体遵循同样的膨胀与压缩定律的实验,共同导致意大利人阿伏伽德罗(Amadeo Avogadro, 1776—1856)于1811年发表了他的假说:在给定的温度下,相同体积的所有气体具有相同数目的微粒。实际上,他用的词是分子(molecules)。但道尔顿所用的"原子"既指我们现在所说的原子,又指现在所说的分子;而阿伏伽德罗所用的"分子"既指我们的分子,又指我们的原子。为求直观,我将使用现代的术语。例如,如果每一个氧分子由两个氧原子组成,能分开而被氢分子所共享,这样阿伏伽德罗的假说就解释了盖-吕萨克的发现。氧(以及其他元素)能够以多原子分子形式存在(在这个例子中就是O_2而不是O),认识到这一点是很关键的一步。因此,两份体积氢气所包含的分子数目,是一份体积氧气所包含分子数目的两倍,当它们结合反应,每一个氧分子各提供一个原子给一对氢分子,使得产物的分子数目和体积与原来的氢气相同。

用现代符号表示:$2H_2 + O_2 \rightarrow 2H_2O$

当时,阿伏伽德罗的假说被证实了,而原子假说的进展几乎停滞了几十年,这受制于缺少能验证该假说的实验。颇具讽刺意味的是,一些实验只能引起对当时出现的另一绝妙构想的更多怀疑。

蒲劳脱关于原子量的假说

1815年,英国化学家蒲劳脱在道尔顿工作的基础上提出,所有元素的原子量均为氢原子量的倍数,并且推论,在某种意义上,较重元素的原子可能是由氢原子构成的。然而,19世纪上半叶的实验技术不能很好地证明它们确实是那样的关系,由化学技术测量得出的许多元素的原子质量,并不能显示它们正好是氢原子质量的整数倍。只有到了20

世纪,随着同位素(为同一元素的原子,其原子量稍有差别,但每一同位素原子所具有的原子量是一个氢原子质量的严格倍数)的发现,谜团才得以解开(因为用化学方法测量原子量,是测量一种元素在地球上现存所有同位素的平均原子质量),而蒲劳脱假说是对原子本质关键而深刻的见解。

在原子水平上,对化学的微妙之处难以作出更多的研究,此种情况长达半世纪;同时,人们对更大尺度水平上的化学物质的理解正不断发展,影响深远。长期以来,实验家们已经意识到,物质世界里的所有物质可归结为两种不同的化学物质。一些如水或普通的盐,可以加热,而且加热后其外观的性质将发生改变(发出炽热红光、熔化、蒸发等),但当它们冷却下来,会回复它们原初的化学状态。其他如糖、木头等,加热后则完全改变了,因此举例来说,我很难"逆燃烧"一块木头。1807年,贝采里乌斯对这两大类物质作了正式的区分。第一类物质与非生命体系统相关,第二类物质则与生命体系统相关,他分别命名为"无机物"和"有机物"。随着化学的发展,人们开始弄明白,有机物大体上是比无机物复杂得多的化合物。但人们仍然认为,有机物的本质与"生命力"的存在有关,使得化学反应在生命体与非生命体之间有不同的运作方式。

韦勒对有机物和无机物的研究

这里有一个隐含着的推论:有机物**只能**由有生命的物体而来。1828年,德国化学家韦勒(Friedrich Wöhler, 1800—1882)在实验过程中意外发现,尿素(尿液的一种组分)可以由加热简单物质氰酸铵而得到,当时所有人都大吃一惊。在那个年代,人们认为氰酸铵是一种无机物,但根据这个实验以及其他一些类似的实验,有机物能由与生命全无关系的物质生成,"有机物"的定义因而就被改变了。到了19世纪末,在有机化学中,人们已经清楚并没有什么神秘的生命力在起作用,可以从两个方面来区分有机化合物和无机化合物:第一,有机物通常很复杂,其分子由多个原子构成,这些原子(通常)来自不同的元素;第二,有机物全都含有碳元素(事实上,这正是有机物具有复杂性的原因,因为正如后面将要讲到的,碳原子能以多种有趣的方式,与其他元素的多个原子或者是碳原子结合)。这意味着,确实含有碳的氰酸铵现在被视为一种有机物,然而这并不减损韦勒发现的重要性。现在,我们甚至可以在实验室里,用简单的无机物制造出一条完整的DNA分子链。

对于有机物分子,今天一般的定义是所有含碳的分子,而有机化学则是关于碳及其化合物的化学。生命也被视为一种碳化学产物,遵循着相同的化学定律,而化学定律的作用则贯穿于整个原子和分子世界。这和达尔文(及华莱士)的进化理论一起,使得19世纪关于人类在宇宙中的位置这一看法发生了非常重要的转变——自然选择理论告诉我们,人类是动物王国的一部分,并无证据证明存在着一种独一无二的人类"灵魂";而另一方面,化学则告诉我们,动物和植物是物理世界的一部分,并无证据证明存在着一种独特的"生命力"。

化合价

然而,等到这些都弄清楚了,化学最终也就抓住了原子的本质。几十年间,众说纷纭,重要的化学概念不断涌现,其中之一就是现在我们所称的化合价,1852年英国化学家弗兰克兰(Edward Frankland,1825—1899)第一次对此作出了合理而清楚的分析。所谓化合价,是对一种元素与其他元素结合的能力的量度,或者更准确地说,是对某种特定元素的**原子**与其他原子结合能力的量度——这点人们很快就清楚了。早期描述这一性质的术语很多,其中有一个叫"等价"(equivalence),该词通过其另一种写法"equivalency"流传下来,[去掉词头"等"(equi)]演变成为今天的"化合价"(valency)这一表达方式。从化学上的结合能力来说,两份氢与一份氧、一份氮与三份氢等,在某种意义上是相当的。1858年,苏格兰人库珀(Archibald Couper, 1831—1892)撰写了一篇论文,引入了化学键概念,简化了化合价和原子结合方式的论述。现在说氢所具有的化合价是1,意味着它可以与其他原子形成一个键。氧的化合价是2,意味着它可以形成两个键。因此从逻辑上来说,"属于"一个氧原子的两个键,其每一个都可以连接一个氢原子而形成水(H_2O),或者也可以写成H—O—H,用横线代表键。氮也类似,其化合价是3,因此可以同时与3个氢原子结合形成氨(NH_3)。此外,化学键还可以在同种元素的两个原子之间形成,如氧气(O_2)就可以表示为O=O。碳的化合价是4,为最高,因此它同时能与4个原子分别形成4个键,其中包括其他碳原子*。这一性质是碳化学的核心。库珀很快便指出,作为有机化学重要基础的、复杂的含碳化合物或许是一条长链,长链由碳原子相互"握手"组成,其他原子则结合到长链旁的"空余"的化学键上。库珀的论文发表因故耽搁了一段时间,而相同的理念则由德国化学家凯库勒(Friedrich August Kekulé, 1829—1896)独立提出并率先发表;当时,这篇论文掩盖了库珀的工作。7年以后,凯库勒突发灵感,悟到碳原子还能以环状连接(最常见的是6个碳原子形成一个六角形的环),其他化学键伸出环外结合其他原子(乃至于结合由其他原子所构成的环)。

————————————

* 或者与较少数量的原子结合形成"双键"(甚至三键),如二氧化碳(CO_2),我们可以表示为O=C=O。

坎尼扎罗:原子与分子的区别

随着库珀和凯库勒等人的思想在19世纪50年代末的那种氛围下出现,重新发现阿伏伽德罗的工作,并把它放在合适背景中讨论的时机已经成熟。做了这项工作的人就是坎尼扎罗(Stanislao Cannizzaro)。尽管他所做的实际工作用三言两语就可以描述清楚,但他的一生极具传奇色彩,所以我不得不稍稍离题,选择他人生中的一些精彩事迹予以简单叙述。坎尼扎罗是一位地方文职人员之子,于1826年7月13日生于意大利西西里岛的巴勒莫。他相继在巴勒莫、那不勒斯、比萨和都灵等地求学。之后,从1845年到1847年,坎尼扎罗在比萨担任一名实验室助理。他随后返回西西里岛,参加起义军,反对那不勒斯国王的波旁政权统治,但是并不成功,这是史称"1848年欧洲革命"起义浪潮的一部分(当时,坎尼扎罗的父亲是警察机关首长,这肯定又使他的人生更添传奇色彩)。起义失败后,坎尼扎罗在缺席审判的情况下被判死刑,因而逃亡到巴黎,在自然历史博物馆化学教授谢弗勒尔(Michel Chevreul, 1786—1889)手下工作。1851年,坎尼扎罗可以返回意大利了,于是前往皮德蒙特的亚历山大,在国家学院教授化学*,之后于1855年移居热那亚,并成为化学教授。在热那亚,他偶然看到了阿伏伽德罗的假说,并把这一假说放到1811年以来化学发展的历史背景中加以讨论。1858年,阿伏伽德罗去世之后仅两年,坎尼扎罗印了一本小册子(我们现在可称之为其著作的预印本)。在这本小册子里,他对原子和分子作出了本质上的区分(澄清了自道尔顿和阿伏伽德罗开创性工作以来所存在的种种混淆),又阐述了如何将观察实验所得到的气体性质与阿伏伽德罗的假说结合,用以计算相对

---

* 当时的意大利还是由许多小邦国拼合而成,因此坎尼扎罗的政治身份虽然是一名失败的西西里反叛者,但并不能自动地阻止他在意大利大陆寻求避难。

于一个氢原子的原子量和分子量。他还亲手制作了一个原子量和分子量表。这本小册子在1860年德国卡尔斯鲁厄举办的一次国际会议上广为流传,对于元素周期理念的理解有十分重要的影响。

然而,坎尼扎罗本人却不再对这个理论继续进行研究,转向了其他方面。稍后的1860年,他加入了加里波第(Giuseppe Garibaldi, 1807—1882)的军队,攻入西西里,不但驱逐了那不勒斯政权,而且很快就使得意大利统一在撒丁国王埃马努埃尔二世(Victor Emmanuel Ⅱ)的领导之下。1861年战争结束后,坎尼扎罗在巴勒莫成为化学教授,一直到1871年移居罗马。他在罗马除了担任大学教授,还成立了意大利化学研究所,担任国会的参议员,随后又成为参议院副主席。坎尼扎罗于1910年5月10日逝于罗马,在去世前,他已经能看到排除了合理怀疑的原子实体论的成立。

元素周期表的发展:门捷列夫与其他

发现(或发明)元素周期表的故事由一系列巧合拼凑而成,这凸显了当时正是科学理论瓜熟蒂落之时,同样的科学发现很可能会被一些人各自独立地完成,也显示出守旧者在接受新思想时通常是不太情愿的。19世纪60年代早期,紧紧跟随坎尼扎罗工作步伐的,有英国工业化学家纽兰兹(John Newlands, 1837—1898)和法国矿物学家亚历山大·贝圭耶·德尚科特瓦(Alexandre Béguyer de Chancourtois, 1820—1886),他们俩分别意识到,如果把元素按其原子量排列,那么按一定规则间隔的元素就呈现一种重复性的模式,若元素的原子量之差为8个氢原子量的整数倍,则这些元素具有相似的性质*。贝圭耶的工作发表于1862

---

*说纽兰兹应是坎尼扎罗工作的继承者尤为合适。纽兰兹的母亲是意大利后裔,与坎尼扎罗一样,纽兰兹于1860年曾与加里波第在西西里岛并肩作战。

年,完完全全被忽视了(部分原因可能是他自己的过失,因为他不能把他的思想解释清楚,甚至没有给出一张解释图表来说明问题)。纽兰兹毫不知晓贝圭耶的工作,他在1864—1865年发表了一系列相关论题的论文,但是遭到了更加糟糕的对待:被同行们野蛮地斥为荒谬。他们说,根据原子量顺序来排列元素的想法,并不比按它们名称的首字母排列更有道理。完整地论述了纽兰兹之构想的重要文章遭到了化学学会拒稿,直到1884年才发表,这已在门捷列夫(Dmitri Mendeleyev)因发现元素周期表而声名大噪之后很久了。尽管英国皇家学会从来没有考虑过选举纽兰兹为会员,但还是在1887年授予他戴维奖章。

然而,门捷列夫甚至算不上提出元素周期律的第三人。第三名的荣誉属于德国化学家兼医生迈耶尔(Lothar Meyer, 1830—1895),尽管他的贡献后来被追认了,但是在某种程度上,他对自己的结论缺乏信心,导致发现者的桂冠最终落到了门捷列夫的头上。迈耶尔撰写了一本教科书并因此获得名声,这就是出版于1864年的《近代化学理论》(*The Modern Theory of Chemistry*)。迈耶尔是坎尼扎罗理论的热情追随者,在书里他对坎尼扎罗的思想作了详细的论述。他在准备写作之时,注意到了化学元素性质与其原子量之间的关系,但他不愿意推广这一新说,因为这一理论未经验证,所以在教科书里,他仅仅是作了提示。接下来的几年,迈耶尔发展出一个更为完整的元素周期表,并准备加入他那本教科书的第二版。第二版《近代化学理论》原先准备在1868年出版,但直到1870年才付印。门捷列夫当时已经提出了他那个版本的元素周期表(对19世纪60年代的类似研究工作,他并不知晓)。迈耶尔也总是承认门捷列夫的优先权。而且重要的是,门捷列夫具有勇气(或信心),踏出了迈耶尔未能踏出的那一步:预言需要发现"新元素"以填补周期表的空白。不过,迈耶尔的独立工作还是得到了广泛承认,他和门捷列夫共同分享了1882年的戴维奖章。

门捷列夫与19世纪60年代以来西欧的化学发展无所接触,这有点儿令人奇怪*。1834年2月7日(俄历1月27日),他出生于西伯利亚的托博尔斯克,是14个兄弟姐妹中排行最小的。他的父亲帕夫洛维奇(Ivan Pavlovich)是当地一所学校的校长。门捷列夫还小时,父亲就失明了,自此以后,他们一家主要就靠母亲德米特里耶维娜(Marya Dmitrievna)支撑。德米特里耶维娜是个不屈不挠的妇女,靠创立一家玻璃作坊赚取收入。门捷列夫的父亲于1847年去世,一年以后,玻璃作坊毁于大火。随着年纪较大的孩子多少能独立了,德米特里耶维娜认为,她那最小的孩子应该有受良好教育的机会。尽管家庭财政很困难,但她还是把门捷列夫带到圣彼得堡。因为一些人对乡下来的穷苦孩子有偏见,所以他没能在大学得到一个教职,但他于1850年在教育学院注册成为一名实习教师,而他的父亲就是在该教育学院获得教师资格的。仅仅10周后,门捷列夫的母亲就去世了,但他似乎已经决定,要成为母亲所期望的那种人。经过了在敖德萨一年的完整训练和教学工作后,门捷列夫已经得到了一些赞誉,之后他在圣彼得堡大学继续攻读化学硕士学位,于1856年毕业。门捷列夫在大学里担任了几年的初级职务,继而又获得政府资助项目,赴巴黎和海德堡学习,在本生(Robert Bunsen, 1811—1899)和基尔霍夫(Gustav Kirchhoff, 1824—1887)手下进行研究工作。他参加了1860年卡尔斯鲁厄会议。坎尼扎罗关于原子量和分子量的小册子就在会议上散发,而门捷列夫与他见了一面。门捷列夫回到圣彼得堡后,成为圣彼得堡工业学院的普通化学教授,1865年获博士学位。1866年,他成为圣彼得堡大学化学教授,一直干到1891年。尽管他当时才57岁,却因为支持学生反对当时俄国的高等

---

*门捷列夫可能知道贝圭耶的工作,虽然他不知道纽兰兹的工作,但这并没有降低他的成就,门捷列夫比贝圭耶1862年论文里的那些重复样式的混淆叙述走得更远。

教育环境,因而被强迫"退休"。3年后,门捷列夫被认为已对其过错做了深刻的检讨,便担任质量与测量局的管理人员,他在这个职位上一直干到1907年2月2日(俄历1月20日)在圣彼得堡去世。他错过了成为早期诺贝尔奖获得者的机会——他于1906年获得提名,仅以一票之差败给了穆瓦桑(Henri Moissan, 1852—1907),后者第一次分离出氟。他在诺贝尔委员会再次聚会前去世(事实上跟穆瓦桑一样)。

与迈耶尔一样,门捷列夫也凭着一本教科书《化学原理》(Principles of Chemistry)出了名,此书共两卷,分别出版于1868年和1870年。门捷列夫与迈耶尔还有一个共同点,即也是在准备撰写教科书的时候领悟到元素化学性质与其原子质量之间的关系。1869年,他发表了一篇堪称经典的文章,即《论元素性质与原子质量之关系》(On the Relation of the Properties to the Atomic Weights of Elements)*。门捷列夫工作的伟大之处,是他大胆地重排了元素的顺序,(稍稍)使得它们吻合他所发现的模式,并使表格留下空白,由此推知还有元素尚未被发现。这是门捷列夫鹤立于同时代那些具有类似思想的其他人的地方。门捷列夫对元素的重排改动实际上很小,他还是严格按照原子量的大小顺序排列,但他想到用一种颇似棋盘的网格排列方式。一横行有8种元素,一行接着一行,这样,那些具有相似性质的化学元素就在表的一竖列之内上下相继。随着这种严格按照原子量升序的排列方式(最轻的原子在"棋盘"的最上、最左,最重的原子在"棋盘"的最下、最右),一些明显的矛盾显现了。例如,碲元素在溴元素之下,两者却有着完全不同的化学性质。但碲的原子量只比碘多了一点(现代测定碲的原子量是127.6,碘为126.9,仅有0.55%之差)。于是便把两种元素在表中的位置作一互换,把化学性质与溴相似的碘放到溴的下面,即根据化学性质的实际情

---

*在19世纪,在达尔文出版《物种起源》后整整10年,有如此之多的科学工作各自独立地进行,因此我们有时候难以追踪谁做了什么,又是在什么时候做的!

况,那个位置明显是属于碘的。

门捷列夫坚信表格中有空缺。到了20世纪,随着人们对(位于原子中心的)原子核结构的研究越来越清楚,这一大胆的举动完全被证实。如此一来,元素的化学性质转而取决于每个原子的原子核中的质子数目(原子序数),原子质量则取决于原子核的质子加上中子的数目之和。按照元素周期表的现代版本,元素是按其原子序数升序排列的,而非按原子量升序排列;但在大多数情况下,元素的原子序数越高,其原子量也越大。只是在极少数情况下,因为存在一些额外的中子,使得原子量的排列顺序与原子序数的排列顺序稍有不同。

虽然门捷列夫并没有几十年以后关于质子和中子的知识,但如果说,这样的升序排列就是他所做的全部的话,那么他那个版本的元素周期表就很可能跟他的前辈同行一样,会因为显现出矛盾而被认为是错误的。但是,为了使得化学性质相似的元素一个接一个地排列到表格中的同一竖列里,门捷列夫不得不在表中留下空格。到了1871年,他已经修改完成一个周期表,包含了当时所知的63种元素。当中作出了一些调整,如交换了碲和碘的位置;另外还有3个空格,他断言,依据规则,一定还有3种没被发现的元素。根据表中空格位置同一竖列相邻元素的性质,门捷列夫就能较为详细地预言未知元素会有哪些性质。正如门捷列夫所预言的那样,在接下来的15年的时间里,需要填到空格里的那3种元素确实被人们发现了——1875年发现了镓,1879年发现了钪,1886年发现了锗。尽管在一开始,门捷列夫的周期表并没有得到普遍的赞同(而且因为他确实改变了元素的顺序,干预了自然,这样毫无理由的自信遭到了批评),但到了19世纪90年代,人们不再怀疑元素的周期性了。人们相信化学性质彼此相似的元素组成(家)族,一族之中,某一种元素的原子量与其他元素的原子量相差8个氢原子量的整数倍,这是化学世界自然性质的一条深刻真理。这也是科学方法在实际运用中的经典范例,为20世纪的科学家指明了道路。从大量事实数据来说,门捷列夫发现了一种模式,使他能作出可以付诸实验验证的预言;当实验证实了预言,构筑预言基础的假说为真的概率也就大增。

就算以现代眼光来看,元素周期表也是令人击节赞叹的。话虽如此,但即使是元素周期表,人们也并未广泛地接受它是一个个微小实体以完美确切的方式结合成原子的证据。化学家沿着物质内部结构的研究路线继续前进,获得的证据远未能支持原子假说,但同时,物理学家走的是另一条研究路径,最终导致人们无可置疑地证明了原子的存在。

热力学科学研究

19世纪物理学发展主线中的统一主题,是对热和运动的研究,也就是热力学。热力学既从工业革命中成长,又回馈于工业革命。工业革命为物理学家提供热工作的样本(如蒸汽机),启发他们研究机器内部究竟是怎么一回事;热力学则增进了如何设计制造更有效率的机器的科学知识。如前所述,在19世纪初,人们对于热的本质还没有共识,无论是热质说抑或热的运动理论,都各有其信徒。到了19世纪20年代中期,热力学开始被承认为科学的一个研究主题(尽管热力学这一术语本身直到1849年才由威廉·汤姆孙创造);到了19世纪60年代中期,其基本定律和原理已为科学家所提出。即便如此,人们还要花上40多年的时间,才把热力学研究中一个细小部分的推论,用作证明原子为实体的确凿证据。

导致热力学知识发展的关键概念,包括能量的思想,认识到能量形式能相互转化,但不会凭空产生或消灭,以及认识到功是能量的一种形式(如伦福德伯爵对钻刻大炮膛线时产生的热所作的研究,已经给了人们许多提示)。从法国人卡诺(Sadi Carnot, 1796—1832)出版于1824年的《对力、运动和热的思考》(*Réflexions sur la puissance motive du feu*)一书中,我们可以很方便地追溯热力学科学的来龙去脉。在书中,卡诺分析了热机把热转化为功的效率(因而为功作出了科学的定义),证明了因为热从高温物体传到低温物体才有功的产生(提出了热力学第二定律的早期形式,以及认识到热总是从较热的物体传导到较冷的物体,而不是相反)。他甚至还指出了内燃机的可能性。不幸的是,卡诺在36岁时死于霍乱。而且,尽管他的笔记里含有关于其思想进一步发展的内容,但这些内容在他去世时都还没发表。因为卡诺死于传染病,他大部分的手稿被焚毁,其个人影响也随之湮没,现在只剩下一些残页,提示他可能获得的成就。但正是卡诺,使人们第一次认识到热和功是可以转换的,也是他第一次计算出一定数量的热(如1克水降温1°C所损失的热量)能做多少功(通过一定质量的物体升高的垂直距离定义)。卡诺的书在当时没有多少影响力,但在1834年,克拉珀龙(Émile Clapey-ron,1799—1864)的一篇论文中提到了这本书,并讨论了卡诺的工作;通过这篇论文,卡诺的工作开始为世人所知,并且影响了完成热力学革命的那一代物理学家,其中最为注目的是威廉·汤姆孙和克劳修斯(Rudolf Clausius,1822—1888)。

如果说卡诺的故事听起来很复杂,那么物理学家开始认识能量本质的道路也确实是曲折的。第一个准确地提出能量守恒定律,并且发表文章、正确论述热功等价的*,实际上是德国医生迈尔(Julius Robert von Mayer,1814—1878),他是循他的人类研究路径而得出结论的,而不是循蒸汽机研究路径。大体上,迈尔与物理学家一样,是由于关注了"错误"的方向而得出这一结果,但他的工作在当时基本上是被无视的(或者至少可以说是被忽视的)。1840年,迈尔刚获得医师资格,在一艘

---

* 一个较原始的版本由塞甘(Marc Séguin,1786—1875)在1839年发表。

开往东印度群岛的荷兰货船上当医生。放血疗法在当时依然很流行，(据称)这不仅可以缓解病痛，而且是热带地区的惯常做法。在热带，人们相信排放掉一些血液能帮助散热。迈尔还很了解拉瓦锡的工作，该项工作指出温血动物在体内通过用氧气缓慢燃烧食物(相当于燃料)，以维持体温。他知道鲜红色的血液富含氧，通过从肺出发的动脉运送至全身；而暗紫色的血液则氧含量不足，通过静脉运送回肺部。因此，当迈尔在爪哇抽取一名船员的静脉血时，他发现血红得像正常的动脉血一样，这使他大为吃惊。其他船员和他自己的静脉血也是一样，证明这是一个客观事实。迈尔以外的很多医生以前一定都目睹过相同的现象，但只有迈尔这个年仅二十五六岁、新近获得医师资格的青年，才具有洞悉事物本质的智慧。他意识到静脉血富含氧的原因，是由于在热带的高温下，身体只需较少的燃料(因此消耗较少的氧气)就可以维持体温。他认为，这能推论出热和能量的所有形式都是可转换的——不管是来自肌肉收缩运动的热，还是来自太阳的热、煤燃烧的热——而热，或者说能量是不会凭空产生的，只能从一种形式转化为另一种形式。

迈尔于1841年返回德国行医，但除了医学工作外，他还对物理学产生了兴趣。他广泛阅读，自1842年发表了第一篇科学论文以来就一直在写作，吸引人们注意(或者说是试图吸引人们注意)这些思想。1848年，他发展了他关于热和能量的思想，用于讨论地球和太阳的年龄，我们将会对此稍作讨论。但迈尔的所有工作并不受物理学界注意，他也因为缺乏认同而变得心灰意冷，以致在1850年企图自杀。整个19世纪50年代，迈尔都生活在不同的精神疾病治疗机构里，活动受限。然而，到了1858年以后，他的工作被重新发现，并得到了应得的赞誉，称赞者包括亥姆霍兹(Hermann von Helmholtz, 1821—1894)、克劳修斯和丁铎尔(John Tyndall, 1820—1893)等人。迈尔后来恢复了健康，并于1871年获得皇家学会科普利奖章，7年后去世。

焦耳对热力学的研究

第一位真正掌握能量概念的物理学家（那位不幸的卡诺除外，他的工作在萌芽状态时即遭到毁灭）是焦耳（James Joule，1818—1889）。他生于靠近曼彻斯特的索尔福德郡，是一个富有的酿造作坊主的儿子。来自这样一个经济独立的家庭，这意味着焦耳不必担心要打工挣钱养家，但他在年轻时花了些时间在学习酿造上，因为家人希望他将来能够继承作坊的一部分商业运作。他对机器的第一手经验可能激起了他对热的兴趣，正如酿造时产生的气体为普里斯特利的工作带来灵感一样。1854年焦耳35岁时，他的父亲出售了酿造作坊，因此他并没有继承这份产业。焦耳所受的是私人教育，1834年，父亲把焦耳和他的哥哥送到道尔顿那儿学习化学。道尔顿那时68岁，身体不太好，但还是给他们上了几次课。然而，小男生从他那儿只学了些化学的皮毛，因为他坚持先教他们欧几里得几何学，这课每周两次，每次一小时，要花两年时间。后来到了1837年，因为自身疾病的关系，道尔顿就不给他们上课了。但焦耳跟道尔顿还是很友好，常常拜访茶叙，直到1844年道尔顿去世。1838年，焦耳把家里的一个房间变成实验室，他在里面独立工作。焦耳还是曼彻斯特文学与哲学学会的活跃成员，学会举办讲座时（甚至是在焦耳成为会员之前），他经常坐在道尔顿的旁边，因而他对科学界大致的热门研究方向十分了解。

焦耳早期的工作集中在电磁学上，他希望通过研究这门学问，发明出一个比当时的蒸汽机更有力、更有效率的电动马达。在这方面，他不太成功，但是这吸引他对功和能的本质作出研究。1841年，他写了一篇讨论电和热关系的论文，投给了《哲学杂志》（*Philosophical Magazine*，此文的一个较早版本遭皇家学会拒稿，尽管他们刊登了这篇文章的摘要）

和曼彻斯特文学与哲学学会。1842年,他在英国科学进步联合会年会
上发表了自己的观点,联合会的年会在各地轮流召开,这次碰巧是在曼
彻斯特。那一年,焦耳只有23岁。焦耳最伟大的工作成就是在接下来
的几年里获得的,其间,他设计出了一个经典的实验:通过脚踏水车搅
拌容器中的水,量度水温的上升,以此显示功转化为热。他的这一成就
是以某种有点奇怪的方式为人所知的。1847年,他在曼彻斯特进行了
两场讲座,除了一般的讲授以外,他还宣布发现了能量守恒定律及其在
物理世界中的重要性。当然,正如焦耳所意识到的一样,以前从来没有
人做过类似的事情。但因为焦耳渴望他的理念能印刷成文,他在哥哥
的帮助下把演讲全文刊登在一份名为《曼彻斯特导报》(*Manchester Cou-
rier*)的小报上。这对读者获取信息造成了障碍,而且科学共同体对此
也是一无所知。那一年稍晚,联合会在牛津举行年会,焦耳提交了一份
关于其理论的提纲,其重要性立即就被一位年轻的听众威廉·汤姆孙
(当时22岁)所认识。两人于是成为朋友兼科学上的合作伙伴,一同研
究气体理论,特别是研究气体膨胀降温的方式(即著名的焦耳-汤姆孙
效应,这是冰箱工作的基本原理)。1848年,焦耳从原子论的角度发表
了另一篇重要论文,他在论文里估算了气体分子运动的平均速度。他
假定氢气由能弹撞容器壁并互相弹撞的微小粒子所组成,(通过每一个
粒子的质量和气体的压力)计算出在15°C、760毫米汞柱的条件(差不
多是一个舒适房间的条件)下,气体分子的运动速度是约1898米每秒。
因为氧分子的质量是氢分子的16倍,速度与质量的平方根成反比,故
此在相同条件下其运动速度是氢分子的1/4,即约474米每秒。焦耳对
气体动力学的研究,尤其是对能量守恒定律的贡献,在19世纪40年代
末得到广泛认可(他曾于1849年在皇家学会宣读过相关方面的论文,
无疑,这是对他早年那篇被拒稿的论文的巨大补偿),并于1850年当选
为皇家学会会员。在焦耳30来岁的时候,他再也没有其他能与他早年

重要工作比肩的成就了,这种情况很常见。然后,接力棒就传给了威廉·汤姆孙、麦克斯韦和玻尔兹曼(Ludwig Boltzmann,1844—1906)。

威廉·汤姆孙(开尔文勋爵)与热力学定律

如果说焦耳是含着金汤匙出生,一生都没有在大学校园里工作过的话,那么威廉·汤姆孙则是含着另一把金汤匙出生,而且几乎一生都在大学校园里生活。威廉·汤姆孙生于1824年6月26日,父亲詹姆斯·汤姆孙(James Thomson)当时是贝尔法斯特皇家学术研究院(贝尔法斯特大学的前身)的数学教授。威廉有好几个兄弟姐妹,但他们的母亲在威廉6岁的时候去世了:威廉和他后来同样成了物理学家的哥哥詹姆斯(1822—1892)所受的是父亲的家庭教育。老汤姆孙于1832年成为格拉斯哥大学的数学教授,兄弟俩获得准许在大学旁听,并于1834年正式在大学注册(正式录取注册),当时威廉才10岁——尽管其目标并非完成一个学位,但事实是,他们确实上课了。威廉于1841年升读剑桥大学,1845年毕业,在毕业之前他就因为撰写科学论文而获得一些奖项,并在《剑桥数学杂志》(Cambridge Mathematical Journal)上发表了一系列论文。威廉毕业后曾在巴黎短暂工作过(在那儿他开始熟悉卡诺的工作),但他父亲最大的愿望是这个聪明的儿子能跟他一起加入格拉斯哥大学教师的行列。1846年,格拉斯哥大学自然哲学教授去世(这并不意外,他当时年纪相当大了),老汤姆孙开展了一场最终取得了成功的竞争,见证威廉获选为自然哲学教授。但老汤姆孙能在大学里享受天伦的时光并不长,1849年,他因霍乱去世。威廉·汤姆孙仍然是格拉斯哥大学的自然哲学教授,从1846年(他当时22岁)一直做到1899年75岁退休。威廉·汤姆孙还以研究生的身份在大学注册,以保持他的动手能力,这使他成为格拉斯哥大学既是最年轻的又是最老的学生。威廉·汤姆孙于1907年12月17日在艾尔郡的拉格斯去世,安葬在威斯敏斯特大教堂,与牛顿为伴。

无疑,威廉·汤姆孙的名声和荣誉来自他的科学成就。他与技术的应用密切相关,这是他对维多利亚时代英国的最大影响。他负责的大西洋海底电报缆线的铺设获得成功(在没有他的专业帮助之下,之前的两次尝试都失败了),又因为各种专利而致富。很大程度上是因为威廉·汤姆孙在海底电缆成功铺设(这在当时的重要性如同21世纪初的互联网)中所起的作用,所以他于1866年受封为骑士。又因为他是工业进步的一盏指路明灯,他于1892年获封为拉格斯的开尔文男爵,该名字取自流经格拉斯哥大学的一条小河。尽管威廉·汤姆孙的贵族地位是在他取得重要科学成果之后很久才获得的,但即使是在科学界,人们通常称他为开尔文勋爵(或直接叫他开尔文),部分原因是要将他和另一位与他无关的物理学家J. J.汤姆孙(J. J. Thomson)区分开来。绝对温标,或者叫热力学温标,即被称作开尔文温标,以为纪念。

虽然威廉·汤姆孙还在其他领域有所研究(包括电和磁,下章专门述及),但老实说,他最重要的工作,是把热力学在19世纪下半叶开始之时建立成为一门科学学科。他大大推进了卡诺的工作。正是在1848年,威廉·汤姆孙基于热与功等效的观念,以及一定量的温度变化对应一定量的做功,建立了绝对温标。绝对温标既定义了绝对尺度本身,又作出这样一个推论:存在一个最低的可能温度($-273°C$,现在写作$0\,K$),在此温度下再无功可做,因为体系中再无热可取。差不多是同时,卡诺的观点正由克劳修斯提炼并加以发展(卡诺的工作肯定得做重大修改;此外,他还在使用热质说的观念)。威廉·汤姆孙于19世纪50年代早期获知克劳修斯的工作,当时他已经在开展类似方向的工作。他们多多少少是独立地提出热力学重要的基本原理。

众所周知,热力学第一定律简单来说就是热即功,这为19世纪科学发展之路提供了有趣而伟大的洞见，而在19世纪50年代，把这一理念提炼为一条自然规律是很必要的。热力学第二定律实际上更为重要，无疑是科学中最重要和最基础的理论。它的其中一个表述是：热不能自发地从一个较冷的物体传到一个较热的物体。这个表述听起来很直白无碍。把一个冰块投进一壶热水里，热从热水流向冰块并将之融化，而不会从冰块流向热水，使冰块更冷、热水更热。但我们推而广之，热力学第二定律的广泛重要性更能显现。这就是说，物质在消解——**万物**，包括宇宙本身在内都在消解。换言之，宇宙的无序性（可以通过克劳修斯命名为"熵"的量做数学上的量度）总是在增加。秩序只能在某一特定地区内保存或增加，如地球，它从外在的源头（在这儿就是太阳）才有能量的输入。但是，地球上由太阳而来的、用于让生物生长的熵减少，总是要比相应的、用来维持太阳照射过程中的那部分熵增加要小，而不管这个过程是如何进行。太阳活动并非永远进行，因此来自太阳的能量也并不是源源不尽。对于这一认识，威廉·汤姆孙在一篇于1852年发表的论文里写道：

> 在过去的一个特定时间里，地球一定是一个不适合现在我们这种构造的人类栖息的地方，在将来的一个特定时间里，也将会再次如此，除非违反规律的事情曾经发生过或者将会发生，然而这些规律，是今天物质世界中我们所知的运动都要遵从的。

这是第一次真正而科学地意识到地球（推论中还包括宇宙）有一个确定的开端，这个开端或许可以运用科学原理推算追溯。威廉·汤姆孙本人便运用科学原理解决这个问题。当时所知的最有效的能量转化过程，是星体缓慢压缩自身质量、把势能转化为热的过程，利用这一转化过程的转化速率，威廉·汤姆孙计算出太阳这样的恒星产生热量能持续多长时间,进而推算出太阳的年龄。他得出的答案是几千万年——远远少于19世纪50年代地质学家们业已提出的时间尺度,也远少于进化论者在不久之后提出的时间尺度。当然,谜题的解决要等到放射性的发现,以及随后爱因斯坦所揭示出物质是能量的一种形式,及其著名的方程$E=mc^2$。这些情况将置于下一章进行讨论,但在19世纪下半叶,地质学家和进化论者所给出的时间尺度,与物理学家给出的时间尺度之间的矛盾,聚讼不休。

这项工作还造成了威廉·汤姆孙和亥姆霍兹之间的矛盾,后者独自得出了与威廉·汤姆孙相似的结论。两人的优先权各有其支持者,并且有过一场不愉快的争论,这是一场特别没有意义的争论,因为前面不仅有不走运的迈尔,还有更不走运的沃特斯顿(John Waterston, 1811—1883?)。沃特斯顿是苏格兰人,生于爱丁堡,在英格兰当一名铁路土木工程师,随后于1839年前往印度,教导东印度公司的军官学员。1857年,他攒够了钱提前退休,便返回爱丁堡献身学术研究,很快便在热力学和其他物理学领域为人所知。但在此之前,他利用业余时间从事科学工作已经很久了,并于1845年撰写论文,根据统计规则描述气体原子和分子的能量分布方式——并非每个分子都有相同的速度,但根据统计规则,在平均速度附近存在一系列的速度分布。1845年,沃特斯顿从印度把这篇阐述他所做工作的论文寄送到皇家学会,皇家学会不但拒绝发表(评论人看不懂论文,认为论文毫无意义,于是就此按下不表),不久之后还遗失了论文。这篇论文包含了基于这些理论的气体性质(如它们特有的热)的计算,而且基本上是正确的;但是沃特斯顿疏忽了,并没有留下副本,也没有重写一篇,尽管在返回英格兰的途中,他也确实发表了相关的文章(基本上是为人所忽略的)。他还提出,太阳持续发热可能是由重力方式产生的,这一洞见早于威廉·汤姆孙和亥姆霍兹,而大约与迈尔同时。像迈尔一样,沃特斯顿的工作并没有得到很多人的认可,他病倒了,陷入深深的失望。1883年6月18日,他步行离开寓所后就再没回来。但这个故事还有一个小团圆结局——1891年,沃特斯顿的手稿被人在皇家学会的地下室里发现,并于1892年发表。

麦克斯韦和玻尔兹曼:分子运动论与分子的平均自由程

当时,气体运动论(这一理论从组成气体的原子和分子的运动角度看待和处理气体)和统计力学思想(运用统计规则描述原子和分子聚集的特性)早已建立了。建立这些理论思想的两位重要人物是麦克斯韦(他在其他历史背景下的独特之处将在下一章介绍)和玻尔兹曼。自从焦耳计算出气体中分子的运动速度后,克劳修斯便引入了平均自由程概念*。很明显,分子按焦耳所计算出的速度做高速运动时会有一些偏离;它们相互之间不停地碰撞并向不同的方向弹开。平均自由程是指一个分子在弹撞时所经过的平均距离,这个距离是很微小的。在1859年的英国科学进步联合会年会上(那一年在阿伯丁举办),麦克斯韦宣读了一篇论文,重复了(他不知道的)沃特斯顿那篇遗失了的论文中的许多材料。这一次,科学界开始端正态度,注意这个问题。他展示了气体分子微粒的速度是如何在平均速度附近分布的,计算出在15℃时,分子的平均速率是约459米每秒,其平均自由程是2.54厘米的1/447 000。换言之,每个分子在每一秒钟要经历8 077 200 000次碰撞——每秒碰撞超过80亿次。如果气体真的由大量不停运动的微小粒子构成,那么微粒之间的空隙是没有任何东西的,而在常温常压下,正是由于分子平

---

*这儿应该提一提,分子运动论的一个早期版本是由出生于布里斯托尔的赫勒帕斯(John Herapath,1790—1868)提出的,并于1821年发表;尽管这个思想过于超前,因而不能准确量化,但赫勒帕斯的工作还是为焦耳所知,并为后者指明了正确的方向。

均自由程如此之短,而且碰撞又如此之频繁,才给人以气体是平滑连续流体的错觉。更为重要的是,正是这一工作,才使得人们对热和运动之间的关系有了一个全面的理解——一个物体的温度可以通过组成该物体的原子和分子运动的平均速度来量度——并最终埋葬了热质概念。

19世纪60年代,麦克斯韦把这些理论做了进一步的发展,他运用这些理论解释了许多能够观察到的气体性质,比如它们的黏滞性,以及气体膨胀时降温的机制(之所以出现这种现象,是因为原子和分子微粒相互之间有轻微的引力,当气体膨胀时要克服这个引力做功,微粒运动速度减慢,使得气体变冷)。麦克斯韦的理念由奥地利人玻尔兹曼继承、提炼并进一步发展;另外,麦克斯韦吸收了玻尔兹曼的一些想法,进一步改进了气体动理论,成为一个具有建设性的正反馈。这个反馈的一个结果,就是以统计规则描述气体分子在其平均速率附近的分布,即现在著名的麦克斯韦-玻尔兹曼分布。

对于科学,玻尔兹曼还在其他方面作出了很多重要贡献,但他最伟大的工作在于统计力学领域,在此领域,物质的所有性质(包括热力学第二定律)都是其组分原子和分子性质的总集合,这些原子和分子遵循基本的物理定律(特别是牛顿定律)和随机的概率运动。现在看来,这是原子和分子理论的根本基石。人们也常常能够在英语世界里看到原子论方法,而统计力学就是通过美国人吉布斯(Willard Gibbs,1839—1903)的工作而全面开花结果的——他正是第一个(考虑到伦福德伯爵视自己为英国人)真正对科学有重要贡献的美国人。然而,即使到了19世纪末,原子论思想仍然受到德语世界的反原子论哲学家甚至科学家如奥斯特瓦尔德(Wilhelm Ostwald,1853—1932)等人的严厉批判。即便到了20世纪,奥斯特瓦尔德还坚持认为原子是一个假设性的概念,只是一个启发式工具,帮助我们描述可观察到的化学元素的性质而已。无论如何,经受打击的玻尔兹曼开始觉得,他的工作将得不到应有的认可。1898年,他发表了一篇论文,其中他细化了计算,表示"若气体理论再次复兴",希望"人们重新发现的、被埋没的科学工作不要太多了"。不久之后,玻尔兹曼于1900年自杀未遂(可能不是他唯一的自杀未遂),由此,这篇论文可被视为一篇科学自杀遗言。他的精神状态似乎曾经康复过一段时间,并于1904年前往美国,在圣路易斯的世界博览会上作演讲。他还参观了加利福尼亚大学的伯克利和斯坦福校园,那儿的人对他的古怪行为有所评论:"著名德国教授的疯狂陶醉和颇为自命不凡的混合。"* 然而,玻尔兹曼在精神状态上的改善(如果那样的行为可被视为一种改善的话)并没有持续下去,1906年9月5日是他的家庭假日,他在特里雅斯特附近的杜伊诺自缢身亡。颇具讽刺意味的是,玻尔兹曼并不知道,最终能说服原子实体怀疑论者(如奥斯特瓦尔德等人)的那篇论文,已经在前一年发表了。

爱因斯坦:阿伏伽德罗常量、布朗运动以及天空为何是蓝色

那篇论文的作者,正是历史上最著名的专利局书记员——爱因斯坦。我们将谈谈他是怎样成为专利局书记员的。这里要介绍一点相关的情况。在20世纪初,爱因斯坦是一个聪明的年轻科学家(1905年他26岁),在学术共同体中独立从事平常的工作,而又对证明原子为实体十分着迷。根据他后来所写的《自传笔记》(*Autobiographical Notes*),** 那时候,他的兴趣在于专心寻找"能证明有确实形态的原子存在而尽可能多"的证据。当时,爱因斯坦尝试获取博士学位,在此背景下,他同时展开这一方面探索。在20世纪初,获取博士学位已被视作成为科学家

---

　*参见切尔戈纳尼(Cercignani)。

　**参见席尔普(P. A. Schilpp)编辑、翻译的版本,开庭出版社,拉萨尔,伊利诺伊州,1979年。

的入场券及在大学取得教职的重要条件。1900年,爱因斯坦毕业于位于苏黎世的瑞士联邦理工学院。然而,尽管他在最终考试中表现良好,但爱因斯坦的态度并不受到学院教授们的钟爱[他的一位导师闵可夫斯基(Hermann Minkowski, 1864—1909)形容年轻的爱因斯坦是个"懒鬼","从来不碰数学"],不能在学院里谋得教授们的助理一职,这就相当于未能从教授们那儿得到体面的推荐,进而获得一个初级的学术职务。因此,爱因斯坦在1902年成为伯尔尼的专利局职员以前,有好几份短期的兼职工作。他花了很多时间研究科学问题(不仅仅是利用业余时间,还利用他在办公室处理专利申请的工作时间),并在1900—1905年发表了几篇论文。但他最重要的目标是获得博士学位,并重新打开他通往学术殿堂的大门。瑞士联邦理工学院并没有授予爱因斯坦博士学位,但学院的毕业生另有出路,可提交博士论文给苏黎世大学申请学位,爱因斯坦走的就是这条路。他曾想提交一篇论文,最终决定放弃提交。在这次不成功的尝试之后,爱因斯坦在1905年准备撰写一篇能让苏黎世大学的博士论文评阅人完全满意的论文*,这就是那两篇排除了合理怀疑、证实原子和分子为实体的论文的第一篇。

接受原子论的科学家已经找到几种可行的方法粗略估算这些微小粒子的大小,这正要追溯到托马斯·杨(Thomas Young,更多相关事迹见第十一章)于1816年所做的工作。杨想到如何通过研究液体的表面张力——能使针(要非常小心!)"浮"在一杯水表面的那种力,进而估算出水分子的大小。因为分子的存在,表面张力就可以解释为液体分子之间的引力——你也可以说它们是黏滞的。对于液体中的大部分位置来说,其引力存在于四周,但在液体表面,分子之上没有任何引力,引力仅

---

*后来,爱因斯坦常常乐意向别人讲,评阅人只对论文提了一个意见,那就是论文太短了。他说他随后增加了一个句子,然后论文就通过审查了。这个故事不应全信。

把它们拉向侧边和下面,进而锁定了这一层分子,在液体表面形成一层弹性的皮肤。杨解释,张力的最终强度当与引力的范围相关,而这个范围一开始被认为与分子的大小相同。通过量度表面张力,杨计算出他所称的"水粒子"大小在二千五百亿分之一到五百亿分之一厘米,只比现代的估计大了 10 倍。这一瞩目的成就出现在滑铁卢战役后仅一年,但并不够精确,不足以说服摇摆不定的怀疑论者。

在 19 世纪后半叶还有一些更准确的推算,其中一个堪称范例。19世纪 60 年代中期,奥地利化学家洛施密特(Johann Loschmidt)*运用了一种在原理上极为简单的技术。他认为液体里的分子一个接一个,中间没有空隙,因而液体的体积等于全部分子体积之和。当等量的液体蒸发为气体时,分子的总体积不变,但分子之间是有空隙的。他用平均自由程(与可以测量的气体压力以及阿伏伽德罗常量有关)推算,以一种独立的方式算出气体中的实际空隙有多少。这个优雅的想法出现于19 世纪 60 年代,另辟蹊径,其困难在于液化气体(如氮气),以及这些液体的密度(给定体积的质量)要以几种方式来估计。即便如此,结合两套计算,洛施密特对空气中的分子的大小给出了一个估算(数百万分之一毫米),并给出了阿伏伽德罗常量的值 0.5×10^{23}(或 5 后 22 个 0)。他还定义了气体研究的另一个常数,与阿伏伽德罗常量成正比——标准状况下 1 立方米气体所含的分子数目。这就是现在所称的洛施密特常量,现代值是 $2.686\,763 \times 10^{25}$。

然而,爱因斯坦的论文里处理分子大小问题的方法并不使用气体,而是运用溶液——特别是糖水溶液。他还运用到 19 世纪下半叶建立起来的热力学知识。在某种程度上,溶液中分子的性质与气体分子的

---

* 洛施密特(1821—1895)的名声比不上他的实际工作,他独立地提出了有机物分子结构的许多重要理念,但仅在 1861 年把成果发表在一本私下流传的小册子上,当凯库勒在 19 世纪 60 年代中期发表类似思想的时候,这本小册子便为世人所忽略。

性质非常相似,尽管这一点真实不虚,但人们初次得知时还是相当惊讶。爱因斯坦用到一种我们称之为渗透的现象。他设想一个半满的容器,中间竖放一块多孔障碍物以平分容器,障碍物上的孔很小,只容许水分子通过。一般情况下,每秒钟向两边通过障碍的水分子的数量相同,因而容器两边的液面相平。现把糖投入容器的一边,形成糖水溶液。因为糖分子远大于水分子,不能通过半透膜,亦即该多孔障碍物。那么半透膜两边的液面会有什么变化呢?人们一开始遇到这个问题,会想糖增加了一边的压力,将推动更多的水分子通过半透膜,使得无糖一边的液面上升。事实上,根据热力学第二定律,情况恰恰相反。

第二定律的简单形式是说,热从较热的物体流向较冷的物体,这其实是宇宙间一切差异平均化趋向(这也是事物会磨损的原因)的一个特例。例如,热从炽热的恒星流向寒冷空间,意图使整个宇宙的温度平均化。一个有着清晰形式(甚至是含糊不清的形式)的系统,要比一个无形式系统更有序、更低熵(黑白棋盘所含的熵要比同一形状的灰色棋盘低)。你也可以把第二定律简称为"大自然厌恶差异"。因此在上述例子中,水经过半透膜流进糖水溶液的冲力,稀释了糖水溶液的压力,而使得糖水溶液与另一边依然为纯水之间的差异减少。实际上是有糖一边的液面升高,而纯水一边的液面下降。这种情况一直持续到出现额外的压力为止,这个压力来源于膜两边液面的高度差,而与意图通过半透膜的水分子的压力(渗透压)保持平衡。因此渗透压可简单地以整个系统平衡时两边液面的高度差来量度。渗透压本身取决于溶质分子(在此即糖分子)的数目,数量越多,溶液浓度越大,压力越大。分子的大小通过它们实际所占溶液中的那一部分体积来计算。在此,分子的平均自由程再一次起作用,以此可求出平均速度,分子即以此速度通过半透膜并扩散混合。把这些都综合在一起考虑,爱因斯坦在论文(稍稍修改后于1906年发表)中算出阿伏伽德罗常量为 2.1×10^{23},水分子的直径为数亿分之一厘米。1906年的修订版本中,爱因斯坦从更精确的实验中得到了新的数据,把阿伏伽德罗常量调整到 4.15×10^{23},1911年调整到 6.6×10^{23}——但当时,从爱因斯坦另一篇重要论文出发的其他改进实验,已经确定了阿伏伽德罗常量的相当准确的数值。*

　　他的另一篇论文完成并发表于1905年,目的在于提供"证明有确实形态的原子存在而尽可能多"的证据。它告诉人们,什么事情正在发生,并且给出了一幅更加简单的物理图景,而它最终能成为说服顽固的原子实体怀疑论者的确凿证据,这也是原因之一。但论文中仍然引入了统计学技巧,在随后的几十年里,这一技巧在物理学的许多领域中的应用广泛而深刻。

　　这篇爱因斯坦的经典论文涉及的是我们所称的布朗运动现象——尽管他一开始并非意图解释布朗运动,而是更倾向于提出一个最高原则(他研究问题的惯常方法),从中解答原子和分子的存在是如何显现在足够宏观的层面而让人们看到,**然后**提出他所描述的原理可能会跟什么已知的现象是一致的。在论文的开篇第一段,爱因斯坦有清晰的定位:

　　　　根据热的分子动理论,这篇论文将会提出,悬浮于液体的、大小达到显微镜可见程度的个体是热分子运动的结果,这些个体一定是做到这样大幅度的运动,才能使得它们用显微镜就很容易地被观察到。可以把这里即将要进行讨论的这种运动等同于所谓的布朗分子运动;然而,后者之中对我

* 或许这里值得重复一句,知道阿伏伽德罗常量,以及诸如相同质量物质在其液态和气态下的相对体积等物理量,就自然能算出分子的大小,因此我们一旦提到阿伏伽德罗常量的测算,也就相当于是在叙述分子大小的测算。

来说可用的数据太不精确,因而我不能从中对这个问题形成论断。*

布朗运动得名于苏格兰植物学家布朗(Robert Brown, 1773—1858),是他在1827年通过显微镜研究花粉颗粒时注意到的现象。他观察到这些颗粒(一般直径小于1/50毫米)浮在水面上做折线形急速运动。起初,人们以为这是因为花粉颗粒是活体,能在水中游泳;但很快,人们清楚认识到任何类似的、悬浮于液体中(或空气中)的微小颗粒也以同样的方式在运动,哪怕那些微粒(比如飘浮在空气中的烟雾颗粒)与生物体毫无关系。19世纪60年代,原子假说得到了有力的支持,有人便提出布朗运动或许是由分子撞击花粉颗粒产生,但单一分子要对花粉颗粒产生一个可见的"撞击",那么它不会比花粉颗粒小得太多,而这明显是荒谬的。19世纪后期,法国物理学家古伊(Louis-Georges Gouy, 1854—1926)和英国人拉姆齐分别独立提出,较好地解释布朗运动的方法或许在于统计学。如果悬浮于水或空气中的微粒持续受到大量来自各方的分子的撞击,那总体上看,它受到的从各方而来的力是相等的。但是在每一刻,仅仅因为概率的关系,会出现某一侧撞击的分子要比另一侧多的情况,使得花粉颗粒急速远离有较大压力的那一侧。但他们并没有任何细节支撑这一思路,爱因斯坦则用恰当的统计学方法证实了类似的构想,而几乎可以肯定,他没有意识到这些前辈学者的意见(爱因斯坦独自从最高原则推论出其思想,而对课题背景相关的文献却并没有掌握透彻,这一点为人所诟病)。

爱因斯坦的这篇论文有这样大的影响,其确切的原因是它是确切的——它给问题提出了一个确切的数学和统计学解释。你可能会想,因为分子从各处向一个花粉颗粒施加的压力平均来讲是相同的,所以

---

*译自《爱因斯坦奇迹年》(*Einstein's Miraculous Year*),施塔赫尔(John Stachel)编,该书以英文重印,并附有注释和爱因斯坦1905年的所有经典论文。

它应该大约在同一个位置颤动。但是，它每一次的急速运动都是随机的，因此当颗粒向某一方向完成了一段很短距离的急速运动后，它向相同方向、相反方向或其他方向做急速运动的概率是相等的。结果是它走的是一条折线路径，它从起始点开始经过的距离（以穿过折线、联结起点和终点的直线来量度），恒与经过的时间的平方根成比例。无论从哪个起始点量度（无论从哪一次初始急速运动算起），这一关系都是成立的。这一过程我们现在称之为"无规行走"（random walk），其背后所隐藏的统计学（由爱因斯坦算出）就变得相当重要，例如用于描述放射性元素的衰变。

爱因斯坦基于"分子动理论"，把所有变量纳入计算中，并且作出预测，任何人要是用显微镜充分地观察布朗运动的细节，都能证实这些预测。爱因斯坦联立阿伏伽德罗常量、分子运动速度，以及通过布朗运动所测量出的漂离初始位置的颗粒的比率，提出了一个方程。利用阿伏伽德罗常量值 6×10^{23}（并非很久以后人们测量出的该常量的近似值*，而是基于他在 1905 年正在撰写的另一篇论文），他预测，一个悬浮于 17°C 水中、直径为 1/1000 毫米的微粒，每分钟漂流开去的位移是 1/6000 毫米（每 4 分钟的位移是该数的 2 倍，每 16 分钟的位移是其 4 倍，如此类推）。量度如此微小的漂流位移需要很高的精确度，这是一个挑战。这一挑战最终由法国人皮兰（Jean Perrin，1870—1942）完成，他在 20 世纪头 10 年末发表了他的成果。这促使爱因斯坦给他写信："我本以为把布朗运动研究得如此精确是不可能的；你能完成这个挑战，对于相关课题的研究来说，真是喜从天降。"皮兰于 1926 年因此而获得诺贝尔奖，这就证明，这一证实原子和分子为真实体的证据在当时是多么重要。

爱因斯坦本人仍然不是寻找原子存在证据和解决阿伏伽德罗常量

---

*阿伏伽德罗常量（也有人称为阿伏伽德罗常数）的现代值是 6.022×10^{23}。

的最终完成者。1910年10月,他撰写了一篇论文,解释了天空中的蓝色是如何形成的:阳光被空气中的气体分子散射而形成。蓝光比红光或黄光更容易被散射,这也是为什么阳光中的蓝光从天空中的各个方向(从一个分子折向另一个分子,横贯整个天空)进入人眼,而橙黄色的光直接从太阳射入人眼。早在1869年,丁铎尔已经讨论了这类光散射现象,但他归因于空气中的尘埃微粒对光的作用——尘埃散射了阳光中更多的蓝光,这就是为什么日出和日落的太阳看起来更红的原因。其他科学家正确地指出,是空气中的分子而不是尘埃使得天空变蓝;而正是爱因斯坦将所有数字纳入计算,以另一种方式,运用天空中的蓝色光波计算阿伏伽德罗常量。而且,在1910年,如果说原子分子实体理论还有什么要补充的话,他同时为此提供了实质性的证据。

尽管爱因斯坦的这篇论文令人神往,然而,比起他那篇人们耳熟能详的论文,仍然黯然失色,那篇论文同样与光有关,但讨论的问题更为根本。为了了解狭义相对论的历史背景,我们需要回顾一下19世纪以来人们对光的本质的理解,以及这些知识是怎样使得爱因斯坦意识到,有必要对科学中最神圣的信条,即牛顿运动定律作出修正。

◇ 第十一章

要有光*

　　牛顿认为,光是一串粒子流。直到 18 世纪末,相对于其对手理论——光的波动模型,牛顿的思想仍占据着主导地位,究其原因,有一半是因为牛顿作为一名科学先知,在精神上有其影响力,有一半是因为粒子模型所提供的证据确实优于波动模型。但在下一个百年,人们对光建立起新的认识,证明了牛顿的言论绝非绝对真理;而在随后的 20 世纪初,即使是他的运动定律也不是对力学的盖棺定论。在这一点上,因为他排斥了我们前面提到的惠更斯的工作,牛顿的影响确实约束了光学的发展。如果惠更斯有更多的热情追随者,那么 18 世纪末大量的可观察的证据或可能导致光波动模型的建立,而比实际建立的时间早几十年。事实是,即使是在牛顿出场之前,人们也已经发现了一些光如同波一样传播的证据,尽管提出这些证据的工作在当时并没有受到广泛的重视。意大利物理学家格里马尔迪(Francesco Grimaldi,1618—1663)就做了这些工作,他是博洛尼亚耶稣会学院的数学教授。像后来的牛顿一样,他让一束阳光通过一个小孔照进暗室,以此来研究光。他发现,光束经过第二个小孔然后到达屏幕,屏幕上出现一个亮斑,亮斑

---

　　* 据《旧约·创世记》,天地开辟之初,"神"说了一句"要有光",就有了光(据《圣经》和合本)。作者在此用这个典故,或许是要表示出这一时期科学家们对光的研究最终开创了新纪元。——译者

边缘是彩色的,直径稍大于用光沿直线传播理论计算所得出的光斑直径。格里马尔迪于是得出了(正确)结论:光线在经过小孔时稍微向外弯曲了,他把这一现象命名为"衍射"(diffraction)。他还发现,如果光束经过一个细小物件(如刀锋),那么物件留下的阴影的边缘是彩色的,因为光在物件边缘发生衍射并落在阴影的边缘*。这是光波动传播的直接证据。海上或湖上的波浪移动经过障碍物,或者通过障碍物的缝隙时,我们可以看到类似的衍射效应。但一旦涉及光波,因为其波长太短了,衍射效应就十分微小,只能靠精密谨慎的测量察觉。直到格里马尔迪死后两年,他的工作才以《光、颜色与虹的物理数学》(*Physico-mathesis de lumine, coloribus, et iride*)为名发表。格里马尔迪没有考虑过为他的理念做推广或辩护,当时注意到该书的少数人或许也不能(或者不愿意)去进行验证其结果所需的精密实验。这本书的其中一位读者本来应该意识到其重要性,他就是牛顿本人。格里马尔迪去世时牛顿21岁,但他似乎没有被前者所提出的证据所说服,因为它们不能解释反射和折射这些可见的现象。如果牛顿在看了格里马尔迪的书后转而相信光的波动说,科学可能会有一个怎样的发展呢?这一猜想真是动人心魄,却又于事无补。

光的波动模型之复兴

在牛顿去世后的1727年,尽管光的微粒说统治思想界至那世纪末,但还是有人认为光并非粒子,其中最著名的是我们前面提到过的瑞士数学家欧拉。欧拉通常以其纯粹数学研究为世人所知,他从对纯粹数学的研究中确立了最小作用原理(简言之,大自然是懒惰的;其中一

---

*阴影的边缘像彩虹一样是彩色的,因为光的波长不同,弯曲的程度随之不同,而不同的光的波长又对应于不同的颜色。

个推论就是光以最短的路线沿直线传播)的思想。这为拉格朗日的工作指明了方向,而拉格朗日的工作又成为20世纪量子的数学描述的基础。如前所述,欧拉引入了数学符号如π、e和i,他直视过太阳,成为干这种危险事情的原型。1733年,他在圣彼得堡担任数学教授,直视太阳这一愚蠢举动夺去了他右眼的视力。欧拉真是祸不单行,18世纪60年代后期,他左眼因为白内障而失明。但即使双目失明,欧拉也没有减慢其丰硕数学成果的出产速度。

1746年,欧拉发表了他的光学模型,他当时供职于腓特烈大帝治下的柏林科学院[后来他被叶卡捷琳娜二世(Catherine the Great)召回圣彼得堡,并在此终老]。欧拉提出的论据的说服力在于,他仔细收集了微粒说在解释现象上的所有困难,当中包括衍射现象,同时又详细地阐释了这些证据,以支持波动说。特别地,他把光波类比为声波,并且在18世纪60年代的一封信中写道:阳光"依赖以太传播,正如声音依赖空气传播",还描述太阳像"钟一样,摇晃着发出光芒"*。尽管这个类比很形象,但绝不是完美的,而且显示出在18世纪中期波动说的发展之路还很长。这其实并不奇怪,不到19世纪实验技术大为改进,排除了所有怀疑之后,物理学界是不会信服波动说,也不会改变其对光的本质的观点的。但是,在欧拉逝世的当年(1783年),为转变观念而作出重要推动的第一人已经10岁了。

托马斯·杨及其双缝实验

托马斯·杨1773年6月13日生于萨默塞特郡的米尔弗顿。他是一位神童,2岁读英语,6岁读拉丁语,16岁之前,很快又完成了希腊语、法语、意大利语、迦勒底语、叙利亚语、撒马利亚语、阿拉伯语、波斯语、土

---

* 引自扎伊翁茨(Zajonc)。

耳其语和埃塞俄比亚语等语言的学习。杨出生于一个富裕家庭（是银行家的儿子），多多少少能够自由地选择自己所喜欢的东西，而且他在青少年时期接受的正规教育十分少。很明显，他不需要正规教育，他可以依据自己的意愿进行博雅的学习。他早期的兴趣之一（如上述一系列语言清单所表明的）在于古代历史与中东考古上，而且还学习物理、化学以及更多其他学科。杨19岁时，受到了他舅公布罗克斯比（Richard Brocklesby, 1722—1797）的影响，开始接受医学训练。布罗克斯比是一位成功的医生，杨希望到他在伦敦的医务所实习（并有朝一日接管医务所）。他先后在伦敦、爱丁堡和格丁根学习，于1796年在格丁根大学获得医学博士学位。他在德国畅游数月后，曾在剑桥定居过一段时间（当时他舅公刚刚去世）。其时，杨在科学界已经颇有名气，他还在上医学院本科一年级时，就已专注于解释眼球的运作机制（眼球里晶状体肌肉运动改变的方式），因此在21岁时获选为皇家学会会员。在剑桥大学的两年中，杨就住在伊曼纽尔学院，因为他多才多艺、能力超群，得到了"神人杨"（'Phenomenon' Young）的外号。布罗克斯比给杨留下了伦敦的一处寓所和大笔财富作为遗产，于是在1800年，这个27岁的年轻人回到伦敦行医，建立自己的事业。在随后的日子里，尽管杨仍活跃在医学界，从1811年起就在圣乔治医院任职医生直到去世（1829年5月10日），但这并未妨碍他继续在科学上作出广泛而重要的贡献。尽管如此，他还是有点儿白璧微瑕——1801年到1803年期间，杨在皇家研究院举行讲座，但并不成功，因为比起大部分听众，他过于超前了。

杨的兴趣相当广泛：正确解释了散光是由眼角膜弯曲不平造成的；首先认识到可见光由三原色（红、绿、蓝）混合而成，这三种颜色作用于眼中不同的受体（由此解释了色盲的成因是由于缺少一套或多套这样的颜色受体）；估算了分子的大小（见前一章所述）；担任王室的外相，并且在破译罗塞塔石碑的过程中担任了领导者的角色，尽管他并未因此而立马获得高度的赞誉,因为该项工作于1819年不具名发表。然而,我们在这里所重视的,是他最为人所知的工作,他那证明了光以波的形式传播的光学实验。

　　杨开始进行光的干涉现象实验时,正是18世纪90年代末他在剑桥大学的时候。1800年,在其《关于声与光的实验和问题纲要》(*Outlines of Experiments and Enquiries Respecting Sound and Light*)里,杨比较、对照了牛顿与惠更斯两个对立的模型,并"提出"了对惠更斯波动说的支持,他认为不同颜色的光对应于不同的波长。1801年,他向人们宣告了对这场争论的关键贡献,即光波干涉的理念。光波干涉正好就像池塘多个波相互干涉(例如两个石子同时投进一个平静池塘的两个不同位置),产生一个复杂的波纹图案。杨首先用干涉来解释牛顿本人所观察到的现象(如牛顿环),并且利用牛顿的实验数据,计算出红光的波长为 6.5×10^{-7} 米(换算为现代单位),紫光的波长为 4.4×10^{-7} 米。这些数字跟现代测量值符合得相当好,这也显示出牛顿作为一名实验家、杨作为一名理论家都是多么地优秀。杨随后设计并进行了以他的名字命名的实验——杨氏双缝实验。

　　在双缝实验中,光(理想状态下是单色光,即单一波长的光,尽管这并不是绝对的必要条件)通过一张卡片上的一条狭窄缝隙("狭窄"指的是缝隙的宽度与光的波长相近,大约是百万分之一米,因此一条由剃刀割成的缝隙是比较适当的)。光通过这个缝隙后继续传播,并到达第二张卡片上,该卡片上有两条平行的缝隙。光分别从这两条缝隙射出传播,并落到屏幕上,显现为明暗相间的图案,被称为"干涉图案"。杨解释道,屏幕明亮的地方,从两缝而来的两束光波步调一致,因此两波峰叠加;屏幕黑暗的地方,从两缝而来的两束光波步调不一(相位不同),因此一束波的波峰与另一束波的波谷相互抵消。屏幕上所显示的图案的间隔取决于光的波长,光的波长可通过测量图案条纹的间隔计算得出。若把光视为粒子流,如微型加农炮弹般呼啸于空际,这绝对无法解释干涉现象。杨在1804年已基本完成这项工作,并于1807年写道:

> (图案)中间总是明亮的,每边的亮条纹到缝隙的距离有如下规律:某一亮条纹到一条缝隙的距离与该亮条纹到另一条缝隙的距离之差,必为已知波动宽度的一倍、两倍、三倍等;而黑暗干涉条纹与两缝隙的距离之差,则是已知波动宽度的半倍、一倍半、两倍半等。*

10年后,杨更进一步精练了他的模型,他指出光是由一种横向的"波动"形成的,振动方向从平衡位置的一边运动到另一边,而不像声波是纵向(推-拉式)的波。尽管如此,但杨的工作远未能说服他的同辈,还使他遭受到他的英国物理学家同事们的谩骂,他们对所有认为牛顿可能会犯错的言论感到愤怒,斥责暗纹是由两束光**相加**而成的想法。杨在很多方面有其他工作计划,最终受到的责难并不多,但是科学的进步并不会停滞不前,因为在当时(可能恰恰是)最让英国感到不快的法国,支持波动说的类似证据几乎马上就出现了。

菲涅耳(Augustin Fresnel)于1788年5月10日生于诺曼底的布罗利耶。他是一位建筑师的儿子,法国大革命骚乱时期,这位建筑师避居到卡昂附近的乡村寓所(受到德尔西家族和乔治·居维叶的庇护),因而菲涅耳在家里接受教育直到12岁。之后他在卡昂的中心学校上学,随后于1804年前往巴黎学习工程学。1809年,他获得土木工程师资格,为政府在法国各处做路政工程,在日常工作以外,他还同时建立了对光学的兴趣。但菲涅耳活跃在巴黎的科学学术圈子之外,似乎并不知晓杨的工作。更加让人感到惊奇的是,他似乎也没有注意到惠更斯和欧拉的工作,最终完全是从零开始建立起他自己的光波动模型。某种程度

---

* 杨的《关于声与光的实验和问题纲要》,转引自贝尔雷(Baierlein)。

上，菲涅耳通过政治获得了建立该波动模型的机会。尽管他在拿破仑治下当政府雇员，没受多大影响，但当拿破仑被反法联军打败并被放逐到厄尔巴岛时，菲涅耳跟许多同代人一样，被暴露是一个保皇党。1815年，拿破仑从流放地返回法国建立百日王朝，菲涅耳要么是被解雇了，要么就是辞职抗议（理由是保皇党与拿破仑政府互相冲突），在其诺曼底的家里遭到软禁。正是被软禁在家，使他有时间发展他的思想，直至拿破仑政府彻底倒台。于是菲涅耳能回到自己的工作岗位，继续做工程师，也再一次把光学研究作为玩票性质的兴趣爱好。

菲涅耳也是以衍射为基础，把衍射作为其建立光波动模型的切入进路，但他是让光线通过一条狭窄的缝隙然后投射到屏幕上。如果缝隙足够狭窄，屏上就会产生独特的明暗条纹图案。要解释此图案的形成，略去某些具体细节，简言之就是，可以设想光线在缝隙的边缘向两个方向发生轻微的弯曲，于是光沿两个稍有不同的方向继续传播，然后投射在屏幕上，每条光路与光的不同的波长相关联。我们也可以把这个实验反过来做，即在光束传播路径之间放置一个细小的障碍物（如一根针）。光会弯曲绕过障碍（就像海中的波浪会绕过立出水面的岩石一样），在障碍物的阴影中间形成衍射图案。

1817年，尽管法国科学院意识到了杨的工作，但也在悬赏寻找能做出最佳的衍射研究实验并提出理论模型解释现象的人，这也显示出，人们对杨的工作的认识是那么少。关于这次悬赏竞赛，只有两条参赛记录产生。其中一条所记的内容明显荒谬，以至于法国科学院连参赛人的姓名都没有记录，更不用说详细情况本身了。另一条记录来自菲涅耳，是一篇135页的长篇论文。这篇文章有一个相当棘手的问题要解决——当然也是波动模型的问题，因为这次竞赛的3个评委，即数学家泊松（Siméon-Denis Poisson，1781—1840）、物理学家毕奥（Jean Baptiste Biot，1774—1862）以及天文学家和数学家拉普拉斯，他们都是坚定的牛顿主义者,更钟爱微粒说。他们尽一切力量,专门寻找菲涅耳模型的错误,而泊松这位重要的数学家认为他找到了一处。根据菲涅耳的光波动模型,他计算出,如果把一个圆形物体(如一颗铅弹)放在光路中间,光就会弯曲绕过圆形物,然后在其背面形成一个明亮的光斑,而常识告诉人们,那儿应该是最黑暗的阴影。对于两束光加在一起可能形成黑暗这一观点,泊松就像英国对杨氏工作的反对者那样,认为非常愚蠢。然而,泊松的计算确凿无疑,正如他自己写道:

> 让平行光射向不透明的圆盘,其周遭环境完全透明。当然,圆盘会在屏上投下一个阴影,但阴影中心却是亮的。简言之,在不透明圆盘背后中心垂线的地方并无黑暗之处(除非屏是紧接在圆盘背后)。事实上,从紧接在圆盘背后开始,屏上阴影中心的亮度从零开始连续地增加。当屏与圆盘的距离等于圆盘直径,阴影中心的亮度为无圆盘时亮度的80%。随着之后屏与圆盘的距离逐渐增加,屏上的亮度也缓慢增加,直到渐近于无圆盘存在时亮度的100%。*

对于评委来说,这似乎是荒谬的,但这也正是菲涅耳模型所作出的预测。作为牛顿主义最佳传统下优秀的科学家,他们和竞赛委员会主席提出要检查竞赛结果,安排了物理学家阿拉戈(François Arago, 1786—1853)进行实验,以验证预言。那个预计到的光斑,正好就出现在泊松运用菲涅耳模型预测到会出现的那个地方。1819年3月,阿拉戈向科学学术委员会报告:

> 贵委员会委员之一泊松,从作者(菲涅耳)的完整报告中推论出唯一的结果,即不透明圆形遮蔽物的阴影中心……必定是光亮得如同遮蔽物并不存在一样。其结果已接受直接实

---

* 参见贝尔雷,下段引文同。

验的验证,实验观测结果完全证实先前的计算。

恰恰是牛顿所创立的、研究世界的科学方法"直接实验的验证",证明了牛顿是错误的,光线是像波一样传播的。从那一刻开始,光的波动说升级为一个理论假说。尽管菲涅耳只是一名兼职科学家,但他的声誉已为世人所承认。他与阿拉戈一起,为发展光的波动理论做了很重要的工作,并于1823年当选为法国科学院院士,1825年当选为英国皇家学会会员。1827年,是牛顿去世100周年,菲涅耳获伦福德奖章。不久之后,在当年的7月14日,他因为肺结核去世。人们要合理地提出光的波动理论,尤其是要物理学家承认光的本质是波,花了几十年的时间。但这并不会阻止人们对光进行实际运用的进程。菲涅耳本人创制了一种原用于灯塔、由环纹玻璃制成、每个环都有不同弯曲率的透镜(菲涅耳透镜);而通过光谱学这门年轻的学科,光本身也开始成为或许是科学研究中最有价值的工具。

光谱学对科学研究很有价值而且十分重要,也是科学家顺手的工具,因此我们会惊讶,光谱学竟然也曾经"养在深闺人未识",而只是在19世纪初才开始为人们所理解。这几乎就像人们所说的,1800年以前,没人知道教宗是一位天主教徒。但像很多科学进展一样,光谱学要等到合适的技术发展到相应的程度——在这个例子中,光谱学所需要的,是把一块棱镜或者其他能把光分解成彩虹光谱的系统,与能用于详细审视光谱的显微镜相结合。

夫琅禾费谱线

当人们在以这种方式研究光的同时,还在光谱上发现了一些独特的、锐利的线——有些是亮线,有些是暗线。注意到这种现象的第一人是英国物理学家与化学家渥拉斯顿(William Wollaston,1766—1828)。

1802年,他让太阳光照射经过棱镜,通过研究放大了的光谱,他在光谱中看到了一些暗线。作为二流科学家,渥拉斯顿涉足颇广,曾经发现铑元素和钯元素,而且是道尔顿原子论的一位早期支持者,但他并没有对科学作出过比较重要的贡献。某种程度上说,他并没有进一步探索他在太阳光谱中所发现的暗线,而这个问题就留给了德国工业物理学家夫琅禾费(Josef von Fraunhofer, 1787—1826)。夫琅禾费于1814年独立发现了类似的现象,而重要的是,他以适当的方法对这个发现作了深入的研究——这也是太阳光谱中的暗线如今被称作夫琅禾费谱线而非渥拉斯顿谱线的原因。夫琅禾费还于1821年发明了另一项技术,即衍射光栅,用以把光分解成光谱(顾名思义,衍射光栅中的衍射行为完全取决于光的波动性质)。虽然如此,但所有的这些之所以能产生,是由于夫琅禾费在慕尼黑哲学仪器公司的光学实验室里工作。在实验室里,他为了当时的科学研究和高新技术产业,试图改进用于制造透镜和棱镜的玻璃质量。他的技巧能为公司挣得巨额财富,而德国后来成为光学系统制造业中的佼佼者长达一个世纪,堪称黄金时代,夫琅禾费也为此而打下了坚实的基础。

光谱学研究与恒星光谱

利用光谱分离镜(分光镜),夫琅禾费首先发现的,是火焰光的光谱中有两条明亮的黄线,(随后人们很快就清楚)每一条都对应着特定的光波波长。1814年,夫琅禾费利用这两段明亮黄线(现在我们知道这两条黄线是由钠产生的,同时也因此而令街灯呈现黄色)作为纯粹的单色光源,以测试不同玻璃的光学性质。正是当时,他对比了这些光线与太阳光分别经过玻璃后所产生的效果,注意到了太阳光谱中的暗线。由于他所用的仪器质量出众,比起渥拉斯顿,夫琅禾费看到了更多的暗线:从红光一直到太阳光谱的末端紫光,一共是576条,他逐一绘出每条暗线的波长。他还注意到,金星和恒星的光谱中也有类似的暗线。夫琅禾费展示出,在用衍射光栅所得到的光谱当中,相同波长有相同的线出现,以此证明它们是光本身的一种性质,而不是光经过棱镜时由棱镜中的玻璃产生的现象。夫琅禾费从来没找到是什么原因造成那些光谱线的出现,但他是在科学研究中运用分光镜的行家里手。

尽管很多人在研究这一新发现的现象,但关键的进展依然由德国人作出,他们是本生和基尔霍夫,他们曾于19世纪50年代和60年代在海德堡大学一同工作。此事并非偶然,实验室中最为人所知的仪器或许便是以本生的名字命名的本生灯,因为本生灯在光谱学的发展史上是一件重要工具*。当某一物质在本生灯清澈的火焰上加热时,它会产生独特颜色的火焰,取决于被加热的物质是什么(你应该会知道,含钠的物质比如食盐,其火焰颜色为黄色)。即便没有光谱学,本生灯也为测定现有化合物中是否存在特殊的元素提供了一种简便方法。但在分光镜的帮助下,人们可以做进一步分析,而不仅仅是说某种元素的焰色是黄色,另一种元素的焰色是绿色,再一种是粉色等。如果某种元素处于炽热状态,人们能看到它会产生一种特殊的明线光谱图案,如上述那对黄色明线对应于钠元素。于是,只要看到这样的明线光谱,人们就会知道有与该种光谱类型相对应的元素存在——尽管当时已经是19世纪,但人们并不知道,原子是如何参与其过程并产生那些谱线的。每一种图案就如同指纹或条形码,是独特的。当某一物质处于红热状态时,它发出亮光,于是产生明线光谱;当同一物质存在但处于寒冷状态时,它就会产生暗线光谱**,因为它吸收了背景光线,而吸收的位置正好就

---

*尽管如此,但事实上,本生灯的雏形由迈克尔·法拉第发明,并由本生的助手德斯德加(Peter Desdega)改进,德斯德加根据常规,把成果记在老板名下并推广销售。

**"寒冷"是一个相对的概念。夫琅禾费谱线是暗线,因为太阳大气中的气体虽然也热,但不及太阳表面那么热,而太阳表面就是太阳光产生的地方。

是它在炽热状态时,以同一波长发出明线光谱的位置。通过在实验室里对不同元素进行一系列的"焰色测试",人们就可以直接获得并记录当时所知道的每一种元素的特定的光谱图案。1859年,基尔霍夫在太阳光谱中鉴别确定出钠元素的谱线——证明了钠元素存在于离我们最近的恒星的大气之中。很快,人们根据太阳光谱中的其他谱线,以及后来恒星的光谱,鉴别确定了其他元素。对于光谱学的巨大威力,其最显著的例子是它能使天文学家得知恒星由什么元素组成。其反向过程的最好例子,是在1868年的一次日食期间,法国天文学家让森(Pierre Jansen, 1824—1907)和英国天文学家洛克耶(Norman Lockyer, 1836—1920)发现太阳光谱中有一个光谱线图案,与地球上已知元素的光谱图案"指纹"都不吻合。洛克耶推断,这些谱线属于一种以往未知的元素,他根据希腊词语中的太阳神(Helios),把该元素命名为"氦"(helium)。氦元素要到1895年才在地球上得到分离确认。尽管如此,但到了那个时代,光的本质之谜似乎已经完全为人们解决。这要归功于对电和磁的理解,这些工作由戴维的前助手迈克尔·法拉第推进,并由麦克斯韦最终完成,人们视此为牛顿时代以来新物理学中影响最为深刻的工作。

法拉第及其电磁学研究

在科学界的著名人物中,迈克尔·法拉第几乎是独一无二的:他在30岁以前无足轻重,但在此之后却作出了同时代人(甚或其他任何一代人)当中最重要的贡献之一,在40岁以后从事着一生中最漂亮的工作。在科学家当中,尽管在他们20多岁时很多已经崭露头角,但极少有人能够在晚年还可维持其科学活动在一个最高的水平(爱因斯坦就是明显的例子)。根据法拉第后来所获得的成就,我们几乎可以肯定,他本来应该可以在早年的时候做得跟其他人一样好,但在25岁以前,他的家境妨碍了他迈进科学研究之门——爱因斯坦在25岁时不仅已经做出了我们上一章所提到的原子论工作，而且提出了狭义相对论(special theory of relativity)，并做出了后来获得诺贝尔奖的工作。

法拉第的家族来自英格兰北部，一个那时叫作威斯特摩兰的地方。父亲詹姆斯·法拉第(James Faraday)是一名铁匠，1791年带着妻子玛丽(Mary)和两个年纪还小的孩子[1788年出生的罗伯特(Robert)，1787年出生的伊丽莎白(Elizabeth)]移居到英格兰南部并寻找工作机会。他们一家在萨里郡的一个小村庄纽因顿短暂定居，但这个村庄现在已并入伦敦。1791年9月22日，迈克尔·法拉第就出生在纽因顿。虽然他们一家很快就移居进伦敦城，却住在曼彻斯特广场附近的雅各布韦尔马厩街上一个马车房里。1802年，另一个孩子玛格丽特(Margaret)在马车房里出生了。尽管詹姆斯·法拉第是一名出色的铁匠，但他疾病缠身，常常不能工作(他于1810年去世)，因而孩子们十分贫困，除了基本的读、写、算以外，基本上没有余钱接受更高程度的教育(尽管如此，但他们还是不同于当时最穷的那群人)。但是这家人关系紧密、相亲相爱，基本上依靠着作为桑德曼教徒的宗教信念支撑。桑德曼教源于苏格兰长老会，于18世纪30年代脱离而自成一派。他们对于拯救的坚定信念，使他们更容易忍受世俗上的生活困难。而且桑德曼教会教导信众谦逊、对炫耀财富的厌恶，以及对低调的慈善工作的责任等，这都使得法拉第的生活增添了色彩。

法拉第13岁时，开始为一位书商、装订工兼报刊经销人里伯(George Riebeau)做些简单的差事。里伯在布兰德福德街有一家小店，紧邻着贝克街，离法拉第所住的地方也不远。一年以后，他跟从里伯做学徒，学习书籍装订，而且很快就搬到店面住。虽然我们对法拉第之后4年多的生活所知甚少，但从他3次学徒经历的事实，我们还是能获知里伯小店中那种幸福的家庭气氛(以及里伯作为一名雇主的善意)：一次是法拉第要做一名职业歌手,第二次是之后他要在歌舞杂耍剧场当小丑谋生,而同时他又如饥似渴地阅读他所能得到的海量书籍,并且终于成为一名伟大的科学家。法拉第对电学深深迷恋,这正是他后来为科学作出最大贡献的领域。他首先是被《大英百科全书》(*Encyclopaedia Britannica*)第三版中的电学相关条目所触动,那套书正是在里伯店里装订的副本。

1810年,其父去世*,法拉第成了城市哲学学会的成员。(尽管名字很高端)该学会是一群渴望自我提高的年轻人所形成的组织,他们聚在一起讨论当下的各种议题,包括令人兴奋的科学新发现,轮流地讲演一些特定的话题(法拉第的1先令会费是他哥哥罗伯特所支付的,罗伯特也是一名铁匠,当时即将成为一家之主)。法拉第在学会中认识了一些朋友,通过跟这些朋友讨论和通信,他既获得了科学知识,又增进了一些个人技能。他做事勤勉,在语法、拼写和标点运用上都有所进步。他既做化学实验,又做电学实验,跟"城市哲学家们"一起讨论,并且在讨论会上认真地对每个问题做了详细的笔记,还细心地装订成册。到了1812年,法拉第年近21岁,学徒生涯面临结束,他的笔记也已经有4卷。里伯就像一位溺爱子女的长者,为家庭里出现了年轻哲学家而感到高兴,常常对朋友和客人显摆法拉第的工作。里伯的顾客中有一位丹斯(Dance)先生,对此十分赞叹,还把那几册笔记借走,给他对科学很有兴趣的父亲看。老丹斯先生也对此十分赞叹,就送给法拉第几张戴维于1812年春天在皇家研究院所作的4场化学系列演讲(这也成为戴维在皇家研究院的最后一次演讲)的门票。这次轮到法拉第十分赞叹了,对于这次演讲,他的笔记撰写得十分认真,图文并茂,装订成书。他还把这本书送给老丹斯先生看,后者为他的慷慨得到这样的回报而感到高兴。

---

*法拉第的母亲一直活到1838年,有足够长的时间看到他的儿子成为当时最伟大的科学家之一。

但是,尽管这一系列的讲座使法拉第确立了成为一名科学家的热忱,却似乎没有方法使他梦想成真。他的学徒生涯于1812年10月7日正式结束,开始为一位罗奇(De La Roche)先生做装订工,后者留给我们的印象是一名苛刻挑剔的雇主,但也可能仅仅是一位希望员工专注于本职工作的普通商人。法拉第当然不会专注于本职工作,他给所能想到的每一个人写信(包括皇家学会主席约瑟夫·班克斯爵士,但他并没有费心回复),询问如何能够从事与科学相关的、哪怕是最卑下的工作,但这全都没有用。然而数周之间,他又突然交上好运,足以改变他的一生。戴维因为实验室的一次爆炸而短暂失明,故此需要人来做他的秘书一段时间,要求是要懂得一点化学知识。法拉第获得了这份工作(很可能是老丹斯先生推荐的)。他是怎样挤出工余时间完成任务的,现在并无记录可寻,但事实是,他的确是一名业余秘书,表明罗奇先生并不像我们有时所刻画的那样阴暗。戴维康复后,法拉第不得不回到他的本职上,而他给戴维寄去了他所装订的、关于那年春天戴维演讲的笔记书册,还附有一封信,询问(实际上是乞求)能否考虑给他在皇家研究院谋求一份哪怕是最普通的工作。

皇家研究院并没有空缺——但第二期的好运随之而来。1813年2月,皇家研究院的实验室助理兼酒鬼佩恩(William Payne)殴打了仪器制造师(我们已不知道争吵的原因了),必须被开除。戴维让法拉第接替佩恩的职位,同时告诫他"科学是位挑剔的贵妇,而从经济学的观点来看,虽然人们对她殷勤侍奉,她却对他们冷如冰霜、少有回报"*。法拉第毫不介意。他接受了这份工作,周薪1几尼,外加阿尔伯马尔勒街皇家研究院大楼顶层的两居室作为宿舍,以及给他照明用的蜡烛和燃料(实际上,这份工资比他做装订工的收入还要稍低一点)。法拉第于

---

* 见哈特利。

1813年3月1日正式就职,(此外)还实际上是戴维的实验器皿洗刷人员。但是他从一开始就不仅仅是一名器皿洗刷人员,他跟着戴维,一起进行了后者在皇家研究院的余下时间里所做的全部实验。

作为一名助手,法拉第的价值可以从以下事实看出:仅仅6个月以后,戴维就让法拉第作为他的科学助手,陪同他和他的妻子游历欧洲。法国当局之所以愿意发给戴维一行人护照,是因为这次游历是一次科学探险,此外也是对火山地区的一次化学研究。这当然是一次科学探险,但戴维夫人的同行还使得这次游历颇有点蜜月的意味,而这也给法拉第留下了一些问题。因为在最后一刻,戴维的随从拒绝前往拿破仑法国,于是法拉第就要承担那位随从原来要做的工作,以及他的化学助理的工作,相当于接受了双份工作。要是戴维不让他夫人陪伴,法拉第可能会把一切处理得相当好,但是戴维夫人似乎很认真地对待他们之间的主仆关系。对法拉第来说,戴维夫人对生活过于挑剔,使得他有时候真的想中止旅途、打道回府。但他最终坚持到底,而这一经历使他的人生变得更美好。

在1813年10月13日出发前,法拉第是一个从没离开过距伦敦中心20千米以外的本地年轻人。等到他一年半以后返回,他已经在法国、瑞士和意大利会见过许多科学领军人物,目睹过高山和地中海(以及用伽利略用过的望远镜观察木星的卫星),还成了戴维在科学上的合作者而不只是助手。经过学习,他能阅读法文和意大利文,而且能够说法语。法拉第回到皇家研究院后,他在能力上的进步立即为人所承认。为了这次游历,法拉第必须辞掉在皇家研究院仅仅上任了6个月的职务,但是同时有一个保证,他返回时会再次受聘,享受不低于之前的待遇。实际上,他被任命为仪器负责人、实验室和矿物学收藏品的助理,周薪涨至30先令,并能住皇家研究院最好的房子。正如我们所见,因为戴维从皇家研究院的日常工作中退出,法拉第"长大成人",建立起一名扎实可靠的化学家的名声,但他还没有显示出任何有非凡才华的迹象。1821年6月12日,法拉第30岁,他与另一位桑德曼教徒萨拉·巴纳德(Sarah Barnard)结婚[桑德曼教徒似乎不是很多,5年后法拉第的妹妹玛格丽特与萨拉的兄弟约翰(John)结婚],他们一起住在阿尔伯马尔勒街的"店铺楼上居室",直到1862年(他们没有生育)。正在此时,法拉第首次研究使他成名的电现象,尽管这项工作在长达10年的时间内并没有继续进行。

1820年,丹麦人奥斯特(Hans Christian Oersted,1777—1851)发现了电流的磁效应。他注意到,如果把带有磁性的罗盘指针放在通电导线上面,指针会横向偏转,与导线成直角。这完全是意外的发现,因为这意味着导线周围存在着一圈(或者是很多圈)磁力,与平常所见条形磁铁相互吸引和排斥的引力和斥力颇为不同,而静电作用的方式与万有引力一样,表现为简单的吸引作用(在静电作用中还有斥力)。当这一轰动的消息传遍欧洲,许多人重复了这个实验,并试图对此提出一个解释。他们当中有渥拉斯顿,他提出了一个理论:电流在导线中螺旋形向下运动,就像小孩从旋转滑梯上滑下来一样,于是这样的扭曲的电流就产生了圆形的磁力。根据他的观点,一根通电的导线靠近磁体时,它应该会绕着它的轴自转(像一只外形非常瘦的陀螺一样)。1821年4月,渥拉斯顿访问皇家研究院,与戴维一同进行了一些实验来研究这种现象,但毫无成果。法拉第没有参与实验,而是在随后参加了他们的讨论。

1821年后期,法拉第受《哲学年鉴》(*Annals of Philosophy*)所托,撰写一篇文章描述奥斯特实验的历史与影响。法拉第是一个认真仔细的人,他为了完成好这项工作,重复了所有他打算在文章中述及的实验。在此过程中,他意识到通电导线会在一块固定磁体周围做受迫的圆周运动,并且设计了一个实验演示这种情况,还设计了磁体围绕一根固定的通电导线做圆周运动的实验。他写道:"导线的作用力方向与(磁)极方向总是成直角。"这与渥拉斯顿所讨论的(并不存在的)现象不大一样,但是当法拉第的文章于1821年10月发表后,有些只对渥拉斯顿的工作有模糊概念的人(甚至包括本应更加清楚的戴维)认为,法拉第要么仅仅是证明了渥拉斯顿是正确的,要么就是试图窃取属于渥拉斯顿的赞誉。这次不愉快的经历可能是戴维1824年试图阻止法拉第成为皇家学会会员的原因之一。尽管如此,事实是法拉第以压倒性的多数当选,这显示出有更多敏锐的科学家对他工作的重要性和原创性表示出高度赞赏。实际上,这一发现成为电动机的基本原理,还使法拉第在欧洲声名鹊起。这正是这一发现的重要性的一个明证,也是当时技术变革的标志。在法拉第那个导线围绕固定磁体旋转的实验演示仅仅60年之后,电气火车就驰骋在德国、英国和美国的土地上。

在19世纪20年代,法拉第确实甚少对电磁学方面进行研究(就算他偶尔做了研究,短暂地试图解决这个课题,也没有实质的进展),而是在化学方面做了非常漂亮的工作。他首先液化了氯气(1823年),并发现了现在称为苯的化合物(1825年)。苯这种化合物非常重要,随后由凯库勒解释为具有典型的环状结构,而且是20世纪研究生物分子的一把重要钥匙。1825年,法拉第作为戴维的继任人,成为皇家研究院实验室的主任(事实上意味着他在运作整个研究院),并于19世纪20年代后半期,通过举办一系列新的、广受欢迎的讲座(其中有很多是他自己主讲),以及专门为儿童开设圣诞讲座,增加了皇家研究院的财富。令人惊奇的不是法拉第在这么长的时间内没有对电学和磁学进行细致的研究,而是他竟然有时间做研究。早在1826年,法拉第所写的一段话正是科学日新月异的一个重要迹象:

> 对于每个想为化学实验贡献自己一份力量的人来说,他一定不可能完完全全地阅读与研究相关的、已发表的所有专著和论文;它们数量巨大,而在辨识出少数实验和理论真理的

过程中，有很大一部分是无趣、想象和错误，这个工作量过于庞大，因此大多数试图做实验的人会选择性地阅读，因而有时会无心地忽略一些真正好的论著。*

这个问题只会越来越糟糕，很多一流科学家对此的反应常常是根本不管"追踪最新文献"（如我们所看到的爱因斯坦的例子）。1833年，一笔新的捐赠让法拉第担任皇家研究院的富勒化学教授——但是，尽管法拉第当时已年过四旬，他还是成功地重拾了电学和磁学研究工作，他将在此领域获得他最伟大的成就。

电动机与发电机的发明

19世纪20年代，有一个问题一直萦绕在许多人的脑海之中，包括法拉第。这个问题就是：既然电流能够在其附近产生磁力，那么反过来，一块磁铁能产生电流吗？1824年人们已经有一个重要发现，但是直到法拉第于19世纪30年代重新研究这个问题时，还没有人能够正确地阐释这个发现。阿拉戈发现，如果在一个转动铜圆盘（就像一张唱片在播放机里转动）正上方用细线悬挂一根磁针，那根磁针就会发生偏转。英国物理学家巴洛（Peter Barlow, 1776—1862）和克里斯蒂（Samuel Christie, 1784—1865）也发现了类似的效应，但他们用的是铁圆盘。因为铁是磁性材料，而铜不是，所以阿拉戈的发现更让人感到奇怪，而最终证明这一发现更具洞察力。我们现在可以解释这种现象，这是能够导电的圆盘与磁针之间有相对运动的缘故，这样会使圆盘上产生感应电流，电流又进一步产生磁效应，使得磁针偏转。这一解释完全归因于

---

* 引自克劳瑟（Crowther），《19世纪英国科学家》（*British Scientists of the Nine-teenth Century*）。

法拉第在19世纪30年代的工作。

1831年,当法拉第解决了这一问题之时,人们就已经清楚认识到,一根导线绕成螺旋变成通电线圈,就相当于一根条形磁铁,其北极在线圈的一端,南极在线圈的另一端。如果导线圈绕在一根铁棒上,导线通电后铁棒就变成磁铁了。为了看看这种效应能否反过来,即一根磁铁棒是否会使导线产生电流,法拉第使用了一个铁环进行实验,这个铁环直径15厘米,铁本身的厚度是2厘米。他在铁环上绕了两圈方向相反的导线,并且把其中一个线圈连接到一个电池的两极(通过线圈的电流使铁环磁化),另一个线圈连接到一个灵敏的仪器(电流表,它的原理就是基于法拉第于1821年所描述的电动效应),用以探测铁环磁化时是否有感应电流。1831年8月29日,关键的实验出现了。让法拉第感到惊奇的是,他发现当第一个线圈只是刚刚连接到电池上时,电流表上的指针就会快速地颤动一下,随后回落到0的位置。当断开电池的连接,电流表指针又会再一次快速颤动一下。当一股**稳定的**电流流过线圈时,铁环上就产生了**稳定的**磁感应,就不会有感应电流产生。但当电流**变化**(电路开或关)的刹那之间,磁感应也随之发生变化(增加或减小),就会有感应电流产生。在进一步的实验中,法拉第很快就发现,把一根条形磁铁在导线圈中穿插,也足以使导线产生电流。他发现,正如移动的电(在导线中的电流)能在它附近产生磁一样,一个移动的磁体也能在其附近产生感应电流,这就是一幅简洁、对称的图景,解释了阿拉戈实验,也解释了为什么没有人能用固定磁体产生感应电流。由此,继正式发明了电动机以后,法拉第现在又发明了发电机,也就是利用导线圈和磁体之间的相对运动产生电流。这一系列的发现发表在一篇论文里,于1831年11月24日在皇家学会宣读,把法拉第推上了同时代科学家当中的最高地位。*

法拉第对力线研究

法拉第继续进行关于电学和化学(电化学)方面的工作,当中的许多工作在工业上有很重要的应用,并且引入了到现在人们还很熟悉的术语,如"电解液""电极""阳极""阴极"以及"离子"等。但他还为科学作出了一项很重要的贡献,那就是对自然力的理解。尽管他长期以来不断地对此事做出深刻的思考,但对力的理解跟我们现在所讲的这个故事有更大的关系。在1831年的一篇科学论文里,法拉第首次运用了"力线"这一术语,他从我们耳熟能详的一个中小学实验中发展出这一概念:把铁屑洒在一张纸上,纸下面放一根条形磁铁,铁屑所形成的曲线连接了磁铁两极。这些力线从磁极或者带电粒子出发作用于它们的外部,而力线概念清楚地阐释了一种直观可见的磁感应和电感应。如果一个导体与一个磁体相对静止,那么它也与磁体的力线相对静止,因而没有电流产生。但如果让导体移动经过磁体(或者让磁体移动经过导体,这两者是等价的),导体运动切割了力线,因而在导体内就产生了电流。如果磁场从无到有,如上述那个铁环实验一样,法拉第就设想了这样一个过程:从磁体发出的力线占据空间,切割了环上的另一个线圈,在磁力线形状稳定以前产生一股短暂的闪动电流。

法拉第对于是否发表他的理论感到犹豫不决,但是他想对这些概念提出最先的所有权(颇像达尔文不愿发表他的自然选择理论的情形,但又想建立起他的优先权)。1832年3月12日,他写了一份记录,装在

---

*当时在纽约奥尔巴尼学院任教的美国人亨利(Joseph Henry, 1797—1878)比法拉第稍微早一点儿发现了电磁感应现象,但他的成果并没有发表,1831年的欧洲也不知道。

一个信封里,在见证人的见证下密封好并签上日期,放到皇家学会一处安全的地方,待他死后开启。这份记录中有一部分是这样说的:

> 当一个磁体作用于特定距离以外的另一个磁体或者铁块,感应作用(我也许可以称此为磁力)从磁体逐渐发生,其传播需要一定的时间……从磁极发出的磁力的传播,我更倾向于比照扰动水面的振动,或者声音传播等现象中的空气振动等传播方式:亦即,我赞成振动理论能用以解释这些现象,正如它能解释声音一样,而且有很大的可能能解释光。

法拉第早在1832年就指出了磁力需要时间穿越空间(拒绝接受牛顿的瞬时远距作用的理念),认为它涉及的是一种波形运动,而且还与光相联系(尽管证据很弱)。但是由于他的背景关系,法拉第缺乏足够的数学技巧来进一步处理他的理论,这也是他不愿早早发表这些理论的原因之一。另外,因为他缺乏数学技巧,他不得不创设物理上的类比来说明他的理论,并且最终以这种类比的方式把其理论公之于众。但这一次发表,只是在法拉第因为工作过度而经受的一次严重精神崩溃以后,时为19世纪30年代后期。他从崩溃之中得以恢复后*,或许正是意识到了自己不可能长命百岁,必须留给子孙后代一些东西,而不是在皇家学会地窖里封存的记录,于是在一次"周五晚讲座"上(这是他于19世纪20年代后期引入的系列讲座计划的一部分),法拉第首次公开表达他的观点。

1844年1月19日,法拉第52岁,他那天演讲的主题是原子的本质。当时,他并不是唯一把原子看成启发式装置的人,但相比许多持原子假说者的同时代对手,法拉第有着更加深入清晰的思考。法拉第并不把原子视为一个位于一张力网中心的物理实体,原子也不是那些力存在

---

*"恢复"也是相对的,他再没有完全恢复原状。

的原因。他向听众们提出:把力网视为潜在的实体,原子只能作为高度聚集物存在于由力线所织成的力网之中——用现代的术语说就是"力场",他认为这样想的话更为合理。法拉第表达得很清晰,他想到的不仅仅是电和磁方面。在一个经典的"思想实验"中,他让听众们想象太阳单独存在于空间中的情况。日地距离是一定的,那如果地球突然在空间中消失,会发生什么情况? 太阳是如何"知道"地球在那儿的? 地球是怎样回应太阳的存在的? 根据法拉第的推演,即使是地球出现以前,联系着太阳的力网——力场——就已经遍布于空间之中了,包括地球即将要出现的那个地方。因此一旦地球出现,它就"知道"太阳就在那儿,而且会和它所遇到的场相互作用。此时,就与地球有所关联的东西来说,场**就是**地球所遭遇到的实体。但是,太阳是不会立刻"知道"地球已经出现的,直到经过一段时间(法拉第无法猜出是多长时间),让地球的引力感应穿过空间(就像线圈因为先与电池联通,然后发出磁感线)到达太阳。根据法拉第的说法,磁力线、电力线和引力线布满了整个宇宙,它们都是实体,靠着这些实体,那些组成世界的看得见的物质实体得以相互作用。整个物质世界,从原子到太阳、地球(及以外的东西),纯粹是在不同场中的结点的结果。

在1844年,尽管这些理念已经有条理地描述了(没有用数学方式)世界的运作方式,且与现代理论物理学家所描述的并无二致,但是它们在那个时代过于前卫,因此没有产生什么影响。但到了1846年,在另一个周五晚讲座上,法拉第回到他力线的主题上。这一次,他所表达的理念将在数十年内开花结果。尽管法拉第很明显是经历了长期工作才得出这样的结论,但是这一重大场合的到来还是有点偶然。1846年4月10日,原来定好在皇家研究院演讲的纳皮尔(James Napier),在出席前一周不得不取消这次演讲,使得法拉第完全没有时间找人来代替,除了他本人以外。为了很好地填补空白时间,在那天晚上,法拉第花了很多时间来综述惠斯通(Charles Wheatstone,1802—1875)的一些工作。后者是伦敦国王学院的实验物理学教授,此外,他还做了有关声学的有趣而重要的工作。众所周知,惠斯通与演讲毫无关系,法拉第知道通过介绍惠斯通的工作,他帮了朋友的忙。但这也没能占据整场演讲的有效时间,而在演讲的最后,法拉第讲了更多的关于力线的理念。此时,他提出光的传播能用电力线的振动来解释,放弃了携带光波的流质媒介(以太)的旧观念:

> 因此,我大胆地提出这样的观点:辐射是力线的一种高频振动,而我们知道,力线是与粒子以及物质质量相关联的。我这个观点尝试放弃以太,而不是振动。

法拉第继续指出,他所提及的振动类型是横向的,沿着力线从一端到另一端,是像水波一样波动,而不是像声音一样的推-拉形式的波。他强调,这种传播是需要时间的,并猜想引力一定也是以相似的形式运作,同样需要时间从一个物体传到另一个物体。

法拉第快要60岁的时候依然非常活跃,此外还担任顾问,为政府在科学教育和其他方面建言献策。为了忠诚于桑德曼教会的教义,法拉第谢绝了一个骑士头衔,两次拒绝担任皇家学会主席的邀请——尽管这些邀约肯定会使得这名前装订学徒的内心暖流涌动。随着法拉第的精神体力日渐衰落,他于1861年向皇家研究院请辞,时年70岁,但他还是被请求留在(大体是名义上的)负责人的职位上。直到1865年,他仍与皇家研究院有所联系。1862年6月20日,法拉第作了最后一次周五晚讲座,同年他与萨拉搬出阿尔伯马尔勒街,住到了汉普顿宫的一所华丽优雅的房子里。这所房子是由艾伯特亲王(Prince Albert)建议、维多利亚女王提供的。法拉第于1867年8月25日在那儿去世。在此3年以前,麦克斯韦已经发表了他关于电磁学的完整理论,直接从法拉第的力线概念出发,明确地解释了光本身是一种电磁现象。

测量光速

在麦克斯韦建立其电磁和光的理论之时,一个更加关键的实验证据(或者是两个相关的证据)已经出现。19世纪40年代末,法国物理学家菲索(Armand Fizeau, 1819—1896)意外地成为研究光的多普勒效应的第一人,他第一次准确而有理有据地测量出光的速度。他让一束光通过一个旋转齿轮边缘的空隙(就像城墙垛之间的空隙),照向8千米外的山顶,经过一面镜子反射回来,通过齿轮边缘的另一个空隙。齿轮以一个合适的速度旋转,这个过程才能实现。已知齿轮旋转的速度,菲索就能计算出光在传播过程中所用的时间,他估算出的光速与现代值相差在5%以内。菲索在1850年还证明了,光在水中的传播速度要远远慢于在空气中的传播速度。这是光波动模型的一个关键性预言,同时也似乎是压垮光微粒模型的最后一根稻草,因为后者预言光在水中要比在空气中传播得更快。傅科(Léon Foucault, 1819—1868)在19世纪40年代与菲索一起研究摄影术(他们首次获得了太阳表面详细状况的照片),也对测量光速感兴趣。傅科发展了阿拉戈所设计(也是基于惠斯通的一个想法)的一个实验;阿拉戈于1850年失明后,傅科从阿拉戈那儿接收到他原来使用的那套实验装置。这个实验让光从一个旋转的镜子反射到一个固定的镜子,然后反射回来,再到旋转镜中做第二次的反射。从光束偏折的角度可知光在反射的过程中,旋转镜旋转了多少角度;而知道旋转镜的旋转速度,又可以得出光的速度。傅科其实是模仿了菲索的做法,不过是反过来做的。他于1850年第一次用这种方法(比菲索稍早)证明了光在水中的传播要远远慢于在空气中的传播。随后,他测量了光速。到了1862年,他大大优化了这个实验,测出光速为 298 005 千米每秒,与现代值(299 792.5 千米每秒)相差在 1% 以内。在麦克斯韦理论出现的历史背景之下,这个准确的光速测量值显得极为宝贵。

麦克斯韦是两个而不只是一个优秀家族的后代,而且这两个苏格兰家族,即米德尔比的麦克斯韦家族和佩尼库克的克拉克家族相当富裕,早在 18 世纪就联姻了。正是米德尔比的不动产(位于苏格兰西南角、加洛韦地区的达尔比蒂附近约 600 公顷的农地)传给了麦克斯韦的父亲约翰·克拉克(John Clerk),结果他以麦克斯韦为姓;佩尼库克的财产则由约翰·克拉克的哥哥乔治(George)继承(继承权是合法分配的,因此两个家族的财产不能由同一个人来继承),他就是乔治·克拉克爵士(Sir George Clerk),是中洛锡安郡议会成员,在首相皮尔(Robert Peel)主导的政府中供职。在米德尔比的不动产不足称道,对于其所有者来说,只有一些贫瘠的土地,甚至还没有一所像样的房子。而且约翰·克拉克大部分时间住在爱丁堡,以一种毫无热情的方式进行着法律实习,却怀着更大的兴趣,关注着科学和技术的最新进展(正如我们所看到的,在 19 世纪的头几十年,在爱丁堡涌现了相当多的科技新进展)。但到了 1824 年,他与凯(Frances Cay)结婚,在米德尔比建了一所房子。于是,他们在那儿定居,并着手改良土地,弄走了田野中的巨石沙砾,以备耕种。

1831 年 6 月 13 日,麦克斯韦出生在爱丁堡而不是加洛韦。在爱丁堡,麦克斯韦的父母可以确保有足够的医疗条件照顾他的出生。这尤其重要,因为凯已经 40 岁了,先前的一个小孩伊丽莎白(Elizabeth)出生于几年以前,但出生数月以后即夭折。麦克斯韦就是夫妻俩余下的唯一的小孩,他在米德尔比的新家“格伦莱尔”长大。在乡下,他跟本地的小孩儿一起玩耍,因而尽管有一些贵族的血统,他长大后说话却带有浓重的加洛韦口音。当他还是个小孩时,达尔比蒂确实是远离城市的荒村——尽管离格拉斯哥仅110千米,但这就有一整天的路程。在1837年格拉斯哥—爱丁堡铁路开通以前,达尔比蒂离爱丁堡有两天的路程。在耕作之前需要从田野里清除巨石,这件事情一开始就意味着麦克斯韦一家就像当时在美国西部居住的家庭,而不像住在离伯明翰几十千米远的典型英国家庭。

麦克斯韦的母亲48岁时死于癌症,他时年仅8岁,这对他失礼举止的养成有所影响,因为他已经失去了母亲这个可能的限制。他非常喜欢和父亲在一起,关系亲密,而他父亲非常鼓励儿子增长对世界的好奇心和知识。但麦克斯韦总有些奇怪的想法,包括为家人设计衣服和鞋子,设计出来的东西在某种程度上是很实用的,但当然不是时髦的款式。在格伦莱尔唯一的乌云是一位年轻家庭教师(他本人几乎就是一个小男孩儿)的出现,在母亲弥留之际,他受聘来教导麦克斯韦。这位家庭教师似乎试图要把知识填鸭式地灌输给麦克斯韦,而且这种情况持续长达两年之久,因为麦克斯韦固执地拒绝向他父亲抱怨所受到的对待。但在麦克斯韦10岁的时候,他被送往爱丁堡学院接受正规的教育,每个学期都住在一位姑姑的家里。

小男孩在爱丁堡学院出现了(他在学期开始后才上的学),他衣着奇怪,一口浓重的乡音,你可以想象这会在其他男生中所引起的一些反应,甚至会出现先而口角、继而动武的状况。麦克斯韦被安上了"傻人"的浑名,这是对他奇怪的外貌举止的影射,而不是按字面意思指他智力低下。他交到了一些朋友,学会了容忍他人,而且对父亲来访爱丁堡感到高兴。他经常被带去看一些科学演示实验——他12岁时看到了一个关于电磁现象的演示实验。同年他与父亲参加了一个爱丁堡皇家学会的讨论会。数年之内,麦克斯韦显示出不同寻常的数学才能,他在14岁时发明了一种方法,只用一根环形绳索就能画出一个真正的卵形(不是椭圆形)。尽管这是他的原创,但实际上,这也不是十分了不起的成就,然而,通过父亲的联系,麦克斯韦的这项工作发表在《爱丁堡皇家学会会报》(*Proceedings of the Royal Society of Edinburgh*)上——这是他的第一篇科学论文。1847年,麦克斯韦16岁(这通常是那时进入一所苏格兰地区大学的年龄),前往爱丁堡大学学习3年,但还没毕业就转到剑桥大学了(一开始是在彼得豪斯学院,后来在第一学期末时转到牛顿曾就读的三一学院),并于1854年毕业(是当年的第二名)。作为一名优秀的学生,麦克斯韦成为三一学院的研究员,但他只在那儿留到1856年,因为他当时获任为阿伯丁的马歇尔学院的自然哲学教授。

麦克斯韦在剑桥任研究员的经历虽然短暂,但是也有足够时间使他从事两项重要的工作——其一,发展了托马斯·杨的视觉颜色理论,其工作揭示出一些基本的颜色是如何"混合"并欺骗人眼出现不同的颜色的(其经典的实验是在一个陀螺的不同部分涂上不同的颜色,当陀螺旋转时多种颜色会融合);其二是一篇重要的论文《论法拉第的力线》(On Faraday's Lines of Force),文中高屋建瓴地论述了什么是电磁学已知的,什么是电磁学还要继续研究的,这为他稍后的研究奠定了基础。麦克斯韦关于视觉颜色的工作是彩色照相法的基础,这种方法的原理就是融合由3种不同的滤镜(红、绿和蓝)拍摄出来的单色照片。他的工作是彩色电视机和今天电脑显示器彩色显示系统的基础,也是彩色喷墨打印机进行彩色打印的基础。

麦克斯韦的父亲于1856年4月2日去世,不久后,麦克斯韦就获得阿伯丁的教职了。但他也没有孤独太久,于1858年与凯瑟琳·玛丽·迪尤尔(Katherine Mary Dewar)结婚。她是学院院长的女儿,比麦克斯韦大7岁。他们没有生育孩子,但在许多工作中,凯瑟琳都在担任麦克斯韦的助手。然而事实证明,他们俩的家庭关系并没有在其大学职业生涯中起到作用。1860年,阿伯丁的马歇尔学院与国王学院合并(组成阿

伯丁大学将来的核心)。合并后的机构只需要一位自然哲学教授,但因
为麦克斯韦的年纪比国王学院的教授小(后者碰巧是法拉第的外甥或
侄子,尽管这一关系跟谁当选教授无关),所以他必须离开。麦克斯韦
在阿伯丁所做的最有价值的工作,是他对土星环本质的一项理论性研
究,这项研究证明了土星环一定是由小微粒或者是由绕行星轨道运行
的卫星小碎石所组成的,而且土星环应该不是铁板一块。要证明这一
结论需要对大量粒子进行数学处理,似乎正是这一点,帮助麦克斯韦走
上了对分子动理论作出贡献的道路。这一部分在前一章已提及,是在
他阅读了克劳修斯的著作,并由此而产生兴趣之后。当20世纪末,土
星环的彩色图像由太空探测器传回地球之时,所用的是麦克斯韦三原
色成像理论,为我们带来了麦克斯韦所预测到的卫星碎石照片——而
传送图像所用的无线电波,也是(我们即将看到的)麦克斯韦的另一个
预言。

麦克斯韦完成电磁学理论

麦克斯韦和妻子离开阿伯丁,回到老家格伦莱尔。他在那儿感染
上了天花,但及时康复,得以申请并获得伦敦国王学院的自然哲学和天
文学教授的职位。正是在国王学院,麦克斯韦完成了关于电磁学理论
的伟大工作,但是到了1866年,由于健康原因,他不得不请辞——他在
户外骑马时被一根树枝擦伤了头部,这个伤口致使他感染上严重的丹
毒,这是一种炎症(我们现在知道其原因是链球菌感染),主要症状是剧
烈头痛、呕吐、脸上长紫色的脓疮。有人推断说,这次严重的疾病可能
与他前一阵子感染天花有关。

从麦克斯韦早年对法拉第的力线开始感兴趣算起,其伟大的工作
已经酝酿了约10年之久。19世纪40年代,在热流经固体的方式与电场

力的图式之间,威廉·汤姆孙已经找到了两者的一个数学类比。麦克斯韦回顾归纳了这些研究,并寻找相似的类比。他写了一系列的信件,与威廉·汤姆孙进行交流,这帮助他理清了思路。由此,麦克斯韦提出了一个中间模型,这个模型建基于一个看起来很奇怪的思想:电力和磁力通过各自旋涡的相互作用传播,这些旋涡以流体形式旋转,充满空间。但这个物理模型的奇怪外表并没有阻止麦克斯韦发展他的理论,因为,正如麦克斯韦一针见血地指出,所有这些物理图景都是次要的,重要的是描述它运作的数学方程式。1864年,他写道:

> 由于人的思维类型各异,科学真理应当以各种形式加以表达;不管其表达形式是生气勃勃、充满色彩的物理图景,还是平淡短小的符号,我们都应当把它们看成是等价的,且都是科学的。*

这段话几乎是麦克斯韦所写过的文字中最重要的一段。正是科学在20世纪的发展(尤其是量子理论的发展),我们才逐渐认识到,要描述超出我们感观范围以外尺度的事物如何运作,我们所用到的物理图景和物理模型不再依赖于我们的想象,而且我们只能说是在某些情况下一些特殊现象表现为"近似"图景而已。我们说一条振动的线,不是说它**就是**一条振动的线(或者其他)。正如我们将会看到的,在一些情况下,不同的人使用不同的模型来刻画同一种现象是十分可能的,但是对于他们来说,基于数学的推断,都能提出在某些刺激下这种现象是如何响应相同的预言的。这里把后面的故事稍稍提前,我们就会发现,尽管在很多情况下,光表现得像一束波这一描述是相当正确的(特别是光

---

* 麦克斯韦于1864年发表的那篇伟大的论文,和其他科学论文中的大部分,都能在《麦克斯韦科学论文集》(*The Scientific Papers of J. Clerk Maxwell*)中找到(见参考文献)。

从 A 传播到 B 时），但在另一些情况下，光又表现为一串微小的粒子流，正如牛顿所想象的那样。我们不能说光**是**一束波或者**是**一串粒子，只是在一些情况下，它**像**一束波或**像**一串粒子。另一个类似的例子也要用到 20 世纪的科学，这或许有助于我们理解上述观点。有时候，我被问到是否相信"真的有"一次大爆炸。最佳答案是，我们已有的证据一致指向这样一个理论：我们现在所看到的这个宇宙是在约 130 亿年前，由一个高热高密的状态（大爆炸）演化而来。在这种意义上，我相信有一次大爆炸。但这与另一类的相信并不一样，例如我相信，在伦敦市中心的特拉法尔加广场有一座巨大的纳尔逊纪念柱。我看过也摸过那座纪念柱，我相信它是存在的。我没有看过、也没感受过大爆炸，但是要描述远古宇宙到底如何，大爆炸模型是我所知道的最好方式，而这幅图景与有效的观察事实和数学推算相互吻合*。这些全都是很重要的观点，是我们从牛顿式的经典科学（大致上处理人们能看得见摸得着的事物）向 20 世纪科学（某种程度上处理人们看不见摸不着的事物）转变的过程中所吸收到的。模型很重要，而且很有用，但是它们不是真理。至于科学真理，它存在于数学方程式当中，而麦克斯韦就提出了这样的数学方程式。

1861—1862 年，麦克斯韦发表了一组 4 篇论文《论物理上的力线》（On Physical Lines of Force），他依然用旋涡这一物理图景，但是除此以外，他还注意到在此情况下波是怎样传播的。波的传播速度取决于传播介质的性质；通过使用适当的介质性质数据，与已知的电磁性质进行匹配计算，麦克斯韦由此发现，该介质会以光速传播电磁波。对这一发现的兴奋，麦克斯韦在其 1862 年的论文中溢于言表，而且特别强调其

---

*在一些宗教里，还有第三类的相信，其全部观点是基于对宗教故事的相信，只凭信念，不理会任何证据。

发现的重要性："我几乎不能不作出这样的推论：**光存在于介质的横向波动之中，同样的介质也是电现象与磁现象的原因。**"*

光是一种电磁波

通过对理论进行数学上的提炼，麦克斯韦很快就发现，可以放弃旋涡概念以及传播横波的介质。物理图景帮助他建立数学方程式，但方程式一旦建立起来，它们就是独一无二的——最清晰的类比是一座雄伟的中世纪大教堂，它是在零零碎碎的木头脚手架的帮助下建成的；但是，一旦把脚手架撤走，大教堂就是没有外在支持地、独一无二地矗立在那儿享受人们的赞美。1864年，麦克斯韦发表了一篇力作《电磁场的动力学理论》(A Dynamical Theory of the Electromagnetic Field)，分析了经典电磁学所有可能的情况，总结为一组总共4个数学方程式，也就是现在著名的麦克斯韦方程组。除了一些量子现象以外，所有关于电和磁的问题都可以用这些方程进行解答。因为用一组方程就解决了所有的电磁问题，所以麦克斯韦实现了法拉第之前首先提到的一种可能性：把两种力统一到一个打包的理论之下。以前曾是分立的电学和磁学，现在只有一种场，即电磁场。所有这些，就是麦克斯韦在伟大科学家的万神殿中位列牛顿身旁的原因。在他们中间，牛顿定律以及引力理论，还有麦克斯韦方程组，在19世纪60年代末就解释了物理学上已知的一切。无疑，麦克斯韦的工作是《原理》以来物理学上最伟大的成就。而且在方程里，还有些锦上添花的东西。方程组中包含了一个常量c，代表电磁波的传播速度，而这个常量与可量度的物质的电磁性质相关。麦克斯韦用实验测量电磁性质时，"光产生的唯一作用"正如他所说，"是使实验仪器能被人看见"。然而在实验误差范围之内，实验得出来

---

*见前引麦克斯韦之书。

的数据(c的值)却正好与(当时准确测量出的)光速相同。

> 这个速度与光的速度是如此接近,以至于我们似乎有很
> 坚实的理由作出光本身(还包括热辐射和其他辐射)是一种电
> 磁扰动这一结论,这种扰动是根据电磁定律、以波的形式通过
> 电磁场传播的。*

这里提到的"其他辐射"非常重要。麦克斯韦预言,存在比可见光波长长得多的电磁波,即我们现在所称的无线电波。19世纪80年代后期,德国物理学家赫兹(Heinrich Hertz, 1857—1894)进行了一些实验,证实了电磁波的存在,它们以光速传播,而且它们跟光一样,能够发生反射、折射和衍射。这就进一步证明了麦克斯韦的光理论是正确的。

虽然数学方程和实验证据引人注目,但正如麦克斯韦所重视的那样,思考出一个多姿多彩的物理模型也是很有帮助的——只要我们记住,模型并非实体,它只是简单地指导、帮助我们去描绘现象是如何发生的。在这个例子中,想象光(或者其他电磁辐射)传播的一种方法,是设想一根自然伸直的绳子,它能从一端开始做波浪式的摆动。请注意,正如法拉第所发现的那样,一个变化的磁场产生电场,而一个变化的电场产生磁场。如果能量是通过抖动绳子而输入的(相当于在导线或一个天线系统中首先制造一个方向的电流,然后形成另一个方向的电流,能量由此输入到电磁场之中),那么你就能把"波浪"通过绳子传向远端。上下抖动绳子产生的是垂直的"波浪",由此引起相邻的振动形成水平的"波浪"。麦克斯韦方程组告诉我们的其中一件事是,在电磁波中相似的电波和磁波之间的夹角是直角——就是说,如果电波是垂直的话,磁波就是水平的。在波的传播路径(由绳子传播的话就是整条绳子)上的每一点,随着波的经过,电场持续地发生变化。但这意味着,肯

---

* 见前引麦克斯韦之书。

定还有一个持续变化的磁场,它是由持续变化的电场产生的。因此在波的传播路径上都有一个由持续变化的磁场所产生的持续变化的电场。就像一束光(或者无线电波)一样,利用在辐射起源处激发的能量,这两组"波浪"交叠前行。

随着伟大工作的完成——在牛顿传统中经典科学的最后一项伟大成就——麦克斯韦(1866年时依然只有35岁)在加洛韦定居,优游岁月。同时他和许多科学界的朋友保持通信联系,并且撰写了一部伟大的著作《电磁通论》(*Treatise on Electricity and Magnetism*),此书以两卷本于1873年出版。麦克斯韦拒绝了一些有名的学术职位的邀请,但在1871年,他受邀担任第一位卡文迪什实验物理学教授,(而更重要的是)组建领导卡文迪什实验室,麦克斯韦因此被吸引回归剑桥*。该实验室于1874年开张。麦克斯韦在卡文迪什实验室待了足够长的时间,有着很重要的影响。在接下来科学革命的数十年里,他使实验室成为研究物理学新发现的最重要的中心。但是麦克斯韦在1879年患上重病,同年11月5日,在和母亲相同的年龄(48岁)死于与母亲相同的疾病(癌症)。同年3月14日,后来看穿麦克斯韦方程组所有隐含意义的第一人在德国乌尔姆出生。当然,他的名字就是阿尔伯特·爱因斯坦。

某种程度上,爱因斯坦与电磁世界开始发生联系是在他出生一年后,当时他们举家迁往慕尼黑。在那儿,他父亲赫尔曼(Hermann)与他叔叔一同[在爱因斯坦的母亲保利娜(Pauline)家族的资助下]开办了一个电子工程企业——这是当时的一个很好的例子,显示出法拉第的发现如何转变为实际的应用。严格来讲,这家公司是成功的,曾一度雇用200人,并且为小镇安装电灯。但是他们常常资金不足,最后输给了逐渐成为巨人的德国电气企业(其中包括西门子和德国爱迪生公司),并

---

* 他还编辑了《尊敬的亨利·卡文迪什先生未出版的电学著作》(*The Unpublished Electrical Writings of the Honorable Henry Cavendish*)一书,出版于1879年。

于1894年破产。为了寻找更适合的商业环境,他们两兄弟移居到意大利北部,其公司开展了先前已订下合约的工作,但是在那儿,他们只是取得了小小的成功。这一次移居,他们把15岁的爱因斯坦留在了德国的学校里完成学业。

这不是一个好主意。爱因斯坦是一个聪明而有独立思想的青年,并不适合祖国僵化刻板的教育系统。这个国家新近被军事化的普鲁士统一和管治,普鲁士传统包括强制要求每一个青年男性服兵役。爱因斯坦是怎样策划从高中退学的,情况并不清楚。根据一些记述,他是经过一段时期的叛逆后被开除了,而另外一些记述则说他的退学完全是出于自愿。无论是哪种情况,爱因斯坦说服了他的家庭医生,证明他精神异常,需要完完全全的休息。祭出医生的证明,他出发与家人[他父母和他唯一的手足、妹妹马娅(Maja)]会合,并且于1895年年初抵达意大利。爱因斯坦声明放弃他的德国国籍(肯定是免除兵役的唯一方法),为家族企业工作了一段时间,而在投考苏黎世的瑞士联邦理工学院之前,他把更多的时间花在享受在意大利的快乐生活上。他将在苏黎世获得学位——学位含金量不及德国的大学,但至少获得了资格证明。1895年秋,爱因斯坦比瑞士联邦理工学院正常的入学年龄(18岁)还小了整整18个月,而且他高中退学,没有任何文凭,除了一封老师的证明信证明他的数学能力。他没能通过入学考试,尽管对这位过分自信的青年来说可能是一个打击,但对我们来说,这几乎是不足为怪的。1896年,爱因斯坦在苏黎世南部雅卢的一所瑞士高中学习仅仅一年之后,终于取得了联邦理工学院的入场券。这段高中经历成为他一生中最快乐的时光之一。他寄宿在中学校长温特勒(Jost Winteler)的家里,与温特勒的家人成了一生中的好朋友[爱因斯坦的妹妹马娅后来嫁给了温特勒的儿子保罗(Paul)]。

在苏黎世,爱因斯坦表面上是在学习数学和物理学,实际上完全在享受生活[包括使他的女友米列娃·马里奇(Mileva Maric)暗结珠胎,而这个非婚生的婴儿被人收养了],只完成最低的工作量以应付老师,同时广泛地阅读和学习正式课程以外的领域。他一如既往地对自身的能力感到自信,希望在期末考试中表现优异,以便在联邦理工学院或者一些大学中谋得一个初级职位。实际上他在考试中表现良好,并于1900年7月毕业,但是还算不上成绩优异——而无疑是他没有足够优异的成绩,使得教授们不愿意聘请一个他们看来性格上不适合格外繁重工作的人。于是,爱因斯坦于1905年成为伯尔尼专利局职员,那时他已于1903年与米列娃结婚,并于1904年5月14日生有一子,名叫汉斯·阿尔伯特[Hans Albert,另一个合法的孩子爱德华(Eduard)生于1910年7月28日]。

爱因斯坦的狭义相对论发表于1905年,其基础就是光速为常量。当他在确立其理论之时,已有实验的证据证明,不管测量者如何运动,测得的光速总是相同的。然而,虽然爱因斯坦知晓这个工作,但他没有受到影响,认识到这一点相当重要。致使他开始选定问题切入点的,是麦克斯韦方程组。方程组中包含了一个常量c,代表光速。方程组里涉及c值的确定,却没有提出要考虑观察者与光的相对运动关系的情况。根据麦克斯韦方程组,所有观察者会测量出相同的光速c,不管他们相对于光是静止,是迎着光源运动,还是远离光源运动(或者准确地说,观察者的运动可与光束形成任何夹角)。这既违反常识,又与牛顿机械定律中的速度相加原理相违背。如果一辆车以100千米每小时的速度在直路上向我驶来,而我以50千米每小时的速度迎头驶去,那么该车就是以150千米每小时的相对速度向我靠近;如果我以50千米每小时的速度行驶,而另一辆车只是在我前面,以100千米每小时的速度与我同方向行驶,那么这辆车就是以50千米每小时的相对速度远离我。但根据麦克斯韦方程组,无论是在哪种情况下,是车头灯射出的光还是车尾灯射出的光,相对于我的速度**以及**相对于其他车的驾驶员(并且相对于在路边的每一位旁观者)的速度都恒为c。一旦想到这一点,你就清楚牛顿运动定律和麦克斯韦方程组不可能都是正确的。1905年以前,大多数想到这个问题的人推断,麦克斯韦的理论中肯定有不太对的地方,因为麦克斯韦相对牛顿来说是个新人。时常打破权威的爱因斯坦大胆地提出了另一个答案——麦克斯韦是对的,至少在这个案例中,牛顿错了。这就是他那伟大洞见的基础。但这依然无损于我们来看看实验的证据,它从完美测量的角度证实了麦克斯韦是如何地正确。

迈克耳孙–莫雷的光实验

即使法拉第在1846年就试图要"放弃以太",但以太(aether)这个概念却拒绝消亡。在1878年(法拉第去世后仅一年)出版的《大英百科全书》里的一篇文章中,麦克斯韦本人还提出要利用光进行一个实验,以测量地球与以太(ether,他用的是一个更为现代的拼写)之间的相对速度。这个实验把一束光分为两束,这两束光分别射向两面镜子,其中一面镜子与地球在空间上的运动方向成一直线(可能是在以太中),另一面镜子则与之成直角。两束光从各自的镜子反射回来合二为一,并可以发生干涉现象。如此一来,每束光经过的路程相同,而又因为地球与以太之间的相对运动,两束光所用的时间是不同的,相互之间并不同步,因而会产生像双缝干涉一样的干涉条纹。做这个实验需要高精确度来验证麦克斯韦的预言,而接受此挑战的是美国物理学家迈克耳孙(Albert Michelson,1852—1931)。首先是他独自一人进行实验(其时他在柏林的亥姆霍兹实验室工作),随后于1887年在俄亥俄州与莫雷(Edward Morley,1838—1923)合作。他们发现,在一个非常高的实验精确度下,并没有证据证明地球相对于以太在运动——或者换句话说,光的前进方向与地球运动方向是一致或是成直角的情况下,所测得的光速是相同的。其实,在**所有**方向上,光速都是相同的。他们能随意旋转实验仪器,但却毫无结果;他们能在一天中的任意时间进行实验(地球自转的任意状态),也可以在一年中的任意时间进行实验(地球绕日公转的任意状态)。答案都是相同的——两束光并不产生干涉条纹。

迈克耳孙对光有某种程度上的执迷,他年复一年地设计实施越来越好的实验,以测量光速本身(当然,迈克耳孙–莫雷实验并没有测量实际的光速,因为它只是要看两束光之间的**差异**而已)。1907年,他因为这项工作的超级精确性而获得诺贝尔奖,但即使如此,他对光的研究还远没有完成。1926年迈克耳孙73岁的时候,他再次进行实验,这次实验演示的是光在加利福尼亚州两座山峰之间的一个来回的路程。他确定了在此期间光的速度是299 796±4 千米每秒,在实验误差范围内,与现代最佳值299 792.458 千米每秒相吻合。事实上,这个现代值是由光速**定义**的,这意味着米制的标准长度是由这些测量值所决定的。*

迈克耳孙和莫雷报告了他们确定的实验结果后没多久,爱尔兰数学家兼物理学家、供职于都柏林大学三一学院的斐兹杰惹(George FitzGerald,1851—1901)给出了一个解释。斐兹杰惹是第一批严肃对待麦克斯韦方程组的学者之一,他还详细阐述了一个题目,这就是我们现在所称的无线电波,而且是在赫兹进行实验之前。1889年,斐兹杰惹认为,相对于地球在空间运动的方向,不管实验仪器是如何指向,迈克耳孙–莫雷实验都不能测量出光速有任何的变化,这可以解释为,整套实验装置(其实是整个地球)在其运动方向上有一个微小的收缩——这个微小的量取决于装置的运动速度,并且可以通过实验中所得到的零结果加以准确计算。相同的构想由荷兰物理学家洛伦兹(Hendrik

---

*现在这些测量值是很精确的,而在通常的世界里,我们会把1米的长度稍作调整,以使光速正好为300 000 千米每秒。

Lorentz，1853—1928)于19世纪90年代独立提出。他在荷兰莱顿大学工作，而且把这一理论发展得更加完整（相当重要的是因为他很有福气，享寿比斐兹杰惹要长，后者因过度工作，很年轻的时候就死于胃溃疡）。1904年，他提出了一个确定的形式，也就是我们所知的洛伦兹变换方程。这儿有点忽略了历史的优先权，因为这一收缩效应现在被称为洛伦兹-斐兹杰惹收缩。

爱因斯坦的狭义相对论

这项工作有时被认为先于爱因斯坦的狭义相对论，这意味着爱因斯坦所做的工作其实是更为系统和详尽。斐兹杰惹和洛伦兹设想的那种收缩所涉及的是，物质中独立的带电粒子(原子)因为运动而相互间的吸引力不断增加，距离变近——考虑到法拉第关于运动会影响电性与磁性的发现，这并不完全是异想天开的想法，但现在知道这是错误的。另外，从第一原理出发，麦克斯韦方程组确定了一个独一无二的光速。爱因斯坦由此得出在数学上与洛伦兹变换式完全相同的方程，但后者设想空间中充满一种物质，这种物质会在与观测者相对运动的方向上收缩。方程还描述了时间的膨胀（相对于一个静止的观测者，运动的时钟会走得慢）以及运动物体质量的增加。相对论揭示出，任何运动速度低于光速的物体，其速度不可能加速到超过光速（设想这种情况的一个途径，是当它到达光速时，其质量会变得无限大，因而就需要无限的能量来使它的速度更快）。而且，联系到质量取决于速度，相对论还揭示出质量与能量之间的当量关系，即科学上最著名的方程：$E = mc^2$。

但所有这些测量是相对于谁？除了光速恒定不变以外，狭义相对论的另一个基本假设，就是它认为空间中并没有一个绝对静止的状态。

爱因斯坦认识到,宇宙中并没有一个绝对静止的参考系——没有"绝对空间"作为背景测量运动。所有运动都是相对的(因而成了这个理论的名字),任何不在加速状态下的观测者均可视他(她)自己为一个静止的状态,以测量其他所有物体与他(她)的那个参考系的相对运动。这个理论是"狭义"的,意思是它是严格限定的——只是在特殊情况下适用,加速的状态未被考虑。无论是以恒定速度相对于另一惯性系的观测者,还是以为自己是静止的观测者,在测量所有相对于他们的运动时,其效果是等同的。

爱因斯坦的方程中有着令人赏心悦目而且十分重要的对称性,它意味着不同参考系中的观测者(相互之间做相对运动)在对比各自的实验笔记时,会得到相同的实验结果,尽管他们不同意对方所得结果的方式。举个例子,如果我观察一艘宇宙飞船,它以接近光速的速度驶向10光年以外的一个星球,对于我来说,如果根据**飞船上的时钟**,它完成整个旅程的时间似乎要少于10年,这并非飞船比光速还要快,是因为时钟走慢了。对于飞船上的人来说,他们仍会觉得整个旅程所用的时间与我的计算相同,但他们会说他们的时钟运作如常,而他们的旅程确实是缩短了,这是因为地球与那个星球之间的距离收缩了——归因于宇宙中所有"经过"飞船的星球的相对运动,而这些星球可以说是静止的。如果任一观测者A看到观测者B的时钟走慢了、他的量尺收缩了,而B看到A的时钟也走慢、量尺也收缩,且其差值也是相同的,那么A和B都不会认为他们各自的测量仪器有任何问题。所有这些造成的一个奇怪的结果是:对于所有以光速运动的物体而言,时间是静止的。从光子(光的量子,将在第十三章进行讨论)的角度来看,它从太阳到地球所穿越的1.5亿千米完全不需要花费时间。从我们的角度来看,这是因为在光子上面的时钟将会静止;从光子的角度来看,是因为它的速度极快(请注意,这相当于光子是静止的,地球以光速向它撞过来),以至于太阳和地球之间的空间压缩到零,因而明显地,它不用花费时间就能穿过这个空间。当然至关重要的是,尽管这个推论看起来是那么地匪夷所思,但狭义相对论的预言却已被实验验证了许多次(例如利用粒子流,把它们加速到接近光速),其精确度达到小数点后许多位。这就是为什么它是一个理论,而不仅仅是一个假说。因为这些现象只在物体以接近光速的速度下才会出现,我们日常生活中是不会注意到的,因此它们并不是我们的常识。但是,它们没有一个不被证明为真。

闵可夫斯基与几何学中时间与空间的统一

如果说,在1905年,狭义相对论没有被爱因斯坦的同辈人所理解,这将是错误的。迈克耳孙在数年后获得诺贝尔奖这一事实很重要,反映出有许多物理学家都懂得洛伦兹变换以及爱因斯坦工作的重要性。但爱因斯坦的思想对世界的巨大冲击只是刚刚开了个头,这也是真实情况。他的工作与洛伦兹及斐兹杰惹工作之间的重要差异开始为人们所充分理解,是在1908年以后。当时,爱因斯坦过去的一位老师闵可夫斯基(就是形容爱因斯坦是"懒鬼"的那位)发表了一个理论,这个理论的根据不仅仅是数学方程,还有四维几何,即空间几何加上时间(现在融合成为时空)。1908年,闵可夫斯基在科隆大学的一次讲座(闵可夫斯基生于1864年,在该讲座仅一年后因阑尾炎引起的并发症而去世)上说道:

> 从今以后,空间本身和时间本身注定要褪去光华,仅能容身于阴暗的角落;而只有这两者的联合体才会保持成为一个独立的实体。

尽管爱因斯坦一开始并不喜欢把他的思想几何化,但正如我们将看到的,正是空间和时间的几何式的联立,导致了他被世人视为最伟大成就的东西,即广义相对论(general theory of relativity)的出现。

1905年以后,物理学将不再与之前相同(我们还会讨论到我所认为的、爱因斯坦奇迹年中最重要的成就,包括他获得诺贝尔奖的工作,以及他为量子理论打下基础的工作)。20世纪的基础物理学将以经典物理学先驱们(如牛顿乃至麦克斯韦)所意想不到的方式发展。但经典科学(特别是经典物理学)仍然有一次伟大的成功即将到来,这次成功涌现于对经典科学思想(基本上是1905年以前的思想)的运用当中,人们运用这些思想以解决人类尺度中最为宏大的谜题,那就是地球起源和进化的本质。

◇ 第十二章

经典科学的最后欢呼

经典科学的最后一次伟大胜利确实是源于一个发现,而从今人的后见之明来看,这一发现却属于20世纪的后经典世界(与文学或艺术史上古希腊罗马的后古典时代不同,科学意义上的后经典指的是它的理论基础是相对论和量子力学)*。那就是放射现象的发现(这种现象本身发现于19世纪)。赖尔及其前辈所发展出的均变理论要求一个大时间尺度,在此时间尺度内,放射提供了一个热源,以免地球内部冷却为一团惰性实心巨块。人们从放射现象的发现当中,增进了对相对论和量子物理学的认识,从而解释了恒星如何以质量转化为能量来保持闪耀。然而,就像伽利略能研究钟摆和小球滚下斜面的方式,却不知道重力如何对物体施加影响一样,地球物理学家所需要知道的所有关于放射现象的知识就是,它的确给地球保存自身热量提供了一个途径——那是能量的来源,驱使地球产生一些物理过程,这些物理过程在很长一段时间内塑造了该星球的表面,并且一直延续到今天。在这些知识的武装下,他们能把地质学发展为地球物理学,以解释大陆以及海洋盆地的起源、地震的发生、火山爆发和造山运动、因侵蚀而造成的水土流失,以及其他很多现象。所有这些都是以科学为根据的,牛顿和伽

---

*“后经典”和“后古典”的英文同为“post-classical”。——译者

利略等人对这种科学本就可以理解得很好,更不用说威廉·汤姆孙和麦克斯韦了。

收缩理论:我们的地球褶皱了吗?

尽管赖尔(特别是在英语世界,尤其是对查尔斯·达尔文)有很重要的影响,但我们都不应忘记《地质学原理》发表后一统天下的均变论思想,以及19世纪大多数地质学家实际所关心的、有关地球塑形的物理成因的辩论。实际上,我们不好说那是一场辩论,因为不同的人都能提出不同的模型,而每个模型又各有其追随者,但是这些竞争者却不会讨论他们对手模型的优点,或者致力于发表任何直接质证的文字。贯穿于19世纪最前沿的,而且占很大比重的第一要务,仍然是进行田野调查。地质学家们得把地层的顺序排列正确,给出一个**相对的**时间尺度,这样他们就能够知道哪些岩石比较古老、哪些岩石比较年轻。至于对那些地层的起源作出研究,其研究思想甚至还带有几分均变论的色彩。当时人们普遍认为,尽管作用于过去的力量的**种类**与今天的相同(如地震、火山),但是当地球更年轻、(人们假设)更炽热的时候,这些力量在过去可能更加有力。赖尔的均变论认为,大陆能转变为海底,而大洋底部则可以升高成为大陆;但是另一学派(仍然是均变论者)思想以"永恒论"观点最为著名,该观点认为大陆永远是大陆,海洋永远是海洋。永恒论者的势力在北美尤为强大,1850—1892年在职的耶鲁大学自然哲学和地质学教授达纳(James Dana,1813—1895)为领军人物。他把其假说与因地球冷却而逐渐收缩和皱缩的理论联系在一起(考虑到当时的知识水平,这一联系并非不合理),认为山脉(如北美东部阿巴拉契亚山脉)实际上是因为地壳收缩形成了褶皱。

在欧洲,收缩理论沿着另一条线索发展确立,那是灾变论的变体。这个理论由修斯(Eduard Suess,1831—1914)集旧理论之大成,于19世纪最后几十年达到顶峰。修斯生于伦敦(他是一个德国羊毛商的儿子),但童年时代就跟着家人先移居布拉格,然后到了维也纳,最终成为维也纳大学的地质学教授。修斯的理论模型视收缩为一种驱动力,在不断冷却收缩的地球上,急速爆裂而造成的急剧变化时间短暂,其间有长时间的相对平静的间隔期。他认为,现在澳大利亚、印度和非洲的大部分陆地,是一块更大陆地的一部分,这块更大的陆地(他命名为冈瓦纳古陆,冈瓦纳是印度的一个地区)一度存在于南半球,随后很大部分沉没在不断冷却的地球内部。在这个图景中,地壳褶皱形成了折叠(山脉和裂谷),而之前连接大陆之间的巨大厚块(如大西洋,以及南半球一些地区)随着冷却收缩,向下沉降到地球内部,这样腾出的空间有机会形成新的大洋底部;但这是发生于一次突如其来的爆裂,并不是漫长持续的过程。这个模型并没有得到严格的研究的支持。例如,单要形成阿尔卑斯山脉,其褶皱和折叠要把1200千米的地壳压缩为150千米的山脉(根据修斯的综合理论),相应要降温1200°C。对于喜马拉雅山脉、落基山脉和安第斯山脉,它们基本上与阿尔卑斯山脉同时形成,宣称的收缩使得这些山脉得以抬升,其所需要的冷却温度甚至要更大。然而潜藏于这些模型之下的关键是放射现象的发现,这一发现与修斯综合理论的确立几乎同时,它显示出地球内部实际上并不是急剧变冷的。尽管如此,修斯综合理论仍有意义,原因有二:第一,在20世纪初清楚地突出了所有地球历史"标准模型"的缺点;第二,它提出了冈瓦纳古陆这一概念,与即将建立的大陆漂移思想十分相似。但尽管这个思想本身在19世纪已经被人提出,但直到20世纪下半叶,即不到50年前,它才正式确立。

早期的大陆漂移假说

19世纪提出来的关于大陆漂移的变体理论是：认为大陆可能坐落在一片经磁化、水晶状的基座上，由于磁流而向北移动。另外就是认为地球最初不仅比现在要小，而且是一个四面体，大陆最初是相互依靠在一起的，在一次灾难性的爆炸中大陆互相撕扯开来，而这次爆炸也使得月球从地中海盆地向外抛出并有了自己的运行轨道。1858年（《物种起源》出版的前一年），一个在巴黎工作的美国人斯奈德–佩莱格里尼（Antonio Snider-Pellegrini）出版了一本书《揭开创世论及其奥秘》（*La Création et ces mystères devoilés*），他以自己对《圣经》的阐释为基础，在书里提出了一个奇怪的理论模型。书里提到，在地球最初的历史里，地球急剧收缩，一系列的灾难同时发生。这事值得一提，因为此书第一次把大西洋两边的大陆合起来画在一张地图上，以解释在大洋两岸的煤沉积层中找到的化石的相似性。这张地图被人们重印多次，广泛传播，使得人们产生了一个错误的印象，好像斯奈德–佩莱格里尼真的有一个合理的大陆漂移模型。一个稍微科学一点的（但仍然是灾变论观点的）大陆漂移理论由费希尔（Osmond Fisher）在一篇论文中提出，该论文于1882年1月12日发表在科学杂志《自然》上。他接受了天文学家乔治·达尔文（查尔斯·达尔文的儿子）的假设：月球是因为年轻的地球分裂成为两个不均等的部分而形成的。费希尔提出，太平洋底的盆地显示出月球脱离地球时的"伤口"，因为其余的地表慢慢地向这个空洞移动，于是地球上其他大陆上的物质材料碎裂，碎片由此扯开以填补空洞。

大陆漂移理论之父魏格纳

　　20世纪的头10年,大陆漂移理论的另外一些版本也被提了出来。但(最终)成为标杆并影响地球科学发展的,则是由德国气象学家魏格纳(Alfred Wegener)最早从1912年开始提出的理论。魏格纳接受的是与地质学不同的科学训练(他一开始是一名天文学家),他似乎对纷纷纭纭的关于大陆漂移的旧理论所知甚少。魏格纳的思想变得如此有影响,不仅因为他发展了一套比前辈们更加完整的理论模型,还因为他为此奋斗了数十年之久:他为他的理论寻找更多的证据,根据不同的批评为模型进行辩护,而且出版了一部历经4版的著作,直到1930年事业未竟时英年早逝。魏格纳关于大陆漂移的思想引起了震动,而不仅仅是发表了自己的思想,然后任由它们沉寂而已。尽管他的理论在很多细节之处并不正确,但他整个概念是经得起时间考验的,因此魏格纳在当今被视为大陆漂移理论之父。

　　魏格纳于1880年11月1日生于柏林,曾在海德堡大学、因斯布鲁克大学和柏林大学等就读,并于1905年在柏林大学获天文学博士学位。他随后就职于泰格尔的普鲁士航空观测站,在那里,他曾与兄弟库尔特(Kurt)一起工作过一段时间(事实上他们是在一个特定场合,即气球上一起工作的,这两兄弟曾承担了一次持续52.5小时的气球飞行以测试仪器,这是当时的世界纪录)。1906—1908年,魏格纳以气象学家的身份加入一个丹麦探险队,深入格陵兰,并且在回程中加盟马尔堡大学,担任气象与天文学讲师。1911年,他出版了一部气象学教科书,但自那时起,他一直在发展自己关于大陆漂移的思想,于1912年首次公之于世——在当年1月于法兰克福大学和马尔堡大学所作演讲的基础上,发表了两篇论文。如魏格纳后来所回忆,1910年,马尔堡大学的一位同事得到了一幅新的世界地图,当看到这幅地图时,他震惊了(像他的前辈们一样):南美洲的东海岸线和非洲的西海岸线看起来就像是本来是拼接在一起的,就像一块拼图,原来连在一块。尽管受此触动,但他还是认为这个想法是不正确的,因此没有作进一步研究。直到1911年春,他偶然听到一个报告,报告讨论的是巴西地层与非洲地层古生物的相似性。报告中,提出的证据是支持以往有一座大陆桥连接两个大陆这一观点,但是魏格纳并不这样认为。正如他于1915年出版的《大陆与海洋的起源》(*Die Entstehung der Kontinente und Ozeane*,这本书后来成了他的名著)第一版中写道:*

> 这引发我去对地质学和古生物学相关研究做一个粗略的检视,而这立刻就给我提供了一个如此强而有力的证明:(大陆漂移)理论的根本合理性和正确性开始在我的脑海里扎根。

得以说服魏格纳的其中一个证据,是他察觉到了一些东西——如果不沿着当今的大陆海岸线拼合,而是按照大陆架的边缘拼合,那么大陆之间的拼图式结合会更加服帖。大陆架是大陆真正的边缘,边缘以外就是一个陡峭的斜面直插到大洋底部。但尽管这个理念已经生根发芽,另一些分心杂事却延迟了它的开花结果。1912年1月在讲座上报告他的第一次漂移理论以后不久,魏格纳开始了另一次格陵兰探险,并于1913年返回,与埃尔泽·科本(Else Köppen)** 结婚。他为平静学术生涯而作的所有计划被第一次世界大战粉碎了。第一次世界大战期间,魏格纳被征召为预备役中尉前往西线服役。在西线的头几个月里,他曾两次受伤。伤愈后,因为不再适合服现役,他才转而为军队提供气

---

  * 由不伦瑞克的 Friedrich Viewege 出版,关于该书第四版的权威英译本,可参见参考文献。

  ** 她是俄国出生的气象学家弗拉迪米尔·科本(Wladimir Köppen, 1846—1940)之女,后者是魏格纳的同事和朋友。

象学方面的服务。正是在康复期间,他写了他那本名著《大陆与海洋的起源》的第一版。当时这本书的影响非常有限。这本书于1915年鏖战正酣之时出版,篇幅几乎不及一本小册子,只有94页。战后,魏格纳供职于位于汉堡的德国海军实验室(再一次与他兄弟合作),同时也是汉堡大学气象学讲师,汉堡大学是那时候的一所新大学。他不仅在气象学领域建立起名声,成为一名权威的气象学家,而且继续研究其大陆漂移理论模型,于1920年和1922年为他的专著修订新版本(每个版本都比先前的版本篇幅要大)。朋友们担心这样做会有损他的名声,但不管人们对漂移理论的想法如何,魏格纳都是一位出色的气象学家,并于1924年获聘为奥地利格拉茨大学的气象学教授。同年,他(与弗拉迪米尔·科本一起)发表文章,第一次根据大陆漂移理论,试图为过去的气候变化作出解释;而第三版《起源》(1922年)的法译本和英译本也都面世了。魏格纳似乎为他的理论找到了听众,因为英语世界已经引介了他的理论;但同时,尽管他在精心准备《起源》的第四版(1929年出版),以回应对第三版的批评,改进这个理论的机会却从他身上被命运夺走。1930年,魏格纳开始了再一次的格陵兰探险,这一次(49岁)他是探险队的队长,探险的目的是要搜集证据以支持漂移假说。探险队在荒无人烟的格陵兰冰帽地区陷入了困境。因为在内陆的一个营地补给日渐缺乏,魏格纳于1930年11月1日(他的50岁生日)与一位因纽特人同伴,出发前往在沿海的主营地,他却永远未能到达。第二年春天,他的尸体被人在冰帽区发现,位于两个营地之间的路线上,紧紧地裹着他的睡袋,旁边插着直立的雪橇作为标记,而他的同伴则永远失踪。如果大陆漂移理论失去了它的首要支持者的提倡,这个理论本将是要归于沉寂的。

泛古大陆的证据

魏格纳的理论模型敏锐地意识到，地球由不同的层组成，从地壳到地心，各层的密度逐渐增加。他注意到大陆和海洋底部的根本不同：大陆的组成是轻质的花岗岩（即我们现在所知的硅铝层，其硅和铝就是组成花岗岩的主要元素），它们是浮在密度更大的玄武岩（硅镁层）之上的，后者（在沉积层以下）构成了海底岩石。他认为，今天的大陆岩石层基本上保持着从一整块超级大陆，即泛古大陆分裂开来时的轮廓，泛古大陆是中生世（距今约 1.5 亿年前）末期我们这个星球上的所有陆地。魏格纳的模型的一大弱点，是他无法解释导致泛古大陆分裂的原因，因而只能诉诸相当模糊的概念，如因为离心力而导致的"从两极退却"，或者是潮汐效应，产生了大陆漂移。但他比前辈们更进一步，指出了裂谷（如东非大裂谷）是原初大陆分裂时的断裂处，不管驱动大陆漂移的过程如何，它现在依然持续，由此，他这个版本的大陆漂移理论是属于均变论的。关键的一点是，他的理论的基础始终是地球大小不变，没有任何灾难性的（甚或是渐变的）收缩或膨胀。这个理论模型中最容易受到攻击的一点是：魏格纳设想大陆像犁地一样犁过海底的硅镁层，而硅镁层则是地质学家们（公认的）难以滑动的一个地质层。但他把漂移理论与南、北美洲板块边缘东部山脉的形成联系了起来：在这些板块脱离欧洲和非洲时，它们"犁过"硅镁层，因此褶皱形成山脉。在大陆中心的山脉，如喜马拉雅山脉，其形成则可以解释为大陆之间的碰撞。

魏格纳的假说良莠兼备，在细节上只是部分正确。其特别优异之处，是他从古气候学得来的证据显示出，远古时期冰河是如何同时出现在如今相距万里且远离极地的两个大陆上。尤其差劲的地方在于（除了他常常忽视不支持其观点的证据，使得地质学家对他的整套理论都产生了怀疑),他认为大陆漂移发生得很迅速,以致格陵兰只在10万—5万年前才从斯堪的纳维亚半岛分离,现在正以每年11米的速度向西移动。这一论断来自1823年和1907年的大地测量,而测量得出的数据绝对是不准确的。今天,我们用人造卫星进行激光测量,就懂得了大西洋实际上是以每年几厘米的速度在扩大(正是为了追求更精确的大地测量数据,魏格纳踏上了前往格陵兰冰帽区的最后一次致命旅途,然后意外地去世)。但他对大陆漂移理论所作出的最有价值的贡献,是他的综合。他收集证据,以支持泛古大陆曾一度存在,把山脉、沉积岩、古冰川痕迹上的证据,以及活体动植物和动植物化石的分布联系在一起。打个比方,魏格纳相当于组合了一张印有文字但被撕成碎片的纸。如果把碎片重组起来,而能把上面的文字连成通顺的句子,那么这就是各个碎片位置正确的令人信服的证据。同样道理,当各个片段构造出一个泛古大陆,魏格纳收集到的证据就形成了一段通顺的地质学"文字"。即使人们还没完全理解大陆漂移的机制,但正是这样把各种证据一网打尽,才使得这个理论铁证如山。

放射性技术测量岩石的年代

实际上,大陆漂移机制的重要组成部分已于20世纪20年代末准备就绪,例如有一位地质学家就应该特别赞赏。这位地质学家是阿瑟·霍姆斯(Arthur Holmes,1890—1965),他于20世纪20年代就成为一位放射性衰变的权威,并且成为利用放射性技术测量地球年龄的前沿专家。与其他人不一样的是,他是真正的"测量地球年龄的人"。霍姆斯来自英格兰东北部盖茨黑德一个平凡家庭(他父亲是一名橱柜制造者,母亲在一家小店里做帮工)。1907年,他通过考试,获得了国家奖学金,在一个学术年度内得到每周30先令(1.5英镑)的资助,进入位于伦敦的皇家科学学院学习。而除此以外，霍姆斯无法从父母那里获得什么财务资助；他全靠自己，尽力做到最好。

在这段时间里，不论是放射性还是地球年龄都是科学上的热门话题：美国人博尔特伍德（Bertram Boltwood，1870—1927）新近发展了从岩石样本所含的铅和铀同位素测定其年龄的技术。因为铀衰变后最终变成铅，利用其特征性的半衰期（见第十三章），测量其铅、铀的比率，就能计算出岩石的年龄。霍姆斯的本科毕业设计就是利用这一技术确定一块来自挪威的泥盆纪岩石的年龄，最终他测算出这是3.7亿年前的岩石。进入20世纪才短短十来年，就连一个本科生都能鉴定一块岩石的年龄，当然这块岩石明显不是地壳中最古老的，而根据太阳仅因为自身引力塌缩而发热的理论，此岩石的年龄大大超过了上述理论所允许的太阳系的时间尺度。尽管霍姆斯于1910年毕业时已经崭露头角，但他本科时已欠下了很多债务，因而他很乐意承担一份为期6个月而且薪水不错的工作，以每月35英镑在莫桑比克担任探矿地质学家。但是一场严重的黑尿热耽搁了他返家的日程，而他自己还感染了疟疾（他因祸得福，因为这使他免于参加第一次世界大战）。霍姆斯此时财政状况良好（他此次非洲之行获利89英镑7先令3便士），得以获聘为帝国学院（皇家科学院于1910年改组后形成）的教职员，他在那儿待到1920年，并于1917年获得博士学位。他随后供职于一个石油公司前往缅甸工作，1924年回国，任达勒姆大学地质学教授。他于1943年转到爱丁堡大学，1956年退休。直到那时，他已经坚实地确立了测量岩石年龄的放射性技术，计算出地球本身的年龄是45±1亿年*。由此他撰写了一部极具影响力的教科书《普通地质学原理》（*Principles of Physical Geology*，这

---

*准确断定这个年龄花了很长的时间，因为尽管技术的原理在1910年已经清楚，但是做准确测量的技术要花上几十年才被发展出来。像过去一样，科学发展需要技术的进步，正如技术需要科学。

个题目也是他刻意挑选出来向赖尔致敬的），初版于1944年，而随后的修订版到现在仍是标准的教科书。这部教科书的成功，部分可以解释为霍姆斯有一套使得地质学容易理解的方法。正如他随后给一位朋友的信中说的，"为了使作品能在英语世界广泛流传，想一想你遇到的最笨的学生，然后你就会想怎样给他解释这个题目"。*

霍姆斯对大陆漂移的解释

霍姆斯对大陆漂移产生兴趣无疑是在1920年以前，是由其在帝国学院的同事埃文斯（John Evans）引起的。埃文斯通德语，是魏格纳理论思想的一个早期热情支持者（他后来为魏格纳著作的第一个英文版撰写序言）。霍姆斯从缅甸回国时，魏格纳著作的第三版刚刚在英格兰问世，而这似乎刺激了他，使得他在达勒姆大学站稳脚跟后，便暂时中止铀和铅的研究，转而吸收魏格纳的思想进行下一步工作。尽管他一开始倾向于收缩假说，但由于他对放射现象及其在地球内部产热潜能的理解，他很快就改变了他的观点。1927年，布尔（A. J. Bull）在伦敦的地质学会上作主席致辞，引起了众人的讨论。由于这个讨论，热对流可能和造山运动与大陆漂移有所关联的构想深深地印在霍姆斯的脑海里（这一年正好是查尔斯·达尔文到剑桥大学并试图成为一名牧师之后100年）。当年12月，霍姆斯在爱丁堡地质学会上报告了一篇论文，论文延续了这一观点。他指出，尽管大陆确实漂浮在更致密的地质层之上，或多或少如魏格纳假设的那样，但它们并非在硅镁层上移动。相反，更致密的硅镁层被地球内部产生的热对流搅动，它本身在非常缓慢地移动，在某些地方（如大西洋中央的洋脊）分开，它们在推动大陆相互

---

*转引自刘易斯（Lewis）。

分裂的同时,又使得地球上其他大陆相互碰撞。除了放射产热以外,霍姆斯模型的另一个重要组成部分就是时间——"固体"岩石在地下被加热后,就像厚厚的蜜糖一样(或者像在一些玩具商店里售卖的"魔术橡皮泥"),确实能够延展和流动,只不过**非常**缓慢。毫不奇怪,他不但是第一批支持大陆漂移说的地质学家之一,也是第一批希望量化出地球悠长岁月的科学家之一,而他付诸行动,投入测算工作。1930年,霍姆斯撰写论文,更为详细地解释大陆漂移,他解释了产生于地球内部放射性衰变的热对流如何能使泛古大陆解体:首先是分裂成两块大陆(南半球的冈瓦纳古陆和北半球劳亚古陆),然后分裂漂移成今天地球表面我们所看到的陆地的样子。此文发表在《格拉斯哥地质学会会刊》(*Transaction of the Geological Society of Glasgow*),文章里还有一个与今天的测量值十分吻合的估计:热对流使大陆每年移动约5厘米——在约1亿年的时间内,足以使地壳上的一条裂缝变成大西洋盆地。

1930年,大陆漂移说的很多现代版本都已经出现,而到了1944年,霍姆斯在其《原理》的最后一章提出了证据,清晰地论证了这一假说,但又诚实地指出魏格纳本人在表达上的缺点:

> 魏格纳汇集了一系列令人叹服的事实和观点。他的一些证据不可否认,强而有力,但他的许多辩护却建立在猜想和对对手猛烈批评的诡辩的基础之上。而且,大多数地质学家都不太承认大陆漂移的可能性,因为他们不承认自然过程会如此发生(哪怕概率极低)……然而,真正重要的并不是反对魏格纳的特殊观点,而是根据相关证据,判断大陆漂移是否是真正的地球运动的一种变化类型。对大陆漂移的解释可以放下,直到我们有更大的信心,知道什么是应该要解释的。

在霍姆斯关于大陆漂移的最后一章,在为热对流是该自然过程的驱动力这一论断提供事例之后，他写道：

> 然而，我们必须清楚地认识到，这种纯粹猜测的构想——特别是发明出来以符合需要的构想，直到找到独立的必要证据以前，都是没有科学价值的。

我很想知道，霍姆斯是否意识到，他的话跟柯南·道尔（Arthur Conan Doyle）之《波希米亚丑闻》（*A Scandal in Bohemia*）中与他同名的虚构主角*的话如此相近，简直是遥相呼应：

> 一个人若在有了事实资料以前就建立理论进行解释，这是一个重大的错误。他会不知不觉地曲解事实以屈从理论，而不是让理论去适应事实。

事实上，在1930年至1944年，因为人们并没有发现新的事实，所以并没有太多实例支持大陆漂移说。当然，对于新思想，还是有一些守旧者反对，只是因为新思想是新的——总是有人不愿放弃他们已经学习到的所有东西而去支持世界上的一项新知识，而不管新知识有着多么引人注目的证据。但是在20世纪30—40年代的历史背景之下，支持大陆漂移说的证据可以说是颇具说服力（如果你看到霍姆斯的工作，那可能是非常有说服力），而不只是引人注目。那时还有相当有市场且值得注意的竞争性理论“永恒论”，随着魏格纳的去世，以及霍姆斯的注意力集中于年代测量技术，没有人为大陆漂移说辩护，结果人们渐渐放弃了这个理论的可取之处（以至于霍姆斯那部伟大著作唯一受时人诟病之处，是他不该辟出一章来支持这个古怪的理论）。使得大陆漂移说受人重视，然后形成地球研究的标准范式的，确实是新证据——归功于新技术、涌现于20世纪50—60年代的新证据。新技术本身的发展，部分原

---

*此主角即福尔摩斯，与霍姆斯的英文拼写同为Holmes。——译者

因是服务于第二次世界大战的所有技术科学力量的急速增长。科学成为一门专业，其真正的进展只能由一群为一个大项目工作、相互交换信息的人完成，这也是书中看到的第一个例子。即使是牛顿，也不可能获得他所需要的全部信息，以获得令大陆漂移假说转变为构造板块理论的突破，尽管他无疑会把所有的证据放到一起，形成一个自洽的模型。

尽管源于第二次世界大战的先进技术最终能帮助到大陆漂移说，从而为之提供关键的证据，但在整个20世纪40年代，许多地质学家也在为与战争相关的项目工作。他们在军队中服役，或者是住在沦陷区，只有很少的机会进行地球科学的研究。战后，欧洲的重建工作以及科学与美国政府之间关系的急剧改变，耽搁了新技术的发展和应用。同时，尽管关于大陆漂移的相关论文（包括赞成的和反对的）已经发表，但地质学界很大程度上还是一潭死水。然而，漂移假说已经准备就绪，静静地等待着新证据的到来——如果没有这些新证据，一切将是扑朔迷离、难以解释。

地磁反转与地球的熔融核心

第一项证据来自对化石磁性的研究——人们发现从古老地层挖掘出的岩石样品有磁性。推动这项工作本身，是源于对地球磁场的研究，而地球磁场的起源在20世纪40年代还是一个谜。其时，有许多德国出生的科学家在希特勒（Adolf Hitler）当权时离开德国而终老于美国，埃尔泽塞尔（Walter Elsasser，1904—1991）便是其中之一。他于20世纪30年代末开始，不断发展其理论构想：地磁是由地球内部（像发电机一样）自然发电产生的。1946年，几乎战争一结束，他就发表了他详细的理论。英国地球物理学家布拉德（Edward Bullard，1907—1980）吸收了这个理论构想,他曾于战时钻研过船舶去磁(消磁)技术,避免船舶受磁性矿产的影响。20世纪40年代末,布拉德供职于多伦多大学,他在那儿进一步发展了地球磁场模型,这个模型认为地磁是由我们这个星球里炽热的流体内核的感应电流产生的(粗略地讲,就是熔融铁核的对流和旋转)。20世纪50年代前半期,布拉德作为位于伦敦的国家物理实验室主任,利用一台早期电子计算机,进行了第一次地核发电过程的数字模拟。

直到那时,对化石磁性的测量已经显示出,在过去10万年间,地球磁场方向相对于岩石是相同的。当岩石沉积时会磁化,因为熔融物质从火山或者是地壳的裂缝流出,它们一旦成形,就会保持当时形成的磁场图案,就像条形磁铁一样。但英国研究人员(是一个引人注目的小组,以伦敦大学、剑桥大学和泰恩河畔的纽卡斯尔大学的成员为基础)发现了特别现象,更老的岩石的化石磁化方向和今天的地磁场方向有所不同,好像在地层固化以后,要么是地磁场要么是岩石转换了方向。更加奇怪的是,他们发现,过去的地质年代中,地磁场的方向似乎跟现在是相反的,地磁南极和北极互易。正是这个古磁学证据,使得大陆漂移说的辩论在20世纪60年代开始升温。一些科学家利用特殊地质时期岩石的磁化方向,作为一种"磁力线指纹",并与大陆重构时的连接点相互交叉配合比对,发现这些重构大体上符合魏格纳的说法。

除此以外,人们对于占地球表面2/3的海床的认识也大大增长。第一次世界大战以前,这方面很大程度上仍然是一个谜,也是一个未被探索的领域。为了寻找对付潜艇威胁的方法,水下物体辨识技术的发展大受促进(特别是回声定位,也就是声呐技术)。这些技术不仅应用于直接探测潜艇,也促使了战后其在海床绘图方面的运用。后者固然由部分科学好奇心驱使,但也是定位潜艇隐蔽之处的需要(只要政府掌握着钱袋子,这一系列的应用就得有关系)。正是这项始于20世纪30年代末的技术,填充了海底的轮廓特点,其最为引人注目的是指出了存在一个地壳上升系统——洋中脊,并不仅仅在大西洋底部运动,而且在红海的底部中央形成一种脊状地形。第二次世界大战促使了运用在这些工作方面的技术有一个巨大的进展,而冷战则促使这些技术有持续而高额的资助,因为核潜艇成了首要的武器系统。以美国为例,斯克里普斯海洋学研究所在1941年仅有不足10万美元的预算,雇用26名职员,拥有一艘小型船舶。到了1948年,它的预算是100万美元,拥有250名雇员和4艘船舶*。斯克里普斯海洋学研究所和其他海洋研究机构自己另外找到的资源则更加难以估计。20世纪40年代以前,地质学家们估计海底是地壳中年龄最老的部分——即使是大陆漂移说的支持者也是这样想的。因为人们认为万古以来,海底本来就古老,又被大量从陆地冲刷来的老沉积物压到上面,基本上是形成一层5—10千米厚的地层。沉积物以下的地壳本身,一般认为有几十千米厚,就像大陆地壳一样。随着人们在海洋底部进行勘测,获得岩石样品后,研究显示这些想法都是错误的。沉积层只是薄薄的一层,与大陆边缘距离相当近。海底所有的岩石都很年轻,人们在洋脊附近找到了最年轻的岩石,而洋脊的特点是地质活跃,那里的水下活火山分布在地壳裂缝处(有好些岩石真的就是昨天才刚刚诞生的,从这个意义上讲,它们是刚从熔融的岩浆固化凝结而成的)。对地震的调查研究则显示,海洋底部地壳厚度只有5—7千米,相比之下,大陆地壳的平均厚度为34千米(在某些地方,其大陆地壳厚度达80—90千米)。

"海底扩张"模型

把散落的拼图拼在一起成为一个完整图式的,是美国地质学家赫斯(Harry Hess,1906—1969)于1960年在普林斯顿大学完成的。根据这

---

*数据来自格兰德(Le Grand)。

个模型,即所谓的"海底扩张"模型*,地幔(紧贴地壳之下像蜜糖一样的熔岩层)里的流体物质通过对流作用,从地球更深处涌出,以此作为原料形成洋脊。这些炽热的原料不是像海水那样的流体,但是足够在对流作用下缓慢流动,就像炽热的玻璃一样**。与洋脊相关的火山活动表征着炽热物冲出地表的位置。这些流体沿洋脊的每一边流动,推动海洋盆地两边的大陆离开,那些最年轻的岩石今天就在洋脊附近凝固而成,而那些更早的、千百万年前的岩石则被新涌出的熔岩物质推动,远离洋脊。这样的话,大陆就不必"犁过"海洋地壳了——而且本来就是这样,因为对海底的研究并没有发现"犁过"的证据。以这种方式形成的新的海洋地壳,以每年大约2厘米的速率把大西洋拓宽,大约是霍姆斯所估计的一半。在赫斯的模型里,有与霍姆斯的理论相互呼应之处,但关键的不同点在于霍姆斯仅仅基于最基本的物理定律做宏观层面的讨论,而赫斯有直接的证据证明海底发生过什么,并且能够把来自海洋地壳的测量数据纳入他的计算当中。霍姆斯大体上在其模型中忽略了海洋盆地,其原因在很大程度上是当时对这方面知之甚少。人们花了20世纪60年代的大部分时间在消化吸收赫斯的工作,此后,海洋盆地被视为大陆漂移的作用位点,推动大陆本身的力量,是与海底地壳活动相关的地质运动。

尽管大西洋在逐渐变宽,但这并不意味着,地球在以某一个速率膨胀,这个速率必须能解释整个大西洋盆地在数亿年(也就是大约5%的地球年龄)中形成,也必须符合实测数据。对流作用是指流体在某些地方上升,而在另一些地方下降。赫斯海底扩张模型的第二个关键之处

---

*"扩张的海底理论"这一术语出现在一篇发表于1961年的论文上,它很快就被人们采纳并改成更雅驯的"海底扩张论"。

**我们现在对地球内部结构的显著特点已经很清楚了,因为科学家们已通过研究地震时产生的地震波,以及冷战时代的地下核试验,侦测到了地球内部。但详细情况涉及现代科学的许多复杂之处,我们无法在此作出深入讨论。

是,世界上某些地方(明显的如太平洋西部边缘)是薄薄的海洋地壳,它们被厚厚的大陆地壳边缘挤到下面,重新回到地幔以下。这解释了为何极深的海沟通常就位于那些地方,也解释了地震和火山为何也发生在那里,如日本——确实,像日本那样的地方可以解释为,其出现完全是与海底扩张相关的构造活动(tectonic activity)*的结果。大西洋是变宽了,但是太平洋变窄了。最终,如果这个过程持续的话,美洲与亚洲将碰撞融合成一个新的超级大陆。同时,红海有自己的扩张脊,从而形成了一个新的活跃点,不断地分裂地壳,把非洲从其东面的阿拉伯半岛分离开。

这个模型还可以解释加利福尼亚州圣安德烈亚斯断层,大西洋的扩张推动美洲向西,滑过数亿年前曾是更开阔太平洋盆地的、比较起来不倾向于扩张的地区。正如一些地质学家很快便指出的那样,像圣安德烈亚斯一类的断层为这个新理论提供了环境证据。那里是地壳的大板块相互滑动的地方,其速率是每年几厘米,与大陆漂移说的这个新版本所限定的速率大致相同,也是“固态”地球绝非固定于一种永恒的地质形态的证据。传统上的类比(没有比这个类推更好的了)是:海底的扩张就像一条慢速传送带,永无终结地在循环。当海底物质遍布整个地球表面,所有事物毁灭,地球就维持同一大小。**

赫斯的模型以及该模型所依据的证据启示了新一代地质学家,他们以此为基础,接受挑战,试图创设一个关于地球运作的完整理论。这是一个团队工程,而团队中的一位主将是剑桥大学的麦肯齐(Dan McK-

* “tectonic activity”的字面意思就是“建筑或构筑工作”,“tectonic”源于希腊文,与之有相同词根“tect”的还有“architect”(建筑师)。

** 有一些证据证明,如果自泛古大陆分裂以来,地球实际上是以非常小的速率膨胀,那么与古代超级大陆的地质重构的事实会更符合。这一点很有趣,但即使有过硬的证据,这一效应也只是其中一个细节,而不是驱使大陆漂移的主要因素。

enzie，1942—　）。据麦肯齐回忆*，赫斯于1962年在剑桥有一个讲座，他当时还是一名本科生。这个讲座激发了他的想象力，促使他思考这个模型遗留下来的尚未解决的问题，以及寻找其他支持的证据。剑桥大学几个稍年长的地球物理学家同样受到这次讲座的启发，其中两位是剑桥毕业生瓦因（Frederick Vine，1939—　）及其论文导师马修斯（Drummond Matthews，1931—1997）。第二年，他们联合起来完成了一项重要工作，把地磁反转的证据与大陆漂移的海底扩张模型联系起来。

到20世纪60年代早期，随着在大陆收集到的地球磁场历史的数据量越来越大，科学家们利用探测船拖曳着的磁力计，开始描绘大部分海底中磁场分布的图案。在第一批这种细致的探测当中，有一次就在太平洋东北部、温哥华岛离岸进行，此处的地质是著名的胡安·德富卡海岭。这样的探测已经显示海底岩石的磁场是呈条状的花纹图案，而条纹多多少少是南北向的；虽然岩石中的一列条纹或许是受到现今的地磁场磁化而形成的，但相邻的条纹呈现的却是相反的磁场方向。当把这些图案绘在纸上，就会出现黑白相间的情况，其样式就像稍稍扭曲的条形码。瓦因和马修斯认为，这些图案的形成是海底扩张的结果。熔融岩石从海岭流出，凝结时受到磁场的磁化，而这个磁场与当时地球的磁场密切关联。然而大陆上的证据表明地球磁场的方向常常反转**。如果瓦因和马修斯正确的话，这就意味着两点。第一，海底岩石的磁化条纹图案应该与大陆岩石所显示出的地磁反转模式互有关联，这为两者相互比对提供了理论基础，也为岩石磁化测定年代的精确化提供了

---

* 这是大约在1967年与格里宾的谈话。

** 我们仍然不清楚地磁方向反转的确切原因，但是有人猜想，这可能是地球流体内核中运转的发电机效应消失，然后以相反方向重启的结果。有趣的是，太阳也被认为有一个相似的内部发电机，也经历了类似的磁场反转模式，但其反转更加迅速、更加规则，与大约以11年为一周期的太阳黑子周期相联系。

一种方法。第二，因为根据赫斯的理论，地壳是岩浆从洋脊平均地向两侧流动而形成的，因此洋脊一边的岩石上的磁纹图案，与另一边的岩石上的磁纹图案，看起来应该是互为镜像。如果真是这样的话，这将显而易见地证实海底扩张模型确实是对地球运作方式的最好描述。

大陆漂移说的进一步发展

1963年，瓦因和马修斯限于可用的数据不足，他们摆出的论点只能是提示性的，而不是支持海底扩张说和大陆漂移说的决定性证据。然而，瓦因与赫斯同加拿大地球物理学家威尔逊（Tuzo Wilson，1908—1993）合作，获取来自全世界的最新的磁数据，找到了令人信服的事例，从而进一步发展其理论学说。威尔逊在其中的关键贡献是，他意识到一个扩张的洋脊，如形成大西洋的那个扩张脊，并不必然是连续地扩张，而可以是由许多狭窄的小块相互取代而组成的[沿着所谓的转换断层（transform faults）]，就好像它们不是一条宽的完整的传送带，而是一段接一段分割开来的窄窄的传送带一样。在把多种大陆漂移说的新版本整合在一起、形成一个前后一致的整体理论方面，威尔逊也起了重要作用。他是这些理论构想的首要倡导者，创造了"板块"（plate）一词来形容地壳中坚实的部分（海洋板块、大陆板块或者大陆-海洋混合板块），它们在驱动力的作用下移动，并以此与海底扩张和大陆漂移相联系。

海底扩张模型的决定性证据出现于1965年，"埃尔塔宁"号探测船上的一个科研团队，对一个洋脊（即东太平洋海隆）进行了3次地磁反转的探测。这几次探测显示，分别与东太平洋海隆和更北的胡安·德富卡海岭相联系的磁纹之间，有着惊人的相似性——但它们同时也呈显著的左右对称（即海隆一侧的磁纹图案与其另一侧的图案互为镜像），当我们沿着洋脊把海图对折，海隆两侧的那两个地点正好重合。1966

年4月,在美国地球物理学联合会于华盛顿特区举行的一次会议上,这一结果被公之于众,随后又把相关内容修改成一篇里程碑式的论文,发表在《科学》杂志上。*

大陆的"布拉德拟合"

同时,用传统方法收集大陆漂移说的证据也已有了很大进展。20世纪60年代早期,布拉德(此刻他是剑桥大学大地测量与地球物理学系系主任)成功地为大陆漂移说的证据作出辩护,那些证据克服了漂移说在20世纪20—30年代所遇到的矛盾。他于1963年在伦敦地质学会一次以漂移说为主题的会议上报告他的发现。次年,他协助组织了一次为期两天、在皇家学会举办的大陆漂移说研讨会。在皇家学会,学者们都在讨论所有最新的工作,但颇具讽刺意味的是,同是在皇家学会,一个古老构想的新版本在这儿产生巨大的影响,这个构想就是对泛古大陆的拼图式的重构。这种重构运用的是一种所称的客观方法,这种客观方法建基于一种适用于在球体表面移动的物体的数学法则(欧拉定理)。对泛古大陆的实际重构由电子计算机进行不偏不倚的客观运算完成,为人们提供一个数学定义上的"最佳拟合",其结果与魏格纳对大陆的拼合有着惊人的相似,而且说真的,新的发现很少。在1964年,人们虽然对电子计算机有着很深刻的印象,但更加重要的还是计算机在之前40多年来还没有出现,人们倾向于收集其他对于大陆漂移说更有分量的严肃证据。不管人们的心理原因如何,在大陆"布拉德拟合"发表的1965年**,可以说已是大陆漂移理论发展故事中的决定性时刻。

---

　　* 皮特曼(W. C. Pitman)、海泽勒(J. P. Heirtzler),载《科学》,1966年第154卷,1164—1171页。

　　** 布莱克特(Blackett)、布拉德、朗科恩(Runcorn),《大陆漂移论文集》(A Symposium on Continental Drift)。

板块构造学说

1966年年底,支持大陆漂移说和海底扩张说的证据已经相当具有说服力,但它们还没合成为一个完整的理论。地球物理学家中大多数的少壮派接手了这一难题,争相发表完整的理论。这个竞赛由麦肯齐(他于1966年新获博士学位)和他的同事罗伯特·帕克(Robert Parker)胜出,他们于1967年在《自然》上发表了一篇论文*,为这个整体理论引入了"板块构造"这一术语,并且运用这一术语,再根据球体表面块状物的移动方式(再一次运用欧拉定理),描述了太平洋地区(即现在我们所知太平洋板块)地质运动的细节。普林斯顿大学的摩根(Jason Morgan)提出了一个相似的理论,于数月后发表,而尽管许多细节尚待填补(至今依然还在探讨),有时候所称的"地球科学革命"**就在这一年的年末完成了。板块构造理论的精髓在于说明地球上的地震多发区发生地震,主要是由于刚性的板块(覆盖地球全部表面的6个大板块和12个小板块)碰撞所致。一个单独的板块可能仅由海洋地壳或仅由大陆地壳构成,或既有海洋地壳又有大陆地壳;而在地球表面受人注意的地质活动中,大部分发生在板块与板块之间的边缘地带。如我们所见,建造性边缘是这样一些地区:新的海洋地壳在洋脊处生成,并向其两侧扩张。破坏性边缘是这样一些地区:一个板块推向并插入到另一个板块边缘底部,形成一个约45°的夹角并融合到板块之下的岩浆中。保守性边缘是既不生成也不毁坏地壳的地区,但那里是板块与板块之间相互

---

* 第216卷,1276—1280页。

** 当然,这并**不是**一次革命。我们希望弄清楚科学理论的发展之路:在科学发展的寻常道路上,新的理论模型是慢慢地建立在新的数据之上。科学革命这一理念,基本上是一个从来没有到过科学研究现场工作过的社会学家所钟爱的错误想法。

摩擦的地区,正如现在在圣安德烈亚斯断层所发生的那样。古老山脉的存在,现在是大陆中心而以前是海底的现象,这些证据显示这种构造活动早在泛古大陆分裂以前就一直在起作用。这片超级大陆一次又一次地分裂,并且在地球永不停息的表面活动的作用下重构成不同形状。

1969年,英国开放大学创立,大陆漂移说以及板块构造学说余下的理论问题已经逐渐为专家们所熟悉,并已经在流行的杂志如《科学美国人》(Scientific American)和《新科学家》(New Scientist)上作了长篇报道,但是大学的教科书里还没能找到这些理论的踪影。为了使这个年轻的科研机构有一个全新而有活力的印象,开放大学的教员们很快就把这些理论整合到自己的教科书里,首先建立起板块构造的全球理论。我们根据《地球知识》(Understanding the Earth)*上所发表的文章可以画出一条线看地球科学的"革命"。从1970年开始到20世纪70年代末,我们可以方便地(也有几分武断地)把这一时段视为大陆漂移说成为新的正统理论的时刻——这也是经典科学的最后一次伟大胜利。

大陆曾经漂移这个事实一旦确立,便为理解地球的其他特点提供了一个新的基础,尤其是生物与变动不居的地球环境之间的关系方面。可以从一个事例当中显现其对洞明地球规律的价值。华莱士在马来群岛工作期间,发现群岛西北部的物种和东南部的物种有显著的不同。这一地区位于亚洲与澳大利亚之间,几乎全是岛屿,大到婆罗洲和新几内亚,小到微型的环礁。乍一看,对于物种来说,它们向各个方向迁移都没有不可逾越的障碍。然而华莱士发现,可以在地图上画一个狭窄的条带(即现在所称的华莱士线),大致是婆罗洲与新几内亚之间西南—东北走向的地带,在其西北是独特的亚洲动物区系,在其东南是独特的澳洲动物区系,两个区系之间几乎没什么模糊地带。这在当时是一个巨大的谜团,但可以用板块理论解释。现代研究揭示,南方超级

---

* 加斯(Gass)、史密斯(Smith)和威尔逊主编。

古陆冈瓦纳古陆分裂之时,印度-亚洲板块开始分离并向西北方向移动,在进化压力之下的自然选择与相离的澳大利亚-南极洲板块上的自然选择有所不同。在之后的构造板块运动期当中,澳大利亚-新几内亚板块与南极洲板块分离,(以大陆漂移的标准来说)迅速向北移动,最终碰上了亚洲。这两块大陆再次相互接近只是很晚近时候的事情,并没有足够的时间让华莱士线两侧的物种相互融合。魏格纳自己曾讨论过这种可能性(他在1924年写进那本名著的第三版,仅比达尔文和华莱士发表自然选择理论晚了65年,仅比华莱士去世晚11年),但人们能用板块构造理论去证明这一点。

大陆漂移与地球生物进化的许多方面都有关系,特别是我们的主题:科学如何促使我们深入理解人类和宇宙之间的关系,以及根据新发现,人类如何从中心位置不断地被赶出去。像华莱士一样,达尔文也解释了进化如何运作,但在他做这件事以前是一名地质学家,而他肯定会很高兴,也会很有兴趣去学习、了解大陆漂移和气候变化一同塑造物种的现代认识方式。这一切要从冰期的故事讲起。

冰期的故事:夏彭蒂耶

即使是在19世纪开始以前,关于欧洲冰川的思考,也已经有人比今天的我们想得要深刻。对此最明显的证据是,巨大石块被融化退却的冰川搬运到远离不属于其所在的地层,因此人们几乎不会奇怪,有人会首先对这些所谓"漂砾"的存在予以注意,其中之一是瑞士人库恩(Bernard Kuhn)在1787年做的工作。使人们颇为奇怪的是,他是以一位牧师的身份而拥有这些奇思妙想的。当时的流行看法是,所有的这些现象都能由《圣经》大洪水所产生的后果加以解释,而不管山地人从其日常接触的冰川中可能会产生什么想法。几乎人人都赞成流行的看法,而此后几十年,赞成用冰川移动来解释漂砾成因的人极少。其中包括:赫顿,他信服于在侏罗山脉所看到的证据;挪威人埃斯马克(Jens Esmark),他于19世纪20年代撰写了相关著作;还有德国人伯恩哈迪(Reinhard Bernhardi),他获知埃斯马克的工作并于1832年发表了一篇文章,提出极地冰帽曾经一度向南延伸至今天的德国中部。这仅比赖尔在得出漂砾实际上是被冰而非冰川搬运的观点早一年。赖尔在其《地质学原理》第三卷中指出,巨石埋藏于冰山之中或载于冰筏之上,在"大洪水"的水面上被裹挟漂流。但导致一个恰当的冰期模型产生的过程链条,并不是始于19世纪的科学大家,而是始于一位瑞士登山家*佩罗丹(Jean-Pierre Perraudin)。

佩罗丹发现,迄今为止,在无冰山谷中坚硬岩石的表面有被强力按压的伤痕,但在山谷之中,难以用风雨侵蚀来解释。他还察觉到最可能的解释是,由古老冰川挟带着岩石在它们上面刮擦过并凿出孔洞。1815年,他给让·德·夏彭蒂耶(Jean de Charpentier)写信表达了这一构想,后者当时是一位采矿工程师,同时也是一位著名的博物学家,他突破了自己专业所要求的狭小领域,对地质学尤其感兴趣。他1786年出生于德国弗赖贝格,原名约翰·冯·夏彭蒂耶(Johann von Charpentier),但后来于1813年移居瑞士,并把名字改成法文。他的余生就在瑞士阿尔河谷的贝城度过,直到1855年去世。夏彭蒂耶发现漂砾由冰川搬运的理论过于大胆,当时难以接受,尽管他同样对漂砾由洪水搬运的观点不以为然。佩罗丹勇往直前,继续为愿意听取他观点的每一个人呈献证据。他得到了韦尼茨(Ignace Venetz)形式上的赞同,后者是道路工程师。韦尼茨像夏彭蒂耶一样,受到广博的地质学知识的启发,而他又逐渐被佩罗丹提出的证据所说服,这些证据包括在弗莱什冰川尽头长达

---

*并非现代体育意义上的登山家,而是住在山区,有时要以猎羚羊为生的人。

几千米的大量残骸(冰川尽头遗留下的一堆堆的地质垃圾),这些残骸从冰川延伸侵入山谷时就有了。1829年,他在瑞士自然科学学会的年会上报告了之前的冰川例子,在年会上唯一被说服的就是夏彭蒂耶——已经和他讨论过相关想法的旧相识。正是夏彭蒂耶接过接力棒,在接下来超过5年的时间里收集了更多的证据,并于1834年在自然科学学会的聚会上做了一个更谨慎而有说服力的报告。这一次,似乎完全没有人被说服(可能部分是由于赖尔的冰筏模型似乎已解决了大洪水所要解释的漂砾成因问题)。事实上,有一位听众路易斯·阿加西(Louis Agassiz)被这个构想给惹恼了,应用科学界的优良传统,他开始要证明此说为非,并坚决阻止人们继续讨论这个无意义的论点。

阿加西与冰川模型

阿加西[受洗名为让·路易斯·鲁道夫(Jean Louis Rodolphe),以路易斯之名行世]是一个急性子的年轻人。1807年5月28日,他生于瑞士维尔莱的莫蒂亚,先后在苏黎世、海德堡和慕尼黑学习医学,随后在1831年前往巴黎,他在巴黎受居维叶影响颇深(那时的居维叶已接近其生命的终点)。他当时已把注意力转移到古生物学,并很快就成为鱼类化石的世界级权威专家。1832年,阿加西回到瑞士的纳沙泰尔——那里是他家乡的首府所在地,获聘为一所新学院的博物学教授,同时还兼任一所在建自然历史博物馆的教授。那时,瑞士的这一部分有一个奇怪的双重身份。自1707年以来,尽管这部分是法语区,却属于普鲁士王国的管辖范围(除了拿破仑时代的短暂中间期)。1815年,纳沙泰尔加入瑞士联邦,但是与普鲁士的关系还是藕断丝连,既未公开承认为附庸,也未公开否认是独立邦交(这也是阿加西在今天德国地区学习的原因之一),而那所新学院就是来自普鲁士的资助。阿加西获得教职时已经知道夏彭蒂耶(阿加西还在洛桑是一名青年学生的时候,他们就已经碰过面),后者是他尊敬喜爱的人。阿加西常常在周末假期造访这位比他年长的学者,一同勘测贝城附近地区的地质。夏彭蒂耶试图说服阿加西曾经有一次大型的冰川时期;阿加西则试图寻找证据证明那是不存在的。

1836年夏,在与夏彭蒂耶前往贝城附近进行另外一次地质考查后,阿加西被彻底说服并改变其所信仰,他以极大的热情继续研究漂砾的成因。1837年6月24日,他的一次演讲把博学的瑞士自然科学学会的会员们打懵了(这是在纳沙泰尔举行的会议)。作为主席,他并没有如人预期的那样讲化石鱼类,却热情洋溢地表达了对冰川模型的支持,并且使用了一个术语"冰期"[Ice Age,阿加西选用了一位植物学家申佩尔(Karl Schimper)提供的术语,后者也是他的一位朋友兼同事]。这一次,这个理论确实引起了轩然大波。不是因为人们都被说服了,而是因为阿加西热情高涨,而且他身为主席,这就意味着他的意见不能被忽略。他甚至还把将信将疑的学会会员拉到山中去,为他们展示证据,指出冰川在坚硬岩石上留下的伤痕(他们中的一些人还试图作另外的解释,如伤痕是由经过的车辆上的轮子轧成的)。他的同事们对此不以为然,但阿加西一往无前,决定找出支持冰期模型的更具说服力的证据。最终,他在阿尔河冰川上建立起一个小型观测站(基本上是一个小棚屋),以测量插有标志杆的冰的移动,并记录其移动速度。出乎他意料的是,经过三个夏天,他发现冰的移动比他预计的还要快,而且它们确实挟带着巨大的石块。受到这些发现的激发,阿加西于1840年在纳沙泰尔以私人名义出版了《冰川研究》(*Études sur les Glaciers*)一书,以此坚实地楔进与公众辩论的角斗场之中。

事实上,阿加西完全是顶尖级人物。我们实在不能不安静坐下,并且(不管是赞成还是反对)细心看看一位科学家是怎样论证整个星球曾

一度冰封,而又是以一种什么样的语言进行论证的:

> 巨大冰面的扩张一定会使得地球表面上所有的生物遭受
> 毁灭。欧洲一地,以前遍布的热带植物和栖息着的巨象、河马
> 及其他大型食肉动物,突然被一大片扩张的冰埋于地下,平原
> 如是,湖、海、高原亦如是。死亡般的寂静来临……春天消逝、
> 溪流止步,太阳从冰封的海滨中冉冉升起……这一切所遭遇到
> 的,只有北风的呼啸声,或是开阔大洋冰面裂缝处的隆隆声。

这些颇有点夸张的言论甚至惹恼了夏彭蒂耶,后者于是在1841年以私人名义发表著作,更冷静地(而且少了几分嬉笑)描述冰期模型。正如上引"突然"所强调的那样,这个模型依然把阿加西版的冰期坚定地放置在灾变论者的阵营之中,因而减少了赖尔及其支持者接受的机会。但随着证据不断地在积累,曾至少存在一次大冰期的事实已不可能再被人们忽略;不久以后,甚至是赖尔也认为,只要改变这个模型的灾变论外衣,转变为可以被均变论者所接纳的模型即可。

早些年的时候,阿加西到过英国去学习收集鱼化石,有一段时间曾待在牛津大学,并与赖尔过去的导师巴克兰(但他依然是一个坚定的灾变论者)交上了朋友。阿加西在纳沙泰尔作了让同事们为之震惊的讲座的一年之后,巴克兰在弗赖贝格参加了一个科学聚会,并在那儿听到阿加西在详细解释其观点,于是偕同夫人前往纳沙泰尔,目验证据。巴克兰非常感兴趣,但并没有立即被说服。然而到了1840年,阿加西又一次前往英国研究鱼化石,趁机参加了英国科学进步联合会年会(当年在格拉斯哥举行),并报告了他的冰期模型。会议之后,阿加西参加了巴克兰与另一位地质学家麦奇生的团队,进行一项横穿苏格兰的田野考察,其间,那些支持冰川模型的证据最终使巴克兰信服阿加西是正确的。阿加西随后继续前往爱尔兰,巴克兰则造访金诺迪,因为在格拉斯

哥会议之后赖尔夫妇就去了金诺迪。数天之内,利用附近所看到的过去冰川的证据,巴克兰说服了赖尔。1840年10月15日,巴克兰致函阿加西:

> 赖尔**完全**接纳你的理论了!!我在他父亲家跟他走了3.2千米,当我给他看了一串漂亮的冰碛后,他立刻就接受了,就像完全解决了他一生中所遇到的所有困难那样。不仅如此,相似的冰碛以及冰碛中的碎石覆盖着邻郡大半面积,这可以用你的理论得到说明。他还同意了我的提议:他应该立即把这些东西标示到郡地图上,并且在一篇文章里加以描述,而这篇文章将在你之后于地质学会上报告。*

赖尔的转变似乎没有这样戏剧性,因为(正如这段话要显示的那样)他已经在考虑这些地质特征的起源了。他还于1834年到过瑞典,无法不注意到冰川的证据,即使他并没有立刻用那种模式来解释。相比起大洪水(要二选一的话还是更偏爱于此)来说,冰川解释是均变论的——毕竟地球现在还是有冰川。

巴克兰在那封信中提到了一个即将举行的伦敦地质学会会议,阿加西已列为会议演讲者中的一员。最终,这篇把所有冰期模型证据共冶一炉,署名为阿加西本人、巴克兰和赖尔的文章,于11月18日和12月2日分两次在伦敦地质学会会议上宣读。人们完全接受这个模型又将花费另外一个20多年。但是就我们的目的而言,我们可以指出这些会议上有诸如巴克兰和赖尔这样的创立地质学纪元的杰出人物,他们在冰期模型沉寂之时开始担起"传播福音"式的工作。下一个要回答的问题将是,在冰期,什么原因使得地球变得更冷?但是,在我们谈到这个问题是怎样被解答之前,我们应该简要地看看阿加西在1840年以后

---

* 转引自伊丽莎白·凯里·阿加西(Elizabeth Carey Agassiz)。

发生了什么。

1833年,阿加西与塞西尔·布劳恩(Cécile Braun)结婚,他们相遇之时,后者还是海德堡大学的学生。夫妇俩一开始非常幸福,有一个儿子[亚历山大(Alexander),1835年生]和两个女儿[保利娜(Pauline)和艾达(Ida)]。但是到了19世纪40年代中期,他们的关系转差,塞西尔还于1845春离开瑞士,投靠她德国的兄弟。她走时带了两个年幼的女儿,留下了儿子,让他完成现阶段在瑞士的教育。大约在这段时间(以及也是促使这段婚姻破裂的共同因素之一),阿加西因为不太明智地卷入了一次不成功的出版投资,陷入了严重的财务危机。在此背景之下,他于1846年离开欧洲,准备做一次为期一年的美国之行,亲眼看看新世界的地质地貌,并为波士顿大学做一系列的演讲。他既为自己所看到的大量冰川证据而感到高兴——有些证据在新斯科舍省哈利法克斯港走不多远就能看到,而哈利法克斯港正是客船停靠转向波士顿的中转港口——他所发现的冰期理论不仅先于他越过大西洋,还被美国的地质学家广泛接受,他也因为这一点而感到高兴。对于阿加西,美国的地质学家们同样感到高兴,并决定希望他留在美国。1847年,哈佛大学的一个新讲席专门为阿加西而设,解决了他的财务问题,同时也给了他一个可靠的学术基地。他成为该大学的动物学与地质学教授,一直在那儿直到去世,并于1859年建立起比较动物学博物馆(达尔文《物种起源》于该年出版)。对于在美国所任课程教授方式的发展,阿加西有着主要的影响,他强调对自然现象的研究必须亲自"动手动脚";他还是一位受欢迎的演讲者,帮助把科学中有趣的一面向校园以外传播。虽然如此,但人无完人,阿加西在生命的最后时期并没接受自然选择理论。

这个美国人的离开,可以说在政治上、个人上、动机上都正合其时。1848年,欧洲革命浪潮波及纳沙泰尔,其与普鲁士的藕断丝连最终被切断了。那个"新"学院(事实上在1838年升格为研究院,阿加西是第一

任院长)失去资助并停办。席卷欧洲的骚动促使许多博物学家西渡大
西洋,有好些前来与阿加西一起工作,并推进了哈佛大学研究工作的
进一步发展。依然是在1848年,来自欧洲的消息称塞西尔因肺结核
去世。保利娜和艾达便到瑞士的祖母罗斯·阿加西(Rose Agassiz)家中
居住,而她们的兄长(仅一年前他们在弗赖堡一家团聚)则和舅舅一起
待在弗赖堡,继续完成学业。1849年,亚历山大前往马萨诸塞州的剑
桥,与路易斯·阿加西团聚。他最终成了一名出色的博物学家,并为
阿加西家族在美国建立起一个分支。1850年,阿加西第二次结婚,
新娘是卡里(Elizabeth Cary),带着两个年龄分别为13岁和9岁的女
儿,从欧洲前往美国团聚。阿加西享受了差不多1/4世纪的天伦之乐
和在新祖国的学术上的成功,最后于1873年12月14日逝于马萨诸塞
州的剑桥。

冰期的天文学理论基础

　　所谓冰期的天文学理论基础,其根源要追溯到开普勒早在17世纪
的发现:行星(包括地球)绕日公转的轨道是椭圆而非正圆。但这个故
事的真正开始在于1842年出版的一部著作,也是在阿加西他自己那部
关于冰期的个人著作问世后不久所出版的书,名为《海洋的革命》(*Révo-lutions de la mer*),作者是法国数学家阿代马尔(Joseph Adhémar, 1797—
1862)。因为地球绕日沿椭圆轨道公转,所以轨道中的某一部分(一年
中的某段时间)到太阳的距离比轨道中的另外一端(另外的半年)到太
阳的距离要近。此外地轴是倾斜的,与公转平面的垂线之间有一个约
23.5°的夹角。因为如陀螺一般的岁差效应,因此在数年或者数个世纪
的时间尺度上,地轴恒常地指向天空中的某一恒星。也就是说,我们在
绕日旋转,首先是一个半球倾向太阳并完全得到太阳的温暖,然后才到

另一个半球并亦复如是。这就是我们有四季的原因*。每年的7月4日,地球与太阳之间的距离最远,而在1月3日其距离则最近——但两者的差值少于日地平均距离1.5亿千米的3%。地球在北半球夏天的时候离太阳最远,因而此时绕太阳运行的速度最小(回顾一下开普勒面积定律)。阿代马尔(正确地)解释道,因为地球在南半球冬天时的绕日速度比较慢,因而南极冬天所经历的极夜总时数,要比同一地区夏天所经历的极昼总时数多,因为此时地球在公转轨道的另一端,绕日速度最快。他认为,这就意味着经过一个又一个世纪的积累,南极地区变得越来越冷,而南极的冰帽证实了这一点(他认为冰帽仍在加厚)。

椭圆轨道模型

然而,同样的情况还可能会倒过来发生。地球自转的同时,还可能像转着的陀螺那样摇晃摆动,但地球比玩具陀螺大得多,而且晃动(即现在所称的岁差)得十分缓慢而雄伟。它导致了地球自转轴在空间指向上做圆周运动,每22 000年转一周**。因此在11 000年前,相对于椭圆轨道的季节变化模式是相反的——地球离太阳最远、绕日最慢之时,正是**北半球**的冬天。阿代马尔洞察到冰期有交替形成的周期,首先是在南半球形成冰期,然后到了11 000年后,轮到北半球千里冰封。他设想了一次冰期的结束阶段,随着冰封半球的暖化,海水不断侵蚀巨大冰帽的基础,使之形成一种不稳定的蘑菇状,直至剩下的那一大部分不可

---

* 在数千或数万年的时间尺度上,地球的这种倾斜会受到不同天体引力的牵扯而摇晃,我们很快就会谈到这个问题。

** 现代的计算显示,地轴在空间指向上旋转一圈的时间,实际上是在23 000—26 000年之间变化,这依然是一个巨大的时间尺度,这是由于地球与太阳系内其他天体有引力上的相互作用。

支撑而崩塌到大洋里,由此涌起的巨浪冲向另一个半球——这就是他那本著作题目的由来。事实上,阿代马尔模型的基础跟他所想象的蘑菇冰帽一样不牢靠。地球一个半球变得更热的同时另一个半球变得更冷,这个设想完全错误。正如德国科学家洪堡(Alexander von Humboldt, 1769—1859)在1852年指出的那样,追溯到100多年以前法国数学家达朗贝尔的工作,其在天文学上的计算显示,实际上当地球最接近太阳之时,某半球夏天吸收的额外的热量,正好(必定是正好,因为无论变热变冷都取决于平方反比定律)与同半球中阿代马尔所依赖的冷却效应达到平衡。一年之中,每一边半球所吸收的总热量,恒等于另一边半球所吸收的总热量。当然,到了20世纪,随着人们对地质记录理解的深入,以及放射性元素定年技术开始应用,人们愈发清楚,并不存在每隔11 000年南、北冰川交替出现这种情况。然而,尽管阿代马尔模型是错误的,他的书却引发了下一个人的故事,故事的主人公也在思考地球公转轨道对气候的影响。

克罗尔

克罗尔(James Croll),1821年1月2日出生于苏格兰的卡吉尔。他们家拥有一块很小的土地,但其主要的收入来源是克罗尔父亲当石匠赚的钱。这意味着他经常要四处走讨生活,留下他的家人料理农事。小克罗尔只接受过基础教育,但热衷于阅读,并从书本中学到了一些科学基础。他做过多种工作,一开始是做磨坊设备维修工,但随后发现"我心中强烈的对自然的亲近,让我想到日常工作的琐碎并不太适合我"*。他的左肘因为男孩儿的顽皮而在一次意外中受伤,僵硬到几乎

---

* 关于克罗尔的概要传记,见艾恩斯(Irons)。其他引自克罗尔的文字皆来源于此。

不能用的地步，自后情况进一步复杂起来。这限制了克罗尔工作的机会，却使他有更多的时间去思考和阅读。他曾写过一本《有神论哲学》(*The Philosophy of Theism*)，于1857年在伦敦出版，令人惊讶的是，他居然因此小赚了一笔。两年以后，他在格拉斯哥的安德森学院及其博物馆谋得看门人这一职位。他写道："得到这个职位是极其重要的，从来没有哪个地方像这里一样跟我的性格如此契合……我的薪水很少，这是真实情况，只比足够让我能生存下去多一点点；但是它以另一种方式给我补贴。"他的意思是能够进入藏书极丰富而又安静平和的安德森科学图书馆，并在那儿有大量的时间思考问题。克罗尔在那儿的读物之一就是阿代马尔的著作；他所思考的其中一个问题，是关于地球公转轨道的形状如何可能影响气候的方式。

这一构想的基础是对地球公转轨道随着时间而改变的详细分析，而这项工作已由法国数学家勒威耶(Urbain Leverrier, 1811—1877)进行。勒威耶最为知名的是于1846年导致发现海王星的计算工作[相同的计算由约翰·库奇·亚当斯(John Couch Adams, 1819—1892)在英格兰独立作出]。这是一项影响深远的工作，根据牛顿定律，在计算了已知行星相互之间的引力作用后，仍有行星的运行轨道受到未知的引力所摄动，他们以此为基础预言了海王星的存在。这比威廉·赫歇尔于1781年发现天王星的意义更为深远，尽管天王星是古典时代以来第一颗被发现的行星，引起了人们持续广泛的兴奋。赫歇尔的发现是幸运的(就建造世界上最好的望远镜并成为出色的观测家来说是很幸运的)。海王星的出现靠的是数学预言(像哈雷彗星于1758年的回归一样)，是对牛顿定律和科学方法的一次伟大证明。但这次预言涉及可怕而繁重的计算，因为在前计算机时代人们只能用纸和笔，而那些勤恳学者的成果之一，就是在大约10万年的时间尺度上，对地球公转轨道形状变化的最精确的分析。地球公转轨道有时候会更椭，有时候会更圆。尽管整个星球在一整年里吸收的热的**总量**是恒等的,但如果公转轨道是圆形的话,在一年之中,地球从太阳吸收到的热量每个星期都相等;如果公转轨道是椭圆的话,地球行至近日点附近每个星期所吸收的热量,要比行至远日点附近每个星期所吸收的热量要多。克罗尔想弄清楚,这样能解释冰期的出现吗?

他发展的这个模型假设,一个无论出现于哪个半球的冰期,该半球都肯定遭受了极其严寒的冬天。克罗尔把勒威耶对椭圆率变化的计算以及分点岁差效应结合起来并形成一个模型,在这个模型中,在每边半球中的冰期都包含有几十万年之久的冰河时代。根据他的模型,地球从约25万年前进入了冰河时代,一直到8万年前;冰河时代之间有一段温暖的时期,称为间冰期。克罗尔作了更详细的论述,包括对洋流在气候变化中的角色的有益的讨论等,他就此发表了一系列的论文,第一篇关于冰期的论文于1864年在《哲学杂志》上发表,他时年43岁。他的工作立即吸引了大量的关注,而克罗尔很快就意识到,他要成为一名全职科学家,这是他毕生的雄心。1867年,他接受了苏格兰地质勘探会的一个职位,并于1876年,即他的《气候与时代》(*Climate and Time*)一书出版后一年,当选为皇家学会会员(可能是唯一能获此殊荣的前看门人)。随后,他于1885年出版了另一本书《气候和宇宙学》(*Climate and Cosmology*),时年64岁。克罗尔于1890年12月15日在佩斯去世,目睹了他的冰期模型渐被广泛接受并产生影响,尽管事实上还少有坚实的地质学证据支撑这个模型。

在《气候与时代》中,克罗尔指出,地轴倾斜角度*的变化仍可能有一定的影响,以此提出进一步改进冰期的天文学模型的方法。这个现代值为23.5°的倾斜角,正是产生四季的原因。在克罗尔的时代,这个

_____

  *其值即等于黄赤交角。——译者

倾斜角会发生变化是常识(使地球像脑袋一样向上抬或向下点,在偏离公转轨道垂线方向最小的22°到最大的25°之间变化),但没有人(包括勒威耶在内)曾精确地计算出交角变化的大小,以及是在什么样的时间尺度上变化的(实际上,地球从偏离公转轨道垂线方向最小角度之处开始向下"点头"到最低处然后返回最开始的位置,要花上4万年左右的时间)。克罗尔猜想,地球越是垂直,冰期就越可能发生,因为这时两极从太阳那儿吸收的热量都少了——但这仅仅是一个猜想。然而,到了19世纪末,整套理论开始变得不再时兴,因为地质学证据开始积累,指出最近一次冰期并非结束于8万年前,而是结束于1.5万—1万年前,跟克罗尔的假想完全不匹配。与其8万年前的逐渐暖化正相反,其时的北半球正陷入最为寒冷、也是离现在最近的一次冰期,恰与克罗尔的模型的推断相反(而当时没有人跟一条重要的线索联系起来)。同一时间,气象学家计算出,由黄赤交角变化这一天文效应所导致的总热量的变化,尽管的确减少了,但减少量很小,不足以解释间冰期与冰期之间巨大的温差。但是那时的地质学证据的确显示,存在一系列的冰期,而如果没有其他因素影响的话,天文学理论模型确实能预言出冰期是一个有节奏的重复的周期。一位塞尔维亚工程师米兰柯维奇(Milutin Milankovitch),接手并改进了这一令人望而生畏的天文计算工作,并考虑这些周期是否与地质证据相吻合。1879年5月28日,米兰柯维奇出生于达利(只比爱因斯坦小几个月)。

米兰柯维奇模型

尽管塞尔维亚自1829年以来已经是一个以土耳其为宗主国的自治的侯国,但当时,它才刚刚摆脱数世纪以来被(主要是土耳其人)统治的地位,成为一个独立的王国(1882年)。塞尔维亚也是独立运动不断增长的巴尔干国家之一,此地地处南方四分五裂的土耳其帝国与北方几乎好不了多少的奥匈帝国之间,素有火药桶之称。与克罗尔不同,米兰柯维奇接受的是一种正统的教育,1904年在维也纳技术学院获得博士学位。他随后留在了维也纳并成为一名工程师(负责设计大型的混凝土建筑工程),工作5年后,于1909年回到塞尔维亚,成为贝尔格莱德大学应用数学教授。米兰柯维奇本可以在维也纳开基创业,比起在维也纳的光明前途,贝尔格莱德可谓是一潭死水的乡下。然而他想报效祖国,因为塞尔维亚更需要受过专业训练的工程师,并且认为他作为教师能做好这项工作。当然,他教授的是力学,但同时也讲授理论物理学和天文学。多少因为这样,他同时对气候极为着迷。许久之后的1911年,32岁的他在一次晚宴中酒后吐真言,决定要发展出一个数学模型去描述地球、金星和火星的气候变化,还浪漫地把这一天记上——尽管这个故事可能不能当真*。不管当时发生了什么事,米兰柯维奇确实开始了一个计算工程,不仅计算这3颗行星上不同纬度上的现时温度(通过观测比较进而检验天文模型,他至少是在地球范围内为此提供了一种途径),还计算了这些温度如何应天文周期的变化而变化——是实际的温度,而不仅仅满足于模糊地声称在一定的时间周期里,地球的某一半球比另一时间周期要冷。有一点再怎么过分地强调也不为过:这一切并没有工具的帮助——只是靠脑力、铅笔(或者钢笔),还有纸——而且不止一颗行星,而是3颗!这远远超越了克罗尔所设想的范围,即使米兰柯维奇在开始计算时有一个极大的便利,即他发现德国数学家皮尔格林(Ludwig Pilgrim)已经在1904年得出方法,可计算出过去百万年来偏心率、岁差以及黄赤交角的变化方式,这仍花去米兰柯维奇30年的

---

* 见《行星与季节》(*Durch ferne Welten und Zeiten*);这是关于米兰柯维奇生平的最主要的资料(即使可能有些偏颇)。

时间来完成这项工作。

气候取决于一颗行星到太阳之间的距离、纬度以及照射到该纬度的太阳光与地表所形成的角度*。这样的计算在原理上很简单，但操作起来却烦琐得难以想象，而这成了米兰柯维奇生活中的主要部分，占去了他在家中每个晚上的时间。即使是在假日跟妻子和儿子出外旅游，他也把相关的参考书和计算纸带在身边。1912年，巴尔干半岛战火初燃。保加利亚、塞尔维亚、希腊和黑山进攻土耳其帝国，很快取得胜利和土地。1913年，在争吵声中，保加利亚攻击了其前盟友并被打败。当然，巴尔干国家所有的这些骚动，导致1914年6月18日斐迪南（Franz Ferdinand）大公在萨拉热窝被波斯尼亚塞族青年刺杀，从而引发了第一次世界大战。在第一次巴尔干战争中，米兰柯维奇以一名工程师的身份在塞尔维亚军队服役，但他不在前线，使他有大量时间去思考他的计算。他开始发表他的工作，尤其揭示了地轴倾斜的影响要比克罗尔所认为的重要得多，但因为这些工作是在一个政治动乱的时节以塞尔维亚语发表的，所以人们对之关注甚少。第一次世界大战爆发时，米兰柯维奇正在家乡达利耶，当时该地随即被奥匈帝国军队占领。他沦为战俘，但到了年底，他因为出众的学术地位而获释，并获许居住在布达佩斯，在接下来的4年里从事他的计算工作。他对地球、金星、火星这三颗行星现时气候的数学描述，是其劳心劳力的成果，由此形成一本著作于1920年出版，受到广泛的赞誉。尽管米兰柯维奇并没有完成细节，但这本书包含了数学的证据，证明天文影响能够改变不同纬度地区所吸收的总热量，并足以引起冰期。其后，这方面的工作立刻就由科本接手，而且导致了科本与米兰柯维奇两人之间一系列富有成果的通信，以及随后科本著作中关于气候的思想与魏格纳之研究的整合。

---

*根据大气各成分的比例，其温室效应也应算入。但在这些计算中，我们假设大气成分比例在过去数百万年中是相同的。

科本提出了一个重要的新理论来理解天文周期如何影响地球的气候。他意识到，问题关键不在于冬季的气温，而在于夏季的气温。在高纬度地区的冬天（他特别以北半球作为思考问题的依据），天气常常寒冷得足以降雪，关键问题是夏天还有多少雪没被融化掉。因此冰期的关键在于凉夏而非极寒之冬，即使是连续几个凉夏而中间间隔的是相对暖和的冬天，也可能发生冰期。这与克罗尔所想的正相反，立即就解释了为什么最近的一次冰期集中发生于8万年前而结束于1.5万—1万年前。当米兰柯维奇详细地考虑了这个效应，计算出地球上3个纬度位置（北纬55°、60°及65°）的气温变化时，他感觉到20世纪20年代有效的地质学证据所揭示的以往的冰期模式，与天文周期之间似乎有很好的吻合。

随着科本与魏格纳两人的理论思想发表于他们的《气候与过去的地质》（*Climates of the Geological Past*）之中，在好一段时间内，冰期的天文学模型似乎已经日渐成为一个成熟的理论。1930年，米兰柯维奇发表了更多的计算结果，这一次他计算了8个不同纬度的冰层如何应对这些气温的变化，计算时间超过8年。一本总结其一生成果的著作《日射量典与冰期问题》（*Canon of Insolation and the Ice Age Problem*）于1941年出版，其时德军已入侵南斯拉夫（南斯拉夫于第一次世界大战后建立，包含塞尔维亚）。米兰柯维奇在63岁的时候决定撰写回忆录以遣余生，该回忆录最终由塞尔维亚科学院于1952年出版。他在平静地退休后，于1958年12月12日去世。但在那个时候，他的理论模型已流于过时，因为新发现的而且更为详细（尽管还相当不完整）的地质证据似乎不再与旧有的模型相吻合，尽管那些证据不太精确。

冰期的现代理论

说真的，比起现在高度细化的天文学模型，地质学上的数据简直不足以指向任何决定性的结论,而且一组特殊的数据与该模型吻合与否,实在不能揭示任何关于这个世界运作方式的深入的真相。与大陆漂移理论一样,真正的考验只有来自对地质记录更准确的测量,而这种精确测量涉及新的技术和技巧。这些因素积累于20世纪70年代,当时随着电子计算机的使用,冰期的天文学模型(现在常称为米兰柯维奇模型)本身的精度已达到一个以往从未企及的地步。地质学上的关键证据来自从海床中吸取的沉积物的核心,在海床处,沉积物年复一年地层层覆盖。运用现在的标准技术,包括放射性同位素和地磁定年,我们能够确定这些沉积物的年代。人们发现这些沉积物中,包含有很久很久以前在海洋中生存和死亡的微小生物的痕迹。这些生物死亡后,其痕迹以白垩(碳酸钙)贝壳的形式留存下来。一方面,这些贝壳显示出这些生物物种在不同时代里很繁盛,而这本身就是标示气候的标志;另一方面,贝壳中的氧同位素分析又是那些生物活跃时期气候的直接指标,因为不同的氧同位素由生物体内氧同位素的组成比例决定,而这个组成比例又由温度以及地球上有多少水被锁于冰层之中所决定。所有的3个天文周期清楚地在这些记录中显示出来,即过去百万年来气候变化也应有这样的脉动般周期。一般认为,这个模型最终确立起来的标志是一篇重要的论文,它于1976年发表于《科学》杂志*,概述了一些新证据,而当年正好是《气候与时代》出版100周年。但这引发了一个问题,而且变成一个对于我们的生存来说是至关重要的问题:**为什么**地球对不同纬度上太阳照射量明显很小的变化如此敏感?

这些问题的答案把我们带回到大陆漂移这件事上来。当我们仔细审视米兰柯维奇模型所给出的气候变化的同时,现在颇为清楚(年代也

---

* 海斯(J. D. Hays)、英布里(J. Imbrie)和沙克尔顿(N. J. Shackleton),《地球轨道的变化:冰期起搏器》(Variations in the earth's orbit: pacemaker of the ice ages),《科学》,1976年第194卷,1121—1132页。

颇为精确)的地质记录告诉我们,在地球漫长的历史过程中,其大部分时间的自然状态都是完全无冰的(可能除了高山的山顶以外)。只要温暖的洋流能到达极地,从太阳光那儿吸收的热量减少一点并无关紧要,因为温暖的海水能防止海上冰层的形成。但是在偶然情况下,正如古老冰川所显示出的岩石伤痕那样,在数十亿年之中会有一些时间段,使得某一个半球进入冰封状态,时间持续数百万年,我们称这样的一个时间段为一个冰河时代,这是克罗尔所用的术语,表达的是一个相似的意思,但其所指的冰封时间更长。例如,在二叠纪时曾有一个持续了2000万年左右的冰河时代,这次冰河时代约在2.5亿年前结束。对这个事件的解释是,由于大陆漂移,大块陆地常常与两极之一或远或近。这会导致两件事情的发生。第一,它切断了(或者至少是阻碍了)来自低纬度的温暖海水的供应,因此这些地区的冬天确实就变得异常严寒。第二,大陆提供了一个降雪表面,让雪能一层又一层地积累起来进而构成巨大的冰层。今天的南极洲就是这一运作过程的经典案例。这说明冰河时代的产生受天文周期的影响甚微。

　　二叠纪冰期结束后(这是因为大陆漂移,再次开放了温暖海水流向极地的通路),整个世界享受了大约2亿年的温暖,其间是恐龙繁盛期。但在5500万年前,严冬又开始逐渐来临;1000万年前,冰川回归,首先出现在阿拉斯加州的山脉上,尔后则很快出现于南极洲。500万年前,南极洲的冰层积累得极大,比今天还要大。冰川在两个半球同时扩张这一事实是一个很重要的洞见。冰川覆盖了南极大陆并以上述方式形成的同时,即使北极地区有一个北冰洋,并无大片陆地,但该地区仍然寒冷并最终冰封。其原因是大陆的漂移使陆地逐渐形成一个几乎是完整封闭的环围绕着北冰洋,温暖海水的通路几乎切断,要不然海水可以使北极保持无冰。值得注意的是,今天格陵兰岛的存在使得墨西哥湾流斜折向东,反而温暖了不列颠群岛和欧洲大陆的西北部。一层薄冰在极地海洋表面形成后，大约从300万年前开始，越来越多的冰积累在其包围的陆地上。极地海洋被陆地包围，陆地虽能提供降雪场所，但在盛夏时节会融雪，这样一种情况，使其对天文周期特别敏感。可以说，过去500万年左右的时间，在整个地球历史长河中是其独一无二的阶段，两极的冰帽造就了两种截然不同的陆海地质地貌排布。北半球的这种独特地理，使得地球对天文周期异常敏感，而这强烈地显现于新近地质年代的地质记录之中。

对进化的影响

近来的冰河时代，气候的周期节律效应造成了冰期的轮流出现，每次持续约10万年，中间因为温暖的气候（像我们今天这个时代）而被隔开，间冰期长约1万年。照此推算，我们现在所处的这个间冰期将在数千年内自然结束——少于有记录的历史的时间跨度。然而，未来如何是超出本书视野范围的。通过米兰柯维奇结合天文周期所作出的研究，其基础模式还要添加少量气候变化的波动修正。由放射性同位素技术利用钾和氩的同位素作出的定年显示，这一次冰期始于360多万年前。就在那时，我们的祖先生活在东非大裂谷（这个地貌本身就是板块构造活动的产物），在此，我们的灵长类祖先进化为3种现代形式：黑猩猩、大猩猩和我们人类*。正是在此时的化石记录，包括印在软地后硬化的脚印（就像好莱坞人行道上的明星手印）以及化石骸骨，为我们提供了存在一种直立行走的灵长类的直接证据。没有时光机器帮我们

---

*直接测量三者的脱氧核糖核酸（DNA），可以推断人类开始从其他非洲猿类中分出的时间，从而为我们提供了一个"分子钟"。其技术最终形成于20世纪90年代，详见约翰·格里宾和切尔法斯（Jeremy Cherfas）《第一种黑猩猩》（*The First Chimpanzee*）（伦敦：企鹅出版社，2001年）。

穿梭回过去的话，没有人能确切地肯定400万年前东非灵长类在转变成为现代智人的过程中发生了什么。尽管如此，但我们可以很容易地提供一个气候节律变动起关键作用的案例，并水到渠成地得出一个至少是部分可靠的结论。在东非，在高纬度地区十分重要的温度涨落并不是太要紧的问题，事实上在冰期全盛期，海洋过于寒冷，导致水分蒸发和降雨都会减少，地球变干、森林退化。这会增强那些被迫走出森林并进入平原的林地灵长类动物（包括我们祖先）的竞争力。对这些个体而言，自然选择压力很大，只有那些能适应新的生存之道的个体才能存活下来。如果原来的情况持续不变，这些动物若在那儿与较适应平原生活的居住者相竞争，很可能会遭到灭绝。但是，经过大约10万年，气候条件变得舒适了，经自然选择过程筛选的幸存者的后代有机会利用森林扩张的优势，得以安全地避开平原猎食者并不断繁衍。这个过程重复十几二十次后，我们很容易地看到，一种渐进式的效应会使生物的智力和适应力被挑选出来，成为生存于森林边缘的重要因素——当生物退居到森林中心位置时，最成功的灵长类会向更适应树上生活的方向进化，变成黑猩猩和大猩猩。

这种描述可能与霍姆斯时代的大陆漂移构想一样似是而非。但即使当中的细节并不确切，我们也难以看到三四百万年前的气候模式，与同样是三四百万年前从猿到人的发展过程之间的关联，仅仅是一种巧合。我们把我们自己的出现和存在归因于大陆漂移、天文周期影响地球气候之后所形成的特殊的理想条件，以及天文周期本身三者的结合。这一整套理论涉及基础物理学（基础到如与大陆漂移驱动力有关的热对流知识）、牛顿式的动力学和引力学（解释天文周期，并使之可以预测）、化学（分析从海床中找到的样本）、电磁学（地磁法测年）、由一系列人物（如雷和林奈）建立起来的对物种和生物世界的理解，以及达尔文与华莱士的自然选择进化论。这是一个洞见，这个洞见让我们看到，在地球只有一种生命形式,即生物经由同样的自然选择过程挑选产生,而这个过程也已挑选产生了所有物种。这个洞见,同时成功地为自伽利略和牛顿以来、长达3个世纪的"经典"科学再创辉煌。你可能会想,继续呀。但直到20世纪末,大多数科学学科并没有沿着经典之路走,而是走出经典科学范围以外,转而走到了与牛顿式世界观基础相背离的道路上去。全部的这一切始于19世纪末,伴随着完全改变了物理学家对微观世界看法的量子革命*而拉开了帷幕。

---

* 可能这是唯一的、名副其实的科学"革命"。

第五篇

现　代

◇ 第十三章

原子之内

真空管的发明

科学史上最大的革命,始于一种性能更好的真空泵的发明,时间是19世纪中叶。相比起现代科技,这个发明看似微不足道,但要看到其重要性,要知道,法拉第试图研究真空状态下电的性质时,就要用到这样一种仪器。19世纪30年代末,法拉第利用一个玻璃广口瓶,在里面装上固定的单一电极,研究其放电。广口瓶用软木塞"密封"(尽管这个词不太恰当),木塞中插入一根大钉作为电极,木塞本身可以往里往外移动。整个装置远不能算密封,容器里的低气压状态只能通过不断用泵抽走空气来保持。这种泵与两个世纪以前冯·居里克所用的泵在原理上大同小异(这种泵基本上与现代的自行车打气筒是一样的)。正是德国人盖斯勒(Heinrich Geissler, 1814—1879),他于19世纪50年代末在波恩作出了突破。他改进了真空泵,在玻璃容器抽气过程中,利用汞以形成气密接触,也就是说把所有的连接处和阀门都封住了。他把要抽真空的容器通过一根管,与一个连着玻璃泡的双向阀的一个分支相连,玻璃泡本身通过一根软管与一个装满汞的汞槽相连。双向阀另一分支连通玻璃泡与大气。因为玻璃泡与大气相连,当把汞槽里的汞液面升高,汞的压力就会把玻璃泡里的空气排出。此时关闭大气连通阀,打开玻璃容器连通阀,并把汞槽液面降低,这就能迫使玻璃容器里的空气压排到玻璃泡中。重复这个过程,只要次数足够多,玻璃容器里最后就会形成"坚实"的真空状态。盖斯勒更为优异的一点是,他受过吹玻璃的训练,因而他发明了一项技术,能把两个电极密封地安装到真空玻璃容器当中,从而创造出持久真空的试管。可以说,他发明了真空管。在这项技术发明之后的几十年中,盖斯勒本人和其他人继续加以改进,直到19世纪80年代中期,人们已经可以制造出气压仅为地球海平面大气压万分之几的真空管。这就是导致人们发现电子("阴极射线")和X射线的技术,由此激励产生了导致放射性发现的工作。

"阴极射线"与"阳极射线"

19世纪60年代,一位在其他方面都极平凡的波恩大学物理学教授普吕克(Julius Plücker,1801—1868),可能是利用盖斯勒新式真空管技术的首批科学家之一。他进行了一系列实验,研究电极通电时在这样的管子里所发出的辉光的性质(这基本上就是霓虹灯的技术原理)。在普吕克的学生当中,希托夫(Johann Hittorf,1824—1914)首先注意到,从这种管子里的阴极(负极)所发出的辉光似乎是遵循直线传播的。1876年,戈尔德施泰因(Eugen Goldstein,1850—1930)随后在柏林大学与亥姆霍兹合作,把这种辉光命名为"阴极射线"。他指出,这些射线可以投射出阴影,(如一些同时代人一样认为)会在磁场中发生偏转,而他认为它们与光相似,都是电磁波。1886年,戈尔德施泰因在运用真空管放电时,发现了另一种形式的"光"从管子的阳极(正极)孔洞里发射出来,他称其为"阳极射线"(canal rays),来源于德语"孔洞"。现在我们知道,这些"光"是带正电荷的离子流,离子就是失去了一个或多个电子的原子。

早在 1871 年,皇家学会发表了一篇由电学工程师瓦利(Cromwell Fleetwood Varley,1828—1883)撰写的论文,他在论文中指出阴极射线可能是"由电负极抛射出来的微小的物质粒子"*,这个关于阴极射线是粒子的解释则由克鲁克斯(William Crookes,1832—1919)接手完成。

克鲁克斯:克鲁克斯管与阴极射线的粒子解释

克鲁克斯,1832 年 6 月 17 日出生于伦敦,是一名裁缝兼商人的孩子,在 16 个子女中最为年长。他的科学事业很不寻常,但很少有人知道他早期所受的教育,只知道在 19 世纪 40 年代末,担当皇家化学学院霍夫曼(August von Hoffmann)的助手。1854—1855 年,他在牛津的拉德克利夫天文台的气象部门工作,然后作为一个讲师,于 1855—1856 学年在切斯特培训学院教化学。但随后,他从父亲那儿继承了足够的钱,能财务独立了。他返回伦敦,在那儿成立了一个私人的化学实验室,创办了一个周刊,即《化工消息》(*Chemical News*),直到 1906 年停刊。克鲁克斯兴趣广泛(包括灵魂论),但我们只讲跟他相关的发现电子的故事。他改进了真空管(称为克鲁克斯管),比起欧洲大陆同时代的人,他能实现一个更好的真空环境(空气更少),这是一大关键。有了更好的真空环境,克鲁克斯能够进行一些实验,这些实验似乎能给出阴极射线具有微粒性质的决定性证据。这些实验包括:在真空管内放置一个金属马耳他十字,射线照射后就会得到一个清晰锐利的阴影,投在真空玻璃管背后的墙壁上。他还把一个细小的桨轮放在射线中,由于射线的冲激,轮子转动,显示出射线带有动量。到了 1879 年,他成功地提出对阴极射线的粒子解释,而这很快就变成英国物理学家公认的解释了。虽然

---

* 引自《皇家学会学报》(*Proceedings of the Royal Society*),第 19 卷,第 236 页,1871 年。

欧洲大陆的情况迥然不同,尤其是在德国——19世纪80年代早期的时候,赫兹进行了一些实验,似乎显示出电场对射线并没有效应(现在我们知道,这是因为他的真空管里含有太多的残留气体,它们会离子化并对电子产生干扰),而那些射线是一种电磁波的理论已经深入人心。部分是由于物理学家们因X射线的发现(X射线很快就被发现了)而转移了兴趣,直到19世纪90年代末,问题才最终得到解决。

阴极射线远远慢于光速

证明阴极射线不是一种电磁波的证据出现在1894年,当时,J. J.汤姆孙在英格兰发现它们的运动速度比光要慢得多(而麦克斯韦方程告诉我们,所有的电磁波均以光速运动)。到了1897年,越来越多有分量的证据证明,阴极射线是带有电荷的。1895年,皮兰(第十章曾提及过他)所完成的一些实验表明,那些射线在磁场作用下发生偏转,正如一束带电粒子所应发生的现象,同时他的实验还表明,当阴极射线撞击金属板时,金属板会带上负电。 1897年,当他正进行实验以探测这些"光线"中的粒子的性质时,类似的研究被其他研究者捷足先登了——当中有德国的考夫曼(Walter Kaufmann),而更重要的是英格兰的J. J.汤姆孙。考夫曼在柏林进行研究工作,他研究在含有不同残余气压及不同种类气体的真空管中,阴极射线受到电场和磁场作用而发生偏转的情况。在这些实验里,他能够计算出粒子的电荷与其质量之比——e/m。他想看看在各种气体条件下这个比值的不同,因为他认为他正在测量的是我们现在称之为离子的性质,即与阴极接触后带上电荷的原子的性质。他惊讶地发现,他总能得到相同的e/m值。J. J.汤姆孙〔顺便说一句,他与威廉·汤姆孙(即开尔文勋爵)同姓,但并无关系〕也在测量e/m值,他采用了一种简洁的技术:先让一束阴极射线通过磁场偏转到一边,然后通过另一个磁场使之向相反方向偏转,使得前后两个效应正好互相抵消。然而,对于时常得到相同的实验数据,J. J.汤姆孙并**不**感到惊讶,因为从一开始他就认为他正在处理的是从阴极射出的由相同粒子构成的粒子流。他的结果用另一种方式 m/e 值来表达,他指出,与氢(现在我们知道其实测的是氢离子,相当于单个质子)的等价结果相比,他所获得的 m/e 值很小,这就意味着,要么所涉及的粒子的质量非常小,要么所带电荷非常大,要么兼而有之。1897 年 4 月 30 日,J. J.汤姆孙在皇家研究院发表了一个演讲,提到"物质能细分到比原子更小的物理状态这一假设,多多少少会使人大吃一惊"*。他随后又写道:"许久之后,当时在演讲现场而又是很出色的一位同事告诉我,他认为我是在'跟他们开玩笑'。"**

电子的发现

尽管这一切都发生了,1897 年也常常被人们视为"发现"电子的年份,然而电子的真正发现是在两年之后。1899 年,J. J.汤姆孙成功地测量了电荷值本身,所用的技术是使用带电的水滴并施以一个电场作用,对之进行监测。正是对 e 值的测量,使他能为 m 提出一个真实值,证明了每一个构成阴极射线的粒子(他称之为微粒)大约只有氢原子质量的1/2000,是"整个原子中来去自如的一部分,可以从原来的原子上脱离出来"***。换言之,原子**并非**不可分割,尽管这一发现可能会使人大吃一惊。但是,施放这一重磅炸弹的人是何方神圣?

_____

* 这次演讲的内容由布拉格(Bragg)和波特(Porter)重印。

** J. J.汤姆孙,《回忆与反思》(*Recollections and Reflections*)。

*** J. J.汤姆孙,《哲学杂志》,1899 年,第 48 卷,第 547 页。现代语境下的"电子"(electron)一词,很快就被荷兰物理学家洛伦兹应用于指 J. J.汤姆孙所称的"微粒"。

J. J. 汤姆孙于1856年12月18日出生在曼彻斯特附近的奇塔姆山，受洗名为约瑟夫·约翰，而成年后以其首字母缩写"J. J."行世。他14岁时开始在欧文斯学院(曼彻斯特大学前身)学习工程学，但他的父亲(一位古籍书商)去世两年后，其家庭财务大为拮据，这意味着他必须转为学习物理学、化学和数学等课程，因为这样他能得到奖学金。1876年，他转到剑桥大学三一学院(再次获得奖学金)，并于1880年从数学专业毕业，其后终其一生都在剑桥(除了在普林斯顿作短暂居留之外)。从1880年起，J. J. 汤姆孙在卡文迪什实验室工作。1884年，他接替了瑞利勋爵，成为卡文迪什实验室的主任(剑桥大学希望威廉·汤姆孙接任，但他更愿意留在格拉斯哥)，并担任此职一直到1919年。当时他辞去实验室的工作，之后获三一学院任命为院长，成为该学院第一位科学家院长，并担任该职位直到1940年8月30日他去世。他于1906年获得诺贝尔奖(因为他对电子的研究工作)，于1908年获封为爵士。

作为一名数学家的J. J. 汤姆孙，他被选择成为实验物理学教授以及卡文迪什实验室的负责人时，这要不是主事者的灵光乍现就是意外侥幸。J. J. 汤姆孙具有一种设计实验的神奇能力，得以凭借实验来揭示物理世界的基本事实(如测量e/m值实验)，而且他还可以运用这种能力指出，由其他人设计的实验为什么不如预期——甚至连实验设计者都看不出什么地方有问题的时候。但他在处理精密设备方面的笨拙可谓远近驰名，以至于有人说，他的同事们都试图让他别进他们正在工作的实验室(除非他们需要他洞察一个不如人意的实验中的缺点)。你几乎可以说，J. J. 汤姆孙根本就是一个理论实验家。以下事实可以度量出他的能力：19世纪末至20世纪初，卡文迪什实验室吸引了很多顶尖的物理学家来到剑桥工作，其中有7个担任过他助手的物理学家获得诺贝尔奖。作为一名教师、导师和受爱戴的部门领导，J. J. 汤姆孙在这一成就中都起到了相当重要的作用。

虽然卡文迪什实验室绝非垄断了物理学界的这种成功,但在X射线和放射性的发现等方面也显示出,就算是J. J.汤姆孙团队以外的其他人获得了突破,也常常是迅速地利用了他们实验工作的暗示所致。科学上的伟大发现通常是由年轻人在其充满睿智的一念之间中完成。在19世纪末,得益于真空管技术的改进,后来称为原子物理学的这门学科本身就很年轻,随着技术的发展,它为科学研究开辟出新的康庄大道。在此背景下,随着科学发现几乎举目皆是并等待着人们的获得,对新技术的掌握和经验便同青春和热情一样重要。例如,伦琴(Wilhelm Röntgen)发现X射线时,已经不再年轻力盛了。

伦琴与X射线的发现

1845年3月27日,伦琴出生于德国伦内普,随后走的是一条学术系统中的传统之路,于1888年成为维尔茨堡大学的物理学教授。他是一位优秀、扎实的物理学家,他曾在课题相关的几个领域做过研究,但没有什么特别突出的闪光点。然而在1895年11月伦琴50岁时,他正利用改进后的真空管(一个与该项技术的先驱,即现在所称的希托夫管或克鲁克斯管不同的设计,但其原理完全相同)来研究阴极射线的特性。1894年,在赫兹的工作的基础上,勒纳(Philipp Lenard)证明,阴极射线可以透过薄金属箔而不留下任何穿孔。当时,这是人们证明阴极射线这种"光"必定是波的证据,因为如果假定它们是微粒,那应该留下通行的痕迹(当然,他们默认微粒至少应有原子那样大小)。紧随这一发现,伦琴在真空管里放了一块薄薄的黑色卡片,完全遮蔽玻璃管,然后进行研究工作。他是想用来阻挡管子里面的光线,这样就能够检测出阴极射线穿透玻璃管本身的蛛丝马迹。检测阴极射线的一个标准方法是:使用一块涂有氰亚铂酸钡的纸屏,纸屏被射线击中时就会发出荧光。

1895年11月8日,伦琴把这样一块与他正在进行的实验没有任何关系的纸屏,放在他实验装置的一侧,在阴极射线发射路线的范围以外。让他惊讶的是,他发现在黑暗的实验室里,当真空管通电运行后,这块纸屏却发出了明亮的荧光。他开展了更仔细缜密的研究,以确保确实发现了一种新现象。随后,伦琴于12月28日向维尔茨堡物理-医学学会提交了论文,并于1896年1月发表。伦琴本人把他所发现的射线命名为X射线(在德语世界常常称为伦琴射线),非常重要的是,因为它们能穿透人的肌肉并显示出藏于肌肉之下的骨骼的影像,所以引发了轰动。关于他的发现的文章预印本里,包括他妻子手掌(及其他事物)的X射线影像图;此预印本于1896年1月1日公开分发,不出一周,报纸就加以报道。1月13日,伦琴向身在柏林的威廉二世皇帝演示了这种现象,同时其文章的英译版本也刊登于1月23日(同日,伦琴就此论题作了唯一的公开演讲,当时在维尔茨堡)的《自然》杂志和2月14日的《科学》杂志上。1896年3月,伦琴又发表了两篇关于X射线的论文,然而这也是他对这个论题的最后的贡献了,不过他仍然活跃在科学界,1900年成为慕尼黑大学物理学教授,并在那儿一直生活到了1923年2月10日。1901年,因为他对科学的这一伟大贡献,他赢得了第一个诺贝尔物理学奖。

几乎从一开始,物理学家就知道X射线的很多性质,尽管他们不知道这些射线是什么。当阴极射线撞击真空管的玻璃壁,X射线就产生了(因此,它们所携带的能量来自哪里并非疑问),并以此为源头向各个方向传播。它像光一样沿直线传播,也能使照相底片感光,在电场或磁场中不会发生偏转。不过,它与光不同的地方在于,X射线似乎不会发生反射或折射现象,因而许多年来,人们都不清楚它是波还是粒子。但这并不妨碍X射线在被发现之后近10年的时间内逐渐地广泛应用于各个方面,无论是在医疗方面显而易见的应用(尽管有时有人会不幸地遇到不良反应,因为过分暴露在其辐射之下会有危险),还是在物理学方面的应用(在这之中,人们证明了它非常适合电离气体)。只是大约在1910年以后,X射线的面貌才开始清晰,它的确是电磁波,其波长比可见光(甚至紫外光)要短得多,而且在适当条件下也确实能反射和折射。但是,以原子物理学的发展来看,关于X射线的发现中最重要的,是它几乎立即导致的另一发现,另一种更加令人费解的辐射。

放射性、贝克勒耳和居里夫妇

如果有一位科学家曾在恰当的地点、恰当的时间出现,那他就是亨利·贝克勒耳(Henri Becquerel, 1852—1908)。亨利的爷爷,即安托万·贝克勒耳(Antoine Becquerel, 1788—1878)是在电学与发光现象方面的研究先驱。安托万·贝克勒耳非常成功,1838年,法国自然历史博物馆的物理学教授讲席为他而创设。安托万的第三个儿子,即亚历山大–埃德蒙·贝克勒耳(Alexandre-Edmond Becquerel, 1820—1891)跟父亲在巴黎工作,对磷光固体(在黑暗中发光的晶体)的特性很感兴趣。安托万于1878年去世,埃德蒙(因为已经闻名于世)接替了他的教授讲席。当时,他的儿子亨利·贝克勒耳饱受物理学的家庭熏陶,已于1888年在巴黎理工大学获得博士学位。埃德蒙在1891年去世后,亨利便接替成为自然历史博物馆的物理学教授,尽管他在此职位的同时,还担任巴黎桥梁及公路部门的首席工程师。亨利去世后,他的教授讲席又由自己的儿子让(Jean, 1878—1953)来继承。到了1948年让退休以后,才没有把教授讲席"世袭"下去,也是在此时,自然历史博物馆的这个物理学教授讲席在其自创设110年以后,才第一次授予了一个不叫贝克勒耳的人。在这个贝氏王朝中叶的1896年1月20日,亨利·贝克勒耳在法国科学院的一次会议上听到了X射线这个头条新闻的详细情况,其中包括X

射线起源于阴极射线管玻璃壁上的一个亮光斑,那里是阴极射线撞击玻璃并发出荧光的地方。这提示他,同样在黑暗中发光的磷光物质,可能也会产生X射线,于是他立即着手验证这一假说,所使用实验材料,是在其祖父时代已经累积下来的不同种类的磷光物质,它们都收藏在博物馆里。

这些磷光物质的关键特征是,它们必须暴露在阳光下而使之发光。这种曝光以一种未知的方式供给它们能量,因而之后它们会在黑暗中发出一段时间的光芒,同时渐渐耗尽从太阳光中获得的能量。在贝克勒耳研究X射线的过程中,他把照相底片小心地用两片厚厚的黑纸包裹在中间,这样就没有光线能够穿透而使之感光;然后他把这已经包好的底片放置在一盘已经"充好"太阳光的磷光盐下面。果然,在拆开冲洗一些种类的盐所对应的底片时,他发现底片中出现了磷光物质的轮廓——如果把金属物(如硬币)放在装盛有磷光盐的盘子和由黑纸包裹的底片之间的话,底片冲洗后就会呈现出金属物的轮廓。这样看来,X射线可以通过磷光盐中所储存的太阳光作用而产生,与阴极射线作用于玻璃而产生的射线一样。贝克勒耳适时地把这些结果向科学共同体作了报告。

但到了1896年2月底,贝克勒耳准备做另一个实验。他把一个铜十字架放到包裹过的底片和盛有磷光盐(这是一种铀的化合物)的盘子之间,等待太阳出来。当时巴黎连续好几天都是阴天,3月1日,贝克勒耳等得厌烦了,无论如何都要冲洗底片(我们尚不清楚这是一时兴起,还是要进行一次对照实验的慎重决定)。使他惊讶的是,他在底片上发现了铜十字架的轮廓。即使在磷光盐不发光,甚至是在它们没有充上太阳光的情况下,至少铀盐也可以产生出类似于X射线所产生的现象*。这个

---

*几乎是在同时,完全相同的发现由汤普森(Silvanus Thompson)在英格兰作出,但贝克勒耳却是首先发表的。

发现中最为引人注目的方面是,铀盐似乎能从"全无"中产生能量,而这显然违反物理学的最高原则——能量守恒定律。

这一发现没有X射线的发现那样影响广泛,因为在科学家群体(甚至对于多数科学家来说)之外,这看起来似乎只是X射线的另外一种形式罢了。尽管贝克勒耳本人很快就转向了其他方面的工作,但他对自己所发现的这种放射现象的性质也作了一些研究,并且于1899年证明,这种射线能在磁场的作用下发生偏转,所以它不是X射线,而应该是由带电粒子构成的射线。对此现象的详细研究,则由在巴黎的玛丽·居里(Marie Curie)和皮埃尔·居里(Pierre Curie)夫妇(与贝克勒耳一起分享了1903年的诺贝尔奖),以及最初在卡文迪什实验室的卢瑟福(Ernest Rutherford,更多关于他的故事见后文)继续接手。

在大众的心目中,人们正是把玛丽·居里这个名字与早期的放射性(一个由她所创的术语)研究强烈地联系在一起。其中一部分原因是她的确起了很重要的作用;一部分原因是她的女性身份,能给大众提供一个凤毛麟角的女性科学家典型,这肯定是个好新闻;还有一部分原因是她的工作条件相当艰苦,为她的故事增添了传奇色彩。这似乎也影响到了诺贝尔奖评审委员会,他们设法为她基本上是同一项的研究工作颁奖两次——一次是1903年的物理学奖,一次是1911年的化学奖。1867年11月7日,居里夫人出生于华沙,原名玛丽亚·斯克洛多夫斯卡(Marya Sklodowska),当时波兰四分五裂,她并不能到属于俄国的那一部分波兰去上大学。1891年,她好不容易才筹集到资金移居巴黎,进入索邦大学学习。作为一个本科生,她住在一个小阁楼里,饥寒交迫,几近饿死。正是在索邦大学,她遇到了皮埃尔·居里(并于1895年结婚)。皮埃尔于1859年5月15日出生,是一位医生的儿子,遇到玛丽亚时已经是在磁性材料性质研究方面备受推崇的专家。玛丽婚后很快就怀孕了,因此要到1897年9月,她才能安下心来,进行她关于"铀射线"的博士学位研究工作。当时,还没有哪一位女性能完成欧洲大学的博士学位,不过在德国的诺伊曼(Elsa Neumann)很快会完成。作为一位开历史先河的女性科学家,玛丽只被勉强允许使用一个漏水的棚屋作为她的工作场所——她被禁止进入主要的实验室,因为有人担心她的存在可能会使男同事产生性冲动,阻碍研究顺利完成。

1898年2月,玛丽作出了她的第一个伟大发现——沥青铀矿(铀从这种矿石中被提取出)比铀具有**更强**的放射性,因而它一定含有另一种强放射性元素。这一发现太引人注目了,以至于皮埃尔要抛弃自己当前的研究项目,加入玛丽工作当中,一起努力分离出这种以前未知的元素。通过大量的工作,他们事实上发现了两种元素,一种他们称之为"钋"[polonium,这是对玛丽祖国波兰(Poland)的一个公开的政治姿态,但请记得,在当时,严格说来波兰并不存在],另一种他们称之为"镭"。直到1902年3月,他们花了很长时间,从数吨沥青铀矿中分离出0.1克镭,才足够做化学分析,并让它在元素周期表中占据一个席位。一年以后,玛丽被授予博士学位——同一年,她收获了她的第一个诺贝尔奖。正是皮埃尔测得了镭所能释放出的惊人能量——每1克镭足以使1.333克水在1个小时内从冰点升至沸点。这个过程似乎没有尽头,运用这种方法,每克镭能够反复地把一克又一克的水加热到沸点——无中生有,违反了能量守恒定律。这一发现与发现镭本身的重要性相当,同时为他们整个团队带来了更多的好评。但是,当居里夫妇正要开始享受由其成功而带来的更舒适的生活之时,皮埃尔却在1906年4月19日死于意外,他在巴黎穿越马路时脚底一滑,头骨被马车的轮子碾碎。看来这一滑极有可能是他患有一段时间的头晕所致,而现在认为头晕是他已经得了放射病所致。玛丽活到1934年7月4日,在上萨瓦省一家诊所病榻上因白血病而去世,(最终)也是放射病的受害者。她的实验笔记本仍具有很强的放射性,以至于它们都保存在一个防辐射铅制保险箱里面,只有小心地做好防护措施才能偶尔开封。

　　X射线以及"原子"辐射的发现,甚至是电子的确定,所代表的只是人们对亚原子世界认识的第一个发展阶段——科学家们发现了存在一个亚原子世界可以让人们加以探索。那位把这些发现以某种秩序加以整合、建构出一个亚原子世界,并首次获得原子结构知识的科学家不是别人,正是卢瑟福。1871年8月30日,卢瑟福出生在新西兰南岛的一个乡村社区。在当时的新西兰,除了乡村社区以外少有其他,英国于1840年5月才声称新西兰为其所有,乡村社区是为了抢在法国殖民者之前而在那里建立的定居点。卢瑟福的父母在孩提时候就已经与各自的双亲(其父亲一方是苏格兰人,母亲一方是英格兰人)来到新西兰,他们是第一波的定居者。在开拓者社区当中常有的情况是,他们的家庭往往很大。欧内斯特·卢瑟福(他的名字因为文书关系出现错误,实际上是注册为"Earnest",但是这个拼写他从来没有使用过)有11个兄弟姐妹、4个舅舅、3个叔叔和3个姑姑。他出生在纳尔逊镇附近的斯普林格罗夫区,但由于边界的变动,他的出生地现在属于布赖特沃特区。卢瑟福5岁半的时候,他们全家搬到了几千米外的福克斯希尔。

　　小时候的卢瑟福是一个能干但学业并不突出的孩子,他似乎总是只能做到差强人意,凭借艰苦的工作,才凑足了奖学金,进入下一阶段的学习。就这样,他于1892年获得基督城坎特伯雷学院的学士学位(课程同时涉及文科和理科),又于1893年获得硕士学位,主要是以电和磁为基础的原创性研究(那一年,新西兰只有14名研究生,他是其中一名)。此时的卢瑟福正是学术界冉冉升起的一颗新星,但即便如此,他发现仍无法获得教职(这是他的首选),而且在新西兰继续深造的机会也几乎为零。他于是制订了一个计划,意图获得奖学金,在欧洲继续他的学习和研究。但为了申请这样的资金,他必须是大学的注册学生,所以他在1894年报读了一个对他来说是多余的学士课程,同时还开展了更多的研究工作,最初还通过一些指导教学的工作来补贴自己的生活(他大概也从家里得到一点金钱上的帮助)。对于他来说幸运的是,1894年11月,一位在基督城男子高中任教的老师得病,于是卢瑟福便接手了那位老师的一些任务。

卢瑟福所申请的奖学金,是英国为庆祝1851年世界博览会而设的一个方案中的一部分。政府所提供的奖学金,会资助来自英伦三岛、爱尔兰、加拿大、澳大利亚和新西兰而在世界的任何地方学习的研究生,为期两年(资助额度每年约150英镑),但受资助学生的人数有严格的限制,而且每个国家并非每年都有名额。1895年给新西兰的奖学金名额只有一个,而候选人则有两名,他们要详细陈述其研究计划,伦敦方面则择优选取。奖学金给了一位奥克兰化学家麦克劳林(James Maclaurin)。但是,麦克劳林本来在奥克兰有工作,又刚刚新婚,到了最后关头,他最终决定放弃该项奖学金。所以,卢瑟福获得了奖学金,并于1895年秋加入了卡文迪什实验室,是第一位以研究生身份进入剑桥大学的人——在这以前,只有一开始是剑桥的本科生并一路升读、做研究的人,才能成为当中的一员。这仅仅是伦琴发现X射线数月以前、J. J.汤姆孙测量出电子的e/m值数年以前的事情。卢瑟福既是在恰当的时间出现在恰当地点的那个恰当的人,**又是**一名匆匆过客;这样的结合将使他在科学上获得引人注目的成就。

卢瑟福早年在新西兰的研究已经涉及了铁的磁性,他用的是高频无线电波探测法(在赫兹发现无线电波以后仅6年)。基于这项工作的其中一部分,他已经设计制造出一台灵敏的(按照当时的标准)检测器——第一代无线电接收器——来检测这些波。博士研究生阶段刚刚开始的时候,他循着类似的思路继续研究,在剑桥大学进行远程无线电波传输实验(最终的传输距离达到几千米),而大约在同一时间,马可尼(Guglielmo Marconi)正在意大利进行类似的实验——尽管言人人殊,但我们现在不可能断定谁实际上第一个达到这样长的无线电传输路程。虽然卢瑟福对这方面的科学研究很感兴趣，但很快他就转向了令人兴奋的亚原子物理研究。同时，马可尼从一开始，他的脑子里想的就是无线电报的商机，而其结果，我们所有人都耳熟能详。

α射线、β射线和γ射线的发现

1896年春，卢瑟福正在J. J. 汤姆孙的指导下进行X射线的研究工作。他们的联合工作包括对X射线电离气体方式的研究，以及提供强有力的证据证明，这种未知的"光"是一种高能形式的光（即波长更短），或者说是一种由麦克斯韦方程所描述的电磁波（事后看来，这也与卢瑟福对无线电波段电磁波的工作有所关联，那是在可见光谱的长波端以外的波段）。他很快就转向研究由贝克勒耳所发现的辐射。他发现辐射由两部分射线组成，其中一种（他称之为α射线）只具有很短的射程，且可以被一片纸或者几厘米空气所阻挡，而另一种（他称之为β射线）具有更长的射程和更强的穿透力。卢瑟福于1900年在加拿大工作时，又确定了第三种辐射类型，这是他所称的γ射线*。我们现在知道，α射线是氦核粒子流，当中的每个粒子基本上都是缺少两个电子的氦原子（其模型由卢瑟福于1908年建立）；β射线是高能电子流（高能的意思就是它们运动速度快），像阴极射线一样但能量更高；γ射线是一种高能电磁辐射，波长比X射线更短。

卢瑟福之所以前往加拿大，基本上是一个针对新研究生的怪异校规的结果。他所获得的"1851年世博会奖学金"只资助两年，然而剑桥大学的制度规定，不管你有多优秀，只有在大学里待够4年以后才能申

---

*虽然确定α射线和β射线的实验是在剑桥大学进行的，但这项发现是发表在1899年的一篇论文里的，当时卢瑟福已经离开剑桥并前往加拿大。

请奖学金,这是剑桥系统研究生必先有剑桥本科学历时代的一个历史遗留问题。尽管卢瑟福也获得了另一个为期一年的奖学金的资助,但他或多或少被迫于1898年离开(第二年,剑桥大学奖学金的制度就改了)。幸运的是,蒙特利尔的麦吉尔大学一个教席出现空缺,卢瑟福获得了这一教职。他获得教职时27岁,而尽管他在剑桥做的是第一流的研究工作,但他没有博士学位,然而在当时,博士学位在科学学术生涯中并非至关重要*。正是在蒙特利尔,卢瑟福与在英格兰出生的索迪(Frederick Soddy, 1877—1956)一起工作,他发现,贝克勒耳所发现的辐射过程之中(现在我们知道是放射性衰变),一种元素的原子转换成另一种不同元素的原子。当一个原子释放出α粒子或β粒子后(稍稍超越当时的时代背景提一句,严格来说,这是由原子的原子核释放的),所剩下的就是另一种不同的原子。卢瑟福与索迪之间的合作也解决了放射性物质(如镭)的能源看似取之不尽的难题。他们发现,原子的这种转变遵循一个很明确的规则,就是在一定的时间内,原来样品中所存在的原子会按一定比例衰减,常用术语"半衰期"来表示。例如,经过仔细测量的实验结果表明,镭以这样一个速率在减少:它在1602年内有一半的原子衰变为氡原子,因为它释放出α粒子。在接下来1602年内,剩下的原子中有一半(原样品的1/4)会衰变,如此不断重复。这意味着两点:首先,人们今天在地球上所发现的镭不是自这个星球形成以来就一直存在,而多多少少应该是**在原地**由其他元素产生的(我们现在知道,它是由半衰期更长的铀衰变而成的);其次,由镭等放射性元素释放出的能量归根到底也不是取之不尽、用之不竭的。即便是一个以镭为能源的热水器,最终也有其能源枯竭的一天,镭是一个有限的能量仓库(同样地,也可以说一个油田也代表一个有限的能量仓库),它并不违反

---

* 稳定的工作使得卢瑟福能和未婚妻梅·牛顿(May Newton)于1900年成婚。梅自1895年起就已经在新西兰耐心等待,其间只能在假期与卢瑟福相会。

能量守恒定律。正是卢瑟福指出了,这样的能量仓库,让地球的寿命至少有数亿年变得可能。这直接启发了博尔特伍德(他在耶鲁大学听了卢瑟福关于放射性的演讲)的工作,并为霍姆斯的工作铺平了道路,这些在第十二章均有提及。

虽然卢瑟福在加拿大享受着快乐和成功,但他还是担心,自己的研究与欧洲物理学的发展主流相互隔绝。1907年,他放下了耶鲁大学的优厚待遇回到英国,担任有着众多出色研究系所的曼彻斯特大学的物理学教授。有一个例证可以说明当时的物理学的发展是如何地快速,那就是卢瑟福的研究团队在一年之内就证明了,α粒子与失去两个单位负电荷的氦原子(我们现在知道,这是因为氦原子失去了两个电子)相同。一年后的1909年,由天然放射现象所产生的α粒子本身,就被用于探测原子的结构*。尽管这个实验是由盖革(Hans Geiger,1882—1945,受卢瑟福的指导)和一个名叫马斯登(Ernest Marsden,1889—1970)的学生实际进行,但由于这项工作,卢瑟福可能最为人所知。无独有偶,正是这位盖革发明了以其名字命名、用于探测辐射粒子的盖革计数器。当然这是因为,这些实验的成功,取决于要能够检测到与原子相互作用后、处于不同位置的α粒子——这是由盖革和马斯登所进行的经典实验,用α粒子轰击薄金箔片中的原子的散射实验。

卢瑟福原子模型

在这些实验进行以前,最为流行的原子模型大概就是J.J.汤姆孙所提出的那一个,他认为原子的结构就像西瓜一样——带正电荷的物

---

*卢瑟福因此而获得1908年诺贝尔奖,但得的是化学奖而非物理学奖。当时的化学家视放射现象为他们的研究领域,但这个奖项还是使他的同事们感到高兴,因为卢瑟福以视化学为科学中次一等的学科分支而为人所知。

质呈球状分布，而带负电荷的电子则像西瓜籽一样嵌入其中。但是，当带正电荷的α粒子轰击金箔后，大多数粒子径直通过，一部分粒子偏转到一侧，而有些粒子则像网球击中砖墙一样直接反弹回来。因为α粒子携带两个单位的正电荷，这就意味着，它们只是偶尔地被其当头的携正电荷的质量集中处所拒斥。卢瑟福这样解释：这个结果暗示大多数原子的质量和电荷都集中在一个微小的中心核之中，中心核被电子云所包围。大多数α粒子完全没有接触中心核（1911年，盖革和马斯登正式发表实验结果，原子中心核这个词在这样一种历史背景下，由卢瑟福于之后一年创造），而是径直穿过电子云。一个α粒子的质量是一个电子的8000倍，电子不可能使α粒子发生偏转。如果一个α粒子来到原子核（如果是金原子核的话，其质量是α粒子的49倍）附近，它因为同种正电荷相斥而被轻轻地推到一边。只有在极少数情况下，它直奔原子核而去，此时将被直接拒斥，返回到来时的路径上。

后来的实验表明，原子核大约仅占原子直径的十万分之一；通常情况下，是一个直径10^{-13}厘米的原子核嵌于跨度为10^{-8}厘米的电子云之中。打个很粗糙的比方，原子中的原子核就相当于卡内基音乐厅中的一粒沙子。原子中大多是空的空间，当中布满一个联结着正负电荷的电磁力网络。这意味着（对法拉第来说，他肯定会很高兴），我们所认为是固态物质的这一切，包括你正在阅读的这本书、你坐着的椅子，大多是空的空间，当中布满一个个联结着正负电荷的电磁力网络。

放射性衰变

卢瑟福仍然有一个杰出的职业生涯等在他的前面，但没有别的成就能比得上他的原子模型，他本该为此而再获诺贝尔奖，这一次应是物理学奖。在第一次世界大战中，他曾研究利用声音探测潜艇的技术（包括后来成为超声波水下探测和声呐等技术的前身），并于1919年接替 J. J. 汤姆孙，继任卡文迪什讲席教授，兼卡文迪什实验室主任。同年，根据继续马斯登早期所做的实验，他发现氮原子被α粒子轰击后转化为氧原子，同时释放出氢核（即质子；卢瑟福还创造了这个术语，它最早出现在1920年的一个印本上）。这是第一个人造的嬗变元素。很明显，该过程涉及原子核的变化，标志着核物理的起始点。从查德威克（James Chadwick, 1891—1974）于1920—1924年的实验中，卢瑟福证明大部分受到α粒子轰击的轻元素都会释放出质子。从那时起直到他过早地去世（1937年10月19日，逝于长期疝气所引起的并发症），他主要的作用是指导、影响卡文迪什实验室的新一代物理学家。他于1914年受封为爵士，并于1931年获封为"纳尔逊的卢瑟福男爵"，仅仅一年之后，原子的有核模型因查德威克发现中子（或者说确定中子的存在）而完成。

同位素的存在

从1912年卢瑟福为原子核命名，到1932年查德威克确认中子，其间除了发现一种元素的原子核能转化成另一种元素的原子核以外，人们对原子知识的最重要进展，就是发现即使是同一种元素也有不同的类。这一发现由阿斯顿（Francis Aston, 1877—1945）作出，他于20世纪20年代末与J. J. 汤姆孙在卡文迪什实验室一起工作。之后在格拉斯哥大学工作的索迪曾于1911年指出，有些元素的化学特性令人迷惑不解，其可能的解释是同一种元素有不同的类，它们化学性质相同，但原子量不同。1913年，他将这不同类的元素命名为"同位素"（除此以外，正如我们所提到的，同位素的存在解释了门捷列夫对元素周期表所作出的一些不得不如此的重新排列）。同位素存在的证据来自阿斯顿的工作，其中包括监测放电管中产生的正电"射线"（实际上就是离子，即

失去一些电子的原子)在电场和磁场的作用下如何发生偏转。这是对
J. J. 汤姆孙测量电子 e/m 值技术的一大发展;因为阿斯顿测量的是离子
的 e/m 值,而 e 是已知的,这就意味着他测的是离子的质量。对于电荷
相同的粒子,若它们以相同的速度经过相同的电场,那么质量较大的粒
子偏折较小,而质量较小的粒子偏折较大。这就是质谱仪的理论基础,
阿斯顿就是用它来证明,比方说氧元素,确实来自不同类的、各自有不
同质量的原子。例如,氧元素中最常见的原子形式,是一种具有氢原子
16倍质量的原子;但当卢瑟福用 α 粒子轰击氮原子后,所产生的氧原子
的质量却是氢原子的17倍。只是为什么会这样[虽然这已经足够重
要,使阿斯顿有资格获得1922年的诺贝尔化学奖(索迪于1921年获得
了同样的奖项)],直到查德威克在20世纪30年代的工作以后才变得清
楚明了。我们已经看到,在1900年,仍有相当多人持有原子并不是真
实的物理实体的想法;在20世纪头10年,即使是爱因斯坦那证明原子
真实性的令人信服的证据,也只是建基于统计学的结果,涉及的是大量
的原子微粒。但到了1920年,只涉及一些原子(非常接近单个原子的
数量级)的实验正在成为科学家们所要进行的日常工作。

中子的发现

使得查德威克获得诺贝尔奖(物理学奖,1935年)的工作进行于
1932年,后续的发现分别由德国的博特(Walter Bothe,1891—1957)、法
国的约里奥-居里夫妇[即弗雷德里克(Frédéric,1900—1958)和伊雷娜
(Irène,1897—1956)]*给出。博特于1930年发现,暴露在 α 粒子中的铍
能产生一种新的辐射形式,他试图用 γ 射线来解释这一现象。约里奥-

---

*伊雷娜是皮埃尔·居里和玛丽·居里的女儿,1926年嫁给了物理学家弗雷德
里克·约里奥,他们都取姓为约里奥-居里。

居里夫妇把该研究向前推进了一步。1932年1月下旬,他们报告称,他们发现,当铍原子被α粒子轰击后,标靶原子会发出一种不带电荷且很难探测到的辐射(实际上正如他们所料,辐射来自原子核)。用这种辐射轰击石蜡,转而引发更容易被探测到的质子射出(从石蜡原子里的原子核射出)。他们还认为,由铍引起的这种人造放射性是γ辐射的一种强烈形式,但查德威克意识到,所发生的这一切是α射线击出铍核里的中性粒子,然后,这些中性粒子转而轰击含有大量氢原子的石蜡,当中的质子(氢原子核)从石蜡被轰出。在进一步的实验当中,查德威克使用硼作为标靶,确认了这种中性粒子的存在。他还测定出其质量比质子稍大。

略微讽刺的是,查德威克最伟大的工作,是受到约里奥-居里夫妇在巴黎的工作报告的启发,于1932年2月的几个忙碌的日子当中进行。在整个20世纪20年代,卡文迪什实验室,尤其是查德威克,一直在断断续续地寻找由一个质子和一个电子紧密结合而成的中性粒子。对于解释α粒子和原子核如何能普遍存在,这种中性粒子似乎是必要的(当时人们认为α粒子是由4个质子与2个电子结合而成)。卢瑟福甚至还使用"中子"(neutron)这一术语,来指一个质子和一个电子相互结合这样一种状态。虽然在此意义上的这个词最先于1921年出现在印本上,但可能早在1920年"中子"这个词就在用了*。这就解释了,为什么查德威克听到来自巴黎的消息之后,能够如此迅速地得出我们现在知道的正确结论。随着中子的发现,我们在学校里所学到的所有原子成分已经全部被确认,距这本书的出版仅仅是短短的不足百年。但是,为了理解原子的各种成分是如何结合在一起,尤其是带负电荷的电子云为何不会跌落到带正电的原子核当中,我们必须再返回到19世纪末,看一

---

* 在这之前,"中子"这个词已有好几次被人提出,用来指称其他假设性的电中性粒子,但这是第一次指称"我们"所讲的中子。

看关于光的性质的另一个难题。

这个难题涉及从一个完美辐射体,即黑体所发出的电磁辐射的性质。一个完美的黑体是指一个可以吸收所有落在其上的辐射的物体,而当它达炽热状态并向外辐射时,与该物体是由什么材质做成的无关,只与其温度有关。一个密封容器如果只有一个小孔,小孔的作用就相当于一个黑体;当容器被加热,辐射就在容器里弹射,从小孔黑体逃逸出来前,辐射会充分混合。它不仅给物理学家提供了一种研究这种辐射的工具,还因此获得了另外一个名称"空腔辐射"。有许多事物,比如铁块,当它们升温并向外辐射能量时,就会表现出类似黑体的性质。19世纪50年代末,基尔霍夫以这种方式来描述黑体辐射并进行研究,然而,尽管有许多研究人员努力尝试,想提出一个能准确描述实验所获得的黑体辐射光谱的数学模型,但随后几十年的事实证明,此事相当困难。虽然在这儿讲述太多的细节不太妥当,但黑体辐射光谱的关键特征是:在一定的波长段内对应有一个(向外辐射能量的)峰值,长于该波长或短于该波长则所辐射出的能量都较小,而随着黑体温度的升高,这个峰会向电磁波谱中波长较短处移动。因此,举例来说,红热铁块比发出黄色光的铁块温度要低,这与铁块的辐射与黑体辐射大体相似这一事实相关。颜色与温度之间的关系在天文学上相当重要,而在天文学上,这被用于测量恒星的温度。

普朗克与普朗克常量,黑体辐射与能量子

其中一个努力要找到黑体辐射数学模型的物理学家就是普朗克(Max Planck,1858—1947),他于1892年担任柏林大学理论物理学教授,从事热力学方面的研究。从1895年开始,他就试图找到一种方法,根据电磁振子阵列的熵推导出黑体辐射的规律(请记得,电子在此刻尚

未被确认，而关于这些电磁振子确切来说究竟是什么，普朗克及其同时代人的认识基本上很模糊）。在普朗克的努力下，他不断地修正他的模型，以达到理论与实验的完全一致。他最终成功了，但却是以在模型中引入他所称的"能量元"（类比化学元素）为代价的。在该模型中，黑体中所有这些振子的总能量被分割为有限（但非常多）的等份（但每一份的量非常小！），每等份的量由一个他记为 h 的自然常数所决定。这就是所谓的普朗克常量。在 1900 年 12 月 14 日柏林科学院的一次会议上，普朗克宣告了他这个版本的理论模型。部分是由于纯粹历法上的巧合，这个"革命性"的理论发表于 20 世纪初，即人们所通常认为的物理学中的量子革命之初。但无论是普朗克本人，还是听取他报告的同事们都不是这样想的。他们并没有把这样的能量子视为真实的存在，而是作为一个数学上的临时存在，当发展出更好的模型的时候，其功能就会消失。毕竟，普朗克的模式已经有过多次变化了，为什么它不会像以往一样能继续修正呢？当时，不论是普朗克还是其他人，都不认为有任何物理实体能对应能量子这一概念。真正的量子革命始于 5 年以后，当时，爱因斯坦为此争论提出他的第一个引人注目的贡献。

爱因斯坦和光量子

在爱因斯坦发表于 1905 年的所有论文当中，他本人视为"非常革命"* 的是关于光量子的那一篇（并非只是他一个人有这种判断，因为这就是最终让他获得诺贝尔奖的工作）。爱因斯坦用了一个不同于普朗克的热力学方法，他以玻尔兹曼熵概率公式为构建基础，发现电磁辐射

---

* 见于他致其友科纳德·哈比希特（Conrad Habicht）的一封信。参见施塔赫尔的《爱因斯坦奇迹年》。

表现得"就像是由相互独立的能量子组成一样"*。据他计算,当一个
"振子"(也就是一个原子)发射或吸收电磁辐射时,它是以一份一份分
立的单位发射或吸收的,它们是 $h\nu$ 的倍数,其中 ν 是发射或吸收的电磁
辐射的频率(频率与波长成反比)。同样在这一篇短文当中,爱因斯坦
讨论了电磁辐射如何能激发出一块金属表面的电子——光电效应。
1902年,勒纳继续跟进早前关于光电效应的研究,他发现当把特定波长
(颜色)的光照射在金属表面时,所有被激发出的电子具有相同的能量,
而其能量因光的波长不同而不同,与光源是亮是暗并无关系——光源
越亮,激发出的电子越多,但是每一个电子仍然具有相同的能量。由爱
因斯坦的模型就可以解释,如果特定波长(频率)的光是由一束独立光
量子流组成的话,每一个光量子就具有相同能量 $h\nu$。每一个光量子能
给金属中的一个电子相同数量的能量,这就是为什么激发出的电子都
具有相同的能量。不过,由勒纳发现的这种现象,不能由光的波动模
型完全解释。尽管爱因斯坦强调了其理论的临时性质(甚至那篇文章
的标题就是"论光的产生及其转移的一个初步观点"),但他不像普朗
克,他似乎一直坚信光量子[只是到了1926年,才由美国化学家刘易斯
(Gilbert Lewis)将其命名为"光子"]是真实不虚的。他完全接受这是一
个革命性的理念,他还写道:

> 根据在此所考虑到的假设,光从一个点光源发出并向外
> 传播时,其能量并非随着持续增加的空间体积而作连续的分
> 布,而是由位于无从分割的空间点上、数量有限的能量子组
> 成,而且这样的能量只能整个单位地被吸收或产生。

这句话标志着量子革命真正的开始。光能根据你所做的实验,而
表现为一束波(双缝干涉实验)或者是一串粒子流(光电效应)。怎么会

---

* 见施塔赫尔的《爱因斯坦奇迹年》。

是这样的呢？

与爱因斯坦同时代的人深知其言论的革命性的深意，但这绝不意味着他们就被说服了。一个人尤其被激怒了，他认为爱因斯坦胡说八道，而且他还是个有一定地位和影响力的人。罗伯特·密立根（Robert Millikan，1868—1953）是在美国芝加哥大学工作的实验物理学家，他不能接受光量子真实存在这一理论，并开始着手证明爱因斯坦对光电效应的解释是错误的。经过长时间的一连串困难的实验，他只是成功地证明了爱因斯坦是正确的，并随之得出一个非常精确的普朗克常量的测量值：6.57×10^{-27}。从科学上最优良的传统来说，正是这个爱因斯坦假说的确证实验（令人印象更为深刻的是，其结果是由一个试图证明爱因斯坦假说不正确的怀疑论者得到的），使得光量子中的一些概念得以明晰，其时约为1915年。正如密立根晚年时的沮丧评论："我花了我生命中的10年时间去检验1905年的爱因斯坦方程，然而事与愿违，我不得不于1915年宣称，毫无疑问，它被证实了，尽管它是不合理的。"* 对密立根的安慰是他于1923年获得诺贝尔物理学奖，原因就是这项工作，及其对电子电荷十分精确的测量；而爱因斯坦于前一年获诺贝尔奖则并非巧合（尽管这实际上是1921年的奖，当年的奖项悬置超过了一年）。直到那时，量子思想已经证明了其自身的价值在于解释原子中电子的行为，即使人们对量子现象还没有形成完整的理解。

卢瑟福原子模型（原子有一个微小的中心核，其周围空虚的空间中有电子云环绕运动）的一个问题是：没有什么东西能阻止电子落到原子核中。毕竟，原子核带正电荷而电子带负电荷，因此它们一定是相互吸引的。在解答这样一个系统是怎样来维持稳定的这一问题的过程中，人们或许可以用行星绕太阳运动作为类比——但不幸的是，这个类比

---

* 见《现代物理学评论》（*Reviews of Modern Physics*），1949年第21卷，第343页。

是不成立的。无疑,行星被太阳的引力所吸引,并产生向太阳坠落的"倾向",但行星都保持在它们的轨道上运动,在一定意义上离心力与太阳引力相互平衡。但电子并不能以同样的方式绕原子核做轨道运动,因为它们带有电荷,而且因为它们沿轨道绕核运动时,它们一定会改变方向,所以它们处于加速状态——对于月球绕地球运行而言,加速意味着运动速度或者运动方向的改变,或两者皆变。一个加速的电荷,将会以电磁波的形式辐射能量,并因此而失去其能量,一个"在轨道上"围绕原子核运动的电子,将会螺旋地落到原子核当中,而这样的话原子就会在约百亿分之一秒的时间尺度内崩塌*。在牛顿和麦克斯韦的经典物理学框架内,没有办法避免这种两难境地。原子稳定的原因完全在于量子物理学,而第一个领会到这可能是如何做到的,是丹麦人玻尔(Niels Bohr)。

玻尔与原子的首个量子模型

1885年10月7日,玻尔出生于哥本哈根一个学术家庭[他父亲是哥本哈根大学生理学教授,而玻尔的哥哥哈拉尔德(Harald)后来也在同一所大学任数学教授],受到了良好的科学教育,最后在1911年获哥本哈根大学物理学博士学位(父亲在此数月前因心脏病去世)。当年9月,他前往卡文迪什实验室,在J. J.汤姆孙手下工作一年。但他发现很难适应那儿,部分是因为他英语稀松平常及其缺乏自信的个性,部分是因

---

*严格来说,一颗行星沿轨道围绕一颗恒星旋转,当它经过该恒星的引力场时,会产生出引力辐射,并以类似的方式慢慢地失去其能量;但引力是一种弱力(别忘了,整个地球的引力才足以克服苹果蒂上那些为数不多的原子之间的电磁力,然后使苹果从树上自然掉落),以至于就地球之类的行星的轨道来说,即使是亿万年之后,其所产生的作用也可忽略不计。

为他的研究兴趣与卡文迪什实验室当时的方向不完全一致,部分是因为已五十好几的 J. J. 汤姆孙已经不再像他以前一样倾向于接受新观点。然而在当年10月,卢瑟福在剑桥大学演讲,描述最新近的研究工作,这给年轻的玻尔留下极为深刻的印象。一个月以后,玻尔前往曼彻斯特,造访了他父亲生前的一位同事。(在玻尔的怂恿下)这位世交邀请卢瑟福与他们共进晚餐。尽管语言不通,卢瑟福和玻尔却一拍即合(除了他们共同的科学兴趣外,所有人之中,卢瑟福是最能理解非剑桥嫡系在那开始职业生涯会是一个什么样的境况),而结果是玻尔于1912年3月搬到曼彻斯特,以度过他剩下的6个月的英国之行。正是在那里,他直接在卢瑟福模型的基础上,设想出原子的首个量子模型,尽管这花了他超过半年的时间来完成。

玻尔于1912年夏回到丹麦,与未婚妻诺伦德(Margrethe Nørlund)于8月1日结婚;秋季,他在哥本哈根大学获得一个初级教职。正是在那儿,他完成了其关于原子结构的论文三部曲,3篇论文在1913年年底前完成发表,成为使玻尔获得1922年诺贝尔奖的工作的基础。纵观玻尔的整个职业生涯,他具有伟大的天才,或者说是技巧。这体现在,不管涉及物理学的什么方面,他都能把各方面的理论整合到一起,以建立起一个解释现象的工作模型。他并没有过分在意模型的内部一致性,而只要它能有助于在脑海中形成一幅事物是如何运转的图景,以及(关键的是)只要它能作出与实验结果相吻合的预言。例如,卢瑟福-玻尔原子模型包含了经典理论部分(依轨道运行的电子的概念)和量子理论部分(能量只能以分立的量子 $h\nu$ 激发或吸收的思想);但尽管如此,这个模型所包含的物理学上的洞见,足以让物理学家们在提出更好的模型之前,度过进退维谷的艰难岁月。确实,它所包含的物理上的洞见实在令人叹服,以至于基本上还是我们如今在学校所学到的原子模型,而几乎无须在此详细赘述。玻尔认为,电子不得不停留在其自身轨道上绕核运动,因为它们自身不能连续地向外发出辐射,经典物理学定律在此不适用。一个电子,每一次只能发出一个量子的能量,相应地,该电子从一个轨道跃迁到另一个轨道,仿佛是火星突然释放了一股能量并出现在地球的轨道上一样。稳定的轨道对应的是总量固定的能量,但稳定轨道之间没有中间轨道,所以向内螺旋落入原子核是不可能的。那么,为什么不是所有的电子都正好跃迁到原子核里呢?玻尔提出(完全是临时解释),每个可能的轨道有一定的"空间"容纳一定数目的电子,如果内层电子轨道已经容纳满了的话,外层电子就不能向内跃迁(打个比方,火星就不能跃迁到地球的轨道上,因为地球已经存在)。最靠近原子核的电子简单地被设定为禁止落入核中,但其原因则等待以后解决[正如我们即将看到的,10年稍多一点以后,当海森伯(Werner Heisenberg,1901—1976)发现不确定性原理时,答案揭晓]。

当然,所有这一切只是空中楼阁,这是一个漂亮却没有实质基础的模型。但是玻尔做的不仅仅如此。一个电子从一个轨道向另一个轨道的"跃迁",都对应着一次精确的能量子的释放,对应着一种波长确定的光。如果大量的单个原子(例如,以氢气中的原子为实验样品)都以这种方式辐射,量子(光量子或光子)就会叠加起来,在光谱上形成该波长的光特有的亮线。玻尔把数学方法运用到该模型中,计算当电子向下跃迁时所激发出的能量(或者反过来,计算电子向上跃迁时所吸收的能量)。他发现,由其模型计算并预计出现的光谱线的位置,与实验中所观察到的光谱线位置精确吻合*。量子物理学解释了为什么每种元素都会产生其特有的光谱线指纹,以及这是怎样产生的。这个模型可能是新旧观念相互弥合的疯狂构想的结果,但它确实有效。

卢瑟福-玻尔模型所产生的问题跟它所回答的问题一样多,但它表

---

* 至少在最简单的原子,即氢原子中是这样的。事实证明,对于复杂原子的计算是非常困难的,但这足以证明这个模型是有效的。

明了前进的方向必须含有量子物理学；加上爱因斯坦的理论和密立根的实验，它们共同指明，物理学会向着一个完整的量子理论前进，而这个完整理论将在20世纪20年代得到发展。这个消息一传播开，玻尔就变得炙手可热，甚至在其论文三部曲发表之前。1914年年初，哥本哈根大学创设了一个理论物理学教授职位，聘请玻尔前来，玻尔表示要慎重考虑是否接受。随后，卢瑟福给他写信，向他提供一个为期两年的曼彻斯特大学研究员职位（reader，正如其名称所暗示的，这是一个没有教学或行政工作的研究职位）。玻尔说服哥本哈根等待他两年，他（其时只有29岁）要抓住这个与卢瑟福一起工作的机会。尽管战争爆发（在第一次世界大战中，丹麦保持中立），但玻尔还是一路平安地乘船到达英国，并于1916年准时踏上归程。尽管玻尔有好些大学的邀约，当中包括曼彻斯特大学的终身职位，但他宁愿留在丹麦，以他的威望，他能在当地为哥本哈根大学理论物理学研究所（即现在闻名于世的玻尔研究所）申请并获得资助。在接下来的几年里，该研究所吸引了大批一流物理学家前来，进行短期或长期的访问交流，提供了一个可以让新量子物理学思想相互交锋的论坛平台。20世纪30年代，尼尔斯·玻尔本人开始对核物理学以及通过核裂变获得能量的可能性产生了极大的兴趣。但第二次世界大战期间，丹麦被德国军队占领后，他开始担忧纳粹获得核武器的可能性，于是经过瑞典逃到英国。他与儿子奥格·玻尔（Aage Bohr，他也于1975年获得了诺贝尔奖）一起担任曼哈顿项目的顾问。战争结束后，尼尔斯·玻尔不断促进核能的和平利用，是创立位于瑞法边境的欧洲核子研究中心（CERN）的主导人物。他于1962年11月18日去世，其在哥本哈根大学研究所的主任一职由奥格·玻尔接任。

玻尔的原子模型及其在20世纪20年代的修正最有价值的一点是，它为化学知识的理解提供了依据——一些元素为什么（以及是怎样）和某些元素相互反应形成化合物，而另一些元素则不会？但是，我们要把这个故事留到下一章,我们将看到生命的化学。在这里,我们要继续我们的原子之旅,看看新量子物理学如何引导我们对原子核的理解,以及如何开辟出一个粒子物理学的新世界。

德布罗意

让我们暂时把最终通向死胡同的大量小修小补,以及一些重要而技术性的光量子统计工作的细节摆到一边,量子物理学的下一次重大进展出现在1924年。当时,法国物理学家德布罗意(Louis de Broglie,1892—1987)正在索邦大学撰写博士论文(发表于1925年),他在论文中提出,就像电磁波能用粒子来描述一样,所有的物质粒子(如电子)都能用波来描述。德布罗意在物理学上大器晚成(他提交博士论文时已经30多岁了),一方面是因为他所出身的贵族家庭倾向于他成为一名外交家,因而他一开始在索邦研究的是历史学,之后才大大地违反父亲意愿,转读物理学;另一方面是因为第一次世界大战之时,他以埃菲尔铁塔为基地,作为一名无线电专家服役。但他实实在在地弥补了所失去的时间,对亚原子世界产生了关键洞见,使他于1929年赢得诺贝尔奖。其想法用文字来表述的话再简单不过,但却有悖常识。

德布罗意从两个适用于光量子(从现在起,我们将称之为光子,尽管这个术语是在这项工作几年之后才被运用)的方程开始。其中一个是我们前述的 $E = h\nu$。另外一个是爱因斯坦源于相对论的推导,即光子的动量(p,因为 m 已经用于表示质量"mass")与它的运动速度(c,光速)及其所携带的能量(E)的关系——$E = pc$。联立这一对方程,德布罗意得出 $h\nu = pc$ 或 $p = h\nu/c$。又因为电磁辐射的波长(常用希腊字母 λ 来表示)与其频率有 $\lambda = c/\nu$ 的关系,这就意味着 $p\lambda = h$。或者用简单的文字表述,即一个"粒子"的动量与其波长的乘积等于普朗克常量。在

1924年,对于光而言,这并不是一个令人吃惊的想法,但德布罗意认为,它也适用于更传统的粒子,尤其是电子。在此基础上,他设计了一个原子模型,当中的电子以波的形式在"轨道"上绕核运行,就像一条扭动的蛇咬住自己的尾巴一样。他认为,原子中电子的不同能级对应于这些波中的不同的谐波,正如奏响的音符对应于被拨动的吉他弦;而且这些谐波与其独有的轨道只有恰好相符的时候才是被允许的状态,这种状态是其波峰(或波谷)与轨道波峰(波谷)之间相互叠加增强,而非相互抵消。他的论文导师郎之万(Paul Langevin, 1872—1946)对此大惑不解,并把论文给爱因斯坦看,后者说这是一项合理可靠的工作,所表现出来的不仅仅是数学方面的技巧。

德布罗意拿到了他的博士学位,而当在口试答辩中被问及他的理论如何能被验证时,他指出,根据他的方程,电子应该会发生恰与其波长相当的晶格衍射。1927年,两个独立实验[一个由戴维孙(Clinton Davisson, 1881—1958)和革末(Lester Germer, 1896—1971)在美国进行,另一个由乔治·汤姆孙(George Thomson, 1892—1975)在苏格兰阿伯丁进行],都确证了德布罗意的预言。戴维孙和乔治·汤姆孙于1937年一同获得诺贝尔奖;革末则错过了,大概是因为当时他和戴维孙一同工作时,他"只是"一名学生。正如人们经常指出的那样,诺贝尔奖颁给了J.J.汤姆孙的儿子乔治·汤姆孙,恰恰凸显了量子世界违反常识的性质。J.J.汤姆孙获得诺贝尔奖,是因为他证明了电子是粒子;而乔治获得诺贝尔奖,是因为他证明电子是波。他们两人都是正确的。

那时,被视为光子存在的决定性证据也被确认,此项工作由康普顿(Arthur Compton, 1892—1962)完成,他一开始在圣路易斯的华盛顿大学,随后在芝加哥大学工作。通过X射线由原子的电子散射等一系列实验,康普顿于1923年年底证明了,这种散射只能从粒子间动量交换的角度来解释,由此他于1927年获得诺贝尔奖。量子世界存在着离奇逻辑,这正是另一个例子:在这项研究工作中,人们视电子为粒子,以此证实了电磁辐射既是波又是粒子,这有助于启发德布罗意证明:电子也可以表现出像波一样的性质! 德布罗意方程所告诉我们的是:**任何事物**都有波粒二象性。因为动量与质量成正比(光除外,它是一个特例,以我们日常经验来看,光子并无质量),而又因为普朗克常量是如此之小,日常事物如你或我、一所房子或是一个足球,其"波动"实在太微小,因而永远不能被检测到。当一个物体的质量(以适当的单位)的数量级大致等于或小于普朗克常量时,它的波动才会变得重要。这意味着,对于所有分子水平以上的物体,其波粒二象性中波的方面几乎可以完全忽略不计;但对于原子来说,波的方面不能完全忽略;描述原子内的质子和中子,波的方面是其中一个重要的因素;而如果试图描述原子内外电子的行为,波的方面绝对是关键。这也告诉我们,以我们日常生活的常识性经验,我们是不可能理解电子"确实是"什么样的。我们所能做的是找到方程——数学模型,它们能告诉我们电子在不同情况下如何表现,什么时候更像波,什么时候更像粒子。这恰恰就是量子力学所要做的事情,几乎就在德布罗意的论文墨迹未干之时。

薛定谔的电子波动方程;基于粒子说的电子量子模型研究进路

在德布罗意的理论公布以后的几个月内,像这样为描述原子中电子行为而建立完整数学模型,不止是一次,而是两次。前进的方向从德布罗意转向奥地利物理学家薛定谔(Erwin Schrödinger, 1887—1961),后者当时在苏黎世大学任物理学教授。他建立了一个完全基于波动的模型,并且很高兴地认为,他已经通过多少有些令人感觉到舒适和熟悉的波动方程的解释,让千奇百怪的亚原子物理世界恢复了一些理性。但当1926年他的工作发表之时,他就已经被另一个同样是对电子行为的完整描述叫板,这项工作基本上强调量子从一个能级向另一个能级跃迁的过程,其研究进路以粒子为主。这一研究进路最先由德国人海森伯开始,并很快由他在格丁根大学的同事玻恩(Max Born, 1882—1970)和约尔旦(Pascual Jordan, 1902—1980)跟进,并由年轻的英国物理学家狄拉克(Paul Dirac, 1902—1984)最终完成。狄拉克首先确立了一种更抽象的数学形式来描述原子中电子的行为(第三个完整的量子理论!),随后又证明,另外两种研究进路都能包括在该数学形式之内,它们在数学上彼此等价,正如你无论是选择以英里还是千米为测量单位,都不会改变你所测量的距离。除了约尔旦(一个由诺贝尔奖委员会造成的神秘之谜),这些人最终都因为各自对量子理论的不同贡献而获得诺贝尔奖。

这一系列活动的结果是,到1927年,物理学家有好几种用于计算量子实体(如电子)的数学模型可供选择。大多数物理学家,如薛定谔,偏爱选择用看着舒服而熟悉的波动方程来计算;但这并非意味着,可以把量子实体的波动版本视为比其粒子版本含有更深层的真理(如果有的话,也正是其熟悉的波动力学方法往往掩盖了量子世界的本质)。它们不过是一个整体的不同方面,这一个整体与我们日常世界的所有事物都有所不同,有时候表现得像粒子,有时候则表现得像波。人们还在争论这一切"真正的含义"是什么,但就我们的目的来说,采取一种务实的态度,并且能在使预言得到实验的确证这个角度上说量子力学是有效的,就已经足够,所以它的真正含义是什么也就无所谓了。

海森伯不确定性原理:波粒二象性

尽管如此,海森伯对量子物理学所作出的另一个贡献——著名的不确定性原理——也值得在此讨论。这涉及波粒二象性观念,以及某些成对量的性质,比如位置和动量,它们不能同时被精确地确定;在这两个参数中,总是至少有一个参数的值存在不确定性残余(与普朗克常量的数量级相关,因而再一次,这些效应仅仅在非常小的尺度上显示出来)。在这样一对参数中,一个越是被精确地确定,另一个就越不能被精确地确定。这**不**纯粹是因为在进行测量时,不完美的测量仪器干扰了量子世界,例如,如果我们试图测量电子的位置,我们不免轻轻推了它一下,从而改变了它的动量。它是量子世界的基本特征,因而一个电子本身也不"知道",在同一时间自己的准确所在和自己要运动的准确方向。正如海森伯自己在1927年发表的论文中所说的那样:"作为一个原理,我们**无法**知道此时此刻所有的细节。"

虽然我不打算在这里详述,但其最终结果是,这个原理是世界事物运转方式的最根本的一个方面,从而使人们能以不确定性原理为基础,构筑起量子力学的整栋大厦。尽管如此,当我们现在回过头来看一道难题,从中就可看出不确定性原理的力量:就算一个原子中的电子不得不做一系列的跃迁,而不是做螺旋形向内运动,但为什么它们不会全部坠落到原子核内呢?如果电子沿轨道绕核运动,那么它的动量已经能由其轨道的性质很准确地确定了,因此在动量/位置参数对中,所有的不确定性都集中在位置上。如果一个电子是在轨道上的某个位置,那它的位置确实就是不确定的——它可以在轨道的这一端或是那一端(如果你更喜欢想象这样一幅图景的话,它可能是沿轨道以波的形式绕核运动)。但是如果它正好落到原子核上,它的位置就已经很准确地确定了——在原子核的体积之内。它的动量也能很准确地确定,因为它再不会到其他地方去了。这将违反不确定性原理(如果你喜欢,你也可以说,对一个电子所对应的波来说,原子核太小了,它根本就进不到里面)。代入适当的数据,以及原子里一个电子的适当的动量,最终得出的结果是:原子中最小的电子轨道的大小,与其不违反不确定性原理时所能允许的最小尺寸相当。原子的大小(根本连原子存在这个事实也是!)恰恰就由量子力学中的不确定性原理确定了。

电子的狄拉克方程

在20世纪20年代中期迎来突破后,人们花了一二十年的时间,才得以清除所有障碍,当中包括第二次世界大战对科学研究造成的中断。但中断之前,物理学界有两个重要的发展。1927年,狄拉克发表了一篇论文,他在论文中提出了一个电子的波动方程,该方程与狭义相对论的要求完全相合,这是关于电子方程这个论题的盖棺论定之作。虽然如此,但奇怪的是,这个方程有两个解,有点像简单方程 $x^2 = 4$ 有两个解一样。在这个简单例子中,$x = 2$ 或 $x = -2$。但是,对于狄拉克方程来说,更为复杂的"负解"是什么呢? 它似乎是描述具有与电子相反特性的粒子,包括最引人注目的是,它带正电荷而不是带负电荷。狄拉克首先尝试用这个解来拟合质子,因为它确实带有正电荷,但当然,它质量太大而不可能是一个"负电子"*。 到了1931年,他(以及其他人)意识到,该方程实际上是预测了一个先前未知的粒子的存在,一个与电子质量相同而带正电荷的粒子。对方程的进一步研究表明,如果有足够可用的能量(如高能 γ 射线),那么根据爱因斯坦质能方程 $E = mc^2$,它可以转换为**成对**的粒子,一个普通的电子和一个负电子。能量不能转换成单个粒子,或者甚至两个电子,因为这将违反电荷守恒定律;但通过创造一个正/负电子对,除质量(由能量自身形成)外的所有性质均会消失。

---

　*负电子一定带有正电荷,因为电子带有负电荷,而负负得正。

反物质的存在

在1932年和1933年所进行的实验中,美国加州理工学院的安德森(Carl Anderson, 1905—1991)在对宇宙线的研究中,发现了这样一个正电粒子的痕迹。虽然他并没有意识到,这个他所谓的正电子(positron)其实是通过狄拉克所预言的成对物质产生过程、在用于研究宇宙线的云室中制造出来的,但当中的关系很快就被其他人所指出。随后人们认识到,反物质是物理世界中一种真实的特性,而目前已知的每一种类型的粒子,都具有相应的与其量子属性相反的反物质。

强核力

如果把20世纪30年代最后一个关键的发现纳入我们的视野,那么我们必须退一步,回到大约10年前的20世纪20年代初。当时,中子将发现而未发现,而关于α粒子的各种模型纷纷建立,试图解释这个4个质子与2个电子的结合体。显然,由于静电斥力作用,这样的一种实体本身应该是分开的。在一篇于1921年发表的论文中,查德威克和他的同事比勒尔(Etienne Bieler)称,如果这种α粒子的模型是正确的话,它必须由"超大强度的力"来维持,并总结说"找出能重现这些效应的力场,这是我们的任务"*。这个总结同样适用于由2个质子和2个中子结合而成的α粒子模型,而事实上,对所有基本上是由中子和质子构成的总体带正电荷球形原子核,也同样适用。存在于原子核线度这样非常短的距离内比静电力还要强的强力,必须克服电斥力而把一切维系在

---

*《哲学杂志》第42卷,第923页,1921年。

一起。更直白地说,这就是后来所称的强核力,或称为"强力"。后来的实验发现,这种力比电磁力强100倍左右,这就是最大的稳定原子核中大约有100个质子的原因;如果再有更多的话,电斥力就会克服强力,而使原子核分裂。但强力不像静电力、磁力和万有引力,它并不服从平方反比定律。在10^{-13}厘米的有限范围内,它确实是非常强大的力,而超出该范围,基本上毫无影响。这就是为什么原子核自有其大小——如果强力有更广的作用范围的话,原子核也会相应地变得更大。

原子拼图的最后一块已被嵌入,以解决在20世纪20年代开始变得重要的一个难题。这个难题涉及β衰变过程,即一个原子(实际上是一个原子核)射出一个电子,并转化成为周期表中邻近元素原子的过程。中子被发现后,人们逐渐清楚,这一过程实际上涉及一个中子被转化(或更确切地说它转化自己本身)成一个质子和一个电子。如果让中子置于一个原子核之外,它会自发地以这种方式衰变。不过,并不能认为电子位于中子"内部"并逃逸,这点很重要——(除其他方面的原因外)量子的不确定性已明确指出,那样是不可能的。所发生的是一个中子的质能转化成一个电子和一个质子的质能,加上激发电子射出衰变位点的动能。

有一个难题是,在此过程中,电子被激射出原子核时,似乎能够携带任意的能量,最高至一个确定的最大值。这与α衰变过程中所激射出的α粒子的行为颇不相同。在α衰变过程中,从一个特定元素的原子核中激射出的所有的粒子,都会有相同动能,或者它们会具有较小能量,而伴随着一束高能γ射线。对于该特定元素原子核来说,由α粒子与γ射线所携带的能量之和,总是达到相同的能量最大值,而以此方式释放出的能量,等于原核与衰变后新核的质能之差——所以能量守恒。但是激射出来的α粒子只能有某几个数值上离散的能量,因为γ射线光子是量子化的,只能携带某几个数值上离散的能量以合成为全部能量。

同样,α衰变过程中的动量和角动量也是守恒的。然而在β衰变过程中,从特定元素原子核激射出的电子的能量虽然也有一个确定的最大值,但它们似乎能够随心所欲地具有少于该值的任意能量,最低几乎到零,并且未伴随光子携带多余的能量。这个过程似乎违反了能量守恒定律。一开始,人们以为实验肯定有误——但是到了20世纪20年代末,人们已经清楚知道,伴随着β衰变,的确有一个电子能量的连续"谱"存在。在此过程中,其他属性似乎也并不守恒,但我们没有必要做进一步详述。

在1930年年底,泡利(Wolfgang Pauli,1900—1958)提出了一个猜想式的提议,以解释该过程到底发生了什么。为了理解这个提议大概是如何使他的许多同事感到震惊的,我请大家记住,当时被物理学界承认的只有两种传统的粒子:电子和质子(即使在那时,光子也不被视为同一类的粒子,而中子尚未被发现),关于存在另一"新"粒子的任何建议几乎都是冒天下之大不韪(更不用说这种粒子基本上看不见)。在一封写于1930年12月4日的信中,泡利说道:

> 我突然想到了一种颇为大胆的方式……也就是说,在原子核中,有可能存在一种电中性的粒子,我称之为中子……在β衰变过程中,假设一个中子伴随着电子被激射出,而中子和电子能量的总和恒定,这样的话,β衰变连续谱的存在就变得容易理解了。*

换句话说,泡利的"中子"扮演了α衰变中γ射线的角色,但不同的是,它可以携带任意不大于最大有效值的动能,而且它不像γ射线光子那样是量子化的。

---

* 转引自佩斯(Pais),《内部边界》(*Inward Bound*)。

弱核力；中微子

两年之内，"中子"这个名字已用于由查德威克所确认的原子核粒子，而它却不是泡利所想象的那种粒子，这正是泡利那大胆修正方案影响甚微的标志。但是"β衰变连续谱"问题仍然挥之不去。1933年，费米（Enrico Fermi, 1901—1954）因得悉中子存在之便，重拾了泡利的猜想，并将之发展为一个完整的模型：衰变过程由一种新的力场作用所引发，这种力很快就被称为现在人们所知的弱核力（与强核力相对应）。他的模型描述了这样一种情况如何发生：在原子核里，除了把质子和中子维系到一起的强力外，还有一种弱而短程的作用力，它能使一个中子衰变为一个质子和一个电子，此外加上另一个不带电荷的粒子，他称为"中微子"（neutrino，来自意大利语"微小的中子"）。与泡利的猜想不同，费米给了一个数学模型，清楚地说明了β衰变过程中所射出的电子的能量分布方式，且与实验结果一致。即便如此，当费米把这篇描述此项工作的论文投到伦敦的《自然》杂志时，却被认为"过分猜测"而被拒稿，于是他把论文转投给意大利的刊物。虽然这篇论文论证合理，而且在接下来的时光，支持其理念的相关证据不断建立，但事实证明中微子的确难以捉摸，以至于到了20世纪50年代中期，它才被直接检测到。为了让你了解这个实验大致是一个什么样的精心力作，以下是相关的一些概念：如果一束中微子穿过一堵3000光年厚的铅壁，那么它们当中只有一半会被沿途经过的铅原子中的原子核所捕获。

中微子的确认完善了整套粒子和力，这套粒子和力负责我们日常世界的运行方式。我们由原子构成，原子由质子、中子和电子构成。原子核包含有质子和中子，由强力维持在一起；在弱力的作用下，中子能发生β衰变（并且，在某些情况下，因为原子核的内部重整，α粒子可以从中被激发出来）。电子以电子云的形式位于原子核以外,由电磁力维持在适当位置,但根据量子物理学原则,电子只被允许占据某些固定的能量层级。在宏观尺度上,万有引力在维持大块物质在一起时十分重要。这样,我们有4种粒子（质子、中子、电子和中微子,加上它们各自的反粒子）和4种力（电磁力、强核力、弱核力和引力）去考虑和研究问题。这就足以解释我们所能感知的一切事物:从星星为什么会发光到我们的身体是如何消化食物的,从氢弹的爆炸到冰晶形成六角形雪花的过程。

量子电动力学

事实上,除了引力和通过放射性的方式有限地影响我们的弱核力以外,人类世界里几乎所有的事物,都要受到电子之间相互作用的影响,这就包括带正电的原子核和电磁辐射。这些相互作用服从于量子力学的规律,而这个规律于20世纪40年代拼合成为一个关于光（电磁辐射）和物质的完整理论。这一理论被称为量子电动力学(quantum electrodynamics, QED),而且它可能是发展得最为成功的科学理论。事实上,量子电动力学是由3位科学家独立发展出来的。第一位提出一个完整理论的科学家是朝永振一郎(Sin-Itiro Tomonaga, 1906—1979),第二次世界大战期间及战后,他在条件先是困难后是恶劣的东京进行研究工作;因为有这些困难,他的工作只能延迟出版,即与其他两位先驱发表他们研究工作大约在同一时间,后者是美国人施温格(Julian Schwinger, 1918—1994)和费曼(Richard Feynman, 1918—1988)。这三位科学家共享了1965年的诺贝尔奖。朝永振一郎与施温格都是在当时可称之为量子力学的传统数学框架之内工作（一个20多年前的传统）,他们的工作直接建立在20世纪20年代所作出的突破（尤其是狄拉克的工作)的基础之上。费曼所用的是一种不同的方法进路,基本上是重新建立起了量子力学。尽管如此,这些进路在数学上都是等价的,就像量子力学的海森伯–玻恩–约尔旦、薛定谔和狄拉克版本在数学上是等价的一样。但我们无须在此详述,因为以下是一幅整洁的物理图景,让你感觉这是怎么一回事。

当两个带电粒子(如两个电子或者一个电子和一个质子之间)相互作用时,这种行为可以看成光子的交换。比方说,两个电子相互靠近,它们相互交换光子并偏折到另外的路径上。正是这种光子交换而产生斥力,表现为平方反比定律,这是从量子电动力学出发而自然呈现出来的定律。强核力和弱核力,也可以用类似光子的粒子交换的方式来描述(用来解释弱力非常成功,以至于现在人们已经把它并入电磁力当中,以形成单一模型来描述,被称为电弱相互作用;对强力的解释则不太成功)。人们也认为,万有引力也应该可以由被称为引力子的粒子交换来进行描述,但到目前为止,完整的量子引力模型尚未发展完成。然而,量子电动力学本身的准确性,也可以只看电子中的一个属性从而得到反映,这个属性称为磁矩*。由狄拉克于20世纪20年代末开始发展的量子电动力学的早期版本,已经预言了这一属性的值为1(选用适合的单位)。在同一单位下,电子磁矩的实验测量值为1.001 159 652 21,最后一位数字有±4的不确定范围。这已经是一个了不起的成就,在20世纪30年代就使物理学家确信,量子电动力学是在正确的轨道上发展的。量子电动力学的最终版本预言该值为1.001 159 652 46,最后两位数字有±20的不确定范围,理论与实验之间相差仅为0.000 000 01%,对此,费曼曾高兴地指出,这等同于测量从纽约到洛杉矶的距离而精确到一根头发的粗细程度。这是迄今为止,地球上所进行的所有实验当中,

---

*这是一个有代表性的参数,而不是因为在理论与实验之间有着良好匹配的只有这么一个,从而被人为地选择出来。

理论与实验最精确相符的一个*,这是一个科学如何很好地解释日常生活物理世界的运作方式的真正范例,是一个自伽利略、牛顿等人开始把理论与观察、实验进行对比以来,我们在一条恰当的科学道路上走得有多远的真正范例。

未来会怎样? 夸克和弦

20世纪下半叶,物理学家利用巨型粒子加速器,对原子核内部进行了探测,并对高能物理现象进行研究,由此,他们揭示了亚原子粒子的世界,同时发现(仅仅是这个新世界的第一个层次)质子和中子可以被认为是由一些被称为夸克的实体构成,通过类似于光子交换的实体交换维系在一起,而强核力只是这种更深层次力的作用的一种外在表现。21世纪初,许多物理学家都被有效证据说服了,认为所有这些"粒子"或许可以更好地被理解为涉及更深层次的、振动着的微小"弦"(或弦环)活动的外在表现。不过,现在还太早,我不可能把这些工作的历史撰写出来。而且,我们在原子核与原子水平上于此处结束这段特别的叙述,似乎也是合适的——迄今为止,原子核与原子水平依然是影响我们所有日常生活的最深层次的水平。尤其是在下一章中,我们将会对生命本身的运作方式作出解释,在此原子水平上包含了解释所需的全部理论。

---

*广义相对论已被证明有着类似的精确度,那是在20世纪末,人们观测距地球许多光年、被称为双脉冲星的天体,测量其观测性质的变化。然而,尽管这也是一个惊人的成就,但是与在地球表面的实验室里、在可控条件下进行的实验是不太一样的。

第十四章

生命领域

宇宙间最复杂的事物

我们，是整个宇宙中我们所知的最复杂的事物。这是因为，以事物的宇宙尺度来衡量，我们属于中等规模。像我们之前所看到的，小如原子，由几个简单的实体构成，遵守几个简单的定律；像我们将在下一章所看到的，整个宇宙是如此之大，那些微小的物体，甚至如恒星一般大小的物体我们都可以忽略不计，而整个宇宙可以被看成一个质量-能量合理而平稳分布的物体，它也服从很简单的几个定律。然而，在原子结合在一起并能够构成分子的尺度上，尽管其定律仍然简单，但其组合的数目——原子以不同方式构成分子的总数目——实在太大了，导致结构复杂、种类繁多的事物能够存在，并以微妙的方式相互作用。我们所知的生命，就是原子可以形成众多复杂大分子的外在体现。从原子和简单的分子（如水和二氧化碳）开始，这种复杂性按比例放大。而一旦我们处理到巨大行星一类物体的内部，分子因为引力的存在而开始粉碎，更甚者，当我们处理到恒星一类物体时，其原子中的电子被完全剥离，复杂性因而终结。

我们所知的生命得以存在，依赖于其复杂性。如果一团物质大到要破坏这种复杂性,那它确切的大小取决于电磁力和引力之间的差异。在一团物质中,起维系分子作用的电磁力,要比起粉碎分子作用的引力强 10^{36} 倍。当原子相互结合在一团物质之中时,这团物质并不带任何电荷,因为每个原子都是电中性的。因而根据量子电动力学,当每一个原子都转为要抗衡引力时,每个原子基本上就是独立的。但若此时,该团物质每增加一个原子,其向内的引力强度就会随之而增加一分。具有一定密度的球体,其质量与半径的立方成正比(假设密度恒定不变),而引致塌缩的引力遵循平方反比定律,因此就这团物质的半径来说,其表面原子的引力是其电磁力的三分之二次方。因为 36 的二分之三是 54,也就是说有 10^{54} 个原子聚合起来形成一团物质时,引力就会占优势并把复杂的分子扯碎。

我们从一个由 10 个原子组成的物体开始想象,然后是由 100 个原子、1000 个原子,如此不断,每一次的原子数都是前一次的 10 倍。那么,第 24 个物体大如一块方糖,第 27 个物体大如一头大型哺乳动物,第 54 个物体大如木星,第 57 个物体则大如太阳。在太阳那里,即使是原子也遭到了引力的撕扯,从而形成原子核和自由电子的混合体,被称为等离子体(plasma)。在这种对数尺度上,人类的大小几乎位于原子与恒星的正中间。我们想象的第 39 个物体相当于一块直径约为 1 千米的岩石,而形如我们自身的生命的领域,其大小可以说就在这方糖和巨岩之间。这一领域,多少就是建立自然选择进化论的达尔文及其后继者所研究的领域。但是,我们在此尺度上所看到的周遭生命的复杂性,其基础依赖于更深层次的化学过程的进行,在这个层次当中,我们熟知的 DNA 就是生命中关键的组成部分。DNA 如何被确证为生命之关键,是 20 世纪科学中第二个伟大的故事;而且,就像量子物理学的故事一样,它的开始几乎与新世纪的曙光完全同步,尽管在此情形下,人们之前曾忽视过一个已经做出新发现的先驱。

达尔文与19世纪的进化理论

从1859年由《物种起源》出版而引发大辩论起，人们对自然选择进化的进一步理解陷入停滞，并且在19世纪余下的时间里，可以说又倒退了。其中一个原因是进化所需要的时间尺度问题，我们前面已经提到，人们在20世纪通过放射性知识才把它解决。进化需要较大的时间尺度，尽管达尔文（和其他人）努力搜寻相关的事实来证明，但是由物理学家们［尤其是威廉·汤姆孙（即开尔文勋爵）］所提出的理由几乎要把达尔文攻击得只有招架之功而无还手之力。另外一点，甚至是更重要的一点是，达尔文及其同时代的人并不理解外在性状从一个世代传递到下一个世代的机制，即遗传的机制。同样，在进入20世纪之前，人们还不会很清楚地了解到这一点。

达尔文本人对遗传的观点最早见于1868年，在其著作《驯化下的动植物之变异》(*Variation of Animals and Plants under Domestication*)的最后一章。虽然达尔文给出了一个最完整的模型，但那一章也表明了当时许多生物学家的思想。他用由他所命名的"泛生论"(pangenesis)来表达生殖的概念，这个词由希腊语"pan"（广泛的）和"genesis"（与生产、生殖有关的）组合而成，前者指组成身体的所有细胞。他的想法是，生物身体上的每一个细胞都提供一些微小粒子［他称之为"泛子"(gemmule)］，这些粒子在整个身体中运输，并储存到生殖细胞、卵子或精子里，然后传给下一代。这个模型还结合了混合遗传的想法，即两个个体相结合而产生的子代表现出父母的混合性状。例如，一个高个女人和一个矮小男人的孩子，身高应该会介于他们之间。以今天的目光来看，达尔文本人能提出这样的构想是令人大吃一惊的。这完全违反了自然选择进化的基本原则，它要求个体之间有不同的变异以供选择（因为不用几个世代,混合遗传将会产生一群一模一样的后代)。甚至连达尔文也思考出这样一种构想,这一事实说明了,当时的生物学家在正确理解遗传的道路上偏离得有多远。正是在这种背景下,我们看到达尔文对《物种起源》做了许多修改,立场越来越倾向拉马克:当时他的对手反驳说,按照自然选择的最初版本中所设想的一系列微小步骤,进化并不能持续,因为中间形态(如一头原始长颈鹿,它的脖子比一头鹿的脖子要长,但还是不足以长到可以让它吃到树顶上的叶子)并不可行*。达尔文的批评者,如大名鼎鼎的英格兰人米瓦特(St George Jackson Mivart,1827—1900)指出,进化需要一个世代到下一个世代之间在其身体结构上的突然改变,即一头鹿要直接生下一头长颈鹿。但这些人也没有说明这一过程的机制(除了上帝之手),而达尔文至少在正确的路线上,强调了独立细胞在繁殖上的重要性,而且在他的构想中,甚至有了生殖细胞含有微小"粒子"的概念,它们携带着上一代的信息,并传递给下一代。

生物细胞的作用

细胞的分裂

在19世纪50年代末,细胞作为生物体基本组成部分的作用才变得清楚起来,那正是达尔文把他的自然选择进化论公之于众的时候。这一发现主要是由显微仪器的改良和显微技术的提高驱动的。施莱登(Matthias Schleiden,1804—1881)于1838年提出,所有的植物组织都是由细胞组成的;一年之后,施旺(Theodor Schwann,1810—1882)把这一结论扩展到动物,认为所有生物都是由细胞组成的。这导致了细胞是

---

*这些批评为何是错误的,具体细节在这里不便展开,但如果你想知道进化如何进行,最后把鹿变成长颈鹿的话,除本书以外,最好从阅读道金斯(Richard Dawkins)的《盲眼的钟表匠》(*The Blind Watchmaker*)一书开始。

由其他细胞经由分裂而产生的这一想法[发端于古德瑟(John Goodsir, 1814—1867)等]的提出,而正是这一思想,由菲尔绍(Rudolf Virchow, 1821—1902)接手研究,其著作《细胞病理学》(*Die Cellular-pathologie*)于 1858年出版。菲尔绍那时在柏林大学任病理学教授,他明确指出"每一个细胞都是从已经存在的细胞衍生出来的",而且把这一理论应用到他所在的医学领域,认为疾病不过是一个细胞(或者多个细胞)出现异常情况而已。他还特别指出,肿瘤来源于身体中先前已经存在的细胞。这在许多方面都有着富有成果的证明,并且爆发了一股研究细胞的兴趣和热潮。但菲尔绍把他所有的理论鸡蛋放在一个篮子里,强烈反对感染的"微生物"理论(他也拒绝承认自然选择进化论)。这就是说,虽然他在医学上有着许多重要贡献,曾为魏玛政府服务[他是俾斯麦(Otto von Bismarck)的反对者],并且于1879年参加荷马时代特洛伊城遗址的考古发掘,但他再也没有对我们这个主题作出更进一步的直接贡献。

染色体的发现及其在遗传中的作用

当时,用显微技术显示细胞结构已是绰绰有余:细胞像一个充满水的果冻,中心集中了一团物质,即现在所称的细胞核。当时的显微技术实在很好,于是在19世纪70年代末,福尔(Hermann Fol, 1845—1892)和赫特维希(Oskar Hertwig, 1849—1922)都各自独立地观察到精子穿透细胞膜进入卵细胞(他们用海胆做实验,它们身体透明,这个特性非常宝贵),有两个细胞核融合,把由父母双方提供(遗传)的物质结合在一起,形成一个单独的新核。1879年,另一个德国人弗勒明(Walther Flemming, 1843—1905)发现,细胞核包含有一些线状结构,它们易于吸收着色染料,这些染料使细胞及其结构在显微镜下得以突出显示,那些线状结构就被称为染色体(chromosome)。19世纪80年代,弗勒明和比利时人贝内登(Edouard van Beneden, 1846—1910)分别独立地观察到在细胞分裂时,染色体复制并分配到两个子细胞中。19世纪80年代,在弗赖堡大学工作的魏斯曼(August Weismann,1834—1914)循此路线继续研究。正是魏斯曼指出了染色体是遗传信息的载体,"遗传是一些含有特定化学成分的分子等物质,通过运输,从一个世代带到下一个世代的过程"*。他把这种物质命名为"染色质"(chromatin),并阐明了人类这个物种身上所发生的两种细胞分裂。与生长和发育相关的细胞分裂,细胞中的所有染色体会在细胞分裂前复制,因此每个子细胞都能得到一份原初染色体的副本;与生产精细胞或卵细胞相关的细胞分裂,染色质的总量会减半,因此一整套染色体只能在精细胞和卵细胞结合时才会重新恢复,以形成产生新个体的胚胎**。在20世纪初,魏斯曼发现,负责生殖的细胞并不参与身体中其他生命过程,而身体的其他细胞也不参与生殖细胞的制造。因此达尔文的泛子概念是完全错误的,而"外在环境导致代际差异"这一拉马克构想也随之被否定(在进入到20世纪时,这并不能阻止拉马克主义者为他们的例证辩护)。后来人们发现,辐射会导致我们现在所知的突变(mutation)产生,而直接损坏生殖细胞中的DNA,但这丝毫没有影响到魏斯曼论证的力量,因为这些随机变化几乎都是有害的,而且可以肯定,受到辐射的生物体的后代更加地不适应环境。

细胞内泛生论

　　与魏斯曼探测细胞内部,以确定承载遗传的化学物质单元差不多同时,荷兰植物学家德弗里斯(Hugo de Vries,1848—1935)用大量的植

---

　　* 转引自戴维·扬,《发现进化》。

　　** 当然,这只对所有有性生殖适用。总的来说,无性生殖要简单得多,子代细胞就是亲代细胞的完全一样的复制品[见格里宾等《交配游戏》(*The Mating Game*)]。然而,既然我们自己是一种有性生殖的物种,有性生殖就是我们故事的中心。

物来做实验,洞察出其性状从一个世代传到下一个世代的途径。1889年,达尔文去世仅7年之后,德弗里斯出版了《细胞内泛生论》(*Intracellular Pangenesis*)一书,试图用达尔文的构想来描画细胞如何进行当时所显现的一些过程。通过把达尔文的构想和对植物遗传运作方式的观察相结合,他指出,一个物种的性状一定是由大量而不同的单元所组成,每一个单元源于一个单独的遗传因子,这个遗传因子多多少少是独立地从一个世代传到下一个世代。他把这些遗传因子命名为"泛生子"(pangens,英文中有时表示为pangenes),来源于达尔文的术语"泛子"。当魏斯曼等人的研究证明了身体细胞并不参与遗传因子的制造以后,泛生子中的"pan"词头很快就被拿掉了,变成了我们熟悉的现代术语"基因"(gene),它于1909年由丹麦人约翰森(Wilhelm Johannsen)首先使用。

遗传学之父孟德尔

19世纪90年代,德弗里斯进行了一系列关于植物繁殖的实验,并仔细地记录了能在各个世代追踪观察到的特殊性状(如植株的高度,或者是花的颜色等)及其遗传方式。几乎在同一时间,相似的研究由贝特森(William Bateson,1861—1926)在英格兰进行,他后来命名了"遗传学"(genetics)一词,以指称关于遗传如何运作的研究和学问。到了1899年,德弗里斯已经准备发表他的工作了,此时他要对以往的科学文献做一调查,以把他的结论放在当时合适的背景之中。正因为如此,他发现,他所研究的关于遗传的几乎所有结论早已发表,那是由摩拉维亚修道士格雷戈尔·孟德尔(Gregor Mendel)所写,少人阅读且更少人引用的两篇论文。相关的研究工作实际上已经由孟德尔写成两篇论文,于1865年在布尔诺(Brno,当时称为Brünn,今属捷克)的自然科学学会上宣读,并于一年之后发表在其学会的学报上。可以想象,当德弗里斯作出这样一个发现之后的感想。德弗里斯或许有点不老实,他把自己的发现写成两篇论文,于1900年年初发表。第一篇用法文写成,没有提到孟德尔。第二篇是用德文写的,却给予他的前辈近乎是溢美的赞誉,认为"这篇重要的专著被引用得太少,以至于直到凭借我的大部分实验得出结论,并且独立地推导出上述命题时,我自己才开始意识到它的存在"*,而且还总结道:

> 从这个实验以及其他大量的实验,正如孟德尔在豌豆上所发现的一样,我总结了杂交物种的分离定律,它对植物王国普遍适用,而这个定律有一个基本的重点,就是要研究物种性状所组成的单位。

显然,属于这样一个理论的时代已经来临。在德国,科伦斯(Karl Correns, 1864—1933)循相似的路线进行研究,当他收到了德弗里斯的法文论文复印件,且在为自己工作的出版而在做准备的同时,纯属巧合,新近发现了孟德尔的论文。在奥地利,塞森尼格(Erich Tschermak von Seysenegg)遭遇了类似的命运**。总的结果就是遗传现象的遗传学基础很快就建立起来了,而且,基本遗传定律的3位重新发现者,都给予了孟德尔应有的赞誉,视他为遗传定律的真正发现者。这当然是千真万确的,但他们乐意承认孟德尔的优先权,不应该完全看作一种慷慨无私的行为——毕竟,这3人在1900年都宣称他们"发现"了,而承认一位已经仙逝的前辈学者,比起争论他们3人谁是最先的发现者更为适合。虽然如此,从这个故事中我们还可以总结出一条重要的历史经验。

---

* 转译自伊尔蒂斯(Iltis)。

** 塞森尼格当时是一名26岁的研究生,他当然是独立发现孟德尔的论文的,但是相比起德弗里斯和科伦斯,他本人贡献不大。

19世纪90年代末,有几个人分别独立地作出类似的发现,是因为当时细胞核的确认和染色体的发现等基础工作已经成熟。请记住,细胞核被确认是在1858年,与达尔文和华莱士的联署论文在林奈学会上宣读是同一年,而孟德尔的实验结果发表于1866年。这是一件充满灵感的作品,但它超越自身的时代,因而直到人们真正看到细胞内的"遗传因子",在看到它们分离、组合以形成新的遗传信息以前,其意义还甚小。然而,尽管孟德尔的工作在19世纪下半叶对生命科学的发展没有丝毫的影响,但因为这是确实发生过的历史,我们还是值得简略地看一看他做了些什么,包括叙述对这个人的误解,以及强调经常被人忽略的、他真正重要工作的特点。

孟德尔并不是那种惯于日常劳作而又交上好运的乡村修道士。他是一位受过训练的科学家,非常清楚自己在做什么,也是把严格的物理科学方法应用到生物学上的首批科学家之一。1822年7月22日,孟德尔出生于摩拉维亚的海因岑多夫(后来成为奥匈帝国的一部分),受洗名为约翰(Johann,在加入神职时,他改用格雷戈尔一名)。孟德尔明显是一个不同寻常的聪明孩子,但是他来自一个贫穷的农民家庭,全家人竭尽全力地把这个前途无量的年轻人送进了高级中学,并在奥利姆茨哲学研究院参加了一个为期两年的课程,为进入大学而作准备。因为上大学这件事情超出了他的财政能力,孟德尔于1843年加入神职,这是他能继续深造的唯一方法。他当时是被布尔诺的圣托马斯修道院院长物色而成为修道士的。这位院长名叫纳普(Cyrill Franz Napp),正在把修道院转变成为领先的学术中心,那里的神职人员有植物学家、天文学家、哲学家和作曲家,他们在修道院门墙之外都有很高的声誉。纳普院长希望通过招募才华横溢但出身寒微的青年才俊来扩大他的思想家圈子,通过孟德尔在奥利姆茨的物理学教授(他之前在布尔诺工作过)的介绍,他认识了孟德尔。尽管因为高强度考试而带来的紧张使他在转正考试中多次不及格,但孟德尔还是在1848年完成了他的神学学习,并在附近的高级中学、随后又在技术学院当过代课教师。

孟德尔表现出很强的能力,因而在1851年29岁时被派往维也纳大学;而多普勒(Christian Doppler)是大学里的物理学教授[把这个日期放在与这座城市相关的另一个背景中,那就是小约翰·施特劳斯(Johann Strauss the younger)当年26岁]。他被获准离开修道院,但此特权或机会只有两年时间,其间要学满实验物理学、统计与概率、化学的原子论和植物生理学等科目。他没拿到学位——这从来都不是修道院院长的意图——但回到布尔诺后,他比以往拥有了更多的知识储备,以胜任教师一职。但是这并不足以满足他对科学知识的渴求。1856年,孟德尔开始进行一项对豌豆遗传方式的深入研究*,在未来的7年里,他开展了细致而精确的实验,这使他发现了遗传的运作方式。在修道院的花园中,他有一块长35米、宽7米的土地,一间温室,以及从教学和宗教工作中腾出来的所有时间。他曾种植了28 000株植物,其中有12 835株经过他的仔细检查。孟德尔把每一棵植株都视为一个个体,像人类家谱一样追踪其后代,与之前生物学家们的做法——种植不同种类的全体植物,并试图澄清杂交子代的混乱结果(或者简单地研究野生植物)——形成了鲜明对比。此外,这也意味着孟德尔不得不为每一棵实验植株进行人工授粉,手把手地从一棵已知性状的植株上扫下花粉,转授到另一已知性状植株的花上,并且一直对自己所做的步骤做好认真的记录。

孟德尔遗传定律

孟德尔工作的关键——这是经常被人忽略的一点——就是他像一

---

*他选择豌豆是因为他知道它们会生长出真正特殊的性状,而且这些性状易于做统计分析。

位物理学家那样进行研究工作,做可重复的实验,而且最重要的是,应用适合的统计方法分析他的结果,这是他在维也纳大学所学到的方法。这项工作要证明的是:一棵植株体内有一些东西,它决定整棵植株的外形属性。我们用其现代名称"基因"来称呼它,恐怕也是合适的。基因是成对出现的,因此(孟德尔所研究的例子之一)有一个基因S和一个基因R,由前者决定产生光滑的种子,由后者决定产生粗糙的种子,但是每一棵植株个体都可能携带有其两者组合SS、RR或SR的其中之一。虽然如此,但在这一对基因当中,只有其中一个会在该植株个体中表达出来(即现在所称的"表型")。如果植株携带的是RR或SS基因型,那它毫无选择的余地,必定是由相应的基因产生出粗糙种子或者是光滑种子。但如果它携带的是RS组合基因型,那你可能会预期,会有一半的植株产生粗糙种子而另一半产生光滑种子。但情况**并非**如此。基因R会被忽略,而只有基因S会被表达成为表型。在此情况下,S基因被称为显性基因,而R基因被称为隐性基因。孟德尔是从统计中得出所有这些结论的,在这个例子当中,把带有RR基因的植株(即来自总是产生粗糙种子那一谱系的植株)与带有SS基因的植株(即来自总是产生光滑种子那一谱系的植株)杂交,他首先观察到其子代中的75%有光滑种子,而只有25%的子代有粗糙种子。当然,原因就是产生带RS基因子代有两种等价的方式(RS和SR)。因此,下一代的个体在4个基因型RR、RS、SR和SS当中均匀分布,其中只有RR基因型具有粗糙种子。这只是孟德尔(以及后来的德弗里斯、贝特森、科伦斯、塞森尼格等人)在其研究上所使用的分析中最简单的例子(而且只是看第一代,而孟德尔实际进行统计的时候还会统计"孙子辈"以及下面更多世代的数据)。孟德尔由此得出结论说,遗传行为并不是混合来自两个亲本的性状,而是单独地从其中一个获得性状。到了20世纪初,人们[通过在哥伦比亚大学工作的萨顿(William Sutton)等人]已经清楚,基因由染色体携带,而染色体是成对出现的,一条遗传自父亲,一条遗传自母亲。在制造生殖细胞的那种细胞分裂中,成对的染色体会被一分为二,但(我们现在知道)这只是在成对染色体中的大段物质被切割并相互交换之后,才产生了新的基因组合传递给下一代。

1865年,孟德尔在42岁的时候把他的发现提交给了一个基本上不能理解他的布尔诺自然科学学会(当时少有生物学家具备统计学知识)。论文于是被送到与孟德尔有通信的其他生物学家手中,但在当时,其重要性得不到赞赏。也许孟德尔还可以更有力地促进他的工作,并确保它们获得更多的关注;但到了1868年,纳普去世,而孟德尔被选为修道院院长。他的新职务让他无暇顾及科学,而他的实验植株育种计划基本上在他46岁时就已经荒废了,尽管他一直活到1884年1月6日。

随着染色体的确认,孟德尔遗传定律在20世纪初被重新发现,是理解进化在分子水平如何运作的关键。下面的一大步,由美国人摩尔根(Thomas Hunt Morgan)迈出。1866年9月25日,他出生于肯塔基州的列克星敦,1904年成为哥伦比亚大学动物学教授。摩尔根出生于一个世家——他的外曾祖父基(Francis Scott Key)写下美国国歌;他的父亲曾是美国驻西西里岛墨西拿领事;一位叔叔(或舅舅)曾是南方军队的上校。密立根对爱因斯坦的光电效应理论(另一个科学方法在起作用的耀眼范例)是持怀疑态度的,与此呼应的是,摩尔根曾经对孟德尔的遗传学研究表示过全面的怀疑,认为他只停留在假想的、能一代传一代的"因子"概念上。这些因子由染色体携带的可能性是存在的,但是摩尔根并未信服,开始了一系列导致他获得诺贝尔奖(1933年)的实验,期望证明由孟德尔发现的简单规律充其量只是适用于一些特殊植株的一些简单性状,而并不普遍适用于整个生物界。

染色体之研究

摩尔根选择的生物是微小的果蝇。其拉丁文名字的意思是"露水的情人",但实际上,吸引它们的是腐烂水果上的真菌酵母,而不是露水。尽管处理起来有难度,但比起植物,果蝇在遗传学研究上有一个很大的优势。比起孟德尔在育种计划的每一个阶段,不得不等待一年来检查下一代豌豆,这些小果蝇(每只只有约3毫米长)每两周产生新生一代,而且每一个雌性一次能产数百个卵。虽然这是纯粹的运气,但事实证明,果蝇只有4对染色体,这让摩尔根研究其性状如何一代传一代时,比想象中更容易。*

在所有有性生殖的物种当中,有一对染色体具有特殊的重要性。虽然大多数染色体对中的两条在外观上彼此相似,但在一对决定性别的染色体之间,它们在形状上有着显著的不同,由此,它们被称为X染色体和Y染色体。你可能会认为有3种组合可能发生在一个特定的个体上——XX、XY和YY。但在雌性个体中,细胞携带的是XX染色体对,而雄性的组合是XY**。因此,一个新的个体必须从母亲那儿继承一个X染色体,而可以从父亲处继承X或者Y。如果它从父亲处继承了一个X,它将是雌性;如果它继承了一个Y,它将是雄性。摩尔根在众多果蝇中发现有一些发生了变异,它们是白眼,而不是通常的红眼。经过仔细育和对结果的统计分析表明,影响昆虫眼睛是什么颜色的基因(一个摩尔根很快使用并推广开来的术语),必定在X染色体上,而且它是

---

* 人类有23对染色体,但表型之复杂性与染色体的数目的关系并非如此简单,一些蕨类植物每个细胞有300多对染色体。

** 在一些物种里,其组合模式是相反的,并且还有其他的特异现象,但是这些在这里并不重要。

隐性的。在雄性中,如果变异的基因(不同品种的特定基因被称为等位基因)存在于其单个X染色体上,那么它们就是白眼。但在一个雌性当中,相关的等位基因一定要同时存在于两个X染色体上,这样白眼性状才显示为表型。

首战告捷鼓励了摩尔根,让他与研究生团队合作,于20世纪的第二个10年继续他的研究工作。他们的工作证明了,染色体携带一系列的基因,就像珠子串成珠串,而在制造精细胞或卵细胞的过程中,配成对的染色体被切割成段并相互交换,使等位基因得以重新组合。在此交叉互换、重组的过程中,同一染色体中相距较远的基因被分开的可能性更高,相互靠近的基因则很少会被分离;这(和大量艰苦细致的工作)为测定出染色体上基因的顺序提供了基础。尽管大量类似的工作有待完成,而且要运用20世纪后半期的改进技术,但是孟德尔遗传的整套理论,以及遗传学最终迎来新纪元,我们仍可方便地追溯到1915年。当时,摩尔根及其同事斯特蒂文特(A. H. Sturtevant)、布里奇斯(C. B. Bridges)和穆勒(H. J. Muller)出版了他们的经典之作《孟德尔遗传机制》(*The Mechanism of Mendelian Heredity*)。摩尔根亲自写了《基因论》(*The Theory of the Gene*,1926年),于1928年前往加州理工学院,于1933年获得诺贝尔奖,并于1945年12月4日在加利福尼亚州的科罗纳戴尔马尔镇去世。

由自然选择而形成的进化,只有在存在个体多样性并以供选择的情况下才能运转下去。因此,由摩尔根及其同事所建立起来的知识,即通过生殖过程而形成的遗传概率如何经常地重组,证实了多样性,同时也解释了为什么有性生殖的物种是如此容易适应不断变化的环境条件。无性生殖的物种也会演变,只是要慢得多。以人类为例,有大约30 000个基因决定表型。在所有的人类中,这些基因中的93%多一点是纯合的,即在相应的染色体对的每条染色体上,基因型是相同的。略

低于7%是杂合的,这就是说存在着这样一个概率:一个个体的人中,成
对组合的染色体的特定基因位置上,可以有不同的等位基因被随机选
择。这些不同的等位基因已经产生于突变过程中,此后它们便待在基
因库中,影响很小,除非它们被赋予了表型上的一些优势(带来缺陷的
基因突变很快会消失;自然选择就是这么一回事)。在这大约2000对
基因中,每一对中至少有两个不同的基因型(有一些不止两个等位基
因),这意味着,两个单独人类个体之间的差异,有2^{2000}种方式。这是何
等壮观的数目,甚至天文数字(正如我们接下来的一章将会遇到的一
样)与之比较也黯然失色,而这不仅仅意味着地球上没有两个人其基因
型是完全相同的(同卵双胞胎的基因型除外,因为他们来自同一个受精
卵),而且有史以来没有两个彼此完全一样的人。这就是多样性的某个
指标,自然选择在其基础上运作。1915年以后,随着染色体、性别、重组
和遗传变得越来越清晰,最大的问题是,在更深的层次,即进入到细胞
核及染色体本身,那里的情况如何。回答这个问题的方法涉及量子物
理学和化学的最新进展,因为科学家已经在分子水平上探测生命的秘
密。但通往DNA双螺旋结构之路的第一步,其研究开展之时所用的方
法,明显是几乎半个世纪前的老办法。

核酸

走出第一步的人是一位瑞士化学家,即弗雷德里希·米歇尔(Fried-
rich Miescher, 1844—1895)。他的父亲(也叫弗里德里希)于1837—
1844年任巴塞尔大学解剖学和生理学教授,其后移居到伯尔尼;而小弗
里德里希的舅舅伊斯(Wilhelm His, 1831—1904),于1857—1872年也
担任了与他同一讲席的教授。伊斯对他的外甥有一种特别强大的影响
力,米歇尔当时只是一名13岁的少年,在巴塞尔学习医学,随后前往蒂

宾根大学,于1868—1869年师从奥佩-赛勒(Felix Hoppe-Seyler, 1825—1895)学习有机化学,在返回巴塞尔之前在莱比锡度过了一段时间。1872年,伊斯转换了工作环境,离开巴塞尔前往莱比锡大学,他的讲席被一分为二,一个是解剖学讲席,一个是生理学讲席;年轻的米歇尔获得了生理学讲席,部分原因显然是裙带关系。他在其讲席任上直到去世,于1895年8月16日死于肺结核,仅在其51岁生日后3天。

米歇尔在蒂宾根大学进行研究工作,是因为他对细胞的结构感兴趣(这一兴趣由他的舅舅激起,并成为当时生物研究的主流);奥佩-赛勒不但成立了第一个供现在所称的生物化学研究所用的实验室,而且作为菲尔绍的前助理对细胞如何工作产生了浓厚的兴趣——请留意,在米歇尔前往蒂宾根之前,菲尔绍已经放下了活细胞只由其他活细胞产生的教条几乎10年之久。在与奥佩-赛勒讨论了自己的第一个研究项目的可行性后,米歇尔着手研究人类白细胞。从实际操作而不是从美学观点来看,这项研究有一个巨大的优势,即附近外科诊所提供的大量被脓水浸泡过的绷带可以供他使用。当时人们已经知道,蛋白质是体内最重要的构成物质,而米歇尔的期望是,他所着手的研究能够确认出参与细胞化学反应的蛋白质,而那些反应对生命而言是关键。要洗出绷带上完整的细胞而不损坏它们十分困难,克服此困难后,通过对它们进行化学分析,米歇尔很快发现,充满于细胞核以外那部分体积的含水细胞质,确实含有丰富的蛋白质;而进一步的研究表明,还有别的东西存在于细胞之中。在除去所有细胞核外围物质,并收集到大量没有细胞质的细胞核以后(以前没有人做到这一步),米歇尔就能够分析细胞核的组成,并且发现它明显不同于蛋白质。这种他称为"核素"(nuclein)的物质像其他有机分子一样,含有大量的碳、氢、氧和氮;但他同时也发现有一个不同于任何蛋白质之处,即它明显含有磷元素。到了1869年夏,米歇尔已经确定,这种新物质来自细胞的细胞核,而且不仅仅是在脓水的白细胞中,在酵母细胞、肾脏细胞、红细胞和其他组织的细胞中都能发现它的踪影。

米歇尔有所发现的消息并没有引起可能预期的轰动——事实上,奥佩-赛勒实验室之外的人很久以后才知道这个消息。1869年秋,米歇尔转到莱比锡大学,在那里把他的发现写成论文并寄到蒂宾根,试图发表在由奥佩-赛勒所编辑的一本期刊上。奥佩-赛勒发现他的结果难以置信,因此拖延了一些时日,其间让他的两个学生进行实验来证实这一发现。之后的1870年7月,普法战争爆发,战争所引起的普遍动荡推迟了期刊的出版。这篇文章最终出现在1871年春的一个印本上,上面除了确认米歇尔的工作结果外,还有由奥佩-赛勒所写的说明,解释发表推迟是由于有一些意想不到的情况。米歇尔成为巴塞尔大学的教授之后,继续他的核素研究,集中对鲑鱼的精细胞进行分析。鲑鱼的精细胞几乎全是细胞核,仅有痕量的细胞质,因为它的唯一目的,就是要与含有更丰富物质的卵细胞的细胞核融合,为下一代贡献其遗传物质。鲑鱼产生巨大数量的精子,它们在洄游的途中一直产卵,身体越来越瘦,因为机体组织转化为生殖细胞材料。事实上,米歇尔指出,从这种机体组成蛋白必须被分解并转化为精子的方式,其本身的一个重要认识就是身体的不同部分可以被分解并重构为另一种形式。在这项研究工作的过程中,他发现核素是一个大分子,其中包括几个酸性基团;1889年,米歇尔的一名学生阿尔特曼(Richard Altmann)引入了"核酸"这一术语,用来指称这些分子。但米歇尔直到去世时也不知道他的发现有多么重要。

像几乎所有进行生物化学研究的同事一样,米歇尔也没有意识到该核素可能是遗传信息的载体。它们的大小跟分子相当,因而太难形成一幅细胞运作的整体图景,而且人们把这些看起来相对简单的分子视为某种结构材料,或许是更复杂的蛋白质结构的一个脚手架。但是,有了用以发现染色体的新型染色技术这一利器,细胞生物学家可以实实在在地观察到在细胞分裂时遗传物质是怎样分配到子细胞中的,由此,他们很快意识到核素的重要性。1885年,赫特维希写道:"核素是一种既负责营养传递,也负责遗传特性传递的物质。"*而在一本出版于1896年的书中**,美国生物学家威尔逊(Edmund Wilson,1856—1939)写得更为夸张:

> 染色质被认为是遗传的物理基础。现在我们知道,即使不是完全相同,染色质与一种被称为核素的物质也极为相似……这是一种核酸(一种富含磷的复杂有机酸)和白蛋白混合起来的、成分还算是确定的化学物质。因此,我们可以作出明显的结论,即遗传(也许)可以通过一个特定化合物的物理传输作用,从父母传递给后代。

但在威尔逊的"明显的结论"被确认之前,这是一条曲折的道路。

向DNA和RNA前进

在这条曲折之路上前进,取决于对核素结构的确定,而相关分子的基本组成(虽然到那时为止,对于这些组成部分如何组织在一起的详细情况还不清楚)均在米歇尔去世后的几年之内被确认——有的甚至在他去世前。DNA的基本组成部分有核糖,这是一种糖,其中心结构是一个由1个氧原子和4个碳原子组成的五角形环,在其角上连接有其他原子[特别是羟基(—OH)]。这些连接在角上的原子可以由其他分子来

---

*《医学与自然科学杂志》(*Jenaische Zeitschrift für Medizin und Naturwizzenschaft*),第18卷,第276页;译自拉格奎斯特(Lagerkvist)。

**《发育及遗传中的细胞》(*The Cell in Development and Inheritance*),威尔逊是哥伦比亚大学的动物学教授,是摩尔根进行果蝇实验时所在系的系主任。

代替,这些分子就与核糖单元连接在一起了。第二种基本组成,也正是以这种方式接在核糖环的角上,它是一种含磷的分子基团,被称为磷酸基——我们现在知道,这些磷酸基团是连接核糖环之间的桥梁,两者交替形成链状。第三种也是最后一种基本组成有5种,它们被称为"碱基",分别是鸟嘌呤、腺嘌呤、胞嘧啶、胸腺嘧啶和尿嘧啶,通常用它们的首字母简写表示,即G、A、C、T和U。后来人们发现,每一个碱基都与链上的每一个核糖环相连接,并伸出链的一侧。所有这些加起来,这个核糖五角形分子名称就是核糖核酸(RNA);与之几乎相同的分子(20世纪20年代后期才被鉴别出来),仅是其中糖的部分每个脱去一个氧原子(H代替核糖中的OH),被称为脱氧核糖核酸(DNA)。RNA与DNA之间的另一个区别是,虽然它们中的每一种都只包含4个碱基,但RNA中是G、A、C和U,而DNA中是G、A、C和T。正是这一发现强化了这样一个构想,即核素只不过是一种构成其他物质的结构分子,这阻碍了对其在遗传中作用的正确认识的发展。

四核苷酸假说

最要为这种误解负责的人是在俄国出生的美国人菲伯斯·莱文(Phoebus Levene, 1869—1940),他是洛克菲勒研究所的创始成员之一;该研究所于1905年在纽约始创,而莱文在那里度过了他余下的职业生涯。在确定RNA组分连接一起的方式上,他发挥了主导性作用,而实际上,他就是那个最终在1929年鉴定出DNA本身的人。但他犯了一个可以谅解的错误,那就是,由于他是一流生化学家,拥有很高的声望,因而产生了一个颇为负面的广泛影响。当莱文在萨哥的小镇出生时(同年米歇尔发现核素),他被起了一个犹太名字菲谢尔(Fishel);他两岁时,全家移居圣彼得堡,于是改了个俄国名字费奥多尔(Feodor)。1891

年,因为躲避沙俄反犹太人大屠杀,全家移民到美国,他又改名为菲伯斯,因为他误以为这就是其原名的英文对译;而当他发现,他本应用西奥多(Theodore)一名的时候,似乎也没有理由再改一次了。莱文的可谅解错误,源于对相当大量的核酸的分析。当它们被分解为基本组成部分加以分析时,他发现它们当中的G、A、C和U(在这项研究中使用酵母细胞,产生的是RNA)的含量几乎相等。这导致他断定,核酸是一个由4个重复单元、以上述方式连接在一起的简单结构;甚至很可能单个RNA分子只含有4种碱基中的一种。这一套想法后来被称为四核苷酸假说——但它并没有被视为一种假说并付诸实测,反而成为教条,多多少少被莱文的同辈和直接继承者们毫无疑问地接受。因为人们已经知道,蛋白质是由大量不同种类的氨基酸分子,以不同方式连接组合起来的、非常复杂的分子,这就强化了这样一种想法:细胞中所有的重要信息都包含在蛋白质结构之内,而核酸只是在适当的地方,简单地为蛋白质的构成提供简单的结构材料。毕竟,只是在这样一个不断重复的词GACU里,所包含的"信息"非常少。尽管如此,即使是在20世纪20年代末,也开始有证据出现,它们将会导致人们认识到核酸不只是一个脚手架。第一次提示出现在1928年,即莱文最终鉴别出DNA的前一年。

这一线索来自弗雷德·格里菲思(Fred Griffith, 1881—1941),他是一位英国微生物学家,在伦敦卫生部工作,担任医官。当时他正在调查引致肺炎的细菌,并无意寻求任何关于遗传的深入的真理。但正如果蝇繁殖速度比豌豆快一样,微生物(如细菌)繁殖得比果蝇更为迅速,在数小时内就可以繁殖许多世代,因而在适当条件下,这就可以更加快速地显示遗传的运作方式,并能于数周内表现出在果蝇实验中要用许多年才能揭示出来的那种变化。格里菲思发现,有两种类型的肺炎细菌,一种是具毒性的,其引起的疾病常常也是致命的,另外一种低致病或不致病。他运用小鼠进行实验,目的是从中寻找可能有助于治疗肺炎病人的信息。通过实验,格里菲思发现,高危肺炎细菌可以通过加热杀死,这些死细菌被注入小鼠体内后并不致病。但是,当把这些死细菌与非致命肺炎细菌混合后,该混合物对于小鼠的毒性,与单纯的活的高致病肺炎菌株几乎一样强。格里菲思本人并没有发现这是怎么回事,而在其工作的真正重要性正要显现之前,他去世了(闪电战期间,他死于一次空袭),但这一发现引发了美国微生物学家埃弗里(Oswald Avery,1877—1955)研究方向的改变,自1913年以来,他一直在纽约洛克菲勒研究所全职工作,致力于肺炎的研究。

20世纪30年代至40年代初,埃弗里和他的团队做了一系列长期的、谨慎而仔细的实验,研究肺炎细菌从一种形态转换到另一种形态的方式。他们首先重复了格里菲思的实验,随后发现,只是简单地把含有经热处理的已死毒菌株的一群非致命菌放在一个标准玻璃器皿(培养皿)中培养,也足以使之转变成为一群毒性菌。肯定是有些东西从死细胞传给了活菌,它们被纳入活菌的遗传结构中并改变了活菌的形态。不过那是什么呢?下一步,是通过交替地冷冻和加热以破坏细胞,然后用离心机分离出液体和固体残渣。最终发现,不管那是什么,导致活菌转化的转化物总是在液体部分,而不是固体部分,由此缩小了搜索的焦点。在埃弗里的实验室里,所有这些工作由不同人员忙忙碌碌地陆续完成,直到20世纪30年代中期。埃弗里之前是在实验室里通观全局,而没有直接参与到这些实验当中,也正是在这一刻,他决定发起总攻以确定转化物,其中有两位年轻的研究人员帮助他进行实验,即加拿大出生的麦克劳德(Colin MacLeod,1909—1972),以及1940年加入的麦卡蒂(Maclyn McCarty,1911—2005),后者来自印第安纳州南本德。

部分是因为埃弗里对细节的注重和孜孜不倦的坚持,部分是因为第二次世界大战造成的中断,部分是因为他们的发现是那样地令人惊讶,似乎难以置信*,因而直到1944年,埃弗里、麦克劳德和麦卡蒂才发表论文,明确表示他们已经鉴别出导致格里菲思于1928年首先观察到的转化现象的转化物质。他们证实了转化物质是DNA——并不是人们普遍假定的蛋白质。但是,即使是在1944年的论文中,他们也没有走到鉴别出DNA是遗传物质这一步,虽然当时已经67岁的埃弗里(以这样的年龄参与这样一个基本的科研项目而引人注目),沿着他兄弟罗伊(Roy)的思路的确是这样推测的。**

查伽夫法则

话虽如此,这当中的提示明眼人一望而知,而在1944年埃弗里、麦克劳德和麦卡蒂3人论文的刺激下,接过接力棒并迈出下一关键之步的是查伽夫(Erwin Chargaff, 1905—2002)。查伽夫出生于维也纳,并在那里于1928年获得博士学位,当年是格里菲思的发现细菌转化之年。他先在耶鲁大学度过了两年时间,然后回到欧洲,曾在柏林和巴黎工作,1935年后长居美国,在哥伦比亚大学度过余下的职业生涯。查伽夫接受了DNA能传递遗传信息的证据,由此意识到DNA分子必定种类繁多,而其内部结构也必定比先前所理解的要复杂。通过使用纸层析(其原理的最简单的应用是我们熟悉的中学实验:当油墨滴在纸上时,其颜色组分会因其透过纸的速率的不同而分开)和紫外光谱的新技术,查伽夫和他的同事们能够证明,虽然他们所研究的每一个物种的DNA的组成是相同的,但是不同物种在细节上有所不同(尽管仍然是DNA)。他提出,有多少个物种,就有多少种不同的DNA。但除了宏观尺度上的多

---

* 毕竟这否定了四核苷酸假说,而莱文直到1940年去世之时,在洛克菲勒研究所都还是一位德高望重的人物。

** 见贾德森(Judson)。

样性外,他还发现,DNA分子的复杂性之下还潜藏着一定程度的同一性。在DNA分子中4种不同的碱基可以分为两类。鸟嘌呤和腺嘌呤均是嘌呤类化合物,而胞嘧啶和胸腺嘧啶都是嘧啶。著名的查伽夫法则由他本人于1950年发表:第一,DNA样品中嘌呤(G+A)总量总是等于嘧啶总量(C+T);第二,A的量与T的量相同,同时,G与C的量相同。这两条规则是理解著名的DNA双螺旋结构的一大关键。但为了理解这一结构是如何组合在一起的,我们需要看一看,在随之而来的量子革命中化学的发展。

生命的化学

以玻尔的工作为开始,而于20世纪20年代达到顶峰,量子物理学能解释元素周期表中的周期模式,并深刻解释了为什么有些原子喜欢与其他原子结合而形成分子,而有些则不会。此模型的细节取决于原子中电子的能量分布方式的计算,即电子的能量分布总是要使原子的总能量达到最小,除非此原子受到外部能量影响而被激发。在这里,我们无须深入细节,而可以直接转到结论,即使在玻尔原子模型的基础上,这一结论也是明显的,只是随着20世纪20年代的发展,其根基变得更为牢固了。当中最重要的区别是,波尔原本以为电子就像小而硬的微粒,而完整的量子理论则把它们视为弥散的实体,因此,即使一个单独电子能围绕原子核旋转,它也是像波一样运动。

电子的量子特性,只允许一定数目的电子占据原子中的各个能级,虽然不是很确切,但你也可以认为,这些能级对应于原子核周围不同的轨道。这些能级有时被化学家称为“电子层”,虽然几个电子可以占据一个单一的电子层,但你可以设想,每个单独的电子都是弥散在这个电子层的整个体积空间中。在电子层允许有最大数量的电子这个意义上,人们最终证明,排满的电子层在能量上要优于未排满的电子层。无论我们处理的是什么元素,单个原子的最低能级("最近核"的电子层)只有容纳两个电子的空间。接下来的电子层可容纳8个电子,第三个电子层同样也是8个,尽管之后数下去情况会变得复杂,但这已经超出了本书的范围。氢原子的原子核有一个质子,因此有一个电子占据在唯一的电子层上。从能量的角度,这样没有形成两个电子占据电子层的理想状态,但通过与其他原子相连接,以共用第二个电子的方式,氢原子至少就有一半机会达到能量的理想状态。例如,在氢分子(H_2)中,每一个原子贡献出一个电子形成共用电子对,围绕两个原子核运动,这样两个原子都有了电子层占满的假象。但氦原子唯一被占据的电子层已有了两个电子,是在一种非常理想的能量状态,因此是惰性原子,不参与任何反应。

沿着复杂性的阶梯继续前进,下一个是锂元素,其原子核中有3个质子(另外,通常情况下有4个中子),因此在其电子云空间中有3个电子。其中2个电子填满第一层,只留下1个电子占据下一个电子层。一个原子与另一个原子之最明显的差别并决定其化学性质的,是占据其最外层电子的数目——在这种情况下,占据最外层的是单单一个电子——这就是为什么锂高度活跃,并具有与氢相似的化学性质,因为它以一种我们很快会讲到的方式,十分渴望把这个孤单的电子赠送给其他原子而不作共享。原子核中的质子数,就是该特定元素的原子序数。随着原子核中质子的增加,第二电子层电子数也增加(忽略了中子,在这个水平上,中子对于化学基本上没有影响),至氖原子中有10个质子和10个电子,其中2个电子在内层,8个在第二层。像氦一样,氖也是一种惰性气体——如今你能看到,在周期表中,元素的化学性质以8为单位分隔重复这一模式的由来。只要再举一个例子就足够了。我们增加另一个质子和电子,从氖数到钠,它有两个填满的电子层,外加一个单

独的电子；而钠（原子序数为11）与锂（原子序数为3）具有相似的化学
性质。

共价键模型与碳化学

原子之间共享电子对有效地使最外电子层达到填充完整，由此
而形成键，这一思想是由美国人刘易斯于1916年确立的，最开始源
于一个定性基础。它被称为共价键模型，而在处于生命核心的碳化
学的描述上，它尤为重要，正如以下一个最简单的例子所示。碳原子
核有6个质子（还有6个中子），加上6个电子在电子云空间中。其中
2个电子一如既往，位于最内电子层，剩下4个占据第二电子层——
正好是那一个完整电子层所需电子数的一半。这4个电子中的每一
个，都可以与由一个氢原子所提供的一个电子进行配对，从而形成甲
烷分子（CH_4），其中位于中间的碳原子就有最外电子层填满了8个电
子的假象，在外面的4个氢原子就有电子层填满了2个电子的假象。
如果最外层有5个电子，位于中间的原子只需要形成3个键就能拥有
一个完整的电子层；如果最外层只有3个电子，它也只能形成3个键，
尽管它可能"想要"形成多达5个键。4个键是所有原子可以形成的
最大的键数*，而且最外电子层越靠近原子核，所形成的键就越强，这
就是为什么碳在制造化合物上如此出类拔萃。把一个或者多个氢原
子替换成更奇特的另一些东西——可以是其他碳原子或者磷酸基
团——你就会开始明白，为什么碳有这么大的化学潜力，能产生各种
各样复杂的分子。

---

* 这是在通常情况下；总会有例外，但此处不便讨论。

离子键

不过,还有另一种方式可让原子形成键,这要让我们回到锂和钠。它们都能够以这种方式形成化学键,但我们将使用钠作为一个例子,因为这种键能在一种非常普遍的日常物质——食盐,即 NaCl 中找到。这种化学键被称为离子键,这个理论是在 19、20 世纪之交,由几位科学家发展确立而来的,虽然其理论基础的大部分功劳可能要属于瑞典人阿伦尼乌斯(Svante Arrhenius, 1859—1927),因为其对钠离子在溶液中的作用的工作,他于 1903 年获得诺贝尔奖。正如上述,钠有两个完整的内电子层和一个外层电子。如果它可以摆脱其孤独的外层电子,那它余下的电子的排布将类似于氖(其实与氖不尽相同,因为在钠核中多了一个质子,意味着它能使电子维系得稍紧密一点),这在能量上是最优的。另一方面,氯在其电子云内有多达 17 个电子(当然,还有包含 17 个质子的原子核),排布在两个完整的电子层和有 7 个电子的第三电子层,还有一个"空穴",能再容纳一个电子。如果钠原子完全放弃一个电子以贡献给氯原子,那两者都将实现最优状态,但代价是两者在总体上都带有电荷——钠为正电荷,氯为负电荷。结果,钠离子和氯离子通过电场力结合在一起,形成晶体阵列,它有点像一个单独的巨型分子——氯化钠的分子并不以 H_2 或 CH_4 那种独立的单元分子方式存在。

在量子物理学中,事情很少是我们希望的那样简单明确的,而我们最好把化学键想象成是两种过程混合作用,一些化合物共价键多一点而掺有离子键,一些化合物离子键多一点而掺有共价键,还有一些化合物这两种键相比大概是 50∶50(即使是在氢分子中,你也可以想象为一个氢原子放弃了它的电子,而使另一个氢原子得到完整电子层)。但是,所有这些图景都不过是(而且仅仅是)供我们想象所用的兔蹄鱼筌而已。要紧的是,当中所涉及的能量能以极大的精度计算出来。事实上,在薛定谔于1927年发表其量子波动力学方程的一年之内,以及格里菲思对肺炎球菌的关键工作之前仅一年,两位德国物理学家海特勒(Walter Heitler, 1904—1981)和伦敦(Fritz London, 1900—1954)就运用了这种数学方法来计算,当各有一个电子的两个氢原子结合,形成带有一对共用电子对的氢分子时,其总体能量的变化。他们计算出来的能量变化,与化学家们从实验中已经知道的、打破一个氢分子中原子之间联系所需要的能量相当吻合。随着量子理论的改进,后来的计算结果甚至出现与实验更好的一致性。这些计算证明了,原子中的电子排布以及分子中的原子排布并没有随意性,而是一种在原子和分子中最稳定的排布,这种排布所具有的能量总是最小。使化学变成一门定量科学,在分子水平上是极其重要的;但这种方法的成功也是首批强有力证据之一,证明了量子物理学能以一种非常精确的方式应用于一般,而不仅仅是在特殊孤立情况下(如电子的晶体衍射)应用于原子世界而已。

将所有这些工作联系一起,使化学成为物理学一个分支的人,是美国人莱纳斯·鲍林(Linus Pauling, 1901—1994)。他是在正确的地方、正确的时间成为正确的人的那种科学家。1922年,他于俄勒冈州立农学院(俄勒冈州立大学的前身)化学工程专业获得了第一个学位,然后在加州理工学院进行研究,攻读物理化学博士;1925年,即德布罗意电子波理论开始获得关注的那一年,他被授予博士学位。接下来的两年,是量子力学正在建立之时,鲍林利用古根海姆奖学金前往欧洲进行学术访问。他在慕尼黑工作了数月,然后前往哥本哈根玻尔领导下的研究所,又在苏黎世与薛定谔共事过一段时间,并参观了威廉·布拉格(William Bragg)在伦敦的实验室。

威廉·布拉格,尤其是他的儿子劳伦斯·布拉格(Lawrence Bragg),也是DNA结构发现故事中的关键人物。老布拉格,名威廉·亨利(William Henry），1862年生，1942年卒，一直被称为威廉·布拉格。他于1884年毕业于剑桥大学，与 J. J. 汤姆孙共事一年后，转到澳大利亚的阿德莱德大学，在那里，他的儿子威廉·劳伦斯（被称为劳伦斯·布拉格）出生。他致力于α射线和X射线的研究，并于1909年返回英国后，在利兹大学工作到1915年，然后转到伦敦大学学院，开发了第一台X射线分光计，测量X射线的波长。1923年，他被任命为皇家研究院院长，使它恢复为一个研究中心，并建立了数年后鲍林前来访问的那个实验室。正是威廉·布拉格首先想到，可以使用X射线衍射来确定复杂有机分子的结构，只是在20世纪20年代，他可以使用的技术还不能胜任这一梦想。

劳伦斯·布拉格（1890—1971）先是在阿德莱德大学研究数学（1908年毕业），然后转到剑桥大学继续其数学研究。但是在父亲的建议下，他于1910年改读物理，于1912年毕业。因此，劳伦斯·布拉格于1912年刚刚开始在剑桥攻读研究生时，威廉·布拉格已是利兹大学的教授。同年，来自德国、在慕尼黑大学工作的冯·劳厄（Max von Laue，1879—1960）传来消息，他通过晶体观察到了X射线的衍射*。这完全与双缝实验中的光线干涉是同一原理，只是由于X射线的波长比光要短得多，"缝"之间的间隙也要小得多；事实证明，晶体中的原子层之间的间距，恰到好处地充当了这一角色。这项工作证实了X射线确实是一种电磁波，像光一样，只是波长更短；而这项突破的重要性可以用这一事实来衡量：仅仅两年后的1914年，冯·劳厄就因这项工作而获得了诺贝尔奖。

布拉格定律；作为物理学分支的化学

冯·劳厄的团队得到的肯定是复杂的衍射图案，但这也未能马上详

＊准确来说，是冯·劳厄设计了实验，由弗雷德里希（Walther Friedrich）和克尼平（Paul Knipping）在慕尼黑大学理论物理研究所实际操作进行；与之相映成趣的是，卢瑟福设计实验，由盖革和马斯登操作完成，揭示了原子核的存在。

细地阐明，X射线的晶体衍射图案与晶体的结构有何关联。布拉格父子相互讨论着这个新发现，并且各自从问题的不同方面进行研究工作。正是劳伦斯·布拉格总结出了相关的规律，这使得我们能够精确地预言：当一束波长一定的X射线以一个特殊的角度，射向原子之间间距一定的一个晶格时，其产生的亮斑会在衍射图案中的确切位置。几乎X射线衍射一被发现，这一规律就被确定下来，而只要相关的波长被测量出来，它就可以用于探测晶体的结构（用的就是即将于1913年发明的威廉·布拉格光谱仪）。由劳伦斯·布拉格所提出的晶体衍射关系，很快就成为著名的布拉格定律，它使人们能朝两个方向中的任意一个进行工作——如果已知晶体中原子之间的间距，通过测量亮斑在衍射图案中的间距，就可以确定X射线的波长；而如果已知X射线的波长，就可以使用相同的技术，通过测量亮斑间距来测量晶体中原子之间的间隔，尽管对于复杂的有机结构来说，解释这些数据会变得非常复杂。正是这项工作证明了，诸如氯化钠（NaCl）等物质并不存在单个分子，而是钠离子和氯离子以几何图案样式排列成阵列。在未来的几年中，这两位布拉格一起工作，一起发表论文，并于1915年出版了《X射线与晶体结构》（*X Rays and Crystal Structure*）一书——距X射线的发现仅短短的20年。此前一年，劳伦斯·布拉格已经成了三一学院的研究员，但他的学术生涯被战争中断，他在法国作为技术顾问为英国陆军服务；1915年，他正是在法国知道了，他和他父亲因为他们的研究工作而获得诺贝尔奖。劳伦斯·布拉格是获得诺贝尔奖的最年轻的人（25岁），而布拉格父子是唯一因为其联合工作而获得诺贝尔奖的父子团队。1919年，劳伦斯·布拉格成为曼彻斯特大学物理学教授，并于1938年接替卢瑟福，成为卡文迪什实验室主任，在那里，他很快就会成为双螺旋故事的角色之一。当他在1954年离开剑桥大学时，他成了皇家研究院院长，直至1966年退休。

鲍林

鲍林了解到X射线晶体学的时候还是一个学生,大致是从书上知道布拉格父子的,他还采用他们的技术,于1922年进行了自己的第一个晶体结构测定(辉钼矿晶体)。当他回到美国后,于1927年在加州理工学院获得了一个教席,并于1931年成为教授。所有关于X射线晶体学的最新构想他都了如指掌,并很快确立了一套规则,以解释更复杂晶体的X射线衍射图案。在同一时间,劳伦斯·布拉格也确立了基本上是同一套的规则,但是鲍林发表在先,使得劳伦斯·布拉格捶胸顿足,于是这一套规则就被称为鲍林规则。在鲍林和劳伦斯·布拉格之间所建立起来的这种竞争,要持续到20世纪50年代,并会在DNA结构的发现中发挥作用。

然而,鲍林这时的主要兴趣在化学键的结构上,在未来大约7年的时间里,他根据量子力学对化学键进行解释。早在1931年,他再次访问欧洲,吸取量子物理学的新理念;随后,他撰写了一篇伟大的论文,这就是发表在《美国化学学会杂志》(*Journal of the American Chemical Society*)上的《化学键的本质》(The Nature of the Chemical Bond);这一切奠定了他的基础。在未来的两年里,他又有6篇精心撰写的论文问世,然后通过一本书把所有这些东西都融合成一个整体。鲍林后来评论说:"到1935年,我觉得我对化学键的本质基本上有了一个完整的理解。"*很明显,下一步就是要把这种知识移用到阐明复杂的有机分子结构,例如蛋白质上(请记住,在20世纪30年代中期,DNA仍然未被视为一种非

---

* 见贾德森。这并非空口说大话,而是对事实的简单陈述;鲍林因为这项工作获得1954年的诺贝尔化学奖。1962年,他因为致力于解除核武的工作而获得诺贝尔和平奖。

常复杂的分子)。这些结构产生了对两方面的研究——化学和化学键的知识能告诉像鲍林一样的科学家，大分子中的子单元如何才能被允许组装在一起(以蛋白质为例，其子单元是氨基酸)，而 X 射线晶体学能告诉他们这些分子的整体形状。在化学上，只有几种子单元排布方式是被允许的，而且也只有几种子单元排布方式能产生观察到的衍射图案。结合这两方面的信息，同时构建模型(有时简单到像用纸切割成分子子单元的形状，像拼图一样拼在一起，有时候是更为复杂的三维模型)，就能排除很多不可能的同分异构体。最终，经过许多艰苦的工作之后，模型开始揭示出生命当中关键分子的结构。经过研究人员大量的工作，在未来的 40 年中，包括如鲍林本人、贝尔纳(Desmond Bernal，1901—1971)、霍奇金(Dorothy Hodgkin，1910—1994)、阿斯特伯里(William Astbury，1889—1961)、肯德鲁(John Kendrew，1917—1977)、佩鲁茨(Max Perutz，1914—2002)和劳伦斯·布拉格，他们运用生物化学，判断出许多生物分子(包括血红蛋白、胰岛素和肌红蛋白)的结构。无论是在科学知识方面，还是在提示改进人类医疗保健方面，我们几乎无须多言这项工作所具有的重要意义；但是就如同药物本身，其完整的故事也不是能用三言两语在这里讲清楚的。我们想要追踪的主线，是导致进行 DNA 结构测定的、由鲍林和他的英国对手所完成的某些蛋白质结构的研究；但在此之前，还有一小部分量子化学需要述及。

氢键的性质

所谓的"氢键"的存在，强调了量子物理学在化学，尤其是生命化学中的重要性，并把不同于我们日常生活方式的量子世界带回现实。化学家们已经知道，在某些情况下，分子之间能够以氢原子作为桥梁而形成联系。早在 1928 年，鲍林已经指出，这个氢键比通常的共价键或离子键弱,而到了20世纪30年代,他又旧话重提,先是研究冰(当中的氢键成为水分子之间的桥梁),然后与他的同事米尔斯基(Alfred Mirsky)把这个想法应用在蛋白质上。对于氢键形成的解释,你需要想象,在氢原子中与质子藕断丝连的单个电子是弥散的电子云,而不是一个微小的弹子球。当这个氢原子涉及要和其他原子(如氧原子)形成常规键时,氧原子强烈地吸引该电子,即氢的电子云被拉向另一个原子,只留下覆盖在氢原子表面的一层薄薄的电子云。与其他参与化学反应的原子不同(氦不参与化学反应),氢原子没有其他电子在其内电子层上来帮助掩盖其质子的正电荷,所以对于在其附近的另一些原子或分子来说,其正电荷是"可见的"。这将有一个吸引附近任何带有负电荷的原子的趋势——例如在水分子中的氧原子,它已从两个氢原子那里获得了额外的负电荷。在水分子中,每个氢原子中的正电荷能以这种方式,与另一个水分子中的电子云(每个氢原子一个)相连接,这给了冰一种非常开放的晶体结构,使之有一个低密度而浮于水面。鲍林关于冰的研究工作的价值是,他再一次把所有这一切参数赋予了数量,计算参与其中的能量值*,并证明这个值与实验得出的值相一致。在他的手中,氢键的想法变成了精确、定量的科学,而不是模糊、定性的概念。对于蛋白质,在20世纪30年代中期,鲍林和米尔斯基证明了,当长链蛋白质分子折叠成紧凑形状时(与著名的方块蛇玩具扭折成紧凑形状的方式没什么不同),它们就是靠同一蛋白质链中不同部分产生的氢键维系在一起的。这是一个关键而深刻的观点,因为一个蛋白质分子的形状对于其在细胞器里的活动是至关重要的。这一切都要归因于氢键现象,除了根据量子物理学,这根本不能简单而又很好地被人们解释。当我们理解了量子力学的规则之后,才对生命的分子基础有所理解,这并非巧合,而且我们也再一次看到了进化式前进,而不是革命式的科学进展。

---

*在这个例了中,鲍林计算的实际上是熵值,但原理是相同的。

纤维蛋白之研究

把对蛋白质子单元如何才能合适地结合在一起的理论知识，与整串分子(实际上是样品中许多个完整分子并排)的X射线衍射图案相结合，由此得到的第一个伟大成功，是在20世纪50年代初人们对整个蛋白质家族，如能在毛发、羊毛和指甲等物中找到的纤维类基本结构的确定。自从20世纪20年代阿斯特伯里在伦敦皇家研究院的威廉·布拉格晶体学小组中开始这项工作以来，这是多么漫长的一条道路啊！正是在皇家研究院，阿斯特伯里开始了其对生物大分子与一些纤维的X射线衍射研究工作，给出了第一张纤维蛋白X射线衍射图，并于1928年转到利兹大学后，沿此路线继续研究。20世纪30年代，他得出了这些纤维蛋白的一个实际上并不正确的模型，但正是阿斯特伯里发现了球状蛋白分子(如血红蛋白和肌红蛋白)是由长链蛋白质(多肽链)折叠起来变成球状的。

α螺旋结构

20世纪30年代末，鲍林在我们的故事里出场了，而他后来回忆了他是如何"在1937年花了一个夏天的时间，通过比较由阿斯特伯里所报道的X射线数据，努力寻找多肽链在三维空间中卷曲的方式"*。但是要解决这个问题，将需要比一个夏季长得多的时间。纤维蛋白研究看起来更有前景，但因为第二次世界大战的干扰，正是在20世纪40年代末，无论是鲍林和他在加州理工学院的同事[特别是科里(Robert Co-

---

*见贾德森。

rey)〕,还是劳伦斯·布拉格(当时是卡文迪什实验室主任)和他在剑桥的团队,都接近解决这个问题。布拉格研究团队在1950年率先发表,但人们很快发现,他们的模型是有缺陷的,即使它包含了大量的真相。1951年,鲍林的研究团队给出了正确的答案,确定了纤维蛋白的基本结构,它们由长多肽链以彼此缠绕成一种螺旋的样式,像细线缠绕在一起拧成一股绳一样,而在保持其形态上,氢键发挥了重要作用。这项工作本身就是一次伟大的胜利,但当加州理工学院研究团队于1951年5月在《美国科学院院刊》(Proceedings of the National Academy of Sciences)上发表7篇独立的论文,确定了头发、羽毛、肌肉、丝、角和其他蛋白质的详细化学结构及其(即现在所统称的纤维)α螺旋结构时,整个生物化学界几乎炸开了锅。该结构是螺旋形这个事实,肯定使得其他人会思考别的生物大分子的结构为螺旋形的可能性,而且同样重要的是鲍林所用的整套方法的巨大成功,即把X射线数据与建立模型和量子化学理论知识相结合。正如鲍林所强调的,α螺旋结构的确定,并"不是通过实验观察蛋白质而直接得出,而是经过以更简单物质的研究为基础的理论上的思考"*。这一榜样很快就启发了两个人进行确定DNA本身结构的研究工作,他们不仅从加州理工学院团队眼皮底下,而且从在伦敦研究该问题的另一团队的手中抢得了这一殊荣。

很明显,鲍林现在将注意力转向了DNA,正如前述,它已于20世纪40年代被确定为遗传物质**。可以想象,劳伦斯·布拉格现在已经两度落后于鲍林了,应该渴望有一个能在剑桥自己的实验室确定DNA结构的机会。其实,这应该是不太可能的,不是因为科学上的原因,而是因

---

　　*见《化学》(Chemistry)。

　　**此时,所有的犹豫和怀疑因为一个巧妙的实验而一扫而空,实验由美国人赫尔希(Alfred Hershey)和蔡斯(Martha Chase)在长岛的冷泉港实验室进行,证明了病毒的遗传物质由DNA组成。

为英国经济在战争后遗症影响下还在缓慢地恢复,可用于科研的资金极为有限,制约了研究人员的自由。只有两个团队能够处理DNA结构的问题,一个是在佩鲁茨领导下的卡文迪什实验室,另一个是在兰德尔(John Randall,1905—1984)领导下的伦敦大学国王学院,两个团队由同一个机构,即医学研究理事会(MRC)出资资助;其理由恰恰就是避免可能造成有限资源被浪费的重复工作。其结果是有一个协议(没有正式的合约,而是一个互相谅解的君子协定),就是让国王学院首先解密DNA。对于每一个关心此事的人来说,一个小障碍是以威尔金斯(Maurice Wilkins,1916—2004)为首的国王学院团队,似乎并不着急完成这项工作,而且这还阻碍了一位年轻的研究人员罗莎琳德·富兰克林(Rosalind Franklin,1920—1958),她得出了上好的DNA分子X射线衍射图,她本应成为威尔金斯的合作伙伴,但大致上因为一宗个人摩擦而被后者搁置,这宗摩擦看起来至少有部分是源于她作为一名女性而受到歧视。

克里克与沃森:DNA双螺旋模型

正是国王学院团队中的混乱("团队"只是空有其名),为一个傲慢的美国年轻人沃森(James Watson,1928—　)打开了一扇机会之窗。他于1951年转到剑桥大学进行博士后研究,决定向DNA结构的确定工作发起冲锋,他既不知道也不关心英国人的君子协定。沃森被安排与一位年纪较大的英国博士研究生克里克(Francis Crick,1916—2004)同住,此人反而给了沃森一个互补的背景和方法进路,并且很快就被招进科研团队里面。克里克开头是以物理学家的身份为陆军部从事矿业方面的军事工作。但是,像他那一代的许多物理学家一样,当看到物理学被运用于战争这个结果后,他对物理学的梦想便幻灭了。他还像许多同时代的人一样,被一本小书《生命是什么?》(*What is Life?*)所影响,该书由薛定谔著,出版于1944年。在书中,这位伟大的物理学家以其物理学家的观点审视现在所称的遗传密码问题,尽管薛定谔在写这本书的时候并不知道染色体是由DNA组成的,只是笼统阐述了"生物细胞中最重要的组成部分——染色体纤维——或可恰当地称之为非周期性晶体",与普通的晶体(如食盐,可以无限重复一种简单而基本的图式)之间的区别是,这是一种你或许能在"比方说一块拉斐尔挂毯"上所看到的结构,"这样的挂毯没有单调的重复,而是一个精心制作的、连贯的、有意义的设计",即使它只由几种颜色、通过不同的排列方式组合起来。看待信息存储的另一种方式是根据字母表中的字母,组字成词而传达出信息,或者是诸如莫尔斯电码一样的密码,用点和横线来表示字母。在这几种信息存储和传递方式的示例当中,薛定谔指出,在这样一种非周期性晶体中的信息存储、传递方式,类似于莫尔斯电码,但它不只有点和横线,而是有3种代码,以10个这样的代码为一组,"你就可以形成88 572组不同的'字母'"。正是在这样的背景下,物理学家克里克于1949年加入医学研究理事会的下属单位,成为卡文迪什实验室的研究生,时年近34岁。他的论文是要进行多肽和蛋白质的X射线研究工作(而他如期于1953年获博士学位);但他会永远记得,在沃森的怂恿下,在他本该专注于其博士论文的同时,他所进行的非正式工作。

这项工作完全是非正式的——事实上,克里克两次被布拉格找来谈话,让他把DNA问题留给国王学院团队处理,两次他都置之不理,只是在鲍林貌似已经到了即将破解谜题的最后阶段,才获得了卡文迪什实验室教授在形式上的几分准许。虽然理论洞见和实际建模都很重要,但这一切都取决于那些X射线衍射图,而DNA的第一批衍射图像在1938年才由阿斯特伯里获得。直到20世纪50年代威尔金斯小组[特别是罗莎琳德·富兰克林,由研究生戈斯林(Raymond Gosling)协助]接手这一问题的时候,这些图才有了改进(再一次,在很大程度上是根源于由战争所造成的断层）；事实上，鲍林对DNA结构的研究工作仅有阿斯特伯里的旧数据，受到了很大的掣肘。利用沃森从富兰克林在国王学院的演讲中收集到的、但他并未恰当理解的数据，卡文迪什二人组很快就想出了一个DNA模型，它像两根线相互缠绕，而核苷酸中的碱基（A、C、G和T）从侧面伸出。他们把这个模型自豪地向威尔金斯、富兰克林和两位来自伦敦的同事介绍，这些人都是被特别邀请到剑桥大学参加这个报告会的。这个模型真是糟糕得令人尴尬，引发的评论也很尖刻，以至于热情洋溢的沃森潜伏了好一段时间，而克里克又回到了他的蛋白质研究。但在1952年的夏天，在与数学家约翰·格里菲思（John Griffith，弗雷德·格里菲思的侄子，他对生物化学非常感兴趣，而且相关的知识渊博）的一次谈话中，克里克抛出了这样一个观点，即DNA分子中的核苷酸碱基可能会以某种方式接合起来，以把分子维系在一起。出于小小的兴趣，格里菲思计算出，通过一对氢键把腺嘌呤和胸腺嘧啶连在一起的分子形状是合适的，同时，鸟嘌呤和胞嘧啶也可以通过一组3个氢键连接在一起，但这4种碱基不能以其他任何方式相配对。克里克并没有立刻明白这种组合的重要性，也不知道氢键之间的关联性，而且，作为一个生物化学的新手，他也不知道查伽夫法则。然而，在一次难得的偶然中，查伽夫于1952年7月亲自参观了卡文迪什实验室，在那里，他与克里克互相认识了，并知道他对DNA的兴趣，于是提起了DNA样本总是含有等量的A和T，以及等量的C和G。结合格里菲思的工作，这样就清楚地表明了，DNA必须包括成对的长链分子结构，并由AT桥和CG桥连接在一起。它甚至证明了，以这种方式形成的CG桥的长度，与以这种方式形成的AT桥的长度是相同的，所以两条分子链之间的间隔是均匀的。但几个月之中，卡文迪什二人组绕进了自己的想法之中，没有做任何像样的工作。就在1952年年底，他们被刺激进入另一种状态——疯狂地建立模型（沃森主要建立模型，克里克主要提供建设性的构想)。12月,卡文迪什实验室的研究生彼得·鲍林(Peter Paul-ing)接到父亲莱纳斯·鲍林的信说,后者已经构建出了DNA的结构。这一消息传到了沃森-克里克阵营,但在信中并没有说明模型的细节。1953年1月,彼得·鲍林收到了父亲论文的预印本,并展示给了沃森和克里克。其基本结构是一个三螺旋,3条DNA链缠绕在一起。但让克里克和沃森大吃一惊的是,他们(现在对X射线衍射图案的认识已比以前有一点感觉了)意识到,莱纳斯·鲍林犯了一个大错,他的模型与从富兰克林处所获得的数据不可能吻合。

几天后,沃森拿着鲍林论文的副本,前往伦敦给威尔金斯看,后者答应向沃森展示一张富兰克林上好的衍射照片印刷版,但这并未征得她的同意,有违学术规范。正是这张只能用一种螺旋结构来解释的照片,加上查伽夫法则,以及由约翰·格里菲思所计算出的碱基关系,使得克里克和沃森于1953年3月第一周的周末,产生出其著名的双螺旋结构模型:缠绕的分子通过氢键把核苷酸碱基连接在中间,以此维系成一个整体。当这件事情发生时,莱纳斯·鲍林不在竞赛状态之中,因为他还没有意识到,他的三螺旋模型是错误的——确实,他真的从来没有想过有这样一场竞赛,因为他从不知道,他在英格兰的对手离目标是那么近。但当消息从剑桥传来时,在国王学院的富兰克林还沿着与克里克和沃森相似的路线思考(不包括物理模型的建构),并几乎准备要发表自己版本的双螺旋。事实上,她在前一天还准备了一篇投给《自然》杂志的论文初稿。突如其来地受到莱纳斯·鲍林不成熟论文的启发,导致了克里克和沃森不仅从莱纳斯·鲍林的眼皮底下,还从富兰克林手中抢得这一殊荣。此事的直接结果是,3篇论文一篇接一篇地出现在1953年4月25日出版的《自然》杂志中。第一篇是克里克和沃森的论文,给出了其模型的细节,并强调了模型与查伽夫法则的关系,淡化了X射线衍射的证据;第二篇是威尔金斯及其同事斯托克斯和威尔逊的论文,列出了X射线衍射数据,由此提出DNA分子在整体上有一个螺旋结构;第三篇是富兰克林和戈斯林的论文,给出了具有说服力的X射线衍射数据,提出了克里克和沃森所提出的那种DNA双螺旋结构,而且(虽然当时没人知道)这篇论文基本上就是消息从剑桥传来时富兰克林正在写的那篇。当时也没人知道,但还是可以从3篇论文的行文中猜到的是,DNA的详细结构并不仅仅是由克里克和沃森的工作所确定,倒是富兰克林和戈斯林的论文给出了一个独立而完整的发现,而且克里克和沃森的发现主要是基于富兰克林的工作。只是在很久以后,以下情况才浮出水面:剑桥所拿到的X射线衍射数据是多么关键,它在建构模型时起到了什么样的重要作用,而富兰克林所受到的对待是何等糟糕,这当中既包括她在国王学院的同事,也包括沃森和克里克。富兰克林本人于1953年快乐地离开了伦敦大学国王学院,前往一个更适宜的环境——伦敦大学伯克贝克学院,她从来也没有觉得很难受——但她从来不知道全部的真相,因为她在1958年因癌症去世,享年38岁。仅仅4年之后,也就是1962年,克里克、沃森和威尔金斯分享了诺贝尔生理学或医学奖。

遗传密码

DNA双螺旋结构有两个关键特征,使得它对生命、繁衍和进化十分重要。首先是碱基的任意组合——所有信息都可以用字母A、C、G和T写成——均可沿DNA单链读出。20世纪50年代到60年代初,许多研究人员,包括克里克(跟与克里克合作进行的双螺旋结构研究工作相比,沃森再也没有别的东西值得一提)和一个位于巴黎的巴斯德研究所的团队,表明遗传密码实际上是以三联体形式写成的,以3个碱基为一组,如CTA或GGC,每一组代表20种左右氨基酸中的其中一种,这些氨基酸构建成蛋白质,而蛋白质又构筑身体并使身体正常运转。当蛋白质将要在细胞中被制造出来之时,DNA中含有对应基因的相关部分会由螺旋形状解旋,而一串三联字母"密码子"被拷贝成一段RNA链(这引出了一个有趣的问题,即生命第一分子究竟是RNA还是DNA?);这种"信使RNA"(RNA与DNA之间唯一的本质区别是,它有尿嘧啶,而DNA有胸腺嘧啶)随后作为模板,装配一段密码子对应的氨基酸链,氨基酸连接在一起就形成了所需要的蛋白质。这个过程一直进行,直到没有更多的特定蛋白质需要制造为止。那段DNA早已再次盘绕起来,而当足够的蛋白质被制造出来以后,信使RNA会被分解,其组分会被重复使用。只是细胞怎么能"知道"在何时、何地执行所有这些程序还有待解释,但是这个过程的原理在20世纪60年代中期已经明确。

DNA双螺旋的另一重要特征是,它的两条链上的碱基互为镜像,一条链上的A与另一条链上的T相对,而C与G相对。因此,如果两条链是解旋的,而利用细胞内的化学物质原料,可为这每一条链各配出一个新的配对(如在细胞分裂之前发生的那样*),成为两条新的双螺旋,每一条进入每一个子细胞当中,因此它们将有相同的遗传信息,其遗传密码按相同顺序排列,且A与T相对,C与G相对。虽然这一机制的细节十分微妙,而且没有完全搞清楚,但我们立即可见,它同时也为进化提供了一种机制。当细胞分裂时,DNA复制的整个过程中一定会偶尔犯错。 DNA的某些位点被复制了两次,或者位点被遗漏,或者一个碱基(遗传密码中的一个"字母")意外地被另一个碱基所替代。对于形成生长的那种细胞分裂来说,这一切都不重要,因为所发生的不过是单个细胞DNA的极少数位点(甚至可能不是该特定细胞所利用的位点)被改

---

* 在复制之前,两条链并非完全解旋。实际上,随着双螺旋一边开始解开,新的配对会一边在两条链上各自构建并缠绕起来,此程序不断重复,因而当原来的一条双螺旋结构解旋完毕,两条子代双螺旋也基本上完成了。

变而已。但是当生殖细胞通过特殊的分裂过程产生，平分DNA到其子细胞当中，不仅错误发生的机会更大（由于涉及交叉互换和重组等额外过程），而且如果所得到的性细胞与其配偶成功融合并发育成新个体，那所有的DNA，包括其中的错误，都有机会被表达。这样产生出的变化，大部分将是有害的，使得新个体的生存率较低，或充其量是中性无害；但对那些罕见情况，即由于DNA复制错误，产生了一个基因或一套基因，使得它的主人更好地适应其环境，这就是达尔文进化论所需要的、自然选择得以运作的全部。

人类的基因时代

从我们的主题——科学如何改变我们人类感知自身在自然中的位置——这一角度来看，这就是迄今为止，我们所要讲的DNA的故事。自20世纪60年代以来，在DNA密码子水平上确定基因之组成的大量工作已经不断在进行，而更大量的研究工作也正在开展，以让我们明白某些基因控制另外一些基因活动的过程，特别是从单个受精卵细胞成长为成年人的整个复杂过程中各基因"开启"的方式。但是，为了看看我们与生命挂毯相一致的地方，以及为了看看达尔文对人类在自然中的地位估计得有多准确，我们大可以从这些细节后退一步，纵观一幅更广阔的画面。20世纪60年代以来，随着生物化学家对人类和其他物种的遗传物质进行越来越细致的研究，人们渐渐清楚，我们与非洲猿类的关系是那样密切，而达尔文本人认为猿是与我们最为接近的生物亲戚。到20世纪90年代末，人们已经确定，人类与黑猩猩和大猩猩共同享有98.4%的遗传物质，用流行话语来说，这使得我们只是"百分之一的人"。虽然受到各方攻击，但通过比较遗传物质（多少与从一个共同物种分化而来的物种的化石证据有密切的关联），这样的遗传差异的量可以用作一种分子时钟,告诉我们人类、黑猩猩和大猩猩仅仅在400万年以前才从一个共同种类分道扬镳。

如此小的遗传差异能产生出如我们自己与黑猩猩这样不同的生物,这一事实已经表明,重要的差异必然在于调节其他基因行为的那些控制基因上,而且其解释已经有人类基因组计划的证据支持。该计划完成于2001年,目的是要排出人类基因组中每个染色体的所有DNA图谱。这张结果图谱,正如有时候所说的,只是简单地以密码子形式,即A、T、C和G的方式列出了所有基因;人们还不知道,体内的大多数基因实际上是干什么用的。但是,图谱直接而关键的特征是,它表明人类仅有大约30 000个基因,一个比任何人的预计都要小得多的数目,尽管这30 000个基因能够制造至少25万种蛋白质。这只有果蝇基因数的两倍,比起一种被称为拟南芥的田园杂草的基因数仅多4000个,所以很显然,基因数量本身并不能决定它们所制造出来的那个生物体的性质。人类并不比其他物种有更多的基因,因此基因自身的数量不能解释我们与其他物种的不同之处。再一次,这暗示了,在我们体内,有几个关键基因是与我们的近亲不同的,而且这些关键基因影响着其他基因的运作方式。

人类无甚特别

尽管如此,但支撑这一切的基本事实是:如果所有被研究的物种并没有使用相同的遗传密码,这些比较将没有可能进行。在DNA、涉及信使RNA和蛋白质制造的细胞运作机制以及繁殖本身等方面,人类与地球上的其他生命形式之间绝对没有任何差别。所有生物共享一套相同的遗传密码,我们都是从生命的原始形式(可能是一个单一的原始形式)开始,以相同的方式在地球上进化。制造出人类的过程,比起曾经制造出黑猩猩、海胆、卷心菜或毫不起眼的木虱的过程,没有什么特别之处,而当我们从宇宙的大尺度来看地球本身的位置时,也正与我们从舞台中心退场一样地深刻。

第十五章

外层空间

测量恒星的距离

我们对整个宇宙的理解依赖于两个基础——能够测量恒星的距离以及能够测量恒星的成分。正如我们所看到的,最初对恒星距离的真正理解出现于18世纪,当时哈雷认识到某些"恒"星相比于它们被古希腊先贤观察到时发生了位移。到当时为止,天文学家们已经开始对太阳系的线度进行了精确测量,所使用的是三角法,它也是测绘的基础方法。如果要测量一个物体的距离而不必真的去到彼处,那么你就需要从能看到该物的、一条已知长度的基线的两端去看这一物体。根据从基线两端到物体的视线所形成的角度,你就可以根据三角几何计算出距离。这一方法已被用来测量地球到月球的距离,月球是宇宙空间中离我们最近的邻居,不过384 400千米之遥;但是对于更远的物体,你需要更长的基线以便进行精确测量。1671年,法国天文学家里歇尔(Jean Richer,1630—1696)去往法属圭亚那的卡宴旅行,在那里,他观测了火星相对于"恒"星背景的位置,而与此同时,他在巴黎的同事、意大利出生的卡西尼也进行了类似的观测。这使得他们有可能计算出到火星的距离,并且通过将它与开普勒行星运动定律相结合而计算出地球(或太阳系中的任何其他行星)至太阳的距离。卡西尼提出的日地距离值,即1.4亿千米,仅仅比现代公认的值(1.496亿千米)小了7%,而且给出了太阳系尺度的第一个精确数。在1761年和1769年金星凌日(哈雷预言到了)期间进行的有关金星的类似的研究,导致了对日地距离(即人们所知的天文单位或称AU)的一个改进的估算值,即1.53亿千米,对我们来说,它与现代值相当接近,以至于后来在测量上的改进便只剩下微调,并且要承认截至18世纪末,天文学家们在太阳系尺度上干得非常漂亮。

恒星视差测定

那时令人非常揪心的是,三角法意味着到恒星的距离几乎是不可想象地遥不可及。每隔6个月时间,地球就从太阳的一侧运动到另一侧,即一条3亿千米(或2个天文单位)长的基线的另一端。但是当从这条巨长基线的另一端看去,恒星在夜空的位置并未发生变化。你可能预期稍近的恒星看似相对于更遥远的恒星背景发生了移动,移动的方式就如同你伸出一个手指头并举到眼前一臂远处,轮流闭上你的左右眼,手指的位置看起来像是相对于更远处的物体发生了位移(这就是被称作视差的现象的一个例证)。当从地球轨道的不同位置看去,恒星应该有多少位移,这是很容易计算出的。天文学家对1秒差距的定义是:从一条1天文单位长的基线相对的两端看去,一颗恒星在天上显示出1角秒的位移,则到这颗恒星的距离即为1秒差距*。因此1秒差距外的恒星从3亿千米的基线,相当于从地球轨道直径相对两端看去会显示出2角秒的位移。根据简单的几何学,这一恒星将会在3.26光年外,是

---

* 感受一下这些角的大小:满月张开的角度为31角分,刚刚半度多一点;因此,1角秒大约是天上月球视宽度的1/30的1/60,或这个视宽度的1/1800。

我们到太阳距离的 206 265 倍。而且迄今为止,还没有一颗恒星离我们这么近,近到足以在地球围绕太阳运行时向我们显示出这么大的视差位移。

已经有一些线索表明,恒星必定位于这一简单计算所暗示的距离之外。例如,惠更斯试图通过与太阳的亮度进行对比去估算夜空里最亮的星,即天狼星与地球间的距离。他的做法是:让阳光通过遮帘上的一个小孔进入一个黑暗的房间,调整小孔的大小直到这个光孔看起来与天狼星的亮度大致相同——这并不容易,因为很显然,他得在白天看太阳而在夜晚看天狼星。不过,通过显示与被观测到的天狼星亮度相符的太阳光点有多么小,并且已知一个天体的亮度与它的距离平方成反比,他提出,如果天狼星真有太阳那么亮的话,它必定比太阳远 27 664 倍。苏格兰人格雷果里(James Gregory,1638—1675)通过将天狼星的亮度与相同时间在天上可见的行星的亮度加以比较,从而改进了这一方法。计算稍有一点复杂,因为它包括:计算阳光在投射到行星的途中的减弱程度;估算出有多少光被反射并计算被反射的光在其投向地球的过程中减弱的程度。但是在 1668 年,格雷果里给出,到天狼星的距离等于 83 190 天文单位。牛顿利用对行星距离的改进估算值,对这一计算做出修正,并提出到天狼星的距离为 100 万天文单位,它于牛顿去世一年后,即 1728 年在其《宇宙体系》(System of the World)中发表。天狼星的实际距离为 550 000 天文单位,或 2.67 秒差距;但牛顿看似精确的计算既要归功于他的判断力,也要归功于他的幸运,因为他所能获得的有缺陷的数据所导致的不可避免的误差相互抵消了。

用三角法或称视差法测量恒星的距离,要求恒星在天上的位置(真正的意思是它们相对于其他恒星的位置)以非常高的精度得到测量。当时的一项巨大成就,即弗拉姆斯蒂德的星表给出的位置精确度仅为 10 角秒(不过是天空中满月直径的 1/180)。恒星的距离最早是到 19 世纪30年代才被测量,因为只有在那时,有了改进的技术,测量才变得足够精确,从而能测出与之相关的微小的视差位移——一旦技术足够好,几位天文学家便即刻开始进行测量。这些开拓者选择了他们有理由认为必定离我们相对较近的恒星以作研究——要么是因为它们非常明亮,要么是因为它们被发现随时光流转而在天空中发生了位移(它们有很大的"自行"),或者两者兼备。率先宣布了一个恒星视差测定结果以及相关联的恒星距离的人是德国的贝塞尔(Friedrich Wilhelm Bessel,1784—1846),这是在1838年。他选择了一颗有着大自行的恒星天鹅座61,并且发现它的视差是0.3136角秒,这意味着10.3光年的距离(现代测量给出的距离值为11.2光年或3.4秒差距)。事实上,最早**测量**了恒星视差的人是苏格兰的亨德森(Thomas Henderson,1798—1874),他于1832年在南非工作;他研究了夜空中位列第三的亮星半人马座α星,并且提出其视差为1角秒[后来减小至0.76角秒,这意味着1.3秒差距(4.3光年)的距离]。不过,亨德森的结果直到他于1839年返回英格兰时才发表。半人马座α星被测到的视差最大,是距离太阳最近的恒星(现在已知它是一个三合星系统,即3颗恒星在轨道中相互绕转)。在亨德森宣布其结果一年后,工作于圣彼得堡附近普尔科瓦天文台的德国出生的天文学家斯特鲁维(Friedrich von Struve,1793—1864)测量了织女星(又名天琴座α星)的视差;他的数字有一点大,现代测量给出了0.2613角秒的视差以及8.3秒差距(27光年)的距离。这些测量的重要之处在于,所观测的恒星在宇宙尺度上可以说都是我们的近邻。距离太阳**最近**的恒星比冥王星远7000倍,而后者通常被认为是太阳系最遥远的大行星*。而且一旦你知道了恒星的真正距离,你就可以将惠更

---

* 冥王星于1930年被汤博发现,成为太阳系第九大行星。2006年8月24日,国际天文学联合会大会投票通过决议,将冥王星列为太阳系的矮行星,而不再是九大行星之一。——译者

斯、格雷果里及牛顿应用在天狼星上的方法倒推，从而计算出恒星真正的亮度(被称为绝对星等)。通过这种方式，我们现在知道，距离我们2.67秒差距的天狼星本身实际上比太阳亮得多，这是牛顿及其同时代人不可能知悉的。不过，即使这些19世纪30年代末的突破，也只是表明了宇宙的巨大尺度。直到19世纪末，利用照相图版记录恒星位置，更容易地测量视差才成为可能。在此之前，恒星位置不得不用目测，即利用望远镜的十字线进行实时观测；几乎并不令人惊讶的是，从1840年至19世纪末，新的测量的进度约为一年一个，因此到1900年的时候，仅有60颗恒星的视差为人知晓。截至1950年，大约10 000颗恒星的距离已被确定(并非全部以视差法测定*)，而在20世纪末快来临之时，喜帕恰斯卫星已经以0.002角秒的精度测定了将近120 000颗恒星的视差。

光谱学与恒星基本特征

从很多方面来说，现代天文学——天体物理学——直到20世纪初才开始起步，而这正是由于照相方法在恒星图像保存上的应用。除了给出足够数量恒星的距离以满足统计学上的要求之外，照相术还提供了一种记录和保存恒星光谱图像的方法，当然，正是光谱学(正如我们所知道的，直到19世纪60年代才发展起来)才使得天文学家们能够获得有关恒星成分的信息。另一个至关重要的信息也是应当得有的，这就是恒星的质量。这是通过双星系统的研究而得到的，在这些双星系统中，两颗恒星相互绕转。对于少数邻近的双星系统来说，两颗恒星的

---

*例如，在一个星团中一起穿过空间的一群恒星的距离可以用几何学方法大致测定，就是在恒星自行看起来会聚在天上的一点上进行测量，就好像平行的铁路轨道看起来在远处会聚到一点一样。还有其他有助于揭示恒星距离的统计方法，但在这里我们没必要为其细节闹心了。

间隔可以测得角距离,而且如果已知这个恒星系统的真正距离(就像半人马座α星一样),这就可以换算为线距离。从双星系统的恒星中看到的光谱的多普勒效应* 向天文学家们表明,恒星相互绕转的运动有多快,再加上开普勒定律(应用在相互绕转的恒星上的方式与应用在绕恒星运转的行星上一样),这足以让天文学家能够计算出恒星的质量。再一次地,到20世纪早期,有了刚好足够的此类观测以满足统计学上的要求。因此,毫不奇怪的是,正是在那个时候,两位在大西洋两岸各自独立工作的天文学家将这个拼图玩具的全部碎片拼到了一起,并提出关于恒星性质最重要的完整见解,这是一个在恒星颜色与它们的亮度之间建立起联系的图表。它听起来没那么令人印象深刻,但它之于天体物理学的重要性如同元素周期表之于化学。但是,如我所愿,我们已经清楚的是,就像科学上的大多数进展一样,它实际上并不真的是一次革命性进展,而是之前进展的进化式演变,是建立在改进的技术基础之上的。

赫罗图

丹麦人赫茨普龙(Ejnar Hertzsprung)于1873年10月8日出生在腓特烈斯贝。他于1898年毕业于哥本哈根理工学院,学习化学工程,后转学光化学,但从1902年起,他私下在哥本哈根大学天文台工作(这是一个无薪职位),学习如何做一个观测天文学家,并将他的照相技巧应用到天文观测上。正是在此期间,他发现了恒星亮度及其颜色之间的关系,但当他于1905年和1907年将这些结果发表在一份照相刊物上

---

* 当物体向我们移动时,来自物体的压扁的光波,其光谱特征是朝向光谱的蓝端移动,当物体离我们而去时,来自物体的拉长的光波会产生红移,而两种情况下移动的大小都会显示物体的相对速度。

时,它们并未引起世界各地专业天文学家的注意。即便如此,赫茨普龙在当地的声誉也于1909年鹊起,从而得到了格丁根天文台的一个职位,该天文台由施瓦兹希尔(Karl Schwarzschild,1873—1916)主持,赫茨普龙曾与他一直保持通信。当施瓦兹希尔于那年晚些时候来到波茨坦天文台时,赫茨普龙跟随前往,待在那儿直到1919年,他在彼时来到了荷兰,先是成为莱顿大学的一名教授,后于1935年成为莱顿天文台台长。尽管赫茨普龙于1944年从他的职位上正式退休,但他回到丹麦的家中继续从事天文学研究直到80多岁,1967年10月21日,他过完94岁生日没几天便去世了。他对观测天文学作出了很多贡献,包括对自行的研究以及在宇宙距离尺度方面的工作,但是没有一项能与他还是一个业余爱好者时所做出的发现比肩。

罗素(Henry Norris Russell)于1877年10月25日出生在纽约的奥伊斯特贝。他的学术生涯开始得比赫茨普龙更为传统一些,他在普林斯顿学习,并于1911年开始其在普林斯顿的天文学教授一职之前访问了剑桥大学。正是在那里,他做出了实质上与赫茨普龙有关恒星颜色与亮度之关系一样的发现,但是他以良好的判断力于1913年将其发表在一份天文学家阅读的期刊上,而且他灵光闪现地将这个关系绘制成一种图——它如今被称为赫罗图,从而使得这个发现的重要意义直接展现给他的读者,一目了然*。赫茨普龙对这一发现的贡献迅速被承认,因此该图以他和罗素的名字共同冠之。罗素职业生涯的余下时光一直都在普林斯顿,不过他在随后几年里也很好地利用了加利福尼亚州建造的新望远镜。除了赫罗图,他对双星系统研究也作出了重要贡献,并且还用光谱学方法研究了太阳大气的成分。他于1947年退休,1957年2月18日在普林斯顿去世。

---

*在当时,赫茨普龙也已于1911年将他的结果以一种图形方式发表,但再一次发表在一份(对于天文学家来说)相当晦涩的刊物上。

颜色-星等关系与恒星的距离

赫罗图(有时被称作颜色-星等图,因为在天文学中,星等是亮度的另一种称法)的要点是:一颗恒星的温度与它的颜色关系密切。我们不打算在这里仅仅以一种定性方式来谈论彩虹的颜色,尽管蓝色星和白色星的确在本质上永远都很亮,而对于橙色和红色的恒星来说,有些明亮,有些则暗弱(赫茨普龙在20世纪最初10年做出的关键性观测)*。天文学家可以做得比这更好,并且将颜色的测定置于一种定量基础之上。他们根据恒星以不同波长辐射的能量的总量,非常精确地定义了恒星的颜色,这可以告诉你恒星发光表面的温度。利用黑体辐射的已知特性,一颗恒星的表面温度可以从仅仅三个波长(在必要时,精确性稍差些的,仅从两个波长)的测量而得到确定。但一颗恒星本身的亮度(它的绝对星等)会告诉你恒星辐射的全部能量有多少,无论它的温度如何。对于某些红色星来说,既冷且亮是可能的,因为它们个头非常大,因而即使每平方米表面只发出红色光,还是会有很大表面让能量辐射出来进入宇宙。对于个头小的恒星而言,如果是蓝色或白热的,表面较小但每平方米表面都有大量的能量,它们才可能同样明亮。个头小的橙色星(比如太阳)本身就比相同大小但很热的恒星(或温度相同但个头大的恒星)更暗一些。当恒星的质量被考虑在内时,又有意外收获。当恒星的温度(或颜色)与亮度(或星等)被绘制在赫罗图上,大多数恒星呈带状分布斜贯赫罗图,热的大质量[与太阳的大小(直径)大抵相当]恒星,位于这条带子的末端,而又冷又暗且质量比太阳小的恒星位于另一端。太阳本身是一颗中等恒星,大致位于被称为主序的条带中

---

* 我们强调的是恒星本身固有的明亮或暗弱。这并不是指一颗恒星在天上看起来的亮度,而是我们从它的距离所得知的它其实有多亮。

央。大而冷但明亮的恒星(红巨星)位于主序上方,还有一些小而暗但很热的恒星(白矮星)位于主序下方。但正是主星序本身,让天体物理学家们对恒星内部工作方式有了最初的深入了解,这一洞识最初主要是由英国天文学家爱丁顿(Arthur Eddington)阐明的,爱丁顿通常被认为是第一位天体物理学家,他就是发现恒星质量与它在主星序上的位置之关系的那个人。

爱丁顿于1882年12月28日出生在英格兰湖泊地区的肯德尔。他的父亲于1884年去世,这个家庭(他有一个姐姐)迁到了萨默塞特,他在这里作为一名贵格会教徒而接受了教育。爱丁顿在曼彻斯特的欧文斯学院(曼彻斯特大学的前身)学习,后于1902—1905年在剑桥大学学习。他在皇家格林尼治天文台工作至1913年,之后转入剑桥大学任普鲁米安天文学与实验哲学教授(接替乔治·达尔文),1914年又成为大学天文台台长。他执掌这一职位直到1944年11月22日在剑桥去世。作为一位技艺娴熟的观测者,一位才华横溢的理论家,一位能干的管理者,并且有着以清晰语言向广泛的受众传播重要科学理念的天赋(他是第一个用英语普及传播爱因斯坦相对论的人),爱丁顿是20世纪天文学的标志性人物,但他最为人所知的是两个至关重要的贡献。

第一个贡献的产生部分是因为爱丁顿是一名贵格会教徒,也是一位有良心的反战者。爱因斯坦的广义相对论最初是由他于1915年介绍给柏林科学院,并于次年在德国发表,而此时英国与德国正处于战争状态。但是爱因斯坦论文的一个副本被寄送给了中立国荷兰的德西特(Willem de Sitter, 1872—1934),德西特将一个副本递送给了爱丁顿,后者除了其他活动之外还是当时皇家天文学会的秘书。在这个职位上,他向学会透露了有关爱因斯坦的工作的消息;这是爱丁顿作为理解广义相对论在英语世界的头号人物这一角色的开端。除了其他东西,爱因斯坦的理论预言了来自远处的光在经过太阳附近时,应该发生一定程度的弯曲,改变了这些恒星在天空上的视位置。这在日食期间有可能被观测到。正巧在1919年日食适时地发生了,但在欧洲看不到这次日食。1917年,皇家天文学会开始制订一个应变计划,派遣两个考察队在巴西和非洲西海岸的普林西比岛观测并拍摄这次日食,前提是战争及时结束。

不过在当时,并无明显易见的充足理由表明战争能迅速告终,而前线的损失是如此之巨,以至于英国政府提出征兵,所有强壮男子都符合征召条件。尽管34岁的爱丁顿体格健壮,但对于英国来说,作为一名科学家的爱丁顿显然比作为一名壕沟里的士兵的爱丁顿更有价值(尽管科学家应受特别对待的主张并不是我们所愿意认可;前线的**每一个**人也应该对后方的社会更为有用)。这一建议是由一群杰出科学家向内政部提出的,有人说,由于爱丁顿对科学共同体的价值而应免除兵役。他回复说,如果他没有因此而被缓召的话,他就会无论如何都要以良心为由要求免除兵役,而这激怒了内政部的官僚们。他们最初的反应是,假如爱丁顿想要做一个有良心的反战者,他可以离开并且去做他真正愿意做的事,加入他的贵格会教徒朋友们的行列去务农。但皇家天文学家戴森(Frank Dyson)的某些漂亮之举挽回了各方的脸面,并说服内政部对爱丁顿缓征,条件是他要为政府率领一支考察队去检验爱因斯坦的光线弯曲预言。有了他在皇家格林尼治天文台时期在巴西对日食的第一手研究经历,他无论如何都是理想的人选;但这些图谋造就了这一事实的令人大感兴趣的背景,即爱丁顿实际上是"证明爱因斯坦之正确的那个人"。此次,他前往普林西比,另一个相似的考察队则被派往巴西,由爱丁顿全面负责观测结果的处理与分析。这些日食观测的重要意义将很快得见分晓;但是首先要讲述的是爱丁顿对科学的另一项至关重要的贡献。

随着世界在第一次世界大战之后恢复正常,20世纪20年代早期,爱丁顿将所有他能找到的有关恒星质量的数据收集起来，并将其与赫罗图中的数据联系起来，从而表明越亮的恒星质量越大。例如，一颗质量15倍于太阳的主序星约有太阳4000倍亮。这是有意义的。一颗恒星是通过其内部产生的压力抵消向内的引力来维持自身的。它的质量越大，向内挤压的重力就越大，而它产生的压力也就越大。这只有通过燃烧它的燃料——无论这种燃料可能是什么，从而产生更多热来实现，这些热最终会从恒星表面散逸，此时我们则看到更多的光亮。因为我们前面提到的高温高压条件下复杂结构的结局，这里的物理学实际上相当简单，因此恒星中心的温度可根据它的亮度、质量以及大小的观测而被计算出来（如果距离已知，则可以根据亮度来确定，而且，一旦关系被发现，则可以根据它在赫罗图上的位置来确定）。当爱丁顿将数字代入，他便提出了一个意义深远的洞见——所有主序星都有大致相同的中心温度，尽管它们的质量变化范围从太阳质量的10倍到太阳质量的1/10不等。这就如同恒星有一个内在的恒温器；作为一个气体组成的球体，在其自身重力作用下收缩，并随引力能量转化为热能而内部变热，没有什么会阻止这一过程，直至达到一个临界温度，此时恒温器打开了一个几乎消耗不尽（以人类的标准来看）的能量供应。到了20世纪20年代，（至少对爱丁顿来说）能量从何而来是相当显而易见的了。

19世纪曾有过一次有关地球和太阳年龄的争论，在这场间或激烈的争论中，地质学家和进化论者站在一边，而物理学家站在另一边。相当合理的是，像威廉·汤姆孙（开尔文勋爵）这样的物理学家指出，以当时的科学尚不知晓能够维持太阳长时段发光的过程，而这是解释地球生命进化所需要的条件。他们是对的，但这甚至只是在19世纪末之前，而正如我们所看到的，那时，从科学上来说新的能量来源以放射性同位素的形式被发现。在20世纪的最初几年，这促使人们思考一颗像太阳这样的恒星如果由镭组成的话，可能会保持很热——只要每立方米太阳体积含有3.6克纯镭就足以如此,这一观点被包括爱丁顿的前任普鲁米安教授乔治·达尔文在内的人加以讨论。事实上,镭的半衰期正如很快被认识到的那样对于实现这一目标来说实在太短,但很清楚的是,"亚原子能"必定是揭开太阳与恒星寿命之谜的钥匙。随着20世纪最初20年间亚原子物理学的发展,同时有了爱因斯坦狭义相对论以及他的公式 $E = mc^2$,早在20世纪20年代,爱丁顿便有能力在英国科学发展促进会的一次会议向听众清楚说明个中意味:

> 恒星正在以我们尚不知晓的方式吸收大量的能量。这一能量积蓄除了亚原子能——我们已知它在所有物质中都大量存在——之外,几乎不可能是其他什么了;我们有时会梦想,人类有朝一日将学会把其释放出来并为己所用。只要它能被提取出来,这一蕴藏几乎是无穷的。太阳中的能量便足够维持其热量输出150亿年。

接下来他为上述主张做出论证说:

> 阿斯顿已经结论性地深入表明,氦原子的质量比组成氦的四个氢原子的质量要小得多——在这一点上至少化学家是赞同他的。氢的原子量为1.008,而氦的原子量仅为4,则在这一合成中有1/120的质量损失。我将不再详述他有关这一点的漂亮证明,因为你无疑能从他本人那里听到。既然质量不可能平白无故消失,那么这个亏损只可能是这一嬗变过程中释放出的电能。我们因此可以马上计算出当氦由氢制造出来时释放出来的能量。如果一颗恒星质量的5%最初为氢原子——它逐渐化合而形成更复杂的元素,被释放出的总热量将大大超过我们的需求量,因此我们不再需要去寻找恒星的其他能量来源。

爱丁顿的路走对了。但要解决恒星内部的能量是如何释放出来的问题,这将会花掉数十年的时间,其原因部分在于对一颗恒星的5%由氢组成这一说法的误解,还有一部分则是因为完整的计算需要量子力学,而后者直到20世纪20年代末才得到充分发展。我们将在适当的时候回过头来再讲述这个故事;但到20世纪20年代,恒星天文学已经提出了另一种至少可以测量某些恒星距离的方法,以及一架新的能应用这一方法的望远镜;这一组合不久将导致人类对自己在宇宙中位置的看法的另一次巨大变化。主星序的证据显示出太阳只是一颗普通的恒星,是银河系的普通一员。最终将会从新的距离指针中浮现出来的证据则表明,银河系本身在宇宙中也并非特殊之物。

赫罗图中所描绘的颜色-星等关系本身给了你一个恒星距离指针。如果你测定了一颗恒星的颜色,那么你就知道它在主星序上所属的位置,而这会告诉你它的绝对星等。因此你必须做的全部事情就是测定它的视星等以计算出它在多远之外,至少在原理上如此。在实际应用中,事情并不那么简单,首要的原因就是空间的尘埃,这些尘埃沿着观察恒星的视线方向分布,使星光变得暗淡(造成“消光”),并使它看起来偏红——一个被称为红化的过程,但与红移无关。这妨碍了我们对颜色和亮度的观测,尽管这些效应常常可以通过观测空间中大抵在相同方向的不同恒星而被抵消掉(至少是近似地)。在发展一种宇宙距离尺度过程中的关键一步,则来自一种相当不同的研究(差不多在同一时间,赫茨普龙和罗素提出了他们的颜色-星等关系)。

这一发现作为南天恒星观测的结果而产生,而该观测是在爱德华·皮克林(Edward Pickering, 1846—1919)的指导下完成的,此人于1876年成为哈佛大学天文台台长。皮克林爱好星表几乎成癖,也是对美国下一代天文学家具有示范意义的人物,但他对天文学最重要的贡献是由他所完成的南天巡测而来的,这次南天巡测是在他的兄弟威廉·皮克林(William Pickering, 1858—1938)陪同下在秘鲁完成的。编制星表的实际工作——将提交至哈佛的照相图版上全部单个恒星的位置和亮度工整地记录在大分类簿上——是由一群女性完成的,在那个并不怎么开明的年代里,雇用她们通常要比雇男人更为廉价,而且她们常常被认为并没有知识和能力去做更有创造性的工作。值得赞扬的是,皮克林鼓励这些女性中在天文学方面表现出天资者转向适当的研究,给了她们中少数一些人进入当时几乎是男性专有的学术世界的入场券。这些女性中的一位就是莱维特(Henrietta Swan Leavitt, 1868—1921),她于1895年加入哈佛小组(尽管她后来成了照相光度学部门的负责人,但在最初的时候,她对天文学是如此充满热情,因此是作为无薪的志愿者加入小组的)。皮克林给她的任务是辨识南天的变星,要完成任务,只有通过比较在不同时间所获取的相同天区的照相图版,看是否有任何恒星的外观发生了变化。

此种变化可能发生的原因有两个。首先,它可能是因为该“恒星”实际上是一个双星系统,当一颗星运行到另一颗星前面时我们将会看到偏食——正如我们已经看到的,研究双星是测定恒星质量的一个关键。其次,恒星可能本身就是变化的,即由于其内部结构的某些变化而改变了它们的亮度,这是其本身有趣之处。我们现在知道,一些这样的恒星自己会膨胀继而收缩,有节奏地脉动,循环往复,而它们的亮度也随之有规律地变化。其中一类此种脉动恒星就是通常所知的造父变星,这是根据此类变星中一颗具有代表性的星,即“造父一”(Delta Cephei)的名字来命名的。“造父一”于1784年被英国天文学家古德里克(John Goodricke)在其去世前两年辨识为一颗变星,而他去世时年仅21岁。所有的造父变星都表现出一种显著的模式,即反复变亮再变暗,但其中一些周期很短,只有一天左右,而其他一些则周期超过100天。

造父变星距离尺度

莱维特在哈佛所研究的来自秘鲁的照相图版包含被称作大、小麦哲伦云的两个星云,现在已知它们是我们所居于其中的银河系的小型伴星系。在其艰辛工作过程中,莱维特注意到,小麦哲伦云中的造父变星所显示出的一种大体上的行为模式是:造父变星越亮(根据其整个周期中的亮度的平均水平来看),走完它们的周期越慢。最初的发现于1908年公布,到了1912年,莱维特有了足够的数据以数学公式将这一周光关系确立下来,这一公式是根据她对小麦哲伦云中的25颗造父变星的研究而建立起来的。她意识到这一关系之所以显露出来,其原因在于:小麦哲伦云距离我们是如此遥远,以至于里面的所有恒星与我们的距离其实都一样,因此,来自每颗恒星的光在进入我们的望远镜途中所减弱的量相同。当然,小麦哲伦云中的单个恒星在距离上有一些差别,以绝对值来计算,这些差额总计为几十光年或数百光年;但是在小麦哲伦云那么远的距离上,这些差额只占与地球距离的很小的百分比,因此它们仅影响到恒星的视亮度,这是由于它们与我们的距离所导致的整体稍稍变暗。莱维特发现了小麦哲伦云中的一颗造父变星的视亮度与其周期之间的清晰的数学关系,因此,打个比方来说,一颗周期为3天的造父变星,其亮度仅为一颗周期为30天的造父变星亮度的1/6。既然距离的影响对小麦哲伦云中的所有星都基本相同,这可能仅意味着造父变星的**绝对**星等是以一种相同的方式相互关联的。现在需要的全部事情就是找到在我们邻居那里仅一颗或两颗造父变星的距离,这样它们的绝对星等就可以被确定,然后其他所有的造父变星的绝对星等(以及它们的距离)可以根据莱维特发现的周光定律计算出来。

事实上,正是赫茨普龙于1913年第一个测定出附近的造父变星距离,从而给出了造父变星距离尺度所需要的标尺*。不过,正像天文学中通常都会发生的情况一样,观测困难重重,尤其是消光问题和红化问题。赫茨普龙的标尺暗示着与小麦哲伦云有 30 000 光年的距离(约 10 000 秒差距);而在将他未曾意识到的红化与消光效应考虑在内之后,得到的现代值是 170 000 光年(52 000 秒差距)。在这一距离,即使两颗造父变星相互分开 1000 光年,这仅相当于它们与我们距离的 0.6%,而对由它们的距离所造成的相对变暗来说也只是一个相对很小的影响。恰恰是赫茨普龙低估的这个数值,成为宇宙实际上有多大的第一个线索。当然,造父变星距离尺度在研究银河系内的恒星上的重要性并不亚于它在整个宇宙的研究上的重要性。某些在宇宙空间成群结队的星团包含有几十颗或数百颗不同质量、颜色以及亮度的恒星,如果在星团中有一颗造父变星,那么所有那些恒星的距离就都是已知的了,同时,在将其放入赫罗图中时,所有这些对于理解恒星性质以及消除红化效应和消光效应都具有意义。正是在对银河系外的探测中,造父变星改变了我们对自己在宇宙中位置的看法。

造父变星以及其他星系的距离

这一探测成为可能要感谢新一代望远镜的发展,这在很大程度上归功于一个人的热情。此人名唤海尔(George Ellery Hale, 1868—1938),一位天文学家,有着说服赞助人大把花钱的天才以及管理才能,确保这些钱成功用到新望远镜和天文台的建造上,先是在芝加哥大学,然后是加利福尼亚州的威尔逊山,最后是同在加利福尼亚州的帕洛马山。在这个宇宙探索的特殊阶段,关键的设备是被称作胡克望远镜(以

---

* 而且正是罗素和他的学生沙普利(Harlow Shapley, 1885—1972)一起最早在 1914 年通过考虑消光效应而改进了这些距离的估算。

它的赞助人的名字命名)的2.5米口径反射式望远镜,它于1918年在威尔逊山上落成,直到今天(或者更确切地说,今晚)仍在使用。在长达30年的时间里,它都是世界上最大的望远镜,并且主要在两个人的在任期间,它改变了我们对宇宙的理解,这两个人分别是哈勃(Edwin Hubble,1889—1953)和赫马森(Milton Humason, 1891—1972)。

你一定不要相信你所读到的所有关于哈勃的东西,客气点说,他夸大了他的早年成就,编造了有关他的如同运动员一般的高超技艺的经历,并且假称他一度是一名成功的律师。但那并不能减损他的工作在天文学上的重要性。

利用造父变星绘制出与现代观点类似的银河系地图的第一人是罗素以前的学生沙普利,彼时是20世纪10年代末。他用了威尔逊山上的1.5米口径反射式望远镜——1908—1918年世界上最大的望远镜,他也是最早使用2.5米口径望远镜的人之一,但在1921年离开而成了哈佛大学天文台台长,从而错过了充分利用由这架新望远镜带来的有利条件与良机。沙普利并不知晓的是,他认为是造父变星的某些星实际上是一个不同星族的成员,现在被称作天琴RR型星。它们与造父变星的行为方式相似(使得它们本身也成为重要的距离指针),但有着不同的周光关系。幸运的是,由于这一混乱而被引入沙普利计算中的某些错误被这一事实抵消了,即他未充分考虑消光效应。到那时为止已经很清楚(而且自伽利略和托马斯·赖特以来越来越清楚)的是,夜空里被称为银河的光带是一个扁平的盘状系统,它包含有不计其数的恒星,而太阳只是这一众恒星中的一员。人们曾经广泛认为太阳居于组成银河系的恒星盘子的中央。但是还有恒星的集合,即被称作球状星团的球状系统,居于银道面的上方和下方,占据了巨大的球形空间,而银河就嵌入其中。通过定位球状星团的距离,沙普利发现了这个球体的中心何在,并且证实太阳并不在银河系中心。到了1920年,他的测量表明,银河系本身大约宽 100 000 秒差距,而其中心位于距离我们 10 000 秒差距(逾 30 000 光年)的地方。他的数字仍然受到消光问题以及天琴 RR 型星与造父变星概念混淆的困扰——我们现在知道,他得到的银河系中心的距离(现代值为 8000—9000 秒差距)基本正确,但他得出的整个银河系的直径太大了(据我们现在估算,它有 28 000 秒差距)。银河系这个盘子本身的厚度仅为数百秒差距——相比于它的直径实际上非常之薄。但这些数字远没有以下这一事实重要,即沙普利还将我们在太空里的家园也降了格,将太阳移至银河系这个盘子一隅的一个普通位置,成为一个估计包含有数千亿颗恒星的系统中微不足道的一员。

不过在 20 世纪 20 年代初,人们仍普遍认为银河系本身在宇宙中居于优势地位。尽管夜空中有其他模糊不清的光点(比如麦哲伦云),它们被认为要么是银河系的较小的伴星系(有一点像超级球状星团),要么就是银河系内部的发光气体云。仅有少数天文学家认为,这些"旋涡星云"很多实际上本身是星系,它们是如此遥远,以至于其中的单个恒星即使用当时可供使用的最好的望远镜也无法分辨*,银河系比沙普利所估计的小得多,而且只是遍布空间的许多大抵相当的星系中的一个"岛宇宙"。在这少数天文学家中,美国人柯蒂斯(Heber Curtis,1872—1942)是声音最响的一个。

这就是哈勃进入这个故事的地方。1923—1924 年之交的冬天,利用 2.5 米口径胡克望远镜,哈勃得以分辨出位于仙女座(有时它被称为仙女座星云或是仙女座星系)方向一个被称为 M31 的大型旋涡星云中的单个恒星。更妙的是,令他感到惊讶的是,他能够辨识出星云中的几颗造父变星并计算出它们的距离,公布出来的数字是 300 000 秒差距,几乎为 100 万光年;有了造父变星距离尺度的现代标尺,并且更好地考

————————————

*就像银河系中不可能用肉眼分辨的恒星,只有当伽利略将他的望远镜投向它们,它们才被"发现"。

虑诸如消光这样的问题后,仙女座星系目前已知的距离要远得多,达700 000秒差距。紧随这一发现之后,哈勃在其他几个相似的星云里找到了造父变星,从而证实柯蒂斯基本正确。随着测量星系距离的其他方法——包括对具有大致相同的绝对最大亮度的爆发星、超新星的观测——的发展,最终变得清晰的是:正像银河系中有数以千亿计的恒星,在可见宇宙中也有数以千亿计的星系,在各个方向延伸至数十亿光年之遥。在如此巨大的空间里,太阳系是位于一个无关紧要的光点内的一个无关紧要的光点。但在绘就宇宙图的过程中,关键一步仍然是造父变星的星等-距离关系,次要的距离指示方法(比如超新星)是通过与之对照而被校准的。结果,甚至到了20世纪90年代,因为诸如消光这样的问题扰乱了我们对自己在宇宙中位置的看法,而由此引起的早先的难题,仍然悬而未决。

正如M31这一样本所显示的,在哈勃所使用的距离尺度上,所有一切看起来都似乎比它实际上的距离更近一些。对于某一大小(比如与银河系本身绝对大小相同)的星系,它离得越近,覆盖的天区就越大。天文学家实际上测量的是星系在天上的张角大小,如果他们认为它比实际离得更近,他们也会认为它比实际更小。在你面前的一架玩具飞机或是一架正在着陆的波音747飞机可能看起来有相同的角大小;但你关于波音747飞机比玩具飞机大多少的推测将取决于你认为这架飞机有多远。低估了它们的距离意味着银河系之外所有的星系大小在最初的时候也被低估了,银河系似乎成了宇宙中最大的一个此类天体。对距离尺度的反复改进在数十年间渐渐改变了这一看法,但只有到了20世纪90年代晚期,利用哈勃太空望远镜获得了造父变星的数据,给出大量与银河系相似的旋涡星系的精确距离,才最终证实了我们的星系只是中等大小。*

---

* 我是最终证实银河系只是一个普通星系的团队成员之一;我的同事包括曾经在加的夫大学的古德温(Simon Goodwin)和目前在格拉斯哥大学的亨德里(Martin Hendry)。

在其1923—1924年的工作基础上，哈勃于20世纪20年代末至30年代初在赫马森的帮助下，将对星系距离的测量工作继续向外延伸至2.5米口径望远镜所能达到的宇宙深处。尽管只有相对来说邻近的星系可以进行直接的造父变星距离测量，但有了与那些已知星系的距离，他可以基本校准星系的其他特征，比如超新星或是旋涡星系中特殊天体的亮度，并且把它们作为次要指标以给出更遥远星系的距离，而这些星系中的造父变星即使用2.5米口径望远镜也无法分辨。正是在进行这一测量期间，哈勃做出了将与他的名字永远连在一起的发现，即星系的距离与星系光谱中的红移存在某种关系。

来自"星云"的光大多数呈现出红移，这实际上在20世纪10年代即由工作于洛厄尔天文台的斯里弗（Vesto Slipher, 1875—1969）利用0.6米口径折射式望远镜发现了，该天文台位于亚利桑那州弗拉格斯塔夫。他用这架望远镜获取如此暗弱天体的照相光谱的工作是当时技术的最前沿，而斯里弗确信，由于恒星光谱和星云光谱之间的普遍相似性，这些弥散星云必定由许多单个恒星组成。但是他的设备并不胜任分辨这些星云中的单个恒星的任务，因此他无法实现将于20世纪20年代由哈勃所实现的这一步，而且也无法测量他所研究的星云的距离。到了1925年，斯里弗已经测定了星云中的39个红移，但只发现了2个紫移。在斯里弗尚未最早研究过的系统中，只有4个红移，而没有紫移被其他天文学家测量过，尽管他的结果中很多都被其他天文学家证实了。对这些数据的自然而然的解释是：它们是多普勒效应的结果，大多数星云迅速离我们而去，而只有两个向我们飞奔而来。哈勃和赫马森开始了他们的工作，他们测量了曾由斯里弗最早进行过光谱观测的星云的距离，并且获得了他们自己的分光数据（实际做这件事的人是赫马森），以检验他们自己的设备并证实斯里弗的结果。然后，他们将这种研究扩展到其他星系。除了已知的很少的天体之外,他们没有发现紫移*。他们发现星系的距离与其红移成正比,这一现象于 1929 年发表,现在被称为哈勃定律。对哈勃来说,这个发现的价值如同一个距离指示计——现在,他(或赫马森)只须测定一个星系的红移,就可以推出它的距离。但是,这个发现的重要意义远比这深远得多,正如其他少数天文学家很快意识到的那样。

广义相对论概要

哈勃和赫马森对这一发现做出的解释来自爱因斯坦的广义相对论,正如我们已经看到的,后者于 1916 年发表。使得这一理论被称为"广义"(相对于"狭义"相对论有限的性质)的特征在于,它处理的是做加速度运动,而不只是以恒定不变的速度做直线运动的物体。但是爱因斯坦的伟大见解在于意识到在加速度与引力之间并无差别。他说,这一见解是他某天坐在伯尔尼专利局里他的桌前时出现的,当时他意识到,一个从屋顶落下的人会处于失重状态,并且不会感受到引力的作用——向下运动的加速度抵消了重力的感觉,因为此两者**完全**相等。我们在电梯里都体验过加速度与引力的等价性——当电梯开始向上运动,我们被压向地板并感觉变重了;当电梯停住,随着它减速,我们感觉变轻了,而在直达电梯的情况下,可能会感觉脚跟往上提起。爱因斯坦的天才在于找到一组公式同时描述加速度与引力——以及全部的狭义相对论原理,还有牛顿力学(作为广义相对论的特例)。不管报纸的头条新闻在爱丁顿的日食观测之旅之后兴奋地说了些什么,爱因斯坦的

---

* 两个紫移的星系,其中一个是仙女座星系,在一种宇宙尺度上来说距离我们非常近,并且在引力影响下改变了我们的路径;这在相对局部的尺度上同宇宙膨胀相反。

理论绝非真的"推翻了"牛顿的工作;牛顿的万有引力(特别是平方反比定律)仍然是除极端条件之外宇宙运行方式的一种很好的描述,而任何更好的理论都不得不复制牛顿理论的所有成功之处,还要做得更多,就好像如果一个比爱因斯坦的理论更好的理论被建立,它就得解释广义相对论所解释的全部内容以及更多东西。

爱因斯坦花了10年时间在狭义相对论基础上发展出广义相对论,但他在1905—1915年那段时间还做了大量其他的事情。他于1909年离开专利局而成为苏黎世大学的全职大学教师,并且投入了大量精力在量子物理学上,直到大约1911年,彼时他在布拉格工作了很短一段时间,随后在苏黎世的联邦理工学院担任了一个职位(他曾是这里的一个如此懒惰的学生),之后于1914年在柏林定居。支持广义相对论的数学的关键是他1912年在苏黎世时由一位老朋友给予他的,此人就是格罗斯曼(Marcel Grossmann,1878—1936)。格罗斯曼曾是联邦理工学院的一名学生,在那里,当爱因斯坦不想那么麻烦地去上课时便把他的课堂笔记借给爱因斯坦抄。到了1912年,爱因斯坦已经接受了闵可夫斯基以平面几何语言对狭义相对论的简洁描述——四维时空。现在,他需要一种更普遍形式的几何学以与他的更普遍形式的物理学相配,而正是格罗斯曼向他指出19世纪数学家黎曼(Bernhard Riemann,1826—1866)的工作,黎曼曾研究过曲面几何并且提出以你想要选择的多个维度描述此种几何(被称为非欧几何,因为欧几里得处理的是平面几何)的数学工具。

这一非欧几何的数学研究有着很久远的渊源。19世纪早期,高斯(Carl Friedrich Gauss,1777—1855)就研究了诸如平行线可以相互交叉的几何学的属性(地球表面就是一个例子,如经度线,它们在赤道是平行的,而在两极点相交)。高斯并未发表他的全部工作,其中很多直到他去世后才为人知晓,尽管他的确创造出了一个术语,并被译作"非欧几何"。他在这一领域的一些成就被彼此独立从事研究的匈牙利人波尔约(Janos Bolyai, 1802—1860)和俄国人洛巴切夫斯基(Nikolai Lobachevsky, 1793—1856)于19世纪20年代和30年代再发现;但是,正如当时并不为人所知的高斯的工作一样,这些模型仅仅处理了非欧几何的特殊情况,比如一个球体表面的几何学。黎曼的杰出贡献是发现并且在1854年在格丁根大学所做演讲中介绍了一种普遍意义上的数学处理方法,它是整个几何学的立足点,使得对一系列不同的几何学做出一系列不同的数学描述,它们都同样有效,日常生活中人们熟悉的欧几里得几何就是一个例子。这些观点由英国数学家克利福德(William Clifford, 1845—1879)介绍到英语世界,他翻译了黎曼的著作(该著作直到黎曼因肺结核早逝一年后,即1867年才出版),并以之作为这一推论的基础,即详尽描述整个宇宙的最佳方式是从弯曲空间的角度来加以思考。1870年,他向剑桥哲学学会宣读了一篇论文,他在论文中说到"空间曲率的变化",并做出类推:"空间的小部分事实上具有一种类似于曲面上的小山一样的性质,而这一曲面平均来说是平坦的;也就是说,普通的几何学定律在它们这里是无效的。"今天,紧随爱因斯坦之后,这一类推也被引到一个相反的方向——物质的集中(比如太阳)被视为在一个不同的平坦宇宙的时空投下一个小小的涟漪*。然而,克利福德在爱因斯坦出生9年前即做出了这一类推的自己的版本,这是一个有益的提示,说明科学是逐渐而非通过相互隔绝的个人的工作而取得进展的。克利福德本人在爱因斯坦出生之年,即1879年去世(也是因为肺结核),未能充分阐明他的观点。但是随着爱因斯坦的出现,对于广义相对论来说,时机显然成熟了,而且他的贡献尽管充满灵感,但

---

*爱因斯坦的理论预言了涟漪的精确大小,并因此预言了当光线沿一条最小阻力的路线从一个天体,比如太阳附近经过时被弯曲的程度,这也就是爱丁顿1919年的日食考察何以如此重要的原因。

并不是那种经常被描绘成的天才的个人行为。

广义相对论描述了时空与物质之间的关系,引力是将两者联系起来的相互作用。物质的存在使时空发生弯曲,物体(甚或是光)沿时空弯曲而行的方式正如引力向我们展示的那样。有关于此最漂亮的概括是这句格言:"物质告诉时空如何弯曲;时空告诉物质如何运动。"自然而然地,爱因斯坦想要将他的方程式应用到最大的物质、空间、时间的集合体——宇宙。他一完成广义相对论就开始做这件事,并且于1917年发表了结果。他发现的方程式有一个古怪而意想不到之处。在它们最初的形式中,它们并未考虑到静态宇宙的可能性。方程式坚持,空间本身必定要么随时间流逝而伸展,要么就收缩,但不可能保持不动。请记住,在当时,银河系基本上被认为就是整个宇宙,而它并未显示出任何要么膨胀要么收缩的迹象。最早的几个星云的红移已被测定,但没人知道这意味着什么,而且无论如何爱因斯坦都不知道斯里弗的工作。因此他给他的方程式加上了另一个项,以保持它们所描述的宇宙是静止的。这个项通常是用希腊字母 λ 来表示,一般被称作宇宙学常数,用爱因斯坦自己的话来说,"这个项的必要性只是为了使物质的准静态分布成为可能,正如恒星的速度很小这一事实所要求的"。事实上,这里讲到的宇宙学常数是错误的。爱因斯坦建立的方程式允许你选择不同的 λ 值,一些会使模型宇宙膨胀得更快,至少一个会保持它是静止的,一些会让它收缩。但爱因斯坦认为他找到了唯一与1917年已知的宇宙相匹配的物质与时空的数学描述。

膨胀的宇宙

不过,广义相对论的方程式一被公之于众,其他数学家便使用它们来描述不同的宇宙模型。也是在1917年,荷兰的德西特找到爱因斯坦方程式的一个解答,描述了一个以指数速度快速膨胀的宇宙,这样,如果两个粒子之间的距离在一定时间后加一倍,那么再经过相同时间间隔,距离会变成4倍,再经过相同时间则增长为8倍,随后是16倍,以此类推。在俄国,弗里德曼(Aleksandr Friedmann,1888—1925)找到了方程式的全套解,一些描述了膨胀的宇宙,另一些描述了收缩的宇宙,他于1922年发表了结果(多少让爱因斯坦有点愤怒,因为他曾希望他的方程式会给出唯一关于宇宙的描述)。比利时天文学家勒梅特(Georges Lemaître,1894—1966)——他也是一位被授予圣职的牧师——于1927年独立发表了对爱因斯坦方程式的相似的解。哈勃与勒梅特之间有一些接触,后者于20世纪20年代中期访问了美国,并且出席了1925年的会议,罗素在会上代表未出席会议的哈勃宣布了仙女座中造父变星的发现。勒梅特还与爱因斯坦通信。无论如何,到了20世纪30年代初,当哈勃和赫马森发表了近100个星系的红移和距离,表明红移与距离成正比时,不只宇宙正在膨胀已见分晓,而且已经有了一个数学表达式——实际上是这种宇宙模型的一种选择——来描述这一膨胀。

讲清楚这一点很重要,即宇宙红移并非由在空间运动的星系所导致,因此它并不是多普勒效应。它是由星系之间的空间随时间流逝而延伸所造成的,这一方式正是1917年的爱因斯坦方程式所描述而爱因斯坦拒绝相信的。如果在光从其他星系奔向我们的途中,空间延伸的话,那么光本身将被拉伸到更大的波长,对于可见光而言,这意味着它向光谱的红端移动*。被观测到的红移与距离之间存在的关系(哈勃定律)暗示了宇宙在过去岁月中更小,并不是星系挤作一团充塞于浩瀚的虚空中,而是因为无论是星系之间还是星系"之外"都没有空间——并没有外部。这反过来意味着宇宙有一个开端——这个概念在20世纪

---

*你可以想象出这一点,在一根粗的弹性松紧带上画一条波形线,然后拉伸它。

30年代被包括爱丁顿在内的很多天文学家所嫌弃，只有一个人，即罗马天主教徒勒梅特全心接受。勒梅特提出了他称之为原始原子（或者有时也被称为宇宙蛋）的观点，按照这一观点，宇宙中所有的物质最初都聚成一团，像一个氢弹核，它会在随后爆炸并化为碎片，就像一个裂变式原子弹。这一观点在20世纪30年代赢得了普遍关注，但大多数天文学家都赞同爱丁顿的见解，认为宇宙不可能真的曾有过一个开端，而随着充满热情的俄裔流亡者伽莫夫（George Gamow，1904—1968）及其位于华盛顿的华盛顿大学和约翰斯·霍普金斯大学的同事们的工作之后，如今被称为大爆炸（Big Bang）*的模型直到20世纪40年代才成为主流天文学的组成部分（而且在那时只是很小的一部分）。

除了很多天文学家在最开始接受宇宙有一个开端的观点时所遇到的困难之外，在20世纪30年代和40年代，对哈勃和赫马森所做观测的这个直截了当的阐释还有另一个问题（他们的观测很快也被其他天文学家进行了深入探讨，不过威尔逊山研究小组拥有2.5米口径望远镜而保持着技术优势）。由于仍然受到我们已经提到的观测问题以及造父变星与其他类型变星之间的混淆的困扰，哈勃在20世纪30年代初计算出的距离尺度，我们现在知道相差了大约10倍。这意味着他所认为的宇宙膨胀速度是我们现在所知的10倍。运用从广义相对论得出的宇宙学方程式（按照其最简单的形式，这些解符合爱因斯坦和德西特提出的一个宇宙模型，此二人于20世纪30年代早期共事，而这个宇宙模型现在被称为爱因斯坦–德西特模型），根据红移与距离的关系简明地计算出自大爆炸以来的时间长度。因为哈勃的数据意味着宇宙以快10倍的速度在膨胀，以那些数据为基础的这一计算给出了一个仅为现代值1/10的宇宙年龄，即12亿年——这个值仅为明确测定的地球

---

* 这个词实际上是天文学家霍伊尔于20世纪40年代杜撰出来的，是对他所拒斥的模型的嘲讽之词。

年龄的 1/3。很明显是有什么地方出错了，而且在年龄问题得到解决之前，对于大多数人来说，严肃认真地考虑原始原子的观点是很困难的事。

稳恒态宇宙模型

实际上，这个年龄问题正是霍伊尔（Fred Hoyle，1915—2001）、邦迪（Herman Bondi，1919—2005）和戈尔德（Thomas Gold，1920—2004）在 20 世纪 40 年代提出一个大爆炸的替代理论的原因之一，他们提出的这个理论被称为稳恒态模型。在这一图景中，宇宙被设想为永恒地一直在膨胀，但看上去一直与今天看到的一样，因为在星系分离而留下的空隙中，新的物质以氢原子的形式被不断创造出来，其速度刚好是新的星系填满这些空隙的速度。在整个 20 世纪 50 年代乃至到了 60 年代，这是一个合理且可行的大爆炸的替代理论——毕竟，物质一个原子接一个原子地被稳定创造出来，并不比认为宇宙中所有原子在一个事件，即大爆炸中被创造出来更令人吃惊。但是，观测不断在改进，包括射电天文学的新方法在 20 世纪下半叶的发展，显示了遍布宇宙而距离很远的星系——我们通过它们在很久以前发出的光而看到它们——与邻近的星系不同，证明了宇宙随着时间流逝以及星系年龄变老而变化。随着更精良的望远镜（特别是帕洛马山天文台的 5 米口径反射式望远镜，完成于 1947 年，并为纪念海尔而以海尔的名字命名）的出现，以及造父变星与其他类型变星之间的混淆得到解决，年龄问题本身逐渐得到了解决。宇宙膨胀速率的测定仍很困难*，将其中的误差减小至 10% 花了很长时

---

　　*最新的数据显示，宇宙目前可能开始更为迅速地膨胀，可能是因为终究是有一个宇宙学常数。这并不会对这些宇宙年龄的计算产生重大影响，而关于这些处于进展中的工作的讨论，则超出了本书的讨论范围。

间——实际上,只有在20世纪90年代末借助哈勃望远镜才得以实现。但是到了20世纪末,宇宙的年龄已得到相当精确的测定,为130亿—160亿年。这个数值与我们所能测定的任何事物(包括地球本身以及最年老的恒星)的年龄相比都更古老*。但是,当伽莫夫和他的同事们开始对大爆炸本身的发生与演变进行科学研究之时,所有这些都还遥遥无期。

大爆炸的性质

实际上,伽莫夫在20世纪20年代曾是弗里德曼的一个学生,还曾访问过格丁根大学、卡文迪什实验室以及位于哥本哈根的尼尔斯·玻尔研究所,他在那里对量子物理学的发展作出了重要贡献。尤其是他揭示了量子不确定性可以让α粒子在α衰变期间通过一个名叫"隧道效应"的过程从放射性原子核逃出来。按照经典理论,α粒子被强核力保持在原地,在它们的原子核里有几近足够的能量逃离,但并不完全足够。然而,量子理论认为,单个的α粒子可以从量子不确定性中"借到"足够的能量以完成这一点,因为量子世界从未相当地确定它所拥有的能量。粒子逃离就好像它挖通了逃出原子核的隧道,然后在这个世界有时间注意能量被借走之前还回被借走的能量。诺贝尔委员会众多疏忽之一,便是伽莫夫未曾因此而获得这个最高奖项,而他对我们有关原子物理学的理解作出了深远的贡献。

---

* 这实际上是一个意义非常深远的发现。宇宙年龄本质上是从广义相对论计算出来的,并且是在非常大的尺度上处理物理学定律;恒星的年龄正如我们下面将会看到的,本质上是从量子力学定律计算出来的,是微观物理学问题。宇宙年龄得出来正好比最老的恒星老,从而为大爆炸之后形成最早的恒星留出了所需要的时间。这种最大尺度与最小尺度物理学的一致是一个重要的迹象,表明整个科学建立在坚实的基础之上。

伽莫夫在原子物理学和量子物理学上的背景给他和他的学生阿尔弗(Ralph Alpher, 1921—2007),以及阿尔弗的同事赫尔曼(Robert Herman, 1922—1997)研究大爆炸性质的方式增添了色彩。在伽莫夫任职于华盛顿大学的同时,20世纪40年代以及50年代早期,伽莫夫还是约翰斯·霍普金斯大学应用物理学实验室的顾问,在这里,阿尔弗自1944年起全职工作,同时,还在晚上和周末在华盛顿大学攻读他的学士、硕士以及博士学位(于1948年最终获颁博士学位)。赫尔曼拥有更为传统的学术背景,他从普林斯顿大学取得哲学博士学位,并于1943年进入约翰斯·霍普金斯实验室,最初的时候,他像阿尔弗一样参与了战时研究。还是同阿尔弗一样,他把利用自己的时间进行有关早期宇宙的工作作为一项业余爱好。在伽莫夫的监督下,阿尔弗为了他的博士学位研究了在他们假设必定存在于大爆炸——彼时,整个可观测宇宙被塞进并不比今天的太阳系更大的空间——的条件下,更为复杂的元素得以由简单元素形成的方式。组成我们以及可见宇宙的其余部分的化学元素必定来自宇宙的某个地方,伽莫夫猜测用于制造它们的原材料是一团炽热的中子火球。那时,第一颗原子弹于不久前爆炸了,而第一座核反应堆正在建造之中。尽管大量有关核子相互作用的信息被划入机密级别,但有一个扩展版数据库,其所存储的非保密信息关乎不同种类的材料受到来自这一反应的中子辐照,原子核逐个吸收中子从而成为更重元素的原子核,并以 γ 辐射的方式去除掉过多能量时所发生的情况。有时,不稳定的原子核会以此种方式被创造出来,并且通过释放出 β 辐射(电子)来调整其内部成分。尽管宇宙的原材料被假设为中子,但是中子本身以此种方式衰变而产生电子和质子,它们在一起形成了最初的元素,也就是氢。在氢原子核中加入一个中子就得到了一个氘(重氢)的原子核,再加入一个质子就得到氦-3,再加入一个中子就得到氦-4,它也可以由两个氦-3原子核聚变并放出两个质子而被制造出来,如此等等。几乎所有氘和氦-3都以这样或那样的方式被转换为氦-4。阿尔弗和伽莫夫查看了所能得到的有关不同元素捕获中子的全部数据,并且发现以此种方式最容易形成的原子核是那些最普通元素的原子核,而以此种方式不容易形成的则是稀有元素的原子核。特别是,他们发现这一过程所产生的氦远远多于其他元素,与对太阳和恒星的观测相符,而这些观测在那个时代正在成为可以实现的事。

预言背景辐射

这项研究不仅给阿尔弗的哲学博士学位论文提供了材料,而且构成了发表在《物理学评论》上的一篇科学论文的基础。提交论文时,伽莫夫作为一个酷爱开玩笑的人,(不顾阿尔弗的反对)决定把他老朋友贝特(Hans Bethe, 1906—2005)的名字加进去作为共同作者,原因只有一个,他喜欢名字的发音,即阿尔弗、贝特、伽莫夫(α、β、γ)。让他感到高兴的是,这篇论文正好发表于1948年4月1日那一期的《物理学评论》上。该文的发表标志着大爆炸宇宙论成为一门定量科学的开端。

在这篇通常被称作 α-β-γ 论文的文章发表后不久,阿尔弗和赫尔曼对大爆炸的性质提出了一个意义深远的见解。他们认识到炽热的辐射会在大爆炸时充满宇宙,而此辐射直到今天仍然充塞于宇宙,但它会冷却至一个可以计量的量,因为它会随着空间的普遍膨胀而膨胀——你可以把它想成一种极端的红移,将最初的 γ 射线和X射线的波长拉长至电磁波谱的无线电波段。稍后的1948年,阿尔弗和赫尔曼发表了一篇论文,报告了他们对这一效应的计算,假设这一背景辐射在适当的温度下为黑体辐射。他们发现今日之背景辐射的温度应当在大约5K,即约-268℃。在当时,伽莫夫并未接受这一工作的有效性,但大约在1950

年之后,他成为这一观点的热情支持者,并且在他的几篇通俗作品中都提到了它*,他在计算的一些细节上常常出错(他从不擅长计算),而且没有给阿尔弗和赫尔曼以应有的承认。结果是,对这一背景辐射的预言经常被不恰当地归功于他,而这一功劳完全是属于阿尔弗和赫尔曼的。

测量背景辐射

在当时,没有人对这一预言给予太多关注。知道这一预言的人错误地认为,可用的射电天文学技术并不足以测到来自空间各个方向的如此微弱的电波;而能够使用这种技术的人则似乎并不知道这个预言。但是在20世纪60年代早期,在位于新泽西州霍尔姆德尔附近的贝尔实验室研究大楼,两位正用一个喇叭形天线工作的射电天文学家发现,他们受到来自空间各个方向的微弱电波声困扰,它相当于温度在3K的黑体辐射。彭齐亚斯(Arno Penzias,1933—)和威尔逊(Robert Wilson,1936—)并未意识到他们发现了什么,但就在不远处的普林斯顿大学,皮布尔斯(Jim Peebles,1935—)领导下的一个研究小组正在建造一架射电望远镜,专门用来寻找这一大爆炸的余迹——并不是因为阿尔弗和赫尔曼的开创性工作,而是因为皮布尔斯曾独立进行过类似的计算。当有关贝尔研究人员发现的消息传到普林斯顿,皮布尔斯立马就能解释发生了什么。这个发现发表于1965年,标志着这样一个时刻:大多数天文学家开始严肃认真地将大爆炸模型视为对我们所生活的宇宙做出的一个似乎可能的描述,而不是某种抽象的理论游戏。1978年,彭齐亚斯和威尔逊因为这项发现共享了诺贝尔奖,也许阿尔弗

＊ 例如他的《宇宙的创生》(*The Creation of the Universe*)。

和赫尔曼比他们更应该得到这一荣誉,但他们并未得到这个奖。*

现代测量:宇宙背景探索者(COBE)卫星

从那时起,宇宙微波背景辐射已经被包括著名的COBE卫星在内的很多不同的设备极其细致地观测到,而且被证实为完美的黑体辐射(被观测到的最完美的黑体辐射),温度在2.725K。这是表明大爆炸的确存在的最强有力的证据——或者用更为科学的话语来说,它证明了可见宇宙在约130亿年前经历了一个非常炽热、极高密度的阶段。21世纪的宇宙学家正在处理的一个难题是:这个超级热的能量火球最开始时是如何产生的? 但我们将不会在这里描述这些尚存疑问的思想,并将以此结束有关宇宙学史的讨论:已有压倒性的证据表明,宇宙正如我们所知的确是从大爆炸形成的——如果你想要给它标上一个日期,COBE在1992年春的宣告亦无不可。事实上,在做出已经由观测证明为正确的预言之后,大爆炸模型现在被命名为大爆炸理论。

但是什么会从大爆炸产生呢? 随着阿尔弗和赫尔曼对他们的计算做出进一步修正,他们不久就发现,通过将中子一次一个地多次添加到原子核来制造元素的整个方案(核合成)存在一个严重问题,很快就证明在原子尺度上并无质量为5单位或8单位的稳定的原子核。从质子和中子的海洋开始[现在认为由大爆炸火球中纯粹的能量生成(符合公式$E = mc^2$)],很容易制造出氢和氦,而由伽莫夫小组首先提出的现代形式的计算告诉我们,约75%的氢和25%的氦构成的混合物,可以通过此

---

* 我一直怀疑诺贝尔委员会和其他很多人一样,认为这个预言是由伽莫夫做出的,他于1978年去世,而诺贝尔奖从不在人身后颁授。没有其他明显原因显示阿尔弗和赫尔曼何以被忽视。

种方式在大爆炸中被制造出来。但是如果你向氦-4中加入一个中子，你就得到一个同位素，它是如此不稳定，以至于在有时间更进一步相互作用并形成一个稳定的原子核之前，会放出这个多出来的中子。极少的锂-7可以通过罕见的相互作用被制造出来，在这一过程中，一个氦-3原子核和一个氦-4原子核粘在一起，但存在于大爆炸火球中这一条件下，接下来的一步是产生出一个铍-8的原子核，它随即就会分成两个氦-4原子核。如果你在大爆炸中只能制造出氢和氦（以及痕量的锂-7和氘），那么所有其他元素必定可以在其他某处被制造出来。这个"某处"——唯一可能的另一个地方——就是恒星内部。但对此事如何发生的一种理解只是逐渐才出现的，它在20世纪20年代末和30年代开始于这一认识：太阳和其他恒星并不是由与地球相同的元素混合物组成的。

认为太阳主要是由与地球相同但更热的材料组成，这一观点由来已久，也代表了用科学的语言描述天体而非将之视如神灵的已知最早的尝试。这要回溯到生活在公元前5世纪的希腊哲学家雅典的阿那克萨哥拉（Anaxagoras of Athens）。阿那克萨哥拉是在一颗陨星掉落在伊哥斯波塔米附近时得到他关于太阳成分的想法的。这颗陨星在抵达地面时又红又热，而它是从天上掉下来的，因此阿那克萨哥拉推断说它来自太阳。它主要是由铁组成的，因此他得出结论认为，太阳是由铁构成的。由于他对地球年龄或者说一个又红又热的巨大铁球冷却下来要花多长时间一无所知，也不知道是否有某种形式的能量维持太阳发光，因此太阳是个红热的铁球这一观点在那个年代是一个很有效的假说（当时也不会有多少人把阿那克萨哥拉的想法当一回事）。当人们在20世纪初开始思考核能作为太阳热量来源时，较少量的镭放射性衰变可以维持太阳发光（只要是相对较短的时间）这一认识促成了下述观点，即太阳的大部分质量可能都是由重元素组成的。因此，当一些天文学家和物理学家开始研究核聚变如何可以提供使太阳和其他恒星保持很热的能量,他们基于恒星内部重元素很普遍而质子很稀少这一假设,首先对质子(氢原子核)与重元素的原子核聚变的过程展开了研究。甚至是爱丁顿,尽管有20世纪20年代对氢转化为氦的预见,但也仅认为恒星质量的5%可能是从氢的形式开始的。

质子穿透重原子核的过程与α衰变的过程相反,在α衰变的过程中,一个α粒子(氦原子核)从一个重原子核中逃出来,它受到与伽莫夫发现的量子隧道效应相同的法则支配。伽莫夫对隧道效应的计算发表于1928年,正好一年后,威尔士天体物理学家阿特金森(Robert Atkinson, 1889—1982)和他的德国同事豪特曼斯(Fritz Houtermans, 1903—1966,他此前曾与伽莫夫共事)发表了一篇论文,描述了可能发生在恒星内部的质子与重原子核发生聚变的这种核反应。他们的论文开篇写道:"最近,伽莫夫证实了带正电荷的粒子可以穿透原子核,即使传统信念坚持认为它们的能量不足。"这是关键所在。尤其是爱丁顿曾运用物理学定律,根据太阳的质量、半径以及它向空间释放能量的速度计算它的中心温度。如果没有隧道效应,这一温度——约1500万K——太低而不可能让原子核拥有足够的力从而克服它们相互之间的电斥力并粘在一起。20世纪20年代早期,当物理学家最早计算出质子发生聚变而形成氦所要求的温度和压力条件,这看来似乎是个难以逾越的问题。1926年正值量子革命发生之际,在这一年出版的《恒星的内部构造》(*The Internal Constitution of the Stars*)一书中,爱丁顿回应说:"我们不同极力主张恒星不够热因此不足以发生这一过程的批评者争论;我们让他去寻找一个**更热的地方**。"这常常被解释为是爱丁顿要他的批评者们靠边儿站的意思。量子革命,尤其是隧道效应,不久就显示了爱丁顿的固执己见是正确的,而且也没有什么能更为清楚地表明科学的不同学科之间的相互依赖。对于恒星内部反应的理解,只有在诸如质子这样的实体的量子性质开始被理解之时才能取得进展。

但是,正如我们已经看到的,甚至阿特金森和豪特曼斯在1928年仍然假设太阳中重元素含量很高。不过,正是在这一时期前后,即他们正在进行计算时,光谱学变得精巧复杂,足以令人对这一假设产生怀疑。1928年,英国出生的天文学家佩恩(Cecilia Payne,后为Cecilia Payne Gaposchkin,1900—1979)正在拉德克利夫学院、并在罗素指导下攻读她的哲学博士学位。利用分光镜,她发现恒星大气的成分以氢为主,这个结果如此令人惊讶,以至于当她发表她的结果时,罗素坚持要她对该结果做出事先说明,即被观测到的分光特征可能并不真的意味着恒星由氢组成,而必定是由于氢在恒星条件下的某种特有的行为,从而使它在光谱上表现得很突出。但在大约相同的时间,德国人翁泽尔德(Albrecht Unsöld,1905—1995)和一位年轻的爱尔兰天文学家麦克雷(William McCrea,1904—1999)各自独立证实了恒星光谱中氢谱线非常突出,这表明了恒星大气中存在的氢原子比其他所有的原子加起来还要多100万倍。

恒星如何发光:核聚变过程

所有这些工作在20世纪20年代末汇聚到了一起,而这些工作标志着对维持恒星发光的因素的理解开始形成。对于天体物理学家来说,清楚确立用以解释这一过程的最为可能的核相互作用,仍然用了一些年,而他们要完全意识到可见宇宙的成分中氢在多大程度上占主要地位则花了更长时间。这部分地是因为时间上一个不幸的巧合。当天体物理学家于20世纪30年代详细阐明了描述恒星内部结构的数学模型之时,他们预言恒星是一种具有某种尺度、温度以及质量的热气体球的存在,在这一意义上,他们发现,无论是当炽热物体的成分约有2/3为重元素、1/3为氢(或氢、氦混合体),还是当它们的成分至少有95%为氢与氦,再加上痕量的重元素时,这些模型都有效。无论是以哪种混合——而非其他可能,由这些公式预言的热的气体球的属性都将会与真实恒星的情况相符。在认识到恒星内部的氢并不只是痕量之后,很自然地,天体物理学家在最初的时候全力支持重元素占2/3这一选择,这意味着他们花了大约10年时间集中精力研究质子进入重原子核这一相互作用。只有在他们发现了能将氢转化为氦的详细过程之后,他们才意识到重元素在恒星中很稀少,而氢和氦合在一起构成了恒星基本成分的99%。

正如那些时机已然成熟的科学见解很常见的情形一样,维持恒星发光的核聚变过程中的关键相互作用,在大约相同的时间由不同的研究者分别独立地予以确认。首要的贡献是由德国出生、彼时正在康奈尔大学工作的贝特以及就职于柏林的魏茨泽克(Carl von Weizsäcker,1912—2007)在20世纪30年代的最后几年做出的。他们在考虑到像隧道效应这样的量子过程基础上,确认在已知存在于恒星内部的温度下可能发生的将氢转化为氦,并释放出适当能量的两个过程。其中一个被称作质子-质子链,证明是像太阳这样的恒星内部占支配地位的相互作用。在此过程中,两个质子发生聚变,同时抛出一个正电子,以形成一个氘核(重氢)*。当另一个质子与这个原子核发生聚变,就形成了氦-3(两个质子加一个中子),当两个氦-3核反应并抛出两个质子就得到一个氦-4核(两个质子加两个中子)。第二种过程在质量至少为太阳质量1.5倍的恒星的中央、在稍高温度下更多发生,而在很多恒星中,两个过程都起作用。第二种过程是碳循环,它以环状方式反应,要求存在少量碳原子核,而质子通过阿特金森和豪特曼斯所认为的方式进入这些原子核。因为这一过程以环状方式运行,这些重核在循环最后又出

---

    * 这些相互作用很多还会抛出中微子,但为了简单起见,我们将不会详说这一细节。

现而无改变,实际上充当了催化剂的角色。从一个碳-12核开始,多出一个质子就形成不稳定的氮-13,它抛出一个正电子而成为碳-13*。加入第二个质子形成氮-14,而在氮-14里加入第三个质子就形成了不稳定的氧-15,它会放出一个正电子成为氮-15。现在来看最后一幕——加入第四个质子,该核抛出一个完整的α粒子,重新回到最开始的成分碳-12。但一个α粒子只是氦-4的原子核。再一次地,实际结果是,四个质子被转换为单个的氦核,在这一过程中抛出一对正电子和大量的能量。

这些过程在第二次世界大战之前不久得到确认,而关于恒星内部运作方式的更进一步了解,则不得不等到20世纪40年代末社会状况恢复正常之时。但当时的这些研究,都极大地受益于战时在理解核相互作用上取得的成就,而这些成就则与核武器研究以及最早的核反应堆有关。随着相应的信息被解密,它帮助天体物理学家们计算出我们上面刚刚写到的这些核相互作用在恒星内部发生的可能的速度。而且,正如阿尔弗、赫尔曼以及伽莫夫的工作所关心的较重的元素如何一步步从氢和氦制造出来的"质量鸿沟"问题,在20世纪50年代,几位天文学家探讨了重元素(它们终究得来自某个地方)如何可能在恒星内部被制造出来这一问题。被公之于众的一个观点是这一可能性:3个氦-4核(3个α粒子)同时汇集到一起,形成一个稳定的碳-12核,而不是非得制造出非常不稳定的铍-8作为中间步骤。至关重要的见解是由英国天文学家霍伊尔于1953年提出的。"经典"物理学认为,两个质子在像太阳这样的恒星内部条件下不可能发生聚变,与此不同,对核物理学最简单的理解认为,这一"三α"相互作用是可能发生的,但会太少见以至于在恒星的一生中无法制造出足够的碳。在大多数情况下,这一3粒子的碰撞应该会将粒子撞得粉碎,而不是将它们结合成为单个的原子核。

---

* 抛出一个正电子从而将原子核里的一个质子转化为中子。

"共振"概念

质子聚变之谜被量子隧道效应所解决；霍伊尔在除了碳是存在的这一事实之外并无其他证据的基础上提出了对"三α"之谜的一个相对比较复杂的解决方案——碳-12核必定拥有一种称为共振的属性，它极大地增加了三α粒子聚变的可能性。这一共振是一种高能态。如果原子核的基本能量好比是吉他弦上弹出的基本音符的话，共振则可以被比作同样的弦上弹出的更高的音符，仅有某些音符（某些和弦）是可能的。当霍伊尔提出他的见解时，关于这一共振的观点并无什么神秘之处——但并无方法去事先计算出碳-12所应拥有的共振，而且为了让这个巧妙的理论成立，碳-12的共振必须与某一非常精确的能量（相当于某一非常纯粹的音符）相对应。霍伊尔说服了在加州理工学院工作的实验物理学家福勒（Willy Fowler, 1911—1995）去做实验，以检验这一共振在碳-12核中是否存在。它正好就出现在霍伊尔曾预言的位置。这一共振的存在使得3个α粒子平稳地合并在一起成为可能，而不是被撞得四分五裂。这产生了一个具有能量的碳-12核，它在随后将过剩的能量散发出去，并处于基本能级（这被称作基态）。这一重要发现解释了比氦更重的元素如何能够在恒星内部被制造出来*。 一旦你让碳核参与其中，你就仍然可以通过加入更多的α粒子（从碳-12到氧-16再到氖-20，如此等等），或是通过阿特金森和豪特曼斯，以及在不同背景下由阿尔弗和赫尔曼所论述的一个个加入质子的方法来制造出更重的元素。后一种方法在碳循环中也同样起作用。霍伊尔、福勒以及他们的

---

* 值得一提的是，这一发现的取得是在卢瑟福将α辐射确认为氦核不到半个世纪之后。

英国出生的同事杰弗里·伯比奇(Geoffrey Burbidge, 1925—2010)和玛格丽特·伯比奇(Margaret Burbidge, 1919—2020)在1957年的一篇论文中对元素如何在恒星内部以这一方式产生出来提出了权威性的解释*。紧跟这项工作之后,天体物理学家们能够详细构造出恒星内部运作方式的模型,并且通过将这些模型与真实的恒星观测加以对比,从而确定了恒星的生命周期,并计算出我们星系中最古老恒星的年龄等。

对在恒星内部发生的核聚变过程的这一见解,解释了直到铁的所有元素如何能够从大爆炸产生的氢和氦被制造出来。甚至更妙的是,以此种方式预言的被制造出来的不同元素的比例,与在整个宇宙中所看到的比例相符——碳相对于氧的量或是氖相对于钙的量,或是无论什么。但是它不可能解释比铁更重的元素的存在,因为铁原子核表现出普通物质中最稳定的形式,而有着最小的能量。要制造出更重的元素——比如金、铀或是铅——的原子核,就必须加入能量以迫使核发生聚变而结合在一起。这发生在质量远大于太阳的恒星演化晚期,其时它们耗尽了能产生出热量(以我们刚刚提到的某种相互作用)以维持平衡的核燃料。当它们的燃料耗尽,这样的恒星自身就会发生剧烈的坍缩,而且在这一过程中,大量的重力能被释放出来,并转化为热量。它的一个结果便是使单个的恒星发出的光如同由普通恒星组成的整个星系一样明亮,为时数周,也就是成为一颗超新星;另一个结果是提供能量促使原子核发生聚变以制造出最重的元素。第三个结果是为一次巨大的爆发提供动力,在这次爆发中,恒星的大部分物质,包括那些重元素都被散播到整个星际空间,从而形成新的恒星、行星(或许还有人)的原料组成物。利用对其他星系中的超新星(这是相当罕有的现象)的观测,描述了所有这些内容的理论模型于20世纪60年代和70年代被很

---

*由于作者署名以字母次序排列为伯比奇、伯比奇、福勒和霍伊尔,这篇论文被天文学家们称为"B²FH"。

多人提出来。然后在 1987 年，在我们的近邻，即大麦哲伦云中，人们观测到一颗超新星爆发，这是自天文望远镜发明以来我们所看到的距离最近的超新星。利用一组现代望远镜对此进行为期数月的跟踪观测，通过对所有可能波长的观测，人们从各方面详细做出分析发现，这颗超新星中逐渐展露出的过程与那些模型中预言的过程极其相似，我们对于恒星如何运作的知识版图实际便被嵌上了最后一块。对于那些见证了这一见解在其一生的时间跨度中逐渐形成的天文学家来说，它们是有关元素起源的最为重要也最令人兴奋的发现，证实了理论模型是广泛正确的。

碳、氢、氧、氮(CHON)与人类在宇宙中的位置

这引导我们走向在我看来在全部艰苦的科学尝试中最为意义深远的发现。天文学家能够极其精确地计算出有多少种不同的物质在恒星内部被制造出来，并通过超新星以及稍弱的恒星爆发而被散播到宇宙空间。他们可以运用光谱学来测定宇宙空间中的气体云以及星尘中不同物质的量，从而证实这些计算。新的恒星以及行星系统正是以这些气体云和星尘物质为原料形成的。他们发现，除了氦(一种并不参与化学反应的惰性气体)之外，宇宙中最普遍的 4 种元素是氢、碳、氧以及氮，它们以首字母缩写词被合称为 CHON。这是经由一个探索过程而被揭示出的一个最终真理，而这个探索过程是从伽利略最早将他的望远镜指向天空开始，结束于对 1987 年超新星的那些观测。另一条研究的线索在几个世纪中看来似乎与恒星的科学研究并无关系，它开始得更早，是在维萨里开始将人体研究置于科学基础之上时。通过这条研究线索(在 20 世纪 50 年代的 DNA 研究中达到顶峰)而被揭示出来的最终真理是：并无证据表明存在一种特别的生命力，地球上所有的生命，

包括我们自己在内，都以化学过程为基础。与生命化学有着密切关联的最普遍的4种元素是氢、碳、氧和氮。我们正是由宇宙中最容易找到的原料制造出来的。这也暗示着地球并不是一个特殊的地方，而基于CHON的生命形式很可能在整个宇宙被找到，不仅是在我们的星系，还有其他星系。它将人类从宇宙中某个特殊地方最终移出，而这一过程始于哥白尼和《天体运行论》。地球是一颗普通的行星，围绕一颗普通的恒星运行，而这颗恒星只位于一个普通星系的偏远郊区。我们的星系包含有数以千亿计的恒星，在可见宇宙中有数以千亿计的星系，所有这些星系都充满了像太阳这样的恒星，并点缀着富含CHON的气体云和星际尘埃。文艺复兴之前的观点认为，地球是宇宙的中心，太阳和恒星围绕地球运行，而人类作为最高级的生命形式，与"较低等的"生命形式的性质截然不同，没有什么能比这一观点更应该被移除了。

进入未知

但这些发现是否如有些人所认为的那样暗示着科学正在走向终结呢？既然我们知道生命和宇宙如何运行，那么除了细节上的完善，是否还有什么有待解决呢？我相信还有。即便是细节上的填充，也将是一项长期的工作，而科学本身现在正在经历一场性质上的变化。我此前曾使用过而且再合适不过的类比就是国际象棋。一个小孩也可以学会这个游戏的规则——即使是像马的走法那样复杂的规则。但那并不会使这个孩子成为大师，甚至史上最伟大的大师也不敢说通晓国际象棋所要通晓的任何事。在《天体运行论》出版4个半世纪之后，我们的处境正如那个刚刚学会游戏规则的小孩。随着诸如基因工程与人工智能这样的进展，我们不过刚刚开始我们玩这场游戏的最初尝试。谁知道在接下来的5个世纪——更不用说接下来的5000年——可能发生什么呢？

◆ 结语

发现之乐

科学是一种个人行为。除了极少数例外,历史上的科学家对自己的工作成果精益求精,并不是为了名利,而是为了满足自己对世界运作方式的好奇心。正如我们已经看到的那样,一些人会采取一种极端方式,把自己的发现藏于心底,对于他们所找到的一些特别谜题的答案及其相关知识乐在其中,而觉得没必要夸耀其成就。虽然每一位科学家——每一代科学家——在其所处的年代生存并工作,在当时可用的技术的帮助下、在前人所建立的基础上工作,但作为个体的人,都作出了自己的贡献。因此,这也很自然地使我基本上是利用传记的方法进路,去写科学的历史(至少是我写这样一部历史的第一次尝试),希望梳理出科学家是如何选择他们的事业,并揭示出一个科学进展如何导致了另一个科学进展的形成。我意识到,这并不是受到当下历史学家所青睐的一种方法进路,任何专业的历史学家看到此书,都可能指责我是过时的,乃至是保守的。但是,如果我是过时的,那是因为我主动选择过时,而非因为我不知道我落后于时代。我也知道,有多少位历史学家,几乎就有多少种进路来研究历史,而每一种进路都可以阐释这个主题。几乎很少有(如果有的话)历史学家会说,一个人的历史观(或解释)揭示了"真实"的历史,最多不过是说一个人的一个历史剪影揭示了那个人的一切。但是,我对科学史的写作进路,或许可以给人提供一些精神上的食粮,包括给专业的历史学家。

虽然研究科学的过程是一种个人行为,但科学本身基本上是不以个人意志为转移的。它涉及绝对、客观的真理。科学研究过程与科学本身之间的混淆,导致了科学家是一台冷血的逻辑机器的普遍迷思。但是,科学家们在追求寻找终极真理的同时,他们也可以是热血的、无逻辑的,甚至是疯狂的。以一些标准来看,牛顿是疯狂的,无论其对一系列兴趣(科学、炼金术、宗教)的极度痴迷,还是其对个人仇怨耿耿于怀;而亨利·卡文迪什绝对是怪人一个。所以,分清楚什么是主观的、什么是客观的很重要,前者可以与本书公开商榷,后者则无可辩驳地真实。

我并不认为本书是科学史上的盖棺定论——也没有哪本书可以。这是主观的,就像所有历史一样;但它是从一个一直从事专业科学研究的人的角度,而不是从一位专业历史学家的角度来写的,其中既有优点,也有缺点。正如我希望本书所清楚讲述的那样,它所提出的最重要而深刻的见解是,我拒绝库恩(Thomas Samuel Kuhn, 1922—1996)的科学"革命"理论,而看到科学的发展基本上是渐进的、一步一个脚印的。在我看来,科学进步的两个关键似乎是,在科学发生以前的个人接触以及其体系的逐步建立。科学由人来创造,而不是人由科学创造,我的目的是要告诉你创造科学的人,以及他们是如何创造的。与此科学观密切相关的观念是,在一定程度上,科学与世界大范围的经济与社会动荡相分离,而它确实是一种寻求客观真理的活动。

没有经过科学研究训练(或没有科学研究经历)的历史学家或社会学家有时候会认为,科学真理并不比艺术真实更为有效,并且(说句不好听的话),爱因斯坦的广义相对论也可能过时,就像维多利亚时代艺术家们的绘画之后会过时一样。但事实绝非如此。要取代爱因斯坦理论的任何宇宙模型描述,必须超越该理论的局限性,而且该描述本身也要包含前一理论的所有成功之处，就如同广义相对论本身包含了牛顿的引力理论一样。绝不会有一个成功的宇宙模型描述认为，在任何一处已经被证实的区域中，爱因斯坦的理论是错误的。这是一个真实不虚的客观事实，例如，当光经过恒星（如太阳）附近时，会出现一定量的"弯曲"，而广义相对论能告诉你这个弯曲的量有多少。在一个更为简单的层面上，像很多其他的科学事实一样，引力的平方反比定律是一个终极的真理，某种程度上，没有任何历史叙述能说清楚，这个被发现的定律是如何成为"真理"的。没有人会知道，观察到苹果落地，究竟对牛顿思考引力有何种程度的影响；牛顿讲述那段故事的时候，他本人也可能没有正确地记清楚细节。但是，我们都能知道他所发现的万有引力定律。因此，在科学真理如何被发现的相关证据的解释上，我的叙述是主观的、个人的；但在描述那些科学真理是什么的时候，它是客观的、不以个人意志为转移的。你可能同意，也可能不同意我关于胡克被牛顿诟病的意见；但无论你持哪一种观点，你仍然要接受胡克弹性定律这一真理。

如果要举一个具体的例子作为反证，说明科学真理不能被歪曲以适应我们主观所希望的世界，那么我只需要指出，半个世纪前，在斯大林（Stalin）领导下苏联遗传学研究的畸变。在这样一种制度下，李森科（Trofim Denisovich Lysenko，1898—1976）获得了巨大的支持和影响力，因为他的关于遗传学和遗传特性的构想，提出了生物世界中一种政治正确的观点，而遗传学中的孟德尔定律则被视为不符合辩证唯物主义原理。事实是，孟德尔遗传学能对遗传如何运作提出一个很好的描述，李森科主义则不能——而正是在实践层面，受李森科影响的苏联农业实践出现了灾难性后果。

我所见过的最为奇怪的——但明显是严肃的——一个论点是，用"引力"这样一个词来描述苹果从树上落地的原因，比起乞灵于"神力"

去解释为什么苹果落地，其实并没有减少神秘色彩，因为"引力"这个词只是一个标签。当然，用相同的逻辑，词语"贝多芬第五交响曲"这个词也不是一首乐曲，而只是指示一首乐曲的一个标签，并且还有一种可代替的标签，诸如代表字母 V 的莫尔斯电码符号，也可以很容易地用来指称相同的乐曲。科学家们当然很清楚，字词仅仅是我们用起来方便的标签，但一朵玫瑰纵有万千个名字，它照样芬芳。这就是为什么他们故意选择使用毫无意义的"夸克"，作为粒子理论中一个基础实体的标签，以及为什么他们使用颜色(红、蓝、绿)的名称来标识不同的夸克。他们不认为夸克真的是以这种方式来着色。苹果如何落地的科学描述，与苹果如何落地的神秘性描述之间的不同之处在于，不管给现象起个什么样的名称，在科学上是可以通过一套精确的法则(在这种情况下就是平方反比定律)将它描述出来，而且同样的定律可以适用于苹果从树上掉落、月球保持其轨道环绕地球的运动方式，以及深入到宇宙中的所有东西。对于一个神秘主义者来说，我们没有理由会预计到，苹果从树上掉落的方式，会与彗星移经太阳的方式产生任何联系。然而，在牛顿的《原理》与爱因斯坦广义相对论相结合的整套思想中，"引力"这个词只是一个简单扼要的速记式表达。对于一位科学家来说，"引力"这个词能让他唤起丰富多彩的理论和定律，同样的道理，对于一位交响乐团的指挥家来说，"贝多芬第五交响曲"也能唤起他丰富的音乐体验。重要的不是标签，而是潜在的普遍定律，给科学一种预测的力量。我们可以肯定地说，围绕其他恒星旋转的行星(以及彗星)，也都遵循着平方反比定律，不管你是把这个定律归结为"引力"抑或"神力"；而且我们可以肯定，任何栖息在那些行星上的智慧生物，都将会测量并发现同样的平方反比定律，尽管毫无疑问地，他们会用一个与我们不同的名字来称呼它。

对我来说，没有必要再详述这一点了。正是因为有最终的真理在，科学才会首尾一致、互不冲突。激励伟大科学家的东西，并不是对名利的渴望（尽管对那些次一流科学家来说，这可能是一块诱人的香饵），而是费曼所说的"发现之乐"。这种快乐能让人如此满足，以至于那些伟大的科学家，从牛顿到卡文迪什、从达尔文到费曼，甚至都没有为发表他们的发现而烦心（除非是他们的朋友推动他们这样做），而是怀着一颗视发现真理如命的快乐的心。

译后记

　　本书是英国著名科学作家约翰·格里宾的一部力作。书中以恢宏的视角，描绘了自文艺复兴一直到20世纪末的科学发展的壮丽画卷。然而，格里宾却避免了宏大叙事时流水账式或蜻蜓点水式描述的弊端。他紧扣其科学理论与技术发展互为因果、相互促进的主线，把四个半世纪以来，科学从建立到成为现代文明的重要价值之一的历程勾勒出来。除了对科学理论的深入浅出的呈现，书中还通过运用各种历史资料，建构出相关大小人物的历史细节，细致地刻画了他们的性格特征及其与科学发现的关系。

　　我们选择翻译本书，译者之一的吴燕此前与格里宾的一次接触是原因之一。吴燕当时供职于一家书评媒体，曾组织人员对格里宾进行过专访。时隔多年，当时访谈的大多数内容已被遗忘，但有一句令人印象非常深刻，大意是说，如果想要了解一门学科，那么最好的方法就是写一本书，而格里宾写作领域广阔也正因如此。由此可见，他应该是一个永远对身边世界充满各种兴趣的人。事实上，格里宾确实是一位多产的作家，此前也有多部作品被引进出版——其中多部正是由上海科技教育出版社出版的。

　　我们两人都在内蒙古师范大学科学技术史研究院从事科学史的教学与研究工作，因此本书与我们的工作十分相关，这也是促使我们萌生把本书翻译成中文这一想法的另外一个原因。特别是，"外国科技史"是我院研究生一年级的必修课，吴燕在备课过程中，本书更是重要的参考书，尤其是书中的逸闻趣事，有效地活跃了课堂气氛——翻译此书时印象最深刻的是,每每读到格里宾在书中信手拈来的科坛掌故,我们会对他如何挖掘到这些生猛史料而感到惊异。

因此,当上海科技教育出版社的副总编辑王世平女士向吴燕提出是否有兴趣翻译本书,并寄来原书的部分章节之后,本书就由我们接手翻译了。本书的翻译大概开始于2012年年初或2011年年底。这里之所以用"大概",实在因为它的翻译时间拖得太长,以至于很多细节都已经遗忘。原书很厚,正文部分600多页,涵盖多个科学学科门类,译文既要忠于原文及科学事实,又要贴近格里宾生动活泼的文风,以期信、达、雅之标准已属不易,而我们也并非专门来完成这项工作,所以也常常因为其他任务而将之搁置一旁。因此当合同到期时,翻译工作甚至还未过半。虽然慢工是为了出细活,但由于主客观条件所限,译文肯定会有许多不甚妥当乃至不达之处,我们恳请各位读者批评指正。

另外,关于译文还有一点补充说明。因为本书涉及大量科技名词的翻译,国家语委以及全国科学技术名词审定委员会等机构对此提供了规范用词。本书译文原则上一律使用规范用词,但这些规范用词有时并不能准确地反映作者原意或其最新的研究成果,当出现这种情况时,我们会加上译注予以说明,请各位读者留意。

本书除导言和结语外共15章,翻译的具体分工如下:导言、第1—5章、第7章、第15章由吴燕翻译;第8—14章、结语由陈志辉翻译;第6章由吴燕、陈志辉分译。全书由陈志辉统稿。

感谢上海科技教育出版社副总编辑王世平女士以及本书的责任编辑伍慧玲女士、傅勇先生,他们对译稿的姗姗来迟给予了最大限度的耐心,并在编辑过程中付出大量辛苦工作。本书最终由陈志辉定稿于在法国巴黎进行访问研究期间,得到了欧洲学术委员会(European Research Council)欧盟第七架构项目[European Union's Seventh Framework Program (FP7/2007-2013) / ERC Grant agreement n.269804]的资金支持,以及法国国家科研中心(CNRS)和巴黎第七大学所给予的工作上的各种方便,在此对上述机构一并致谢。

陈志辉　吴燕

2014年12月

参考文献

J. A. Adhémar, *Révolutions de la mer* (published privately by the author, Paris, 1842).

Elizabeth Cary Agassiz, *Louis Agassiz, his life and correspondence* (Houghton Mifflin & Co, Boston, 1886; published in two volumes).

Ralph Alpher and Robert Herman, *Genesis of the Big Bang* (OUP, Oxford, 2001).

Angus Armitage, *Edmond Halley* (Nelson, London, 1966).

Isaac Asimov, *Asimov's New Guide to Science* (Penguin, London, 1987).

John Aubrey, *Brief Lives* (ed. by Andrew Clark), vols Ⅰ and Ⅱ (Clarendon Press, Oxford, 1898).

Ralph Baierlein, *Newton to Einstein* (CUP, Cambridge, 1992).

Nora Barlow (ed.), *The Autobiography of Charles Darwin, 1809 - 1882, with original omissions restored* (William Collins, London, 1958).

A. J. Berger, J. Imbrie, J. Hays, G. Kukla and B. Saltzman (eds.), *Milankovitch and Climate* (Reidel, Dordrecht, 1984).

W. Berkson, *Fields of Force* (Routledge, London, 1974).

David Berlinski, *Newton's Gift* (The Free Press, New York, 2000).

A. J. Berry, *Henry Cavendish* (Hutchinson, London, 1960).

Mario Biagioli, *Galileo, Courtier* (University of Chicago Press, Chicago, 1993).

P. M. S. Blackett, E. Bullard and S. K. Runcorn, *A Symposium on Continental Drift* (Royal Society, London, 1965).

W. Bragg and G. Porter (eds.), *The Royal Institution Library of Science*, volume 5 (Elsevier, Amsterdam, 1970).

S. C. Brown, *Benjamin Thompson, Count Rumford* (MIT Press, Cambridge, MA, 1979).

Janet Browne, *Charles Darwin: voyaging* (Jonathan Cape, London, 1995).

Leonard C. Bruno, *The Landmarks of Science* (Facts on File, New York, 1989).

John Campbell, *Rutherford* (AAS Publications, Christchurch, New Zealand, 1999).

G. M. Caroe, *William Henry Bragg* (CUP, Cambridge, 1978).

Carlo Cercignani, *Ludwig Boltzmann* (OUP, Oxford, 1998).

S. Chandrasekhar, *Eddington* (CUP, Cambridge, 1983).

John Robert Christianson, *On Tycho's Island* (CUP, London, 2000).

Frank Close, *Lucifer's Legacy* (OUP, Oxford, 2000).

Lawrence I. Conrad, Michael Neve, Vivian Nutton, Roy Porter and Andrew Wear, *The Western Medical Tradition: 800 BC to AD 1800* (CUP, Cambridge, 1995).

Alan Cook, *Edmond Halley* (OUP, Oxford, 1998).

James Croll, *Climate and Time in their Geological Relations* (Daldy, Isbister, & Co., London, 1875).

J. G. Crowther, *British Scientists of the Nineteenth Century* (Kegan Paul, London, 1935).

J. G. Crowther, *Founders of British Science* (Cresset Press, London, 1960).

J. G. Crowther, *Scientists of the Industrial Revolution* (Cresset Press, London, 1962).

William Dampier, *A History of Science*, 3rd edn (CUP, Cambridge, 1942).

Charles Darwin, *The Origin of Species by Means of Natural Selection*, reprint of the first edition of 1859 plus additional material (Pelican, London, 1968; reprinted in Penguin Classics, 1985).

Charles Darwin and Alfred Wallace, *Evolution by Natural Selection* (CUP, Cambridge, 1958).

Erasmus Darwin, *Zoonomia*, Part 1 (J. Johnson, London, 1794).

Francis Darwin (ed.), *The Life and Letters of Charles Darwin* (John Murray, London, 1887). An abbreviated version is still available as *The Autobiography of Charles Darwin and Selected Letters* (Dover, New York, 1958).

Francis Darwin (ed.), *The Foundations of the Origin of Species: two essays written in 1842 and 1844 by Charles Darwin* (CUP, Cambridge, 1909).

Richard Dawkins, *The Blind Watchmaker* (Longman, Harlow, 1986).

René Descartes, *Discourse on Method and the Meditations*, translated by F.E. Sutcliffe (Penguin, London, 1968).

Adrian Desmond and James Moore, *Darwin* (Michael Joseph, London, 1991).

Ellen Drake, *Restless Genius: Robert Hooke and his earthly thoughts* (OUP, New York, 1996).

Adrian Desmond, *Huxley* (Addison Wesley, Reading, MA, 1997).

Stillman Drake, *Galileo at Work* (Dover, New York, 1978).

Stillman Drake, *Galileo* (OUP, Oxford, 1980).

J. L. E. Dryer, *Tycho Brahe* (Adam & Charles Black, Edinburgh, 1899).

A. S. Eddington, *The Internal Constitution of the Stars* (CUP, Cambridge, 1926).

A. S. Eddington, *The Nature of the Physical World* (CUP, Cambridge, 1928).

Margaret 'Espinasse, *Robert Hooke* (Heinemann, London, 1956).

John Evelyn, *Diary* (ed. E. S. de Beer) (OUP, London, 1959).

C. W. F. Everitt, *James Clerk Maxwell* (Scribner's, New York, 1975).

J. J. Fahie, *Galileo: his life and work* (John Murray, London, 1903).

Otis Fellows and Stephen Milliken, *Buffon* (Twayne, New York, 1972)

Georgina Ferry, *Dorothy Hodgkin* (Granta, London, 1998).

Richard Feynman, *QED: the strange theory of light and matter* (Princeton University Press, Princeton, NJ, 1985).

Richard Fifield (ed.), *The Making of the Earth* (Blackwell, Oxford, 1985).

Antony Flew, *Malthus* (Pelican, London, 1970).

Tore Frängsmyr (ed.), *Linnaeus: the man and his work* (University of California Press, Berkeley, 1983).

Galileo Galilei, *Galileo on the World Systems* (abridged and translated from the *Dialogue* by Maurice A. Finocchiaro) (University of California Press, 1997).

George Gamow, *The Creation of the Universe* (Viking, New York, 1952).

G. Gass, Peter J. Smith and R. C. L. Wilson (eds.), *Understanding the Earth*, 2nd edn (MIT Press, Cambridge, MA, 1972.).

J. Geikie, *The Great Ice Age*, 3rd edn (Stanford, London, 1894; 1st edn published by Isbister, London, 1874).

Wilma George, *Biologist Philosopher: a study of the life and writings of Alfred Russel Wallace* (Abelard-Schuman, New York, 1964).

William Gilbert, *Loadstone and Magnetic Bodies, and on The Great Magnet of the Earth*, translated from the 1600 edition of *De Magnete* by P. Fleury Mottelay (Bernard Quaritch, London, 1893).

C. C. Gillispie, *Pierre-Simon Laplace* (Princeton University Press, Princeton NJ, 1997).

H. E. Le Grand, *Drifting Continents and Shifting Theories* (CUP, Cambridge, 1988).

Frank Greenaway, *John Dalton and the Atom* (Heinemann, London, 1966).

John Gribbin, *In Search of Schrödinger's Cat* (Bantam, London, 1984).

John Gribbin, *In Search of the Double Helix* (Penguin, London, 1995).

John Gribbin, *In Search of the Big Bang* (Penguin, London, 1998).

John Gribbin, *The Birth of Time* (Weidenfeld & Nicolson, London, 1999).

John Gribbin, *Stardust* (Viking, London, 2000).

John and Mary Gribbin, *Richard Feynman: a life in science* (Viking, London, 1994).

John Gribbin and Jeremy Cherfas, *The First Chimpanzee* (Penguin, London, 2001).

John Gribbin and Jeremy Cherfas, *The Mating Game* (Penguin, London, 2001).

Howard Gruber, *Darwin on Man* (Wildwood House, London, 1974).

Thomas Hager, *Force of Nature: the life of Linus Pauling* (Simon & Schuster,

New York, 1995).

Marie Boas Hall, *Robert Boyle and Seventeenth-Century Chemistry* (CUP, Cambridge, 1958).

Marie Boas Hall, *Robert Boyle on Natural Philosophy* (Indiana University Press, Bloomington, 1965).

Rupert Hall, *Isaac Newton* (Blackwell, Oxford, 1992.).

Harold Hartley, *Humphry Davy* (Nelson, London, 1966).

Arthur Holmes, *Principles of Physical Geology* (Nelson, London, 1944).

Robert Hooke, *Micrographia* (Royal Society, London, 1665).

Robert Hooke, *The Posthumous Works of Robert Hooke* (ed. Richard Waller) (Royal Society, London, 1705).

Robert Hooke, *The Diary of Robert Hooke* (eds. Henry Robinson and Walter Adams) (Taylor & Francis, London, 1935).

Ken Houston (ed.), *Creators of Mathematics: the Irish connection* (University College Dublin Press, 2000).

Jonathan Howard, *Darwin* (OUP, Oxford, 1982).

Michael Hunter (ed.), *Robert Boyle Reconsidered* (CUP, Cambridge, 1994).

Hugo Iltis, *Life of Mendel* (Allen & Unwin, London, 1932).

John Imbrie and Katherine Palmer Imbrie, *Ice Ages* (Macmillan, London, 1979)

James Irons, *Autobiographical Sketch of James Croll, with memoir of his life and work* (Stanford, London, 1896).

Bence Jones, *Life & Letters of Faraday* (Longman, London, 1870).

L. J. Jordanova, *Lamarck* (OUP, Oxford, 1984).

Horace Freeland Judson, *The Eighth Day of Creation* (Jonathan Cape, London, 1979).

C. Jungnickel and R. McCormmach, *Cavendish: the experimental life* (Bucknell University Press, New Jersey, 1996).

F. B. Kedrov, *Kapitza: life and discoveries* (Mir, Moscow, 1984).

Hermann Kesten, *Copernicus and his World* (Martin Seeker & Warburg, London, 1945).

Geoffrey Keynes, *A Bibliography of Dr Robert Hooke* (Clarendon Press, Oxford, 1960).

Desmond King-Hele, *Erasmus Darwin* (De La Mare, London, 1999).

David C. Knight, *Johannes Kepler and Planetary Motion* (Franklin Watts, New York, 1962).

W. Köppen and A. Wegener, *Die Klimate der Geologischen Vorzeit* (Borntraeger, Berlin, 1924).

Helge Kragh, *Quantum Generations* (Princeton University Press, Princeton, NJ,

1999).

Ulf Lagerkvist, *DNA Pioneers and Their Legacy* (Yale University Press, New Haven, 1998).

H. H. Lamb, *Climate: present, past and future* (Methuen, London, volume 1 1972, volume 1 1977).

E. Larsen, *An American in Europe* (Rider, New York, 1953).

A.-L. Lavoisier, *Elements of Chemistry*, translated by Robert Kerr (Dover, New York, 1965; facsimile of 1790 edition).

Cherry Lewis. *The Dating Game* (CUP, Cambridge, 2000).

James Lovelock, *Gaia* (OUP, Oxford, 1979).

James Lovelock, *The Ages of Gaia* (OUP, Oxford, 1988).

E. Lurie, *Louis Agassiz* (University of Chicago Press, 1960).

Charles Lyell, *Principles of Geology* (Penguin, London, 1997; originally published in three volumes by John Murray, London, 1830 - 33).

Charles Lyell, *Elements of Geology* (John Murray, London, 1838).

Katherine Lyell (ed.), *Life, Letters and Journals of Sir Charles Lyell, Bart.* (published in two volumes, John Murray, London, 1881).

Maclyn McCarty, *The Transforming Principle* (Norton, New York, 1985).

Douglas McKie, *Antoine Lavoisier* (Constable, London, 1952).

H. L. McKinney, *Wallace and Natural Selection* (Yale University Press, New Haven, 1972).

Frank Manuel, *Portrait of Isaac Newton* (Harvard University Press, Cambridge, MA, 1968).

Ursula Marvin, *Continental Drift* (Smithsonian Institution, Washington DC, 1973)

James Clerk Maxwell, *The Scientific Papers of J. Clerk Maxwell* (ed. W. D. Niven) (CUP, Cambridge, 1890).

Jagdish Mehra, *Einstein, Physics and Reality* (World Scientific, Singapore, 1999)

Milutin Milankovitch, *Durch ferne Welten und Zeiten* (Köhler & Amalang, Leipzig, 1936).

Ruth Moore, *Niels Bohr* (MIT Press, Cambridge, MA 1985).

Yuval Ne'eman and Yoram Kirsh, *The Particle Hunters*, 2nd edn (CUP, Cambridge, 1996).

J. D. North, *The Measure of the Universe* (OUP, Oxford, 1965).

Robert Olby, *The Path to the Double Helix* (Macmillan, London, 1974).

C. D. O'Malley, *Andreas Vesalius of Brussels 1514–1564* (University of California Press, Berkeley, 1964).

Henry Osborn, *From the Greeks to Darwin* (Macmillan, New York, 1894).

Dorinda Outram, *Georges Couvier* (Manchester University Press, Manchester,

1984).

Dennis Overbye, *Einstein in Love* (Viking, New York, 2000).

H. G. Owen, *Atlas of Continental Displacement: 200 million years to the present* (CUP, Cambridge, 1983).

Abraham Pais, *Subtle is the Lord ...* (OUP, Oxford, 1982).

Abraham Pais, *Inward Bound: of matter and forces in the physical world* (OUP, Oxford, 1986).

Linus Pauling and Peter Pauling, *Chemistry* (Freeman, San Francisco, 1975).

Samuel Pepys, *The Shorter Pepys* (selected and edited by Robert Latham; Penguin, London, 1987).

Roger Pilkington, *Robert Boyle: father of chemistry* (John Murray, London, 1959)

John Playfair, *Illustrations of the Huttonian Theory of the Earth* (facsimile reprint of the 1802 edition, with an introduction by George White) (Dover, New York, 1956).

Franklin Portugal and Jack Cohen, *A Century of DNA* (MIT Press, Cambridge, MA, 1977).

Lawrence Principe, *The Aspiring Adept* (Princeton University Press, Princeton, NJ, 1998).

Bernard Pullman, *The Atom in the History of Human Thought* (OUP, Oxford, 1998).

Lewis Pyenson and Susan Sheets-Pyenson, *Servants of Nature* (HarperCollins, London, 1999).

Susan Quinn, *Marie Curie* (Heinemann, London, 1995).

Peter Raby, *Alfred Russel Wallace* (Chatto & Windus, London, 2001).

Charles E. Raven, *John Ray* (CUP, Cambridge, 1950).

James Reston, *Galileo* (Cassell, London, 1994).

Colin A. Ronan, *The Cambridge Illustrated History of the World's Science* (CUP, Cambridge, 1983).

S. Rozental (ed.), *Niels Bohr* (North-Holland, Amsterdam, 1967).

Jósef Rudnicki, *Nicholas Copernicus* (Copernicus Quatercentenary Celebration Committee, London, 1943).

Anne Sayre, *Rosalind Franklin & DNA* (Norton, New York, 1978).

Stephen Schneider and Randi Londer, *The Coevolution of Climate & Life* (Sierra Club, San Francisco, 1984).

Erwin Schrödinger, *What is Life? and Mind and Matter* (CUP, Cambridge, 1967) (collected edition of two books originally published separately in, respectively, 1944 and 1958).

J. F. Scott, *The Scientific Work of René Descartes* (Taylor & Francis, London, 1952).

Steven Shapin, *The Scientific Revolution* (University of Chicago Press, London, 1966).

John Stachel (ed.), *Einstein's Miraculous Year* (Princeton University Press, Princeton, NJ, 1998).

Frans A. Stafleu, *Linnaeus and the Linneans* (A. Oosthoek's Uitgeversmaatschappij NV, Utrecht, 1971).

Tom Standage, *The Neptune File* (Allen Lane, London, 2000).

G. P. Thomson, *J. J. Thomson* (Nelson, London, 1964).

J. J. Thomson, *Recollections and Reflections* (Bell & Sons, London, 1936).

Norman Thrower (ed.), *The Three Voyages of Edmond Halley* (Hakluyt Society, London, 1980).

Conrad von Uffenbach, *London in 1710* (trans. and ed. W. H. Quarrell and Margaret Mare) (Faber & Faber, London, 1934).

Alfred Russel Wallace, *My Life* (Chapman & Hall, London; originally published in two volumes, 1905; revised single-volume edition 1908).

James Watson, 'The Double Helix', in Gunther Stent (ed.), *The Double Helix* 'critical edition' (Weidenfeld & Nicolson, London, 1981).

Alfred Wegener, *The Origin of Continents and Oceans* (Methuen, London, 1967) (translation of the fourth German edition, published in 1929).

Richard Westfall, *Never at Rest: a biography of Isaac Newton* (CUP, Cambridge, 1980).

Richard Westfall, *The Life of Isaac Newton* (CUP, Cambridge, 1993) (this is a shortened and more readable version of *Never at Rest*).

Michael White: *Isaac Newton: the last sorcerer* (Fourth Estate, London, 1997).

Michael White and John Gribbin, *Einstein: a life in science* (Simon & Schuster, London, 1993).

Michael White and John Gribbin, *Darwin: a life in science* (Simon & Schuster, London, 1995).

A. N. Whitehead, *Science and the Modern World* (CUP, Cambridge, 1927).

Peter Whitfield, *Landmarks in Western Science* (British Library, London, 1999).

L. P. Williams, *Michael Faraday* (Chapman, London, 1965).

David Wilson, *Rutherford* (Hodder & Stoughton, London, 1983).

Edmund Wilson, *The Cell in Development and Inheritance* (Macmillan, New York, 1896).

Leonard Wilson, *Charles Lyell* (Yale University Press, New Haven, 1972).

Thomas Wright, *An Original Theory of the Universe* (Chapelle, London, 1750) (facsimile edition, edited by Michael Hoskin, Macdonald, London, 1971).

W. B. Yeats, 'Among School Children' in, for example, *Selected Poetry* (ed. Tim othy Webb）（Penguin, London, 1991）.

David Young, *The Discovery of Evolution*（CUP, Cambridge, 1992）.

Arthur Zajonc, *Catching the Light*（Bantam, London, 1993）.

图书在版编目(CIP)数据

科学简史:从文艺复兴到星际探索/(英)约翰·格里宾著;陈志辉,吴燕译.—上海:上海科技教育出版社,2022.8
(2024.5重印)

书名原文:Science: A History

ISBN 978-7-5428-7720-8

Ⅰ. ①科… Ⅱ. ①约… ②陈… ③吴… Ⅲ. ①自然科学史–世界 Ⅳ. ①N091

中国版本图书馆CIP数据核字(2022)第029537号

责任编辑 傅 勇 伍慧玲 林赵璘
装帧设计 李梦雪 杨 静

KEXUE JIANSHI

科学简史——从文艺复兴到星际探索
[英]约翰·格里宾 著
陈志辉 吴 燕 译

出版发行 上海科技教育出版社有限公司
(上海市闵行区号景路159弄A座8楼 邮政编码201101)

网 址	www.sste.com www.ewen.co	
经 销	各地新华书店	
印 刷	常熟市文化印刷有限公司	
开 本	720×1000 1/16	
印 张	40.75	
版 次	2022年8月第1版	
印 次	2024年5月第2次印刷	
书 号	ISBN 978-7-5428-7720-8/N·1149	
图 字	09-2023-0902号	
定 价	118.00元	

企鹅图书

Penguin Books